머리말

우리나라가 선진국 대열에 진입하면서 최고급 특급호텔과 세계적인 레스토랑이 국내에 많이 오픈하였고, 대학의 조리 관련 학과도 증가하는 추세입니다. 또한 조리에 관한 관심이 폭발적으로 늘어 대학교, 학원이나 문화센터 등에서도 다양한 요리 관련 강의가 개설되었으며, 조리학과 전공자가 아니더라도 일반인들까지 조리기능사 자격증에 도전하는 시대가 되었습니다.

최근 취업난으로 경쟁이 심화되면서 고등학교 또는 조리 관련 대학 전공자들은 졸업 전에 미리 한식 • 양식 • 중식 • 일식 • 복어 조리기능사 및 제과 • 제빵기능사 등의 국가자격증은 물론 더 나아가 조주사, 소믈리에, 바리스타 등의 민간자격증에 이르기까지 다양한 조리 관련 자격증을 취득하고 있습니다. 따라서 호텔 또는 전문레스토랑에 취업하고자 할 때 조리 관련 자격증의 취득 유 • 무는 현실적으로 가장 기본이 되는 필수 스펙임과 동시에, 취업 후에는 현장에서 개인의 역량 평가에 있어 중시되는 핵심요건이 되었습니다.

또한 요리에 대한 관심이 확대되면서 취업뿐만아니라 취미와 여가활동의 일환으로 조리기능사 자격증의 취득을 목표로 하는 수험생이 급증하고 있는 추세입니다. 이처럼 다양한 목적으로 도전하는 자격증 취득이라는 목표를 좀 더 쉽게 달성하는데 있어 다년간의 현장경험과 교육경험, 그리고 조리기능사, 조리산업기사, 조리기능장 시험감독위원으로 활동한 풍부한 경험을 바탕으로 집필한 저자의 본 교재가 최고의 길잡이가 될 수 있으리라 자부합니다.

수험생 여러분이 최단 시간에 최고의 효과적인 학습이 가능하도록 핵심이론만 요약하여 정리하였고, 최근 5개년 이상의 기출문제를 분석하여 출제경향을 반영한 예상문제와 쉽고 명확한 해설을 통해 실전대비에 최적화된 교재를 구성하였습니다. 최근 출제시험 기준에 맞춰 열정을 다해 탈고하여 수험생들의 빠르고 확실한 합격이 가능한 최고의 교재를 기획하였습니다.

본 교재가 한식 • 양식 • 일식 • 중식 • 복어 조리기능사 자격검정을 준비하는 모든 수험생들께 합격의 영광을 가져다주길 바라며, 더불어 요리를 사랑하는 여러분이 조리기능사로서의 마음가짐과 올바른 조리 방법을 터득할 수 있는 기회가 되길 바랍니다.

국가공인 조리기능장 전경철 편저

조리기능사 시험정보

조리기능사란?

- **자격명** : 조리기능사
- **영문명** : Craftsman Cook
- **관련부처** : 식품의약품안전처
- **시행기관** : 한국산업인력공단
- **직무내용** : 한식, 양식, 중식, 일식, 복어 조리부문에 배속되어 메뉴 계획에 따라 식재료를 선정, 구매, 검수, 보관 및 저장하며 맛과 영양을 고려하여 안전하고 위생적으로 음식을 조리하고 조리기구와 시설 관리를 수행하는 직무

조리기능사 응시료

- **필기 :** 14,500원
- **실기 :** 26,900원(한식), 29,600원(양식), 28,500원(중식), 30,800원(일식), 35,100원(복어)

조리기능사 취득방법

구분		내용
시험과목	필기	한식, 양식, 중식, 일식, 복어 재료관리, 음식 조리 및 위생관리
	실기	한식, 양식, 중식, 일식, 복어 조리작업
검정방법	필기	객관식 4지 택일형, 60문항(60분)
	실기	작업형(70분 정도, 복어는 56분)
합격기준	필기	100점 만점에 60점 이상
	실기	100점 만점에 60점 이상

▎조리기능사 합격률

연도	한식 필기			양식 필기			중식 필기			일식 필기			복어 필기		
	응시	합격	합격률	응시	합격	합격률	응시	합격	합격률	응시	합격	합격률	응시	합격	합격률
2023	67,640	28,597	42.3%	30,652	12,880	42%	13,233	6,959	52.6%	9,194	5,041	54.8%	1,424	853	59.9%
2022	68,845	30,139	43.8%	30,356	13,543	44.6%	13,496	7,238	53.6%	9,082	5,230	57.6%	1,118	711	63.6%
2021	88,691	39,800	44.9%	38,838	18,102	46.6%	17,613	9,907	56.2%	11,181	6,256	56%	1,260	805	63.9%
2020	72,062	32,745	45.4%	31,115	14,983	48.2%	15,291	8,366	54.7%	9,445	5,406	57.2%	1,190	776	65.2%
2019	83,109	38,384	46.2%	30,657	12,826	41.8%	9,717	4,657	47.9%	5,337	3,098	58%	797	482	60.5%

조리기능사 필기 접수절차

01 큐넷 접속 및 로그인

- 한국산업인력공단 홈페이지 큐넷(www.q-net.or.kr) 접속
- 큐넷 홈페이지 로그인(※회원가입 시 반명함판 사진 등록 필수)

02 원서접수

- 큐넷 메인에서 [원서접수] 클릭
- 응시할 자격증을 선택한 후 [접수하기] 클릭

03 장소선택

- 응시할 지역을 선택한 후 조회 클릭
- 시험장소를 확인한 후 선택 클릭
- 장소를 확인한 후 접수하기 클릭

04 결제하기

- 응시시험명, 응시종목, 시험장소 및 일시 확인
- 해당 내용에 이상이 없으면, 검정수수료 확인 후 결제하기 클릭

05 접수내용 확인하기

- 마이페이지 접속
- 원서접수관리 탭에서 원서접수내역 클릭 후 확인

조리기능사 필기 자격검정 CBT 가이드

01 CBT 시험 웹체험 서비스 접속하기

❶ 한국산업인력공단 홈페이지 큐넷(www.q-net.or.kr)에 접속하여 로그인 한 후, 하단 CBT 체험하기를 클릭합니다.

*q-net에 가입되지 않았으면 회원가입을 진행해야 하며, 회원가입 시 반명함판 크기의 사진 파일(200kb 미만)이 필요합니다.

❷ 튜토리얼을 따라서 안내사항과 유의사항 등을 확인합니다.

*튜토리얼 내용 확인을 하지 않으려면 '튜토리얼 나가기'를 클릭한 다음 '시험 바로가기'를 클릭하여 시험을 시작할 수 있습니다.

02 CBT 시험 웹체험 문제풀이 실시하기

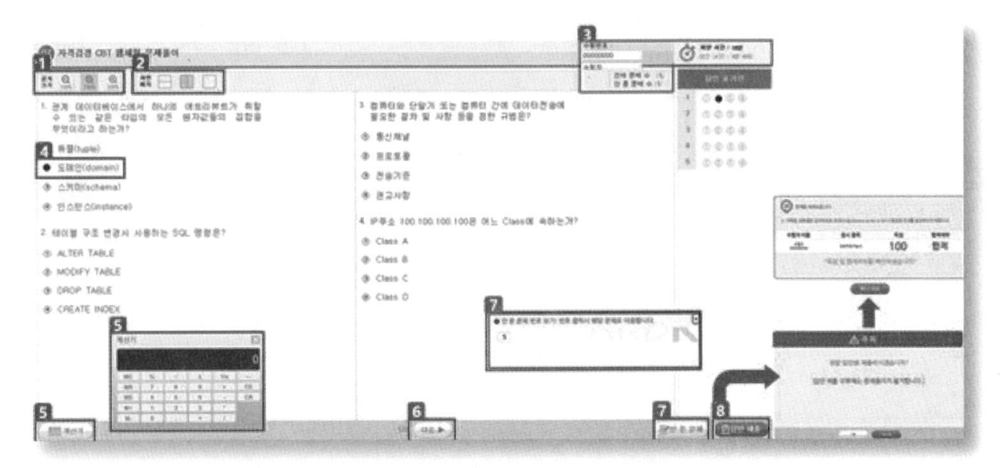

❶ 글자크기 조정 : 화면의 글자 크기를 변경할 수 있습니다.

❷ 화면배치 변경 : 한 화면에 문제 배열을 2문제/2단/1문제로 조정할 수 있습니다.

❸ 시험 정보 확인 : 본인의 [수험번호]와 [수험자명]을 확인할 수 있으며, 문제를 푸는 도중에 [안 푼 문제 수]와 [남은 시간]을 확인하며 시간을 적절하게 분배할 수 있습니다.

❹ 정답 체크 : 문제 번호에 정답을 체크하거나 [답안 표기란]의 각 문제 번호에 정답을 체크합니다.

❺ 계산기 : 계산이 필요한 문제가 나올 때 사용할 수 있습니다.

❻ 다음 ▶ : 다음 화면의 문제로 넘어갈 때 사용합니다.

❼ 안 푼 문제 : ❸의 [안 푼 문제 수]를 확인하여 해당 버튼을 클릭하고, 풀지 않은 문제 번호를 누르면 해당 문제로 이동합니다.

❽ 답안제출 : 문제를 모두 푼 다음 '답안제출' 버튼을 눌러 답안을 제출하고, 합격 여부를 바로 확인합니다.

이 책의 구성과 특징

핵심이론

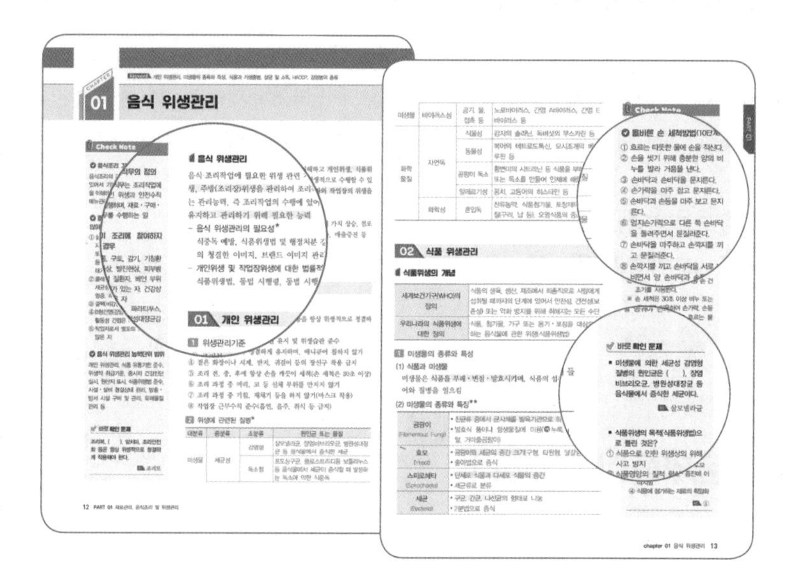

Point 1

기출분석을 통한 빈출 핵심내용의 강조로 학습 포인트 제시

Point 2

학습에 도움이 되는 내용을 따로 정리하여 이해와 암기에 도움

Point 3

빈출 핵심내용을 학습한 후 간단한 문제로 바로 확인 및 점검 가능

단원별 기출복원문제

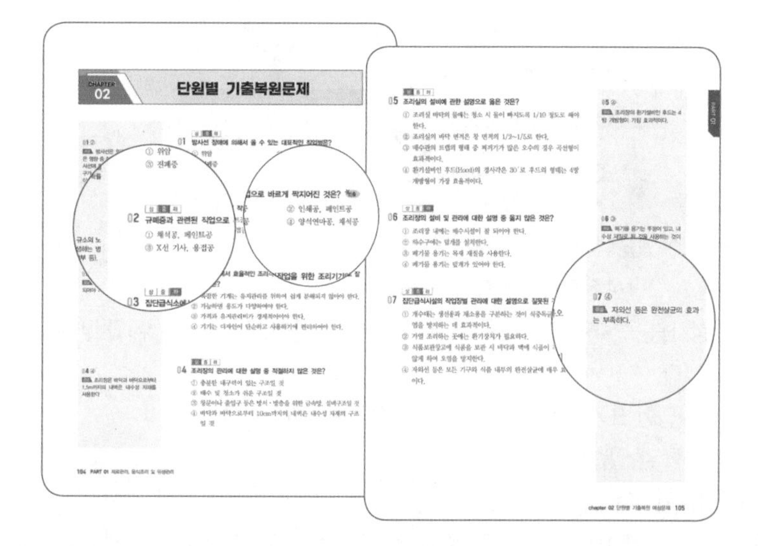

Point 1

단원별로 자주 출제된 문제만 엄선하여 난이도 표시와 빈출표시를 통해 문제풀이 능력 향상에 도움

Point 2

문제 해결을 위한 핵심 포인트만 콕 집어 쉽고 명확한 해설로 문제 해결력 향상

CBT 기출복원 모의고사

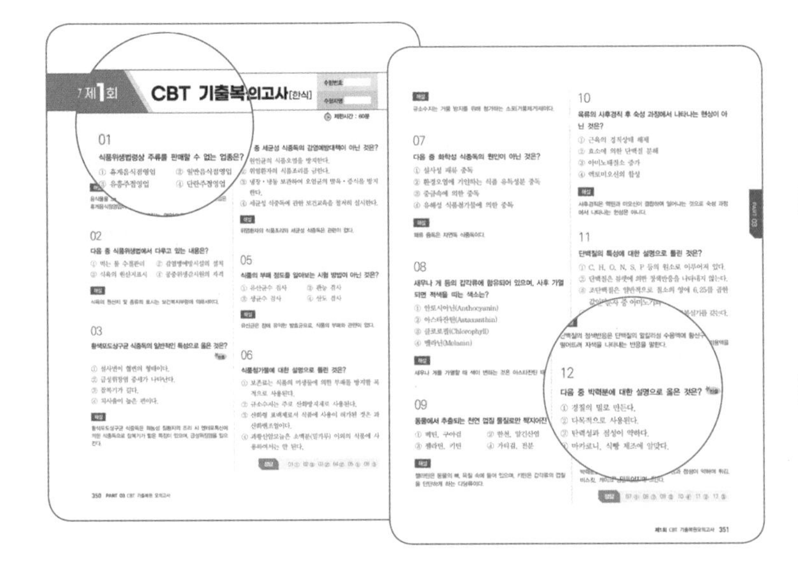

| Point 1

한식·양식·중식·일식·복어 각 종목별 CBT 기출복원 모의고사 6회분 제공

| Point 2

기출문제별 핵심 해결 포인트를 공략한 간단하고 명료한 해설

최종점검 손글씨 핵심요약

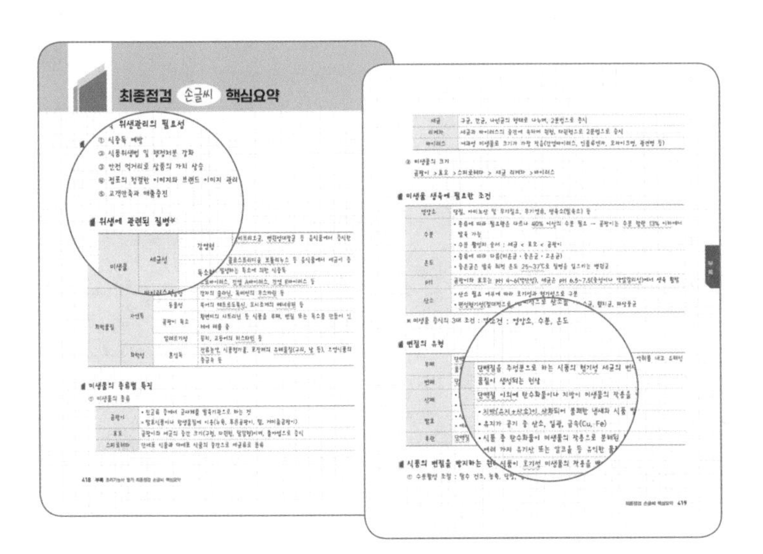

| Point 1

꼭 알아야 할 중요한 핵심만을 골라서 눈이 편한 손글씨로 최종마무리 정리

| Point 2

핵심 중의 핵심, 포인트 중에 포인트에 별표를 표시하여 확실한 최종점검 가능

Study check 표 활용법

스스로 학습 계획을 세워서 체크하는 과정을 통해 학습자의 학습능률을 향상시키기 위해 구성하였습니다.
각 단원의 학습을 완료할 때마다 날짜를 기입하고 체크하여, 자신만의 3회독 플래너를 완성시켜보세요.

PART 01 재료관리, 음식조리 및 위생관리 (한식·양식·중식·일식·복어 공통)

PART 02 재료관리, 음식조리 및 위생관리(한식·양식·중식·일식·복어)

PART 03 CBT 기출복원 모의고사

조리 기능사 필기

2024년 기출분석

- ☑ 개인 위생관리, 미생물, 식물과 기생충병, 살균 및 소독, HACCP, 감염병의 종류 등 위생관리의 기본 개념과 정의를 학습한다.
- ☑ 음식 안전관리의 정의, 재난의 원인의 4요소, 주방 내 안전사고, 안전교육의 목적, 응급상황 시 행동, 개인·작업장 등 총체적 안전관리의 정의와 지침을 학습한다.
- ☑ 식품 재료의 성분, 자유수와 결합수, 식품의 색, 식품의 갈변, 식품의 유독성분 등 재료관리의 요령과 그 특징들을 학습한다.
- ☑ 음식 구매관리, 시장조사, 구매관리, 원가의 3요소, 원가의 종류, 원가의 계산법으로 구성된 경비와 관련된 내용들을 학습한다.
- ☑ 전분의 호화와 노화, 달걀의 신선도 판정, 식품의 저장 등 조리실무 전반에 필요한 지식을 학습한다.

2024년 출제비율

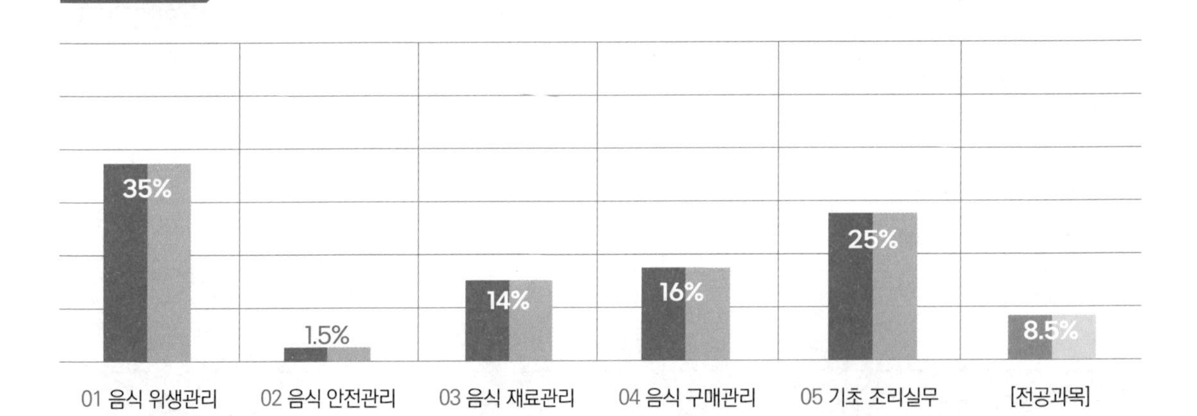

01

재료관리, 음식조리 및 위생관리 (한식 · 양식 · 중식 · 일식 · 복어 공통)

Keyword 개인 위생관리, 미생물의 종류와 특성, 식품과 기생충병, 살균 및 소독, HACCP, 감염병의 종류

음식 위생관리

Check Note

✔ 음식조리 기본직무의 정의

음식조리의 기본직무는 조리작업에 있어서 기본적인 위생과 안전수칙을 이해하고 실행하며, 재료·구매·메뉴관리 업무를 수행하는 일

✔ 종업원이 조리에 참여하지 않아야 할 경우

① 설사, 복통, 구토, 감기, 기침환자, 황달증상, 발진현상, 피부병 또는 화농성 질환자, 베인 부위 등 손에 상처가 있는 자, 건강상태가 좋지 않은 자
② 콜레라, 장티푸스, 파라티푸스, 세균성이질, 장출혈성대장균감염증, A형간염
③ 결핵(비감염성인 경우 제외)
④ B형간염(감염의 우려가 없는 비활동성 간염은 제외)
⑤ 작업자로서 별도의 허가를 받지 않은 자

✔ 음식 위생관리 능력단위 범위

개인 위생관리, 식품 유통기한 준수, 위생적 취급기준, 종사자 건강진단 실시, 원산지 표시, 식품위생법 준수, 시설·설비 청결상태 관리, 방충·방서 시설 구비 및 관리, 유해물질 관리 등

✔ 바로 확인 문제

조리복, (   ), 앞치마, 조리안전화 등은 항상 위생적으로 청결하게 착용해야 한다.

답 조리모

음식 위생관리

음식 조리작업에 필요한 위생 관련 지식을 이해하고 개인위생, 식품위생, 주방(조리장)위생을 관리하여 조리작업을 위생적으로 수행할 수 있는 관리능력, 즉 조리작업의 수행에 있어서 작업자와 작업장의 위생을 유지하고 관리하기 위해 필요한 능력

- 음식 위생관리의 필요성★
  식중독 예방, 식품위생법 및 행정처분 강화, 상품의 가치 상승, 점포의 청결한 이미지, 브랜드 이미지 관리, 고객만족, 매출증진 등
- 개인위생 및 작업장위생에 대한 법률적 기준
  식품위생법, 동법 시행령, 동법 시행규칙

01 개인 위생관리

1 위생관리기준

① 조리복, 조리모, 앞치마, 조리안전화 등을 항상 위생적으로 청결하게 착용
② 두발, 손, 손톱 등 신체청결 유지 및 위생습관 준수
③ 손톱은 짧게 깎아 청결하게 유지하며, 매니큐어 칠하지 않기
④ 짙은 화장이나 시계, 반지, 귀걸이 등의 장신구 착용 금지
⑤ 조리 전, 중, 후에 항상 손을 깨끗이 세척(손 세척은 30초 이상)
⑥ 조리 과정 중 머리, 코 등 신체 부위를 만지지 않기
⑦ 조리 과정 중 기침, 재채기 등을 하지 않기(마스크 착용)
⑧ 작업장 근무수칙 준수(흡연, 음주, 취식 등 금지)

2 위생에 관련된 질병★

대분류	중분류	소분류	원인균 또는 물질
미생물	세균성	감염형	살모넬라균, 장염비브리오균, 병원성대장균 등 음식물에서 증식한 세균
		독소형	포도상구균, 클로스트리디움 보툴리누스 등 음식물에서 세균이 증식할 때 발생하는 독소에 의한 식중독

미생물	바이러스성	공기, 물, 접촉 등	노로바이러스, 간염 A바이러스, 간염 E 바이러스 등
화학 물질	자연독	식물성	감자의 솔라닌, 독버섯의 무스카린 등
		동물성	복어의 테트로도톡신, 모시조개의 베네루핀 등
		곰팡이 독소	황변미의 시트리닌 등 식품을 부패, 변질 또는 독소를 만들어 인체에 해를 줌
		알레르기성	꽁치, 고등어의 히스타민 등
	화학성	혼입독	잔류농약, 식품첨가물, 포장재의 유해물질(구리, 납 등), 오염식품의 중금속 등

02 식품 위생관리

식품위생의 개념

세계보건기구(WHO)의 정의	식품의 생육, 생산, 제조에서 최종적으로 사람에게 섭취될 때까지의 단계에 있어서 안전성, 건전성(보존성) 또는 악화 방지를 위해 취해지는 모든 수단
우리나라의 식품위생에 대한 정의	식품, 첨가물, 기구 또는 용기·포장을 대상으로 하는 음식물에 관한 위생(식품위생법)

1 미생물의 종류와 특성

(1) 식품과 미생물

미생물은 식품을 부패·변질·발효시키며, 식품의 섭취로 인체에 들어와 질병을 일으킴

(2) 미생물의 종류와 특징★★

곰팡이 (Filamentous Fungi)	• 진균류 중에서 균사체를 발육기관으로 하는 것 • 발효식 품이나 항생물질에 이용(예 누룩, 푸른곰팡이, 털, 거미줄곰팡이)
효모 (Yeast)	• 곰팡이와 세균의 중간 크기(구형, 타원형, 달걀형) • 출아법으로 증식
스피로헤타 (Spirochaeta)	• 단세포 식물과 다세포 식물의 중간 • 세균류로 분류
세균 (Bacteria)	• 구균, 간균, 나선균의 형태로 나눔 • 2분법으로 증식

Check Note

올바른 손 세척방법(10단계)

① 흐르는 따뜻한 물에 손을 적신다.
② 손을 씻기 위해 충분한 양의 비누를 발라 거품을 낸다.
③ 손바닥과 손바닥을 문지른다.
④ 손가락을 마주 잡고 문지른다.
⑤ 손바닥과 손등을 마주 보고 문지른다.
⑥ 엄지손가락으로 다른 쪽 손바닥을 돌려주면서 문질러준다.
⑦ 손바닥을 마주하고 손깍지를 끼고 문질러준다.
⑧ 손깍지를 끼고 손바닥을 서로 비비면서 양 손바닥과 손톱 밑을 문지르면서 깨끗하게 씻는다.
⑨ 비눗기를 완전히 씻어낸다.
⑩ 1회용 핸드타올 또는 자동 손 건조기를 사용한다.
※ 손 세척은 30초 이상 비누 또는 세정제를 이용하여 손가락, 손등까지 깨끗하게 씻고 흐르는 물로 잘 헹궈야 한다.

바로 확인 문제

- **미생물에 의한 세균성 감염형 질병의 원인균은 ( ), 장염 비브리오균, 병원성대장균 등 음식물에서 증식한 세균이다.**

답 살모넬라균

- **식품위생의 목적(식품위생법)으로 틀린 것은?**
① 식품으로 인한 위생상의 위해사고 방지
② 식품영양의 질적 향상 도모
③ 국민 건강의 보호·증진에 이바지함
④ 식품에 첨가하는 재료의 획일화

답 ④

Check Note

✔ 식품위생 행정의 범위

① 유독·유해성 물질의 혼입 방지 또는 함유식품관리
② 식품의 부패 및 변질식품관리
③ 식중독과 감염병 등에 의한 식품의 오염방지 및 발생 시 조치관리
④ 안전한 식품첨가물 지정
⑤ 영업허가 및 식품위생의 감시
⑥ 조리사와 영양사 등 식품 관련 종사원의 건강관리 및 위생교육
⑦ HACCP 제도 및 식품회수제도 관리
⑧ 식품위생의 정의와 관련된 품질·성분 등의 규격, 제조·사용표시 등의 기준 설정 등

✔ 미생물의 크기

곰팡이 > 효모 > 스피로헤타 > 세균 > 리케차 > 바이러스

✔ 식품의 변질

영양소의 파괴, 식품 성분의 변화 등으로 향기나 맛이 손상되어 식용할 수 없는 상태

✔ 생균수

① 초기 부패(변질 초기)의 생균수 : 식품 1g당 일반세균수가 10^7~10^8마리 정도
② 생균수 검사의 목적 : 식품의 신선도(초기 부패) 측정

✔ 수분 함량에 따른 미생물

세균 < 효모 < 곰팡이

리케차 (Rickettsia)	• 세균과 바이러스의 중간에 속함 • 원형, 타원형으로 2분법으로 증식
바이러스 (Virus)	여과성 미생물로 크기가 가장 작음(예 간염바이러스, 인플루엔자, 모자이크병, 광견병 등)

(3) 미생물에 의한 식품의 변질

1) 변질의 주원인

① 식품 내 미생물의 번식, 식품 자체의 효소작용으로 발생
② 공기 중의 산화로 인한 식품의 비타민 파괴 및 지방 산패

2) 변질의 유형★★

부패	단백질을 주성분으로 하는 식품이 혐기성 세균(공기 없는 것)의 번식에 의해 분해를 일으켜 악취를 내고 유해성 물질[암모니아, 트리메틸아민(트라이메틸아민), 아민]이 생성되는 현상
변패	단백질 이외의 식품(탄수화물이나 지방)이 미생물에 의해 변질되는 현상
산패	지방(유지+산소)이 산화되어 불쾌한 냄새가 나고 식품의 빛깔이 변하는 현상
발효	• 탄수화물이 미생물의 작용으로 분해된 부패산물 • 여러 가지 유기산 또는 알코올 등 사람에게 유익한 물질로 변화되는 현상
후란	단백질 식품이 호기성 미생물의 작용을 받아 부패한 것으로, 악취는 없음

(4) 미생물 생육에 필요한 조건★

영양소	당질, 아미노산 및 무기질소, 무기염류, 생육소(발육소) 등의 영양성분
수분	• 종류에 따라 필요량은 다르나 40% 이상의 수분이 필요함 • 건조식품의 경우 수분 함량이 대략 15% 정도라서 일반 미생물은 발육·증식이 불가능하나, 곰팡이는 유일하게 건조식품에서도 발육할 수 있음
온도	온도에 따라 저온균·중온균·고온균으로 나눔

종류	발육가능온도	최적온도	내용
저온균	0~25℃	15~20℃	식품의 부패를 일으키는 부패균
중온균	15~55℃	25~37℃	질병을 일으키는 병원균
고온균	40~70℃	50~60℃	온천물에 서식하는 온천균

pH (수소이온 농도)	• 곰팡이와 효모의 최적 pH : 4.0~6.0(산성에서 잘 자람) • 세균의 최적 pH : 6.5~7.5(중성 또는 약알칼리에서 잘 자람)
산소	미생물은 산소를 필요로 하는 것과 필요로 하지 않는 것으로 분류

(5) 미생물관리

1) 일광건조법

자건법	식품을 한 번 데쳐서 건조시키는 방법(예 멸치 등)
소건법 (일광건조법)	햇빛에 건조시키는 방법(예 김, 오징어, 다시마 등)
동건법	겨울철 낮과 밤의 온도차를 이용하여 낮에는 해동과 건조가 일어나고, 밤에는 동결하는 원리로 건조하는 방법(예 한천, 당면, 북어 등)
염건법	소금을 뿌려 건조시키는 방법(예 굴비, 조기 등)

2) 인공건조법

직화건조법 (배건법)	식품을 직접 불에 닿게 하여 건조시키는 방법으로, 식품의 향을 증가시킴(예 보리차, 찻잎 등)
분무건조법	액체를 분무하여 열풍으로 건조시키면 가루가 되는 원리를 이용(예 분유, 녹말가루, 인스턴트커피 등)
냉동건조법	식품을 냉동시켜 저온에서 건조시키는 방법(예 한천, 건조두부, 당면 등)
열풍건조법	가열한 공기를 송풍하여 건조시키는 방법(예 육류, 어류 등)
고온건조법	식품을 90℃ 이상의 고온에서 건조시키는 방법(예 건조떡, 건조쌀 등)
고주파건조법	식품이 타지 않도록 균일하게 건조시키는 방법

3) 가열살균법★

저온장시간 살균법(LTLT)	63~65℃에서 30분간 가열 후 급랭 예 우유, 술, 주스, 소스 등에 이용
고온단시간 살균법(HTST)	72~75℃에서 15~20초 이내에 가열 후 급랭 예 우유, 과즙 등에 이용
초고온순간 살균법(UHT)	130~150℃에서 0.5~5초간 가열 후 급랭 예 과즙 등에 이용
고온장시간 살균법(HTLT)	95~120℃에서 30~60분간 가열 살균 예 통조림 살균에 이용

Check Note

pH(수소이온농도)

물질의 신 정도를 가늠하는 척도로, 수소이온의 역수에 상용로그를 취한 값(맛과 밀접한 관계)

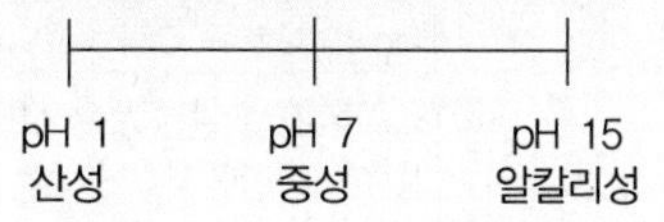

미호기성균

2~10%의 낮은 산소농도에서 잘 자라는 균

호기성균과 혐기성균

① 호기성균 : 산소를 필요로 하는 균
② 혐기성균 : 산소를 필요로 하지 않는 균

바로 확인 문제

식품위생과 관련된 미생물은 ( ), 곰팡이, ( )이다.

답 세균, 효모

4) 냉장 · 냉동법

미생물은 생육온도보다 낮은 온도(10℃ 이하)에서는 활동이 둔해지며, 번식이 불가능해짐

2 식품과 기생충병

(1) 감염병 발생의 3대 원인

감염원 (병원체, 병원소)	• 질병을 일으키는 원인 • 환자, 보균자, 오염식기구, 오염토양, 곤충, 생활용구 등
환경 (감염경로)	• 질병이 전파되는 과정 • 공기감염, 직접감염, 간접감염 등
숙주의 감수성	• 숙주는 기생생물에게 영양이나 질병을 공급한 생물 • 감수성이 높으면 면역성이 낮으므로 질병이 발병되기 쉬움

(2) 감염병의 분류

1) 경구감염병(수인성 감염병, 소화기계 감염병)

① 환자 발생이 폭발적으로 증가할 가능성이 있음

② 음용수 사용지역과 유행지역이 일치(음용수 사용을 중지하면 환자 발생률이 감소 및 중단됨)

③ 치명률이 낮음

④ 계절과 관계없이 발생(주로 여름)

⑤ 성별, 연령, 직업, 생활수준에 따른 발생빈도에 차이가 없으므로 급수는 검수를 해서 먹음

2) 인수공통감염병★★

사람과 동물이 같은 병원체에 의해 발생하는 질병

3) 감염병 유행의 현상

추세변화	일정한 주기(10~40년)로 반복하면서 유행하는 현상 예 이질과 장티푸스(20~30년), 디프테리아(10~24년), 성홍열(10년 전후), 유행성 독감(Influenza, 30년)
순환변화	단기간(2~5년) 순환적으로 반복하면서 유행하는 주기 변화 예 백일해와 홍역(2~4년), 유행성 뇌염(3~4년)
계절변화	1년을 주기로 계절적으로 반복 유행하는 현상 예 소화기계 감염병(여름), 호흡기계 감염병(겨울)
불규칙변화	외래 감염병이 국내에 발생할 때 돌발적인 유행 예 콜레라

Check Note

✔ 냉장 · 냉동법

움 저장	10℃ 정도에서 감자, 고구마, 채소 등을 저장
냉장	0~4℃에서 얼지 않을 정도로 채소, 과일, 육류 등을 저장
냉동	−40℃ 이하에서 급속 냉동시켜 −18℃ 이하에서 어패류 등을 저장
냉동 염법	젓갈 제조 방법 중 지방이 많거나 큰 생선을 서서히 절이고자 할 때 생선을 일단 얼렸다가 절이는 방법

✔ 감수성

생물이 숙주에 의해 침입한 병원체에 대항하여 감염이나 발병을 저지할 수 없는 상태

✔ 경구감염병(수인성 감염병)★

① 장티푸스, 파라티푸스, 콜레라, 세균성 이질
- 병원체 : 세균
- 파리에 의해 감염

② 아메바성 이질, 소아마비(급성 회백수염, 폴리오), 유행성 간염
- 병원체 : 바이러스

✔ 바로 확인 문제

물로 전파되는 수인성 감염병에 속하는 것은 ( ), ( ), ( )이다.

답 장티푸스, 세균성 이질, 콜레라

(3) 식품과 기생충병★★

1) 채소류로부터 감염되는 기생충(중간숙주 ×)

회충	분변으로 오염된 채소, 불결한 손을 통해 침입한 충란은 사람의 소장에서 75일 만에 성충이 됨 • 증상 : 복통, 간담 증세, 구토, 소화장애, 변비 등의 전신증세 • 예방법 : 분변의 위생적 처리, 청정채소의 보급, 위생적인 식생활, 환자의 정기적인 구충제 복용, 채소는 흐르는 물에 5회 이상 씻은 후 섭취
구충 (십이지장충)	충란이 부화, 탈피한 유충이 경피침입 또는 경구침입하여 소장 상부에 기생함 • 증상 : 빈혈증, 소화장애 등 • 예방법 : 회충과 같으며, 인분을 사용한 밭에서 맨발 작업 금지
요충	성숙한 충란이 사람의 손이나 음식물을 통하여 경구침입, 항문 주위 산란 • 증상 : 항문소양증, 집단감염(가족 내 감염률 높음) • 예방법 : 침구 및 내의의 청결함 유지
동양모양 선충	• 경구감염 또는 경피감염, 내염성이 강해 절임채소에서도 발견됨 • 증상 : 장점막에 염증, 복통, 설사, 피곤감, 빈혈 • 예방법 : 분변의 위생적 처리, 청정채소 섭취
편충	• 경구감염되어 맹장 부위에 기생함 • 따뜻한 지방에 많은데, 우리나라에서도 감염률이 높음 • 예방법 : 분변의 위생적 처리, 손 청결, 청정채소 섭취

2) 육류로부터 감염되는 기생충(중간숙주 1개)

유구조충 (갈고리촌충)	• 감염경로 : 돼지 → 사람 • 예방법 : 돼지고기 생식 또는 불완전 가열한 것의 섭취 금지, 분변에 의한 오염 방지
무구조충 (민촌충)	• 감염경로 : 소 → 사람 • 예방법 : 소고기의 생식 금지, 분변에 의한 오염 방지
선모충	• 감염경로 : 돼지, 개 → 사람 • 예방법 : 돼지고기를 75℃ 이상 가열 후 섭취
톡소 플라스마	• 감염경로 : 돼지, 개, 고양이 → 사람 • 예방법 : 돼지고기 생식 금지, 고양이 배설물에 의한 식품 오염 방지
만손 열두조충	• 감염경로 : 개구리, 뱀, 닭의 생식 • 예방법 : 생식 금지

Check Note

보균자

① 건강보균자(병균은 있으나 증상이 없음 → 감염병 관리하는 데 가장 어려움)
② 잠복기보균자
③ 병후보균자(증상과 병균이 있음)

바로 확인 문제

감염병을 관리하는 데 가장 어려운 대상은 ( )이다.

답 건강보균자

PART 01

Check Note

중간숙주에 따른 기생충 분류

① 중간숙주가 없는 기생충 : 회충, 구충, 요충, 편충
② 중간숙주가 1개인 기생충 : 무구조충(민촌충), 유구조충(갈고리촌충), 선모충, 만손열두조충
③ 사람이 중간숙주 구실을 하는 기생충 : 말라리아원충

소독력의 강도

살균 또는 멸균 > 소독 > 방부

바로 확인 문제

식수 소독에 가장 적합한 것은 ( ) 이다.

답 염소소독

3) 어패류로부터 감염되는 기생충(중간숙주 2개)★

기생충	제1중간숙주	제2중간숙주
간흡충 (간디스토마)	왜우렁이 (쇠우렁)	담수어 (붕어, 잉어)
폐흡충 (폐디스토마)	다슬기	민물게, 민물가재
횡천흡충 (요코가와흡충)	다슬기	담수어 (은어, 붕어, 잉어)
고래회충 (아니사키스충)	갑각류	오징어, 고등어, 청어
광절열두조충 (긴촌충)	물벼룩	담수어 (연어, 송어, 숭어)

3 살균 및 소독의 종류와 방법

(1) 살균 · 소독 · 방부의 정의★★★

살균 또는 멸균★	병원균, 아포, 병원미생물 등을 포함하여 모든 미생물균을 사멸시키는 것
소독★	병원미생물을 죽이거나 또는 반드시 죽이지는 못하더라도 그 병원성을 약화시켜서 감염력을 없애는 것
방부★	미생물의 성장 · 증식을 억제하여 식품의 부패를 방지하고 발효 진행을 억제시키는 것

(2) 소독 방법의 구분

1) 물리적 소독 방법

① 무가열에 의한 방법

자외선조사	• 자외선의 살균력은 파장 범위가 2,500~2,600Å(옹스트롬) 정도일 때 가장 강함 • 공기, 물, 식품, 기구, 용기소독에 사용 • 일광소독(실외소독), 자외선소독(실내소독)에 사용
방사선조사	• 식품에 방사선을 방출하는 코발트60(60Co) 등을 물질에 조사시켜 균을 죽이는 방법 • 장기 저장을 목적으로 사용
세균여과법	• 액체식품 등을 세균여과기로 걸러서 균을 제거시키는 방법 • 바이러스는 너무 작아서 걸러지지 않음

② 가열에 의한 방법★★★

저온장시간 살균법★	• LTLT(Low Temperature Long Time) • 63~65℃에서 30분간 가열 후 급랭 • 우유, 술, 주스, 소스 등의 살균에 사용되며, 영양 손실이 적음
고온단시간 살균법★	• HTST(High Temperature Short Time) • 72~75℃에서 15~20초 내에 가열 후 급랭 • 우유, 과즙 등의 살균에 사용
초고온순간 살균법★	• UHT(Ultra High Temperature) • 130~150℃에서 0.5~5초간 가열 후 급랭 • 직접 살균법 : 140~150℃에서 0.5~5초간 살균 • 간접 살균법 : 125~135℃에서 0.5~5초간 살균
고온장시간 살균법	• 95~120℃에서 30~60분간 가열 살균 • 냉각처리를 하지 않음
화염멸균법	• 불에 타지 않는 물건(금속류, 유리병, 백금, 도자기류 등)의 소독을 위하여 불꽃에 20초 이상 가열하는 방법 • 표면의 미생물을 살균시킬 수 있음
유통증기 멸균법	• 100℃의 유통증기에서 30~60분간 가열하는 방법 • 의류, 침구류 소독에 사용
유통증기 간헐멸균법	• 100℃의 유통증기에서 24시간마다 15~20분간씩 3회 계속 가열하는 방법 • 아포를 형성하는 균(내열성균)을 죽일 수 있음
건열멸균법	• 건열멸균기(Dry Oven)에 넣고 150~160℃에서 30분 이상 가열하는 방법 • 유리기구, 주사바늘, 도자기류 소독에 사용
고압증기 멸균법★	• 고압증기멸균솥(오토클레이브)을 이용하여 121℃(압력 15파운드)에서 15~20분간 살균하는 방법 • 멸균 효과가 우수함(통조림 살균)
자비소독 (열탕소독)	• 끓는 물(100℃)에서 30분간 가열하는 방법 • 행주, 식기 등의 소독에 이용 • 아포를 죽일 수 없기에 완전 멸균은 되지 않음

2) 화학적 소독 방법

염소 (차아염소산 나트륨)	수돗물, 과일, 채소, 식기소독에 사용	
	수돗물 소독 시 잔류 염소	0.2ppm
	과일, 채소, 식기소독 시 농도	50~100ppm

Check Note

✔ 바로 확인 문제

자외선을 이용한 가장 유효한 파장 범위는 ( )이다.

답 250~260nm

Check Note

소독약의 구비조건

① 살균력이 강할 것
② 금속부식성이 없을 것
③ 표백성이 없을 것
④ 용해성이 높고 안정성이 있을 것
⑤ 사용하기 간편하고 값이 저렴할 것
⑥ 침투력이 강할 것
⑦ 인축에 대한 독성이 적을 것

석탄산계수

① $\frac{\text{(다른) 소독약의 희석배수}}{\text{석탄산의 희석배수}}$
② 살균력 비교 시 이용 : 석탄산계수가 낮으면 살균력이 떨어짐

역성비누의 사용

① 보통비누와 함께 사용 시 : 보통비누로 먼저 때를 씻어낸 후 역성비누를 사용
② 실제 사용농도 : 과일, 채소, 식기소독은 0.01~0.1%, 손 소독은 10%로 사용

화학적 소독 방법의 예

① 식기 세척 시 중성세제의 농도 : 0.1~0.2%
② 화장실 소독
- 석탄산(3%)
- 크레졸(3%)
- 생석회(가장 우선 사용)

바로 확인 문제

승홍수는 (　　)이 강하여 금속기계의 소독에는 적합하지 않다.

답 금속부식성

소독약	용도 및 특징
표백분 (클로로칼키)	수영장 소독 및 채소, 식기소독에 사용
석탄산(3%)	•화장실(분뇨), 하수도 등의 오물 소독에 사용 •온도 상승에 따라 살균력도 비례하여 증가 장점: 살균력 안정(유기물에도 살균력이 약화되지 않음) 단점: 독한 냄새, 강한 독성, 강한 자극성, 금속부식성
역성비누 (양성비누)	과일, 채소, 식기소독 및 조리자의 손 소독에 사용
크레졸비누 (3%)	•화장실(분뇨), 하수도 등의 오물 소독에 사용 •석탄산보다 소독력과 냄새가 강함
과산화수소(3%)	자극성이 약하여 피부 상처 및 입 안의 상처 소독에 사용
포름알데히드 (포름알데하이드) (기체)	병원, 도서관, 거실 등의 소독에 사용
포르말린	•포름알데히드(포름알데하이드)를 물에 녹여서 만든 30~40%의 수용액 •변소(분뇨), 하수도, 진개 등의 오물 소독에 이용
생석회	저렴하기 때문에 변소(분뇨), 하수도, 진개 등의 오물 소독에 가장 우선적으로 사용
승홍수(0.1%)	금속부식성이 있어 비금속기구의 소독에 주로 이용
에틸알코올(70%)	금속기구, 손 소독에 사용
에틸렌옥사이드 (기체)	식품 및 의약품 소독에 사용
과망간산칼륨 (과망가니즈산칼륨) ($KMnO_4$)	산화력에 가장 강한 소독 효과가 있으며, 0.2~0.5%의 수용액을 사용

4 식품의 위생적 취급기준

조리과정	주방 식재료의 위생적 취급관리
조리 전	• 유통기한 및 신선도 확인 • 식품은 바닥에서 60cm 이상의 높이에 보관 및 조리 • 재료는 검수 후 신속하게(30분 이내) 건냉소, 냉장(0~10℃), 냉동(−18℃ 이하)보관 • 식재료 전처리 과정은 25℃ 이하에서 2시간 이내 처리 • 식재료는 내부 온도가 15℃ 이하로 전처리 • 손을 깨끗이 씻고, 칼, 도마, 칼 손잡이 등을 청결하게 세척하여 교차오염 방지

조리 중	• 채소, 과일은 세제로 1차 세척 후 차아염소산용액 50~75ppm 농도에서 5분간 침지 후 물에 헹구기(물 4ℓ당 락스 유효염소 4%인 5~7㎖ 사용) • 해동된 식재료의 재냉동 사용금지 • 개봉한 통조림은 별도의 용기에 냉장보관(품목명, 원산지, 날짜 표시)★ • 식품 가열은 중심부 온도가 75℃(패류는 85℃)에서 1분 이상 조리 • 칼, 도마, 장갑 등은 용도별 구분 사용 • 채소 → 육류 → 어류 → 가금류 순서로 손질★
조리 후	• 익힌 음식과 날음식은 별도 냉장보관 또는 익힌 음식은 윗칸 보관으로 교차오염 방지 • 보관 시 네임태그 부착(품목명, 날짜, 시간 등 표시) • 조리된 음식은 5℃ 이하 또는 60℃ 이상에서 보관 • 가열한 음식은 즉시 제공 또는 냉각하여 냉장 또는 냉동보관 • 음식물 재사용 금지

5 식품첨가물과 유해물질

(1) 식품첨가물의 분류

1) 식품의 보존성을 높이는 첨가제

① 보존료(방부제)

㉠ 미생물의 증식을 억제하여 식품의 변질, 부패를 막고 신선도를 유지시키기 위해 사용

㉡ 무독성으로 기호에 맞고 미량으로도 효과가 있으며, 가격이 저렴해야 함

데히드로초산나트륨	버터, 치즈, 마가린에 첨가
프로피온산나트륨, 프로피온산칼슘	빵, 과자류에 첨가
안식향산나트륨	과실·채소류, 탄산음료, 간장, 식초에 첨가
소르빈산나트륨, 소르빈산칼륨	육제품, 절임식품, 케첩, 된장에 첨가

② 산화방지제(항산화제) : 식품의 산화에 의한 변질현상을 방지하기 위해 사용

BHA (부틸히드록시아니솔)	식용유지류, 마요네즈, 추잉껌 등
BHT (디부틸히드록시톨루엔)	식용유지류, 버터류, 곡류 등(BHA와 유사 사용)

Check Note

✔ 식품첨가물의 정의 및 특징

① 식품을 제조·가공·조리 또는 보존하는 과정에서 감미, 착색, 표백 또는 산화방지 등을 목적으로 식품에 사용되는 물질(기구·용기·포장을 살균·소독하는 데에 사용되어 간접적으로 식품으로 옮아갈 수 있는 물질 포함)
② 천연 첨가물로는 후추, 생강, 소금 등이 있고, 화학적 합성품으로 글루타민산나트륨, 사카린 등이 있음
③ 식품첨가물은 식품의약품안전처장이 지정한 것만 사용 가능

✔ 식품첨가물 공전

식품의약품안전처장이 지정한 식품첨가물의 종류와 규격, 기준 등이 수록된 것

Check Note

살균료

식품의 부패균 및 병원균을 강력히 살균하기 위해 사용

차아염소산나트륨	• 소독, 살균, 탈취, 표백 목적으로 사용 • 물, 식기, 과일에 사용
표백분	표백작용
고도표백분	표백작용
에틸렌옥사이드	살균작용

산미료

① 식품에 산미(신맛 : 구연산, 살구, 감귤)를 부여하기 위해 사용
② 종류 : 구연산, 젖산(청주, 장류), 초산(살균작용), 주석산(포도), 빙초산

착향료

① 식품의 냄새를 없애거나 강화하기 위해 사용
② 종류 : 멘톨(파인애플향, 포도맛향, 자두맛향), 바닐린(바닐라향), 벤질알코올, 계피알데히드(계피 : 착향 목적 외에 사용 금지)

타르색소를 사용할 수 없는 식품

면류, 김치류, 다류, 묵류, 젓갈류, 단무지, 생과일주스, 천연식품

몰식자산프로필	식용유지류, 버터류
에리소르빈산염(수용성)	색소 산화 방지작용으로 사용기준 없음

③ **천연항산화제(천연산화방지제)** : 비타민 E(토코페롤), 비타민 C(아스코르빈산), 참기름(세사몰), 목화씨(고시폴)

2) 관능을 만족시키는 첨가제

① **정미료(조미료)** : 식품에 감칠맛을 부여하기 위해 사용

천연정미료	글루탐산나트륨(다시마, 된장, 간장), 이노신산(가다랑어 말린 것), 호박산(조개), 구아닌산(표고버섯)
화학정미료	글리신(향료), 5－구아닐산이나트륨(표고버섯의 정미), 구연산나트륨(안정제), L－글루탐산나트륨(다시마의 정미), d－주석산나트륨

② **감미료** : 식품에 감미(단맛)를 부여하기 위해 사용

사카린나트륨	설탕의 300배(허용식품과 사용량에 대한 제한이 있음) • 사용가능 : 건빵, 생과자, 청량음료수 • 사용불가 : 식빵, 이유식, 백설탕, 포도당, 물엿, 벌꿀, 알사탕류
D－솔(소)비톨	설탕의 0.7배(당 알코올로 충치예방에 적당), 과일 통조림, 냉동품의 변성방지제
글리실리진산나트륨	간장, 된장 외에 사용금지
아스파탐	설탕의 150배, 청량음료, 빵류, 과자류(0.5% 사용)

③ **착색료** : 식품의 가공공정에서 변질 및 변색되는 식품의 색을 복원하기 위해 사용

천연착색료	천연색소, 식물에서 용해되어 나온 색소 또는 식물·동물에서 추출한 색소
합성착색료	• 타르색소 : 식용색소 녹색, 황색, 적색 1, 2, 3 • 비타르계 : β－카로틴(치즈, 버터, 마가린), 황산품(과채류, 저장품), 동클로로필린나트륨

④ **발색제(색소고정제)** : 자체 무색이어서 스스로 색을 나타내지 못하지만, 식품 중의 색소 성분과 반응하여 그 색을 고정(보존) 또는 발색하는 데 사용

육류 발색제	아질산나트륨(아질산염) → 니트로사민(발암물질) 생성
과채류 발색제	황산제1철, 황산제2철, 염화제1철, 염화제2철

⑤ **표백제** : 원래의 색을 없애거나 퇴색을 방지, 흰 것을 더 희게 하기 위해 사용

산화제	과산화수소
환원제	(아)황산염, 무수아황산

3) 품질유지 또는 품질개량에 사용되는 첨가제

① **유화제(계면활성제)** : 혼합이 잘되지 않는 2종류의 액체를 유화시키기 위해 사용

합성유화제	글리세린지방산에스테르, 소르비탄지방산에스테르, 폴리소르베이트
천연유화제	레시틴

② **피막제** : 과일의 선도를 장시간 유지하도록 표면에 피막을 만들어 호흡작용을 적당히 제한하고, 수분의 증발을 방지하기 위해 사용

초산비닐수지	피막제 이외의 껌 기초제로도 사용
몰폴린 지방산염	과채 표피(특히 감귤류)
천연피막제	밀납, 석유 왁스, 카나우바 왁스, 쌀겨 왁스

4) 식품의 제조·가공과정에서 필요한 첨가제

식품제조용 첨가제	황산, 수산화나트륨(복숭아, 밀감 등의 통조림 제조 시 박피제)
소포(거품제거)제	거품을 없애기 위하여 사용되는 첨가물(규소수지, 실리콘수지)
팽창제	• 밀가루 제품 제조 시 반죽을 팽창시키는 목적으로 사용 • 효모(천연), 명반, 탄산수소나트륨, 탄산수소암모늄, 탄산암모늄

5) 영양강화제 및 기타 첨가물

영양강화제	식품의 영양강화를 목적으로 사용되는 첨가물(비타민, 무기질, 아미노산)
이형제	제빵 시 빵틀로부터 빵을 잘 분리해 내기 위해 사용하는 첨가물(유동파라핀, 잔존량 0.15% 이하)
껌 기초제	껌에 적당한 점성과 탄력성을 갖게 하여 그 풍미를 유지하기 위한 첨가물 • 초산비닐수지(피막제로도 사용) • 에스테르검, 폴리부텐, 폴리이소부틸렌(껌 기초제 이외로는 사용할 수 없음)

Check Note

품질유지 또는 품질개량에 사용되는 첨가제

① 품질개량제(결착제) : 식품의 결착력을 증대시키고 식품의 변색 및 변질을 방지시키는 첨가물(맛의 조성, 식품의 풍미 향상, 식품 조직의 개량)
- 종류 : 복합인산염

② 소맥분(밀가루) 개량제 : 밀가루의 표백 및 숙성기간을 단축시켜 제빵 효과 및 저해물질을 파괴시키며, 살균 효과도 있는 첨가물
- 종류 : 과산화벤조일(희석)(밀가루), 브롬화칼륨(브로민화칼륨), 과황산암모늄, 이산화염소, 과붕산나트륨

③ 증점제(호료) : 식품의 결착성(점착성)을 증가시켜 교질상 미각을 증진시키는 첨가물

천연 호료	카제인, 구아검, 알긴산, 젤란검, 카라기난
합성 호료	알긴산나트륨, 알긴산암모늄, 알긴산칼슘, 변성전분, 카제인나트륨

바로 확인 문제

식품첨가물 중 영양강화제로는 아미노산류, 지방산류가 있다. (O / X)

 X

추출제	일종의 용매로, 천연식품 중에서 성분을 용해・추출하기 위해 사용되는 첨가물(n–헥산)

(2) 유해물질

1) 중금속 유해물질과 중독증상

금속명	주요 중독경로	중독증상
납(Pb)	기구	복통, 구토, 설사, 중추신경장애
구리(Cu)	첨가물, 식기, 용기	구토, 위통, 잔열감, 현기증
아연(Zn)	식기, 용기	설사, 구토, 복통, 두통
카드뮴(Cd)	식기, 기구	구토, 경련, 설사, 이타이이타이병
비소(As)	농약, 첨가물	위통, 설사, 구토, 출혈, 흑피증
안티몬(Sb)	식기	구토, 설사, 출혈, 경련
수은(Hg)	체온계	구토, 복통, 설사, 경련, 허탈, 미나마타병

2) 조리 및 가공 중에 생기는 유해물질

벤조피렌	• 고온 또는 식품첨가물질이 원인 • 식품을 가열하면 성분이 변화하면서 발암물질이 생성됨 (예 불에 탄 고기)
니트로소 화합물 (나이트로소화합물)	산성 조건의 아질산과 2급 아민이 식품 가공 중에 발암물질로 생성됨
아크릴 아마이드	전분이 많은 감자류와 곡류 등을 높은 온도에서 가열할 때 생성됨(예 감자튀김, 과자, 피자 등을 만들 때 생성됨)

03 작업장 위생관리

1 작업장 위생 위해요소

(1) 작업장 위생관리

① 작업장은 매일 1회 이상 청소하고 청결을 유지

② 식품은 항상 보관시설과 냉장시설에 위생적으로 보관

③ 조리기기와 기구는 사용 후에 깨끗이 세척하여 소독한 후 정돈하여 보관

④ 쓰레기는 발생 즉시 분리수거 후 폐기물 용기에 담아 위생적으로 처리

Check Note

✔ 조리대의 위해요소관리

① 조리대는 중성세제 또는 염소소독제로 200배 희석하여 소독

② 염소소독제(4%) 200배 희석방법 (1,000㎖ 제조 시) : 물 995㎖ + 염소소독제 5㎖

⑤ 급수는 수돗물 또는 공공 시험기관에서 음용에 적합하다고 인정한 것만 사용
⑥ 매주 1회 이상은 소독제로 소독
⑦ 환기를 자주 하여 공기를 순환시킴

(2) 주방기구별 위해요소관리

주방기구	위해요소관리
조리시설, 조리기구	• 살균소독제로 세척, 소독 후 사용 • 열탕소독 또는 염소소독으로 세척 및 소독
기계 및 설비	• 설비 본체 부품 분해 → 부품은 깨끗한 장소로 이동 → 뜨거운 물로 1차 세척 → 스펀지에 세제를 묻혀 이물질 제거 후 씻어내기 • 설비 부품은 뜨거운 물 또는 200ppm의 차아염소산나트륨 용액에 5분간 담근 후에 세척
싱크대	약알칼리성 세제로 씻고, 70% 알코올로 분무소독
도마, 칼	뜨거운 물로 1차 세척 → 스펀지에 세제를 묻혀 이물질 제거 후 씻어내기 → 뜨거운 물(80℃) 또는 200ppm의 차아염소산나트륨 용액에 5분간 담근 후에 세척
칼, 행주	끓는 물에서 30초 이상 열탕소독
기타	• 바닥의 균열 및 파손 시 즉시 보수하여 오물이 끼지 않도록 관리 • 출입문·창문 등에는 방충시설을 설치 • 방충·방서용 금속망의 굵기는 30메쉬(Mesh)가 적당

2 식품안전관리인증기준(HACCP, Hazard Analysis and Critical Control Point)★

개념	• HACCP은 위해분석(HA; Hazard Analysis)과 중요관리점(CCP; Critical Control Point)으로 구성 • HA는 위해 가능성이 있는 요소를 전체적인 공정 과정의 흐름에 따라 분석·평가하는 것이며, CCP는 확인된 위해한 요소 중에서 중점적으로 다루어야 하는 위해요소를 뜻함
목적	사전에 위해한 요소들을 예방하며 식품의 안전성을 확보하는 것
국내 도입	• 식품위생법에 HACCP 제도를 1995년 12월 29일에 도입 • 식품의 생산, 유통, 소비의 전 과정에서 식품관리의 예방차원에서 지속적으로 식품의 안전성(Safety) 확보와 건전성 및 품질을 확보함은 물론 식품업체의 자율적이고 과학적 위생관리 방식의 정착과 국제기준 및 규격과의 조화를 도모하고자 신설

Check Note

HACCP 제도의 수행 7단계

① 원칙1 : 위해요소 분석
② 원칙2 : 중요관리점(CCP) 결정
③ 원칙3 : 한계기준 설정
④ 원칙4 : 모니터링 체계 확립, 감시
⑤ 원칙5 : 한계기준 이탈 시 개선조치 절차 수립
⑥ 원칙6 : 검증 절차 수립
⑦ 원칙7 : 기록 유지 및 문서화 절차 확립

HACCP 관리 5단계

① 주도적으로 담당할 HACCP팀 구성(업소 내 핵심요원 포함)
② 제품 설명서 작성
③ 해당 식품의 의도된 사용 방법 및 소비자 파악
④ 공정단계 파악 후 공정흐름도 작성
⑤ 작성된 공정흐름도와 평면도가 현장과 일치하는지 검증

식품회수제도(Recall)

식품의 사후관리 방안의 일환으로 식품이 유통되는 과정에서 위해식품으로 판정되었을 경우 생산자 등이 위해식품을 자발적으로 회수·폐기하여 소비자를 위해식품으로부터 사전에 보호하기 위한 제도

바로 확인 문제

식품안전관리인증기준(HACCP) 수행 단계에서 가장 먼저 실시하는 것은 (　　)이다.

답 식품의 위해요소 분석

Check Note

식중독(Food Poisoning)

유독·유해한 물질이 음식물과 함께 입을 통해 섭취되어 생리적인 이상을 일으키는 것(6~9월에 주로 발생함)

세균성 식중독과 소화기계 감염병

세균성 식중독	소화기계감염병 (경구감염병)
• 식중독균에 오염된 식품을 섭취하여 발병 • 식품에 많은 양의 균 또는 독소에 의해 발병 • 살모넬라 외에는 2차 감염이 없음 • 짧은 잠복기 • 면역성 없음	• 감염병균에 오염된 식품과 물의 섭취로 경구감염 • 식품에 적은 양의 균으로 발병 • 2차 감염이 있음 • 긴 잠복기 • 면역성 있음

3 작업장 교차오염 발생요소

(1) 교차오염의 정의

식재료, 기구, 기물, 사람, 용수 등에 있던 미생물이 오염되지 않은 음식, 기구, 기물로 전이되어 오염되는 것

(2) 교차오염 발생요소별 원인 및 방안

교차오염 발생요소	발생 원인	방안
식재료 입고, 전처리 과정	많은 양의 식재료가 원재료 상태로 들어와 준비하는 과정에서 교차오염 발생 가능성이 높음	원 식재료의 전처리 과정에서 세심한 청결 상태 유지와 식재료의 관리 필요
채소, 과일 준비 코너, 생선 취급 코너	칼, 도마, 장갑 등에서 교차오염 발생	칼, 도마, 장갑 등 용도별 구분 사용 필요
행주, 나무도마 등	행주, 나무도마 등에서 교차오염 발생	집중적인 위생관리 및 교체, 세척 살균 요함
작업장 바닥, 트렌치 등	작업장 바닥, 트렌치 등에서 교차오염 발생	집중적인 위생관리 및 세척 살균, 건조 요함

※ 작업 종료 후 지정한 인원은 매일 작업 시작 전에 작업장의 모든 장비, 용기, 바닥을 물로 청소하고, 식품 접촉표면은 염소계 소독제 200ppm을 사용하여 살균한 후 습기를 제거해야 함

04 식중독 관리

1 세균성 식중독★★

(1) 감염형 식중독

병원체가 증식한 식품을 섭취하여 인체에 일으키는 식중독

① 살모넬라 식중독★

특징	쥐, 파리, 바퀴벌레에 의해 식품을 오염시키는 균
원인균	살모넬라균
증상	두통, 심한 위장염 증상, 38~40℃의 급격한 발열
원인식품	육류 및 어패류의 가공품, 우유 및 유제품, 채소 샐러드 등
잠복기	12~24시간
예방대책	열에 약하여 60℃에서 30분이면 사멸

② 장염비브리오 식중독★

특징	해안지방에 가까운 바닷물(3~4% 식염농도) 등에 사는 호염성 세균으로 그람음성간균
원인균	비브리오균
증상	위장의 통증과 설사(혈변), 구토, 약간의 발열
원인식품	어패류(생것으로 먹을 때나 칼, 도마, 식기 등)에 의해 2차 오염)
잠복기	10~18시간
예방대책	• 5℃ 이하에서 음식을 보존하고, 60℃에서 5분간 가열하면 균이 사멸 • 조리할 때 청결하게 하고, 2차 오염을 막기 위해 칼, 도마, 식기, 용기 등의 소독을 철저히 함

③ 병원성대장균 식중독★

특징	사람이나 동물의 장관 내에 살고 있는 균으로 물이나 흙 속에 존재하며, 식품과 함께 입을 통해 체내에 들어오면 장염을 일으키는 식중독
원인균	병원성대장균
증상	급성 대장염
원인식품	우유, 가정에서 만든 마요네즈
잠복기	13시간 정도
예방대책	동물의 분변오염 방지

④ 웰치균 식중독

특징	웰치균은 편성혐기성균으로 아포(내열성균으로 열에 강함)를 형성하며, 조리 중에 잘 죽지 않음
원인균	웰치균(식중독의 원인균은 A형)
증상	설사, 복통
원인식품	육류 및 어패류의 가공품
잠복기	8~22시간
예방대책	분변오염 방지, 조리 후 식품을 급히 냉각시킨 다음 저온(10℃ 이하)에서 보존하거나 60℃ 이상으로 보존

(2) 독소형 식중독

① (황색)포도상구균 식중독★

특징	화농성 질환자에 의해 감염되며, 120℃에서 20분간 열을 가해도 균이 사멸되지 않음

Check Note

캄필로박터균 식중독

① 원인균 : 캄필로박터균
② 증상 : 설사, 복통, 권태감, 발열, 구토
③ 원인식품 : 식육 및 그 가공품
④ 잠복기 : 2~7일
⑤ 예방대책 : 조리 시 청결에 주의하고 육류 섭취 시 축산물 내부까지 65℃에서 10분 이상 가열 후 섭취

식중독에 따른 사망률

① 살모넬라 식중독 : 치사율 0.1%
② 장염비브리오 식중독 : 치사율 40~60%
③ 클로스트리디움 보툴리눔 식중독 : 치사율 70%
④ (황색)포도상구균 식중독 : 치사율 0%

독소형 식중독

식품 내에 병원체의 증식으로 생성된 독소에 의한 식중독으로 잠복기가 가장 짧은 것이 특징임

바로 확인 문제

일반적인 가열조리법으로 예방하기 어려운 식중독은 (   )이다.

답 (황색)포도상구균에 의한 식중독

원인균	(황색)포도상구균
원인독소	엔테로톡신(Enterotoxin, 장독소)은 열에 강하여 가열하여도 파괴되지 않으며, 균이 사멸되어도 독소는 남음
증상	구토, 복통, 설사
원인식품	우유, 유제품, 떡, 도시락, 김밥
잠복기	잠복기가 가장 짧은 식후 3시간
예방대책	손에 상처나 화농(고름)이 있는 사람은 식품 취급을 금지

② 클로스트리디움 보툴리늄 식중독

원인균	보툴리누스균(A, B, C, D, E, F, G형 중 A, B, E, F형이 원인균)
원인독소	뉴로톡신(Neurotoxin, 신경독소)은 열에 의해 파괴
증상	신경마비증상
원인식품	살균이 불충분한 통조림, 햄, 소시지 등 가공품
잠복기	식후 12~36시간
예방대책	통조림 및 소시지 등의 위생적 보관과 가공처리 철저

2 자연독 식중독

(1) 동물성 식중독

① 복어

원인독소	테트로도톡신(Tetrodotoxin)★
치사량	2mg
독성시기	봄철 5~6월 산란기에 가장 강함
독성 부위	난소 > 간 > 내장 > 피부
증상	식후 30분~5시간 만에 발병하여 지각마비, 근육마비, 구토, 호흡곤란, 의식불명되어 사망에 이르며, 치사율은 50~60%임
예방대책	복어는 전문 조리사만이 요리하도록 하고, 유독 부위를 완벽히 제거 후 섭취

② 검은 조개, 섭조개(홍합)

원인독소	삭시톡신
증상	신체마비, 호흡곤란, 치사율 10%

③ 모시조개, 굴, 바지락

원인독소	베네루핀★
증상	구토, 복통, 변비, 치사율 44~50%

Check Note

✔ 통조림 식품의 유해성 금속물질

납, 주석(허용치는 150ppm 이하이고, 산성 통조림 식품에 한하여 250ppm 이하)

✔ 복어 독의 특징

복어의 독은 끓여도 파괴되지 않음

바로 확인 문제

섭조개에 들어 있으며, 신경계통의 마비를 일으키는 독성분은 (　　) 이다.

답 삭시톡신

④ 소라, 고둥

원인독소	테트라민

(2) 식물성 식중독

감자 중독	원인 독소	• 감자의 발아한 부분 또는 녹색 부분의 솔라닌(Solanine) • 부패한 감자에는 셉신이란 독성물질이 생성되어 중독을 일으킴
	예방 대책	• 감자의 싹 트는 부분과 녹색 부분은 제거해야 함 • 감자보관 시 서늘한 곳에 보관
독버섯 중독	원인 독소	무스카린★, 무스카리딘, 팔린, 아마니타톡신, 필지오린, 뉴린, 콜린, 코플린
	종류	• 위장형 중독 : 무당버섯, 화경버섯(증상 : 구토, 설사, 복통 등의 위장장애) • 콜레라형 중독 : 마귀곰보버섯, 알광대버섯(증상 : 경련, 헛소리, 혼수상태) • 신경계 장애형 중독 : 파리버섯, 광대버섯, 미치광이버섯(증상 : 중추신경장애, 광증, 근육경련) • 혈액형 중독(증상 : 콜레라형 위장장애, 용혈작용, 황달)
기타 유독물질		• 청매, 살구씨, 복숭아씨 : 아미그달린(Amygdalin) • 독미나리 : 시큐톡신(Cicutoxin) • 목화씨 : 고시폴(Gossypol) • 피마자 : 리신(Ricin) • 독보리 : 테물린(Temuline) • 미치광이풀 : 아트로핀(Atropine)

3 화학적 식중독

(1) 농약에 의한 식중독

① 유기인계(신경독)

증상	신경장애, 혈압상승, 근력감퇴, 전신경련
종류	파라티온, 말라티온, 다이아지논, 테프(TEPP)
예방	농약 살포 시 흡입주의, 수확 15일 전 살포 금지, 과채류의 산성액 세척 등

② 유기염소계

증상	복통, 설사, 두통, 구토, 전신권태, 신경계 독성
종류	DDT, BHC
예방	농약 살포 시 흡입주의, 수확 15일 전 살포 금지 등

Check Note

독버섯 감별법

① 세로로 쪼개지지 않는 것
② 고약한 냄새가 나는 것
③ 색깔이 짙고 색이 화려한 것
④ 줄기 부분이 거친 것
⑤ 쓴맛 또는 매운맛
⑥ 은수저를 검은색으로 변색시키는 것

아미그달린

① 복숭아씨, 은행의 종자 등에는 아미그달린이라는 청산배당체가 함유되어 있고, 이것은 아미그달라제에 의해 분해되어 청산을 생산해 중독을 일으킴
② 중독의 원인인 청산은 치명률이 높아 순식간에 사망에 이르게 함

메탄올(메틸알코올)

① 주류의 메탄올 함유 허용량은 0.5mg/㎖ 이하(예외 : 과실주, 포도주는 1.0mg/㎖ 이하)
② 중독량 : 5~10㎖
③ 치사량 : 30~100㎖
④ 증상 : 두통, 구토, 설사, 실명, 심할 경우 호흡곤란으로 사망

바로 확인 문제

목화씨로 조제한 면실유 식용 후 식중독 발생 시 원인물질은 (   ) 이다.

답 고시폴

Check Note

아플라톡신

아플라톡신은 열에 강하여 가열 후에도 식품에 존재할 수 있음

곰팡이 독소 생육의 최적조건

① 수분 : 16% 이상
② 습도 : 85%
③ 온도 : 25~29℃

바로 확인 문제

황변미 중독은 14~15% 이상의 수분을 함유하는 저장미에서 발생하기 쉬우며, 원인 미생물은 (　　) 이다.

답 푸른곰팡이

③ 유기수은계

증상	시야 축소, 언어장애, 정신착란
종류	메틸염화수은, 메틸요오드화수은(메틸아이오딘화수은), EMP, PMA

④ 비소화합물

증상	목구멍과 식도의 수축현상, 위통, 설사, 혈변, 소변량 감소
종류	비산칼슘
예방	농약 살포 시 흡입주의, 수확 15일 전 살포 금지 등

4 곰팡이 독소

(1) 아플라톡신 중독

원인곰팡이	아스퍼질러스 플라브스
원인식품	재래식 된장, 곶감, 땅콩, 곡류
독소	아플라톡신(간장독)

(2) 맥각 중독

원인균	맥각균
원인식품	보리, 밀, 호밀
독소	에르고톡신(간장독), 에르고타민

(3) 황변미 중독

원인곰팡이	푸른곰팡이(페니실리움)
원인식품	저장미(14~15%의 수분 함유)
독소	시트리닌(신장독), 시트리오비리딘(신경독), 아이슬랜디톡신(간장독)

(4) 알레르기 식중독(부패성 식중독)

원인균	프로테우스 모르가니(Proteus morganii)균
원인식품	꽁치, 고등어 등 붉은살 어류 및 그 가공품을 섭취했을 때 발생
원인물질	히스타민(Histamine)으로 아미노산의 하나인 히스티딘(Histidine)으로부터 합성되는 체내 생물학적 아민의 하나
치료약	항히스타민제(Antihistamine) 투여

05 식품위생 관계법규

1 식품위생법령 및 관계법규

(1) 식품위생 관련 용어의 정의

식품★	모든 음식물(의약으로 섭취하는 것은 제외)
식품첨가물★	식품을 제조·가공·조리 또는 보존하는 과정에서 감미, 착색, 표백 또는 산화방지 등을 목적으로 식품에 사용되는 물질(이 경우 기구·용기·포장을 살균·소독하는 데 사용되어 간접적으로 식품으로 옮아갈 수 있는 물질 포함)
화학적 합성품	화학적 수단으로 원소 또는 화합물에 분해반응 외의 화학반응을 일으켜 얻은 물질
기구★	식품 또는 식품첨가물에 직접 닿는 기계·기구나 그 밖의 물건(농업과 수산업에서 식품을 채취하는 데에 쓰는 기계·기구나 그 밖의 물건 및 「위생용품 관리법」에 따른 위생용품은 제외)으로 음식을 먹을 때 사용하거나 담는 것과 식품 또는 식품첨가물의 채취·제조·가공·조리·저장·소분·운반·진열할 때 사용하는 것
용기·포장	식품 또는 식품첨가물을 넣거나 싸는 것으로서 식품 또는 식품첨가물을 주고받을 때 함께 건네는 물품
위해	식품, 식품첨가물, 기구 또는 용기·포장에 존재하는 위험요소로서 인체의 건강을 해치거나 해칠 우려가 있는 것
영업	식품 또는 식품첨가물을 채취·제조·가공·조리·저장·소분·운반 또는 판매하거나 기구 또는 용기·포장을 제조·운반·판매하는 업(농업과 수산업에 속하는 식품 채취업은 제외), 공유주방을 운영하는 업과 공유주방에서 식품제조업 등을 영위하는 업을 포함
영업자	영업허가를 받은 자나 영업신고를 한 자 또는 영업등록을 한 자
식품위생	식품, 식품첨가물, 기구 또는 용기·포장을 대상으로 하는 음식에 관한 위생
집단급식소	영리를 목적으로 하지 아니하면서 특정 다수인에게 계속하여 음식물을 공급하는 기숙사, 학교·유치원·어린이집, 병원, 사회복지시설, 산업체, 국가·지방자치단체 및 공공기관, 그 밖의 후생기관 등에 해당되는 곳의 급식시설로서 1회 50명 이상에게 식사를 제공하는 급식소

(2) 식품 및 식품첨가물★

1) 위해식품 등의 판매 등 금지

① 썩거나 상하거나 설익어서 인체의 건강을 해칠 우려가 있는 것

Check Note

식품위생법의 목적★

① 식품으로 인하여 생기는 위생상의 위해를 방지
② 식품영양의 질적 향상을 도모
③ 식품에 관한 올바른 정보를 제공함으로써 국민 건강의 보호·증진에 이바지함

기타 식품위생 관련 용어 정의

① 공유주방 : 식품의 제조·가공·조리·저장·소분·운반에 필요한 시설 또는 기계·기구 등을 여러 영업자가 함께 사용하거나, 동일한 영업자가 여러 종류의 영업에 사용할 수 있는 시설 또는 기계·기구 등이 갖춰진 장소
② 식품이력추적관리 : 식품을 제조·가공단계부터 판매단계까지 각 단계별로 정보를 기록·관리하여 그 식품의 안전성 등에 문제가 발생할 경우 그 식품을 추적하여 원인을 규명하고 필요한 조치를 할 수 있도록 관리하는 것
③ 식중독 : 식품 섭취로 인하여 인체에 유해한 미생물 또는 유독물질에 의하여 발생하였거나 발생한 것으로 판단되는 감염성 질환 또는 독소형 질환
④ 집단급식소에서의 식단 : 급식대상 집단의 영양섭취기준에 따라 음식명, 식재료, 영양성분, 조리방법, 조리인력 등을 고려하여 작성한 급식계획서

바로 확인 문제

식품위생행정을 과학적으로 뒷받침하는 중앙기구로 시험·연구업무를 수행하는 기관은 (   )이다.

답 식품의약품안전처

Check Note

식품 등의 취급

누구든지 판매를 목적으로 식품 또는 식품첨가물을 채취·제조·가공·사용·조리·저장·소분·운반 또는 진열을 할 때에는 깨끗하고 위생적으로 하여야 하고, 영업에 사용하는 기구 및 용기·포장은 깨끗하고 위생적으로 다루어야 하며, 식품, 식품첨가물, 기구 또는 용기·포장(식품 등)의 위생적인 취급에 관한 기준은 총리령으로 정함

식품 등의 공전★

식품의약품안전처장은 다음의 기준 등을 실은 식품 등의 공전을 작성·보급하여야 함

① 식품 또는 식품첨가물의 기준과 규격
② 기구 및 용기·포장의 기준과 규격

바로 확인 문제

'유통기한'의 정의는 제품의 (　　) 로부터 소비자에게 (　　)되는 기간을 말한다.

답 제조일, 판매가 허용

② 유독·유해물질이 들어 있거나 묻어 있는 것 또는 그러할 염려가 있는 것(다만, 식품의약품안전처장이 인체의 건강을 해칠 우려가 없다고 인정하는 것은 제외)
③ 병을 일으키는 미생물에 오염되었거나 그러할 염려가 있어 인체의 건강을 해칠 우려가 있는 것
④ 불결하거나 다른 물질이 섞이거나 첨가된 것 또는 그 밖의 사유로 인체의 건강을 해칠 우려가 있는 것
⑤ 안전성 심사 대상인 농·축·수산물 등 가운데 안전성 심사를 받지 아니하였거나 안전성 심사에서 식용으로 부적합하다고 인정된 것
⑥ 수입이 금지된 것 또는 수입신고를 하지 아니하고 수입한 것
⑦ 영업자가 아닌 자가 제조·가공·소분한 것

(3) 기구와 용기·포장

1) 유독기구 등의 판매·사용금지

유독·유해물질이 들어 있거나 묻어 있어 인체의 건강을 해칠 우려가 있는 기구 및 용기·포장과 식품 또는 식품첨가물에 직접 닿으면 해로운 영향을 끼쳐 인체의 건강을 해칠 우려가 있는 기구 및 용기·포장을 판매하거나 판매할 목적으로 제조·수입·저장·운반·진열하거나 영업에 사용하여서는 아니 됨

2) 기구 및 용기·포장에 관한 기준과 규격★

① 식품의약품안전처장은 국민보건을 위하여 필요한 경우에는 판매하거나 영업에 사용하는 기구 및 용기·포장에 관하여 다음의 사항을 정하여 고시함
㉠ 제조 방법에 관한 기준
㉡ 기구 및 용기·포장과 그 원재료에 관한 규격
② 식품의약품안전처장은 ①에 따라 기준과 규격이 고시되지 아니한 기구 및 용기·포장의 기준과 규격을 인정받으려는 자에게 ①의 사항을 제출하게 하여 식품의약품안전처장이 지정한 식품전문 시험·검사기관 또는 총리령으로 정하는 시험·검사기관의 검토를 거쳐 ①에 따라 기준과 규격이 고시될 때까지 해당 기구 및 용기·포장의 기준과 규격으로 인정할 수 있음

(4) 유전자변형식품 등의 표시

① 다음의 어느 하나에 해당하는 생명공학기술을 활용하여 재배·육성된 농산물·축산물·수산물 등을 원재료로 하여 제조·가공한 식품 또는 식품첨가물(유전자변형식품 등)은 유전자변형식품

임을 표시하여야 함(제조·가공 후에 유전자변형 디엔에이(DNA; Deoxyribonucleic acid) 또는 유전자변형 단백질이 남아 있는 유전자변형식품 등에 한정함)

㉠ 인위적으로 유전자를 재조합하거나 유전자를 구성하는 핵산을 세포 또는 세포 내 소기관으로 직접 주입하는 기술

㉡ 분류학에 따른 과(科)의 범위를 넘는 세포융합기술

② ①에 따라 표시하여야 하는 유전자변형식품 등은 표시가 없으면 판매하거나 판매할 목적으로 수입·진열·운반하거나 영업에 사용하여서는 아니 됨

③ ①에 따른 표시의무자, 표시대상 및 표시방법 등에 필요한 사항은 식품의약품안전처장이 정함★

(5) 식품위생감시원의 직무★★★

① 식품 등의 위생적 취급에 관한 기준의 이행 지도

② 수입·판매 또는 사용 등이 금지된 식품 등의 취급 여부에 관한 단속

③ 규정에 따른 표시 또는 광고기준의 위반 여부에 관한 단속

④ 출입·검사에 필요한 식품 등의 수거

⑤ 시설기준의 적합 여부의 확인·검사

⑥ 영업자 및 종업원의 건강진단 및 위생교육의 이행 여부의 확인·지도

⑦ 조리사 및 영양사의 법령 준수사항 이행 여부의 확인·지도

⑧ 행정처분의 이행 여부 확인

⑨ 식품 등의 압류·폐기 등

⑩ 영업소의 폐쇄를 위한 간판 제거 등의 조치

⑪ 그 밖에 영업자의 법령 이행 여부에 관한 확인·지도

(6) 영업

1) 허가를 받아야 하는 영업 및 허가관청

① **식품조사처리업** : 식품의약품안전처장

② **단란주점영업, 유흥주점영업** : 특별자치시장·특별자치도지사 또는 시장·군수·구청장

2) 영업신고를 해야 하는 업종

특별자치시장·특별자치도지사 또는 시장·군수·구청장에게 신고를 하여야 하는 영업

① 즉석판매제조·가공업

② 식품운반업

③ 식품소분·판매업

Check Note

식품위생감시원

① 관계 공무원의 직무와 그 밖에 식품위생에 관한 지도 등 식품의약품안전처(대통령령으로 정하는 그 소속 기관을 포함), 특별시·광역시·특별자치시·도·특별자치도 또는 시·군·구에 식품위생감시원을 둠

② ①에 따른 식품위생감시원의 자격·임명·직무범위, 그 밖에 필요한 사항은 대통령령으로 정함

③ **임명권자** : 식품의약품안전처장, 시·도지사 또는 시장·군수·구청장

식품접객업의 종류와 정의

① 휴게음식점영업 : 주로 다류, 아이스크림류 등을 조리·판매하거나 패스트푸드점, 분식점 형태의 영업 등 음식류를 조리·판매하는 영업으로 음주행위가 허용되지 않는 영업[다만, 편의점, 슈퍼마켓, 휴게소, 그 밖에 음식류를 판매하는 장소(만화가게 및 인터넷컴퓨터게임시설제공업을 하는 영업소 등 음식류를 부수적으로 판매하는 장소를 포함)에서 컵라면, 일회용 다류 또는 그 밖의 음식류에 물을 부어 주는 경우는 제외]

② 일반음식점영업 : 음식류를 조리·판매하는 영업으로서 식사와 함께 음주행위가 허용되는 영업

③ 단란주점영업 : 주로 주류를 조리·판매하는 영업으로서 손님이 노래를 부르는 행위가 허용되는 영업

④ 유흥주점영업 : 주로 주류를 조리·판매하는 영업으로서 유흥종사자를 두거나 유흥시설을 설치할 수 있고, 손님이 노래를 부르거나 춤을 추는 행위가 허용되는 영업

⑤ 위탁급식영업 : 집단급식소를 설치·운영하는 자와의 계약에 의하여 그 집단급식소 내에서 음식류를 조리하여 제공하는 영업

⑥ 제과점영업 : 주로 빵, 떡, 과자 등을 제조·판매하는 영업으로서 음주행위가 허용되지 않는 영업

④ 식품냉동·냉장업
⑤ 용기·포장류 제조업(자신의 제품을 포장하기 위하여 용기·포장류를 제조하는 경우는 제외)
⑥ 휴게음식점영업, 일반음식점영업, 위탁급식영업 및 제과점영업

3) 영업등록을 해야 하는 업종

특별자치시장·특별자치도지사 또는 시장·군수·구청장에게 등록을 하여야 하는 영업

① 식품제조·가공업(「주세법」의 주류를 제조하는 경우에는 식품의약품안전처장에게 등록)
② 식품첨가물제조업
③ 공유주방 운영업

4) 건강진단 대상자

① 식품 또는 식품첨가물(화학적 합성품 또는 기구 등의 살균·소독제는 제외)을 채취, 제조, 가공, 조리, 저장, 운반 또는 판매하는 일에 직접 종사하는 영업자 및 그 종업원(완전 포장된 식품 또는 식품첨가물을 운반 또는 판매하는 일에 종사하는 사람은 제외)
② 건강진단을 받아야 하는 영업자 및 그 종업원은 영업 시작 전 또는 영업에 종사하기 전에 미리 건강진단을 받아야 함

5) 영업에 종사하지 못하는 질병의 종류★★★

① 콜레라, 장티푸스, 파라티푸스, 세균성이질, 장출혈성대장균감염증, A형 간염
② 결핵(비감염성인 경우는 제외)
③ 피부병 또는 그 밖의 고름형성(화농성) 질환
④ 후천성 면역결핍증(성매개감염병에 관한 건강진단을 받아야 하는 영업에 종사하는 사람만 해당)

6) 식품위생교육시간★★

영업자와 종업원	영업자(식용얼음판매업자와 식품자동판매기영업자는 제외)	3시간
	유흥주점영업의 유흥종사자	2시간
	집단급식소를 설치·운영하는 자	3시간
영업을 하려는 자	식품제조·가공업, 식품첨가물제조업, 공유주방 운영업의 영업을 하려는 자	8시간
	식품운반업, 식품소분·판매업, 식품보존업, 용기·포장류제조업의 영업을 하려는 자	4시간

Check Note

건강진단 횟수

영업자 및 그 종업원은 매 1년마다 건강진단을 받아야 함

식품위생교육

① 영업자 및 유흥종사자를 둘 수 있는 식품접객업 영업자의 종업원은 매년 식품위생에 관한 교육을 받아야 함
② 영업을 하려는 자는 미리 식품위생교육을 받아야 하며, 다만, 부득이한 사유로 미리 식품위생교육을 받을 수 없는 경우에는 영업을 시작한 뒤에 식품의약품안전처장이 정하는 바에 따라 식품위생교육을 받을 수 있음

모범업소의 지정

특별자치시장·특별자치도지사·시장·군수·구청장은 위생등급 기준에 따라 위생관리 상태 등이 우수한 식품접객업소(공유주방에서 조리·판매하는 업소 포함) 또는 집단급식소를 모범업소로 지정할 수 있음

바로 확인 문제

(　　　)은 음식류를 조리·판매하는 영업으로, 식사와 함께 음주행위가 허용되는 영업이다.

답 일반음식점

	즉석판매제조·가공업, 식품접객업의 영업을 하려는 자	6시간
	집단급식소를 설치·운영하려는 자	6시간

(7) 조리사 및 영양사 등

1) 조리사를 두어야 하는 영업 등★★★

① 상시 1회 50명 이상에게 식사를 제공하는 집단급식소 운영자

② 식품접객업 중 복어독 제거가 필요한 복어를 조리·판매하는 영업을 하는 자

2) 영양사를 두어야 하는 영업

상시 1회 50명 이상에게 식사를 제공하는 집단급식소 운영자

3) 집단급식소에 근무하는 조리사와 영양사의 직무★★

조리사의 직무	영양사의 직무
• 집단급식소에서의 식단에 따른 조리업무[식재료의 전(前)처리에서부터 조리, 배식 등의 전 과정] • 구매식품의 검수 지원 • 급식설비 및 기구의 위생·안전 실무 • 그 밖에 조리실무에 관한 사항	• 집단급식소에서의 식단 작성, 검식(檢食) 및 배식관리 • 구매식품의 검수(檢受) 및 관리 • 급식시설의 위생적 관리 • 집단급식소의 운영일지 작성 • 종업원에 대한 영양 지도 및 식품위생교육

4) 조리사의 면허★★

조리사가 되려는 자는 「국가기술자격법」에 따라 해당 기능분야의 자격을 얻은 후 특별자치시장·특별자치도지사·시장·군수·구청장의 면허를 받아야 함

(8) 조리사의 면허취소 등의 행정처분★★

위반사항	행정처분기준		
	1차 위반	2차 위반	3차 위반
조리사의 결격사유 중 어느 하나에 해당하게 된 경우	면허취소	–	–
교육을 받지 아니한 경우	시정명령	업무정지 15일	업무정지 1개월
식중독이나 그 밖에 위생과 관련된 중대한 사고 발생에 직무상 책임이 있는 경우	업무정지 1개월	업무정지 2개월	면허취소
면허를 타인에게 대여하여 사용하게 한 경우	업무정지 2개월	업무정지 3개월	면허취소

Check Note

조리사를 두지 않아도 되는 경우

① 집단급식소 운영자 또는 식품접객영업자 자신이 조리사로서 직접 음식물을 조리하는 경우

② 1회 급식인원 100명 미만의 산업체인 경우

③ 영양사가 조리사의 면허를 받은 경우(다만, 총리령으로 정하는 규모 이하의 집단급식소에 한정) 〈시행일 : 2025.2.21.〉

영양사를 두지 않아도 되는 경우

① 집단급식소 운영자 자신이 영양사로서 직접 영양 지도를 하는 경우

② 1회 급식인원 100명 미만의 산업체인 경우

③ 조리사가 영양사의 면허를 받은 경우(다만, 총리령으로 정하는 규모 이하의 집단급식소에 한정) 〈시행일 : 2025.2.21.〉

조리사 면허의 결격사유★

① 정신질환자[망상, 환각, 사고(思考)나 기분의 장애 등으로 인하여 독립적으로 일상생활을 영위하는 데 중대한 제약이 있는 사람]. 다만, 전문의가 조리사로서 적합하다고 인정하는 자는 제외

② 감염병환자(B형간염환자는 제외)

③ 마약이나 그 밖의 약물중독자

④ 조리사 면허의 취소처분을 받고 취소된 날로부터 1년이 지나지 아니한 자

PART 01

업무정지기간 중에 조리사의 업무를 한 경우	면허취소	–	–

(9) 벌칙

1) 3년 이상의 징역

다음의 어느 하나에 해당하는 질병에 걸린 동물을 사용하여 판매할 목적으로 식품 또는 식품첨가물을 제조・가공・수입 또는 조리한 자

① 소해면상뇌증(광우병)

② 탄저병

③ 가금 인플루엔자

2) 제조・가공・수입・조리한 식품 또는 식품첨가물을 판매하였을 때에는 그 판매금액의 2배 이상 5배 이하에 해당하는 벌금을 병과함

3) 10년 이하의 징역 또는 1억 원 이하의 벌금에 처하거나 이를 병과

① 썩거나 상한 것, 병을 일으키는 미생물에 오염되거나 건강을 해칠 물질이 첨가된 것, 식용으로 부적합한 것, 수입이 금지된 것 또는 수입신고를 하지 아니라고 수입한 것, 영업자가 아닌 자가 제조・가공・소분한 것, 병든 동물 고기의 판매 등, 위해식품 등의 판매 등 금지 규정을 위반한 자

② 유독・유해물질이 들어 있거나 묻어 있어 인체의 건강을 해칠 우려가 있는 기구 및 용기・포장을 판매하거나 판매할 목적으로 제조・수입・저장・운반・진열하거나 영업에 사용한 자

③ 영업 종류별 또는 영업소별 허위신고를 하거나, 영업의 등록・변경등록 또는 변경신고를 위반한 자

④ ①의 죄로 금고 이상의 형을 선고받고 그 형이 확정된 후 5년 이내에 다시 ①의 죄를 범한 자는 1년 이상 10년 이하의 징역에 처함

⑤ ④의 경우 그 해당 식품 또는 식품첨가물을 판매한 때에는 그 판매금액의 4배 이상 10배 이하에 해당하는 벌금을 병과함

4) 5년 이하의 징역 또는 5천만 원 이하의 벌금에 처하거나 이를 병과

① 기준과 규격에 맞지 아니하는 식품 또는 식품첨가물을 판매하거나 판매할 목적으로 제조・수입・가공・사용・조리・저장・소분・운반・보존 또는 진열한 자

② 기준과 규격에 맞지 아니한 기구 및 용기・포장을 판매하거나 판매할 목적으로 제조・수입・저장・운반・진열하거나 영업에 사용한 자

Check Note

✔ 면허취소 등

식품의약품안전처장 또는 특별자치시장・특별자치도지사・시장・군수・구청장은 조리사가 다음의 어느 하나에 해당하면 그 면허를 취소하거나 6개월 이내의 기간을 정하여 업무정지를 명할 수 있음

① 결격사유 중 어느 하나에 해당하게 된 경우 → 면허취소

② 식품위생 수준 및 자질향상을 위해 필요한 경우 받아야 하는 교육을 받지 아니한 경우

③ 식중독이나 그 밖에 위생과 관련한 중대한 사고 발생에 직무상의 책임이 있는 경우

④ 면허를 타인에게 대여하여 사용하게 한 경우

⑤ 업무정지기간 중에 조리사의 업무를 하는 경우 → 면허취소

✔ 허가취소 등

① 식품과 식품첨가물 판매 금지 규정, 정해진 기준・규격에 맞지 않는 식품 및 식품첨가물의 판매 등 금지 규정, 유독기구 등 판매 금지 규정, 정해진 규격에 맞지 않는 기구 및 용기・포장의 판매 등 사용금지 규정 등을 위반한 경우

② 육류, 쌀, 김치류의 원산지 등 표시의무 규정, 허위표시(허위표시, 과대광고, 과대포장) 등의 금지 규정을 위반한 경우

③ 위해식품 등의 제조・판매 금지 규정을 위반한 경우

④ 자가품질검사 의무 규정을 위반한 경우

⑤ 영업장 등 시설기준을 위반한 경우

⑥ 영업의 허가・신고의무, 허가・신고 받은 사항 또는 경미한 사항의 변경 시 허가・신고의무 등을 위반한 경우

⑦ 피성년후견인이거나 파산선고를 받고 복권되지 아니한 자의 영업인 경우

③ 거짓이나 부정한 방법으로 식품위생검사기관 지정을 받은 경우, 고의 또는 중대한 과실로 거짓의 식품위생검사에 관한 성적서를 발급한 경우, 식품위생검사 업무정지 처분기간 중에 식품위생검사업무를 행하는 경우 해당하는 위반행위를 한 자
④ 영업시간 및 영업행위의 제한 준수를 위반한 자
⑤ 관계 공무원의 압류・폐기처분 명령 및 위해식품 등의 회수・폐기명령, 위해식품 등의 공표명령을 위반한 자
⑥ 영업정지 명령을 위반하고 영업을 계속한 자

5) 3년 이하의 징역 또는 3천만 원 이하의 벌금이나 병과
① 조리사를 두지 않은 식품접객영업자와 집단급식소의 운영자
② 영양사를 두지 않은 집단급식소의 운영자

6) 3년 이하의 징역 또는 3천만 원 이하의 벌금
① 표시기준에 맞지 않는 식품 등을 판매하거나 판매할 목적으로 수입・진열・운반하거나 영업에 사용한 경우
② 허위표시, 과대광고, 과대포장 등의 금지 관련 조항을 위반한 자
③ 위해식품 등에 대한 긴급대응 조치에 따라 제조・판매가 금지된 식품을 제조・판매한 자
④ 휴업・재개업・폐업 또는 경미한 사항 변경 시 신고의무를 이행하지 아니한 자
⑤ 조리사 또는 영양사가 아닌 자가 이 명칭을 사용한 자
⑥ 수입 식품 등의 통관 전 검사의무를 위반한 자
⑦ 영업자가 지켜야 할 사항을 지키지 않은 자
⑧ 영업정지 명령, 영업소 폐쇄명령, 제조정지 명령을 위반하여 계속 영업하거나 제조한 자
⑨ 관계 공무원이 부착한 봉인 또는 게시문 등을 함부로 제거하거나 손상시킨 자
⑩ 식중독 원인조사를 거부・방해 또는 기피한 자

7) 500만 원 이하의 과태료
① 건강진단과 위생교육을 받지 않은 경우
② 식중독 환자나 그 의심이 있는 자를 진단하였거나 사체를 검안한 의사가 보고를 하지 않은 경우
③ 식품위생관리인을 선임 또는 해임신고를 하지 않았거나 허위보고를 한 경우
④ 식품 및 식품첨가물의 생산실적 등을 보고하지 아니하거나 허위보고를 한 경우

Check Note

1년 이상의 징역

다음의 어느 하나에 해당하는 원료 또는 성분 등을 사용하여 판매할 목적으로 식품 또는 식품첨가물을 제조・가공・수입 또는 조리한 자

① 마황(麻黃) ② 부자(附子)
③ 천오(川烏) ④ 초오(草烏)
⑤ 백부자(白附子) ⑥ 섬수
⑦ 백선피(白鮮皮) ⑧ 사리풀

1년 이하의 징역 또는 1천만 원 이하의 벌금

① 손님과 함께 술을 마시거나 노래 또는 춤으로 손님의 유흥을 돋우는 접객행위를 하거나 다른 사람에게 그 행위를 알선한 자
② 소비자로부터 이물 발견의 신고를 접수하고 이를 거짓으로 보고한 자
③ 이물의 발견을 거짓으로 신고한 자

바로 확인 문제

조리사가 타인에게 면허를 대여하여 사용하게 한 경우 1차 위반 시 행정처분은 ( )이다.

답 업무정지 2개월

⑤ 시설의 개수명령을 위반한 경우
⑥ 집단급식소를 설치·운영하고자 하는 자가 신고를 하지 않았거나 허위신고를 한 경우
⑦ 조리사 및 영양사 보수교육의 의무를 위반한 경우

8) 300만 원 이하의 과태료
① 식품접객업자가 영업신고증, 영업허가증 또는 조리사면허증 보관 의무를 준수하지 아니한 경우나 유흥주점영업자가 종업원 명부 비치·기록 및 관리 의무를 준수하지 아니한 자
② 소비자로부터 이물 발견신고를 받고 보고하지 아니한 자
③ 식품이력추적관리 등록사항이 변경된 경우 변경사유가 발생한 날부터 1개월 이내에 신고하지 아니한 자
④ 식품이력추적관리정보를 목적 외에 사용한 자

2 농수산물의 원산지 표시 등에 관한 법령

(1) 용어 정의

농산물	「농업·농촌 및 식품산업 기본법」에 따른 농산물
수산물	「수산업·어촌 발전 기본법」에 따른 어업활동 및 양식활동으로부터 생산되는 산물
농수산물	농산물과 수산물
원산지★	농산물이나 수산물이 생산·채취·포획된 국가·지역이나 해역

(2) 원산지 표시

1) 대통령령으로 정하는 농수산물 또는 그 가공품을 수입하는 자, 생산·가공하여 출하하거나 판매(통신판매를 포함)하는 자 또는 판매할 목적으로 보관·진열하는 자는 다음에 대하여 원산지를 표시하여야 함
① 농수산물
② 농수산물 가공품(국내에서 가공한 가공품은 제외)
③ 농수산물 가공품(국내에서 가공한 가공품에 한정)의 원료

2) 다음의 어느 하나에 해당하는 때에는 원산지를 표시한 것으로 봄
① 「농수산물 품질관리법」 또는 「소금산업 진흥법」에 따른 표준규격품의 표시를 한 경우
② 「농수산물 품질관리법」에 따른 우수관리인증의 표시, 품질인증품의 표시 또는 「소금산업 진흥법」에 따른 우수천일염인증의 표시를 한 경우
③ 「소금산업 진흥법」에 따른 천일염생산방식인증의 표시를 한 경우

Check Note

✔ 제조물책임법(PL, Product Liability, 제조물책임)
① 제조물책임은 제품의 안전성이 결여되어 소비자가 피해를 입을 경우 제조사가 부담해야 할 손해배상책임을 말함
② 제조물책임은 제품의 결함으로 인해 발생한 인적, 물적, 정신적 피해까지 공급자가 부담하는 차원 높은 손해배상제도로, 우리나라는 제조물의 결함으로 한하여 발생한 손해로부터 피해자를 보호하기 위해 2000년 1월 12일 법률 6109호로 제정함

✔ 농수산물의 원산지 표시에 관한 법률의 목적
농산물·수산물과 그 가공품 등에 대하여 적정하고 합리적인 원산지 표시와 유통이력 관리를 하도록 함으로써 공정한 거래를 유도하고 소비자의 알 권리를 보장하여 생산자와 소비자를 보호함

✔ 농수산물 원산지 표시의 심의
이 법에 따른 농산물·수산물 및 그 가공품 또는 조리하여 판매하는 쌀·김치류, 축산물 및 수산물 등의 원산지 표시 등에 관한 사항은 농수산물품질관리심의회에서 심의함

④ 「소금산업 진흥법」에 따른 친환경천일염인증의 표시를 한 경우
⑤ 「농수산물 품질관리법」에 따른 이력추적관리의 표시를 한 경우
⑥ 「농수산물 품질관리법」 또는 「소금산업 진흥법」에 따른 지리적 표시를 한 경우
⑦ 「식품산업진흥법」 또는 「수산식품산업의 육성 및 지원에 관한 법률」에 따른 원산지인증의 표시를 한 경우
⑧ 「대외무역법」에 따라 수출입 농수산물이나 수출입 농수산물 가공품의 원산지를 표시한 경우
⑨ 다른 법률에 따라 농수산물의 원산지 또는 농수산물 가공품의 원료의 원산지를 표시한 경우

3) 식품접객업 및 집단급식소 중 대통령령으로 정하는 영업소나 집단급식소를 설치·운영하는 자는 다음의 어느 하나에 해당하는 경우에 그 농수산물이나 그 가공품의 원료에 대하여 원산지(쇠고기는 식육의 종류 포함)를 표시하여야 함(원산지인증의 표시를 한 경우에는 원산지를 표시한 것으로 보며, 쇠고기의 경우에는 식육의 종류를 별도로 표시하여야 함)
① 대통령령으로 정하는 농수산물이나 그 가공품을 조리하여 판매·제공(배달을 통한 판매·제공 포함)하는 경우
② ①에 따른 농수산물이나 그 가공품을 조리하여 판매·제공할 목적으로 보관하거나 진열하는 경우

(3) 거짓 표시 등의 금지★

1) 누구든지 다음의 행위를 하여서는 아니 됨
① 원산지 표시를 거짓으로 하거나 이를 혼동하게 할 우려가 있는 표시를 하는 행위
② 원산지 표시를 혼동하게 할 목적으로 그 표시를 손상·변경하는 행위
③ 원산지를 위장하여 판매하거나, 원산지 표시를 한 농수산물이나 그 가공품에 다른 농수산물이나 가공품을 혼합하여 판매하거나 판매할 목적으로 보관이나 진열하는 행위

2) 농수산물이나 그 가공품을 조리하여 판매·제공하는 자는 다음의 행위를 하여서는 아니 됨
① 원산지 표시를 거짓으로 하거나 이를 혼동하게 할 우려가 있는 표시를 하는 행위
② 원산지를 위장하여 조리·판매·제공하거나, 조리하여 판매·제공할 목적으로 농수산물이나 그 가공품의 원산지 표시를 손

Check Note

대통령령으로 정하는 농수산물이나 그 가공품을 조리하여 판매·제공하는 경우
① 쇠고기(식육·포장육·식육가공품 포함)
② 돼지고기(식육·포장육·식육가공품 포함)
③ 닭고기(식육·포장육·식육가공품 포함)
④ 오리고기(식육·포장육·식육가공품 포함)
⑤ 양고기(식육·포장육·식육가공품을 포함한다. 이하 같다)
⑥ 염소(유산양 포함)고기(식육·포장육·식육가공품 포함)
⑦ 밥, 죽, 누룽지에 사용하는 쌀(쌀가공품 포함, 쌀에는 찹쌀, 현미 및 찐쌀 포함)
⑧ 배추김치(배추김치가공품 포함)의 원료인 배추(얼갈이배추와 봄동배추 포함)와 고춧가루
⑨ 두부류(가공두부, 유바 제외), 콩비지, 콩국수에 사용하는 콩(콩가공품 포함)
⑩ 넙치, 조피볼락, 참돔, 미꾸라지, 뱀장어, 낙지, 명태(황태, 북어 등 건조한 것 제외), 고등어, 갈치, 오징어, 꽃게, 참조기, 다랑어, 아귀, 주꾸미, 가리비, 우렁쉥이, 전복, 방어 및 부세(해당 수산물가공품 포함)
⑪ 조리하여 판매·제공하기 위하여 수족관 등에 보관·진열하는 살아있는 수산물

PART 01

상 · 변경하여 보관 · 진열하는 행위

③ 원산지 표시를 한 농수산물이나 그 가공품에 원산지가 다른 동일 농수산물이나 그 가공품을 혼합하여 조리 · 판매 · 제공하는 행위

(4) 원산지 표시 등의 조사

1) 농림축산식품부장관, 해양수산부장관, 관세청장, 시 · 도지사 또는 시장 · 군수 · 구청장은 원산지의 표시 여부 · 표시사항과 표시방법 등의 적정성을 확인하기 위하여 대통령령으로 정하는 바에 따라 관계 공무원으로 하여금 원산지 표시대상 농수산물이나 그 가공품을 수거하거나 조사하게 하여야 하며, 이 경우 관세청장의 수거 또는 조사 업무는 원산지 표시 대상 중 수입하는 농수산물이나 농수산물 가공품(국내에서 가공한 가공품은 제외)에 한정함

2) 1)에 따른 조사 시 필요한 경우 해당 영업장, 보관창고, 사무실 등에 출입하여 농수산물이나 그 가공품 등에 대하여 확인 · 조사 등을 할 수 있으며 영업과 관련된 장부나 서류의 열람을 할 수 있음

(5) 원산지 표시 등의 위반에 대한 처분 등

1) 농림축산식품부장관, 해양수산부장관, 관세청장, 시 · 도지사 또는 시장 · 군수 · 구청장은 (2)나 (3)을 위반한 자에 대하여 다음의 처분을 할 수 있음(다만, (2)의 3)을 위반한 자에 대한 처분은 ①에 한정함)

① 표시의 이행 · 변경 · 삭제 등 시정명령

② 위반 농수산물이나 그 가공품의 판매 등 거래행위 금지

2) 농림축산식품부장관, 해양수산부장관, 관세청장, 시 · 도지사 또는 시장 · 군수 · 구청장은 다음의 자가 (2)를 위반하여 2년 이내에 2회 이상 원산지를 표시하지 아니하거나, (3)을 위반함에 따라 1)에 따른 처분이 확정된 경우 처분과 관련된 사항을 공표하여야 함(다만, 농림축산식품부장관이나 해양수산부장관이 심의회의 심의를 거쳐 공표의 실효성이 없다고 인정하는 경우에는 처분과 관련된 사항을 공표하지 아니할 수 있음)

① 원산지의 표시를 하도록 한 농수산물이나 그 가공품을 생산 · 가공하여 출하하거나 판매 또는 판매할 목적으로 가공하는 자

② 음식물을 조리하여 판매 · 제공하는 자

3) 2)에 따라 공표를 하여야 하는 사항

① 1)에 따른 처분 내용

② 해당 영업소의 명칭

Check Note

✔ 조사 시 지켜야 할 사항

① 수거 · 조사 · 열람을 하는 때에는 원산지의 표시대상 농수산물이나 그 가공품을 판매하거나 가공하는 자 또는 조리하여 판매 · 제공하는 자는 정당한 사유 없이 이를 거부 · 방해하거나 기피하여서는 안 됨

② 수거 또는 조사를 하는 관계 공무원은 그 권한을 표시하는 증표를 지니고 이를 관계인에게 내보여야 하며, 출입 시 성명 · 출입시간 · 출입목적 등이 표시된 문서를 관계인에게 교부하여야 함

✔ 영수증 등의 비치

원산지를 표시하여야 하는 자는 다른 법률에 따라 발급받은 원산지 등이 기재된 영수증이나 거래명세서 등을 매입일부터 6개월간 비치 · 보관해야 함

③ 농수산물의 명칭

④ 1)에 따른 처분을 받은 자가 입점하여 판매한 「방송법」에 따른 방송채널사용사업자 또는 「전자상거래 등에서의 소비자보호에 관한 법률」에 따른 통신판매중개업자의 명칭

⑤ 그 밖에 처분과 관련된 사항으로서 대통령령으로 정하는 사항

(6) 명예감시원★

1) 농림축산식품부장관, 해양수산부장관, 시 · 도지사 또는 시장 · 군수 · 구청장은 「농수산물 품질관리법」의 농수산물명예감시원에게 농수산물이나 그 가공품의 원산지 표시를 지도 · 홍보 · 계몽하거나 위반사항을 신고하게 할 수 있음

2) 농림축산식품부장관, 해양수산부장관, 시 · 도지사 또는 시장 · 군수 · 구청장은 ①에 따른 활동에 필요한 경비를 지급할 수 있음

3 식품 등의 표시 · 광고에 관한 법령

(1) 용어의 정의

표시	식품, 식품첨가물, 기구, 용기 · 포장, 건강기능식품, 축산물(이하 "식품 등") 및 이를 넣거나 싸는 것(그 안에 첨부되는 종이 등 포함)에 적는 문자 · 숫자 또는 도형
영양표시	식품, 식품첨가물, 건강기능식품, 축산물에 들어있는 영양성분의 양(量) 등 영양에 관한 정보를 표시하는 것
나트륨 함량 비교 표시	식품의 나트륨 함량을 동일하거나 유사한 유형의 식품의 나트륨 함량과 비교하여 소비자가 알아보기 쉽게 색상과 모양을 이용하여 표시하는 것
광고	라디오 · 텔레비전 · 신문 · 잡지 · 인터넷 · 인쇄물 · 간판 또는 그 밖의 매체를 통하여 음성 · 음향 · 영상 등의 방법으로 식품 등에 관한 정보를 나타내거나 알리는 행위
소비기한	식품 등에 표시된 보관방법을 준수할 경우 섭취하여도 안전에 이상이 없는 기한

(2) 표시의 기준

식품, 식품첨가물 또는 축산물	• 제품명, 내용량 및 원재료명 • 영업소 명칭 및 소재지 • 소비자 안전을 위한 주의사항 • 제조연월일, 소비기한 또는 품질유지기한 • 그 밖에 소비자에게 해당 식품, 식품첨가물 또는 축산물에 관한 정보를 제공하기 위하여 필요한 사항으로서 총리령으로 정하는 사항

Check Note

✔ 홈페이지에의 공표★

공표는 다음의 자의 홈페이지에 공표함

① 농림축산식품부
② 해양수산부
③ 관세청
④ 국립농산물품질관리원
⑤ 대통령령으로 정하는 국가검역 · 검사기관(국립수산물품질관리원)
⑥ 특별시 · 광역시 · 특별자치시 · 도 · 특별자치도, 시 · 군 · 구(자치구를 말함)
⑦ 한국소비자원
⑧ 그 밖에 대통령령으로 정하는 주요 인터넷 정보제공 사업자

✔ 식품 등의 표시 · 광고에 관한 법률의 목적

식품 등에 대하여 올바른 표시 · 광고를 하도록 하여 소비자의 알 권리를 보장하고, 건전한 거래 질서를 확립함으로써 소비자 보호에 이바지함

Check Note

✔ 표시 또는 광고 내용의 실증

식품 등에 표시를 하거나 식품 등을 광고한 자는 자기가 한 표시 또는 광고에 대하여 실증(實證)할 수 있어야 함

✔ 과태료

식품 등을 광고할 때에는 제품명 및 업소명을 포함시켜야 하며, 이를 위반하여 광고를 한 자에게는 300만원 이하의 과태료를 부과함

기구 또는 용기·포장	• 재질 • 영업소 명칭 및 소재지 • 소비자 안전을 위한 주의사항 • 그 밖에 소비자에게 해당 기구 또는 용기·포장에 관한 정보를 제공하기 위하여 필요한 사항으로서 총리령으로 정하는 사항

(3) 영양표시사항

표시 대상 영양성분	열량, 나트륨, 탄수화물, 당류, 지방, 트랜스지방(Trans Fat), 포화지방(Saturated Fat), 콜레스테롤(Cholesterol), 단백질, 영양표시나 영양강조표시를 하려는 경우에는 1일 영양성분 기준치에 명시된 영양성분
영양성분의 표시사항	영양성분의 명칭, 영양성분의 함량, 1일 영양성분 기준치에 대한 비율

(4) 부당한 표시 또는 광고행위의 금지

① 질병의 예방·치료에 효능이 있는 것으로 인식할 우려가 있는 표시 또는 광고

② 식품 등을 의약품으로 인식할 우려가 있는 표시 또는 광고

③ 건강기능식품이 아닌 것을 건강기능식품으로 인식할 우려가 있는 표시 또는 광고

④ 거짓·과장된 표시 또는 광고

⑤ 소비자를 기만하는 표시 또는 광고

⑥ 다른 업체나 다른 업체의 제품을 비방하는 표시 또는 광고

⑦ 객관적인 근거 없이 자기 또는 자기의 식품 등을 다른 영업자나 다른 영업자의 식품 등과 부당하게 비교하는 표시 또는 광고

⑧ 사행심을 조장하거나 음란한 표현을 사용하여 공중도덕이나 사회윤리를 현저하게 침해하는 표시 또는 광고

⑨ 총리령으로 정하는 식품 등이 아닌 물품의 상호, 상표 또는 용기·포장 등과 동일하거나 유사한 것을 사용하여 해당 물품으로 오인·혼동할 수 있는 표시 또는 광고

(5) 부당한 표시 또는 광고행위의 금지를 위반한 경우의 벌칙

① (4)의 ①~③을 위반하여 표시 또는 광고를 한 자는 10년 이하의 징역 또는 1억원 이하의 벌금에 처하거나 이를 병과할 수 있음

② ①의 죄로 형을 선고받고 그 형이 확정된 후 5년 이내에 다시 ①의 죄를 범한 자는 1년 이상 10년 이하의 징역에 처함

③ ②의 경우 해당 식품 등을 판매하였을 때에는 그 판매가격의 4배 이상 10배 이하에 해당하는 벌금을 병과함

(6) 3년 이하의 징역 또는 3천만 원 이하의 벌금

① 표시의 기준을 위반하여 식품 등(건강기능식품은 제외)을 판매하거나 판매할 목적으로 제조・가공・소분・수입・포장・보관・진열 또는 운반하거나 영업에 사용한 자

② 품목 등의 제조정지 규정에 따른 품목 또는 품목류 제조정지 명령을 위반한 자

③ 「수입식품안전관리 특별법」상 영업의 등록 등에 따라 영업등록을 한 자로서 영업정지 명령을 위반하여 계속 영업한 자

④ 「식품위생법」상 영업허가 등에 따라 영업신고를 한 자로서 영업정지 명령 또는 영업소 폐쇄명령을 위반하여 계속 영업한 자

⑤ 「식품위생법」상 영업허가 등에 따라 영업등록을 한 자로서 영업정지 명령을 위반하여 계속 영업한 자

⑥ 「축산물 위생관리법」상 영업의 허가에 따라 영업허가를 받은 자로서 영업정지 명령을 위반하여 계속 영업한 자

⑦ 「축산물 위생관리법」상 영업의 신고에 따라 영업신고를 한 자로서 영업정지 명령 또는 영업소 폐쇄명령을 위반하여 계속 영업한 자

06 공중보건

1 공중보건의 개념

(1) 공중보건의 정의★

세계보건기구(WHO)의 정의	질병을 예방하고 건강을 유지・증진시킴으로써 육체적・정신적인 능력을 발휘할 수 있게 하기 위한 과학적 지식을 사회의 조직적 노력으로 사람들에게 적용하는 기술(개인의 질병치료는 해당되지 않음)
윈슬로(C.E.A Winslow)의 정의	지역사회가 조직적인 공동 노력을 통해 질병을 예방하고 생명을 연장시키며, 신체적・정신적 효율을 증진시키는 기술과 과학

(2) 건강의 정의★

① WHO에서 정의한 건강 : 단순한 질병이나 허약의 부재 상태만이 아니라 육체적・정신적・사회적 안녕의 완전한 상태

② 건강의 3요소 : 유전, 환경, 개인의 행동・습관

Check Note

세계보건기구(WHO; World Health Organization)

① 창설시기 : 1948년 4월
② 우리나라 가입시기 : 1949년 6월
③ 본부 위치 : 스위스 제네바
④ 주요기능
- 국제적인 보건사업의 지휘 및 조정
- 회원국에 대한 기술지원 및 자료공급
- 전문가 파견에 의한 기술자문 활동

바로 확인 문제

■ 「수입식품안전관리 특별법」에 따라 영업등록을 한 자로서 영업정지 명령을 위반하여 계속 영업한 자는 3년 이하의 징역 및 3천만 원 이하의 벌금에 처한다. (O / ×)

 O

■ 제품명 및 업소명을 포함하여 광고하여야 하며 위반 시 300만원 이하의 과태료를 부과한다. (O / ×)

 O

(3) 공중보건의 대상★

개인이 아닌 지역사회의 전 주민이며 더 나아가서 국민 전체가 대상

(4) 공중보건의 범위

감염병 예방학, 환경위생학, 식품위생학, 산업보건학, 모자보건학, 정신보건학, 학교보건학, 보건통계학 등

(5) 보건수준의 평가지표

① 한 지역이나 국가의 보건수준을 나타내는 지표 : 영아사망률(대표적 지표), 보통(조)사망률, 질병이환율

② 한 나라의 보건수준을 표시하여 다른 나라와 비교할 수 있도록 하는 건강지표 : 평균수명, 보통(조)사망률, 비례사망지수

보통(조) 사망률	$\frac{\text{연간 사망자 수}}{\text{그 해 인구 수}} \times 1,000$	평균수명	인간의 생존 기대기간
비례 사망자수	$\frac{\text{50세 이상의 사망자 수}}{\text{연간 총 사망자 수}} \times 100$		

2 환경위생 및 환경오염 관리

(1) 환경의 구분

자연 환경	기온, 기습, 기류, 일광, 기압, 공기, 물 등
사회 환경	• 인위적 환경 : 조명, 환기, 냉・난방, 상・하수도, 오물처리, 공해, 곤충의 구제 등 • 사회적(문화) 환경 : 종교, 인구, 정치, 경제 등

(2) 환경위생 및 환경오염

1) 일광(日光)★★★

자외선★ (태양광선의 약 5%)	• 일광의 3분류 중 파장이 가장 짧음 • 2,500~2,800Å(옹스트롬)일 때 살균력이 가장 강하여 소독에 이용 • 도르노선(Dorno선, 건강선) : 생명선이라고도 하며, 자외선 파장의 범위가 2,800~3,200Å(280~310nm 또는 290~320nm)일 때 인체에 유익 • 효과 : 비타민 D 생성(구루병 예방), 관절염 치료 효과, 신진대사 및 적혈구 생성 촉진, 결핵균・디프테리아균・기생충 사멸에 효과적 • 부작용 : 피부암 유발, 결막 및 각막에 손상

Check Note

영아 관련 개념

① 영아사망률 = $\frac{\text{연간 영아 사망 수}}{\text{연간 출생아 수}} \times 1,000$

② 영아는 환경 악화나 비위생적인 환경에 가장 예민한 시기이므로 영아사망률은 국가의 보건수준을 파악하는 중요한 지표가 됨

③ 영아는 생후 1년 미만의 아기, 신생아는 생후 28일(4주) 미만의 아기

환경보건의 목적

인간의 신체・발육・건강 및 생존에 영향을 미치는 생활 환경(예 토양, 소음, 수질, 대기 등)을 개선・조정하여 쾌적하고 건강한 생활을 영위할 수 있게 함

바로 확인 문제

공중보건은 공중보건의 대상인 국민 전체의 질병예방과 수명연장 등을 목적으로 하며, 개인의 질병 치료와 공중보건은 무관하다. (O / ×)

답 O

가시광선★ (태양광선의 약 34%)	• 파장범위 : 3,800~7,800Å(380~780nm) • 사람에게 색채를 부여하고 밝기나 명암을 구분하는 파장 • 눈에 적당한 조도 : 100~1,000Lux
적외선★ (열선, 태양광선의 약 52%)	• 파장범위 : 7,800~30,000Å(780~3,000nm) • 일광 3분류 중 가장 긴 파장 • 지구상에 열을 주어 온도를 높여 주는 것으로 피부에 닿으면 열이 생기므로 심하게 쬐면 일사병과 백내장, 홍반을 유발할 수 있음

2) 온열인자

① 감각온도(온열인자)의 3요소★★ : 기온, 기습, 기류

기온	• 지상 1.5m에서 측정하는 건구온도 • 하루 중 최고온도는 오후 2시경, 최저온도는 일출 전이며, 쾌감온도는 18±2℃
기습	• 쾌적한 습도는 40~70% • 건조하면 호흡기 질환, 습하면 피부질환 유발
기류	1초당 1m 이동할 때가 건강에 좋음(쾌감기류)
복사열	대류를 통해서 열이 전달되지 않고 열이 직접 이동하는 열

② 기온역전현상 : 상부기온이 하부기온보다 높을 때 발생(예 LA스모그, 런던스모그)

③ 실외의 기온 측정 : 지상 1.5m에서 건구온도를 측정

최고온도	오후 2시경	최저온도	일출 전

④ 불감기류 : 공기의 흐름이 0.2~0.5m/sec로 약하게 이동하여 사람들이 바람이 부는 것을 감지하지 못하는 것

⑤ 불쾌지수(Discomfort Index; D.I) : 건구온도, 습구온도를 알아야 측정할 수 있음

D.I 70	10% 정도의 사람들이 불쾌감을 느낌
D.I 75	50% 정도의 사람들이 불쾌감을 느낌
D.I 80	거의 모든 사람들이 불쾌감을 느낌
D.I 86 이상	견딜 수 없는 불쾌감을 느낌

3) 공기 및 대기오염

① 공기의 구성

질소(N_2)	공기 중에 약 78% 존재
산소(O_2)	• 공기 중에 약 21%(가장 원활함) 존재 • 10% 이하가 되면 호흡곤란 • 7% 이하가 되면 질식사 유발

Check Note

파장의 단파순

자외선 < 가시광선 < 적외선

자외선과 적외선 관여 질병

① 자외선 : 구루병 유발에 관여
② 적외선 : 일사병, 백내장 유발에 관여

조도측정단위(Lux)

조명이 밝은 정도를 말하는 조명도에 대한 실용단위

온열인자의 4요소

기온, 기습, 기류, 복사열

스모그

매연성분과 안개의 혼합에 의한 대기오염

불쾌지수 측정에 필요한 요소

① 건구온도 : 건구온도계 – 실외의 기온 측정
② 습구온도 : 카타온도계 – 실내의 기온 측정
※ 카타온도계 : 기류 측정의 미풍계로도 사용

바로 확인 문제

눈 보호를 위해 가장 좋은 인공조명 방식은 (   )이다.

답 간접조명

이산화탄소 (CO_2)	• 실내공기오염의 측정지표로 이용 • 위생학적 허용한계 : 0.1%(1,000ppm) • 7% 이상은 호흡곤란, 10% 이상은 질식 유발

② 대기오염

㉠ 대기오염원 : 자동차 배기가스, 공장의 매연, 연기, 먼지 등

㉡ 대기오염물질 : 아황산가스, 일산화탄소 등

일산화탄소 (CO)	• 탄소 성분이 불완전연소할 때 발생하는 무색, 무미, 무취, 무자극성 기체(예 연탄이 타기 시작할 때와 꺼질 때, 자동차 배기가스 등에서 발생) • 혈중 헤모글로빈과의 결합력이 산소(O_2)에 비해 250~300배 강해 조직 내의 산소결핍을 유발하여 중독을 일으킴 • 위생학적 허용한계 : 8시간 기준 0.01%(100ppm) • 1,000ppm 이상이면 생명의 위험
아황산가스 (SO_2)	• 실외공기(대기)오염의 측정지표로 사용 • 중유의 연소과정에서 발생(예 자동차 배기가스) • 호흡곤란과 호흡기계 점막의 염증 유발, 농작물의 피해, 금속 부식
기타	질소산화물, 옥시던트(광화학 스모그 형성), 분진(공사장)

㉢ 대기오염에 의한 피해 : 호흡기계 질병 유발, 식물의 고사, 건물의 부식 등

5) 상 · 하수도

① 상수도

㉠ 개념 : 상수를 운반하는 시설

㉡ 정수과정 : 취수 → 침전 → 여과 → 소독 → 급수

취수	강, 호수의 물을 침사지로 보냄
침전	• 보통침전 : 유속을 조정하여 부유물을 침전시키는 방법 • 약품침전 : 황산알루미늄, 염화 제1철, 염화 제2철(응집제) 등 응집제를 주입하여 침전하는 방법
여과	• 완속여과 : 보통침전 시(사면대치법) • 급속여과 : 약품침전 시(역류세척법)
소독	• 일반적으로 염소소독을 사용 • 잔류염소량은 0.2ppm을 유지(단, 제빙용수, 수영장, 감염병이 발생할 때는 0.4ppm 유지)
급수	살균 · 소독된 물이 배수지에서 필요한 곳으로 용수로를 통해 공급

Check Note

✔ 공기를 구성하는 기체의 비율(%)

질소(N_2) > 산소(O_2) > 아르곤(Ar) > 이산화탄소(CO_2) > 기타 원소
(78%) (21%) (0.9%) (0.03%) (0.07%)

✔ ppm(part per million)

① 1/1,000,000을 나타내는 약호(100만분의 1을 나타냄)
② 1ppm = 0.0001%, 1% = 10,000ppm

✔ 실내 · 외공기오염 측정지표

① 실내공기오염 : 이산화탄소(CO_2)
② 실외공기오염 : 아황산가스(SO_2)

✔ 군집독(실내공기오염)

① 개념 : 환기가 이루어지지 않는 밀폐된 실내(공연장, 강연장)에 다수인이 장시간 밀집되어 있을 경우 두통, 구토 등을 느끼는 증상
② 원인 : 산소 부족, 구취, 체취, 공기의 이화학적 조성변화
③ 예방 : 실내공기 환기
④ 공기 중 먼지에 의해 진폐증이 유발될 수 있음

✔ 바로 확인 문제

공기의 조성 원소 중에서 가장 많은 것은 (   )이다.

답 질소

② 하수도

㉠ 개념 : 하수는 천수와 인간의 생활에서 배출되는 오수를 의미하며, 하수도는 오수를 처리하기 위한 시설

㉡ 하수처리과정 : 예비처리 → 본처리 → 오니처리

예비처리	침전과정으로, 보통침전과 약품침전(황산알루미늄, 염화 제1, 2철+소석회)을 이용
본처리	• 혐기성 처리 : 부패조법, 임호프탱크법, 혐기성소화(메탄 발효법) • 호기성 처리 : 활성오니법(활성슬러지법, 가장 진보된 방법), 살수여과법, 산화지법, 회전원판법
오니처리	소화법, 소각법, 퇴비법, 사상건조법 등

③ 하수의 위생검사★

BOD (생화학적 산소요구량)	• 하수의 오염도 • BOD가 높다는 것은 하수오염도가 높다는 의미 • BOD는 20ppm 이하이어야 함
DO (용존산소량)	• 수중에 용해되어 있는 산소량 • DO의 수치가 낮으면 오염도가 높다는 의미 • DO는 4~5ppm 이상이어야 함
COD (화학적 산소요구량)	• 물속의 유기물질을 산화제로 산화시킬 때 소모되는 산화제의 양에 상당하는 산소량 • COD가 높다는 것은 오염도가 높다는 의미 • COD는 5ppm 이하이어야 함

6) 오물처리★

① 분뇨처리

㉠ 감염병이나 기생충 질환 유발 가능

㉡ 방법 : 비료화법, 소화처리법, 화학적 처리법, 습식산화법 등

② 진개(쓰레기)처리

매립법	• 쓰레기를 땅속에 묻고 흙으로 덮는 방법 • 진개의 두께는 2m를 초과하지 않아야 함(복토의 두께는 0.6~1m가 가장 적당)
비료화법 (고속 퇴비화)	쓰레기를 발효시켜 비료로 이용
소각법	가장 위생적인 방법이나 대기오염의 원인 우려가 있음

③ 쓰레기 처리 비용 중 가장 많이 드는 비용은 수거 비용이고, 음식물을 태울 때 발열량은 낮아짐

Check Note

염소소독

① 장점 : 강한 소독력, 우수 잔류 효과, 조작의 간편, 적은 소독 비용

② 단점 : 강한 냄새, THM(트리할로메탄) 생성에 의해 독성이 생김

하수도의 종류

합류식	• 가정하수, 산업폐수와 천수(비, 눈)를 모두 함께 처리하는 방법(우리나라에서 많이 이용하는 방법) • 장점 : 시설비가 적음, 하수관 자연청소, 수리와 청소 용이 • 단점 : 악취 발생, 천수의 별도 이용불가, 범람 우려
분류식	생활하수와 천수를 따로 처리하는 방법
혼합식	생활하수와 천수의 일부를 같이 처리하는 방법

BOD와 DO의 관계

하수	수치 ↑	수치 ↓
BOD	오염된 물	깨끗한 물
DO	깨끗한 물	오염된 물

BOD ↑, DO ↓(상반관계)

진개

가정에서 나오는 주개 및 잡개 외 공장 및 공공건물의 진개 등

바로 확인 문제

BOD(생화학적 산소요구량) 측정 시 온도와 측정 기간은 20℃에서 ( )이다.

답 5일간

Check Note

지하수(우물) 오염방지

① 우물은 내벽 3m까지 물이 새어 들지 않게 방수처리
② 화장실과의 거리는 20m 이상

PCB물질(중독)에 대한 대책

PCB 중독은 미강유 정제 과정 중 유입되는 중독으로 PCB의 공업적 사용 자제

인체 내 물의 필요량

① 인체 내 물의 10% 상실 : 신체 기능 이상
② 인체 내 물의 20% 상실 : 생명 위험

경수를 연수로 바꾸는 방법

끓이기(염의 침전), 약품처리(소석회)

음료수 수원

① 천수(눈, 비)
② 지하수
③ 지표수(하천수, 호수)
④ 복류수(우물보다 깊이 땅을 파서 얻는 물)

물의 소독법

① 물리적 소독 : 자비(끓이는 것), 자외선, 오존(O_3)
② 화학적 소독 : 일반물 소독 – 표백분(클로로칼키)

7) 수질오염★★

수은(Hg) 중독	• 공장폐수에 함유된 유기수은에 오염된 어패류를 사람이 섭취함으로써 발생 • 미나마타병(증상 : 손의 지각이상, 언어장애, 시력약화 등) 발생
카드뮴(Cd) 중독	• 아연, 연(납)광산에서 배출된 폐수를 벼농사에 사용하면서 카드뮴의 중독으로 인해 오염된 농작물을 섭취함으로써 발생 • 이타이이타이병(증상 : 골연화증, 신장기능 장애, 단백뇨 등) 발생
PCB 중독 (쌀겨유 중독)	• 미강유 제조 시 가열매체로 사용하는 PCB가 기름에 혼입되어 중독되는 것으로 카네미유증이라고도 함 • 미강유 중독에 의해 발생(증상 : 식욕부진, 구토, 체중감소, 흑피증 등)

8) 물(H_2O)

① 물의 필요량 : 인체의 2/3(60~70%)를 차지, 1일 필요량은 2~3ℓ

② 물의 종류

경수(센물)	연수(단물)
칼슘염과 마그네슘염 다량 함유	칼슘염과 마그네슘염 거의 없음
거품이 잘 일어나지 않음	거품이 잘 일어남
끈끈함	미끄러움

③ 물로 인한 질병

우치, 충치	불소가 없거나 적게 함유된 물을 장기 음용 시 발생
반상치	불소가 과다하게 함유된 물을 장기 음용 시 발생
청색아 (Blue Baby)	질산염이 과다하게 함유된 물을 장기 음용 시 소아가 청색증에 걸려 사망할 수 있음
설사	황산마그네슘($MgSO_4$)이 과다하게 함유된 물을 음용 시 발생

④ 먹는 물의 수질기준

㉠ 일반세균 : 1mℓ 중 100CFU(Colonly Forming Unit)를 넘지 아니할 것

㉡ 총 대장균 : 100mℓ에서 검출되지 아니할 것
- 수질·분변오염의 지표, 위생지표세균으로 사용
- 상수도 기준 시 대장균이 조금만 검출되어도 안 됨
- 수질검사 시 오염의 지표로 사용

9) 소음 및 진동★

소음 (Noise)	• 듣기 싫은 소리이며 불쾌감을 주는 음으로 원치 않는 소리 • 소음의 음압 : 데시벨(dB)로 측정 • 소음의 허용기준 : 1일 8시간을 기준으로 90dB을 넘어서는 안 됨 • 소음에 의한 장애 : 청력장애(난청), 수면장애(불면), 신경과민(스트레스), 두통, 이통, 현기증, 피로현상, 불필요한 긴장, 초조감, 소화불량, 작업방해, 작업능률저하 등
진동	• 일정한 점을 중심으로 하여 양쪽으로 흔들려 움직이는 운동(물체의 위치나 전류의 세기, 전기장, 자기장 등) • 신체의 전체나 일부가 떨림을 받을 때 피해가 나타남 • 진동의 허용 기준 : 60dB을 넘어서는 안 됨 • 진동에 의한 질병 : 레이노이드병

10) 구충·구서의 일반적 원칙

① 가장 근본적인 대책 : 발생원인 및 서식처를 제거
② 광범위하게 동시에 실시
③ 생태, 습성에 따라 실시
④ 발생 초기에 실시

3 역학 및 질병 관리

(1) 역학의 3대 요인★

병인적 인자	감염원으로서 병원체가 충분하게 존재해야 함
환경적 인자	감염원에 접촉 기회나 감염경로가 있어야 함
숙주적 인자	성별, 연령, 종족, 직업, 결혼상태, 식습관 등

(2) 급만성 질병관리★★★

1) 질병 발생의 요인과 대책

감염원 (병원체, 병원소)	• 병독이나 병원체를 직접 인간에게 가져오는 질병의 원인이 될 수 있는 모든 것 – 병원체 : 세균, 바이러스, 리케차, 진균, 기생충 등 – 병원소 : 인간, 동물, 토양, 먼지 등 • 감염원에 대한 대책 : 환자, 보균자를 색출하여 격리
감염경로 (환경)	• 병원체가 새로운 숙주(사람)에게 전파하는 과정이 있어야만 질병이 성립됨 • 음식물·공기·접촉·매개·개달물 등을 매개로 질병이 전파 • 감염경로에 대한 대책 : 손을 자주 소독

Check Note

먹는 물의 판정기준

① 물은 무색투명하고, 색도는 5도, 탁도는 1NTV 이하일 것
② 소독으로 인한 냄새와 맛 이외의 냄새와 맛이 없을 것
③ 수소이온 농도 : pH 5.5~pH 8.5이어야 할 것
④ 시안 : 0.01mg/ℓ를 넘지 않을 것
⑤ 암모니아성 질소 : 0.5mg/ℓ를 넘지 않을 것
⑥ 질산성 질소 : 10mg/ℓ를 넘지 않을 것
⑦ 과망간산칼륨 소비량 : 10mg/ℓ를 넘지 않을 것
⑧ 수은 : 0.001mg/ℓ를 넘지 않을 것
⑨ 염소이온 : 250mg/ℓ를 넘지 않을 것
⑩ 증발잔류물 : 500mg/ℓ를 넘지 않을 것
⑪ 불소 : 1.5mg/ℓ를 넘지 않을 것
⑫ 비소 : 0.01mg/ℓ를 넘지 않을 것
⑬ 카드뮴 : 0.005mg/ℓ를 넘지 않을 것
⑭ 세제(음이온 계면활성제) : 0.5mg/ℓ를 넘지 않을 것

각 지표별 측정기준

① 공중보건의 수준지표 : 영아사망률
② 실외공기오염지표 : 아황산가스
③ 실내공기오염지표 : 이산화탄소
④ 냉동식품의 오염지표균 : 장구균
⑤ 분변·수질오염의 지표 : 대장균수
⑥ 식품공업 폐수의 오염지표 : BOD, DO, COD
⑦ 소독약의 살균력 측정지표 : 석탄산

Check Note

인종별 특징

① 결핵 : 백인에 비하여 흑인에게 많이 발생
② 성홍열 : 유색인종보다 백인에게 많이 발생

질병의 3대 요인

① 감염원(병원체, 병원소)
② 환경(감염경로)
③ 숙주의 감수성

감수성 지수

두창, 홍역(95%) > 백일해(60~80%) > 성홍열(40%) > 디프테리아(10%) > 소아마비(0.1%)

면역력

질병이 체내에 침입하면 방어할 수 있는 능력을 길러주는 것

인체 침입구에 따른 감염병의 분류

호흡기계 침입	• 세균 병원체 : 디프테리아, 성홍열 • 바이러스 병원체 : 백일해, 홍역, 유행성 이하선염(볼거리), 풍진
소화기계 침입	• 세균 병원체 : 장티푸스, 파라티푸스, 콜레라, 세균성 이질 • 바이러스 병원체 : 소아마비, 유행성 간염

바로 확인 문제

감수성지수(접촉감염지수)가 가장 낮은 것은 (   )이다.

답 폴리오

숙주의 감수성 및 면역성	• 감염병이 자주 유행하더라도 병원체에 대한 저항성 또는 면역성을 가지게 되면 질병은 발생하지 않음 • 숙주의 감수성에 대한 대책 : 질병에 대한 저항력의 증진, 예방접종

(3) 질병의 원인별 분류

① 양친에게서 감염되거나 유전되는 질병

감염병	매독, 두창, 풍진
비감염성	혈우병, 당뇨병, 알레르기, 정신발육지연, 색맹, 유전적 농아 등

② 식사의 부적합으로 일어나는 질병

과식·과다 지방식	비만증, 관상동맥, 심장질환, 고혈압, 당뇨병
식염의 과다 및 자극성 식품	고혈압
뜨거운 음식 섭취	식도암, 후두암 및 위암의 발생률이 높음
특수영양소 (비타민, 무기질) 결핍증	각기병(비타민 B_1), 구루병(비타민 D), 빈혈(철분), 펠라그라증(피부병 : 나이아신), 갑상선종[(요오드(아이오딘)], 충치(불소 결핍), 반상치(불소 과다)

(4) 병원체에 대한 면역력 증강

1) 선천적 면역 : 종속면역과 인종면역, 개인의 특이성에 따른 면역
2) 후천적 면역 : 능동면역과 수동면역

(5) 감염병의 분류★★★

능동 면역	자연능동 면역	질병 감염 후 획득된 면역	홍역, 수두, 유행성 이하선염, 백일해, 성홍열, 발진티푸스, 장티푸스, 페스트, 황열, 콜레라
	인공능동 면역	예방접종으로 획득된 면역	결핵(BCG 접종 후 생긴 면역), 두창, 탄저, 장티푸스, 백일해, 일본뇌염, 파상풍, 콜레라, 파라티푸스
수동 면역	자연수동 면역	모체로부터 받는 면역	태반이나 수유로 받는 면역
	인공수동 면역	혈청 제제의 접종으로 획득되는 면역	인체 감마 글로불린 주사

1) 병원체에 따른 감염병의 분류★★

바이러스(Virus)	• 호흡기 계통 : 인플루엔자, 홍역, 유행성 이하선염, 풍진 • 소화기 계통 : 급성회백수염(소아마비, 폴리오), 유행성 간염

병원체	감염병
세균(Bacteria)	• 호흡기 계통 : 한센병(나병), 디프테리아, 성홍열, 폐렴, 결핵, 백일해 • 소화기 계통 : 장티푸스, 파라티푸스, 콜레라, 세균성 이질
리케차(Rickettsia)	발진티푸스, 발진열, 양충병
스피로헤타	와일씨병, 서교증, 재귀열, 매독
원충	말라리아, 아메바성 이질, 트리파노소마(수면병)

2) 예방접종을 하는 감염병의 종류

연령	예방접종의 종류(기본접종)
4주 이내	BCG(결핵 예방접종)
2개월	경구용 소아마비, DPT(디프테리아 – D, 백일해 – P, 파상풍 – T)
4개월	경구용 소아마비, DPT
6개월	경구용 소아마비, DPT
15개월	홍역, 볼거리, 풍진(13~15세 여아만 접종해도 됨)
18개월	결핵, 두창, 폴리오
3~15세	일본뇌염

3) 잠복기에 따른 감염병의 분류★★

구분	감염병
잠복기간이 긴 것★	나병(한센병), 결핵(잠복기가 가장 길며 일정하지 않음), 매독, AIDS
잠복기간이 짧은 것★	콜레라(잠복기가 가장 짧음), 이질, 성홍열, 파라티푸스, 디프테리아, 뇌염, 황열, 인플루엔자

4) 감염경로에 따른 감염병의 분류

감염경로		감염병
직접 접촉감염(성매개 감염)		매독, 임질, AIDS(에이즈), 피부병
간접 접촉감염	비말감염 (기침, 재채기)	디프테리아, 인플루엔자, 성홍열
	진애감염 (먼지)	결핵, 천연두, 디프테리아
개달물 감염		결핵, 트라코마, 천연두
수인성 감염병		이질, 콜레라, 파라티푸스, 장티푸스
음식물 감염병		이질, 콜레라, 파라티푸스, 장티푸스, 소아마비, 유행성 간염
절족 동물 매개 감염병	모기	말라리아(학질모기), 일본뇌염(작은빨간집모기), 황열, 뎅기열, 사상충증(토고숲모기)
	이	발진티푸스, 재귀열

Check Note

정기예방접종

결핵(BCG), 디프테리아(D), 백일해(P), 파상풍(T), 홍역, 소아마비, 유행성 이하선염, 풍진, B형 간염

임시예방접종

일본뇌염, 장티푸스, 인플루엔자, 유행성 출혈열

개달물

물, 우유, 식품, 공기, 토양을 제외한 모든 비활성 매체로 환자가 쓰던 의복, 침구, 완구, 책, 수건 등 모든 것

재귀열

이, 쥐, 빈대, 진드기, 벼룩에 의해 감염

바로 확인 문제

- 곤충을 매개로 간접전파되는 감염병에는 인플루엔자가 있다. (○ / ×)

답 ×

- 감염병 중 생후 가장 먼저 예방접종을 실시하는 것은 (   ) 이다.

답 결핵

Check Note

위생 해충에 의한 감염

① 결핵 → 소(브루셀라증)
② 탄저 · 비저 → 양, 말
③ 광견병(공수병) → 개
④ 페스트 → 쥐
⑤ 살모넬라증, 돈단독, 선모충, Q열 → 돼지
⑥ 야토병 → 산토끼
⑦ 파상열(브루셀라) → 소(유산), 사람(열병)

검역 및 감염병의 감시시간

① 검역 : 감염병이 유행하는 지역에서 입국하는 사람 · 동물 · 식품을 대상으로 실시
② 감시기간은 다음의 시간을 초과할 수 없음

콜레라	페스트	황열
120시간	144시간	144시간

감염병의 전파예방 대책

① 감염병 보고순서 : 의료기관의 장 → 보건지소장 → 시장 · 군수 → 시 · 도지사 → 보건복지부장관
② 보균자의 검색
③ 역학조사

바로 확인 문제

감염병의 기본 예방 대책으로 식품의 저온보관이 있다.
(○ / ×)

답 ×

	벼룩	페스트, 발진열, 재귀열
	빈대	재귀열
	바퀴	이질, 콜레라, 장티푸스, 소아마비
	파리	장티푸스, 파라티푸스, 세균성 이질, 콜레라, 결핵, 디프테리아
	진드기	쯔쯔가무시증, 양충병, 재귀열, 유행성 출혈열, 옴
인수공통 감염병	토끼	야토병
	개	광견병(공수병)
	쥐	페스트, 서교증, 재귀열, 와일씨병, 발진열, 유행성 출혈열, 쯔쯔가무시증
토양 감염병		파상풍, 보툴리즘, 구충증
경태반 감염병	태반을 거쳐 태아에게 감염	매독, 두창, 풍진
만성 감염병	결핵	환자 발견 시 격리 및 치료, 예방접종
	나병 (한센병)	환자 발견 시 격리 및 치료, 접촉자의 관리, 소독 실시, 예방접종
	매독(성병)	매독, 임질, 크라코마 등으로, 면역성이 없음

(6) 우리나라 법정감염병의 종류(2024년 9월 15일 시행)*

① 특성

제1급감염병	생물테러감염병 또는 치명률이 높거나 집단 발생의 우려가 커서 발생 또는 유행 즉시 신고하여야 하고, 음압격리와 같은 높은 수준의 격리가 필요한 감염병(17종)
제2급감염병	전파가능성을 고려하여 발생 또는 유행 시 24시간 이내에 신고하여야 하고, 격리가 필요한 감염병(21종)
제3급감염병	그 발생을 계속 감시할 필요가 있어 발생 또는 유행 시 24시간 이내에 신고하여야 하는 감염병(28종)
제4급감염병	제1급감염병부터 제3급감염병까지의 감염병 외에 유행 여부를 조사하기 위하여 표본감시 활동이 필요한 감염병(23종)

② 종류

제1급감염병	1. 에볼라바이러스병 2. 마버그열 3. 라싸열 4. 크리미안콩고출혈열 5. 남아메리카출혈열 6. 리프트밸리열	7. 두창 8. 페스트 9. 탄저 10. 보툴리눔독소증 11. 야토병 12. 신종감염병증후군

구분		
	13. 중증급성호흡기증후군(SARS) 14. 중동호흡기증후군(MERS)	15. 동물인플루엔자 인체감염증 16. 신종인플루엔자 17. 디프테리아
제2급감염병	1. 결핵 2. 수두 3. 홍역 4. 콜레라 5. 장티푸스 6. 파라티푸스 7. 세균성 이질 8. 장출혈성대장균감염증 9. A형간염 10. 백일해 11. 유행성이하선염 12. 풍진	13. 폴리오 14. 수막구균 감염증 15. b형 헤모필루스 인플루엔자 16. 폐렴구균 감염증 17. 한센병 18. 성홍열 19. 반코마이신내성황색포도알균(VRSA) 감염증 20. 카바페넴내성장내세균목(CRE) 감염증 21. E형간염
제3급감염병	1. 파상풍 2. B형간염 3. 일본뇌염 4. C형간염 5. 말라리아 6. 레지오넬라증 7. 비브리오패혈증 8. 발진티푸스 9. 발진열 10. 쯔쯔가무시증 11. 렙토스피라증 12. 브루셀라증 13. 공수병 14. 신증후군출혈열 15. 후천성면역결핍증(AIDS)	16. 크로이츠펠트-야콥병(CJD) 및 변종크로이츠펠트-야콥병(vCJD) 17. 황열 18. 뎅기열 19. 큐열 20. 웨스트나일열 21. 라임병 22. 진드기매개 뇌염 23. 유비저 24. 치쿤구니야열 25. 중증열성혈소판감소증후군(SFTS) 26. 지카바이러스 감염증 27. 매독 28. 엠폭스
제4급감염병	1. 인플루엔자 2. 회충증 3. 편충증 4. 요충증 5. 간흡충증 6. 폐흡충증 7. 장흡충증	8. 수족구병 9. 임질 10. 클라미디아 감염증 11. 연성하감 12. 성기단순 포진 13. 첨규콘딜롬

Check Note

	14. 반코마이신 내성장알균(VRE) 감염증 15. 메티실린내 성황색포도알균(MRSA) 감염증 16. 다제내성녹농균(MRPA) 감염증 17. 다제내성아시네토박터 바우마니균(MRAB) 감염증	18. 장관감염증 19. 급성호흡기 감염증 20. 해외유입기생충감염증 21. 엔테로바이러스감염증 22. 사람유두종바이러스 감염증 23. 코로나바이러스감염증-19

4 산업보건관리

(1) 국제노동기구(ILO)와 세계보건기구(WHO)의 산업보건 정의

① 모든 산업장에서 일하는 근로자들의 신체적·정신적·사회적 건강 상태를 최고도로 유지·증진

② 작업조건으로 인한 질병을 예방하며 건강에 유해한 취업을 방지

③ 근로자들을 생리적으로나 심리적으로 적합한 작업환경에 배치하여 일하도록 하는 것

(2) 산업보건관리

1) 산업장의 환경관리

산업공장의 조건	• 폭발, 화재, 오폐수 및 폐기물처리, 소음 등 공해 발생을 방지하여 건전하고 안전한 환경이어야 함 • 주거와 교통수단, 보건시설, 여가시설 등과 부지, 용수, 운반, 기후, 풍토 등을 고려하여야 함
작업환경의 조건	채광과 조명설비, 난방과 냉방, 온도와 습도 조절, 공기환기 조정설비와 소음방지설비, 진동방지설비와 재해예방과 피난설비를 갖추어야 함
산업장에 갖추어야 할 시설	작업 현장에서 배출되는 여러 산업폐기물과 폐수를 처리하기 위한 시설과 후생복지시설이 필요

2) 근로자관리

① 근로와 영양

고온에서의 근로자	소금, 비타민 A·B_1·C 필요
저온에서의 근로자	비타민 A·B·C·D 필요
중노동 근로자	비타민류와 Ca 필요
심한 노동 근로자	탄수화물, 단백질, 비타민 B 필요
소음 작업 근로자	비타민 B 필요

Check Note

✔ 산업보건의 역사

① 이탈리아의 G.Agricoa는 16세기에 규폐의 증상을 기술하였으며, B.Ramazzini는 직업병이라는 산업보건에 대해서 최초로 출간

② 영국 의사인 Percivall Pott는 1775년에 굴뚝을 청소하는 소년에게서 음낭암을 발견했고, 1902년 영국은 공장규제법을 제정

③ 우리나라에서는 근로기준법이 1953년에 공포, 1963년에는 산업재해보상보험법이 제정·공포되었고, 1981년에는 산업안전보건법이 제정됨

✔ 여성 근로자와 연소 근로자

① 여성 근로자 : 공업독물(납, 벤젠, 비소, 수은) 취급 작업 시 유산, 조산, 사산의 우려가 있으므로 이에 대한 고려가 필요

② 연소 근로자 : 우리나라 근로기준법에서는 15세 미만인 자는 고용하지 못하도록 규제화

✔ 작업조건과 작업환경

① 작업조건 : 자세, 속도, 긴장의 연속, 운반 방법

② 작업환경 : 조도, 소음, 환기, 온도, 습도, 유해가스

② 산업피로(심리)

㉠ 산업피로 요인

작업적 인자	근로시간・작업시간의 연장, 휴식시간・휴일의 부족, 주야 근무의 연속, 수일간의 연속근무, 작업강도 과대, 에너지대사율 과다, 작업조건의 불량, 작업환경의 불량 등
신체적 인자	약한 체력(연소자와 고령자), 체력저하(수면부족, 과음, 생리적 현상, 임신), 신체적 결함(시력, 청력, 신체결함), 각종 질병 등
심리적 인자	작업의욕 저하, 흥미상실, 작업불안, 구속감, 인간관계 마찰, 과중한 책임감, 각종 불만, 성격 부적응 등

㉡ 산업피로 대책(작업조건 대책)

작업 방법의 개선	예방대책(작업숙련, 동적 작업화, 작업량 조절, 급식시간의 적정, 쾌적한 작업환경, 여가와 레크리에이션, 수면 등)
근로자에 대한 대책	적정한 배치(신체적・정신적 특성 고려), 피로회복(휴식, 휴양, 오락) 등
기타	인간관계 조정, 정신보건관리, 주거의 안정, 체력관리 등

③ 산업재해

㉠ 개념 : 산업안전보건법상 산업재해란 산업활동으로 인해 발생하는 사고로 인적・물적 손해를 일으키는 것을 의미함

㉡ 산업재해발생의 원인

- 인적원인

관리상 원인	작업지식 부족, 작업미숙, 인원의 부족이나 과잉, 작업진행의 혼란, 연락불충분, 작업 방법 불량, 작업속도 부적당, 기타 사고의 대처능력 불충분
생리적 원인	체력부족, 신체적 결함, 피로, 수면부족, 생리 및 임신, 음주, 약물복용, 질병 등
심리적 원인	정신력 부족과 결함, 심로, 규칙 및 명령 불이행, 부주의, 행동의 무리 및 불완전, 착오, 무기력, 경솔, 불만, 갈등 등

- 환경적 원인 : 산업시설물 불량, 기계와 공구・재료의 불량・부적격한 취급품 등이 가장 중요한 요인이며, 작업장 내의 온도・환기・소음 등의 환경과 정리정돈 불량, 복장 불량, 안전장치의 미비, 감독자의 재해예방에 대한 태도 등

Check Note

✔ 산업재해 발생의 시기별 발생 상황

① 계절은 여름(7, 8, 9월)과 겨울(12, 1, 2월)에 많이 발생
② 일주일 중 목요일, 금요일에 많이 발생하며 토요일에는 감소
③ 시간적으로는 오전은 근로시작 후 3시간경, 오후는 업무시작 후 2시간 경과 후에 많이 발생

✔ 참호족(Trench/Immersion Foot)

직접 동결상태에 이르지 않더라도 한랭에 계속해서 장기간 노출되고, 동시에 지속적으로 습기나 물에 잠기게 되면 참호족이 되는데, 이는 지속적인 국소의 산소결핍 때문

바로 확인 문제

산업재해 발생원인 중 인적원인으로는 관리상 원인, (　　), (　　)이 있다.

답 생리적 원인, 심리적 원인

PART 01

Check Note

직업성 난청

① 소음이 심한 곳에서 근무하는 사람들에게 나타나는 직업병
② 4,000Hz에서 조기 발견할 수 있음

바로 확인 문제

- 규폐증은 양석연마공, 채석공, 광부 등의 직업에서 많이 발생한다. (O / ×)

답 O

- 이타이이타이병의 유발 물질은 (   )이다.

답 카드뮴

(3) 직업병 관리

1) 직업병의 정의

근로자들이 작업환경 중에 노출되어 일어나는 특정 질병

2) 원인별 직업병의 구분

물리적 요인	고열환경 (이상고온)	열중증(열피로, 열경련, 열허탈증, 열쇠약증, 열사병)
	저온환경 (이상저온)	동상, 참호족염, 동창
	고압환경 (이상고기압)	잠함병(잠수병) : 물에서 발생되며 주로 잠수부, 해녀에게 발생
	저압환경 (이상저기압)	항공병, 고산병 : 산에서 발생
	소음	직업성 난청, 청력장애
	분진	진폐증(먼지), 석면폐증(석면), 규폐증(유리규산), 활석폐증(활석)
	방사선	조혈기능 장애, 피부점막의 궤양과 암 생성, 백내장, 생식기 장애
	자외선 및 적외선	피부 및 눈의 장애
화학적 요인 (공업 중독)	납(Pb) 중독	연중독, 소변 중에 코프로포피린 검출, 체중감소, 염기성 과립적혈구의 수 증가, 요독증 증세
	수은(Hg) 중독	구내열, 미나마타병의 원인물질, 언어장애, 지각이상
	크롬(Cr) 중독	비염, 기관지염, 피부점막궤양
	카드뮴(Cd) 중독	이타이이타이병의 원인물질, 단백뇨, 골연화증, 폐기능 및 신장기능장애

CHAPTER 01

단원별 기출복원문제

PART 01

01 개인 위생관리

상 중 하

01 식품 취급자의 화농성 질환에 의해 감염되는 식중독은?

① 살모넬라 식중독
② 황색포도상구균 식중독
③ 장염비브리오 식중독
④ 병원성대장균 식중독

01 ②

해설 황색포도상구균 식중독은 화농성 질환에 감염된 포도상구균이 원인으로, 손이나 몸에 화농이 있는 사람은 식품 취급을 금지하여야 한다.

상 중 하

02 우리나라에서 발생하는 장티푸스의 가장 효과적인 관리 방법은?

① 환경위생 철저
② 공기정화
③ 순화독소(Toxoid)접종
④ 농약사용 자제

02 ①

해설 장티푸스는 보균자의 대변이나 소변에 의해서 오염된 물을 섭취하였을 때 감염되는 병으로, 복통·구토·설사 등과 같은 증상이 나타난다. 이러한 장티푸스를 예방하기 위해서는 보균자를 격리시키고, 환경위생에 철저해야 한다.

02 식품 위생관리

상 중 하

01 WHO 보건헌장에 의한 건강의 정의로 옳은 것은?

① 질병에 걸리지 않은 상태
② 육체적으로 편안하며 쾌적한 상태
③ 육체적, 정신적, 사회적 안녕의 완전한 상태
④ 허약하지 않고 심신이 쾌적하며 식욕이 왕성한 상태

01 ③

해설 WHO 보건헌장에 의한 건강은 육체적, 정신적, 사회적으로 모두 완전한 상태를 말한다.

상 중 하

02 다음 세균성 식중독 중 독소형에 해당하는 것은? 빈출

① 살모넬라 식중독
② 장염비브리오 식중독
③ 알레르기성 식중독
④ 포도상구균 식중독

02 ④

해설 포도상구균 식중독은 독소형 식중독으로 식품 취급자의 화농성 염증이 주된 원인이다.

1 미생물의 종류와 특성

상 중 하

01 다음 중 식품위생과 관련된 미생물이 아닌 것은?

① 세균
② 곰팡이
③ 효모
④ 기생충

상 중 하

02 다음 중 중온균(Mesophilic Bacteria)의 최적온도는?

① 10~12℃
② 25~37℃
③ 55~60℃
④ 65~75℃

상 중 하

03 식품의 부패 시 생성되는 물질과 거리가 먼 것은?

① 암모니아(Ammonia)
② 트리메틸아민(Trimethylamine)
③ 글리코겐(Glycogen)
④ 아민(Amine)

상 중 하

04 어패류의 부패 속도에 대하여 가장 올바르게 설명한 것은?

① 해수어가 담수어보다 쉽게 부패한다.
② 얼음물에 보관하는 것보다 냉장고에 보관하는 것이 더 쉽게 부패한다.
③ 토막을 친 것이 통째로 보관하는 것보다 쉽게 부패한다.
④ 어류는 비늘이 있어서 미생물의 침투가 육류에 비해 늦다.

상 중 하

05 어패류의 신선도 판정 시 초기 부패의 기준이 되는 물질은? 빈출

① 삭시톡신(Saxitoxin)
② 베네루핀(Venerupin)
③ 트리메틸아민(Trimethylamine)
④ 아플라톡신(Aflatoxin)

---

01 ④

해설 미생물에는 곰팡이, 효모, 세균, 리케차, 바이러스가 있다.

02 ②

해설 **최적온도**
- 저온균 : 15~20℃
- 중온균 : 25~37℃
- 고온균 : 50~60℃

03 ③

해설 탄수화물을 과다 섭취하면 글리코겐으로 변하며, 간과 근육에 저장된다. 글리코겐은 식품의 부패 생성물질과 관계없다.

04 ③

해설 어패류는 통째로 보관하는 것이 토막 친 것보다 부패가 더디다.

05 ③

해설 생선의 비린내는 트리메틸아민(트라이메틸아민)에 의한 것이다.

2 식품과 기생충병

상 | 중 | 하

01 채소류를 매개로 감염될 수 있는 기생충이 아닌 것은?

① 회충　　② 아니사키스
③ 구충　　④ 편충

01 ②

해설 채소류가 매개인 기생충에는 회충, 구충, 편충, 요충, 동양모양선충이 있다.

상 | 중 | 하

02 수인성 감염병의 유행 특성에 대한 설명으로 옳지 않은 것은?

① 연령과 직업에 따른 이환율에 차이가 있다.
② 2~3일 내에 환자 발생이 폭발적이다.
③ 환자 발생은 급수지역에 한정되어 있다.
④ 계절에 직접적인 관계없이 발생한다.

02 ①

해설 수인성 감염병은 환자 발생이 폭발적이며, 음용수 사용지역과 유행지역이 일치한다. 계절과 관계없이 발생하며, 성별·연령·직업·생활 수준에 따른 발생빈도의 차이가 없다.

상 | 중 | 하

03 간디스토마는 제2중간숙주인 민물고기 내에서 어떤 형태로 존재하다가 인체에 감염을 일으키는가? 빈출

① 피낭유충(Metacercaria)
② 레디아(Redia)
③ 유모유충(Miracidium)
④ 포자유충(Sporocyst)

03 ①

해설 간디스토마는 제2중간숙주인 민물고기 내에서 피낭유충으로 존재한다.

상 | 중 | 하

04 경구감염병과 비교하여 세균성 식중독의 일반적인 특성으로 옳은 것은?

① 소량의 균으로도 발병한다.
② 잠복기가 짧다.
③ 2차 발병률이 매우 높다.
④ 감염환(Infection Cycle)이 성립한다.

04 ②

해설 식중독은 식품 중에 많은 양의 균에 의해 발병하며, 잠복기가 짧고 면역력은 없다.

상 | 중 | 하

05 다음 중 병원체가 세균인 질병은? 빈출

① 폴리오　　② 백일해
③ 발진티푸스　　④ 홍역

05 ②

해설 **병원체가 세균인 질병**
콜레라, 성홍열, 디프테리아, 백일해, 페스트, 이질, 파라티푸스, 유행성 뇌척수막염, 장티푸스, 파상풍, 결핵, 폐렴, 나병(한센병), 수막구균성수막염 등

상 | 중 | 하

06 다음 중 잠복기가 가장 긴 감염병은?

① 한센병 ② 파라티푸스
③ 콜레라 ④ 디프테리아

상 | 중 | 하

07 경구감염병으로 주로 신경계에 증상을 일으키는 것은?

① 폴리오 ② 장티푸스
③ 콜레라 ④ 세균성 이질

상 | 중 | 하

08 다음 중 회복기 보균자에 대한 설명으로 옳은 것은? 빈출

① 병원체에 감염되어 있지만 임상증상이 아직 나타나지 않은 상태의 사람
② 병원체를 몸에 지니고 있으나 겉으로는 증상이 나타나지 않는 건강한 사람
③ 질병의 임상증상이 회복되는 시기에도 여전히 병원체를 지닌 사람
④ 몸에 세균 등 병원체를 오랫동안 보유하고 있으면서 자신은 병의 증상을 나타내지 아니하고 다른 사람에게 옮기는 사람

상 | 중 | 하

09 사람과 동물이 같은 병원체에 의하여 발생하는 질병은?

① 기생충성 질병 ② 세균성 식중독
③ 법정 감염병 ④ 인수공통감염병

상 | 중 | 하

10 여성이 임신 중에 감염될 경우 유산과 불임을 포함하여 태아에 이상을 유발할 수 있는 인수공통감염병과 관계되는 기생충은 무엇인가?

① 회충 ② 십이지장충
③ 간디스토마 ④ 톡소플라스마

06 ①

해설 한센병(나병)과 결핵은 잠복기가 길다.

07 ①

해설 중추신경계의 손상으로 영구적인 마비를 일으키는 경구감염병은 폴리오(소아마비)이다.

08 ③

해설 질병의 임상증상이 회복되는 시기에도 계속 병원체를 지닌 사람을 회복기 보균자라 한다.

09 ④

해설 인수공통감염병은 사람과 동물 사이에 동시에 옮겨지는 질병을 말한다.

10 ④

해설 톡소플라스마는 고양이의 배변을 통해 감염되는 기생충으로 임산부가 감염되면 태아에게 심각한 손상이 나타난다.

상 중 하

11 다음 중 기생충과 중간숙주와의 연결이 틀린 것은? 빈출

① 간흡충 – 쇠우렁이, 참붕어
② 요코가와흡충 – 다슬기, 은어
③ 폐흡충 – 다슬기, 게
④ 광절열두조충 – 돼지고기, 소고기

11 ④

해설 광절열두조충의 제1중간숙주는 물벼룩, 제2중간숙주는 연어, 송어이다.

상 중 하

12 다음 중 구충의 감염예방과 관계가 없는 것은?

① 분변 비료 사용금지
② 밭에서 맨발 작업금지
③ 청정채소의 장려
④ 모기에 물리지 않도록 주의

12 ④

해설 구충의 감염예방법
- 인분을 사용한 밭에서 맨발 작업금지
- 분변 비료 사용금지
- 청정채소의 장려
- 위생적인 식생활

상 중 하

13 폐흡충증의 제1, 2중간숙주가 순서대로 옳게 나열된 것은? 빈출

① 왜우렁이, 붕어
② 다슬기, 참게
③ 물벼룩, 가물치
④ 왜우렁이, 송어

13 ②

해설 페디스토마(폐흡충) : 다슬기 → 민물게·민물가재 → 사람

상 중 하

14 오염된 토양에서 맨발로 작업할 경우 감염될 수 있는 기생충은?

① 회충
② 간흡충
③ 폐흡충
④ 구충

14 ④

해설 경피로 감염되는 기생충은 구충(십이지장충)과 말라리아원충이 있는데, 구충은 오염된 토양에서 맨발로 작업할 경우 감염될 수 있다.

상 중 하

15 다음 중 다슬기가 중간숙주인 기생충은?

① 무구조충
② 유구조충
③ 페디스토마
④ 간디스토마

15 ③

해설 페디스토마(폐흡충)의 제1중간숙주는 다슬기, 제2중간숙주는 민물가재와 게이다.

3 살균 및 소독의 종류와 방법

상 중 하

01 다음 중 분변소독에 가장 적합한 것은?

① 생석회
② 약용비누
③ 과산화수소
④ 표백분

01 ①

해설
- 약용비누 : 과일, 채소, 식기, 손 소독
- 과산화수소 : 피부, 상처소독
- 표백분 : 우물, 수영장 및 채소, 식기소독

상 중 하

02 조리작업자 및 배식자의 손 소독에 가장 적합한 것은?

① 역성비누 ② 생석회
③ 경성세제 ④ 승홍수

상 중 하

03 다음 중 자외선을 이용한 살균 시 가장 유효한 파장은? 빈출

① 250~260nm ② 350~360nm
③ 450~460nm ④ 550~560nm

상 중 하

04 석탄산수(페놀)에 대한 설명으로 옳지 않은 것은?

① 염산을 첨가하면 소독 효과가 높아진다.
② 바이러스와 아포에 약하다.
③ 햇볕을 받으면 갈색으로 변하고 소독력이 없어진다.
④ 식수의 소독에는 적합하지 않다.

상 중 하

05 분자식은 $KMnO_4$이며, 산화력에 의한 소독 효과가 있는 것은?

① 크레졸 ② 석탄산
③ 과망간산칼륨 ④ 알코올

상 중 하

06 승홍수에 대한 설명으로 옳지 않은 것은?

① 단백질을 응고시킨다.
② 강력한 살균력이 있다.
③ 금속기구의 소독에 적합하다.
④ 승홍의 0.1% 수용액이다.

상 중 하

07 역성비누를 보통비누와 함께 사용할 때 가장 올바른 방법은?

① 보통비누로 먼저 때를 씻어낸 후 역성비누를 사용
② 보통비누와 역성비누를 섞어서 거품을 내며 사용
③ 역성비누를 먼저 사용한 후 보통비누를 사용
④ 역성비누와 보통비누의 사용순서는 무관하게 사용

02 ①

해설 조리작업자 및 배식자의 손 소독에는 역성비누가 가장 적합하다.

03 ①

해설 자외선은 2,500~2,600Å(250~260nm)일 때 살균력이 가장 크다.

04 ③

해설 석탄산은 햇볕이나 유기물질 등에도 소독력이 약화되지 않아 살균력이 안정적이다.

05 ③

해설 과망간산칼륨[과망가니즈산칼륨($KMnO_4$)]은 산화력에 가장 강한 소독 효과가 있으며, 0.2~0.5%의 수용액을 사용한다.

06 ③

해설 승홍수는 금속부식성이 강하여 금속기계의 소독에 적합하지 않고 비금속기구의 소독에 주로 이용된다.

07 ①

해설 역성비누는 보통비누와 동시에 사용하지만, 유기물이 존재할 때는 살균효과가 떨어진다. 역성비누를 보통비누와 함께 사용할 때에는 보통비누로 먼저 때를 씻어낸 후 역성비누를 사용한다.

상 중 하

08 석탄계수가 2이고, 석탄산의 희석배수가 40배인 경우 실제 소독약품의 희석배수는?

① 20배 ② 40배
③ 80배 ④ 160배

08 ③

해설

$$\text{석탄계수} = \frac{\text{(다른) 소독약의 희석배수}}{\text{석탄산의 희석배수}}$$

$\frac{x}{40} = 2,\ x = 2 \times 40$

$\therefore\ x = 80$(배)

상 중 하

09 다음 살균 및 소독에 관한 용어 설명 중 옳지 않은 것은?

① 소독 : 병원성 세균을 제거하거나 감염력을 없애는 것
② 멸균 : 모든 세균을 제거하는 것
③ 방부 : 모든 세균을 완전히 제거하여 부패를 방지하는 것
④ 자외선 살균 : 살균력이 가장 큰 250~260nm의 파장을 써서 미생물을 제거하는 것

09 ③

해설 방부는 미생물의 증식을 억제하여 식품의 부패를 방지하고 발효 진행을 억제시키는 것을 말한다.

상 중 하

10 우유의 살균처리방법 중 다음과 같은 살균처리방법은?

71.1~75℃에서 15~30초간 가열처리하는 방법

① 저온살균법 ② 초저온살균법
③ 고온단시간살균법 ④ 초고온살균법

10 ③

해설 고온단시간살균법은 70~75℃에서 15~20초간 살균하는 방법이다.

상 중 하

11 소독제의 살균력을 비교하기 위해서 이용되는 소독약은?

① 석탄산(Phenol) ② 크레졸(Cresol)
③ 과산화수소(H_2O_2) ④ 알코올(Alcohol)

11 ①

해설 석탄산계수는 살균력 비교 시 이용된다.

상 중 하

12 일반적으로 사용되는 소독약의 희석농도로 가장 부적합한 것은?

빈출

① 알코올 : 75%의 에탄올
② 승홍수 : 0.01%의 수용액
③ 크레졸 : 3~5%의 비누액
④ 석탄산 : 3~5%의 수용액

12 ②

해설 승홍수는 0.1%의 수용액 형태로 사용한다.

PART 01

상 | 중 | 하

13 우유의 저온장시간살균법에서 처리온도와 시간은? 빈출

① 50~55℃에서 50분간
② 63~65℃에서 30분간
③ 76~78℃에서 15초간
④ 130℃에서 1초간

13 ②
해설 저온장시간살균법은 63~65℃에서 30분간 살균하는 방법을 말한다.

상 | 중 | 하

14 원유에 오염된 병원성 미생물을 사멸시키기 위하여 130~150℃의 고온 가압하에서 우유를 0.5~5초간 살균하는 방법은? 빈출

① 저온살균법 ② 고압증기멸균법
③ 고온단시간살균법 ④ 초고온순간살균법

14 ④
해설
가열살균법 중 초고온살균법은 130~150℃에서 0.5~5초간 가열 후 급랭하는 것으로, 우유, 과즙 등에 이용한다.

상 | 중 | 하

15 다음 중 강한 산화력에 의한 소독 효과를 갖는 것은?

① 크레졸 ② 석탄산
③ 과망간산칼륨 ④ 알코올

15 ③
해설 과망간산칼륨(과망가니즈산칼륨)은 산화력에 의한 강한 소독력을 가지고 있다.

상 | 중 | 하

16 바이러스와 포자형성균을 소독하는 데 가장 좋은 소독법은?

① 일광소독법 ② 알코올소독법
③ 건열멸균법 ④ 고압증기멸균법

16 ④
해설 고압증기멸균법은 멸균효과가 우수하며, 미생물뿐 아니라 아포까지 죽일 수 있다.

4 식품의 위생적 취급기준

상 | 중 | 하

01 작업장 식재료의 위생적 취급기준으로 옳지 않은 것은?

① 유통기한 및 신선도를 확인한다.
② 식재료의 전처리 과정은 35℃ 이하에서 3시간 이내에 처리한다.
③ 식재료의 전처리는 내부온도를 15℃ 이하로 한다.
④ 조리된 음식은 5℃ 이하 또는 60℃ 이상에서 보관한다.

01 ②
해설 식재료의 전처리 과정은 25℃ 이하에서 2시간 이내에 처리한다.

상 중 하

02 식품의 위생적 취급기준으로 거리가 먼 것은?

① 해동된 식재료는 재냉동 사용을 금지한다.
② 개봉한 통조림은 별도의 용기에 품목명, 원산지, 날짜 등을 표시 후 냉장 보관한다.
③ 조리된 음식은 네임태그(품목명, 날짜, 시간 등)를 표시 후 랩을 씌워 보관한다.
④ 식재료는 채소 → 어류 → 가금류 → 육류 순서로 손질한다.

02 ④

해설 식재료는 칼, 도마, 장갑 등을 별도로 구분하여 사용하며, 채소 → 육류 → 어류 → 가금류 순서로 손질하고 깨끗하게 세척, 소독한다.

PART 01

5 식품첨가물과 유해물질

상 중 하

01 화학물질에 의한 식중독으로 일반 중독증상과 시신경의 염증으로 실명의 원인이 되는 물질은?

① 납 ② 수은
③ 메틸알코올 ④ 청산

01 ③

해설 메틸알코올에 중독되면 두통, 구토, 설사, 실명 등의 증상이 나타나며, 심할 경우 사망하기도 한다.

상 중 하

02 납중독에 대한 설명으로 옳지 않은 것은?

① 대부분 만성 중독이다.
② 뼈에 축적되거나 골수에 대해 독성을 나타내므로 혈액장애를 일으킬 수 있다.
③ 손과 발의 각화증 등을 일으킨다.
④ 잇몸의 가장자리가 흑자색으로 착색된다.

02 ③

해설 납중독은 만성 중독으로 잇몸이 흑자색으로 변하거나 복통 등의 증상이 있다.

상 중 하

03 다음 중 유해성 표백제는?

① 롱가릿(Rongalite)
② 아우라민(Auramine)
③ 포름알데히드(Formaldehyde)
④ 사이클라메이트(Cyclamate)

03 ①

해설
• 아우라민 : 유해 착색제
• 포름알데히드(포름알데하이드) : 유해 보존료
• 사이클라메이트 : 유해 감미료

상 | 중 | 하

04 식품첨가물의 사용 목적이 아닌 것은?

① 식품의 기호성 증대
② 식품의 유해성 입증
③ 식품의 부패와 변질을 방지
④ 식품의 제조 및 품질 개량

04 ②

해설 식품첨가물은 식품의 제조, 가공, 보존 등 여러 가지 필요에 의해 식품에 첨가하는 물질로 식품의 기호성 증대, 식품의 부패와 변질 방지, 식품의 제조 및 품질 개량 등으로 사용된다.

상 | 중 | 하

05 식품의 보존료가 아닌 것은?

① 데히드로초산(Dehydroacetic Acid)
② 소르빈산(Sorbic Acid)
③ 안식향산(Benzoic Acid)
④ 아스파탐(Aspartam)

05 ④

해설 식품의 보존료에는 데히드로초산, 소르빈산, 안식향산, 프로피온산이 있으며, 아스파탐은 감미료이다.

상 | 중 | 하

06 식품 중에 존재하는 색소단백질과 결합함으로써 식품의 색을 보다 선명하게 하거나 안정화시키는 첨가물은?

① 질산나트륨(Sodium Nitrate)
② 동클로로필린나트륨(Sodium Copper Chlorophyllin)
③ 삼이산화철(Iron Sesquioxide)
④ 이산화티타늄(Titanium Dioxide)

06 ①

해설 질산나트륨은 육류의 발색제(색소고정제)로 사용된다.

상 | 중 | 하

07 아이스크림 제조 시 사용되는 안정제는?

① 전화당
② 바닐라
③ 레시틴
④ 젤라틴

07 ④

해설 아이스크림 제조 시 사용되는 안정제는 젤라틴이다.

상 | 중 | 하

08 감칠맛 성분과 소재식품의 연결이 잘못된 것은? 빈출

① 베타인(Betaine) – 오징어, 새우
② 크레아티닌(Creatinine) – 어류, 육류
③ 카노신(Carnosine) – 육류, 어류
④ 타우린(Taurine) – 버섯, 죽순

08 ④

해설 타우린 – 새우, 오징어, 문어, 조개류

상 중 하

09 다음 식품첨가물 중 주요 목적이 다른 것은?

① 과산화벤조일 ② 과황산암모늄
③ 이산화염소 ④ 아질산나트륨

09 ④

해설
- 과산화벤조일, 과황산암모늄, 이산화염소 : 소맥분(밀가루) 개량제
- 아질산나트륨 : 육류 발색제

상 중 하

10 다음 중 화학조미료에 해당하는 것은?

① 구연산
② HAP(Hydrolyzed Animal Protein)
③ 글루탐산나트륨
④ 효모

10 ③

해설 글루탐산나트륨은 가장 널리 사용되고 있는 화학조미료이다.

상 중 하

11 미생물의 발육을 억제하여 식품의 부패나 변질을 방지할 목적으로 사용되는 것은?

① 안식향산나트륨 ② 호박산나트륨
③ 글루탐산나트륨 ④ 실리콘수지

11 ①

해설 호박산나트륨과 글루탐산나트륨은 감칠맛을 부여하기 위해 조미료로 사용되는 첨가물이며, 실리콘수지는 거품을 제거하기 위한 소포(거품제거)제로 사용된다.

상 중 하

12 빵을 구울 때 기계에 달라붙지 않고 분할이 쉽도록 하기 위하여 사용하는 첨가물은?

① 조미료 ② 유화제
③ 피막제 ④ 이형제

12 ④

해설 빵을 구울 때 빵틀로부터 빵이 잘 떨어지게 하기 위해 이형제를 사용한다.

상 중 하

13 우리나라에서 허가되어 있는 발색제가 아닌 것은?

① 질산칼륨 ② 질산나트륨
③ 아질산나트륨 ④ 삼염화질소

13 ④

해설 삼염화질소는 유해성 표백제로 우리나라에서는 사용을 금지하고 있다.

상 중 하

14 다음 식품첨가물 중 유해한 착색료는?

① 아우라민(Auramine) ② 둘신(Dulcin)
③ 롱가릿(Rongalite) ④ 붕산(Boric acid)

14 ①

해설
- 둘신 : 유해 감미료
- 롱가릿 : 유해 표백제
- 붕산 : 유해 보존료

상 | 중 | 하

15 우리나라에서 식품첨가물로 허용된 표백제가 아닌 것은?

① 무수아황산　② 차아황산나트륨
③ 롱가릿　④ 과산화수소

상 | 중 | 하

16 다음 중 천연산화방지제가 아닌 것은? 빈출

① 세사몰(Sesamol)　② 티아민(Thiamin)
③ 토코페롤(Tocopherol)　④ 고시폴(Gossypol)

상 | 중 | 하

17 다음 중 당 알코올로 충치예방에 가장 적당한 것은?

① 맥아당　② 글리코겐
③ 펙틴　④ 소르비톨

상 | 중 | 하

18 식용유 제조 시 사용되는 식품첨가물 중 n-hexane(헥산)의 용도는?

① 추출제　② 유화제
③ 향신료　④ 보존료

03 작업장 위생관리

1 작업장 위생 위해요소

상 | 중 | 하

01 생활쓰레기의 분류 중 부엌에서 나오는 동·식물성 유기물은?

① 주개　② 가연성 진개
③ 불연성 진개　④ 재활용성 진개

상 | 중 | 하

02 작업장의 바닥 조건으로 옳은 것은?

① 산이나 알칼리에 약하고, 습기와 열에 강해야 한다.
② 바닥 전체의 물매는 1/20이 적당하다.
③ 조리작업을 드라이시스템화 할 경우의 물매는 1/100 정도가 적당하다.
④ 고무타일, 합성수지타일 등이 잘 미끄러지지 않으므로 적합하다.

15 ③

해설 롱가릿은 피부나 눈에 염증 등을 일으켜 현재 우리나라에서는 식품에 사용이 금지되어 있다.

16 ②

해설 **천연항산화제**
비타민 E, 세사몰, 비타민 C, 고시폴, 토코페롤 등

17 ④

해설 소르비톨은 당 알코올로 충치예방에 효과가 있다.

18 ①

해설 헥산은 식용유 제조 시 추출제로 사용된다.

01 ①

해설 **주개**
가정, 음식점, 호텔 등의 주방에서 나오는 음식물쓰레기를 말하며, 육류·채소·과실·곡류 등의 찌꺼기로서 부패하기 쉽고 냄새의 원인이 된다.

02 ④

해설 작업장의 바닥 구비조건에 적합한 재질로는 고무타일, 합성수지타일 등 잘 미끄러지지 않는 재질을 사용해야 한다.

상 | 중 | 하

03 식품 등의 위생적 취급에 관한 기준이 아닌 것은?

① 식품 등을 취급하는 원료 보관실, 제조 가공실, 포장실 등의 내부를 항상 청결하게 관리한다.
② 식품 등의 원료 및 제품 중 부패, 변질되기 쉬운 것은 냉동·냉장시설에 보관·관리된다.
③ 유통기한이 경과된 식품 등은 판매하거나 판매의 목적으로 진열·보관하여서는 아니 된다.
④ 모든 식품 및 원료는 냉장 및 냉동시설에 보관·관리한다.

03 ④

해설 모든 식품 및 원료가 냉장·냉동시설을 필요로 하는 것은 아니다.

2 식품안전관리인증기준(HACCP)

상 | 중 | 하

01 HACCP의 의무적용 대상 식품에 해당하지 않는 것은? 빈출

① 빙과류 ② 비가열 음료
③ 껌류 ④ 레토르트식품

01 ③

해설 껌류는 HACCP의 의무적용 대상 식품이 아니다.

상 | 중 | 하

02 다음 중 식품안전관리인증기준(HACCP)을 수행하는 단계에 있어서 가장 먼저 실시하는 것은?

① 중요관리점 규명
② 관리기준의 설정
③ 기록유지방법의 설정
④ 식품의 위해요소 분석

02 ④

해설 **HACCP 관리의 수행단계**
식품의 위해요소 분석 → 중요관리점 결정 → 한계기준 설정 → 모니터링 체계 확립 → 개선조치 방법 수립 → 검증 절차 및 방법 수립 → 문서화 및 기록 유지

상 | 중 | 하

03 HACCP인증 집단급식업소(집단급식소, 식품접객업소, 도시락류 포함)에서 조리한 식품은 소독된 보존식 전용용기 또는 멸균비닐봉지에 매회 1인분 분량을 담아 몇 ℃ 이하에서 얼마 이상의 시간 동안 보관하여야 하는가?

① 4℃ 이하, 48시간 이상
② 0℃ 이하, 100시간 이상
③ −10℃ 이하, 200시간 이상
④ −18℃ 이하, 144시간 이상

03 ④

해설 HACCP 인증 집단급식업소의 보존식은 −18℃ 이하에서 144시간 이상 보관한다.

상 | 중 | 하

04 다음의 정의에 해당하는 것은? 빈출

> 식품의 원료관리, 제조・가공・조리・유통의 모든 과정에서 위해한 물질이 식품에 섞이거나 식품이 오염되는 것을 방지하기 위하여 각 과정을 중점적으로 관리하는 기준

① 식품안전관리인증기준(HACCP)
② 식품 Recall제도
③ 식품 CODEX기준
④ ISO 인증제도

04 ①

해설 식품안전관리인증기준(HACCP)에 대한 정의이다.

상 | 중 | 하

05 기존 위생관리방법과 비교하여 HACCP의 특징에 대한 설명으로 옳은 것은?

① 주로 완제품 위주의 관리이다.
② 위생상의 문제 발생 후 조치하는 사후적 관리이다.
③ 시험분석방법에 장시간이 소요된다.
④ 가능성 있는 모든 위해요소를 예측하고 대응할 수 있도록 한다.

05 ④

해설 HACCP을 식품의 생산, 유통, 소비의 전 과정을 식품관리의 예방차원에서 지속적으로 관리하여 식품의 안전성을 확보하고 보증하는 것이다.

3 작업장 교차오염 발생요소

상 | 중 | 하

01 음식물과 함께 섭취된 미생물이 식품이나 체내에서 다량 증식하여 장관 점막에 위해를 끼침으로써 일어나는 식중독은?

① 독소형 식중독
② 감염형 식중독
③ 식물성 자연독 식중독
④ 동물성 자연독 식중독

01 ②

해설 독소형 식중독, 식물성 자연독 식중독, 동물성 자연독 식중독은 섭취 즉시 발병한다.

상 | 중 | 하

02 오래된 과일이나 산성 채소 통조림에서 유래되는 화학성 식중독의 원인물질은?

① 칼슘 ② 주석
③ 철분 ④ 아연

02 ②

해설 통조림의 내면에 도금할 때는 주석이 사용된다.

상 | 중 | 하

03 먹는 물 소독 시 염소소독으로 사멸되지 않는 병원체로 전파되는 감염병은?

① 세균성 이질　② 콜레라
③ 장티푸스　④ 감염성 간염

03 ④

해설 장티푸스, 파라티푸스, 이질, 콜레라는 염소소독으로 사멸되는 병원체이다.

PART 01

04 식중독 관리

상 | 중 | 하

01 다음 중 일반적으로 사망률이 가장 높은 식중독은?

① 살모넬라 식중독
② 장염비브리오 식중독
③ 클로스트리디움 보툴리눔 식중독
④ 포도상구균 식중독

01 ③

해설 식중독에 따른 사망률
- 살모넬라 식중독 : 치사율 0.1%
- 장염비브리오 식중독 : 치사율 40 ~ 60%
- 클로스트리디움 보툴리눔 식중독 : 치사율 70%
- 포도상구균 식중독 : 치사율 0%

상 | 중 | 하

02 세균성 식중독 중 감염형이 아닌 것은? 빈출

① 살모넬라 식중독　② 황색포도상구균 식중독
③ 장염비브리오 식중독　④ 병원성대장균 식중독

02 ②

해설 황색포도상구균 식중독은 독소형 식중독이고, 클로스트리디움 웰치균 식중독은 감염형 세균성 식중독이다.

상 | 중 | 하

03 웰치균에 대한 설명으로 옳은 것은?

① 아포는 60℃에서 10분간 가열하면 사멸한다.
② 혐기성 균주이다.
③ 냉장온도에서 잘 발육한다.
④ 당질식품에서 주로 발생한다.

03 ②

해설 웰치균 식중독은 열에 강한 내열성균으로 가열해도 잘 죽지 않으며, 편성 혐기성균이다. 냉장보관하면 예방이 가능하며, 원인식품은 육류를 사용한 가열 조리식품이다.

상 | 중 | 하

04 살균이 불충분한 저산성 통조림 식품에 의해 발생되는 세균성 식중독의 원인균은?

① 포도상구균　② 젖산균
③ 클로스트리디움 보툴리눔　④ 병원성대장균

04 ③

해설 클로스트리디움 보툴리눔균은 소시지나 햄, 통조림에 증식하여 독소를 형성하며, 섭취하면 호흡곤란, 언어장애 등을 일으킨다.

상 중 하

05 일반적인 가열조리법으로 예방하기에 가장 어려운 식중독은?

① 살모넬라에 의한 식중독
② 웰치균에 의한 식중독
③ 포도상구균에 의한 식중독
④ 병원성대장균에 의한 식중독

상 중 하

06 식품접객업소의 조리 판매 등에 대한 기준 및 규격에 의한 조리용 칼·도마, 식기류의 미생물 규격은? (단, 사용 중인 것은 제외)

① 살모넬라 음성, 대장균 양성
② 살모넬라 음성, 대장균 음성
③ 황색포도상구균 양성, 대장균 음성
④ 황색포도상구균 음성, 대장균 양성

상 중 하

07 식중독에 관한 설명으로 옳지 않은 것은?

① 자연독이나 유해물질이 함유된 음식물을 섭취함으로써 생긴다.
② 발열, 구역질, 구토, 설사, 복통 등의 증세가 나타난다.
③ 세균, 곰팡이, 화학물질 등이 원인물질이다.
④ 대표적인 식중독은 콜레라, 세균성이질, 장티푸스 등이 있다.

상 중 하

08 세균성 식중독과 병원성 소화기계 감염병을 비교한 것으로 틀린 것은?

빈출

	세균성 식중독	병원성 소화기계 감염병
①	식품은 원인물질 축적체	식품은 병원균 운반체
②	2차 감염이 빈번	2차 감염이 없음
③	식품위생법으로 관리	감염병예방법으로 관리
④	비교적 짧은 잠복기	비교적 긴 잠복기

상 중 하

09 엔테로톡신(Enterotoxin)이 원인이 되는 식중독은?

① 살모넬라 식중독
② 장염비브리오 식중독
③ 병원성대장균 식중독
④ 황색포도상구균 식중독

05 ③

해설 포도상구균 식중독의 독소인 엔테로톡신은 내열성이며, 120℃에서 20분간 가열하여도 파괴되지 않는다.

06 ②

해설 조리용 칼·도마, 식기류의 미생물 기준은 살모넬라와 대장균 모두 음성이어야 한다.

07 ④

해설 콜레라, 세균성이질, 장티푸스는 소화기계 감염병이다.

08 ②

해설 세균성 식중독은 살모넬라 외에는 2차 감염이 없으나 소화기계 감염병은 2차 감염이 발생한다.

09 ④

해설 황색포도상구균 식중독은 엔테로톡신에 의한 독소형 식중독이다.

상 중 하

10 **살모넬라(Salmonella)균에 대한 설명으로 옳지 않은 것은?** 빈출

① 그람음성, 간균으로 동·식물계에 널리 분포하고 있다.

② 내열성이 강한 독소를 생성한다.

③ 발육 적온은 37℃이며, 10℃ 이하에서는 거의 발육하지 않는다.

④ 살모넬라균에는 장티푸스를 일으키는 것도 있다.

10 ②

해설 살모넬라균은 열에 약하여 60℃에서 30분이면 사멸된다.

상 중 하

11 **손에 상처가 있는 사람이 만든 크림빵을 먹은 후 식중독 증상이 나타났을 경우 가장 의심되는 식중독균은?**

① 포도상구균

② 클로스트리디움 보툴리늄

③ 병원성대장균

④ 살모넬라균

11 ①

해설 포도상구균 식중독은 독소형 식중독으로 식품 취급자의 화농성 염증이 주된 원인이다.

상 중 하

12 **다음 중 돼지고기에 의해 감염될 수 있는 기생충은?**

① 선모충 ② 간흡충

③ 편충 ④ 아니사키스충

12 ①

해설 돼지고기에 의해 감염될 수 있는 기생충은 유구조충(갈고리촌충), 선모충이 있다.

상 중 하

13 **감자의 싹과 녹색 부위에서 생성되는 독성물질은?**

① 솔라닌(Solanine)

② 리신(Ricin)

③ 시큐톡신(Cicutoxin)

④ 아미그달린(Amygdalin)

13 ①

해설

- 리신 : 피마자의 독성분
- 시큐톡신 : 독미나리의 독성분
- 아미그달린 : 청매, 살구씨, 복숭아씨의 독성분

상 중 하

14 **다음 중 일반적으로 복어의 독성분인 테트로도톡신이 가장 많은 부위는?**

① 근육 ② 피부

③ 난소 ④ 껍질

14 ③

해설 복어의 독성분 정도

난소 > 간장 > 내장 > 피부

상 중 하

15 주로 부패한 감자에 생성되어 중독을 일으키는 물질은?

① 셉신(Sepsine)
② 아미그달린(Amygdalin)
③ 시큐톡신(Cicutoxin)
④ 마이코톡신(Mycotoxin)

상 중 하

16 다음 중 식품과 자연독의 연결이 잘못된 것은? 빈출

① 독버섯 – 무스카린(Muscarine)
② 감자 – 솔라닌(Solanine)
③ 살구씨 – 파세오루나틴(Phaseolunatin)
④ 목화씨 – 고시폴(Gossypol)

상 중 하

17 다음 중 식중독을 일으키는 버섯의 독성분은?

① 아마니타톡신(Amanitatoxin)
② 엔테로톡신(Enterotoxin)
③ 솔라닌(Solanine)
④ 아트로핀(Atropine)

상 중 하

18 섭조개 속에 들어 있으며, 특히 신경계통의 마비증상을 일으키는 독성분은?

① 무스카린　② 시큐톡신
③ 베네루핀　④ 삭시톡신

상 중 하

19 목화씨로 조제한 면실유를 식용한 후 식중독이 발생했다면 그 원인 물질은?

① 솔라닌(Solanine)
② 리신(Ricin)
③ 아미그달린(Amygdalin)
④ 고시폴(Gossypol)

---

15 ①

해설 감자가 썩기 시작할 때 생기는 독성물질은 셉신이다.

16 ③

해설 파세오루나틴은 두류에 들어 있는 유독성분이며, 살구씨의 경우에는 아미그달린이 들어 있다.

17 ①

해설
- 엔테로톡신 : 포도상구균
- 솔라닌 : 감자의 독성분
- 아트로핀 : 미치광이풀의 독성분

18 ④

해설
- 무스카린 : 독버섯의 독성분
- 시큐톡신 : 독미나리의 독성분
- 베네루핀 : 모시조개, 굴, 바지락의 독성분
- 삭시톡신 : 섭조개, 대합의 독성분

19 ④

해설
- 솔라닌 : 감자의 독성분
- 리신 : 피마자의 독성분
- 아미그달린 : 청매, 살구씨, 복숭아씨의 독성분

상 | 중 | 하

20 화학물질을 조금씩 장기간에 걸쳐 실험동물에게 투여했을 때 장기나 기관에 어떠한 장해나 중독이 일어나는가를 알아보는 시험으로, 최대 무작용량을 구할 수 있는 것은?

① 급성 독성시험　② 만성 독성시험
③ 안전 독성시험　④ 아급성 독성시험

20 ②

해설 만성 독성시험은 식품의 독성 평가를 위해 많이 사용하는 방법으로, 장기간에 걸쳐 시험이 이루어진다.

상 | 중 | 하

21 Cholinesterase의 작용을 억제하여 마비 등 신경독성을 나타내는 농약류는?

① DDT　② BHC
③ Propoxar　④ Parathion

21 ④

해설 콜린에스테라제(Cholinesterase)의 작용을 억제하는 것은 유기인계 농약(다이아지논, 말라티온, 파라티온 등)이다.

상 | 중 | 하

22 화학물질에 의한 식중독의 원인물질과 거리가 먼 것은?

① 제조과정 중 혼입되는 유해중금속
② 기구, 용기, 포장재료에서 용출·이행하는 유해물질
③ 식품 자체에 함유되어 있는 동·식물성 유해물질
④ 제조, 가공 및 저장 중에 혼입된 유해약품류

22 ③

해설 식품 자체에 함유되어 있는 유해물질은 자연독 식중독이다.

상 | 중 | 하

23 방사능 강하물 중에서 식품의 오염과 관련하여 위생상 문제가 되는 것은?

① Sr-90, Cs-137　② C-14, Na-24
③ S-35, Ca-45　④ Sr-89, Zn-65

23 ①

해설
- Sr-90 : 화학적으로 칼슘과 비슷하기 때문에 몸에 축적
- Cs-137 : 방사선원소

상 | 중 | 하

24 화학적 식중독에 대한 설명으로 옳지 않은 것은?

① 체내 흡수가 빠르다.
② 중독량에 달하면 급성 증상이 나타난다.
③ 체내 분포가 느려 사망률이 낮다.
④ 소량의 원인물질 흡수로도 만성 중독이 일어난다.

24 ③

해설 화학적 식중독은 독성물질의 체내 흡수와 분포가 빠르다.

상 중 하

25 아플라톡신(Aflatoxin)에 대한 설명으로 옳지 않은 것은?

① 기질수분 16% 이상, 상대습도 80~85% 이상에서 생성한다.
② 탄수화물이 풍부한 곡물에서 많이 발생한다.
③ 열에 비교적 약하여 100℃에서 쉽게 불활성화된다.
④ 강산이나 강알칼리에서 쉽게 분해되어 불활성화된다.

25 ③
해설 아플라톡신은 열에 강하여 가열 후에도 식품에 존재할 수 있다.

상 중 하

26 다음 진균독소 중 간암을 일으키는 것은?

① 시트리닌(Citrinin) ② 아플라톡신(Aflatoxin)
③ 스포리데스민(Sporidesmin) ④ 에르고톡신(Ergotoxin)

26 ②
해설 아플라톡신은 곰팡이독으로 쌀·보리 등에 침입하여 인체에 간암을 일으킨다.

상 중 하

27 곰팡이 독소(Mycotoxin)에 대한 설명으로 옳지 않은 것은?

① 곰팡이가 생산하는 2차 대사산물로 사람과 가축에 질병이나 이상 생리작용을 유발하는 물질이다.
② 온도 24~35℃, 수분 7% 이상의 환경에서는 발생하지 않는다.
③ 곡류, 견과류와 곰팡이가 번식하기 쉬운 식품에서 주로 발생한다.
④ 아플라톡신(Aflatoxin)은 간암을 유발하는 곰팡이 독소이다.

27 ②
해설 곰팡이 독소 생육의 최적조건은 수분 16% 이상, 습도 85%, 온도 25~29℃이다.

상 중 하

28 다음 미생물 중 곰팡이가 아닌 것은?

① 아스퍼질러스(Aspergillus)속
② 페니실리움(Penicillium)속
③ 클로스트리디움(Clostridium)속
④ 리조푸스(Rhizopus)속

28 ③
해설 클로스트리디움속은 세균류에 속한다.

상 중 하

29 장마가 지난 후 저장되었던 쌀이 적홍색 또는 황색으로 착색되었다. 이러한 현상에 대한 설명으로 옳지 않은 것은? 빈출

① 수분 함량이 15% 이상인 조건에서 저장할 때 특히 문제가 된다.
② 기후조건 때문에 동남아시아 지역에서 곡류 저장 시 특히 문제가 된다.

29 ④
해설 저장된 쌀에 푸른곰팡이가 번식하여 황변미가 되면 인체에 유해한 물질을 만들어 신장, 간장, 신경에 문제를 일으킨다.

③ 저장된 쌀에 곰팡이류가 오염되어 그 대사산물에 의해 쌀이 황색으로 변한 것이다.
④ 황변미는 일시적인 현상이므로 위생적으로 무해하다.

상	중	하

30 식품에서 흔히 볼 수 있는 푸른곰팡이는?

① 누룩곰팡이(Aspergillus)속
② 페니실리움(Penicllium)속
③ 거미줄곰팡이(Rhizopus)속
④ 푸사리움(Fusarium)속

30 ②

해설 페니실리움속 곰팡이는 황변미 중독을 일으키는 푸른곰팡이이다.

05 식품위생 관계법규

상	중	하

01 다음 중 식품위생법령상 위해평가대상이 아닌 것은?

① 국내외의 연구·검사기관에서 인체의 건강을 해할 우려가 있는 원료 또는 성분 등을 검출한 식품 등
② 바람직하지 않은 식습관 등에 의해 건강을 해할 우려가 있는 식품 등
③ 국제식품규격위원회 등 국제기구 또는 외국의 정부가 인체의 건강을 해할 우려가 있다고 인정하여 판매 등을 금지하거나 제한한 식품 등
④ 새로운 원료·성분 또는 기술을 사용하여 생산·제조·조합되거나 안전성에 대한 기준 및 규격이 정하여지지 아니하여 인체의 건강을 해할 우려가 있는 식품 등

01 ②

해설 바람직하지 않은 식습관 등에 의해 건강을 해할 우려가 있는 식품 등은 식품위생법령상 위해평가대상이 아니다.

상	중	하

02 식품위생행정을 과학적으로 뒷받침하는 중앙기구로 시험·연구업무를 수행하는 기관은?

① 시·도 위생과
② 국립의료원
③ 식품의약품안전처
④ 경찰청

02 ③

해설 식품의약품안전처는 식품위생행정을 담당하는 중앙기구이다.

상 중 하

03 판매가 금지되는 동물의 질병을 결정하는 기관은?

① 보건소 ② 관할 시청
③ 식품의약품안전처 ④ 관할 경찰서

상 중 하

04 해당 질병에 걸려 죽은 동물의 고기 · 뼈 · 젖 · 장기 또는 혈액을 식품으로 판매하거나 판매할 목적으로 채취 · 수입 · 가공 · 사용 · 조리 · 저장 · 소분 또는 운반하거나 진열하지 못하는 질병과 관련이 없는 것은?

① 리스테리아병 ② 살모넬라병
③ 선모충증 ④ 아니사키스

상 중 하

05 유기가공식품의 세부표시기준으로 옳지 않은 것은?

① 당해 식품에 사용하는 용기 · 포장은 재활용이 가능하고 생물에 의해 분해되지 않는 재질이어야 한다.
② 동일 원재료에 대하여 유기농산물과 비유기농산물을 혼합하여 사용하여서는 안 된다.
③ 방사선 조사 처리된 원재료를 사용하여서는 안 된다.
④ 유전자 재조합 식품 또는 식품첨가물을 사용하거나 검출되어서는 안 된다.

상 중 하

06 식품위생법령으로 정의한 “기구”에 해당하는 것은?

① 식품의 보존을 위해 첨가하는 물질
② 식품의 조리 등에 사용하는 물건
③ 농업의 농기구
④ 수산업의 어구

상 중 하

07 판매를 목적으로 하는 식품에 사용하는 기구, 용기, 포장의 기준과 규격을 정하는 기관은?

① 농림축산식품부 ② 산업통상자원부
③ 보건소 ④ 식품의약품안전처

03 ③

해설 식품의약품안전처에서 판매가 금지되는 동물의 질병 결정을 담당하고 있다.

04 ④

해설 도축이 금지되는 가축감염병이나 리스테리아병, 살모넬라병, 파스튜렐라병, 선모충증 등은 동물의 몸 전부를 사용하지 못한다.

05 ①

해설 유기가공식품에 사용하는 용기 · 포장은 재활용이 가능하고 생물 분해성 재질이어야 한다.

06 ②

해설 농업과 수산업에서 식품을 채취하는 데에 쓰는 기계나 기구는 식품위생법으로 정의한 ‘기구’에 포함되지 않는다.

07 ④

해설 판매를 목적으로 식품에 사용하는 기구, 용기, 포장의 기준과 규격은 식품의약품안전처장이 정한다.

상 | 중 | 하

08 **식품의 표시 · 광고에 대한 설명 중 옳은 것은?** 빈출

① 허위표시 · 과대광고의 범위에는 용기 · 포장만 해당되며, 인터넷을 활용한 제조 방법 · 품질 · 영양가에 대한 정보는 해당되지 않는다.

② 자사 제품과 직 · 간접적으로 관련하여 각종 협회 및 학회 단체의 감사장 또는 상장, 체험기 등을 활용하여 "인증", "보증" 또는 "추천"을 받았다는 내용을 사용하는 광고는 가능하다.

③ 질병의 치료에 효능이 있다는 내용의 표시 · 광고는 허위표시 · 과대광고에 해당하지 않는다.

④ 인체의 건전한 성장 및 발달과 건강한 활동을 유지하는 데 도움을 준다는 표현은 허위표시 · 과대광고에 해당하지 않는다.

08 ④

해설 식품의 표시 · 광고에 있어 인체의 건전한 성장 및 발달에 도움을 준다는 표현은 허위표시 · 과대광고에 해당하지 않는다.

상 | 중 | 하

09 **식품 등의 표시 기준상 과자류에 포함되지 않는 것은?**

① 캔디류 ② 츄잉껌
③ 유바 ④ 빵류

09 ③

해설 유바(유부)는 두유를 이용하여 만든 가공품이다.

상 | 중 | 하

10 **식품 등의 표시 기준에 의한 성분명 및 함량의 표시 대상 성분이 아닌 영양성분은? (단, 강조표시를 하고자 하는 영양성분은 제외)**

① 트랜스지방 ② 나트륨
③ 콜레스테롤 ④ 불포화지방

10 ④

해설 표시 대상 성분에는 열량, 나트륨, 탄수화물, 당류, 단백질, 포화지방, 트랜스지방, 콜레스테롤, 단백질 등이 있다.

상 | 중 | 하

11 **다음 중 무상수거대상 식품에 해당하지 않는 것은?**

① 출입검사의 규정에 의하여 검사에 필요한 식품 등을 수거할 때
② 유통 중인 부정 · 불량식품 등을 수거할 때
③ 도 · 소매업소에서 판매하는 식품 등을 시험검사용으로 수거할 때
④ 수입식품 등을 검사할 목적으로 수거할 때

11 ③

해설 국민보건 위생상 필요하다고 판단되어 검사에 필요한 식품, 유통 중인 부정 · 불량식품, 검사할 목적의 수입식품 등을 수거할 때는 무상수거가 가능하다.

상 중 하

12 식품위생법령상에 명시된 식품위생감시원의 직무가 아닌 것은?

① 광고기준의 위반 여부에 관한 단속
② 조리사・영양사의 법령 준수사항 이행 여부의 확인・지도
③ 생산 및 품질관리 일지의 작성 및 비치
④ 시설기준의 적합 여부의 확인・검사

12 ③

해설 생산 및 품질관리 일지의 작성 및 비치는 식품위생감시원의 직무가 아니다.

상 중 하

13 음식류를 조리・판매하는 영업으로서 식사와 함께 부수적으로 음주행위가 허용되는 영업은?

① 휴게음식점영업 ② 단란주점영업
③ 유흥주점영업 ④ 일반음식점영업

13 ④

해설 일반음식점영업은 음식류를 조리・판매하는 영업으로서 식사와 함께 음주행위가 허용되는 영업이다.

상 중 하

14 영업허가를 받거나 영업신고를 하지 않아도 되는 경우는? 빈출

① 주로 주류를 조리・판매하는 영업으로서 손님이 노래를 부르는 행위가 허용되는 영업을 하려는 경우
② 총리령으로 정하는 식품 또는 식품첨가물의 완제품을 나누어 유통을 목적으로 재포장・판매하는 영업을 하려는 경우
③ 방사선을 쬐어 식품의 보존성을 물리적으로 높이는 것을 업으로 하는 영업을 하려는 경우
④ 식품첨가물이나 다른 원료를 사용하지 아니하고 농산물을 단순히 껍질을 벗겨 가공하려는 경우

14 ④

해설 식품첨가물이나 다른 원료를 사용하지 안하고 농산물을 단순히 껍질을 벗겨 가공하려는 경우는 영업신고를 하지 않아도 된다.

상 중 하

15 식품위생법령상 조리사를 두어야 하는 영업자 및 운영자가 아닌 것은?

① 국가 및 지방자치단체의 집단급식소 운영자
② 면적 100㎡ 이상의 일반음식점 영업자
③ 학교, 병원 및 사회복지시설의 집단급식소 운영자
④ 복어독 제거가 필요한 복어를 조리・판매하는 식품접객영업자

15 ②

해설 조리사를 두어야 하는 영업에는 복어독 제거가 필요한 복어를 조리・판매하는 식품접객영업, 국가나 지방자치단체, 학교・병원・사회복지시설 등의 집단급식소가 있다.

상 중 하

16 일반음식점의 영업신고는 누구에게 하는가?

① 동사무소장 ② 시장・군수・구청장
③ 식품의약품안전처장 ④ 보건소장

16 ②

해설 일반음식점의 영업신고는 특별자치시장・특별자치도지사 또는 시장・군수・구청장에게 하여야 한다.

상 중 하

17 조리사가 타인에게 면허를 대여하여 사용하게 한 경우 1차 위반 시 행정처분기준은?

① 업무정지 1개월　② 업무정지 2개월
③ 업무정지 3개월　④ 면허취소

17 ②

해설 조리사가 타인에게 면허를 대여하여 사용하게 한 경우 1차 위반 시 업무정지 2개월, 2차 위반 시 업무정지 3개월, 3차 위반 시 면허가 취소된다.

상 중 하

18 식품 등의 표시 기준에 대한 설명으로 옳지 않은 것은? 빈출

① 식품 등에는 식품, 식품첨가물 또는 축산물과 기구 또는 용기·포장과 건강기능식품에 따른 사항을 표시하여야 한다.
② 표시의무자, 표시사항 및 글씨크기·표시장소 등 표시방법에 관하여는 대통령령으로 정한다.
③ 소비기한이란 식품 등에 표시된 보관방법을 준수할 경우 섭취하여도 안전한 이상이 없는 기한을 말한다.
④ 영양표시가 없거나 표시방법을 위반한 식품 등은 판매하거나 판매할 목적으로 제조·가공·소분·수입·포장·보관·진열 또는 운반하거나 영업에 사용해서는 아니 된다.

18 ②

해설 표시의무자, 표시사항 및 글씨크기·표시장소 등 표시방법에 관하여는 총리령으로 정하고, 식품 등의 표시 또는 광고에 관한 법률은 다른 법률에 우선하여 적용한다.

상 중 하

19 부당한 표시 또는 광고행위의 금지에 관한 내용으로 옳지 않은 것은?

① 건강기능식품을 건강기능식품으로 인식할 우려가 있는 표시 또는 광고
② 거짓·과장된 표시 또는 광고
③ 다른 업체나 다른 업체의 제품을 비방하는 표시 또는 광고
④ 객관적인 근거 없이 자기 또는 자기의 식품 등을 다른 영업자나 다른 영업자의 식품 등과 부당하게 비교하는 표시 또는 광고

19 ①

해설 건강기능식품이 아닌 것을 건강기능식품으로 인식할 우려가 있는 표시 또는 광고, 소비자를 기만하는 표시 또는 광고는 금지된다.

상 중 하

20 표시 또는 광고 내용의 실증에 관한 내용으로 옳지 않은 것은?

① 식품 등에 표시를 하거나 식품 등을 광고한 자는 자기가 한 표시 또는 광고에 대하여 실증할 수 있어야 한다.
② 식품의약품안전처장은 실증이 필요하다고 인정하는 경우 그 내용을 구체적으로 밝혀 해당 식품 등에 표시하거나 해당 식품 등을 광고한 자에게 실증자료를 제출할 것을 요청할 수 있다.

20 ③

해설 실증자료의 제출을 요청받은 자는 요청받은 날부터 15일 이내에 그 실증자료를 식품의약품안전처장에게 제출하여야 한다.

③ 실증자료의 제출을 요청받은 자는 요청받은 날부터 30일 이내에 그 실증자료를 식품의약품안전처장에게 제출하여야 한다.
④ 식품의약품안전처장은 실증자료의 제출을 요청받은 자가 제출기간 내에 이를 제출하지 아니할 때는 제출할 때까지 그 표시 또는 광고 행위의 중지를 명할 수 있다.

상 중 하

21 **식품 등의 표시·광고에 관한 법률상 5년 이하의 징역 또는 5천만원 이하의 벌금에 처하거나 이를 병과할 수 있는 벌칙으로 옳지 않은 것은?**

① 건강기능식품 표시의 기준을 위반하여 건강기능식품을 판매하거나 판매할 목적으로 제조·가공·소분·수입·포장·보관·진열 또는 운반하거나 영업에 사용한 자
② 부당한 표시 또는 광고 행위의 금지 규정을 위반하여 표시 또는 광고를 한 자
③ 건강기능식품 영양표시 및 나트륨 함량 비교 표시에 따른 영업정지 명령을 위반하여 계속 영업한 자
④ 「식품위생법령」에 따라 영업등록을 한 자로서 영업정지 명령을 위반하여 계속 영업한 자

21 ④
해설 「식품위생법령」에 따라 영업등록을 한 자로서 영업정지 명령을 위반하여 계속 영업한 자는 3년 이하의 징역 또는 3천만원 이하의 벌금에 처한다.

상 중 하

22 **식품 등의 표시·광고에 관한 법률상 과태료에 대한 설명으로 옳지 않은 것은?** 빈출

① 영양표시가 없거나 표시방법을 위반한 식품 등을 판매하거나 판매할 목적으로 제조·가공·소분·수입·포장·보관·진열 또는 운반하거나 영업에 사용한 자는 500만원 이하의 과태료를 부과한다.
② 나트륨 함량 비교 표시가 없거나 표시방법을 위반한 식품을 판매하거나 판매할 목적으로 제조·가공·소분·수입·포장·보관·진열 또는 운반하거나 영업에 사용한 자는 500만원 이하의 과태료를 부과한다.
③ 제품명만 있고 업소명이 없는 제품을 광고를 한 자에게는 500만원 이하의 과태료를 부과한다.
④ 과태료는 대통령으로 정하는 바에 따라 식품의약품안전처장, 시·도지사 또는 시장·군수·구청장이 부과·징수한다.

22 ③
해설 식품 등을 광고할 때에는 제품명 및 업소명을 포함하여야 하며, 위반 시 300만원 이하의 과태료를 부과한다.

상 중 하

23 식품 등의 표시・광고에 관한 법률상 벌칙에 대한 설명으로 옳지 않은 것은? 빈출

① 질병의 예방・치료에 효능이 있는 것으로 인식할 우려의 표시 또는 광고, 식품 등을 의약품으로 인식할 우려의 표시 또는 광고, 건강기능식품이 아닌 것을 건강기능식품으로 인식할 우려의 표시 또는 광고를 한 자는 10년 이하의 징역 또는 1억원 이하의 벌금에 처하거나 이를 병과(竝科)할 수 있다.
② 「축산물 위생관리법」에 따라 영업허가 및 영업신고를 한 자로서 영업정지 명령 또는 영업소 폐쇄명령을 위반하여 계속 영업한 자는 3년 이하의 징역 또는 3천만원 이하의 벌금에 처한다.
③ 의약품으로 인식할 우려가 있는 표시 또는 광고가 있는 식품 등을 판매하였을 때에는 그 판매가격의 4배 이상 10배 이하에 해당하는 벌금을 병과한다.
④ 「수입식품안전관리 특별법」에 따라 영업등록을 한 자로서 영업정지 명령을 위반하여 계속 영업한 자는 5년 이하의 징역 또는 5천만원 이하의 벌금에 처한다.

23 ④
해설 「수입식품안전관리 특별법」에 따라 영업등록을 한 자로서 영업정지 명령을 위반하여 계속 영업한 자는 3년 이하의 징역 또는 3천만원 이하의 벌금에 처한다.

06 공중보건

1 공중보건의 개념

상 중 하

01 다음 공중보건에 대한 설명으로 옳지 않은 것은?

① 목적은 질병예방, 수명연장, 정신적・신체적 효율의 증진이다.
② 공중보건의 최소단위는 지역사회이다.
③ 환경위생향상, 감염병관리 등이 포함된다.
④ 주요 사업대상은 개인의 질병치료이다.

01 ④
해설 공중보건은 공중보건의 대상인 국민 전체의 질병예방과 수명연장 등을 목적으로 하며, 개인의 질병치료와 공중보건은 무관하다.

상 중 하

02 공중보건의 사업단위로 가장 알맞은 것은?

① 개인 ② 직장
③ 가족 ④ 지역사회

02 ④
해설 공중보건 사업은 개인이 아닌 지역사회 인간집단을 대상으로 하며, 더 나아가 국민 전체를 대상으로 하므로 주어진 보기에서는 ④가 가장 알맞다.

상 중 하

03 국제연합의 보건 전문기관인 세계보건기구가 정식으로 발족된 해는?

① 1945년 ② 1948년
③ 1952년 ④ 1960년

03 ②

해설 세계보건기구는 1948년에 창설되었다.

상 중 하

04 C.E.A. Winslow가 정의한 공중보건의 3대 내용은?

① 질병예방, 수명연장, 건강증진
② 질병치료, 건강증진, 수명연장
③ 수명연장, 질병치료, 질병예방
④ 질병치료, 질병예방, 건강증진

04 ①

해설 윈슬로(Winslow)는 질병을 예방하고, 수명을 연장하며, 육체적·정신적 건강효율을 증진시키는 기술과 과학을 공중보건이라 하였다.

상 중 하

05 세계보건기구(WHO)에 따른 식품위생의 정의 중 식품의 안전성 및 건전성이 요구되는 단계는?

① 식품의 재료채취에서 가공까지
② 식품의 생육, 생산에서 최종 섭취까지
③ 식품의 재료구입에서 섭취 전의 조리까지
④ 식품의 조리에서 섭취 및 폐기까지

05 ②

해설 식품위생이란 식품의 생육, 생산, 제조에서 최종적으로 사람에게 섭취될 때까지의 단계에 있어서 안전성, 건전성(보존성) 또는 악화방지를 위한 모든 수단들을 말한다.

2 환경위생 및 환경오염 관리

상 중 하

01 다음 중 눈 보호를 위해 가장 좋은 인공조명 방식은?

① 직접조명 ② 간접조명
③ 반직접조명 ④ 전반확산조명

01 ②

해설 효율도는 낮지만, 눈을 보호해주는 인공조명 방식은 간접조명이다.

상 중 하

02 자외선에 대한 설명으로 옳지 않은 것은? 빈출

① 가시광선보다 짧은 파장이다.
② 피부의 홍반 및 색소 침착을 일으킨다.
③ 인체 내 비타민 D를 형성하게 하여 구루병을 예방한다.
④ 고열 물체의 복사열을 운반하므로 열선이라고도 하며, 피부온도의 상승을 일으킨다.

02 ④

해설 열선이라 불리며, 피부온도를 상승시키는 것은 적외선이다.

상 중 하

03 일광 중 가장 강한 살균력을 가지고 있는 자외선 파장은? 빈출

① 1,000~1,800Å ② 1,800~2,300Å
③ 2,300~2,600Å ④ 2,600~2,800Å

03 ④

해설 자외선은 2,600~2,800Å(260~280nm)일 때 살균력이 가장 강하다.

상 중 하

04 다음 중 가장 강한 살균력을 갖는 광선은?

① 적외선 ② 자외선
③ 가시광선 ④ 근적외선

04 ②

해설 자외선은 2,600Å(260nm)일 때 살균력이 가장 강하다.

상 중 하

05 에너지 전달에 대한 설명으로 옳지 않은 것은?

① 물체가 열원에 직접적으로 접촉됨으로써 가열되는 것을 전도라고 한다.
② 대류에 의한 열의 전달은 매개체를 통해서 일어난다.
③ 대부분의 음식은 복합적 방법에 의해 에너지가 전달되어 조리된다.
④ 열의 전달속도는 대류가 가장 빨라 복사, 전도보다 효율적이다.

05 ④

해설 **열의 전달속도 순서**
복사 > 대류 > 전도

상 중 하

06 자외선이 인체에 주는 작용과 관계없는 것은? 빈출

① 살균작용 ② 구루병 예방
③ 일사병 예방 ④ 피부색소침착

06 ③

해설 자외선은 일사병과는 관련이 없다.

상 중 하

07 다음 공기의 조성원소 중에 가장 많은 것은?

① 산소 ② 질소
③ 이산화탄소 ④ 아르곤

07 ②

해설 공기 중에 가장 많은 것은 질소로, 약 78%가 존재한다.

상 중 하

08 일반적으로 냉방 시 가장 적당한 실내외의 온도차는?

① 5~7℃ ② 9~11℃
③ 13~15℃ ④ 17~19℃

08 ①

해설 냉방 시 실내외의 온도차는 5~7℃가 적당하다.

상 중 하

09 다음 중 감각온도(체감온도)의 3요소에 속하지 않는 것은?

① 기온 ② 기습
③ 기압 ④ 기류

상 중 하

10 햇볕을 쪼였을 때 구루병 예방 효과와 가장 관계 깊은 것은? 빈출

① 적외선 ② 자외선
③ 마이크로파 ④ 가시광선

상 중 하

11 공기 중에 일산화탄소가 많으면 중독을 일으키게 되는데 중독증상의 주된 원인은?

① 근육의 경직 ② 조직세포의 산소 부족
③ 혈압의 상승 ④ 간세포의 섬유화

상 중 하

12 다수인이 밀집한 장소에서 발생하며 화학적 조성이나 물리적 조성의 큰 변화를 일으켜 불쾌감, 두통, 권태, 현기증, 구토 등의 생리적 이상을 일으키는 군집독의 원인이 아닌 것은?

① 산소 부족 ② 유해가스 및 취기
③ 일산화탄소 증가 ④ 환기

상 중 하

13 대기오염물질로 산성비의 원인이 되며 달걀이 썩는 자극성 냄새가 나는 기체는?

① 일산화탄소(CO) ② 이산화황(SO_2)
③ 이산화질소(NO_2) ④ 이산화탄소(CO_2)

상 중 하

14 BOD(생화학적 산소요구량) 측정 시 온도와 기간은? 빈출

① 10℃에서 7일간 ② 20℃에서 7일간
③ 10℃에서 5일간 ④ 20℃에서 5일간

---

09 ③

해설 **감각온도의 3요소**
기온, 기습, 기류

10 ②

해설 자외선은 비타민 D의 형성을 촉진함으로써 구루병 예방 효과가 있다.

11 ②

해설 일산화탄소는 혈중 헤모글로빈과의 친화력이 산소에 비해 200~300배 강하므로 혈액과 세포 내에 산소가 결핍되어 중독을 일으킨다.

12 ④

해설 환기는 군집독의 예방법이다.

13 ②

해설 산성비의 원인물질은 자동차에서 배출한 질소산화물과 공장이나 가정에서 사용하는 연료가 연소되면서 발생되는 황산화물이다.

14 ④

해설 BOD는 호기성 미생물이 물속에 있는 유기물을 분해할 때 사용하는 산소의 양을 말하며, 물의 오염 정도를 표시하는 지표로 사용되고, 측정 시 온도와 기간은 20℃에서 약 5일간이다.

상 중 하

15 식품공업폐수의 오염지표와 관련이 없는 것은?

① 용존산소량(DO)
② 생물화학적 산소요구량(BOD)
③ 대장균
④ 화학적 산소요구량(COD)

15 ③

해설 공업폐수와 대장균은 관련이 없다.

PART 01

상 중 하

16 활성오니법은 무엇을 하는 데 사용하는 방법인가?

① 대기오염 제거 방법 ② 도시하수 처리 방법
③ 쓰레기 처리 방법 ④ 상수도오염 제거 방법

16 ②

해설 활성오니법은 하수를 처리하는 방법이다.

상 중 하

17 다음 설명 중 옳지 않은 것은?

① 대장균은 수중에서 생활하며 증식할 수 있어 잘 적응할 수 있다.
② 장기저장으로 인하여 물에서 대장균군이 감소되었다면 병원균도 사라졌을 것으로 가정할 수 있다.
③ 장티푸스균이나 이질균은 염소소독에 대하여 대장균보다 저항력이 크지 않다.
④ 자연정화력에 대한 저항력은 대장균군이 수인성 병원균에 비해 다소 크다.

17 ②

해설 대장균은 분변오염의 지표 세균이며 병원균과는 관련이 없다.

상 중 하

18 가정하수, 공장폐수, 유수를 모두 한꺼번에 배제하기 위해 설치한 관은?

① 오수관 ② 우수관
③ 합류관 ④ 복구관

18 ③

해설 비나 눈, 생활하수, 공장폐수를 모두 한 번에 해결하는 관을 합류관이라고 한다.

상 중 하

19 음식물쓰레기를 매립할 때 가장 많이 발생하는 가스는?

① 이산화탄소 ② 질소가스
③ 암모니아가스 ④ 수소가스

19 ③

해설 음식물쓰레기는 암모니아 가스를 많이 발생시킨다.

상 | 중 | **하**

20 다음 중 수질검사 항목과 거리가 먼 것은?

① 화학적 검사　② 자외선 검사
③ pH 검사　④ 세균 검사

20 ②
해설 수질검사 항목과 자외선 검사는 관련이 없다.

상 | **중** | 하

21 물의 자정작용과 관계없는 사항은?

① 희석작용　② 침전작용
③ 소독작용　④ 산화작용

21 ③
해설 물의 자정작용에는 희석작용, 침전작용, 산화작용, 살균작용이 있다.

상 | 중 | 하

22 다음 중 물과 관련된 보건 문제와 거리가 먼 것은?

① 레이노드(Raynaud's Disease)
② 수도열(Hannover Fever)
③ 기생충 질병의 감염원
④ 중금속 물질의 오염원

22 ①
해설 레이노드는 진동과 관련된 직업병이다.

상 | **중** | 하

23 질산염이나 인 등이 증가해서 생기는 수질오염 현상은?

① 수온 상승 현상
② 수인성 병원체 증가 현상
③ 부영양화 현상
④ 난분해물 축적 현상

23 ③
해설 질산염이나 인에 의해 부영양화 현상이 나타난다.

상 | 중 | **하**

24 수질 분변오염의 지표가 되는 균은?

① 장염비브리오균　② 대장균
③ 살모넬라균　④ 웰치균

24 ②
해설 분변오염의 지표균은 대장균이다.

상 | **중** | 하

25 다음 중 이타이이타이병의 유발물질은?

① 수은(Hg)　② 납(Pd)
③ 칼슘(Ca)　④ 카드뮴(Cd)

25 ④
해설 카드뮴에 중독이 되면 이타이이타이병을 일으키며, 골연화증과 단백뇨 등의 증상을 보인다.

상 중 하

26 **각 수질 판정기준과 지표 간의 연결이 옳지 않은 것은?**

① 일반세균수 : 무기물의 오염지표
② 질산성질소 : 유기물의 오염지표
③ 대장균군수 : 분변의 오염지표
④ 과망간산칼륨 소비량 : 유기물의 간접적 지표

26 ①

해설 일반세균수는 이질, 콜레라, 장티푸스, 파라티푸스 등 수인성 감염병의 원인이 되는 물의 세균에 의한 오염도를 판정하는 기준이다.

상 중 하

27 **만성 중독의 경우 반상치, 골경화증, 체중 감소, 빈혈 등을 나타내는 물질은?**

① 붕산
② 불소
③ 승홍
④ 포르말린

27 ②

해설 불소를 과다 섭취하게 되면 반상치가 된다.

상 중 하

28 **다음의 상수처리과정에서 가장 마지막 단계는?**

① 급수
② 취수
③ 정수
④ 도수

28 ①

해설 **상수처리과정**
취수 → 침전 → 여과 → 소독 → 급수

상 중 하

29 **수은(Hg) 중독에 의해 발생되는 질병은?** 빈출

① 미나마타(Minamata)병
② 이타이이타이(Itai-Itai)병
③ 스팔가눔(Sparganosis)병
④ 브루셀라(Bruucellosis)병

29 ①

해설 수은 중독에 의해 발생되는 질병은 미나마타병이다.

상 중 하

30 **수질오염 중 부영양화 현상에 대한 설명으로 옳지 않은 것은?**

① 혐기성 분해로 인한 냄새가 난다.
② 물의 색이 변한다.
③ 수면에 엷은 피막이 생긴다.
④ 용존산소량이 증가한다.

30 ④

해설 부영양화는 강, 바다, 호수와 같은 수중생태계의 영양물질이 증가하며 조류가 급격하게 증식하는 것을 말하며, 이때 용존산소의 양은 줄어들게 된다.

상 중 하

31 초기 청력장애 시 직업성 난청을 조기 발견할 수 있는 주파수는?

① 1,000Hz ② 2,000Hz
③ 3,000Hz ④ 4,000Hz

상 중 하

32 질병을 매개하는 위생해충과 그 질병의 연결이 잘못된 것은? 빈출

① 모기 – 사상충증, 말라리아
② 파리 – 장티푸스, 콜레라
③ 진드기 – 유행성 출혈열, 쯔쯔가무시증
④ 이 – 페스트, 재귀열

상 중 하

33 위생해충과 이들이 전파하는 질병과의 관계가 잘못 연결된 것은?

① 바퀴 – 사상충 ② 모기 – 말라리아
③ 쥐 – 유행성 출혈열 ④ 파리 – 장티푸스

상 중 하

34 기생충과 중간숙주와의 연결이 잘못된 것은? 빈출

① 간흡충 – 쇠우렁, 참붕어
② 요코가와흡충 – 다슬기, 은어
③ 폐흡충 – 다슬기, 게
④ 광절열두조충 – 돼지고기, 소고기

상 중 하

35 곤충을 매개로 간접전파되는 감염병과 가장 거리가 먼 것은?

① 재귀열 ② 말라리아
③ 인플루엔자 ④ 쯔쯔가무시증

상 중 하

36 다음 중 급속여과법에 해당되는 것은?

① 넓은 면적이 필요하다. ② 사면대치를 한다.
③ 역류세척을 한다. ④ 보통 침전법을 한다.

31 ④

해설 직업성 난청은 소음이 심한 곳에서 근무하는 사람들에게 나타나는 직업병으로 4,000Hz에서 조기 발견할 수 있다.

32 ④

해설
- 이 : 발진티푸스, 재귀열
- 쥐 : 페스트

33 ①

해설
- 바퀴 : 이질, 콜레라, 장티푸스, 소아마비
- 모기 : 사상충

34 ④

해설 광절열두조충 : 물벼룩 → 농어, 연어

35 ③

해설 인플루엔자는 바이러스에 의한 호흡기질환이다.

36 ③

해설 급속여과법은 약품 침전 시 사용하며 역류세척을 한다. 사면대치법은 완속여과에 사용한다.

3 역학 및 질병 관리

상 | 중 | 하

01 일산화탄소(CO)에 대한 설명으로 옳지 않은 것은?

① 무색무취이다.
② 물체의 불완전 연소 시 발생한다.
③ 자극성이 없는 기체이다.
④ 이상고기압에서 발생하는 잠함병과 관련이 있다.

01 ④
해설 잠함병과 관련이 있는 가스는 질소(N_2)이다.

상 | 중 | 하

02 리케차에 의해서 발생되는 감염병은?

① 세균성 이질 ② 파라티푸스
③ 발진티푸스 ④ 디프테리아

02 ③
해설 세균성 이질, 파라티푸스, 디프테리아는 세균에 의해 발생되는 감염병이다.

상 | 중 | 하

03 냉장의 목적과 가장 거리가 먼 것은?

① 미생물의 사멸 ② 신선도 유지
③ 미생물의 증식 억제 ④ 자기소화 지연 및 억제

03 ①
해설 냉장은 미생물의 증식을 억제시키고 신선도를 유지하며, 자기소화를 지연시킨다.

상 | 중 | 하

04 D.P.T 예방접종과 관계없는 감염병은? 빈출

① 파상풍 ② 백일해
③ 페스트 ④ 디프테리아

04 ③
해설 D.P.T
D(디프테리아), P(백일해), T(파상풍)

상 | 중 | 하

05 감염병과 감염경로의 연결로 옳지 않은 것은? 빈출

① 성병 – 직접 접촉 ② 폴리오 – 공기 감염
③ 결핵 – 개달물 감염 ④ 파상풍 – 토양 감염

05 ②
해설 폴리오는 소화기계를 통하여 감염된다.

상 | 중 | 하

06 다음 감염병 중 생후 가장 먼저 예방접종을 실시하는 것은?

① 백일해 ② 파상풍
③ 홍역 ④ 결핵

06 ④
해설 결핵 예방접종은 생후 4주 이내에 실시해야 한다.

상 | 중 | 하

07 다음 중 공중보건상 질병 관리가 가장 어려운 것은?

① 동물병원소 ② 환자
③ 건강보균자 ④ 토양 및 물

상 | 중 | 하

08 병원체가 바이러스(Virus)인 감염병은?

① 결핵 ② 회충
③ 발진티푸스 ④ 일본뇌염

상 | 중 | 하

09 다음 중 감수성지수(접촉감염지수)가 가장 낮은 것은?

① 폴리오 ② 디프테리아
③ 성홍열 ④ 홍역

상 | 중 | 하

10 감염병과 발생 원인의 연결이 잘못된 것은? 빈출

① 임질 – 직접감염
② 장티푸스 – 파리
③ 일본뇌염 – 큐렉스속 모기
④ 유행성 출혈열 – 중국얼룩날개모기

상 | 중 | 하

11 분뇨의 적절한 위생적 처리로 수인성 감염병의 발생을 가장 많이 감소시킬 수 있는 질병은?

① 발진티푸스 ② 발진열
③ 장티푸스 ④ 요도염

상 | 중 | 하

12 다음 중 비말감염이 잘 이루어질 수 있는 조건은?

① 영양결핍 ② 군집
③ 매개곤충의 서식 ④ 피로

---

07 ③

해설 건강보균자는 병원체를 지니고 있으나 증상이 나타나지 않아 관리하기가 가장 어렵다.

08 ④

해설
- 결핵 : 세균
- 회충 : 기생충
- 발진티푸스 : 리케차

09 ①

해설 **감수성지수(접촉감염지수)**
폴리오·소아마비(0.1%) < 디프테리아(10%) < 성홍열(40%) < 홍역(95%)

10 ④

해설 유행성 출혈열은 바이러스성 감염병이며, 보균동물은 들쥐와 집쥐이다.

11 ③

해설 수인성 감염병에는 이질, 콜레라, 장티푸스, 파라티푸스가 있다.

12 ②

해설 비말감염은 호흡기계 감염병의 가장 보편적인 감염 양식으로 군집 상태에서 기침이나 재채기를 통해 감염된다.

상 | 중 | 하

13 세균의 감염에 의하여 일어나는 경구감염병은?

① 인플루엔자 ② 후천성 면역결핍증
③ 유행성 일본뇌염 ④ 콜레라

13 ④

해설 세균의 감염에 의하여 일어나는 경구감염병에는 장티푸스, 파라티푸스, 콜레라, 세균성 이질이 있다.

상 | 중 | 하

14 사람과 동물이 같은 병원체에 의하여 발생하는 인축공통감염병은?

빈출

① 성홍열 ② 결핵
③ 콜레라 ④ 디프테리아

14 ②

해설 결핵은 같은 병원체에 의해 소와 사람에게 발생하는 인축공통감염병이다.

상 | 중 | 하

15 감염병의 예방대책 중에서 감염경로에 대한 대책에 속하는 것은?

① 환자와의 접촉을 피한다.
② 보균자를 색출・격리한다.
③ 면역혈청을 주사한다.
④ 손을 소독한다.

15 ④

해설 감염경로를 차단하기 위한 대책은 손을 소독하는 것이다.

상 | 중 | 하

16 중요 감염병을 관리대상으로 정하여 국가가 그 감염병으로부터 국민을 보호할 목적으로 만든 것은?

① 수인성 감염병 ② 만성감염병
③ 급성감염병 ④ 법정감염병

16 ④

해설 중요 감염병을 관리대상으로 정하여 국가가 그 감염병으로부터 국민을 보호할 목적으로 만든 것은 법정감염병이다.

상 | 중 | 하

17 감염병 발생의 3대 요소가 아닌 것은? 빈출

① 숙주 ② 병인
③ 물리적 요인 ④ 환경

17 ③

해설 감염병 발생의 3대 요소는 병인, 환경, 숙주이다.

상 | 중 | 하

18 다음 중 생균백신을 예방접종하는 질병은?

① 콜레라 ② 결핵
③ 일본뇌염 ④ 장티푸스

18 ②

해설 결핵은 BCG 생균백신을 예방접종한다.

상 중 하

19 감염병과 주요한 감염경로의 연결이 잘못된 것은? 빈출

① 직접 접촉감염 : 성병
② 공기감염 : 폴리오
③ 비말감염 : 홍역
④ 절지동물 매개 : 황열

19 ②

해설 폴리오(소아마비) 바이러스 숙주는 사람에서 사람으로 직접감염, 특히 분변 및 경구감염되며, 신경계 마비 증상을 일으킨다.

상 중 하

20 다음 중 벼룩이 매개하는 감염병은?

① 쯔쯔가무시증
② 유행성 출혈열
③ 발진티푸스
④ 발진열

20 ④

해설 벼룩이 매개하는 감염병은 발진열, 재귀열, 페스트 등이다.

상 중 하

21 다음 중 바이러스에 의해 발생되는 감염병은?

① 디프테리아
② 콜레라
③ 소아마비
④ 장티푸스

21 ③

해설 바이러스에 의해 발생되는 감염병은 소아마비이고, 나머지는 세균에 의해 발생되는 감염병이다.

상 중 하

22 다음의 경구감염병 예방대책 중 감염경로 대책이라고 할 수 없는 것은?

① 식품취급자의 신체 및 손의 청결
② 환자의 조기 발견과 격리
③ 위생해충과 쥐의 구제
④ 수도, 우물의 위생적 관리와 소독

22 ③

해설 경구감염병은 수인성 감염병이기 때문에 위생해충이나 쥐와는 관련이 없다.

상 중 하

23 수혈을 통하여 감염되기 쉬우며, 감염률이 높은 것은?

① 홍역
② 유행성 간염
③ 백일해
④ 두창

23 ②

해설 수혈을 통하여 감염되기 쉬우며, 감염률이 높은 것은 유행성 간염이다.

상 중 하

24 다음 중 쥐와 관계가 가장 적은 감염병은?

① 발진티푸스
② 와일병(와일씨병)
③ 발진열
④ 쯔쯔가무시증

24 ①

해설 발진티푸스는 이가 매개하는 감염병이다.

상 | 중 | 하

25 다음 중 세균성 감염병이 아닌 것은?

① 결핵, 나병　　② 두창, 홍역
③ 장티푸스　　④ 디프테리아

25 ②

해설 세균성 감염병으로는 장티푸스, 파라티푸스, 세균성 이질, 콜레라, 성홍열, 디프테리아, 백일해, 페스트, 파상풍, 결핵, 한센병(나병) 등이 있다.

상 | 중 | 하

26 다음 중 소화기계 감염병이 아닌 것은?

① 유행성 이하선염　　② 장티푸스
③ 파라티푸스　　④ 이질

26 ①

해설 소화기계 감염병으로는 장티푸스, 파라티푸스, 콜레라, 세균성 이질, 아메바성 이질, 급성회백수염, 유행성 간염 등이 있다.

상 | 중 | 하

27 다음 중 접촉감염지수가 가장 높은 질병은?

① 소아마비　　② 홍역
③ 성홍열　　④ 디프테리아

27 ②

해설 **감수성지수(접촉감염지수)**
폴리오 · 소아마비(0.1%) < 디프테리아(10%) < 성홍열(40%) < 백일해(60~80%) < 두창, 홍역(95%)

상 | 중 | 하

28 돼지고기를 가열하지 않고 섭취하면 감염될 수 있는 기생충은?

① 간흡충　　② 유구조충
③ 무구조충　　④ 광절열두조충

28 ②

해설 유구조충은 돼지고기에 기생하는 기생충이다.

상 | 중 | 하

29 바퀴의 구제와 관련된 설명으로 옳지 않은 것은?

① 야간 활동성이므로 일시적 구제가 가장 효과적이다.
② 바퀴의 은신처와 먹이를 제거한다.
③ 바퀴의 침입을 예방하는 것이 중요하다.
④ 번식력이 강하므로 지속적인 구제로써 제거한다.

29 ①

해설 위생해충에 대한 구제는 정기적으로 실시한다.

상 | 중 | 하

30 민물수산물에 의해 감염되는 기생충을 설명한 것 중 잘못된 것은?

빈출

① 광절열두조충은 물벼룩, 송어로부터 감염된다.
② 폐디스토마는 다슬기, 민물게로부터 감염된다.
③ 간디스토마는 쇠우렁, 붕어, 잉어로부터 감염된다.
④ 요코가와흡충은 연어, 가재로부터 감염된다.

30 ④

해설 요코가와흡충 : 제1중간숙주(다슬기) → 제2중간숙주(은어)

PART 01

상 | 중 | 하

31 회충감염의 예방대책에 속하지 않는 것은?

① 채소류는 흐르는 물에 깨끗이 씻는다.
② 채소류는 가열·섭취한다.
③ 민물고기는 생것으로 먹지 않는다.
④ 인분은 비료로 쓰지 않는다.

상 | 중 | 하

32 장염비브리오균에 의한 식중독 발생과 가장 관계가 깊은 것은?

① 유제품 ② 어패류
③ 난가공품 ④ 돼지고기

상 | 중 | 하

33 다음 중 기생충과 중간숙주가 바르게 연결된 것은? 빈출

① 유구조충 – 소
② 광절열두조충 – 물벼룩, 연어
③ 무구조충 – 돼지
④ 간흡충 – 쇠우렁, 가재

상 | 중 | 하

34 다음 기생충 중 가재가 중간숙주인 것은?

① 회충 ② 편충
③ 폐디스토마 ④ 민촌충

상 | 중 | 하

35 소독약의 살균력 측정지표가 되는 소독제는?

① 석탄산 ② 생석회
③ 알코올 ④ 크레졸

상 | 중 | 하

36 다음 중 과일이나 채소의 소독에 적합한 약제는?

① 크레졸비누액, 석탄산 ② 표백분, 차아염소산나트륨
③ 석탄산, 알코올 ④ 승홍수, 역성비누

31 ③
해설 회충은 채소를 매개로 하여 감염된다.

32 ②
해설 장염비브리오 식중독의 원인 식품은 어패류이다.

33 ②
해설
- 유구조충 : 돼지
- 무구조충 : 소
- 간흡충 : 왜우렁이(쇠우렁) → 붕어, 잉어

34 ③
해설 폐디스토마 : 다슬기 → 민물게·가재 → 사람

35 ①
해설 석탄산은 햇볕이나 유기물질 등에도 소독력이 약화되지 않아 살균력 비교 시 이용되며 하수, 진개, 변소 등의 오물 소독에 사용한다.

36 ②
해설 염소(차아염소산나트륨)는 수돗물, 과일, 채소, 식기소독에 사용되며, 표백분(클로로칼키, 클로로석회)은 우물, 수영장 소독 및 채소, 식기소독에 사용된다.

상 중 하

37 **다음 중 강한 산화력에 의한 소독효과를 가지는 것은?**

① 크레졸 ② 석탄산
③ 과망간산칼륨 ④ 알코올

37 ③

해설 과망간산칼륨(과망가니즈산칼륨)은 산화력에 의한 강한 소독력을 가지고 있다.

4 산업보건관리

상 중 하

01 **산업보건의 정의로 옳지 않은 것은?**

① 모든 산업장에서 일하는 근로자들의 신체적·정신적·사회적 건강상태를 최고도로 유지 증진시킨다.
② 근로자들을 생리적으로나 심리적으로 적합한 작업환경에 배치하여 일하도록 한다.
③ 작업조건으로 인한 질병을 치료한다.
④ 작업조건으로 인한 건강에 유해한 취업을 방지한다.

01 ③

해설 산업보건의 정의로는 작업조건으로 인한 질병을 예방하며, 건강에 유해한 취업을 방지한다.

상 중 하

02 **이타이이타이병의 원인 물질은?**

① 납 ② 수은
③ 비소 ④ 카드뮴

02 ④

해설 이타이이타이병은 카드뮴(Cd)에 오염된 물질을 섭취하면 발생되며 골연화증, 보행곤란 증상이 발생한다.

상 중 하

03 **미나마타병의 원인 물질은?**

① 수은 ② 납
③ 카드뮴 ④ 비소

03 ①

해설 미나마타병은 수은(Hg)에 오염된 물질을 섭취하면 발생되며, 지각마비 증상이 발생한다.

상 중 하

04 **직업병의 연결이 잘못된 것은?** 빈출

① 이상고온 – 울열증, 열쇠약증
② 조명 – 안정피로, 안구진탕증
③ 저기압 – 고산병, 항공병
④ 고기압 – 잠함병, 직업성 난청

04 ④

해설

- 고기압 : 감압병, 잠함병(잠수부, 해녀)
- 소음 : 직업성 난청

상 | 중 | **하**

05 다음 중 산업재해 발생의 인적 원인으로 옳지 않은 것은?

① 관리상 원인　② 화학적 원인
③ 생리적 원인　④ 심리적 원인

상 | 중 | **하**

06 다음 중 학교급식의 목적으로 옳지 않은 것은?

① 건강면의 목적　② 생산적 목적
③ 경제적 목적　④ 사회적 목적

상 | **중** | 하

07 다음 중 화학적 요인의 직업병이 아닌 것은?

① 납중독　② 카드뮴중독
③ 수은중독　④ 방사선

05 ②

해설 **산업재해 발생의 인적 원인**
- 관리상 원인
- 생리적 원인
- 심리적 원인

06 ②

해설 학교급식은 학생들에게 올바른 영양을 보급하여 신체적·정신적 성장발달을 돕고, 좋은 식습관을 형성하여 적응하고 건강적, 교육적, 경제적, 사회적 목적이 있다.

07 ④

해설 방사선은 물리적 작업환경에 따른 직업병이다.

Keyword 음식 안전관리의 정의, 재난의 원인 4요소, 주방 내 안전사고 3요인, 안전교육의 목적, 응급상황 시 행동단계, 개인 안전관리, 작업장 환경관리, 작업장 안전관리

음식 안전관리

음식 안전관리란 개인 안전관리, 장비·도구 안전작업, 작업환경 안전관리 등으로 조리사가 작업장에서 일어날 수 있는 사고와 재해에 대하여 사전에 예측하여 안전기준 확인, 안전수칙 준수 등으로 안전예방 활동을 하는 것을 의미한다.

작업장에서 안전관리 대상	개인 안전, 작업장 환경, 조리장비 및 기구, 가스, 위험물(가열된 기름, 뜨거운 물), 소화기, 전기 등
안전지침	조리 작업에 수반하는 장비 및 수작업 등에 대한 안전사고 예방·사고발생 시 대처 방법

01 개인 안전관리

1 개인 안전사고 예방 및 사후 조치

(1) 개인 안전사고 예방

재해 발생의 원인	• 부적합한 지식 • 부적절한 태도와 습관 • 불충분한 기술 • 불안전한 행동 • 위험한 작업환경
안전사고 예방과정	위험요인 제거 → 위험요인 차단 → 위험사건 오류 예방 → 위험사건 오류 교정 → 위험사건 발생 이후 재발방지 조치 제한(심각도)

(2) 안전교육

안전교육의 목적★	상해, 사망 또는 재산의 피해를 일으키는 불의의 사고를 예방하는 것
안전교육의 필요성	• 안전불감증 의식 변화, 안전에 대한 국민의식 변화, 사업주의 안전경영, 근로자의 안전수칙 준수 등 필요 • 외부적인 위험으로부터 자신의 신체와 생명을 보호 • 물체에 대한 사람들의 비정상적인 접촉으로 인한 직업병과 산업재해 예방 • 과거의 재해경험으로 쌓은 지식과 함께 안전문화 교육을 통한 기계·기구·설비와 생산기술의 안전적 사용 • 교육을 통해 사업장의 위험성이나 유해성에 관한 지식, 기능 및 태도의 안전한 변화 이행

Check Note

재난의 원인 4요소

① 인간(Man)
② 기계(Machine)
③ 매체(Media)
④ 관리(Management)

작업장 내 안전사고 3요인

① 인적 요인 : 정서적 요인, 행동적 요인, 생리적 요인
② 물적 요인 : 각종 기계, 장비, 시설물 등의 요인
③ 환경적 요인 : 주방의 환경적·물리적·시설적 요인

안전풍토

① 근로자들이 작업환경에서 안전에 대해 갖고 있는 통일된 인식
② 조직구성원들의 행동 및 태도, 구성원 상호 간의 의사소통, 교육 및 훈련, 개인의 책임감, 안전행동 사고율 등에 영향을 줌

Check Note

✔ 응급상황 발생 시 행동요령

① 호흡마비, 심장마비와 같은 응급상황은 5분이 생명과 직결되기 때문에 매우 중요(5분 내 응급조치 필요)

② 심각한 외상 발생 시 최초 1시간이 생명과 직결되기 때문에 상황이 발생한 현장에서 응급조치 필요

✔ 작업장에서의 안전장비

조리복, 조리안전화, 앞치마, 조리모, 안전장갑 등

✔ 주방 내 재해 유형

절단, 찔림, 베임	• 주방에서 가장 많이 발생하는 사고 • 원인 : 칼, 금속기, 유리파편 등 • 예방 : 조리도구의 올바른 사용법 숙지 및 작업대 정리정돈
화상, 데임	• 원인 : 화염 및 뜨거운 액체, 주방기계 • 예방 : 보호구 사용
미끄러짐, 넘어짐	• 원인 : 미끄러운 바닥, 주변 물체 또는 호스 • 예방 : 바닥청소 및 조리화 착용, 정리정돈
전기감전, 누전	• 원인 : 부적절한 전자제품, 조리기구 사용 • 예방 : 누전차단기 사용, 절연상태 확인

(3) 응급상황 시 행동단계★

현장조사(Check) → 119신고(Call) → 처치 및 도움(Care)

2 작업 안전관리

작업 안전관리는 조리작업의 수행에 있어서 작업자는 물론 시설의 안전을 유지하고 관리하기 위하여 필요로 함

(1) 칼 사용의 방법★

사용안전	• 칼을 사용할 때는 정신 집중과 안정된 자세로 작업 • 칼을 실수로 떨어뜨렸을 때는 잡지 말고 피할 것 • 본래 목적 이외에 사용하지 말 것
이동안전	• 주방에서 칼을 들고 다른 장소로 옮기지 않을 것 • 만약, 옮길 때에는 칼끝을 정면으로 하지 말고 지면을 향하게 할 것 • 칼날을 뒤로 가게 하여 옮길 것
보관안전	• 칼은 정해진 장소의 안전함에 넣어서 보관할 것 • 칼을 보이지 않는 곳, 싱크대 등에 두지 말 것

(2) 사고 유형별 응급처치

낙상 사고	혼자 일어날 수 있는 경우에는 다친 곳이 없나 확인 후 천천히 일어나고, 골절 의심 시에는 해당 부위를 만지지 말게 하고 응급치료기관에 보내도록 함
화상 사고	• 불, 기름, 수증기로 인한 화상을 입었을 때는 환부가 붉게 변하며 따가움과 열감이 느껴짐 • 1도 화상의 경우 : 차가운 물로 씻거나 얼음, 얼음 팩을 사용하여 환부를 식힌 후 물집이 생기면 병원 치료를 받도록 함 • 강한 산성, 알칼리성을 띠는 독성 화학물질 노출에 의한 화상을 입은 경우 : 노출 부위를 생리 식염수나 소독약을 활용하여 세척 후 병원 치료를 받음
전기기구로 인한 사고	감전이나 전기로 인한 화상 사고 시 신경손상 등의 위험이 있으므로 전기를 차단한 후 응급구조 요청을 해야 함
골절 사고	환자를 함부로 만지지 말고 골절된 부분을 고정하고 움직이지 않도록 하여 병원으로 후송함
화재 사고	얼굴에 화상을 입지 않도록 두 손으로 얼굴을 감싸고 바닥에 몸을 뒹굴어서 불이 꺼지도록 함

02 장비 · 도구 안전작업

1 조리장비 · 도구 안전관리 지침

(1) 조리장비 · 도구의 안전관리 지침

① 사용방법을 숙지하고 전문가의 지시에 따라 사용
② 조리장비, 도구에 무리가 가지 않도록 유의
③ 이상이 생기면 즉시 사용을 중지하고 조치를 취함
④ 전기 사용 장비는 수분을 피하고 전기사용량, 사용법을 확인 후 사용
⑤ 모터에 물, 이물질 등이 들어가지 않도록 하고 청결하게 관리
⑥ 장비의 사용용도 이외에는 사용을 금함
⑦ 정기점검, 일상점검, 긴급점검을 함

(2) 조리도구 분류

준비도구	앞치마, 머릿수건(위생모), 채소바구니, 가위 등	재료손질과 조리준비에 필요
조리기구	솥, 냄비, 팬 등	준비된 재료를 조리하는 과정에 필요
보조도구	주걱, 국자, 뒤지개, 집개 등	준비된 재료를 조리하는 과정에 필요

(3) 조리장비 · 도구별 사고 예방법

조리용 칼	• 작업용도에 알맞게 사용 • 이동 및 사용 후 칼집에 넣음 • 칼의 방향은 몸 반대쪽으로 함
튀김기	• 적정량의 기름 사용 • 기름탱크에는 조리 시 물기가 튀지 않도록 주의 • 세척 후 물기를 완전히 제거
절단기	• 재료를 넣을 때는 손으로 직접 넣지 않고 도구 사용 • 작업 전 칼날의 상태와 이물질 등이 없는지 확인 • 청소 후 반드시 전원 차단
가스레인지	• 가스레인지 주변의 작업공간을 충분히 확보 • 가스관은 작업에 지장을 주지 않는 곳에 설치 • 사용 후 즉시 밸브를 잠금

Check Note

조리장비 · 도구의 안전점검

일상점검	• 주방관리자가 매일 육안으로 점검 • 조리도구, 전기, 가스 등의 이상 여부 확인 후 그 결과 기록 · 유지
정기점검	• 안전관리책임자가 매년 1회 이상 정기적으로 점검 • 조리도구, 전기, 가스 등의 성능 여부 확인 후 그 결과 기록 · 유지
긴급점검	• 손상점검 : 재해나 사고로 인한 구조적 손상 등에 대하여 긴급히 시행 • 특별점검 : 결함이 의심되거나 사용 제한 중인 시설물의 사용 여부를 확인하고자 할 때 시행

Check Note

작업장 환경요소

작업장 내의 온도, 습도, 조명, 색, 소음, 환기 등

03 작업환경 안전관리

1 작업장 환경관리

구분	내용
조명 관리	• 전처리실 및 조리작업대 권장조도 : 220Lux 이상 • 식재료 및 물품 검수 장소 권장조도 : 540Lux 이상
온도 및 습도 관리	• 적정온도 : 여름철(25~26℃ 정도), 겨울철(18~21℃ 정도) • 적정습도 : 50%(낮은 습도는 피부, 코 등의 건조를 일으키고, 높은 습도는 정신이상을 일으킬 수 있음)
정리정돈	• 작업 전 작업장 주위의 통로, 작업장 청소 • 사용한 장비 및 도구는 제자리에 정리 • 굴러다니기 쉬운 것은 받침대 사용 • 적재물은 사용 시기와 용도별로 구분・정리 • 부식 및 발화 가연제 등 위험물질은 별도로 구분・보관

2 작업장 안전관리

① 작업장 안전관리는 주방에서 조리작업을 수행하는 데 있어서 작업자와 시설의 안전기준을 확인하고, 안전수칙을 준수, 예방활동을 수행하는 데 목적이 있음

② 안전관리시설 및 안전용품 관리

③ 작업장 주변의 정리정돈 점검

④ 작업장 안전관리 지침서 작성

⑤ 유해, 위험, 화학물질을 처리기준에 따라 관리

⑥ 안전관리책임자는 법정 안전교육을 실시해야 함

⑦ 관리감독자의 지위에 있는 사람은 반기마다 8시간 이상 또는 연간 16시간 이상의 정기교육을 필함

3 화재예방 및 조치방법

① 화재의 원인이 될 수 있는 곳을 사전에 점검하고 화재진압기를 배치, 사용

② 인화성물질의 적정보관 여부 점검

③ 소화기구의 화재안전기준에 따른 소화기 비치 및 관리, 소화전함 관리 상태 등 점검

④ 비상조명의 예비전원 작동상태 점검

⑤ 비상구, 비상통로의 확보 상태 확인

⑥ 출입구, 복도, 통로 등의 적재물 비치 여부 점검

⑦ 자동확산 소화용구 설치의 적합성 등에 대하여 점검

4 산업안전보건법

(1) 목적

산업 안전 및 보건에 관한 기준을 확립하고 그 책임의 소재를 명확하게 하여 산업재해를 예방하고 쾌적한 작업환경을 조성함으로써 노무를 제공하는 사람의 안전 및 보건을 유지·증진함

(2) 용어 정의

산업재해	노무를 제공하는 사람이 업무에 관계되는 건설물·설비·원재료·가스·증기·분진 등에 의하거나 작업 또는 그 밖의 업무로 인하여 사망 또는 부상하거나 질병에 걸리는 것
중대재해	산업재해 중 사망 등 재해 정도가 심하거나 다수의 재해자가 발생한 경우로서 고용노동부령으로 정하는 재해 • 사망자가 1명 이상 발생한 재해 • 3개월 이상의 요양이 필요한 부상자가 동시에 2명 이상 발생한 재해 • 부상자 또는 직업성 질병자가 동시에 10명 이상 발생한 재해

Check Note

✔ 기타 용어 정의

근로자 대표	근로자의 과반수로 조직된 노동조합이 있는 경우에는 그 노동조합을, 근로자의 과반수로 조직된 노동조합이 없는 경우에는 근로자의 과반수를 대표하는 자
안전보건 진단	산업재해를 예방하기 위하여 잠재적 위험성을 발견하고 그 개선대책을 수립할 목적으로 조사·평가하는 것
작업환경 측정	작업환경 실태를 파악하기 위하여 해당 근로자 또는 작업장에 대하여 사업주가 유해인자에 대한 측정계획을 수립한 후 시료를 채취하고 분석·평가하는 것

CHAPTER 02

단원별 기출복원문제

상 중 하

01 방사선 장애에 의해서 올 수 있는 대표적인 직업병은?

① 위암 ② 백혈병

③ 진폐증 ④ 골다골증

상 중 하

02 규폐증과 관련된 직업으로 바르게 짝지어진 것은? 빈출

① 채석공, 페인트공 ② 인쇄공, 페인트공

③ X선 기사, 용접공 ④ 양석연마공, 채석공

상 중 하

03 집단급식소에서 효율적인 조리작업을 위한 조리기기의 조건으로 잘못된 것은?

① 복잡한 기계는 유지관리를 위하여 쉽게 분해되지 않아야 한다.

② 가능하면 용도가 다양하여야 한다.

③ 가격과 유지관리비가 경제적이어야 한다.

④ 기기는 디자인이 단순하고 사용하기에 편리하여야 한다.

상 중 하

04 조리장의 관리에 대한 설명 중 적절하지 않은 것은?

① 충분한 내구력이 있는 구조일 것

② 배수 및 청소가 쉬운 구조일 것

③ 창문이나 출입구 등은 방서·방충을 위한 금속망, 설비구조일 것

④ 바닥과 바닥으로부터 10cm까지의 내벽은 내수성 자재의 구조일 것

01 ②

해설 방사선은 인체에 유익하지 않은 영향 중 하나이며, 일정 이상의 방사선에 전신이 노출될 경우에는 백혈구가 적어지면서 백혈병에 걸릴 확률이 높아진다.

02 ④

해설 **규폐증**

진폐증 중 하나로, 광석 중 규소의 노출이 큰 직업에서 많이 발생하는 병이다(양석연마공, 채석공, 광부 등).

03 ①

해설 복잡한 조리기기는 쉽게 분리되어야 다루기가 용이하다.

04 ④

해설 조리장은 바닥과 바닥으로부터 1.5m까지의 내벽은 내수성 자재를 사용한다

상 중 하

05 조리실의 설비에 관한 설명으로 옳은 것은?

① 조리실 바닥의 물매는 청소 시 물이 빠지도록 1/10 정도로 해야 한다.

② 조리실의 바닥 면적은 창 면적의 1/2~1/5로 한다.

③ 배수관의 트랩의 형태 중 찌꺼기가 많은 오수의 경우 곡선형이 효과적이다.

④ 환기설비인 후드(Hood)의 경사각은 30°로 후드의 형태는 4방 개방형이 가장 효율적이다.

05 ④

해설 조리장의 환기설비인 후드는 4방 개방형이 가장 효과적이다.

상 중 하

06 조리장의 설비 및 관리에 대한 설명 중 옳지 않은 것은?

① 조리장 내에는 배수시설이 잘 되어야 한다.

② 하수구에는 덮개를 설치한다.

③ 폐기물 용기는 목재 재질을 사용한다.

④ 폐기물 용기는 덮개가 있어야 한다.

06 ③

해설 폐기물 용기는 뚜껑이 있고, 내수성 재질로 된 것을 사용하는 것이 좋다.

상 중 하

07 집단급식시설의 작업장별 관리에 대한 설명으로 잘못된 것은?

① 개수대는 생선용과 채소용을 구분하는 것이 식중독균의 교차오염을 방지하는 데 효과적이다.

② 가열 조리하는 곳에는 환기장치가 필요하다.

③ 식품보관창고에 식품을 보관 시 바닥과 벽에 식품이 직접 닿지 않게 하여 오염을 방지한다.

④ 자외선 등은 모든 기구와 식품 내부의 완전살균에 매우 효과적이다.

07 ④

해설 자외선 등은 완전살균의 효과는 부족하다.

Keyword 식품 재료의 성분, 자유수와 결합수, 식품의 색, 식품의 갈변, 식품의 유독성분

음식 재료관리

Check Note

냉장 · 냉동관리

① 냉장 · 냉동고는 정기적으로 청소하고 성에가 생기지 않도록 관리
② 냉동고는 내용물 확인을 위하여 품목을 네임태그로 구분 표시 또는 품목별로 위치를 정하여 관리
③ 선입선출 및 장시간 저장하지 않도록 함
④ 노로바이러스는 영하 20℃ 이하의 낮은 온도에서도 오래 생존하고, 단 10개의 입자로도 감염될 수 있으므로 식품이 감염되지 않도록 주의 필요
⑤ 1차 조리된 음식은 반드시 뚜껑, 랩을 덮어 관리(교차오염 방지)
⑥ 냉장고에 식품을 보관 시에는 뚜껑을 덮거나 래핑(Wrapping)을 하여 바람이나 냉기에 마르지 않고 위생적으로 안전하게 보관

식품 중에 함유된 영양소

① 몸의 활동에 필요한 에너지 공급(열량소) : 탄수화물(당질), 지방, 단백질
② 몸의 발육을 위하여 몸의 조직을 만드는 성분 공급(구성소) : 단백질, 무기질, 지방
③ 체내의 각 기관이 순조롭게 활동하고 섭취된 것이 몸에 유효하게 사용되기 위한 보조적인 작용(조절소) : 무기질, 비타민, 물

저장 및 음식 재료관리 요령

구분	내용
저장 관리	• 식재료 원산지 표기, 식재료 위생법규 준수, 식재료 사용방법 준수 • 재료의 유통기한 준수 및 관리 • 재료의 신선도와 숙성상태 관리 • 제조일자, 시간에 따라 품목명과 네임태그 작성 관리 • 냉장고 용량의 70~80%만 재료를 보관 및 적정온도 유지 • 관창고(15~20℃, 습도 50~60%), 냉장고(0~10℃), 냉동고(-18℃ 이하), 급냉동고(-50℃ 정도)의 적정온도는 1일 3회 이상 확인 및 관리 • 조리된 음식은 상단에, 생재료, 달걀은 하단에 저장관리(교차오염 방지) • 시장에서 들어온 비닐은 벗겨내고 투명한 비닐이나 규격 그릇에 보관 • 필요에 따라 사용하기 편리하게 재료를 소분하여 저장관리 • 재료의 유실방지 및 보안관리
재고 관리	• 큰 그릇의 남은 음식은 작은 그릇으로 옮기고, 반드시 뚜껑을 덮음 • 공산품은 유통기한을 충분히 고려하여 구매 • 고춧가루, 통깨 등은 오래 보관하지 않고 필요에 따라 소분하여 냉장, 냉동실에 보관 • 선입선출(First-In, First-Out : FIFO)에 의한 출고 : 재고 물품의 손실, 신선도 유지를 위해 먼저 입고된 재료는 먼저 출고하여 사용하고 보관 시에는 나중에 입고된 것은 먼저 입고된 물품 뒤쪽에 보관★ • 흐르는 물에 냉동품 해동 및 육수를 식히거나 고기의 핏물을 제거하기 위하여 물을 흘려 놓을 때에는 표시 또는 담당자에게 사전에 알림 • 저장 시에는 용이한 재고조사를 위해 품목별로 위치를 정해 입고관리함

01 식품 재료의 성분

구분	내용
일반성분	식품의 영양적 가치가 있는 탄수화물, 단백질, 지방, 무기질, 비타민, 섬유소 등
특수성분	식품의 기호적 가치라 할 수 있는 식품의 색성분, 맛성분, 냄새, 효소, 유독성분 등

1 수분

(1) 기능

영양소 운반, 장기보호, 노폐물 방출, 소화액 구성요소, 체온조절, 윤활작용 등

(2) 수분 부족 증상

체내의 정상적인 수분 양보다 10% 이상 줄어들면 열, 경련, 혈액순환 장애 증상이 발생하며, 수분이 20% 이상 손실되면 사망에 이르게 됨

(3) 유리수와 결합수

구분	내용
유리수 (자유수, Free Water)	식품 중에 유리상태로 존재하고 있는 물
결합수 (Bound Water)	식품 중에 탄수화물이나 단백질 분자의 일부분을 형성하는 물

(4) 수분활성도(Water Activity, Aw)

임의의 온도에서 식품이 나타내는 수증기압(P)을 그 온도의 순수한 물의 최대 수증기압으로 나눈 것

① 순수한 물의 활성도는 1(물의 Aw=1)

② 수분활성도가 작다는 것은 그 식품 중에 미생물이 사용할 수 있는 자유수의 함량이 낮다는 것을 의미하므로, 미생물이 성장하기 힘든 조건이 되어 식품의 저장성을 높일 수 있음

③ 일반식품의 수분활성도는 항상 1보다 작음(일반식품의 Aw<1)

2 탄수화물

(1) 탄수화물의 특성

구분	내용
구성요소	C(탄소), H(수소), O(산소)
1g당 열량	4kcal
1일 총 섭취 열량과 소화율	열량 65% / 소화율 98%
최종분해산물	포도당
소화효소	말타아제, 락타아제, 프티알린, 아밀롭신, 사카라아제

(2) 탄수화물의 분류 : 가수분해하여 생성된 당의 분자 수에 따라 분류

① 단당류★ : 탄수화물의 가장 간단한 구성단위로 더 이상 가수분해 또는 소화되지 않음

㉠ 오탄당(탄소 5개) : 아라비노스, 리보스, 자일로스

Check Note

수분의 권장섭취량

- 1일 2~3ℓ 정도의 물이 배출되기 때문에 성인의 1일 권장섭취량 2~4ℓ 정도의 보충이 필요함
- 성인들보다 아이들이 더 많은 수분이 필요함

유리수와 결합수

유리수	결합수
용매로 작용	용매로 작용 안함
건조에 의해서 쉽게 제거 가능	압력을 가해도 쉽게 제거되지 않음
0℃ 이하에서 쉽게 동결	0℃ 이하 낮은 온도(−30 ~ −20℃)에서도 얼지 않음
미생물의 생육번식에 이용	미생물의 번식에 이용하지 못함
융점이 높고, 표면장력과 점성이 큼	유리수보다 밀도가 큼

수분활성도(Aw)

$$\frac{P(\text{식품의 수증기압})}{P_0(\text{순수한 물의 최대 수증기압})}$$

수분활성도 낮추는 방법

방법	내용
건조	식품 속의 수분함량을 낮춤
냉동	식품 속의 수분을 얼려 이용할 수 있는 수분함량을 낮춤
염장	소금 용질의 농도를 높임
당장	설탕 용질의 농도를 높임

바로 확인 문제

결합수는 용매로서 작용을 하지 않으며, 자유수는 표면장력이 크다. 또한 결합수는 자유수보다 밀도가 크다. (○ / ×)

 ○

Check Note

식품별 수분활성도(Aw)

과일, 채소, 신선한 생선	0.98 ~ 0.99
육류	0.92
곡류 · 두류	0.60 ~ 0.64

탄수화물 과잉 섭취 시

간과 근육에 글리코겐으로 저장

칼로리(열량)

① 식품의 성분 중 당질, 지방, 단백질(3대 열량소)이 칼로리의 급원이 되며, 이들이 체내에서 연소되어 열을 발생하고 체온을 유지함
② 칼로리는 열량을 재는 단위로, 1kcal는 1ℓ의 물을 1℃ 높이는데 필요한 열량
③ 단백질 · 탄수화물 4kcal, 지방 9kcal, 알코올 7kcal의 열량을 냄

당질의 감미도(단맛의 강도)

과당 > 전화당 > 설탕 > 포도당 > 맥아당 > 갈락토오스 > 젖당(유당)

올리고당(소당류)

단맛이 나며, 충치를 만들지 않는다는 점이 일반 당류와 다른 특징임

바로 확인 문제

단당류 중 육탄당에는 포도당, (　　), 갈락토오스가 있다.

답 과당

㉡ 육탄당(탄소 6개)

포도당 (Glucose)	• 탄수화물의 최종 분해산물 • 포유동물의 혈액에 0.1% 함유
과당 (Fructose)	• 당류 중 단맛이 가장 강함 • 과일, 벌꿀 등에 많이 함유되어 있으며 물에 잘 녹음
갈락토오스 (Galactose)	• 유당에 함유되어 결합상태로만 존재(단독으로 존재 불가) • 젖당의 구성성분 • 포유동물의 유즙에 존재(우뭇가사리의 주성분)

② 이당류 : 단당류 2개가 결합된 당

맥아당 (Maltose, 엿당)	• 포도당 2분자가 결합된 당 • 엿기름에 많으며, 물엿의 주성분
서당 (Sucrose, 자당, 설탕)	• 포도당과 과당이 결합된 당 • 160℃ 이상으로 가열하면 캐러멜화하여 갈색 색소인 캐러멜이 됨(과일, 사탕수수, 사탕무에 함유)
유당 (Lactose, 젖당)	• 갈락토오스와 포도당이 결합된 당 • 동물의 유즙에 존재하는 것으로 감미가 거의 없음 • 유산균과 젖산균의 정장작용 • 칼슘과 단백질의 흡수를 도움

③ 다당류 : 단당류가 2개 이상 또는 그 이상이 결합된 것으로 분자량이 큰 탄수화물이며, 물에 용해되지 않고 단맛도 없음

전분(Starch)	주로 곡류에 함유되어 있는 전분(식물성 전분)
글리코겐 (Glycogen)	• 동물의 몸에 저장된 탄수화물 • 간이나 근육, 조개류에 함유
섬유소 (Cellulose)	• 인간의 소화액 중에는 섬유소를 분해하는 효소가 없으므로 이를 소화하지 못함 • 장 점막을 자극해서 소화운동을 촉진시켜 변비를 예방함
펙틴 (Pectin)	• 소화되지 않는 다당류로 세포막과 세포막 사이에 있는 층에 주로 존재함 • 뜨거운 물에 풀리며, 설탕과 산의 존재로 겔(gel)화될 수 있음(잼과 젤리) • 각종 과실류와 감귤류의 껍질 등에 다량 함유
이눌린(Inulin)	과당의 결합체로 다알리아에 많이 함유되어 있음(도라지)
갈락탄	한천에 들어 있는 소화되지 않는 다당류
키틴(chitin)	게, 가재, 새우 등의 껍데기에 다량 함유
덱스트린	• 뿌리나 채소즙에 많음 • 전분의 가수분해 과정에서 얻어지는 중간산물

한천(Agar)	• 우뭇가사리를 주원료로 하여 동결건조시킨 제품 • 물과의 친화력이 강해 수분을 일정한 형태로 유지하고, 겔(gel) 형성력이 우수함 • 양갱, 젤리, 유제품 등의 안정제

(3) 탄수화물의 기능

① 에너지 공급원(1g당 4kcal의 에너지 발생)으로 전체 열량의 65%를 당질에서 공급(지방 20%, 단백질 15% 공급이 가장 이상적임)

② 단백질 절약작용

③ 장내 운동성을 도움

④ 지방의 완전연소에 관여

3 지질

(1) 지질의 특성

구성요소	C(탄소), H(수소), O(산소)
1g당 열량	9kcal
1일 총 섭취 열량과 소화율	열량 20% / 소화율 95%
최종분해산물	지방산과 글리세롤
소화효소	리파아제, 스테압신

(2) 지방산의 분류

포화지방산	• 융점이 높아 상온에서 고체로 존재하며 이중결합이 없는 지방산 • 동물성 지방에 많이 함유 • 팔미트산, 스테아르산 등
불포화지방산	• 융점이 낮아 상온에서 액체로 존재하며 이중결합이 있는 지방산 • 식물성 지방에 많이 함유 • 올레산, 리놀레산, 리놀렌산, 아라키돈산 등
필수지방산	• 정상적인 건강을 유지하는 데 필요하며, 체내에서 합성되지 않으므로 식사를 통해 공급되어야 함 • 불포화지방산의 리놀레산, 리놀렌산, 아라키돈산으로, 비타민 F라고 부름 • 대두유, 옥수수유 등 식물성 기름에 다량 함유

(3) 지질의 종류

단순지질	• 지방산과 글리세롤의 에스테르 • 중성지방이라고 하며, 지질 중에서 양이 제일 많음

Check Note

전분

① 백색 전분 : 아밀로오스 20%, 아밀로펙틴 80%
② 찹쌀 전분 : 아밀로펙틴 100%

전화당

설탕을 가수분해할 때 얻어지는 포도당과 과당의 혼합물로, 벌꿀에 많이 함유됨

탄수화물의 과잉증과 결핍증

① 과잉증 : 비만증, 소화불량 등
② 결핍증 : 체중감소, 발육불량 등

요오드(아이오딘)가(Iodine Value)

① 식품의 유지 중에 불포화지방산의 양을 비교하는 값으로, 유지 100g이 흡수하는 요오드(아이오딘)의 g수
② 건조피막의 정도에 따른 분류

건성유 [요오드(아이오딘)가 130 이상]	들기름, 아마인유, 호두기름, 잣기름
반건성유 [요오드(아이오딘)가 100~130]	대두유(콩기름), 면실유, 채종유, 해바라기씨유, 참기름, 옥수수유
불건성유 [요오드(아이오딘)가 100 이하]	땅콩기름, 동백기름, 올리브유, 피마자유

바로 확인 문제

■ 필수지방산에는 ( ), 리놀렌산, ( )이 있다.

답 리놀레산, 아라키돈산

■ 유도지질은 단순지질과 복합지질의 가수분해 과정에서 생기는 것으로 ( )과 ( ) 등이 있다.

답 지방산, 스테롤

복합지질	• 단순지질에 지방산과 글리세롤의 에스테르에 다른 화합물이 더 결합된 지질 • 인지질(인 + 단순지질), 당지질(당 + 단순지질)
유도지질	• 단순지질, 복합지질의 가수분해로 얻어지는 지용성 물질 • 스테로이드, 콜레스테롤, 에르고스테롤, 스쿠알렌, 지방산 등

(4) 지방의 영양 효과

① 지용성 비타민(비타민 A, D, E, K, F)의 흡수를 도움

② 발생하는 열량이 높음(1g당 에너지원 : 9kcal)

③ 고온 단시간에 조리할 수 있으므로 영양분의 손실이 적음

④ 콜레스테롤(세포막의 주성분)에 대한 효과가 있음

⑤ 당질과 마찬가지로 활동력이나 체온을 발생하게 하는 에너지원

4 단백질

(1) 단백질의 특성

구성요소	C(탄소), H(수소), O(산소), N(질소)
1g당 열량	4kcal
1일 총 섭취 열량과 소화율	열량 15% / 소화율 92%
최종분해산물	아미노산
소화효소	펩신, 트립신, 에렙신

(2) 아미노산의 종류

필수 아미노산	체내에서 생성할 수 없어 음식물로 섭취해야 하는 아미노산 • 종류(8가지) : 발린, 루신, 이소루신, 트레오닌, 페닐알라닌, 트립토판, 메티오닌(황 함유), 리신 • 성장기의 어린이 : 필수아미노산(8가지) + 아르기닌, 히스티딘이 추가해서 10가지
불필수 아미노산	체내에서도 합성이 되는 아미노산

(3) 단백질의 분류

① 성분에 따른 분류

단순단백질	• 아미노산으로 구성 • 알부민, 글로불린, 글루테닌, 프롤라민 등
복합단백질	• 아미노산에 인, 당, 색소 등이 결합되어 구성 • 인단백질(우유의 카제인), 당단백질(뮤신), 색소단백질, 지단백질

Check Note

지방의 산패 방지

① 저온 저장하고 자외선을 피하며 산화방지제를 첨가

② 산소의 접촉을 막고 금속이나 금속화합물 제거

③ 저장온도를 너무 낮지 않게 함(자동산화가 되어 산패가 발생함)

지방의 과잉증과 결핍증

① 과잉증 : 비만증, 심장기능 약화, 동맥경화

② 결핍증 : 신체쇠약, 성장부진

검화가(비누화가)

지방이 수산화나트륨(NaOH)에 의하여 가수분해되어 지방산의 Na염(비누)을 생성하는 현상(즉, 지방이 알칼리에 의해서 가수분해됨)

중합반응

가열에 의한 변화로 비중과 점성이 증가하고 색깔과 향, 소화율이 낮아지는 현상

바로 확인 문제

■ 어류의 지방함량은 붉은살생선이 흰살생선보다 높다. (O / ×)

답 O

■ 성인에게 필요한 8가지 필수아미노산에는 (   ), 루신, 트레오닌, (   ), 발린, 트립토판, 페닐알라닌, (   )이 있다.

답 이소루신, 리신, 메티오닌

유도단백질	• 열, 산, 알칼리 작용으로 변성 또는 분해를 받은 단백질 • 변성단백질(젤라틴, 응고단백질), 분해단백질(펩톤)

② 영양학적 분류

완전 단백질	• 생명유지 및 성장에 필요한 모든 필수아미노산이 충분히 들어 있는 단백질 • 우유(카제인), 달걀(알부민, 글로불린)
부분적 불완전 단백질	• 필수아미노산을 모두 가지고는 있으나 그 양이 충분치 않거나 각 필수아미노산들이 균형 있게 들어 있지 않은 단백질 • 생명유지에는 도움이 되지만 성장에는 도움이 되지 않는 단백질 • 쌀(오리제닌), 밀(글리아딘)
불완전 단백질	• 하나 또는 그 이상의 필수아미노산이 결여된 단백질 • 생명유지와 성장 모두에 도움이 되지 않는 단백질 • 옥수수(제인) → 트립토판 부족

5 무기질

(1) 무기질의 기능

① 산과 염기의 평형유지 ② 필수적 신체 구성성분
③ 신경의 자극 전달 ④ 체조직의 성장
⑤ 생리적 반응을 위한 촉매 ⑥ 수분의 평형유지
⑦ 근육 수축성의 조절

(2) 무기질의 종류와 특성

① 다량무기질

구분	기능 및 특징	급원식품	결핍증
칼슘 (Ca)	• 무기질 중 가장 많음 • 골격과 치아 구성 • 비타민 K : 혈액응고에 관여 • 비타민 D : 칼슘 흡수 촉진 • 수산 : 칼슘 흡수 방해(칼슘과 결합하여 결석 형성)	멸치, 우유 및 유제품, 뼈째 먹는 생선	골다공증, 골격과 치아의 발육 불량
인 (P)	• 골격과 치아 구성 • 세포의 성장을 도움 • 인과 칼슘의 적정 섭취비율 1:1	곡류, 우유, 육류, 난황	골격과 치아의 발육 불량, 성장 정지, 골연화증
마그네슘 (Mg)	• 골격과 치아 구성 • 신경의 자극전달 작용 • 효소작용의 촉매	견과류, 코코아, 곡류, 두류, 채소류	떨림증, 신경불안, 근육의 수축

Check Note

변성단백질
① 용해도 및 생물화학적 활성 감소
② 점도 증가
③ 소화율 및 반응성 증가

단백질의 기능
① 몸의 근육이나 혈액 생성의 주성분
② 성장 및 체조직의 구성에 관여(피부, 효소, 항체, 호르몬 구성, 저항력, 열량 유지 등)

단백질 결핍증
콰시오커(Kwashiorkor)는 어린이가 장기간 단백질이 부족하면 발생하는 병으로 성장지연, 부종, 피부염 등의 증상이 발생

단백질의 아미노산 보강
식품에서 부족한 아미노산을 다른 식품을 통해 보강함으로써 완전단백질로 영양가를 높이는 것
예 쌀(리신 부족)+콩(리신 풍부) =콩밥(완전한 단백질 공급)

기초대사량
① 무의식적 활동(호흡, 심장박동, 혈액운반, 소화 등)에 필요한 열량
② 수면 시 평상시보다 10% 정도 감소
③ 기온이 낮으면 소요 열량이 큼
④ 체표면적이 클수록 소요 열량이 큼
⑤ 근육질인 사람이 지방질인 사람에 비해 소요 열량이 큼
⑥ 성인남자의 기초대사량은 1,400~1,800kcal, 성인여자의 기초대사량은 1,200~1,400kcal

바로 확인 문제

생선류, 육류, 알류, 콩류에 함유된 주요 영양소는 ( )이다.

답 단백질

Check Note

작업대사량
기초대사량 외에 활동하거나 식품을 소화·흡수하는 데 필요한 열량

무기질의 종류에 따른 산성 식품과 알칼리성 식품
① 산성 식품 : 무기질 중 인(P), 황(S), 염소(Cl) 등은 체내에서 분해되어 산성이 되므로 이들 무기질을 많이 함유한 식품(곡류, 어류, 육류)
② 알칼리성 식품 : 무기질 중 칼슘(Ca), 나트륨(Na), 칼륨(K), 마그네슘(Mg), 철(Fe), 구리(Cu), 망가니즈(망간, Mn) 등은 체내에서 분해되어 알칼리성이 되므로 이들 무기질을 함유한 식품(과일, 채소, 해조류)
※ 우유 : 동물성 식품이지만, Ca(칼슘)이 다량 함유되어 있어 알칼리성 식품으로 분류됨

구리의 권장량(1일)
① 성인남자 : 2mg
② 성인여자 : 18mg
③ 임산부 : 20mg

바로 확인 문제

인·황·염소 등을 많이 함유하고 있는 식품은 ( ), 칼슘·나트륨·칼륨·철·구리·망간·마그네슘을 많이 함유한 식품은 ( )이다.

답 산성 식품, 알칼리성 식품

나트륨 (Na)	• 근육수축에 관여 • 수분균형 및 산·염기 평형 유지 • 삼투압 조절 • 과잉 시 고혈압, 심장병 유발	소금, 식품첨가물의 나트륨(Na)	저혈압, 근육경련, 식욕부진
칼륨 (K)	• 근육수축에 관여 • 삼투압 조절 • 신경의 자극전달 작용 • 세포내액에 존재	육류, 과일류, 채소류, 감자, 토마토	저혈압, 근육의 긴장 저하, 식욕부진

② 미량무기질

구분	기능 및 특징	급원식품	결핍증
철분 (Fe)	• 헤모글로빈(혈색소) 구성성분 • 혈액 생성 시 중요 영양소 • 체내에서 산소운반·면역유지	간, 난황, 육류, 녹황색 채소류	철분 결핍성 빈혈(영양 결핍성 빈혈)
구리 (Cu)	• 철분 흡수(헤모글로빈 합성 촉진) • 항산화 기능	채소류, 간, 해조류, 달걀	빈혈, 백혈구 감소증
코발트 (Co)	• 비타민 B_{12}의 구성요소 • 적혈구 형성에 중요	채소류, 간, 어류	악성빈혈
불소 (F)	• 골격과 치아를 단단하게 함 • 음용수에 1ppm 정도 불소 → 충치예방 • 과잉증 : 반상치	해조류	충치(우치)
요오드 (아이오딘, I)	• 갑상선 호르몬 구성 • 유즙 분비 촉진 • 과잉증 : 갑상선 기능항진증	해조류(미역·갈조류), 어육	갑상선종, 발육정지
아연 (Zn)	• 적혈구와 인슐린(부족 시 당뇨병)의 구성성분 • 면역기능	해산물, 달걀, 두류	발육장애, 탈모

6 비타민

(1) 비타민의 기능과 특성

① 유기물질로 되어 있음
② 필수물질이나, 인체에 미량만 필요함
③ 에너지나 신체구성 물질로 사용하지 않음
④ 대사작용 조절물질(보조효소의 역할)
⑤ 여러 가지 비타민은 결핍증을 예방 또는 방지함
⑥ 대부분 체내에서 합성되지 않으므로 음식물을 통해서 섭취

(2) 비타민의 분류

① 지용성 비타민(비타민 A, D, E, F, K)★★

구분	기능 및 특징	급원식품	결핍증
비타민 A (레티놀)	• 상피세포 보호 • 눈의 기능을 좋게 함 • β-카로틴은 체내에 흡수되면 비타민 A로 전환	간, 난황, 버터, 당근, 시금치	야맹증, 안구건조증, 안염, 각막연화증, 결막염
비타민 D (칼시페롤)	• 칼슘의 흡수 촉진 • 뼈 성장에 필요, 골격과 치아의 발육 촉진 • 자외선에 의해 인체 내에서 합성	건조식품(말린 생선류, 버섯류)	구루병, 골연화증, 유아 발육 부족
비타민 E (토코페롤)	• 항산화성(노화 방지)·항불임성 비타민 • 생식세포의 정상작용 유지	곡물의 배아, 녹색채소, 식물성 기름	노화촉진, 불임증, 근육위축증
비타민 F (필수지방산)	• 신체성장, 발육 • 체내 합성 안 되는 불포화지방산	식물성 기름	피부염, 피부건조, 성장지연
비타민 K (필로퀴논)	• 혈액응고(지혈작용) • 장내 세균에 의해 합성	녹색채소, 난황류, 간, 콩류	혈액응고 지연 (혈우병)

② 수용성 비타민★★

구분	기능 및 특징	급원식품	결핍증
비타민 B_1 (티아민)	• 탄수화물 대사에 필요 • 위액 분비 촉진 • 마늘의 알리신 : 흡수율을 증가시킴	돼지고기, 곡류의 배아	각기병, 식욕부진
비타민 B_2 (리보플라빈)	• 성장촉진 • 피부, 점막 보호	우유, 간, 육류, 달걀	구순구각염, 설염, 백내장
비타민 B_6 (피리독신)	• 항피부염인자 • 신경전달물질, 적혈구 합성에 관여 • 장내세균에 의해 합성	육류, 간, 효모, 배아	피부염
비타민 B_{12} (시아노코발라민)	• 성장촉진, 조혈작용 • 코발트(Co) 함유	살코기, 선지, 생선(고등어), 간, 난황, 해조류	악성빈혈

Check Note

지용성 비타민

① 기름과 유지용매에 용해되는 비타민
② 과잉섭취 시 체내에 저장
③ 섭취 시 배설되지 않음
④ 결핍증세가 천천히 나타남
⑤ 매일 식사에서 공급되지 않아도 됨

수용성 비타민

① 물에 용해되는 비타민
② 필요량만 체내에 보유
③ 필요한 부분의 여분은 뇨로 배설됨
④ 결핍증세가 빠르게 나타남
⑤ 매일 식사에서 공급되어야 함

바로 확인 문제

- (　　)가 결핍되면 야맹증 증상이 발생할 수 있다.

답 비타민 A

- 물에 녹는 비타민에는 리보플라빈, 티아민, 레티놀이 있다. (O / ×)

답 ×

Check Note

열에 강한 비타민 순서

비타민 E > 비타민 D > 비타민 A > 비타민 B > 비타민 C

아스코르비나아제(비타민 C 파괴효소)

당근과 호박, 오이 등에 비타민 C를 파괴하는 아스코르비나아제라는 효소가 함유되어 있으며, 당근에는 아스코르비나아제가 많이 들어 있어서 무와 같이 섞어 방치하면 비타민 C를 파괴함

바로 확인 문제

( ) 색소는 산성에서는 적색, 중성에서는 자색, 알칼리에서는 청색을 띤다.

답 안토시안

비타민 C (아스코르브산)	• 체내 산화, 환원작용 • 알칼리에 약하고, 산화·열에 불안정 • 철·칼슘 흡수 촉진 • 피로회복, 항산화 작용	신선한 과일, 채소	괴혈병, 면역력 감소
비타민 B_3 (나이아신, 니코틴산)	• 탄수화물의 대사촉진 • 트립토판(필수아미노산) 60mg 섭취 시 → 나이아신 1mg 생성	닭고기, 어류, 유제품, 땅콩, 쌀겨	펠라그라 피부병

7 식품의 색

(1) 식물성 색소★

클로로필		• 식물의 잎, 줄기에 있는 녹색 색소(엽록소), 마그네슘(Mg) 함유 • 지용성 색소로 물에 녹지 않음 • 산에 불안정(식초물) : 녹갈색, 페오피틴 생성 • 알칼리에 안정(소다 첨가) : 진한 녹색, 비타민 C 등이 파괴되고 조직이 연화됨 • 열에 불안정하여 오래 가열 시 갈색으로 변함 예 쑥을 데친 후 즉시 찬물에 담가야 함 예 오이를 볶은 후 즉시 펼쳐놓음 예 시금치를 데칠 때 뚜껑을 열고 데침
플라보노이드	안토시안	• 꽃, 과일(사과, 딸기, 포도, 가지 등) 등에 있는 적색, 자색 등의 색소 • 수용성 색소로 가공 중에 쉽게 변색됨 • 산성(촛물) : 적색 • 알칼리(소다 첨가) : 청색 • 중성 : 보라색 예 가지를 삶을 때 백반을 넣으면 보라색 유지
	안토잔틴	• 색이 엷은 채소에 들어 있는 백색, 담황색의 수용성 색소(무, 옥수수, 연근, 감자, 밀가루) • 수용성 색소로 산에 대해서는 안정하나 알칼리에 대해서는 불안정함 • 산 : 흰색 • 알칼리 : 진한 황색 예 우엉, 연근을 삶을 때 식초를 넣으면 더욱 하얗게 됨
카로티노이드		• 식물성·동물성 식품에 널리 존재하는 황색, 적색, 주황색의 색소(당근, 늙은 호박, 토마토, 난황 등) • 지용성 색소로 물에 녹지 않고 기름에 잘 녹는 프로비타민 A의 기능이 있음

	• 산과 알칼리에 거의 변화를 받지 않고, 열에 안정적이어서 조리 중 손실이 적음 • 광선(빛)에 민감함

(2) 동물성 색소

미오글로빈 (육색소)	• 육류의 근육 속에 함유되어 있는 적자색, 철(Fe) 함유 • 생육(적자색) → 산소와 결합 시 옥시미오글로빈(선명한 적색) → 가열 시 메트미오글로빈(갈색 또는 회색)
헤모글로빈 (혈색소)	• 육류의 혈액 속에 함유되어 있는 적색, 철(Fe) 함유 • 가공 시 질산칼륨이나 아질산칼륨 첨가하면 선홍색 유지
일부 카로티노이드	연어나 송어살의 분홍색
아스타잔틴 (타로티노이드계)	• 새우, 가재, 게에 포함된 색소 • 가열 또는 부패에 의해 붉은색으로 변함
헤모시아닌	연체동물에 포함된 파란색 색소로, 익혔을 때 적자색으로 변함(예 문어, 오징어를 삶으면 적자색으로 변함)

8 식품의 갈변

(1) 효소적 갈변(페놀 화합물 → 멜라닌으로 전환)

효소에 의해 식품이 갈변하는 것

폴리페놀 옥시다아제 (Polyphenol Oxidase)	• 폴리페놀 산화효소 • 과일이나 채소를 자르거나 껍질을 벗겼을 때의 갈변, 홍차 갈변
티로시나아제 (Tyrosinase)	감자 절단면의 갈변

(2) 비효소적 갈변★

캐러멜화 (Caramel) 반응	• 당류를 고온(180~200℃)으로 가열했을 때 점조성을 띠는 적갈색 물질로 변하는 현상 • 간장, 소스, 약식 등
아미노-카르보닐 (Amino-carboyl) 반응	• 마이야르 반응 • 아미노기와 카르보닐기가 공존하는 경우 멜라노이딘을 형성하며 발생하는 갈변 • 온도, pH, 당의 종류, 수분, 농도 등의 영향을 받음 • 식빵, 케이크, 간장, 된장 등의 갈변
아스코르빈산 (Ascorbic Acid)의 산화 반응	• 아스코르빈산(비타민 C)은 과채류의 가공식품에 항산화제 및 항갈변제로 이용되나, 비가역적으로 산화되면 항산화제로의 기능을 상실하고 갈색물질 형성 • 오렌지, 감귤류 과일주스(pH 낮을수록 갈변현상 큼)

Check Note

✔ 멜라닌

① 오징어 먹물에 포함되어 있는 검은색 색소
② 버섯, 과일 등의 변색 시 나타남

✔ 효소적 갈변현상의 방지★

① 열처리(Blanching, 데치기)에 의한 효소의 불활성화
② 식품을 밀폐용기 등에 넣고 공기를 차단하거나, 질소나 이산화탄소를 주입
③ 온도를 -10℃ 이하로 하여 효소의 작용 억제
④ 철, 구리로 된 용기나 기구의 사용금지
⑤ 설탕, 소금물에 담가 보관
⑥ 효소의 최적 조건을 변화시키기 위해서 pH를 3 이하로 낮춤

바로 확인 문제

감자의 갈변현상은 (   )에 의해 일어난다.

답 티로시나아제

Check Note

미각의 분포

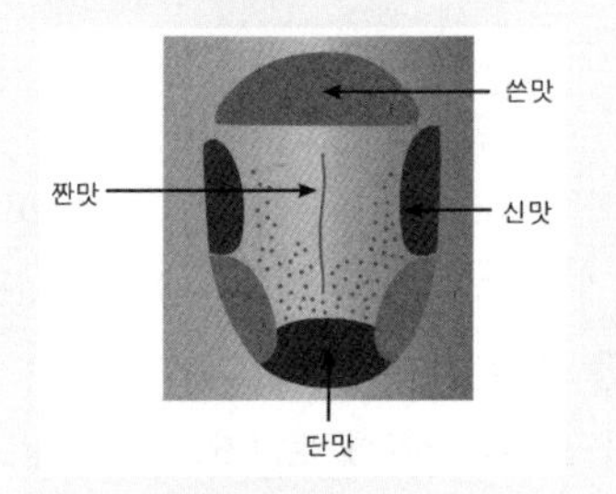

기타 맛

맛난맛 (감칠맛)	• 이노신산 : 가다랑어 말린 것, 멸치, 소고기 • 글루탐산 : 다시마, 된장, 간장 • 시스테인 리신 : 육류, 어류 • 호박산 : 조개류 • 타우린 : 새우, 오징어, 문어, 조개류
매운맛	• 캡사이신 : 고추 • 진저론 : 생강 • 시니그린 : 겨자 • 차비신 : 후추
떫은맛	탄닌 : 감
아린맛 (쓴맛+떫은맛)	• 두릅, 죽순, 고사리, 고비, 우엉, 토란 • 아린 맛을 제거하기 위해 사용 전 물에 담근 후 사용
금속맛	철, 은, 주석 등 금속이온의 맛(수저, 포크)

미맹현상

PTC는 극히 쓴 물질인데, 이 용액의 쓴맛을 전혀 느끼지 못하는 사람을 지칭

바로 확인 문제

- 고추의 매운맛 성분은 (　　)이다.

  답 캡사이신(Capsaicin)

- 짠맛에 소량의 유기산이 첨가되면 (　　)이 강해진다.

  답 짠맛

9 식품의 맛과 냄새

(1) 식품의 맛

1) 기본적인 맛[헤닝(Henning)의 4원미]

단맛	• 천연감미료 : 포도당, 과당, 젖당, 전화당, 유당, 맥아당 • 인공감미료 : 사카린, 솔(소)비톨, 아스파탐
신맛 (산미료)	• 산이 해리되어 생성된 수소이온의 맛 • pH가 같을 경우 무기산보다 유기산의 신맛이 더 강함 • 초산(식초), 젖산(요구르트), 사과산(사과), 주석산(포도), 구연산(딸기, 감귤류), 호박산(조개)
짠맛	• 소금 농도가 1~2%일 때 좋은 짠맛이 남 • 식염(염화나트륨)
쓴맛	소량의 쓴맛은 식욕을 촉진 • 카페인 : 커피, 초콜릿　• 모르핀 : 양귀비 • 후물론 : 맥주　• 니코틴 : 담배 • 테오브로민 : 코코아　• 헤스페리딘 : 귤껍질 • 쿠쿠르비타신 : 오이꼭지　• 데인 : 차류

2) 맛의 현상★

맛의 대비 (강화)	서로 다른 정미성분을 섞었을 때 주정미성분의 맛이 강화되는 현상 예 설탕 용액에 소금을 넣으면 단맛이 증가 예 단팥죽에 소금을 넣으면 팥의 단맛이 증가
맛의 억제 (손실현상)	서로 다른 정미성분을 섞었을 때 주정미성분의 맛이 약화되는 현상 예 커피에 설탕을 넣으면 쓴맛이 단맛에 의해 억제 예 신맛이 강한 과일에 설탕을 넣으면 신맛이 억제
맛의 상승	같은 정미성분을 섞었을 때 원래의 맛보다 강화되는 현상 예 설탕에 포도당을 넣으면 단맛이 증가
맛의 변조	한 가지 정미성분을 맛본 직후 다른 정미성분을 맛보면 정상적으로 느껴지지 않는 경우 예 쓴 한약을 먹은 후 물을 마시면 물맛이 달게 느껴짐 예 오징어를 먹은 후 귤을 먹으면 쓰게 느껴짐
맛의 순응 (피로)	같은 정미성분을 계속 맛볼 때 미각이 둔해져 역치가 높아지는 현상
맛의 상쇄	두 종류의 정미성분이 섞여 있을 때 각각의 맛보다는 조화된 맛을 느끼는 현상 예 김치의 짠맛과 신맛, 청량음료의 단맛과 신맛의 조화

3) 맛의 온도★

① 일반적으로 혀의 미각은 10~40℃에서 잘 느끼고, 30℃ 전후에서 가장 예민함

② 온도의 상승에 따라 매운맛 증가, 온도 저하에 따라 쓴맛, 단맛, 짠맛 증가

맛의 종류	최적온도(℃)	맛의 종류	최적온도(℃)
단맛	20~50℃	신맛	25~50℃
짠맛	30~40℃	매운맛	50~60℃
쓴맛	40~50℃		

(2) 식품의 냄새(향)

① 식물성 식품의 냄새

알코올 및 알데히드류	주류, 감자, 복숭아, 오이, 계피 등
에스테르류	주로 과일류
황화합물	마늘, 양파, 파, 무, 고추, 부추 등
테르펜류	녹차, 찻잎, 레몬, 오렌지 등

② 동물성 식품의 냄새

트리메틸아민	생선 비린내	피페리딘	어류
암모니아	홍어, 상어	아민류, 인돌	아민류, 인돌식육

10 식품의 물성

(1) 교질의 종류

분산매	분산질(분산상)	분산계(교질상)	식품의 예
고체	고체	고체 졸	사탕
	액체	겔(Gel)	밥, 두부, 양갱, 젤리, 치즈
	기체	거품(포말질)	빵, 과자, 케이크
액체	고체	졸(Sol)	된장국, 달걀흰자, 수프, 전분액
	액체	유화액(에멀전)	우유, 마요네즈, 버터, 마가린, 크림
	기체	거품(포말질)	난백의 기포, 맥주

(2) 교질의 특성

졸(Sol)	• 분산매가 액체이고, 분산질이 고체이거나 액체로 전체적인 분산계가 액체 상태(즉, 액체 중에 콜로이드 입자가 분산하고 유동성을 가지고 있는 계) • 대표적인 졸(Sol) 상태의 식품 : 된장국, 달걀흰자, 수프 등

Check Note

기타 특수성분

생선 비린내 성분	트리메틸아민(트라이메틸아민)
참기름	세사몰
고추	캡사이신
후추	차비신, 피페린
와사비	알릴이소티오시아네이트
마늘	알리신
생강	진저론, 쇼가올
겨자	시니그린
홍어	암모니아
미나리	미르신
박하	멘톨
커피향	푸르푸릴알코올
버터의 향미	디아세틸

식품의 물성

① 식품의 조리 및 가공으로 외부에서 힘이 가해졌을 때 물질이 반응하는 성질

② 식품의 기호에 영향을 미치는 요인으로 냄새, 색감, 맛 이외에도 입안에서 느껴지는 청각, 촉감이 중요한데, 이것이 식품의 물리적 성질임

③ 식품과 관계된 물성 : 교질성과 텍스처

식품의 텍스처(Texture)

식품을 입에 넣었을 때 식품의 질감이 물리적 자극에 대한 촉각의 반응으로 느껴지는 식품의 물리적 성질

겔 (Gel)	• 졸(Sol)이 냉각하여 응고되거나 물의 증발로 분산매가 줄어 반고체 상태로 굳어지는 것(즉, 콜로이드 분산계가 유동성을 잃고 고화된 상태) • 대표적인 겔(Gel) 상태의 식품 : 밥, 두부, 묵, 어묵, 삶은 달걀 등
유화 (Emulsion)	• 분산질인 액체가 분산매인 다른 액체에 녹지 않고 미세하게 균형을 이루며, 잘 섞여 있는 상태 • 유중수적형 : 버터, 마가린 등 • 수중유적형 : 우유, 아이스크림, 마요네즈 등
거품 (Foam)	• 분산매인 액체에 기체가 분산되어 있는 교질 상태 • 거품은 기체의 특성상 액체 속에서 위로 떠오르기 때문에 기포제와 흡착되어야 안정화가 됨 • 대표적인 거품 상태의 식품 : 난백의 기포

11 식품의 유독성분

(1) 자연식품의 독성물질

식물성 식품의 독성물질	• 프로테아제(Protease) 저해물질(원인물질 : 대두) : 가열처리로 무독화 가능 • 청산배당체(원인물질 : 덜 익은 청매실, 살구씨, 복숭아씨) : 아미그달린(Amygdalin)은 효소에 의해 가수분해되면 시안산(청산, HCN)을 생성하여 독작용을 나타내기 때문에 미리 가열 처리해서 불활성화하는 것이 좋음 • 헤마글루티닌(Hemmaglutinin, 원인물질 : 콩과 식물) : 적혈구를 응집시키는 독작용, 가열에 의해서 무독화 가능 • 솔라닌(Solanine, 원인물질 : 감자의 순) : 감자의 속보다 껍질 쪽에 많으며, 감자의 순 제거와 서늘한 곳에 보관하여 예방 가능 • 고시폴(Gossypol, 원인물질 : 목화씨) : 유지의 산패를 억제하는 항산화 작용이 있으나 독작용으로 인하여 정제 과정에서 제거됨 • 시큐톡신(Cicutoxin, 원인물질 : 독미나리) : 주로 지하경(地下莖)에 들어 있으며, 예방대책으로 가열처리 후 조리함
동물성 식품의 독성물질	• 테트로도톡신(Tetrodotoxin, 원인물질 : 복어) • 조개류의 독성물질 – 모시조개 : 베네루핀(Venerupin) → 가열하면 파괴 – 대합조개 : 삭시톡신(Saxitoxin) → 중독되면 입술, 혀, 얼굴 등이 마비되고 곧 전신마비로 사망함

Check Note

리올로지(Rheology)

① 외부의 힘에 의한 물질의 변형 및 흐름의 특성을 규명하고, 그 정도를 정량으로 표현하는 학문
② 식품의 물리학적 미각을 연구하는 학문
③ 리올로지의 특성

탄성 (Elasticity)	• 외부에서 힘을 받으면 모습이 변형되고, 받은 힘이 사라지면 원래의 모습으로 되돌아가는 성질 • 묵, 양갱, 어묵, 두부, 곤약 등
소성 (Plasticity)	• 외부에서 힘을 가하면 모양은 변하지만, 힘이 사라져도 원상복구가 불가능한 성질 • 생크림, 버터, 마가린, 쇼트닝 등
점성 (Viscosity)	• 보통 액상음식을 저을 때 느껴지는 저항감 • 액체는 온도가 높아지면 점성이 감소하고, 압력이 늘어나면 점성이 상승함 • 토마토퓨레, 수프, 꿀, 물엿 등
점탄성 (Viscoelas-ticity)	• 점성과 탄성의 성질을 모두 가지고 있고, 동시에 점성과 탄성의 성질이 같이 나타나는 것 • 대체적으로 점탄성을 측정하는 것은 어려움 • 인절미, 밀가루 반죽, 껌 등

(2) 미생물에 의한 독성물질

곰팡이에 의한 독성물질 – 미코톡신 (Mycotoxin)	• 맥각독 : 맥류에 존재하는 곰팡이의 균핵인 맥각(麥角, Ergot)에 의한 독성물질 • 아플라톡신(Aflatoxin) : 곡류와 두류에 번식한 Aspergillus Oryzae가 생산한 독성 대사산물로 강력한 발암물질 • 황변미독 : 저장 중인 쌀에 곰팡이가 기생하여 발생
식중독 세균의 독소	• 포도상구균 : 식품 중에 증식하여 독소(엔테로톡신)를 생성하여 식중독을 일으키며, 120℃에서 20분간 가열하여도 완전히 파괴되지 않음 • 보툴리누스균(Botulinus) : 혐기성 세균으로 내열성이며, 맹독성의 독소 생산(주로 햄, 소시지, 과일의 병조림, 생선 가공식품 등에 발생)

(3) 환경오염물(중금속)에 의한 독성물질

유기수은 (CH_3Hg)	• 미나마타병 유발 • 공장폐수에서 흘러나온 무기수은이 물고기의 체내에서 유기수은으로 변하여 축적되고 이 물고기를 먹은 사람에게 발생함
카드뮴(Cd)	• 광산의 폐수, 토양에 의해 농산물과 축산물에 유입되며, 축적성이 매우 큰 독성물질 • 중독증상 : 골다공증, 골연화증, 빈혈, 발암 등
납(Pb)	• 자동차 배기가스, 공장폐수에 의해 과일, 채소, 음용수 등이 오염되어 사람에게 중독을 일으킴 • 성인의 흡수율은 10%이지만, 어린이는 50%까지 흡수되어 어린이 피해가 크고 성인의 경우 불면증, 빈혈, 경련, 혼수, 사망까지 일으킴

02 효소

1 식품과 효소

(1) 소화

입에서의 소화효소	• 프티알린(아밀라아제) : 전분 → 맥아당 • 말타아제 : 맥아당 → 포도당
위에서의 소화효소	• 레닌 : 우유단백질(카제인) → 응고 • 리파아제 : 지방 → 지방산+글리세롤 • 펩신 : 단백질 → 펩톤
췌장에서 분비되는 소화효소	• 트립신 : 단백질과 펩톤 → 아미노산 • 스테압신 : 지방 → 지방산+글리세롤

Check Note

✔ 가공처리 중 생성된 독성물질

① 유지의 산패 생성 : 체내 지방의 산화를 촉진하며, 일부의 산화・분해 생성물은 동물의 성장을 억제하는 독성을 나타냄
② 발색제 아질산과의 반응 생성물 : 아질산은 식품 중의 아민과 반응해서 발암물질인 니트로소아민(나이트로소아민)을 생성하여 독작용을 일으킴

✔ 중금속

① 중금속이 식품에 오염되는 것은 산업폐수, 대기오염, 농약 살포로 인한 토양오염 등의 환경오염이 원인임
② 무기염의 형태일 때는 수용성이어서 체외로 배설되기 쉬우나, 유기염의 형태일 때는 지용성이기 때문에 체내의 중요 지방조직에 축적되어 강한 독성을 나타냄

Check Note

담즙(쓸개즙)

① 간에서 생성되며 담낭에 저장되었다가 십이지장에서 분비
② 지방을 소화되기 쉬운 형태로 유화시켜 줌
③ 지용성 비타민과 칼슘의 흡수 도움
④ 인체 내 해독작용, 산의 중화작용을 하지만 소화효소는 아님

영양소별 흡수

① 탄수화물 : 단당류로 분해되어 흡수
② 지방 : 지방산과 글리세롤로 분해되어 위와 장에서 흡수
③ 단백질 : 아미노산으로 분해되어 장에서 흡수
④ 지용성 영양소 : 림프관으로 흡수
⑤ 수용성 영양소 : 소장벽 융털의 모세혈관으로 흡수
⑥ 물 : 대장에서 흡수

영양소

영양을 유지하기 위하여 외부로부터 섭취하는 물질

3대 영양소	탄수화물(당질), 단백질, 지방(지질)
5대 영양소	탄수화물, 단백질, 지방, 무기질, 비타민
6대 영양소	탄수화물, 단백질, 지방, 무기질, 비타민, 물(수분)

바로 확인 문제

침에 있는 소화효소는 프티알린으로 전분을 (　　)으로 분해시킨다.

답 맥아당

장에서의 소화효소	• 수크라아제 : 서당 → 포도당+과당 • 말타아제 : 엿당 → 포도당+포도당 • 락타아제 : 젖당 → 포도당+갈락토오스 • 리파아제 : 지방 → 지방산+글리세롤

(2) 흡수

소화된 영양소들은 작은 창자(소장)에서 인체 내로 흡수되고, 큰 창자(대장)에서는 물 흡수가 일어남

03 식품과 영양

1 식품

식품의 정의	사람에게 필요한 영양소를 한 가지 또는 그 이상 함유하고, 유해한 물질을 함유하지 않은 천연물 또는 가공품
식품의 구비조건	• 영양적 가치 : 식품을 섭취하는 목적은 영양을 공급하는 데 있음 • 위생적 가치 : 인체에 위해가 되지 않도록 안전하게 공급되어야 함 • 기호적 가치 : 식욕을 증진시켜 소화율을 높일 수 있어야 함 • 경제적 가치 : 영양이 우수한 식품을 저렴하게 구매할 수 있어야 함

2 영양소의 기능 및 영양소 섭취기준

(1) 영양소(5가지 기초식품군)★

구별	구성	주요 식품군	급원식품
1군	단백질	육류, 어류, 알류, 콩류	소고기, 돼지고기, 닭고기, 생선, 조개, 콩, 두부, 달걀 등
2군	칼슘	우유 및 유제품, 뼈째 먹는 생선	멸치, 뱅어포, 잔생선, 새우, 우유, 분유 등
3군	비타민, 무기질	채소류 및 과일류	시금치, 쑥갓, 당근, 상추, 배추, 사과, 딸기, 김 등
4군	탄수화물	곡류 및 감자류	쌀, 보리, 콩, 팥, 밀, 감자, 고구마, 토란, 과자, 빵 등
5군	지방	유지류	면실유, 참기름, 들기름, 쇼트닝, 버터, 마가린, 호두 등

(2) 영양섭취기준

① 한국인의 건강을 최적의 상태로 유지하고 질병을 예방하는 데 도움이 되도록 필요한 영양소 섭취 수준을 제시하는 기준

평균필요량 (EAR)	대상집단을 구성하는 건강한 사람들의 절반에 해당하는 사람들의 일일필요량을 충족시키는 영양소의 값
권장섭취량 (RI)	평균필요량에 표준편차의 2배를 더하여 정한 영양소의 값
충분섭취량 (AI)	영양소 필요량에 대한 정확한 자료가 부족하거나 필요량의 중앙값 및 표준편차를 구하기 어려워 권장섭취량을 산출할 수 없는 경우 제시
상한섭취량 (UL)	• 건강에 유해영향이 나타나지 않는 최대 영양소 섭취 수준 • 과량 섭취 시 유해영향이 나타날 수 있다는 자료가 있는 경우 설정 가능

② 한국인 영양섭취기준(KDRIs)의 에너지 적정 비율

영양소	1~2세	3~19세	20세
탄수화물	50~70%	55~70%	55~70%
단백질	7~20%	7~20%	7~20%
지방	20~35%	15~30%	15~25%
n-3 불포화지방산	0.5~1.0%	0.5~1.0%	0.5~1.0%
n-6 불포화지방산	4~8%	4~8%	4~8%

(3) 식단 작성

1) 식단 작성의 필요조건

영양면	식사구성안의 식품군을 고루 이용하고, 영양필요량에 알맞은 식품과 양을 정함
경제면	신선하고 값이 저렴한 식품 등의 선택으로 각 가정의 경제 사정을 참작
기호면	편식 교정을 위하여 광범위한 식품 또는 조리를 선택하고 적당한 조미료를 사용
능률면	음식의 종류, 조리법은 주방의 시설과 설비 및 조리기구 등을 고려해서 선택하고, 인스턴트식품이나 가공식품을 효율적으로 이용
지역적인 면	지역 실정에 맞추어 그 지역에서 생산되는 재료를 충분히 활용

2) 식단 작성의 순서

① 영양기준량의 산출 : 한국인 영양섭취기준(KDRIs)을 적용하여 성별, 연령별, 노동강도를 고려해서 산출

② 식품섭취량의 산출

③ 3식의 배분 결정 : 하루에 필요한 섭취영양량에 따른 식품량을

Check Note

기초식품군

균형 잡힌 식생활을 위하여 먹어야 하는 식품들을 구분하여 식품에 들어 있는 영양소의 종류를 중심으로 한 6가지 기초식품군

① 곡류 및 전분류
② 고기, 생선, 달걀, 콩류
③ 채소류
④ 과일류
⑤ 우유 및 유제품
⑥ 유지, 견과 및 당류

식품의 분류

① 식물성 식품 : 곡류 및 그 제품, 감자류, 채소류, 두류, 과실류, 버섯류, 해조류(갈조류, 녹조류, 홍조류)
② 동물성 식품 : 육류, 우유류, 난류, 어패류
③ 유지식품 : 식물성 유지[액상(식용유, 참기름, 올리브유), 고체상(마가린)], 동물성 유지(버터, 라드), 가공유지(마가린, 쇼트닝)
④ 기타 식품 : 기호식품(청량음료, 커피 등), 즉석식품(통조림, 냉동식품, 라면 등), 강화식품[강화미, 강화밀(비타민 B_1 강화), 강화빵, 강화우유(비타민 D), 강화된장 등]

바로 확인 문제

열량소는 ( ), ( ), ( )이 있으며, 무기질과 비타민은 열량을 내지 않는다.

답 탄수화물, 단백질, 지방

1일 단위로 계산하여 3식의 단위식단 중 주식은 1 : 1 : 1, 부식은 1 : 1 : 2(3 : 4 : 5)로 하여 수립

④ **음식 수 및 요리명 결정** : 식단에 사용할 음식 수를 정하고, 섭취 식품량이 다 포함되도록 고려하여 요리명을 결정

⑤ **식단작성주기 결정** : 1개월, 10일분, 1주일분, 5일분(학교 급식) 등으로 식단작성주기를 결정하고, 그 주 내의 식사 횟수를 결정

⑥ **식량배분 계획** : 성인남자(20~49세) 1인 1일분의 식량 구성량에 평균 성인 환산치와 날짜를 곱해서 식품량을 계산

⑦ **식단표 작성** : 식단표에 요리명, 식품명, 중량, 대치식품, 단가를 기재한 식단표를 작성

(4) 특수인의 식단

노인 식단	• 노인의 특성에 따른 영양요구량과 소화기능 저하 및 소화액의 분비 감소를 고려하며 가급적 소화되기 쉬운 조리법을 선택 • 양질의 단백질, 섬유질과 비타민이 많은 식품을 선택 • 지방은 식물성 식단에서, 칼슘은 우유와 유제품에서 섭취하도록 함
소아 식단	• 성장발육이 왕성한 시기이므로 충분한 영양이 필요 • 양질의 동물성 단백질과 발육에 필요한 칼슘을 충분히 공급하도록 함 • 여아는 생리로 인해 특히 철분을 많이 섭취해야 함 • 발육·성장에 관여하는 비타민 A, A_1, B_2, D를 섭취할 수 있도록 구성
임산부 식단	양질의 단백질과 칼슘, 철분 등 충분한 영양을 섭취하도록 구성

(5) 절식, 풍속음식

설날	음력 1월 1일	떡국 또는 만둣국, 전유어 또는 편육, 나박김치, 인절미, 약식, 강정류, 식혜, 수정과
정월대보름	음력 1월 15일	오곡밥, 각색나물, 약식, 산적, 식혜, 수정과, 부럼
삼짇날	음력 3월 3일	두견회전, 진달래 화채, 탕평채
한식	양력 4월 6일 또는 7일	과일, 포, 쑥절편, 쑥송편
단옷날	음력 5월 5일	증편, 애호박, 준치국, 준치만두
삼복	음력 6월	개장국
칠석	음력 7월 7일	육개장
추석상	음력 8월 15일	송편, 토란탕, 화양적, 누름적, 닭찜, 나물
동지	양력 12월 22일	팥죽, 동치미
섣달그믐	음력 12월 30일	만둣국, 골동반

Check Note

식단 작성의 의의와 목적

의의	사람에게 필요한 영양을 균형적으로 보급하며, 영양의 필요량에 알맞은 음식을 준비하여 합리적인 식습관과 영양지식을 기초로 한 식사의 계획
목적	• 알맞은 영양의 공급 • 시간과 노력의 절약 • 식품비의 조절과 절약 • 바람직한 식습관의 형성 • 기호의 충족

대치식품

① 주된 영양소가 공통으로 함유된 것을 의미(예 버터 ↔ 마가린, 소고기 ↔ 돼지고기, 우유 ↔ 아이스크림, 우유 ↔ 치즈, 우유 ↔ 멸치)

② 대치식품량 = $\frac{원래식품함량}{대치식품함량}$ × 원래식품량

식이요법

① 당뇨병 : 당질 및 열량을 제한

② 신장병 : 단백질, 염분, 수분을 제한하며, 자극성 있는 향신료 금지

③ 심장병 : 지방, 염분, 알코올을 제한하며, 충분한 영양을 공급

④ 고혈압 : 동물성 지방, 높은 열량 음식, 염분 섭취는 제한

⑤ 간질환 : 지방과 알코올 섭취는 제한

⑥ 폐결핵 : 영양을 충분히 공급

⑦ 비만 : 탄수화물, 지방 등의 열량을 제한

⑧ 위궤양 : 자극성이 있는 음식 등을 제한

CHAPTER 03

단원별 기출복원문제

PART 01

01 식품 재료의 성분

상 중 하

01 자유수와 결합수의 설명으로 옳은 것은?

① 결합수는 용매로서 작용한다.
② 자유수는 4℃에서 비중이 제일 크다.
③ 자유수는 표면장력과 점성이 작다.
④ 결합수는 자유수보다 밀도가 작다.

01 ②

해설
- 결합수는 용매로서 작용하지 않는다.
- 자유수는 표면장력이 크다.
- 결합수는 자유수보다 밀도가 크다.

상 중 하

02 다음 중 결합수의 특성이 아닌 것은?

① 수증기압이 유리수보다 낮다.
② 압력을 가해도 제거하기 어렵다.
③ 0℃에서 매우 잘 언다.
④ 용질에 대해 용매로서 작용하지 않는다.

02 ③

해설 결합수는 0℃에서 얼지 않는다.

상 중 하

03 식품이 나타내는 수증기압이 0.9기압이고, 그 온도에서 순수한 물의 수증기압이 1.5기압일 때 식품의 수분활성도(Aw)는? 빈출

① 0.6
② 0.65
③ 0.7
④ 0.8

03 ①

해설
수분활성도

$$= \frac{\text{식품이 나타내는 수증기압}}{\text{순수한 물의 최대 수증기압}}$$

$$= \frac{0.9}{1.5} = 0.6$$

상 중 하

04 다음 중 5탄당에 해당하는 것은? 빈출

① 갈락토오스(Galactose)
② 만노오스(Mannose)
③ 크실로오스(Xylose)
④ 프룩토오스(Fructose)

04 ③

해설
- 5탄당 : 크실로오스(자일로스), 아라비노스, 리보스
- 6탄당 : 갈락토오스, 만노오스, 프룩토오스

상 | 중 | 하

05 게, 가재, 새우 등의 껍데기에 다량 함유된 키틴(Chitin)의 구성 성분은?

① 다당류 ② 단백질
③ 지방질 ④ 무기질

상 | 중 | 하

06 동물성 식품(육류)의 대표적인 색소성분은?

① 미오글로빈(Myoglobin)
② 페오피틴(Pheophytin)
③ 안토크산틴(Anthoxanthin)
④ 안토시안(Anthocyan)

상 | 중 | 하

07 1일 총급여 열량 2,000kcal 중 탄수화물 섭취 비율을 65%로 한다면, 하루 세 끼를 먹을 경우 한 끼당 쌀 섭취량은 약 얼마인가? (단, 쌀 100g당 371kcal) 빈출

① 98g ② 107g
③ 117g ④ 125g

상 | 중 | 하

08 다음 중 단맛의 강도가 가장 강한 당류는? 빈출

① 설탕 ② 젖당
③ 포도당 ④ 과당

상 | 중 | 하

09 다음의 조건에서 당질 함량을 기준으로 감자 140g을 보리쌀로 대치하면 보리쌀은 약 몇 g이 되는가?

- 감자 100g의 당질 함량 14.4g
- 보리쌀 100g의 당질 함량 68.4g

① 29.5g ② 37.6g
③ 46.3g ④ 54.7g

05 ①

해설 키틴은 갑각류의 껍데기를 단단하게 하는 다당류이다.

06 ①

해설 미오글로빈은 동물성 육류 색소이다.

07 ③

해설

- 1일 총급여 열량 중 탄수화물 섭취 비율은 65%
- 2,000kcal × 0.65 = 1,300kcal
- 1,300kcal ÷ 3끼 = 433kcal

∴ 100g : 371kcal = x : 433kcal
x = 116.7g

08 ④

해설 **단맛의 강도 순서**

과당 > 전화당 > 자당 > 포도당 > 맥아당 > 갈락토오스 > 유당

09 ①

해설

대체식품의 양

$$= \frac{\text{본 식품량} \times \text{본 식품영양소량}}{\text{대치식품 영양소량}}$$

$$= \frac{140 \times 144}{684} = 29.473$$

= 약 29.5g

상 | 중 | 하

10 **올리고당의 특징이 아닌 것은?**

① 장내 균총의 개선효과　② 변비의 개선
③ 저칼로리당　④ 충치 촉진

10 ④

해설 올리고당은 충치를 만들지 않는 것이 일반 당류와 구분되는 특징이다.

상 | 중 | 하

11 **감자 100g이 72kcal의 열량을 낼 때, 감자 450g은 얼마의 열량을 공급하는가?**

① 234kcal　② 284kcal
③ 324kcal　④ 384kcal

11 ③

해설
100g : 72kcal = 450g : x
∴ 450 × 72 ÷ 100 = 324kcal

상 | 중 | 하

12 **전분을 구성하는 주요 원소가 아닌 것은?**

① 탄소(C)　② 수소(H)
③ 질소(N)　④ 산소(O)

12 ③

해설 전분의 최종분해산물은 포도당으로 탄소(C), 수소(H), 산소(O)로 이루어져 있다.

상 | 중 | 하

13 **알코올 1g당 열량 산출기준은?**

① 0kcal　② 4kcal
③ 7kcal　④ 9kcal

13 ③

해설 알코올은 1g당 7kcal의 열량을 낸다.

상 | 중 | 하

14 **다음 중 유도지질(Derived Lipids)에 해당하는 것은?**

① 왁스(Wax)
② 인지질(Phospholipid)
③ 지방산(Fatty Acid)
④ 단백지질(Proteolipid)

14 ③

해설 유도지질은 단순지질과 복합지질의 가수분해 과정에서 생기는 것으로 지방산과 스테롤 등이 있다.

상 | 중 | 하

15 **다음 중 필수지방산이 아닌 것은?** 빈출

① 리놀레산(Linoleic Acid)
② 스테아르산(Stearic Acid)
③ 리놀렌산(Linolenic Acid)
④ 아라키돈산(Arachidonic Acid)

15 ②

해설 필수지방산에는 리놀레산, 리놀렌산, 아라키돈산이 있다.

상 중 하

16 다음 식품 성분 중 지방질은?

① 프롤라민(Prolamin) ② 글리코겐(Glycogen)
③ 카라기난(Carrageenan) ④ 레시틴(Lecithin)

상 중 하

17 유지의 산패를 차단하기 위해 상승제(Synergist)와 함께 사용하는 물질은?

① 보존제 ② 발색제
③ 항산화제 ④ 표백제

상 중 하

18 중성지방의 구성성분은?

① 탄소와 질소 ② 아미노산
③ 지방산과 글리세롤 ④ 포도당과 지방산

상 중 하

19 어류의 지방함량에 대한 설명으로 옳은 것은?

① 흰살생선은 5% 이하의 지방을 함유한다.
② 흰살생선이 붉은살생선보다 함량이 많다.
③ 산란기 이후 함량이 많다.
④ 등쪽이 배쪽보다 함량이 많다.

상 중 하

20 요오드(아이오딘)값(Iodine Value)에 의한 식물성유의 분류로 옳은 것은? 빈출

① 건성유 – 올리브유, 우유 유지, 땅콩기름
② 반건성유 – 참기름, 채종유, 면실유
③ 불건성유 – 아마인유, 해바라기유, 동유
④ 경화유 – 미강유, 야자유, 옥수수유

상 중 하

21 감자를 썰어 공기 중에 놓아두면 갈변되는데, 이 현상과 가장 관계가 깊은 효소는?

① 아밀라아제(Amylase) ② 티로시나아제(Tyrosinase)
③ 얄라핀(Jalapin) ④ 미로시나제(Myrosinase)

16 ④

해설
- 레시틴 : 글리세린 인산을 포함한 인지질
- 프롤라민 : 소맥, 옥수수, 대맥의 단백질
- 글리코겐 : 간이나 근육에 저장되는 동물성 탄수화물
- 카라기난 : 홍조류 속의 복합 다당류

17 ③

해설 유지의 산패를 차단하기 위해서는 항산화제를 사용해야 한다.

18 ③

해설 중성지방은 글리세롤과 지방산의 에스테르 결합을 이루고 있다.

19 ①

해설 어류의 지방함량은 붉은살생선이 흰살생선보다, 산란기 직전이 산란기 이후보다 많고, 배쪽의 살이 등쪽의 살보다 많다.

20 ②

해설
- 건성유 : 들기름, 아마인유, 호두기름 등
- 반건성유 : 대두유, 면실유, 유채기름, 해바라기씨기름, 참기름 등
- 불건성유 : 낙화생유, 동백기름, 올리브유 등
- 경화유 : 마가린, 쇼트닝 등

21 ②

해설 감자의 갈변현상은 티로시나아제에 의해 일어난다.

상 중 하

22 요오드(아이오딘)가(Iodine value)가 높은 지방은 어느 지방산의 함량이 높은가?

① 라우린산(Kauric Acid)
② 팔미틴산(Palmitic Acid)
③ 리놀렌산(Linolenic Acid)
④ 스테아르산(Stearic Acid)

22 ③

해설 요오드(아이오딘)가(Iodine value)가 높다는 말은 불포화 지방산이 많다는 의미이며, 불포화지방산에 해당하는 리놀렌산은 필수지방산이기도 하다.

상 중 하

23 불건성유에 속하는 것은?

① 참기름　② 땅콩기름
③ 콩기름　④ 옥수수기름

23 ②

해설 불건성유
땅콩기름, 동백유, 올리브유 등

상 중 하

24 꽁치 160g의 단백질량은? (단, 꽁치 100g당 단백질량은 24.9g)

① 28.7g　② 34.6g
③ 39.8g　④ 43.2g

24 ③

해설

- 꽁치 100g당 단백질량은 24.9g
- 100g : 24.9g = 160g : x

∴ 24.9g × 160g ÷ 100g
　= 39.84g

상 중 하

25 카제인(Casein)은 어떤 단백질에 속하는가?

① 당단백질　② 지단백질
③ 유도단백질　④ 인단백질

25 ④

해설 우유의 카제인은 인단백질이다.

상 중 하

26 식품의 단백질이 변성되었을 때 나타나는 현상으로 옳지 않은 것은?

① 소화효소의 작용을 받기 어려워진다.
② 용해도가 감소한다.
③ 점도가 증가한다.
④ 폴리펩티드(Polypeptide) 사슬이 풀어진다.

26 ①

해설 단백질이 변성되면 효소작용을 받기가 쉬워져 소화율이 높아진다.

상 중 하

27 다음 중 성인의 필수아미노산이 아닌 것은?

① 트립토판(Tryptophan)　② 리신(Lysine)
③ 메티오닌(Methionine)　④ 티로신(Tyrosine)

27 ④

해설 성인에게 필요한 8가지 필수아미노산에는 이소루신, 루신, 트레오닌, 리신, 발린, 트립토판, 페닐알라닌, 메티오닌이 있다.

상 | 중 | **하**

28 각 식품에 대한 설명 중 옳지 않은 것은?

① 쌀은 라이신, 트레오닌 등의 필수아미노산이 부족하다.
② 당근은 비타민 A의 급원식품이다.
③ 우유는 단백질과 칼슘의 급원식품이다.
④ 육류는 알칼리성 식품이다.

28 ④

해설 육류는 산성 식품이다.

상 | **중** | 하

29 알칼리성 식품에 대한 설명 중 옳은 것은? 빈출

① Na, K, Ca, Mg이 많이 함유되어 있는 식품
② S, P, Cl이 많이 함유되어 있는 식품
③ 당질, 지질, 단백질 등이 많이 함유되어 있는 식품
④ 곡류, 육류, 치즈 등의 식품

29 ①

해설 인·황·염소 등을 많이 함유하고 있는 곡류, 육류, 어류 등은 산성 식품이며, 칼슘·나트륨·칼륨·철·구리·망가니즈(망간)·마그네슘을 많이 함유하고 있는 과일, 채소 등은 알칼리성 식품이다.

상 | **중** | 하

30 식품의 산성 및 알칼리성을 결정하는 기준 성분은?

① 필수지방산 존재 여부　② 필수아미노산 존재 유무
③ 구성 탄수화물　④ 구성 무기질

30 ④

해설 식품의 산성 및 알칼리성은 구성 무기질의 종류에 따라 결정된다.

상 | 중 | **하**

31 다음 중 어떤 비타민이 결핍되면 야맹증이 발생될 수 있는가?

① 비타민 D　② 비타민 A
③ 비타민 K　④ 비타민 F

31 ②

해설 시금치, 당근에 많이 함유된 비타민 A는 결핍 시 야맹증, 각막건조증, 결막염, 시력 저하를 유발할 수 있다.

상 | 중 | **하**

32 비타민 B_2가 부족하면 어떤 증상이 생기는가?

① 구각염　② 괴혈병
③ 야맹증　④ 각기병

32 ①

해설 구각염, 설염은 비타민 B_2의 결핍증이다.

상 | **중** | 하

33 다음 중 물에 녹는 비타민은?

① 레티놀(Retinol)　② 토코페롤(Tocopherol)
③ 리보플라빈(Riboflavin)　④ 칼시페롤(Calciferol)

33 ③

해설 레티놀(비타민 A), 토코페롤(비타민 E), 칼시페롤(비타민 D)는 지용성 비타민이고, 리보플라빈은 비타민 B_2로 수용성 비타민이다.

상 | 중 | 하

34 다음 중 비타민 B_{12}가 많이 함유되어 있는 급원식품은?

① 사과, 배, 귤　　② 소간, 난황, 어육
③ 미역, 김, 우뭇가사리　　④ 당근, 오이, 양파

34 ②

해설 비타민 B_{12}는 동물의 내장, 육류, 난황, 해조류 등에 많이 함유되어 있다.

상 | 중 | 하

35 카로틴(Carotene)은 동물 체내에서 어떤 비타민으로 변하는가?

① 비타민 D　　② 비타민 B_1
③ 비타민 A　　④ 비타민 C

35 ③

해설 카로틴은 체내에 흡수되면 비타민 A의 효력을 갖게 된다.

상 | 중 | 하

36 지용성 비타민의 결핍증으로 옳지 않은 것은?

① 비타민 A – 안구건조증, 안염, 각막연화증
② 비타민 D – 골연화증, 유아발육 부족
③ 비타민 K – 불임증, 근육위축증
④ 비타민 F – 피부염, 성장 정지

36 ③

해설 비타민 K의 결핍증은 혈액응고 지연(혈우병)이다.

상 | 중 | 하

37 영양결핍 증상과 원인이 되는 영양소의 연결이 잘못된 것은? 빈출

① 빈혈 – 엽산　　② 구순구각염 – 비타민 B_{12}
③ 야맹증 – 비타민 A　　④ 괴혈병 – 비타민 C

37 ②

해설 비타민 B_2의 결핍증은 구순구각염이며, 비타민 B_{12}의 결핍증은 악성빈혈이다.

상 | 중 | 하

38 쓰거나 신 음식을 맛본 후 금방 물을 마시면 물이 달게 느껴지는데, 이는 어떤 원리에 의한 것인가?

① 맛의 변조현상　　② 맛의 대비효과
③ 맛의 순응현상　　④ 맛의 억제현상

38 ①

해설 한 가지 맛을 본 후 다른 맛을 보았을 때 원래 식품의 맛이 다르게 느껴지는 현상을 맛의 변조현상이라 한다.

상 | 중 | 하

39 다음 중 고추의 매운맛 성분은? 빈출

① 무스카린(Muscarine)　　② 캡사이신(Capsaicin)
③ 모르핀(Morphine)　　④ 테트로도톡신(Tetrodotoxin)

39 ②

해설
- 무스카린 : 독버섯 성분
- 모르핀 : 아편 성분
- 테트로도톡신 : 복어 독성분

상 중 하

40 건조된 갈조류 표면의 흰가루 성분으로 단맛을 나타내는 것은?

① 만니톨 ② 알긴산
③ 클로로필 ④ 피코시안

상 중 하

41 조개류에 들어 있으며 독특한 국물맛을 나타내는 유기산은?

① 젖산 ② 초산
③ 호박산 ④ 피트산

상 중 하

42 딸기 속에 많이 들어 있는 유기산은?

① 사과산 ② 호박산
③ 구연산 ④ 주석산

상 중 하

43 오이의 녹색 꼭지부분에 함유된 쓴맛 성분은?

① 이포메아마론(Ipomeamarone)
② 카페인(Caffeine)
③ 테오브로민(Theobromine)
④ 쿠쿠르비타신(Cucurbitacin)

상 중 하

44 4월에서 5월 상순에 날카로운 가시가 있는 나뭇가지로부터 따낸 어린순으로, 다른 종류에는 독활이라 불리는 것이 있으며, 쓴맛과 떫은 맛을 제거한 후 회나 전으로 이용하는 식품은?

① 죽순 ② 아스파라거스
③ 셀러리 ④ 두릅

상 중 하

45 해리된 수소이온이 내는 맛과 가장 관계 깊은 것은?

① 신맛 ② 단맛
③ 매운맛 ④ 짠맛

40 ①

해설 갈조류 감칠맛의 주성분은 글루탐산, 호박산, 만니톨 등이 있는데, 다시마 등 건조된 갈조류 표면의 흰가루 성분으로 단맛을 내는 것은 만니톨이다.

41 ③

해설 조개류에 들어 있는 호박산은 독특한 국물맛을 내는 유기산이다.

42 ③

해설
- 사과산 : 사과, 배
- 호박산 : 조개
- 주석산 : 포도

43 ④

해설 오이 꼭지의 쓴맛 성분은 쿠쿠르비타신이다.

44 ④

해설 4~5월에 나는 두릅에는 단백질과 비타민이 풍부하다.

45 ①

해설 해리된 수소이온이 내는 맛은 신맛이다.

상 중 하

46 다음 중 난황에 함유되어 있는 색소는?

① 클로로필 ② 안토시안
③ 카로티노이드 ④ 플라보노이드

46 ③

해설
- 클로로필 : 녹색
- 안토시안 : 적색
- 플라보노이드 : 흰색

상 중 하

47 시금치를 오래 삶으면 갈색이 되는데, 이때 변화되는 색소는 무엇인가?

① 클로로필 ② 카로티노이드
③ 플라보노이드 ④ 안토크산틴

47 ①

해설 시금치와 같은 녹색 채소에 함유된 클로로필은 열에 불안정하여 오래 가열하면 녹색이 갈색으로 변한다.

상 중 하

48 클로로필에 대한 설명으로 옳지 않은 것은? 빈출

① 산을 가해주면 페오피틴(Pheophytin)이 생성된다.
② 클로로필라아제(Chlorophyllase)가 작용하면 클로로필리드(Chlorophyllide)가 된다.
③ 수용성 색소이다.
④ 엽록체 안에 들어 있다.

48 ③

해설 클로로필은 지용성 색소이다.

상 중 하

49 생강을 식초에 절이면 적색으로 변하는데, 이 현상에 관계되는 물질은?

① 안토시안 ② 세사몰
③ 진저론 ④ 아밀라아제

49 ①

해설 안토시안 색소는 산성에서는 적색, 중성에서는 자색, 알칼리에서는 청색을 띤다.

상 중 하

50 녹색 채소 조리 시 중조($NaHCO_3$)를 가할 때 나타나는 결과에 대한 설명으로 옳지 않은 것은?

① 진한 녹색으로 변한다.
② 비타민 C가 파괴된다.
③ 페오피틴(Pheophytin)이 생성된다.
④ 조직이 연화된다.

50 ③

해설 녹색 채소에 산을 첨가하였을 때 페오피틴이 생성되어 갈색이 된다.

상 | 중 | 하

51 철과 마그네슘을 함유하는 색소를 순서대로 나열한 것은?

① 안토시안, 플라보노이드 ② 카로티노이드, 미오글로빈
③ 클로로필, 안토시안 ④ 미오글로빈, 클로로필

51 ④
해설
• 미오글로빈(육색소) : 철 함유
• 클로로필(녹색채소) : 마그네슘 함유

상 | 중 | 하

52 열무김치가 시어졌을 때 클로로필이 변색되는 이유는 김치가 익어감에 따라 어떤 성분이 증가하기 때문인가?

① 단백질 ② 탄수화물
③ 칼슘 ④ 유기산

52 ④
해설 클로로필 색소는 김치가 익어감에 따라 증가하는 유기산에 의해 누렇게 변하게 된다.

상 | 중 | 하

53 짠맛에 소량의 유기산이 첨가되면 나타나는 현상은?

① 떫은맛이 강해진다.
② 신맛이 강해진다.
③ 단맛이 강해진다.
④ 짠맛이 강해진다.

53 ④
해설 짠맛에 소량의 유기산이 첨가되면 짠맛이 강해진다.

상 | 중 | 하

54 다음 냄새 성분 중 어류와 관계가 먼 것은?

① 트리메틸아민(Trimethylamine)
② 암모니아(Ammonia)
③ 피페리딘(Piperidine)
④ 디아세틸(Diacetyl)

54 ④
해설 디아세틸 : 버터의 향미 성분

상 | 중 | 하

55 다음 색소 중 동물성 색소인 것은? 빈출

① 헤모글로빈(Hemoglobin)
② 클로로필(Chlorophyll)
③ 안토시안(Anthocyan)
④ 플라보노이드(Flavonoid)

55 ①
해설 헤모글로빈은 육류의 혈액 속에 들어 있는 혈색소이다.

상 중 하

56 마늘에 함유된 황화합물로 특유의 냄새를 가지는 성분은? 빈출

① 알리신(Allicin)
② 디메틸설파이드(Dimethyl sulfide)
③ 머스타드 오일(Mustard oil)
④ 캡사이신(Capsaicin)

56 ①

해설 마늘의 매운맛과 향은 알리신 때문이다.

상 중 하

57 금속을 함유하는 색소끼리 짝을 이룬 것은?

① 안토시안, 플라보노이드
② 카로티노이드, 미오글로빈
③ 클로로필, 안토시안
④ 미오글로빈, 클로로필

57 ④

해설
- 클로로필 : 마그네슘(Mg)
- 미오글로빈 : 철(Fe)

상 중 하

58 식품의 냄새성분과 소재식품의 연결이 잘못된 것은? 빈출

① 미르신(Myrcene) – 미나리
② 멘톨(Menthol) – 박하
③ 푸르푸릴알코올(Furfuryl Alcohol) – 커피
④ 메틸메르캅탄(Methyl mercaptan) – 후추

58 ④

해설 후추의 매운맛 성분은 차비신(Chavicine)이다.

상 중 하

59 효소적 갈변반응에 의해 색을 나타내는 식품은?

① 분말 오렌지 ② 간장
③ 캐러멜 ④ 홍차

59 ④

해설 홍차는 효소적 갈변반응에 의해 색을 나타내는 식품이고, 나머지는 비효소적 갈변반응에 해당한다.

상 중 하

60 과일의 갈변을 방지하는 방법으로 바람직하지 않은 것은?

① 레몬즙, 오렌지즙에 담가둔다.
② 희석된 소금물에 담가둔다.
③ 반드시 상온에서 보관한다.
④ 설탕물에 담가둔다.

60 ③

해설 과일의 갈변은 효소적 갈변으로 이를 방지하는 방법에는 가열처리, 염장법, 당장법, 산장법, 아황산 침지 등이 있다.

상 중 하

61 **과실 중 밀감이 쉽게 갈변되지 않는 가장 주된 이유는?**

① 비타민 A의 함량이 많으므로
② Cu, Fe 등의 금속이온이 많으므로
③ 섬유소 함량이 많으므로
④ 비타민 C의 함량이 많으므로

61 ④

해설 밀감에는 비타민 C의 함량이 많아 갈변을 억제한다.

상 중 하

62 **다음 중 식품의 변화에 관한 설명으로 옳은 것은?**

① 일부 유지가 외부로부터 냄새를 흡수하지 않아도 이취현상을 갖는 것은 산패이다.
② 원인의 단백질이 물리·화학적 작용을 받아 고유의 구조가 변하는 것은 변향이다.
③ 당질을 180~200℃의 고온으로 가열했을 때 갈색이 되는 것은 효소적 갈변이다.
④ 메일라드 반응, 캐러멜화 반응 등은 비효소적 갈변이다.

62 ④

해설

- 유지가 효소, 자외선, 금속, 수분, 온도, 미생물 등에 의해 변하는 현상을 산패라고 한다.
- 단백질이 화학적 작용으로 변하는 것을 변성이라고 한다.
- 당질을 180~200℃의 고온으로 가열했을 때 갈색으로 변하는 반응은 캐러멜화 반응으로 비효소적 갈변이다.

02 효소

상 중 하

01 **고구마 가열 시 단맛이 증가하는 이유는?**

① Protease가 활성화되어서
② Sucrase가 활성화되어서
③ α - amylase가 활성화되어서
④ β - amylase가 활성화되어서

01 ④

해설 고구마는 가열하게 되면 β - 아밀라아제가 활성화되어 단맛이 증가한다.

상 중 하

02 **침(타액)에 들어 있는 소화효소의 작용은?**

① 전분을 맥아당으로 변화시킨다.
② 단백질을 펩톤으로 분해시킨다.
③ 설탕을 포도당과 과당으로 분해시킨다.
④ 카제인을 응고시킨다.

02 ①

해설 침에 있는 소화효소는 프티알린으로 전분을 맥아당으로 분해시킨다.

상 | 중 | 하

03 효소에 대한 일반적인 설명으로 옳지 않은 것은?

① 기질 특이성이 있다.
② 최적온도는 30~40℃ 정도이다.
③ 100℃에서도 활성은 그대로 유지된다.
④ 최적 pH는 효소마다 다르다.

03 ③

해설 효소는 일반적으로 40℃ 이상의 고온, 강산이나 강알칼리성에서 활성을 잃어버려 불활성이 된다.

상 | 중 | 하

04 영양소와 해당 소화효소의 연결이 잘못된 것은?

① 단백질 – 트립신(Trypsin)
② 탄수화물 – 아밀라아제(Amylase)
③ 지방 – 리파아제(Lipase)
④ 설탕 – 말타아제(Maltase)

04 ④

해설 설탕의 소화효소는 수크라아제이다.

상 | 중 | 하

05 다음 〈보기〉의 조리과정은 공통적으로 어떠한 목적을 달성하기 위하여 수행하는 것인가?

보기

- 팬에서 오이를 볶은 후 즉시 접시에 펼쳐놓는다.
- 시금치를 데칠 때 뚜껑을 열고 데친다.
- 쑥을 데친 후 즉시 찬물에 담근다.

① 비타민 A의 손실을 최소화하기 위함이다.
② 비타민 C의 손실을 최소화하기 위함이다.
③ 클로로필의 변색을 최소화하기 위함이다.
④ 안토시안의 변색을 최소화하기 위함이다.

05 ③

해설 오이, 시금치, 쑥은 모두 클로로필 색소를 가지고 있으며, 〈보기〉와 같은 조치로 클로로필의 변색을 최소화할 수 있다.

03 식품과 영양

상 | 중 | 하

01 영양소에 대한 설명 중 옳지 않은 것은?

① 영양소는 식품의 성분으로 생명현상과 건강을 유지하는 데 필요한 요소이다.
② 건강은 신체적, 정신적, 사회적으로 건전한 상태를 말한다.
③ 물은 체조직 구성요소로서 보통 성인 체중의 2/3를 차지하고 있다.
④ 조절소는 열량을 내는 무기질과 비타민을 말한다.

01 ④

해설 열량소에는 탄수화물, 단백질, 지방이 있으며, 무기질과 비타민은 열량을 내지 않는다.

상 중 하

02 식품과 함유된 주요 영양소가 바르게 짝지어진 것은? 빈출

① 뱅어포 – 당질, 비타민 B_1
② 밀가루 – 지방, 지용성 비타민
③ 사골 – 칼슘, 비타민 B_2
④ 두부 – 지방, 철분

02 ③

해설
• 뱅어포 – 단백질, 칼슘
• 밀가루 – 탄수화물
• 두부 – 단백질

상 중 하

03 5대 영양소의 기능에 대한 설명으로 옳지 않은 것은?

① 새로운 조직이나 효소, 호르몬 등을 구성한다.
② 노폐물을 운반한다.
③ 신체대사에 필요한 열량을 공급한다.
④ 소화·흡수 등의 대사를 조절한다.

03 ②

해설 노폐물을 운반하는 것은 물의 기능이다.

상 중 하

04 인체에 필요한 직접 영양소는 아니지만 식품에 색, 냄새, 맛 등을 부여하여 식욕을 증진시키는 것은?

① 단백질식품 ② 인스턴트식품
③ 기호식품 ④ 건강식품

04 ③

해설 인체에 필요한 직접 영양소는 아니지만 식품에 색, 냄새, 맛 등을 부여하여 식욕을 증진시키는 것으로, 그 종류에는 차, 커피, 코코아, 알코올음료, 청량음료 등이 있다.

상 중 하

05 영양섭취기준 중 권장섭취량을 구하는 식은? 빈출

① 평균필요량 + 표준편차 × 2
② 평균필요량 + 표준편차
③ 평균필요량 + 충분섭취량 × 2
④ 평균필요량 + 충분섭취량

05 ①

해설 권장섭취량
평균필요량 + 표준편차 × 2

상 중 하

06 식단작성의 순서가 바르게 연결된 것은?

A. 영양필요량 산출
B. 식품섭취량 산출
C. 3식의 영양배분 결정
D. 식단표 작성

① B – C – A – D ② D – A – B – C
③ A – B – C – D ④ C – D – A – B

상 중 하

07 다음의 식단에서 부족한 영양소는?

• 밥	• 시금칫국
• 삼치조림	• 김구이
• 사과	

① 단백질 ② 지질
③ 칼슘 ④ 비타민

상 중 하

08 다음의 식단 구성 중 편중되어 있는 영양가의 식품군은?

• 완두콩밥	• 된장국
• 장조림	• 명란알찜
• 두부조림	• 생선구이

① 탄수화물군 ② 단백질군
③ 지방군 ④ 비타민·무기질군

06 ③

해설 **표준식단의 작성순서**
① 영양기준량의 산출
② 식품섭취량의 산출
③ 3식의 배분 결정
④ 음식 수 및 요리명 결정
⑤ 식단작성주기 결정
⑥ 식량배분 계획
⑦ 식단표 작성

07 ③

해설 칼슘은 우유 및 유제품, 뼈째 먹는 생선에 많이 함유되어 있다.

08 ②

해설 된장국, 장조림, 명란알찜, 두부조림, 생선구이는 단백질 식품에 속한다.

Keyword 시장조사, 구매관리, 원가의 3요소, 원가의 종류, 원가의 계산법

음식 구매관리

음식 구매관리란 조리에 필요한 고품질의 조리기구, 장비, 식재료를 적절한 시기에 공급하고, 최소한의 비용으로 효율적으로 구입하는 것을 말한다.

01 시장조사 및 구매관리

1 시장조사

① 구매활동에 필요한 자료를 수집하고 품목의 공급선 파악, 재료의 종류와 품질, 수량 산정 가능
② 재료수급이나 가격변동에 의한 신자재 개발 및 공급처 대체 가능
③ 구매방침결정, 비용절감, 이익증대 도모 가능

2 식품구매관리

(1) 구매관리의 목표
① 필요한 물품 및 용역의 지속적 공급
② 품질, 가격, 서비스 등 최적의 상태 유지
③ 재고 및 저장관리 시 손실 최소화

(2) 식품 구입 시 고려할 점
① 예정된 재료를 경제적인 가격으로 구입(예 대량구입, 공동구입)
② 가식부(식용 가능한 부분)가 많고 연하며, 맛이 좋은 식품으로 선택
③ 지방별 특산물을 활용하고, 구입이 용이한 것으로 선택
④ 우량식품군표와 대치식품군표 활용
⑤ 재고량을 확인하고 필요량 구입
⑥ 계량과 규격에 유의하고, 가공식품은 제조일과 소비기한 확인
⑦ 상품에 대한 지식 및 식품 생산과 유통정보 수집

(3) 공급업체 선정방법

경쟁입찰계약(공식적)	수의계약(비공식적)
• 공급업자에게 견적서를 제출받고 품질, 가격을 검토 후 낙찰자를 정하여 계약 체결	• 공급업자들을 경쟁시키지 않고 계약을 이행할 수 있는 특정 업체와 계약 체결

Check Note

✔ 시장조사의 목적
① 시장가격을 기초로 구매예정가격의 결정 가능
② 합리적인 구매계획의 수립 가능
③ 신제품의 설계 가능
④ 제품개량 가능

✔ 시장조사의 내용★
품목, 품질, 가격, 수량, 시기, 구매조건, 구매거래처 등

✔ 시장조사의 원칙★
① 조사 계획성의 원칙
② 비용 경제성의 원칙
③ 조사 적시성의 원칙
④ 조사 탄력성의 원칙
⑤ 조사 정확성의 원칙

✔ 식품구매절차
품목의 종류 및 수량 결정 → 용도에 맞는 제품 선택 → 식품명세서 작성 → 공급자 선정 및 가격 결정 → 발주 → 납품 → 검수 → 대금 지불 → 물품 입고 → 구매기록 보관

✔ 바로 확인 문제
식품단가는 (　　) 점검한다.
답 1개월에 2회

• 저장성이 높은 식품 정기적 구매 시 • 공평, 경제적	• 저장성이 낮고 가격변동이 심한 식품 수시로 구매 시 • 절차 간편, 인건비 감소

02 검수관리

1 식재료의 품질 확인 및 선별★★

식품명	감별점(외관)
쌀	• 완전히 건조된 것(손바닥에 붙는 쌀의 양을 기입) • 착색되지 않은 쌀 • 쌀 고유의 냄새 이외 곰팡이 냄새나 이상한 냄새가 없을 것 • 백색이면서 광택이 나며, 형태는 타원형이고 입자가 굵고 고른 것
과일류	• 제철의 것으로 신선하고 청결한 것 • 반점이나 해충 등이 없고 과일의 색과 향이 있는 것 • 상처가 없는 것으로 건조되지 않고 색이 선명할 것
육류	• 소고기는 선호액, 돼지고기는 담홍색인 것 • 결이 곱고 광택(윤기)이 나야 하며, 육질에 탄력성이 있는 것
달걀	• 무게나 중량으로 신선함을 판단하기는 어려움 • 껍질(표면)이 까칠하고 광택이 없는 것(외관법) • 빛을 쬐었을 때 안이 밝게 보이는 것(투시법) • 알의 뾰족한 끝은 차갑게, 둥근 쪽은 따뜻하게 느껴지는 것 • 6%의 소금물에 담가 가라앉는 것(비중법) • 흔들었을 때 소리가 나지 않아야 함
우유	• 용기 뚜껑이 위생적으로 처리된 것 • 제조일이 오래되지 않은 것 • 고유의 크림색일 것(유백색, 독특한 향) • 중탕 시 윗부분이 응고되는 것 • 비중은 1.028~1.034(물보다 무거운 것)로 침전현상이 없을 것
통조림, 병조림	• 병뚜껑이 돌출되거나 들어가지 않은 것 • 두드렸을 때 맑은 소리가 나는 것 • 통조림의 상·하면이 부풀어 있는 것은 내용물이 부패한 것 • 통이 변형되거나 가스가 새어 나오는 것은 불량
생어류	• 생선의 눈이 맑고 눈알이 외부로 돌출되어 있는 것 • 비늘은 광택이 있고 육질은 탄력이 있는 것 • 뼈에 단단히 붙어 있고 이상한 냄새가 나지 않는 것 • 사후경직 중의 생선은 탄력성이 있어서 꼬리가 약간 올라가 있으며, 시간이 경과함에 따라 차차 누그러짐 • 아가미가 선홍색이며 닫혀 있을 것

Check Note

✔ 식품구입 시 유의할 점

① 식품구입을 계획할 때 특히 고려할 점 : 식품의 가격과 출회표
② 소고기(육류) 구입 시 : 중량과 부위 확인
③ 곡류, 건어물 등 부패성이 적은 식품 : 일정 한도 내 일시 구입을 원칙(1개월분 한꺼번에 구입)
④ 생선, 과채류 등 : 필요에 따라 수시로 구입
⑤ 소고기 : 냉장시설이 갖추어져 있으면 1주일분을 한꺼번에 구입

✔ 식품구매 담당자의 업무

시장조사, 식품구매관리 업무 총괄, 구매 방법 결정, 구매 식재료 결정, 원가관리, 공급업체 관리(업체등록, 발주, 대금지급 등), 고객관리 등

✔ 음식구매관리의 업무

① 시장가격을 기초로 구매예정가격의 결정 가능
② 재료의 구매, 검수, 저장, 출고, 원가관리 등 전반적인 업무
③ 원가관리를 위한 기초단계부터 사업의 계획, 통제, 관리 업무
④ 업장에서 필요로 하는 식재료, 소모품, 도구 및 기물 등의 구매 업무와 검수
⑤ 식재료의 구매 시 계절적 요인, 물가 변동 등 외부환경 고려
⑥ 유통절차, 식품의 특성과 영양성분, 보존기간 및 변질 등 고려
⑦ 식재료의 사용 용도를 파악하고 식재료 손질, 조리과정에 맞는 시스템관리 필요
⑧ 시장조사와 구매품목에 대한 특성을 고려하여 식재료와 조리도구의 효율적인 구매
⑨ 식재료의 품질·영양, 식품위생 법규, HACCP, 원산지 등 고려

패류	• 산란 시기가 지난 겨울철이 더 맛이 좋음 • 입을 벌리고 있는 것은 죽은 것이므로 주의
어육 연제품	• 표면에 점액물질이 발생된 것은 좋지 않음 • 살균 불충분에 의해 부패하므로 반으로 잘라 외측부와 내측부에 대하여 탄력성, 색, 조직 등을 관찰·비교할 것 • 어두운 곳에서 인광을 발하는 것은 발광균이 발육한 것으로 불량

2 조리기구 및 설비 특성과 품질 확인

(1) 필러(Peeler) : 감자, 당근, 무 등의 껍질을 벗기는 기기

(2) 절단기

커터(Cutter)	식재료를 자르는 기기
초퍼(Chopper)	식재료를 다지는 기기
휘퍼(Whipper)	거품을 내는 기기
슬라이서(Slicer)	일정한 두께로 잘라 내는 기기
혼합기(Mixer)	식품의 혼합, 교반 등에 사용되는 기기

(3) 가열기구

그리들 (Griddle)	두꺼운 철판 밑으로 열을 가열하여 철판을 뜨겁게 달구어 조리하는 기기로, 전이나 햄버거, 부침요리에 사용
샐러맨더 (Salamander)	가스 또는 전기를 열원으로 하는 구이용 기기(생선구이, 스테이크 구이용)
브로일러 (Broiler)	복사열을 직·간접으로 이용하여 구이요리를 할 때 적합하며, 석쇠에 구운 모양을 나타내는 시각적 효과로 스테이크 등의 메뉴에 이용
인덕션 (Induction)	유도코일에 의해 자기전류가 발생하여 상부에 놓인 조리기구와 자기마찰에 의해 가열이 되는 기기(상부에 놓이는 조리기구는 금속성 철을 함유한 것이어야 함)

3 검수를 위한 설비 또는 장비 활용 방법

① 검수대의 조도는 540Lux 이상을 유지

② 검수 공간을 충분하게 확보

③ 검수대에 공산품, 육류, 농산물, 수산물 등을 구분할 수 있도록 설비

④ 냉장, 냉동품을 바로 보관할 수 있도록 설비

⑤ 검수대는 위생적으로 안전하도록 청결하게 관리하고 세척, 소독을 실시

⑥ 저울, 계량기, 칼, 개폐기 등 검수를 위해 필요한 장비 및 기기를 구비하여 활용

Check Note

식품의 발주와 검수

① 발주 : 재료는 식단표에 의하여 1~10단위로 발주함

② 검수 : 납품 시 식품의 품질, 양, 형태 등이 주문한 것과 일치하는지 엄밀히 검수하여야 함

③ 발주량 계산식

가식부율	100 − 폐기율
총발주량	$\frac{\text{정미중량} \times 100}{100 - \text{폐기율}} \times$ 인원수
필요비용	필요량 $\times \frac{100}{\text{가식부율}}$ × 1kg당 단가
출고계수	$\frac{100}{(100 - \text{폐기율})} = \frac{100}{\text{가식부율}}$

어패류 보관

① 어패류 등의 식재료 품질의 검수와 관리가 중요함

② 어패류 재료는 건냉소, 냉장(0~5℃), 냉동(−20 ~ −50℃) 보관함

온장고 내의 유지 온도

배식하기 전 음식이 식지 않도록 보관하는 온장고 내의 유지 온도 : 65~70℃

바로 확인 문제

신선한 생선의 아가미 색은 (　　)이다.

답 선홍색

03 원가

1 원가의 의의 및 종류

(1) 원가의 정의

개념	• 원가 : 제품의 제조·판매·봉사의 제공을 위해서 소비된 경제 가격 • 음식에 있어서 원가 : 음식을 만들어 제공하기 위해 소비된 경제 가격
목적	적정한 판매가격을 결정하고 경영능률을 증진하는 데 있음 • 가격결정의 목적 : 제품의 판매가격을 결정할 목적으로 원가를 계산 • 원가관리의 목적 : 원가의 절감을 위한 원가관리의 기초자료 제공을 위하여 원가를 계산 • 예산편성의 목적 : 예산편성에 따른 기초자료 제공을 위하여 원가를 계산 • 재무제표의 작성 : 기업의 외부 이해관계자에게 경영활동 결과를 보고하기 위한 재무제표를 작성하는 데 기초자료 제공을 위하여 원가를 계산

(2) 원가의 3요소

재료비	제품의 제조를 위해 소비되는 물품의 원가(예 집단급식에서는 급식 재료비를 의미)
노무비	제품의 제조를 위해 소비되는 노동의 가치(예 임금, 급료, 잡급, 상여금)
경비	제품의 제조를 위해 소비되는 경비 중 재료비와 노무비를 제외한 가치(예 수도 광열비, 전력비, 감가상각비, 보험료)

(3) 원가의 종류★

① 직접원가 = 직접재료비 + 직접노무비 + 직접경비(특정 제품에 직접 부담시킬 수 있는 것)

② 간접원가(제조간접비) = 간접재료비 + 간접노무비 + 간접경비(여러 제품에 공통적·간접적으로 소비되는 것으로 각 제품에 인위적으로 적절히 부담)

③ 제조원가 = 직접원가 + 제조간접비

④ 총원가 = 제조원가 + 판매관리비

⑤ 판매원가 = 총원가 + 이익

Check Note

원가계산의 기간

① 정의 : 원가계산 실시의 시간적 단위

② 원칙 : 1개월을 원칙으로 하나, 경우에 따라 3개월 또는 1년에 한 번씩 실시하기도 함

원가계산의 3단계

① 요소별 원가계산

② 부문별 원가계산

③ 제품별 원가계산

제조원가 요소

① 직접비
- 직접재료비 : 주요 재료비
- 직접노무비 : 임금 등
- 직접경비 : 외주가공비 등

② 간접비
- 간접재료비 : 보조재료비(집단급식 시설에서는 조미료, 양념 등)
- 간접노무비 : 급료, 급여수당, 상여금 등
- 간접경비 : 감가상각비, 보험료, 가스비, 수도·광열비, 수리비, 통신비 등

바로 확인 문제

(　　)은 총수익과 총비용이 일치하는 지점으로, 이익도 손실도 발생하지 않는 지점이다.

답 손익분기점

PART 01

Check Note

원가계산의 원칙★

① 진실성의 원칙
② 발생기준의 원칙
③ 계산경제성의 원칙
④ 확실성의 원칙
⑤ 비교성의 원칙
⑥ 상호관리의 원칙
⑦ 정상성의 원칙

바로 확인 문제

고정비란 항상 일정한 비용이 들어가는 것으로 (   ), (   ), 보험료 등이 있다.

답 인건비, 감가상각비

<table>
<tr><td></td><td></td><td></td><td></td><td>이익</td></tr>
<tr><td></td><td></td><td></td><td>판매관리비</td><td rowspan="5">총원가</td></tr>
<tr><td></td><td></td><td>제조간접비</td><td rowspan="4">제조원가</td></tr>
<tr><td>간접재료비</td><td>직접재료비</td><td rowspan="3">직접원가</td></tr>
<tr><td>간접노무비</td><td>직접노무비</td></tr>
<tr><td>간접경비</td><td>직접경비</td></tr>
<tr><td>제조간접비</td><td>직접원가</td><td>제조원가</td><td>총원가</td><td>판매원가
(판매가격)</td></tr>
</table>

2 원가 분석 및 계산

원가관리의 개념	원가를 통제함으로써 가능한 한 원가를 합리적으로 절감하려는 경영기법
표준원가 계산	과학적이고 통계적인 방법에 따라 미리 표준이 되는 원가를 설정하고, 이를 실제원가와 비교・분석하기 위하여 실시하는 원가계산의 가장 효과적인 방법
고정비와 변동비	• 고정비 : 제품의 제조・판매 수량의 증감과 관계없이 고정적으로 발생하는 비용 • 변동비 : 제품의 제조・판매 수량의 증감에 따라 비례적으로 증감하는 비용

CHAPTER 04

단원별 기출복원문제

01 시장조사 및 구매관리

상 중 하

01 급식인원이 1,000명인 집단급식소에서 점심 급식으로 닭조림을 하려고 한다. 닭조림에 들어가는 닭 1인 분량은 50g이며, 닭의 폐기율이 15%일 때 발주량은 약 얼마인가?

① 50kg ② 60kg
③ 70kg ④ 80kg

01 ②

해설 총 발주량

$\frac{\text{정미중량} \times 100}{100 - \text{폐기율}} \times \text{인원수}$

$= \frac{5 \times 100}{100 - 15} \times 1{,}000$

= 58.82kg ≒ 약 60kg

상 중 하

02 가식부율이 80%인 식품의 출고계수는?

① 1.25 ② 2.5
③ 4 ④ 5

02 ①

해설 식품의 출고계수

$\frac{100}{100 - \text{폐기율}} = 1.25$

상 중 하

03 재고관리 시 주의점이 아닌 것은?

① 재고회전율치 계산은 주로 한 달에 1회 산출한다.
② 재고회전율이 표준치보다 낮으면 재고가 과잉임을 나타내는 것이다.
③ 재고회전율이 표준치보다 높으면 생산지연 등이 발생할 수 있다.
④ 재고회전율이 표준치보다 높으면 생산비용이 낮아진다.

03 ④

해설 재고회전율이 높아지면 재고와 관련한 이자비용과 재고 취급 및 보관비용을 줄일 수 있다.

상 중 하

04 집단급식소에서 식수인원 500명의 풋고추조림을 할 때 풋고추의 총 발주량은 약 얼마인가? (단, 풋고추 1인분 30g, 풋고추의 폐기율 6%)

빈출

① 15kg ② 16kg
③ 20kg ④ 25kg

04 ②

해설 총 발주량

$\frac{\text{정미중량} \times 100}{100 - \text{폐기율}} \times \text{인원수}$

$= \frac{30 \times 100}{100 - 6} \times 500$

= 약 16kg

상 중 하

05 시금치나물을 조리할 때 1인당 80g이 필요하다면, 식수인원 1,500명에 적합한 시금치 발주량은? (단, 시금치 폐기율은 4%이다)

① 100kg ② 110kg
③ 125kg ④ 132kg

상 중 하

06 집단급식에서 식품을 구매하고자 할 때 식품단가는 최소한 어느 정도 점검해야 하는가?

① 1개월에 2회 ② 2개월에 1회
③ 3개월에 1회 ④ 4개월에 2회

02 검수관리

상 중 하

01 식품을 구입할 때 식품감별이 잘못된 것은?

① 과일이나 채소는 색깔이 고운 것이 좋다.
② 육류는 고유의 선명한 색을 가지며 탄력성이 있는 것이 좋다.
③ 어육 연제품은 표면에 점액질의 액즙이 없는 것이 좋다.
④ 토란은 겉이 마르지 않고 잘랐을 때 점액질이 없는 것이 좋다.

상 중 하

02 식품감별 중 아가미 색깔이 선홍색인 생선은?

① 부패한 생선 ② 초기 부패의 생선
③ 점액이 많은 생선 ④ 신선한 생선

상 중 하

03 어류의 신선도에 관한 설명으로 옳지 않은 것은? 빈출

① 어류는 사후경직 전 또는 경직 중이 신선하다.
② 경직이 풀려야 탄력이 있어 신선하다.
③ 신선한 어류는 살이 단단하고 비린내가 적다.
④ 신선도가 떨어지면 조림이나 튀김 조리가 좋다.

---

05 ③

해설 총발주량

$$\frac{\text{정미중량} \times 100}{100 - \text{폐기율}} \times \text{인원수}$$

$$= \frac{80 \times 100}{100 - 4} \times 1{,}500 = 125{,}000\text{g}$$

≒ 약 125kg

06 ①

해설 식품단가는 1개월에 2회 점검한다.

01 ④

해설 토란은 겉이 마르지 않고 잘랐을 때 끈적거리는 점액질이 있어야 신선하다.

02 ④

해설 신선한 생선은 아가미의 색이 선홍색이다.

03 ②

해설 신선한 생선은 눈알이 돌출되어 있으며 아가미의 색은 선홍색이어야 한다. 비늘은 고르게 잘 밀착되어 있어야 하며, 광택이 있고 눌렀을 때 탄력이 있으며 냄새가 나지 않아야 한다.

상 | 중 | 하

04 식품의 감별법으로 옳은 것은?

① 돼지고기는 진한 분홍색으로 지방이 단단하지 않은 것
② 고등어는 아가미가 붉고 눈이 들어가고 냄새가 없는 것
③ 달걀은 껍질이 매끄럽고 광택이 있는 것
④ 쌀은 알갱이가 고르고 광택이 있으며, 경도가 높은 것

04 ④

해설 신선한 돼지고기의 색은 담홍색이며, 생선은 눈이 튀어나오고 냄새가 없으며, 아가미는 선홍색인 것이 좋다. 달걀은 껍질이 까칠까칠하고 광택이 없는 것이 신선하다.

상 | 중 | 하

05 다음 중 신선하지 않은 식품은?

① 생선 : 윤기가 있고 눈알이 약간 튀어나온 듯한 것
② 고기 : 육색이 선명하고 윤기 있는 것
③ 달걀 : 껍질이 반들반들하고 매끄러운 것
④ 오이 : 가시가 있고 곧은 것

05 ③

해설 신선한 달걀은 껍질 표면이 까칠까칠하다.

03 원가

상 | 중 | 하

01 총비용과 총수익(판매액)이 일치하여 이익도 손실도 발생되지 않는 기점은? 빈출

① 매상선점 ② 가격결정점
③ 손익분기점 ④ 한계이익점

01 ③

해설 손익분기점은 총수익과 총비용이 일치하는 지점으로, 이익도 손실도 발생하지 않는 지점, 즉 판매총액이 모든 원가와 비용을 만족시킨 지점이다.

상 | 중 | 하

02 제품의 제조수량 증감에 관계없이 매월 일정액이 발생하는 원가는?

① 고정비 ② 비례비
③ 변동비 ④ 체감비

02 ①

해설 고정비란 항상 일정한 비용이 들어가는 것으로 인건비, 감가상각비, 보험료 등이 있다.

상 | 중 | 하

03 가공식품, 반제품, 급식 원재료 및 조미료 등 급식에 소요되는 모든 재료에 대한 비용은?

① 관리비 ② 급식재료비
③ 소모품비 ④ 노무비

03 ②

해설 급식에 소요되는 모든 재료의 비용을 급식재료비라 한다.

상 중 하

04 급식부분의 원가요소 중 인건비는 어디에 해당하는가?

① 제조간접비 ② 직접재료비
③ 직접원가 ④ 간접원가

상 중 하

05 일정 기간 내에 기업의 경영활동으로 발생한 경제가치의 소비액을 의미하는 것은?

① 손익 ② 비용
③ 감가상각비 ④ 이익

상 중 하

06 원가에 대한 설명으로 옳지 않은 것은?

① 원가의 3요소는 재료비, 노무비, 경비이다.
② 간접비는 여러 제품의 생산에 대하여 공통으로 사용되는 원가이다.
③ 직접비에 제조 시 소요된 간접비를 포함한 것은 제조원가이다.
④ 제조원가에 관리비용만 더한 것은 총원가이다.

상 중 하

07 직접원가에 속하지 않는 것은?

① 직접재료비 ② 직접노무비
③ 직접경비 ④ 일반관리비

상 중 하

08 냉동식품에 대한 보관료 비용이 다음과 같을 때 당월 소비액은? (단, 당월 선급액과 전월 미지급액은 고려하지 않음) 빈출

- 당월 지급액 : 60,000원
- 전월 지급액 : 10,000원
- 당월 미지급액 : 30,000원

① 70,000원 ② 80,000원
③ 90,000원 ④ 100,000원

04 ③

해설 인건비는 노무비에 해당되며 직접원가에 해당한다.

05 ②

해설 일정한 기간 내에 기업의 경영활동으로 발생한 경제가치의 소비액을 비용이라 한다.

06 ④

해설 **총원가**
제조원가 + 판매 및 일반관리비

07 ④

해설 **직접원가**
직접재료비 + 직접노무비 + 직접경비

08 ④

해설 전월 지급액+당월 지급액+당월 미지급액 = 10,000 + 60,000 + 30,000 = 100,000원

상 중 하

09 10월 한 달간 과일통조림의 구입 현황이 다음과 같고, 재고량이 모두 13병인 경우 선입선출법에 따라 재고금액은?

날짜	구입량(병)	단가(원)
10월 1일	20	1,000
10월 10일	15	1,050
10월 20일	25	1,150
10월 25일	10	1,200

① 14,500원 ② 15,000원
③ 15,450원 ④ 16,000원

09 ③

해설 선입선출법은 입고가 먼저 된 것부터 순차적으로 출고하여 출고단가를 결정하는 방법이다.
재고량이 13병이므로 10월 25일에 10병, 10월 20일에 3병이 남게 된다.
따라서, 재고금액은
(1,200 × 10) + (1,150 × 3)
= 15,450원이다.

상 중 하

10 다음 자료가 100인분의 멸치조림에 소요된 재료의 양이라면 총 재료비는 얼마인가? 빈출

재료	사용 재료량(g)	1kg 단가(원)
멸치	1,000	10,000
풋고추	2,000	7,000
기름	100	2,000
간장	100	2,000
깨소금	100	5,000

① 17,900원 ② 24,900원
③ 26,000원 ④ 33,000원

10 ②

해설 **재료비**
재료소비량 × 소비단가
= (1,000g × 10원) + (2,000g × 7원) + (100g × 2원) + (100g × 2원) + (100g × 5원)
= 24,900원

상 중 하

11 다음 자료로 계산한 제조원가는 얼마인가?

- 직접재료비 180,000원
- 간접재료비 50,000원
- 직접노무비 100,000원
- 간접노무비 30,000원
- 직접경비 10,000원
- 간접경비 100,000원
- 판매관리비 120,000원

① 590,000원 ② 470,000원
③ 410,000원 ④ 290,000원

11 ②

해설 **제조원가**
직접원가(직접재료비 + 직접노무비 + 직접경비) + 간접원가(제조간접비)
= 180,000 + 100,000 + 10,000 + 50,000 + 30,000 + 100,000
= 470,000원

상 중 하

12 어떤 음식의 직접원가는 500원, 제조원가는 800원, 총원가는 1,000원이다. 이 음식의 판매관리비는?

① 200원 ② 300원
③ 400원 ④ 500원

상 중 하

13 다음 원가요소에 따라 산출한 총원가로 옳은 것은?

- 직접재료비 : 250,000원
- 제조간접비 : 120,000원
- 직접노무비 : 100,000원
- 판매관리비 : 80,000원
- 직접경비 : 40,000원
- 이익 : 100,000원

① 390,000원 ② 510,000원
③ 590,000원 ④ 610,000원

12 ①

해설 총원가는 제조원가 + 판매관리비이므로, 판매관리비는 1,000 − 800 = 200이다.

13 ③

해설

- 총원가 = 제조원가 + 판매관리비
- 총원가 = 직접원가 + 제조간접비 + 판매관리비
- 총원가 = 직접재료비 + 직접노무비 + 직접경비 + 제조간접비 + 판매관리비

∴ 총원가 = 250,000원 + 100,000원 + 40,000원 + 120,000원 + 80,000원 = 590,000원

Keyword 전분의 호화, 전분의 노화, 달걀의 신선도 판정법, 식품의 저장법

기초 조리실무

01 조리 준비

1 조리의 정의 및 기본 조리조작

조리의 정의	식품을 위생적으로 처리한 후 식품의 특성을 살려 먹기 좋고 소화되기 쉽도록 하고, 식욕이 나도록 만드는 가공 조작 과정	
조리의 목적★★	기호성	식품 맛과 외관을 좋게 하여 식욕을 돋게 함
	영양성	소화를 쉽게 하여 식품의 영양효율을 증가시킴
	안전성	안전한 음식을 만들기 위해 조리
	저장성	식품의 저장성을 높임

(1) 조리의 준비조작

① 계량

㉠ 조리를 합리적이고 능률적으로 하기 위해서는 적절한 계량이 필요함

㉡ 즉, 분량을 정확히 재어 조리시간과 가열온도를 정확히 측정하여야 함

㉢ 사용해야 하는 조리 계량기구 : 저울, 온도계, 시계, 계량컵, 계량스푼 등

㉣ 계량기구를 반드시 비치하여 정확한 식품 및 조미료의 양, 조리 온도와 시간 등을 측정하면 편리함

② 정확한 계량법★

액체	원하는 선까지 부은 다음 눈높이를 맞추어 측정 눈금을 읽음
지방	버터, 마가린, 쇼트닝 등의 고형지방은 실온에서 부드러워졌을 때 스푼이나 컵에 꾹꾹 눌러 담은 후 윗면을 수평이 되도록 하여 계량
설탕	• 흰설탕 : 계량용기에 충분히 채워 담아 위를 평평하게 깎아 계량 • 흑설탕 : 설탕 입자 표면이 끈끈하여 서로 붙어 있으므로 손으로 꾹꾹 눌러 담은 후 수평으로 깎아 계량
밀가루	• 입자가 작은 재료로 저장하는 동안 눌러 굳어지므로 계량하기 전에 반드시 체에 1~2회 정도 쳐서 계량 • 체에 친 밀가루는 계량용기에 누르지 말고 수북하게 가만히 부어 담아 스패출러(Spatula)로 평면을 수평으로 깎아 계량

Check Note

계량단위

① 1컵(C) = 240cc(㎖) = 8온스(oz)
- 30cc × 8온스 = 240cc(계량스푼)
- 우리나라의 경우 : 1컵(C) = 200cc(㎖)

② 1온스(oz; ounce) = 30㎖ (※ 미국 29.57㎖, 영국 28.41㎖)

③ 1국자 = 100㎖

④ 1큰술(Ts, Table spoon) = 15cc(㎖) = 3작은술(ts)

⑤ 1작은술(ts, tea spoon) = 5cc(㎖)

⑥ 1파인트(pint) = 16온스(oz)

⑦ 1쿼터(quart) = 32온스(oz)

음식의 종류에 따른 적온

전골	95~98℃	밥, 우유	40~45℃
커피, 국, 달걀찜	70~75℃	빵 발효	25~30℃
식혜, 발효술	55~60℃ (아밀라제 최적온도)	맥주, 물	7~10℃
청국장 발효, 겨자	40~45℃	청량음료, 음료수	2~5℃

Check Note

조리의 특징

① 한식 : 조미료의 배합이 우수하고, 독특한 양념(마늘, 양파, 고추)을 사용하여 조리
② 양식 : 조리법이 다채롭고 향신료(후추, 올리브유, 월계수잎) 등을 많이 사용해서 조리
③ 중식 : 재료의 사용 범위가 넓고 강한 불을 사용해서 조리
④ 일식 : 요리에 계절감을 담고 해산어류를 이용한 담백한 요리(회, 초밥)
⑤ 복어 : 복어 내장 분리 철저(복어 자격증 취득자 조리 가능)

열효율의 크기

전기(65%) > 가스와 석유(50%) > 연탄(40%) > 숯(30%)

삼투압에 따른 조미 순서

설탕 > 소금 > 간장 > 식초

바로 확인 문제

- 1큰술 = 1Table spoon = 1T = 3ts = 액체 (　　)

답 15㎖

- 흑설탕은 꾹꾹 눌러 계량하고, 밀가루는 체로 쳐서 (　　) 담아 수평으로 깎아서 계량한다.

답 누르지 말고 수북하게

(2) 조리과학에 이용되는 기초단위

구분	내용
열효율	• 열량 = 발열량 × 열효율 • 연료의 경제성 = 발열량 × 열효율 ÷ 연료의 단가
효소	효소의 본체는 단백질로 각종 화학반응에 촉매작용을 함
잠열	증발·융해 등 물질상태변화에 의해 열을 흡수 또는 방출하는 작용
점성	• 식품이 액체 상태에서 가지고 있는 끈끈함의 정도 • 점성이 클수록 액체가 끈끈해지며, 온도가 낮아져도 점성이 높아짐
표면장력	액체가 스스로 수축하여 표면적을 가장 작게 가지려는 힘 • 온도가 감소할수록 표면장력은 증가함 • 표면장력을 증가시키는 것은 설탕이며, 낮추는 것은 지방·알코올·단백질 • 표면장력이 작을수록 거품이 잘 일어남(맥주 거품)
콜로이드	어떤 물질에 0.1~0.001μ 정도의 미립자가 녹지 않고 분산되어 있는 상태 졸(Sol): 액체 상태로 분산(흐를 수 있는 것) 예 우유, 된장즙, 잣죽, 마요네즈 등 겔(Gel): 반고체 상태로 분산(흐름성이 없는 것) 예 어묵, 두부, 도토리묵, 족편 등
수소이온	농도 pH 7(중성)을 기준으로 하여 그보다 낮은 수는 산성이고, 높은 수는 알칼리성임
삼투압	• 농도가 다른 두 액체, 즉 진한 용액과 엷은 용액 사이에는 항상 같은 농도가 되려는 성질이 있는데, 이때 생기는 압력을 말함 • 농도가 낮은 곳에서 높은 곳으로 이동되는 현상 • 채소, 생선절임, 김치 등에 삼투압을 이용
용해도	• 용액 속에 녹을 수 있는 물질의 농도 • 용해속도는 온도 상승에 따라 증가하고, 용질의 상태, 결정의 크기, 삼투, 교반 등에 영향을 받음
팽윤·용출·확산	• 팽윤 : 수분을 흡수하여 몇 배로 불어나는 현상 • 용출 : 재료 중의 성분이 용매로 녹아 나오는 현상 • 확산 : 용액의 농도가 부분에 따라 다르면 이동이 일어나서 자연히 농도가 같아지는 현상
폐기량과 정미량	• 폐기량 : 조리 시 식품에 있어서 버리는 부분의 중량 • 폐기율 : 식품의 전체 중량에 대한 폐기량을 퍼센트(%)로 표시한 것 • 정미량 : 식품에서 폐기량을 제외한 부분으로 가식부위(먹을 수 있는 부위)를 중량으로 나타낸 것 • 폐기부 이용 : 생선의 내장 등은 살코기 부분보다 단백질, 비타민 A, 비타민 B_1, 비타민 B_2가 많음

2 기본조리법 및 대량 조리기술

(1) 기계적 조리

저울에 달기, 씻기, 담그기, 썰기, 갈기, 자르기, 누르기 등

① 생식품 조리

㉠ 열을 사용하지 않고 식품 그대로의 감촉과 맛을 느끼기 위해 하는 조리법

㉡ 채소나 과일을 생식함으로써 비타민과 무기질의 파괴를 줄일 수는 있으나 기생충에 오염될 우려가 있음

② 생식품 조리의 특징

㉠ 성분의 손실이 적으며, 수용성 비타민의 이용률이 높음

㉡ 식품을 생으로 먹을 때는 식품의 조직과 섬유가 부드럽고 신선해야 함

㉢ 조리가 간단하고 조리시간이 절약됨

(2) 가열적 조리

① 가열적 조리 방법의 종류

㉠ 습열 조리 : 끓이기, 삶기, 찜, 조림(스튜)

㉡ 건열 조리 : 볶기, 튀기기, 굽기, 베이킹

㉢ 전자레인지에 의한 조리 : 초단파를 이용한 조리

② 가열적 조리 방법의 특징

㉠ 습열에 의한 조리(물) : 끓이기, 삶기, 찜, 조림(스튜)

<table>
<tr><td rowspan="3">끓이기
(Boiling)</td><td colspan="2">액체에 식품을 가열하는 동안 맛이 들며, 재료가 연해지고 조직이 연화되어 맛이 증가</td></tr>
<tr><td>장점</td><td>• 한 번에 많은 음식을 조리할 수 있어 편리함
• 식품이 눌어붙거나 탈 염려가 적고 고루 익음</td></tr>
<tr><td>단점</td><td>• 수용성 성분이 녹아 나오므로 수용성 영양소가 손실될 염려가 있음
• 조리시간이 길어짐(뚜껑을 덮고 조리하면 연료와 시간을 절약할 수 있음)</td></tr>
<tr><td>삶기와
데치기
(Blanching)</td><td colspan="2">• 식품의 불미성분을 제거
• 식품 조직의 연화, 탈수는 색을 좋게 함
• 단백질의 응고, 식품의 소독이 삶기의 목적임
• 미생물의 번식 억제(살균 효과)
• 효소의 불활성화(효소 파괴 효과)
• 식품의 산화반응 억제
• 식재료의 부피 감소 효과</td></tr>
</table>

Check Note

조리 조작의 용어

① 분쇄(가루 만들기) : 건조된 식품을 가루로 만드는 조작
② 마쇄(갈기) : 식품을 갈거나 으깨거나 체에 밭쳐내는 조작
③ 교반(젓기) : 재료를 섞는 조작
④ 압착, 여과 : 식품의 고형물과 즙액을 분리시키는 조작
⑤ 성형 : 식품을 먹기 좋고 모양 있게 만드는 조작

가열적 조리의 특징

① 풍미(불미성분 제거 및 조미료, 향신료, 지미성분의 침투)와 소화흡수율이 증가함
② 병원균, 부패균, 기생충알을 살균하여 안전한 음식을 조리할 수 있음
③ 지방의 융해, 단백질의 변성, 결합조직이 연화, 전분의 호화 등 식품의 조직이나 성분이 변화함

끓이기 시 유의점

① 국 : 건더기가 1/3이고, 국물이 2/3(소금 농도 1%)
② 찌개 : 건더기가 2/3이고, 국물이 1/3(소금 농도 2%)
③ 생선(구울 때) : 2~3%의 소금을 넣음

삶기와 데치기 시 유의점

① 푸른채소 : 1%의 소금물에 뚜껑 열고, 단시간에 데침
② 갑각류 : 2%의 소금물에 삶기 → 적색으로 변함(색소 : 아스타잔틴)

바로 확인 문제

달걀흰자로 거품을 낼 때 식초를 약간 첨가하면 (   )가 증가한다.

답 용해도

Check Note

✔ 튀기기 시 주의사항

① 기름의 비열은 0.47이며, 열용량이 적기 때문에 온도의 변화가 심하므로 재료의 분량, 불의 가감 등에 주의하여 적정온도를 유지해야 함

② 오래된 기름은 산패·중합에 의해 점조도가 증가하여 튀길 때 깔끔하게 튀겨지지 않으며, 설사 등의 중독증상을 일으킬 수도 있으므로 주의함

✔ 바로 확인 문제

- **끓이는 조리법의 단점으로 수용성 영양소의 (   )이 많고, 모양이 (   )되기 쉽다.**

답 손실, 변형

- **고온에서 단시간 조리하기 때문에 영양소의 손실을 줄일 수 있는 조리 방법은 (   )이다.**

답 볶음

찜 (Steaming)	수증기의 잠열(1g당 539kcal)에 의해 식품을 가열하는 조리법 **장점** • 식품의 모양이 흩어지지 않음 • 식품의 수용성 물질의 용출이 끓이는 조작보다 적게 됨 • 식품이 탈 염려가 없음 **단점** 끓이는 것보다 조리시간이 많이 소요됨
조림 (Stew)	재료에 소량의 물과 간장, 설탕을 넣고 국물이 거의 줄어들 때까지 조려 음식이 짭짤해지는 조리법

㉡ 건열에 의한 조리(불) : 볶기, 튀기기, 굽기

볶기 (Roosting)	• 고온의 냄비나 철판에 적당량의 기름을 충분히 가열해서 물기가 없는 재료를 강한 불에 볶는 요리 • 구이와 튀김의 중간 조리법에 해당 **장점** • 영양상 지용성 비타민(A, D, E, K, F)의 흡수에 좋음 • 단시간의 고온 처리로 비타민 손실이 비교적 적음
튀기기 (Frying)	• 튀김용기는 얇으면 비열이 낮아 온도가 쉽게 변하므로 두꺼운 용기를 사용함 • 튀김 시 기름의 적온은 160~180℃, 크로켓은 190℃에서 튀김 • 튀김옷은 냉수(얼음물)에 달걀을 넣고 잘 푼 다음 밀가루를 넣어 젓지 않고 젓가락으로 톡톡 찌르는 방법으로 가볍게 섞어 사용 • 튀김옷으로는 글루텐 함량이 적은 박력분이 적당하며, 박력분이 없으면 중력분에 전분을 10~13% 정도 혼합하여 사용 • 튀김용 기름으로는 면실유, 콩기름, 채종유, 옥수수유 등의 발연점이 높은 식물성 기름이 좋음 • 동물성 기름은 융점이 높아 튀김에 부적당함 **장점** 식품을 고온에서 단시간 처리하므로 영양소(특히 비타민 C)의 손실이 가장 적음 ↔ 끓이기(비타민 C의 손실이 가장 큼)
굽기 (Grilling)	• 식품에 수분 없이 열을 가하여 굽는 조리법

<table>
<tr><td rowspan="3">굽기
(Grilling)</td><td colspan="2">• 식품 중의 전분은 호화되고, 단백질은 응고하여 수분을 침출시키며, 동시에 식품 조직이 열을 받아 익으므로 식품이 연화됨</td></tr>
<tr><td>직접구이</td><td>재료에 직접 화기를 닿게 하여 복사열이나 전도열을 이용하여 굽는 방법(석쇠구이, 산적구이)</td></tr>
<tr><td>간접구이</td><td>프라이팬이나 철판 등의 매체를 이용하여 간접적인 열로 조리하는 방법(베이킹)</td></tr>
</table>

3 기본 칼 기술 습득

(1) 한식

① 칼끝 모양에 따른 분류

아시아형	• 칼날 길이는 18cm 정도로 보통임 • 칼등은 곡선이고 칼날은 직선인 안정적인 모양임 • 부드럽고 반듯하게 자르기가 좋음(채썰기) • 동양 조리에 적당하여 우리나라는 물론 아시아지역에서 많이 사용
서구형	• 칼날 길이는 20cm 정도로 다소 긴 것이 특징 • 칼등과 칼날이 곡선이어서 칼끝에서 모임 • 힘들이지 않고 자르기가 편함 • 주로 일반 칼 또는 회칼로 많이 사용
다용도 칼	• 칼날 길이는 16cm 정도로 짧은 편 • 칼등이 곧게 되어 있고, 칼날은 둥글게 곡선 모양임 • 일반적으로 칼을 자유롭게 움직이면서 다양한 작업 시 사용 • 도마에서 뼈를 발라낼 때 사용

② 숫돌의 종류(입자의 크기를 측정하는 단위 : 입도, #)

300~400 # (거친 숫돌)	• 칼의 형상 조절 및 깨진 칼끝의 형태 수정 • 칼날이 두껍고 이 빠진 칼을 갈 때 사용 • 고운 숫돌, 마무리 숫돌을 단계별로 사용해야 함
1,000~2,000 # (고운 숫돌)	• 보통 칼 갈기에 많이 사용됨 • 굵은 숫돌로 간 것을 조금 부드럽게 갈 때 사용
4,000~6,000 # (마무리 숫돌)	부드럽게 손질된 칼날을 윤기와 광이 나게 마무리

③ 기본 썰기의 종류

밀어썰기	• 피로도와 소리가 작아 가장 기본이 되는 칼질 방법 • 칼을 높이 들지 않고 반복하여 1초에 3회 정도로 왕복으로 썰기함 • 무, 오이, 양배추 등을 채썰기 할 때 사용함

Check Note

화학적 조리

효소(분해)작용, 알칼리 물질(연화 및 표백작용), 알코올(탈취 및 방부작용), 금속(응고작용)을 이용한 조리
→ 빵, 술, 된장 등은 조리 조작을 병용하여 만드는 것임

칼의 용도에 따른 분류

한식 칼, 양식 칼, 일식 칼, 중식 칼 등(과도, 조각도를 포함)

칼을 관리하는 방법

① 칼을 들고 이동하지 않으며, 이동할 때는 칼끝이 아래로 향하게 함
② 식재료를 썰 때만 칼을 사용
③ 조리작업이 끝나면 칼을 제일 먼저 세척하여 보관
④ 안전하고 눈에 잘 띄는 곳에 보관

칼 가는 방법

① 숫돌로 칼 갈기 : 수평 맞추기 → 전처리하기(물에 30~60분 정도 담가놓기) → 숫돌고정(젖은 행주, 고정틀) → 사전확인(칼날의 상태) → 칼 갈기(15° 각도로 손끝으로 칼 표면을 누르면서 갈기) → 갈린 상태 확인(손, 손톱, 채소류, 종이 등) → 칼 세척(세제, 행주)
② 쇠칼갈이 봉으로 갈기 : 잡기(45° 방향으로 기울기) → 문지르기(한 쪽당 3회 정도) → 칼 세척(닦기)

Check Note

✔ 식재료 썰기 및 목적

① 식재료는 조리에 알맞은 크기와 모양으로 맞춰 일정하게 썰어 사용
② 썰기는 칼을 이용하여 조리 목적에 맞게 잘라서 사용하는 것을 목적으로 함

칼끝 대고 밀어썰기	• 밀어썰기와 작두썰기를 합한 방법 • 힘이 분산되지 않고 한 곳으로 집중되어 썰기 편리함 • 질긴 고기류를 썰기에는 적절하지만, 두꺼운 채소를 썰기에 부적절함
작두썰기	• 칼끝에 대고 눌러 써는 방법 • 27cm 이상 큰 칼로 하는 것이 편리함 • 무, 단호박 등 두꺼운 채소류를 썰기에는 부적절함
칼끝썰기	• 한식에서 다질 때 많이 사용함 • 양파를 곱게 썰거나 다질 때 양파가 흩어지지 않게 칼끝을 이용함
후려썰기	• 손목의 스냅을 이용하여 1초에 3~5회 정도로 빠르게 써는 방법으로 힘이 적게 들지만 칼 소리가 크게 남 • 연속적인 동작으로 많은 양을 썰 때 사용함
당겨썰기	• 오징어 채썰기, 파 채썰기 등에 적당함 • 칼끝을 도마에 대고 손잡이를 약간 들었다 당기며 눌러 써는 방법
당겨서 눌러썰기	• 내려치듯이 당겨썰고 그대로 살짝 눌러 썰리게 하는 방법 • 김밥을 썰 때 칼에 물을 묻히고 내려치듯이 당겨썰고 그대로 눌러 김이 썰리게 하는 방법
당겨서 밀어붙여썰기	• 주로 두꺼운 회를 썰 때 많이 사용 • 생선 살을 일정한 간격으로 썰어 가지런하게 놓기에 편리함
당겨서 떠내어썰기	탄력이 좋은 회 등의 생선살을 일정한 두께로 썰 때 사용함
뉘어썰기	• 오징어에 칼질을 넣을 때 주로 사용함 • 칼을 45° 정도 눕혀 칼집을 넣을 때 사용함
밀어서 깎아썰기	• 우엉을 깎아썰기 할 때 사용함 • 무를 모양 없이 썰 때 사용함
돌려 깎아썰기	엄지손가락 방향으로 칼날을 붙이고, 일정한 간격으로 돌려가며 칼질하는 방법
톱질하듯 썰기	• 부서지지 않도록 조심스럽게 톱질하듯이 왔다갔다 썰기 • 잘 부서지는 것을 썰 때 사용함
손톱으로 잡아썰기	통마늘, 은행처럼 작고 모양이 불규칙하여 잡기가 나쁜 재료를 손톱 끝으로 고정시켜 써는 방법

④ 한식 썰기의 종류

통썰기	오이, 당근, 연근 등 모양이 둥근 재료를 잘 씻어 물기를 제거하고 통째로 둥글게 써는 방법	조림, 국, 절임, 볶음

반달썰기	둥근 재료를 길이의 반으로 잘라, 반달 모양의 원하는 두께로 자르는 방법	무, 당근, 오이, 레몬
은행잎썰기	무, 당근, 감자 등 둥근 재료를 길게 4등분하여 원하는 두께의 은행잎 모양으로 써는 방법	조림, 찌개, 찜
둥글려깎기	각이 지게 썰어진 재료의 모서리를 얇게 도려, 모서리를 둥글게 만드는 방법	조림(감자, 당근)
돌려깎기	오이, 호박 등을 5cm 정도 길이로 잘라 껍질에 칼을 넣어 칼을 위·아래로 움직이며, 얇고 일정하게 돌려깎아 써는 방법(예 오이, 호박을 5cm 길이로 썰어 0.1cm 두께로 돌려깎기)	호박, 오이, 당근
편썰기 (얄팍썰기)	재료를 원하는 두께로 고르고 얇게 편써는 방법	생강, 마늘
채썰기	재료를 원하는 길이로 자르고, 얇게 편을 썰어 겹친 뒤 일정한 두께로 가늘게 써는 방법(예 무, 당근을 길이 6cm, 두께 0.2cm로 채썰기)	생채, 생선회, 구절판
막대썰기	무, 오이 등의 재료를 원하는 길이로 잘라 알맞은 굵기의 막대 모양으로 써는 방법	오이장과, 무장과
골패썰기, 나박썰기	• 골패썰기 : 무, 당근 등의 둥근 재료를 직사각형으로 납작하게 써는 방법 • 나박썰기 : 가로와 세로가 비슷한 정사각형으로 납작하고 반듯하게, 얇게 써는 방법	찌개, 무침, 조림, 볶음, 물김치
깎아깎기 (연필깎기)	재료를 칼날의 끝부분으로 연필 깎듯이 돌려가며 얇게 써는 방법(굵은 재료는 칼집을 넣어 깎음)	전골(우엉)
깍둑썰기	무, 두부 등을 막대썰은 후 같은 크기의 주사위 모양으로 써는 방법	깍두기, 찌개, 조림
어슷썰기	대파, 오이 등 길쭉한 재료를 적당한 두께로 어슷하게 일정하게 써는 방법	찌개, 조림, 볶음
저며썰기	재료의 끝을 한손으로 누르고 칼을 뉘여 재료를 안쪽으로 당기듯이 어슷하게 써는 방법	불린 표고, 고기류
솔방울썰기	오징어 안쪽에 사선으로 칼집을 넣고 대각선으로 다시 칼집을 넣는 방법(끓는 물에 살짝 데쳐서 모양을 냄)	볶음(오징어)

Check Note

썰기의 요령 및 목적

① 모양과 크기를 용도에 맞게 정리하여 조리하기 쉽게 썰기
② 먹기 쉽고 씹기 편하게 썰기
③ 소화하기 쉽게 썰기
④ 조리 시 열전달과 양념의 침투를 좋게 썰기
⑤ 먹지 못하는 부분 제거하기

마구썰기	당근, 우엉 등 길이가 긴 재료를 한손에 잡고 빙빙 돌려가며 한입 크기로 일정하게 써는 방법	조림 (채소류)
다져썰기 (다지기)	파, 마늘, 생강, 양파 등을 곱게 채를 썰어 직각으로 잘게 써는 방법	양념류

(2) 양식

① 칼날에 의한 분류

직선날 (Straight Edge)	일반적으로 많은 종류의 칼로 사용되고 있는 날
물결날 (Scalloped Edge)	제과에서 바게트를 쉽게 자를 수 있는 날
칼 옆면에 홈이 파인 날 (Hollowed Edge)	훈제연어 등을 자를 때 칼 옆면에 재료가 잘 붙지 않도록 만들어진 날

② 칼의 종류에 따른 분류

주방장의 칼 (Chef's Knife)	일반적으로 조리사들이 많이 사용
껍질 벗기는 칼 (Paring Knife)	채소, 과일의 껍질을 벗길 때 사용
고기 써는 칼 (Carving Knife)	연회장 등에서 덩어리 고기를 썰어 제공할 때 사용
살 분리용 칼 (Bone Knife)	식육처리사가 육류, 가금류를 분리(뼈, 살)할 때 사용
뼈 절단용 칼 (Cleaver Knife)	단단하지 않은 뼈가 있는 식재료를 자를 때 사용
생선손질용 칼 (Fish Knife)	뼈에서 생선살을 분리 또는 부위별로 자를 때 사용
훈제연어 자르는 칼 (Salmon Knife)	훈제연어 등을 얇게 자를 때 사용
치즈 자르는 칼 (Cheese Knife)	치즈를 자를 때 사용
다지는 칼 (Mezzaluna or Mincing Knife)	파슬리 등 허브를 다질 때 사용
빵칼 (Bread Knife)	바게트를 자를 때 사용

Check Note

칼의 부위별 명칭

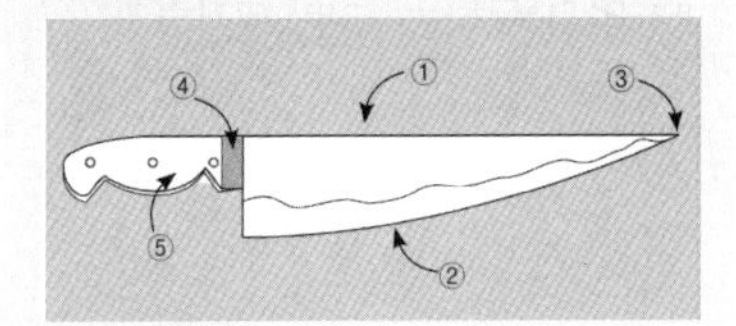

① 칼등(Shoulder)
② 칼날(Cutting Edge)
③ 칼끝(Point)
④ 리벳(Rivets) : 칼날과 손잡이의 연결부위
⑤ 슴베(Tang) : 칼날을 고정하기 위해 손잡이 속으로 들어간 부분

칼 잡는 방법

① 칼등에 검지를 올려서 잡는 방법 : 주로 칼의 뒷부분이 아닌 앞쪽 끝부분을 사용하기 위해서 잡는 방법
② 칼등에 엄지를 올려 잡는 방법 : 칼날 손잡이의 바로 앞부분을 이용하여 단단한 식재료를 자를 때 사용하는 방법(칼날에 다치지 않도록 주의 필요)
③ 칼의 양면을 엄지와 검지 사이로 잡는 방법 : 칼의 날을 엄지와 검지를 이용하여 잡고, 칼날의 중앙부를 많이 사용하는 방법

③ 칼 연마 방법

숫돌에 연마 (칼날 보호)	숫돌을 물에 30분 이상 충분히 담가 놓기 → 숫돌 밑에 움직이지 않도록 젖은 행주 또는 틀 깔기 → 연마하는 도중 숫돌에 물을 뿌려 마르는 것을 방지 → 칼날의 끝을 숫돌에 대고 칼등을 살짝 들어 각도를 약 15° 정도를 유지하며 갈기 → 칼날 전체를 반복하여 골고루 갈기 → 칼날의 한쪽 면을 갈고 반대편도 갈기 → 칼 세척 → 물기 제거
스틸에 연마 (빠른 연마)	• 칼 손잡이에서 칼끝 방향으로 스틸과 약간의 각도를 주고 밀기 → 밀듯이 반복 → 반대쪽도 동일하게 반복 → 칼 닦기 • 작업 중 급할 때, 임시로 연마할 때 사용하는 방법으로, 주로 육류나 가금류 손질에 사용

(3) 중식

셰프 나이프 (Chef's Knife)	가장 기본적인 칼로 채소를 썰거나 향신료를 다질 때 사용(튼튼하며, 넓고 강도가 강한 칼날을 가진 나이프)
필링 나이프 (Peeling Knife)	고구마, 감자, 무, 과일, 채소 등의 껍질을 벗기거나 썩은 부위를 도려내기 위한 나이프
베지터블 나이프 (Vegetable Knife)	채소용 식칼로 강한 칼날이 특징이며, 작은 과일이나 채소를 손질하는 것에 사용되는 나이프
보닝 나이프 (Boning Knife)	생선이나 고기의 가시나 뼈를 발라내는 칼이며, 끝이 뾰족하고 날이 얇으며 짧고 좁은 소형 나이프
산토쿠 나이프 (Santoku Knife)	넓고 날카로운 날을 가진 칼이며, 고기・생선・채소의 밑손질 등 폭넓게 사용되는 나이프(아시아에서 주로 사용)
중국 주방용 칼 (Chinese Chef's Knife)	중국식 칼로 크기가 크고 네모나며, 무게가 있고 고기, 생선, 채소의 손질 등 폭넓게 사용되는 나이프

(4) 일식

① 칼의 종류와 용도★★★

생선회용 칼 (刺身包丁, さしみぼうちょう, 사시미보쵸)★	• 생선회용 칼은 27~33cm로, 27~30cm 정도의 칼이 일반적으로 사용에 편리 • 생선회를 뜨거나 세밀한 요리를 할 때 사용 • 재료를 당겨서 절삭하며, 칼이 가늘고 길기 때문에 안전한 사용을 위해 주의해야 함

Check Note

✔ 중식 칼의 종류

① 채도(菜刀, cài dāo, 차이 다오) : 채소를 손질할 때 사용하는 칼
② 딤섬도(點心刀, dian sin dāo, 디엔 신 다오) : 딤섬 종류의 소를 넣을 때 사용하는 칼
③ 조각도(雕刻刀, diāo kèdāo, 띠아오 커 다오) : 조각칼

✔ 중국 조리의 기본 썰기 방법

① 조(條, tiáo, 티아오) : 채썰기
② 곤도괴(滾刀塊, dāo kuài, 다오 콰이) : 재료를 돌리면서 도톰하게 썰기
③ 니(泥, nì, 니) : 잘게 다지기
④ 미(粒, lì, 리) / 입(未, wèi, 웨이) : 쌀알 크기 정도로 썰기
⑤ 정(丁, dīng, 띵) : 깍둑썰기
⑥ 편(片, piàn, 피엔) : 편썰기
⑦ 사(絲, sī, 쓰) : 가늘게 채썰기

Check Note

일식 조리도(칼)의 특징

① 일식에 사용되는 조리도는 다른 분야에 비해 폭이 좁고 긴 것이 많고 종류도 다양함
② 생선회용 칼, 뼈자름용 칼 등 생선을 손질하기에 예리해야 해서 칼날을 세울 때는 반드시 숫돌을 사용해야 함

생선회용 칼

최근에는 칼끝이 뾰족한 버들잎 모양의 야나기보쵸를 사용하는 추세인데, 예전에는 관동지방에서는 긴 사각의 다코비키를, 관서지방에서는 야나기보쵸를 주로 사용했음

칼을 쥐는 방법과 용도

구분	내용
손가락질형 (指差型, ゆびさがた, 유비사가다)	• '지주식'이라고 함 • 칼끝을 이용한 정교한 작업이나 생선을 자를 때 주로 이용
쥐는 형 (握り型, にぎりがた, 니기리가다)	• '전악식'이라고 함 • 채소 등을 잘게 자를 때 주로 밀면서 이용
누르는 형 (押え型, おさえがた, 오사에가다)	• '단도식'이라고 함 • 생선의 껍질을 벗길 때 주로 이용

숫돌의 사용 방법

① 숫돌은 항상 평평하게 유지함
② 숫돌을 사용하기 최소한 30분~1시간 전에는 물을 충분히 흡수시킴
③ 칼을 갈면서 나오는 흙탕물로 인해 칼이 갈아지는 것이므로 물은 가끔씩 뿌리고 많이 뿌리지 않도록 함

구분	내용
뼈자름용 칼 (出刃包丁, でばぼうちょう, 데바보쵸)★	• 절단칼 또는 토막용 칼이라고 함 • 주로 생선의 밑손질 시 뼈에 붙은 살을 발라내거나 뼈를 자를 때 사용 • 칼등이 두껍고 무거운 편이며, 크기도 다양함 • 칼의 앞부분은 생선의 포를 뜰 때 사용하고, 중앙과 뒷부분은 뼈를 자를 때 사용
채소용 칼 (薄刃包丁, うすばぼうちょう, 우스바보쵸)	• 주로 채소를 자르거나 손질 또는 돌려깍기할 때 사용 • 채소를 자를 때는 자기 몸 바깥쪽으로 밀면서 자르는 것이 일반적임 • 오사카 등에서 주로 사용하는 관서식 칼(關西式包丁)은 끝이 약간 둥글고, 도쿄 등에서 주로 사용하는 관동식 칼(關東式包丁)은 칼끝에 각이 있음
장어손질용 칼 (鰻包丁, うなぎぼうちょう, 우나기보쵸)	• 미끄러운 바다장어, 민물장어 등을 손질할 때 사용 • 장어칼은 칼끝이 45˚ 정도 기울어져 있고 뾰족하여 장어 손질에 적합하며, 사용에 주의가 필요함 • 모양에 따라 오사카형, 교토형, 도쿄형으로 나눔

② 칼 연마 및 관리

㉠ 숫돌(砥石, といし, 토이시)의 종류★

구분	내용
거친 숫돌 (荒砥石, あらといし, 아라토이시)	• 인공 숫돌 입자 200~400번(#) 정도로, 입자가 아주 거친 숫돌 • 두꺼운 칼을 처음 갈거나 칼날이 손상되어 원상태로 만들기 위해 갈아낼 때 사용
중간 숫돌 (中砥石, なかといし, 나카토이시)	• 인공 숫돌 입자 1,000~2,000번(#) 정도로, 입자가 중간 정도의 숫돌 • 생선회용 칼을 처음 갈거나 일반적으로 칼의 날을 세울 때 사용
마무리 숫돌 (仕上げ荒石, しあげといし, 시아게도이시)	• 인공 숫돌 입자 3,000~5,000번(#) 정도로, 표면입자가 아주 미세한 숫돌 • 생선회용 칼이나 채소용 칼 등의 표면에 숫돌로 갈아낸 자국 등을 없애거나 마무리 단계에 사용

㉡ 올바르게 칼 가는 법
- 숫돌을 미리 한 시간 전에 물에 담가 물이 흡수되도록 함
- 칼판 위에 숫돌을 움직이지 않게 받침대에 고정하거나 신문지, 수건 등으로 고정함
- 숫돌의 표면에 있는 이물질을 제거하고 물을 적심
- 오른손 둘째손가락을 칼등에 대고 숫돌에 수평으로 놓음
- 왼손 가운데 세 손가락을 갈고 싶은 부위에 얹어 누르고, 오른손과 왼손을 동시에 당겼다 밀기를 반복 : 칼날이 자기 쪽을 향하게 하여 갈 때는 앞으로 밀 때 힘을 주고, 칼날이 바깥쪽을

향하게 하여 갈 때는 잡아당길 때 힘을 주어 칼날과 숫돌이 직접 적인 마찰이 없도록 함
- 양면 칼을 갈 때는 양면을 같은 횟수로 갈아야 함 : 생선회용 칼, 채소용 칼, 뼈자름용 칼 등의 혼야끼는 양면의 쇠가 같지만 일반적으로는 양면의 쇠가 다르고, 칼의 사용 방법이 다르므로 강한 쇠로 되어 있는 우측(칼 앞면) 쇠를 10~20번 정도 갈고 연한 쇠로 되어 있는 좌측(칼 뒷면)은 2~5번 정도 갈아야 함
- 칼을 갈고 나면 세척하고 물기를 잘 닦아 보관함

(5) 복어

① 복어(일식) 조리도(칼)의 특징

㉠ 복어[일식(和食, わしょく)]에 사용되는 조리도는 폭이 좁고 길며, 종류가 다양함

㉡ 생선회용 칼, 뼈자름용 칼 등은 생선을 손질하기 좋게 예리해야 하므로 칼날을 세울 때는 반드시 숫돌을 사용해야 함

㉢ 복어회용 칼은 회를 얇게 잘라야 하므로 생선회용 칼과 비교해서 길이는 같지만, 두께는 얇고 가벼움

㉣ 혼야끼(本燒)는 칼 전체가 쇠를 수작업으로 만든 최고급품으로 사용감이 좋고, 고가임

㉤ 지쯔키(地付き)는 철과 쇠를 붙여서 만들기 때문에 공정이 간단하나 뒤쪽이 닳기도 하며, 형태가 변하기도 쉬움

② 복어 칼의 종류와 용도

채소용 칼 (薄刃包丁, うすばぼうちょう, 우스바보쵸)	• 칼날 길이가 18~20cm 정도 • 주로 채소를 자르거나 손질할 때 또는 돌려깎기할 때 사용
생선회용 칼 (刺身包丁, さしみぼうちょう, 사시미보쵸)	생선회용 칼은 27~33cm 정도이지만, 27~30cm 정도의 칼을 일반적으로 사용
뼈자름용 칼 (出刃包丁, でばぼうちょう, 데바보쵸)	• 칼날 길이 18~21cm 정도 • 토막용 칼 또는 절단칼이라고 함 • 생선을 손질할 때 또는 뼈를 자르거나 뼈에 붙은 살을 발라낼 때 사용
장어손질용 칼 (鰻包丁, うなぎぼうちょう, 우나기보쵸)	• 미끄러운 장어를 손질할 때 사용 • 모양에 따라 오사카형, 교토형, 도쿄형으로 나눔

Check Note

✔ 조리도의 관리 방법

① 조리도는 하루에 한 번 이상 가는 것을 원칙으로 함

② 칼을 간 후 숫돌 특유의 냄새를 제거할 때는 자른 무 끝에 헝겊을 감은 후 아주 가는 돌가루를 묻혀 칼을 닦지만, 일반적으로는 수세미를 이용해 비눗물 등으로 닦은 후 씻어 물기를 완전히 제거한 다음 마른 종이에 싸서 칼집에 넣어 보관함

③ 각자 자신의 조리도를 직접 관리하고 작업할 때도 자신의 조리도를 사용함

④ 조리도는 자기 몸과 같이 관리하며, 다른 사람이 절대로 손댈 수 없도록 함

기타	• 김초밥 자르는 칼(스시기리보쵸) • 메밀국수 자르는 칼(소바기리보쵸) 등

4 조리기구의 종류와 용도

(1) 한식

① **가스레인지** : 조리 온도는 음식을 조리하는 데 있어 중요한 요소로, 조리법에 맞는 불 조절이 필요함

불의 세기	특징
강불 (센불)	• 가스레인지의 레버를 끝까지 열어 사용 • 볶음, 구이, 찜 등 처음에 요리 재료를 익히거나 빠르게 할 때 • 국물음식 내용물을 익히거나 팔팔 끓일 때
강중불	물을 끓이거나 국수를 삶을 때
중불	• 가스레인지의 레버를 중간까지 열어 사용 • 국물요리에서 한 번 끓어오른 다음 서서히 끓일 때
중약불	지단, 부침 또는 밥 지을 때
약불	• 가스레인지의 레버를 최소로 열어 사용 • 은근하게 오래 끓이는 조림요리, 국물요리 등 • 전, 지단을 부칠 때, 밥 뜸들일 때 등

② **온도계** : 조리온도를 측정

③ **조리용 시계** : 면을 삶거나 찜할 때 등 조리시간을 측정할 때는 타이머(Timer) 또는 스톱워치(Stop Watch) 등을 사용하면 편리함

(2) 양식

① **자르거나 가는 용도로 쓰이는 조리기구★**

에그 커터 (Egg Cutter)	• 삶은 달걀을 슬라이스할 때 사용 • 반으로 자르는 것과 반달 모양의 6등분으로 자르는 것에 사용
제스터 (Zester)	레몬, 오렌지, 유자 등 색깔 있는 부분만 길게 실처럼 벗길 때 사용
베지터블 필러 (Vegetable Peeler)	채소의 껍질을 벗길 때 사용 예 무, 오이, 당근, 감자 등
스쿱(Scoop), 볼 커터(Ball Cutter)	채소, 과일을 원형이나 반원형으로 만드는 도구로 사용 예 채소(무, 당근 등), 과일(수박, 멜론 등)
자몽 나이프 (Grapefruit Knife)	반으로 자른 자몽을 통째로 돌려가며 과육만 발라낼 때 사용(양식조리의 조식)

Check Note

온도계의 종류

① 적외선 온도계 : 비접촉식으로 조리 시 표면온도 측정
② 육류용 온도계 : 탐침하여 육류의 내부온도 측정
③ 봉상액체 온도계 : 기름, 액체 온도 측정(200~300℃ 정도를 측정)

만돌린 (Mandoline, 채칼)	채로 다용도로 썰 때 사용 예 감자, 당근 등
그레이터 (Grater)	원하는 형태로 갈 때 사용 예 치즈, 채소류 등
다양한 커터 (Assorted Cutter)	원하는 모양대로 눌러 자르거나 커터 안에 재료를 채워 형태를 유지할 때 사용 예 채소류, 디저트 등
롤 커터 (Roll Cutter)	얇은 반죽을 자를 때 사용 예 피자, 파스타 등
푸드밀 (Food Mill)	완전히 익힌 재료를 잘게 분쇄할 때 사용 예 고구마, 감자, 당근 등

② 담고 섞는 등의 용도로 쓰이는 조리기구★

시노와 (Chinois)	스톡, 소스, 수프를 고운 형태로 거를 때 사용
차이나 캡 (China Cap)	• 삶은 식재료를 거를 때 사용 • 토마토소스처럼 입자가 조금 있게 거를 때 사용
콜랜더 (Colander)	양이 많은 식재료의 물기를 거를 때 사용
스키머 (Skimmer)	스톡, 소스 안의 뜨거운 식재료를 건져낼 때 사용
미트 텐더라이저 (Meat Tenderizer)	스테이크 등의 육질을 연하게 하거나 두드려서 모양을 잡을 때 사용
시트 팬 (Sheet Pan)	식재료를 담아 보관 시 또는 카트(Cart)에 끼워 옮길 때 사용
호텔 팬 (Hotel Pan)	음식물을 보관할 때 사용하며, 다양한 형태의 크기가 있음
래들 (Ladle)	다양한 모양과 크기로 소스, 드레싱, 육수 등을 뜰 때 사용
스패출러 (Spatula)	조리 과정 또는 조리 후에 식재료를 섞거나 옮길 때, 모을 때 등 다양하게 사용
솔드 스푼 (Soled Spoon, 롱스푼)	식재료를 섞거나 볶을 때 사용
키친 포크 (Kitchen Fork)	뜨거운 큰 식재료를 옮기거나 자를 때 사용
소스 팬 (Sauce Pan)	소스를 끓이거나 데울 때 사용하며, 다양한 종류와 크기가 있음

Check Note

PART 01

Check Note

프라이팬 (Fry Pan)	식재료의 볶음, 튀김, 굽기 등에 사용하며, 다양한 종류와 크기가 있음
믹싱 볼 (Mixing Bowl)	식재료의 헹굼, 세척, 섞음 등 다양한 용도로 사용
위스크 (Whisk)	소스, 크림 등을 휘핑할 때 사용
버터 스크레이퍼 (Butter Scraper)	버터를 모양을 내어 긁는 도구로 사용

③ 기계류 조리기구★

초퍼(Chopper)	다양한 고기류, 채소류 등을 갈 때 사용
블렌더(Blender)	소스, 드레싱 등의 음식물을 곱게 갈 때 사용
푸드 프로세서 (Food Processer)	마늘, 생강 등 식재료를 촙(Chop)과 같은 형태로 소량이 필요할 때 사용
슬라이서(Slicer)	크고 양이 많은 육류, 채소를 일정한 두께로 자를 때 사용
민서 (Mincer)	고기, 채소류, 도토리 등을 으깨거나 곱게 갈 때 사용
스팀 케틀 (Steam Kettle)	대용량의 음식물을 끓이거나 삶을 때 사용하며, 구부릴 수 있어 편리함
그리들 (Griddle)	크기가 크고 윗면이 두꺼운 철판으로 되어 있어, 많은 양의 식재료를 초벌구이하거나 채소류, 밥 등을 볶을 때 사용
그릴 (Grill)	• 가스, 숯의 직화구이 • 달궈진 무쇠를 이용하여 식재료 겉면의 형태와 향이 좋아지도록 사용
샐러맨더 (Salamander)	• 직화구이로, 음식물을 위에서 내리쬐는 열로 조리 • 육류, 생선류, 어패류 등의 기름을 빼거나 익힐 때 사용
딥 프라이어 (Deep Fryer)	감자튀김 등 많은 양의 튀김을 할 때 사용
컨벡션 오븐 (Convection Oven)	찜, 구이, 삶기 등 다양하게 속까지 고르게 익힐 때 사용
샌드위치 메이커 (Sandwich Maker)	만들어진 샌드위치 빵에 그릴 형태의 색을 내거나 데울 때 사용
토스터 (Toaster)	회전식으로 샌드위치 빵을 구울 때 사용

(3) 중식

중화팬	음식을 볶을 때 사용하는 프라이팬으로 무쇠로 만들어져 있음
편수팬	프라이팬 모양으로, 구멍이 뚫려 있어 식재료를 물이나 기름에서 건져낼 때 사용
국자	식재료를 볶을 때뿐만 아니라 식재료를 덜어 사용할 때도 이용
도마	식재료를 자를 때 칼과 함께 사용
제면기	면을 뽑거나 만두피를 밀 때 사용
대나무 찜기	식재료나 딤섬을 쪄서 낼 때 사용

(4) 일식

달걀말이팬 (卵燒鍋, たまごやきなべ, 타마고야키나베)	• 다시마끼 팬이라고도 하며, 사각으로 된 형태가 대부분이고 재질은 구리 재질이 좋음 • 사용 전에 기름으로 팬을 길들여 사용하고, 사용 후에도 기름을 얇게 발라 보관함 • 안쪽에 도금이 되어 있으며, 고온에 약하므로 과열로 굽는 것을 피함
튀김냄비 (揚鍋, あげなべ, 아게나베)	• 튀김 전문용 냄비로, 두껍고 깊이가 있으며 재질은 구리합금, 철이 좋음 • 바닥이 평평해야 기름의 온도가 일정하게 유지됨
덮밥냄비 (丼鍋, どんぶりなべ, 돈부리나베)	• 알루미늄, 구리 등의 재질로 된 1인분 덮밥 전용 냄비 • 소고기덮밥, 닭고기덮밥 등에 달걀을 풀어서 끼얹어 완성함
찜통 (蒸し器, むしき, 무시키)	• 증기를 통해서 재료에 열을 가하는 조리기구 • 금속 제품보다는 목재 제품이 좋음
강판 (卸金, おろしがね, 오로시가네)	무나 생와사비, 통생강, 산마 등을 용도에 맞게 갈 때 사용
조리용 핀셋 (骨抜き, ほねぬき, 호네누키)	연어, 고등어 등 생선의 잔가시나 뼈를 뽑을 때 사용
굳힘 틀 (流し缶, ながしかん, 나가시캉)	스테인리스의 사각 형태로 굳힘요리, 찜요리 등에 굳힘을 할 때 이용됨
장어 고정시키는 송곳 (目打ち, めうち, 메우치)	장어(바닷장어, 민물장어, 갯장어 등)를 손질할 때 도마에 고정시키는 송곳

Check Note

PART 01

Check Note

생선의 비늘치기 (鱗引き, うろこひき, 우로코히키, 鱗引き, こけひき, 고케히키)	생선의 비늘을 제거할 때 사용하는 기구
요리용 붓 (刷毛, はけ, 하케)	튀김 재료에 밀가루, 전분 등을 골고루 바를 때 및 생선구이요리 등에 다레(垂れ, たれ)를 바를 때 사용
체 (裏漉, うらごし, 우라고시)	체를 내리거나 가루, 국물 등을 거를 때 사용(예 밀가루 등을 걸러 입자를 곱게 만들거나 다시물, 달걀 등을 걸러 이물질이 없게 해줌)
절구통 (溜り鉢, すりばち, 스리바치)	재료를 으깨어 잘게 하거나 끈기가 나도록 하는 데 사용
엷은 판자종 (薄板, うすいた, 우스이타)	노송나무(檜, ひのき), 삼나무(杉, すぎ)를 얇게 깎아 만든 것으로, 튀김요리 장식 및 생선 보관용으로 사용

(5) 복어

<table>
<tr><td rowspan="4">냄비
(なべ, 나베)</td><td colspan="2">튀김, 조림, 삶기, 찌기 등 여러 가지 용도로 사용되는 가장 기본적인 도구</td></tr>
<tr><td>편수냄비
(かたてなべ, 가타테나베)</td><td>• 일반적으로 가장 많이 사용되는 냄비
• 손잡이가 있어서 사용이 편리함</td></tr>
<tr><td>양수냄비
(りょうてなべ, 료우테테나베)</td><td>• 냄비 양쪽에 손잡이가 달려 있는 냄비
• 물을 끓이거나 많은 양의 요리를 할 때 사용하기 때문에 냄비가 비교적 큼</td></tr>
<tr><td>집게냄비
(やっとこ鍋, 얏토코나베)</td><td>• 얏토코(やっとこ, 뜨거운 냄비를 집는 집게)라는 집게를 이용해서 얏토코나베라고 함
• 일반적으로 냄비가 크지 않고, 알루미늄으로 되어 있어 열전도가 빠름
• 손잡이가 없고 바닥 표면이 평평하게 되어 있어 포개어 사용할 수 있기 때문에 수납이 용이하고 씻을 때도 편리함</td></tr>
<tr><td>도마
(まないた, 마나이타)</td><td colspan="2">• 복어 조리에서는 비교적 미끄러지지 않는 나무도마를 주로 사용하며, 플라스틱도마는 색깔 구분이 쉬워 육류, 생선, 채소류를 구분하여 사용
• 사용 후 보관방법
– 나무도마 : 식초를 뿌려 소독한 후 햇빛에 말려 보관
– 플라스틱도마 : 세제로 닦은 후 소독기나 건조기에 넣어 곰팡이가 슬지 않도록 보관</td></tr>
</table>

꼬치 (串, 쿠시)	복요리에서는 주로 복떡을 굽는 데 사용하며, 생선구이에 사용하기도 함
김발 (巻きす, 마키스)	• 복어요리에서 배추말이를 할 때의 도구로 사용 • 데친 배추를 말아서 고정하거나 김초밥 등의 요리에 사용 • 대나무로 되어 있어 열에도 변형되지 않는 특징이 있음
석쇠 (やきあみ, 야끼아미)	복떡을 굽거나 재료를 직화로 구울 때 사용하고, 여러 가지 종류가 있음
절구 (擂り鉢, すりばち, 스리바치)	• '아타리바치'라고도 하는데, 재료를 곱게 갈아 으깨거나 끈기를 낼 때 사용 • 복어요리에서는 참깨소스(고마다래소스)를 만들 때 사용

5 식재료 계량 방법

계량을 하는 이유는 과학적인 조리로 정확한 계량을 하여 경제적으로 사용하고, 실패 없는 조리를 하기 위함

(1) 계량에 필요한 조리도구

저울	평평한 곳에 그릇을 먼저 올리고 영점(지시침이 숫자 0)을 잡고, 무게에 따라 g, kg으로 잼
계량컵	• 조리 시 재료의 부피를 잴 때 사용하는 컵 • 크기에 따라 여러 종류(180mℓ, 200mℓ 500mℓ, 1,000mℓ 등)가 있으며 1,000mℓ는 1L(리터)로 표시됨 • 미국 등 유럽에서는 1컵을 240mℓ로 사용 • 국내의 경우 1컵을 200mℓ로 사용
계량스푼	• 양념 등의 부피를 측정하는 데 사용 • 소금, 설탕, 간장, 식초 등 가루나 조미료, 액체 등의 용량을 잴 때 편리함 • 큰술(Table spoon, Ts), 작은술(tea spoon, ts)로 사용 • 1Table spoon(1Ts) = 15mℓ, 1tea spoon(1ts) = 5mℓ
온도계	조리온도를 측정하는 데 사용
조리용 시계	면을 삶거나 찜을 할 때 등 조리 시간을 측정할 때는 타이머(Timer)나 스톱워치(Stop Watch) 등을 사용하면 편리함

(2) 식품별 계량 방법

고체식품	계량기구에 빈 곳이 없도록 평평하게 깎아 계량함 예 버터, 다진고기 등

Check Note

✔ 유리도마

칼자국이 남지 않아 위생적이고 음식의 색과 냄새가 배지 않지만, 미끄러운 단점이 있음

✔ 체와 강판

체 (うらごし, 우라고시)	• 스테인리스, 구리, 알루미늄, 도기, 플라스틱 등 재질이 다양함 • 무나 생와사비, 통생강, 산마 등을 용도에 맞게 갈아서 사용함
강판 (おろしがね, 오로시가네)	• 체를 내리거나 가루, 곡물 등을 거를 때 사용(예 밀가루 등을 걸러 입자를 곱게 만들거나 다시물, 달걀 등을 걸러 이물질이 없게 해줌) • 망이 촘촘한 것부터 큰 것까지 다양하므로 용도에 맞게 사용

✔ 식재료의 계량

① 재료의 계량을 정확하게 하기 위해서는 저울로 무게를 재는 것이 가장 정확하지만, 계량컵이나 계량스푼으로 부피를 재는 것이 편리함
② 식품에 따라 각자의 밀도가 틀리기 때문에 정확한 계량기구와 계량기술을 이용하여 사용하는 것이 중요함

✔ 계량을 하는 이유

① 과학적인 조리로 정확한 계량을 하여 경제적으로 사용하고, 실패 없는 조리를 하기 위해서
② 좋은 품질의 음식을 일관성 있게 만들기 위해 정확한 계량이 필요함

Check Note

조리의 의미 및 목적

① 좁은 의미 : 먹을 수 있는 음식으로 만드는 것
② 넓은 의미 : 식사 계획에서부터 마칠 때까지의 전 과정
③ 식품이 함유하는 영양가를 최대로 보유
④ 향미를 더 좋게 향상
⑤ 음식의 색, 조직감을 좋게 하여 맛 증진
⑥ 소화가 잘되고, 유해한 미생물 파괴

온도계의 종류

적외선 온도계	비접촉식으로 조리 시 표면온도 측정
육류용 온도계	탐침하여 육류의 내부온도 측정
봉상액체 온도계	기름, 액체 온도 측정(200~300℃ 정도를 측정)

계량단위

① 1컵(C) = 240cc(㎖) = 8온스(oz)
- 30cc × 8온스 = 240cc(계량스푼)
- 우리나라의 경우 : 1컵(C) = 200cc(㎖)

② 1큰술 = 1Table spoon = 1Ts = 3ts = 액체 15㎖
③ 1작은술 = 1tea spoon = 1ts = 액체 5㎖
④ 1kg = 1,000g, 0.3Kg = 300g
⑤ 1oz(온스) = 28.35g

미터법과 쿼트법

미터법	길이의 단위를 미터로 하고 질량의 단위를 킬로그램으로 하며, 십진법을 사용하는 도량형법
쿼트법	야드파운드법과 미국 단위계에서 부피를 재는 단위

액체식품	• 계량기구는 평평한 곳에 놓아 표시된 눈금으로 맞추어 계량 • 모세관현상(메니스커스, Meniscus) : 표면장력 때문에 액체 표면의 낮은 부분을 측정 • 계량컵 눈금을 볼 때는 반듯하게 놓고 액체 표면 아랫부분의 눈금을 눈과 수평으로 해서 읽음	
	점성이 높은 것 (고추장, 꿀, 기름 등)	계량기구에 꼭꼭 눌러 담은 후 평평하게 깍아 계량
	간장, 맛술, 청주, 물	계량스푼이 약간 볼록하게 표면장력이 될 때까지 계량함
입자형 식품	덩어리가 지지 않게 하여 가볍게 수북이 담은 후 스패츌러 등으로 수평이 되도록 깎아서 계량함 예 쌀, 콩, 팥, 소금, 백설탕 등	
가루 상태의 식품	• 부피보다는 무게로 계량하는 것이 정확함 • 계량기구에 수북하게 담은 후 평평한 것으로 평평이 되도록 깍아 계량	
	밀가루	• 무게(g) 또는 부피(㎖)로 계량 • 체에 친 다음 계량기구에 수북하게 담은 후 스패츌러 등으로 깎아서 수평으로 부피를 잼 • 흔들거나 꼭꼭 눌러 담지 않도록 주의

(3) 조리에 사용되는 계량의 단어와 약자

계량 단위		용량	1ts 기준 환산
1작은술(1tea spoon, 1ts)		5㎖	1작은술
1큰술(1Table spoon, 1Ts)		15㎖	3작은술
1컵(cup)	미터법	200㎖	13작은술
1컵(cup)	쿼트법	240㎖	16작은술

(4) 조리에 사용되는 온도 계산법

화씨를 섭씨로 고치는 공식	℃ = (℉ − 32)/1.8
섭씨를 화씨로 고치는 공식	℉ = (1.8 × ℃) + 32

(5) 물을 계량하는 방법

컵(cup)	파인트(pint)	쿼트(quart)	온스(ounce)
1/2cup	1/4pint	1/8quarts	4.15ounces
1cup	1/2pint	1/4quart	8.3ounce
2cup	1pint	1/2quart 1	6.62ounce
4cup	2pint	1quart	33.24ounce

6 조리장의 시설 및 설비 관리

(1) 조리장의 시설

① 조리장의 위치

㉠ 통풍과 채광이 좋고 급수와 배수가 용이하며 소음, 악취, 가스, 분진, 공해 등이 없는 곳

㉡ 화장실 쓰레기통 등에서 오염될 염려가 없을 정도로 떨어져 있는 곳

㉢ 물건 구입 및 반출입이 편리하고 종업원의 출입이 편리한 곳

㉣ 음식을 배선, 운반하기 쉬운 곳

㉤ 비상시 출입문과 통로에 방해되지 않는 곳

② 조리장의 면적 및 형태

조리장의 면적	식당 면적의 1/3
식기 회수공간	취식 면적의 10%
1인당 급수량	• 일반급식 : 6~10L • 병원급식 : 10~20L • 학교급식 : 4~6L • 기숙사급식 : 7~15L
조리장의 구조	직사각형 구조가 능률적임
조리장의 길이	조리장 폭의 2~3배가 적당

③ 작업대 배치 순서

㉠ 준비대 – 개수대 – 조리대 – 가열대 – 배선대

㉡ 작업대 높이 : 신장의 52%, 높이 80~85cm, 너비 55~60cm

(2) 조리장의 설비 조건

① 충분한 내구력이 있는 구조일 것

② 객실 및 객석과는 구획의 구분이 분명할 것

③ 통풍, 채광이 좋고 배수와 급수가 용이하며 청소가 쉬울 것

④ 조리장의 바닥과 바닥으로부터 1m까지의 내벽은 타일, 콘크리트 등 내수성 자재를 사용할 것

⑤ 조명시설 : 식품위생법상 기준 조명은 객석은 30lux, 조리실은 50lux 이상이어야 함

⑥ 객실면적이 33㎡(10평) 미만의 대중음식점, 간이주점, 찻집은 별도로 구획된 조리장을 갖추지 않을 수 있음

⑦ 환기시설 : 팬과 후드를 설치하여 환기하고, 후드의 경우 4방 개방형이 가장 효율이 좋음

⑧ 트랩(Trap) : 하수도로부터 악취, 해충의 침입을 방지하는 장치로, 수조형 트랩이 효과적이고, 지방이 하수관 내로 들어가는 것을

Check Note

영국의 계량단위

① 1pt = 0.57L
② 1온스(oz, ounce) = 28.35g
③ 1파운드(lb, pound) = 16온스 = 450g

조리에서 대표적으로 사용되는 온도의 구분

구분	섭씨(℃)	화씨(℉)
냉동고	– 18℃	0℉
물이 어는 온도	0℃	32℉
냉장고	4℃	40℉
데치기	82℃	180℉
끓이기	100℃	212℉
튀기기	180℃	356℉

취식자 1인당 취식 면적

① 일반급식 : 취식자 1인당 1.0㎡
② 병원급식 : 침대 1개당 0.8~1.0㎡
③ 학교급식 : 아동 1인당 0.3㎡
④ 기숙사급식 : 1인당 0.3㎡
⑤ 호텔 : 연회석 수와 침대 수의 합에 1.0㎡를 곱한 것

작업대의 종류

ㄷ자형	동선이 짧으며, 넓은 조리장에 사용
ㄴ자형	동선이 짧으며, 좁은 조리장에 사용
병렬형	180℃ 회전을 해야 하므로, 피로하기 쉬움
일렬형	조리장이 굽었을 때 사용되며, 비능률적임

바로 확인 문제

조리장의 위치는 (   ), 채광이 좋고, 급수와 배수가 용이하며, (   ), 먼지가 없는 곳이어야 한다.

답 통풍, 악취

막을 때는 그리스(Grease) 트랩이 좋음

⑨ **방충망** : 30메시[mesh : 가로, 세로 1인치(inch) 크기의 구멍 수] 이상의 방충망을 설치하여 해충의 침입 방지

02 식품의 조리원리

[전분의 조리원리]

전분의 호화(α화, Gelatinization)

개념	• 가열하지 않은 천연상태의 날녹말에 물을 넣고 가열하여 α 전분의 상태로 변하는 현상 예 쌀이 떡이나 밥이 되는 것, 밀가루가 빵이 되는 현상 β전분(날 전분) —수분(물) + 열(가열)→ α전분(익은 전분) 쌀 —호화→ 밥 • 호화된 전분은 소화가 잘 됨
전분의 호화에 영향을 끼치는 인자	온도: 가열온도가 높을수록 빨리 호화 수분: 물이 많을수록 빨리 호화 pH: pH가 높을수록(알칼리성일 때) 빨리 호화 전분 입자: 전분 입자의 크기가 클수록 빨리 호화 당류: 설탕의 농도가 높아지면 빨리 호화 도정률: 쌀의 도정이 높을수록 빨리 호화 ※ 전분은 물보다 비중이 무거워 침전하는 성질이 있음 ※ 아밀로오스는 호화되기 쉬우며, 아밀로펙틴은 호화되기 어려움

전분의 노화(β-화, Retrogradation)

개념	α화된 전분, 즉 호화된 전분(밥, 떡, 빵, 찐 감자 등)을 그냥 내버려 두면 단단하게 굳어지고 딱딱해지는 현상 예 밥이 식으면 굳어지는 것, 빵이 딱딱해지는 것 α-전분(익은 전분) —냉장온도, 실온→ β-전분(날 전분) 밥, 떡 —노화→ 굳어짐

Check Note

✔ 조리 설비의 3원칙

위생	식품의 오염을 방지할 수 있어야 하고 환기와 통풍이 좋고 배수와 청소가 용이해야 함
능률	식품의 구입, 검수, 저장 등이 쉽고 기구, 기기 등의 배치가 능률적이어야 함
경제	내구성이 있고 경제적이어야 함

✔ 조리 업무 전과 후의 상태 점검

① 조리장에서 발생하는 사고는 넘어짐, 화상, 베임, 찔림, 끼임, 근골격계 질환, 전기 누전, 화재 및 폭발 등이 있음

② 조리장에서는 사용하는 약품의 목록인 "물질안전보건자료(MSDS : Materials Safety Data Sheet)"를 꼭 비치하고 교육을 시행하도록 함

바로 확인 문제

조리실의 후드는 ( )이 가장 효율이 높다.

답 4방 개방형

전분의 노화촉진에 관계하는 요인	온도	2~5℃
	수분함량	30~60%
	수소이온 첨가	다량
	전분 입자의 종류	아밀로오스 > 아밀로펙틴 • 아밀로펙틴(80%) + 아밀로오스(20%) 예 주식 • 아밀로펙틴(100%) + 아밀로오스(0%) 예 찰떡, 인절미
전분의 노화억제 방법	• α 전분을 80℃ 이상으로 유지하면서 급속 건조시킴 • 0℃ 이하로 얼려 급속 탈수한 후 수분함량을 15% 이하로 유지 • 설탕이나 환원제, 유화제를 다량 첨가	

전분의 호정화(덱스트린화, Dextrinization)

개념	• 전분에 물을 넣지 않고 160~170℃ 정도 고온에서 익힌 것 • 물에 녹일 수도 있고 오랫동안 저장 가능 예 볶은 곡류, 미숫가루, 팝콘, 뻥튀기 등 β전분(날 전분) —160℃ 이상 가열→ 호정(덱스트린, Dextrin)
호화와의 차이	• 호화 : 물리적 상태의 변화 • 호정화 : 물리적 상태의 변화 + 화학적 변화 수반

1 농산물의 조리 및 가공·저장

(1) 쌀

① 쌀의 구조

㉠ 쌀의 낱알 비율 : 현미 80%, 왕겨 20%

㉡ 현미는 벼를 탈곡하여 왕겨층을 벗겨낸 것으로 호분층, 종피, 과피, 배아, 배유로 구성됨

㉢ 호분층과 배아에는 단백질, 지질, 비타민이 많이 함유되어 있음

② 쌀의 종류

㉠ 현미 : 쌀에서 왕겨만 벗겨낸 것으로 영양은 좋으나 섬유소를 포함하고 있어 소화·흡수율이 낮음

㉡ 백미 : 우리가 주로 사용하는 일반쌀로 현미를 도정하여 배유만 남은 것을 말하며, 섬유소의 제거로 소화율은 높지만, 배아의 손실로 영양가는 낮음

Check Note

✔ 전분의 호화

보통 생전분을 β－전분이라고 하고, 미셀이 파괴된 상태의 호화된 전분을 α－전분이라고 하는데, β－전분이 α－전분으로 변화되는 현상을 호화라고 함

✔ 전분의 노화

α－전분이 β－전분으로 변하는 것

✔ 전분의 호정화

전분에 물을 넣지 않고 160~170℃ 정도로 가열하면 여러 단계의 가용성 전분을 거쳐 호정(糊精, Dextrin)으로 분해되는 현상

✔ 반응 온도

① 아미노카르보닐화 반응 : 155℃
② 캐러멜화 반응 : 160~180℃
③ 전분의 호정화 : 160℃

바로 확인 문제

■ 전분의 노화억제 방법으로는 수분함량 (　　) 이하로 유지, 0℃ 이하로 냉동, (　　)이나 (　　) 첨가 등의 방법이 있다.

답 15%, 설탕, 유화제

■ 전분의 (　　)는 전분에 물을 넣지 않고 160℃ 이상으로 가열하여 덱스트린으로 분해되는 것을 말한다.

답 호정화

백미의 소화율	현미의 소화율(90%) < 백미의 소화율(98%)
백미의 분도	쌀에서 깎여지는 부분 → 단백질, 지방, 섬유 및 비타민 B_1, B_2 감소됨

㉢ 도정에 의한 분류

도정도	도정률(%)	도감률(%)	소화율(%)
현미	100	0	90
5분 도미 (쌀겨층의 50% 제거)	96	4	90
7분 도미 (쌀겨층의 70% 제거)	94	6	97
10분 도미(백미)	92	8	98

③ 쌀의 수분함량 : 쌀의 수분함량은 14~15%이며, 최대흡수율은 20~30%로 밥을 지었을 경우 수분함량은 65% 정도임

④ 쌀 종류에 따른 물의 양 : 물의 양은 쌀의 종류와 수침 시간에 따라 다르며, 잘 된 밥의 경우 물의 양은 쌀의 2.5배 정도가 됨

쌀의 종류	쌀의 중량에 따른 물의 양	쌀의 부피에 따른 물의 양
백미(보통)	쌀 중량의 1.5배	쌀 부피의 1.2배
햅쌀	쌀 중량의 1.4배	쌀 부피의 1.1배
찹쌀	쌀 중량의 1.1~1.2배	쌀 부피의 0.9~1.0배
불린 쌀	쌀 중량의 1.2배	쌀 부피와 1.0배 동량

⑤ 쌀의 가공품

건조쌀 (Alpha Rice)	뜨거운 쌀밥을 고온건조시켜 수분함량을 10% 정도로 한 것으로, 여행 시나 비상식량으로 사용
팽화미 (Popped Rice)	고압의 용기에 쌀을 넣고 밀폐시켜 가열하면 용기 속의 압력이 올라가고, 이때 뚜껑을 열면 압력이 급히 떨어져서 수배로 쌀알이 부풀게 되는데, 이것을 튀긴쌀 또는 팽화미라고 함(튀밥, 뻥튀기)
인조미	고구마 전분, 밀가루, 쇄미 등을 5 : 4 : 1의 비율로 혼합한 것
종국류	감주, 된장, 술 제조에 쓰이고, 그 밖에 증편, 식혜, 조청 등을 만드는 데 사용
주조미	미량의 쌀겨도 남기지 않고 도정한 쌀

Check Note

쌀의 구조

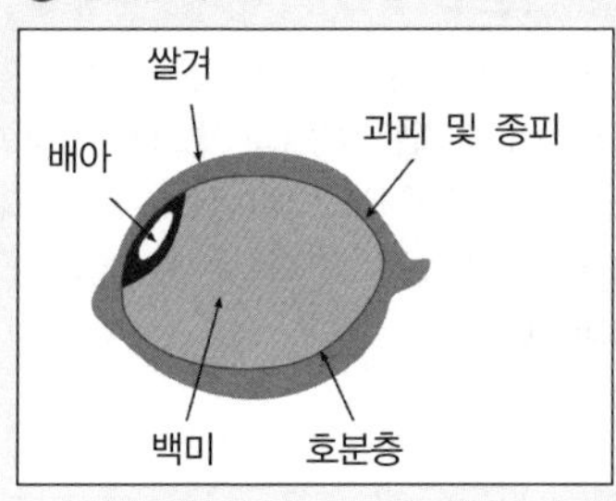

도정도에 따른 특징

현미에서 10분 도미로 도정도가 높아질수록 영양가는 낮아지고 소화율, 당질의 양은 증가함

쌀의 저장 정도

백미 → 현미 → 벼(저장하기가 가장 좋음)

쌀의 조리시간

① 쌀 불리는 시간 : 찹쌀 50분, 멥쌀 30분
② 밥 뜸 들이는 시간 : 5~15분(15분 정도가 가장 좋음)
③ 밥 짓기 : 밥맛을 좋게 하려면 0.03% 정도의 소금을 넣음

바로 확인 문제

밥을 지을 때 쌀의 최대 수분 흡수량은 (   )이다.

답 20~30%

⑥ 정맥

압맥	보리쌀의 수분을 14~16%로 조절하여 예열통에 넣고, 간접적으로 60~80℃로 가열시킨 후 가열증기나 포화증기로써 수분을 25~30%로 하여 롤러로 압축한 쌀
할맥	보리의 골에 들어 있는 섬유소를 제거한 쌀

(2) 서류

① 감자

감자의 갈변	• 감자에 함유된 티로신(Tyrosin)이 티로시나아제(Tyrosinase)에 의해 산화되어 멜라닌을 생성하기 때문에 감자를 썰어 공기 중에 놓아두면 갈변함 • 티로신은 수용성이므로 물에 넣어두면 감자의 갈변을 억제할 수 있음	
전분 함량에 따른 감자의 전분	점질감자	• 감자 내 전분 성분이 낮고, 과육이 노란색 • 감자를 찌거나 구울 때 부서지지 않고, 기름을 써서 볶는 요리에 적당(조림, 샐러드)
	분질감자	• 감자 내 전분 성분이 높고, 과육이 흰색 • 감자를 굽거나 찌거나 으깨어 먹는 요리에 적당(매시드 포테이토)

② 고구마 : 단맛이 강하며, 수분이 적고 섬유소가 많음

③ 토란 : 주성분은 당질로, 특유의 토란 점질물은 열전달을 방해하고, 조미료의 침투를 어렵게 하므로 물을 갈아가면서 삶아야 이를 방지할 수 있음

④ 마 : 마의 점질물은 글로불린(Globulin) 등의 단백질과 만난(Manan)이 결합된 것으로, 마를 가열하면 점성이 없어지며, 생식하면 효소를 많이 함유하고 있으므로 소화가 잘 됨

(3) 두류

① 두류의 성분

대두, 낙화생(땅콩)	• 단백질과 지방의 함량이 많아 식용유지의 원료로 이용 • 대두는 단백질 함량이 40% 정도로, 두부 제조에 이용 • 대두의 주 단백질은 완전단백질인 글리시닌(Glycinin)임 • 비타민 B군 다량 함유 • 무기질로는 칼륨과 인이 많음
팥, 녹두, 강낭콩, 동부(강두)	• 당질과 전분 함량이 높음 • 떡이나 과자의 소·고물로 이용

Check Note

✔ 맥아의 종류

단맥아	고온에서 발아시켜 싹이 짧은 것(맥주 양조용에 사용)
장맥아	비교적 저온에서 발아시킨 것(식혜나 물엿 제조에 사용)

✔ 매시드 포테이토

감자를 삶아서 으깨어 우유, 버터, 소금으로 맛을 낸 요리

Check Note

두부의 제조

① 콩을 갈아서 70℃ 이상으로 가열하고 응고제를 첨가하여 단백질(주로 글리시닌)을 응고시키는 방법

② 응고제 : 염화마그네슘($MgCl_2$), 황산칼슘($CaSO_4$), 염화칼슘($CaCl_2$), 황산마그네슘($MgSO_4$)

③ 제조 방법

콩을 2.5배가 될 때까지 불림(겨울 24시간, 봄·가을 12~15시간, 여름 6~8시간)
↓
소량의 물을 첨가하여 마쇄함
↓
마쇄한 콩의 2~3배의 물을 넣어 30~40분간 가열함
↓
비지와 두유로 분리 후 두유의 온도가 65~70℃가 되면 간수를 2~3회로 나누어 첨가
↓
착즙
↓
두부완성

④ 유부 : 두부의 수분을 뺀 뒤 기름에 튀긴 것

두류 관련 특징

① 두류를 이용한 발효식품 : 간장, 된장, 고추장 등

② 코지(Koji) : 곡물, 콩 등에 코지 곰팡이를 번식시킨 것

③ 간장을 달이는 목적 : 농축, 살균, 미생물의 불활성화

④ 간장 색깔이 변하는 이유 : 아미노카르보닐 반응(착색현상)

⑤ 납두균 : 청국장의 끈끈한 점질물로 내열성이 강한 호기성균

풋완두, 껍질콩	• 채소의 성질을 가짐 • 비타민 C의 함량이 비교적 높음

② 두류의 가열에 의한 변화

㉠ 독성물질의 파괴 : 대두와 팥에는 사포닌(Saponin)이라는 용혈 독성분이 있지만, 가열하면 파괴됨

㉡ 단백질 이용률과 소화율의 증가 : 날콩 속에는 단백질의 소화액인 트립신(Trypsin)의 분비를 억제하는 안티트립신(Antitrypsin, 단백질의 소화를 방해하는 효소)이 들어 있지만, 가열하면 파괴됨

㉢ 콩을 삶을 때 알칼리성 물질인 중조(식용소다)를 첨가하면 빨리 무르게 되지만, 비타민 B_1(티아민)의 손실이 커짐

④ 장류의 제조방법

된장	재래식 된장	간장을 담가서 장물을 떠내고 건더기를 쓰는 것
	개량식 된장	메주에 소금물을 알맞게 부어 장물을 떠내지 않고 먹는 것
간장		콩과 볶은 밀을 마쇄하여 혼합시키고 황국균을 뿌려 국균을 만든 후 소금물에 담가 발효시켜 짠 것
청국장		콩을 삶아서 60℃까지 식힌 후 납두균을 40~45℃에서 번식시켜 양념을 가미한 것

(4) 소맥분(밀가루) 조리

① 소맥(밀) : 밀알 그대로는 소화가 어렵고 정백해도 소화율이 80% 정도로서 백미의 소화율(98%)에 비해 아주 나쁜 편이며, 밀을 제분하면 소화율이 백미와 거의 비슷함

② 글루텐의 형성 : 밀가루에 물을 조금씩 넣어가며 반죽을 하게 되면 글리아딘과 글루테닌이 물과 결합하여 글루텐을 형성

밀가루의 숙성	만들어진 제분을 일정 기간 숙성시키면 흰 빛깔을 띠게 됨
소맥분(밀가루) 계량제	과산화벤조일, 브롬산칼륨(브로민산칼륨), 과붕산나트륨, 이산화염소, 과황산암모늄 등
글루텐	밀에는 다른 곡류에는 없는 특수한 성분인 글루텐이 있는데, 이것은 단백질로 점탄성이 있기 때문에 빵이나 국수 제조에 적당함

③ 제빵

밀가루	• 밀가루는 가루가 곱고 흰색일수록 좋음 • 밀가루를 체에 치는 이유 : 불순물 및 밀기울 제거, 산소의 공급, 가루입자의 균일화

팽창제	• 발효법 : 이스트의 발효로 생긴 이산화탄소(CO_2)를 이용하여 만드는 법(발효빵) • 비발효법 : 베이킹파우더에 의해서 생긴 이산화탄소(CO_2)를 이용하여 만드는 법(무발효빵)
설탕	• 첨가하면 단맛이 나며 효모의 영양원임 • 캐러멜화 반응으로 갈색이 됨
소금	단것에 소금을 첨가하면 단맛을 강하게 하며, 점탄성 증가, 노화 억제 및 잡균 번식을 억제함
지방, 우유	제빵 시 빵을 부드럽게 해줌(연화작용)
달걀	기포성을 좋게 함

④ 밀가루 반죽 시 글루텐에 영향을 주는 물질

팽창제	탄산가스(CO_2)를 발생시켜 밀가루 반죽을 부풀게 함	
	이스트 (효모)	밀가루의 1~3%, 최적온도 30℃, 반죽온도는 25~ 30℃일 때 이스트 작용을 촉진
	베이킹파우더 (B.P)	밀가루 1C에 베이킹파우더 1ts이 적당
	중조 (중탄산나트륨)	밀가루에는 플라보노이드 색소가 있어 중조(알칼리)를 넣으면 황색으로 변화되는 단점이 있고, 특히 비타민 B_1, B_2의 손실을 가져옴
지방	층을 형성하여 부드럽고, 바삭하게 만듦(파이)	
설탕	열을 가했을 때 음식의 표면에 착색시켜 보기 좋게 만들지만, 글루텐을 분해하여 반죽을 구웠을 때 부풀지 못하게 함	
소금	글루텐의 늘어나는 성질이 강해져 반죽이 잘 끊어지지 않게 함	
달걀	• 밀가루 반죽의 형태를 형성하는 것을 돕지만 달걀을 지나치게 많이 사용하면 음식이 질겨지므로 주의함 • 튀김 반죽할 때는 심하게 젓거나 오래 두고 사용하지 않도록 함	

(5) 과채류

① 채소 및 과일 가공 시 주의점

㉠ 과채류의 비타민 C와 향기 성분의 손실이 적도록 주의

㉡ 과채류 가공 시 조리기구에 의한 풍미와 색 등의 변화에 주의

② 과일 가공품 : 과일의 펙틴(Pectin)의 응고성을 이용하여 만듦

㉠ 젤리화의 3요소 : 펙틴 1.0~1.5%, 산(pH 3.2) 0.3%, 당분 62~65%

㉡ 펙틴과 산이 많은 과일 : 사과, 포도, 딸기 등

㉢ 잼의 온도는 103~104℃, 수분 27%, 당도 70%가 적당

Check Note

밀가루의 종류
(글루텐 함량에 의해 결정)

종류	글루텐 함량	사용 용도
강력분	13% 이상	식빵, 마카로니, 스파게티면
중력분	10~13%	만두피, 국수
박력분	10% 이하	케이크, 과자류, 튀김

제면

① 국수에 소금을 첨가하면 프로테아제(Protease, 단백질 분해효소)의 작용을 억제해 국수가 절단되는 것을 방지함

② 당면은 전분(고구마, 녹두 등)을 묽게 반죽해서 선상으로 끓는 물에 넣어 삶은 다음 동결건조

펙틴의 함량이 적은 과일

감, 배는 펙틴의 함량이 적어서 응고되지 않으므로 잼을 만드는 원료로 적당하지 않음

Check Note

건조과일 제작 과정

원료 조제 → 알칼리 처리 또는 황훈증 → 건조

후숙과일

수확한 후 호흡작용이 특이하게 상승하므로 미리 수확하여 저장하면서 호흡작용을 인공적으로 조절할 수 있는 과일류(바나나, 키위, 파인애플, 아보카도, 사과 등)

과일의 갈변 방지

① 과일의 갈변 : 효소적 갈변
② 갈변 방지 방법 : 가열처리, 염장법, 당장법, 산장법, 아황산 침지 등

채소의 특징

채소는 수분 함량이 70~90% 정도이며, 알칼리성 식품으로 비타민과 무기질이 풍부함

바로 확인 문제

과일즙에 설탕, 껍질, 얇은 과육 조각을 섞어 가열·농축한 것을 ( )라고 한다.

답 마멀레이드

㉣ 가공품

잼(Jam)	과육에 설탕 60%를 첨가하여 농축한 것
젤리	과즙에 설탕 70%를 첨가하여 농축한 것
마멀레이드	과즙에 설탕, 과일의 껍질, 얇은 과육 조각을 섞어 가열·농축한 것
프리저브	시럽에 넣고 조리하여 연하고 투명하게 된 과일

㉤ 과일의 저장

- 가스저장법(CA 저장 : 과채류의 호흡 억제작용), 냉장 보존
- 과채류 저장 시 적온

종류	저장온도	종류	저장온도	종류	저장온도
바나나	13~15℃	토마토	4~10℃	양파	0℃
고구마	10~13℃	귤	4~7℃	양배추	0℃
호박	10~13℃	사과	-1~11℃	당근	0℃
파인애플	5~7℃	복숭아	4℃	-	-

㉥ 건조과일 : 건조 정도는 수분 24%로 말림(곶감, 건포도, 건조사과 등)

③ 토마토 가공품

토마토퓨레 (Tomato Puree)	토마토를 으깨어 걸러서 씨와 껍질을 제거한 후 과육과 과즙을 농축한 것
토마토페이스트	토마토퓨레를 고형물이 25% 이상이 되도록 농축시킨 것
토마토케첩	토마토퓨레에 여러 조미료를 넣어 조린 것

④ 채소 및 과일 조리

㉠ 채소류의 분류

엽채류	식용 부위 : 잎	상추, 시금치, 쑥갓, 근대, 양배추, 부추, 미나리
경채류	식용 부위 : 줄기	아스파라거스, 셀러리, 죽순
과채류	식용 부위 : 열매	오이, 가지, 호박, 풋고추, 토마토, 오크라
근채류	식용 부위 : 뿌리	우엉, 무, 당근, 감자, 고구마, 비트
화채류	식용 부위 : 꽃	브로콜리, 콜리플라워, 아티초크

ⓛ 조리 시 채소의 변화

<table>
<tr><td rowspan="3">데치는 경우</td><td colspan="2">채소를 데칠 때는 충분한 양의 물과 높은 온도에서 짧은 시간에 데쳐야 함</td></tr>
<tr><td>물을 많이 넣어 데치는 경우</td><td>채소의 푸른색을 유지할 수 있음</td></tr>
<tr><td>물을 적게 넣어 데치는 경우</td><td>채소의 영양소 파괴를 줄일 수 있음</td></tr>
<tr><td>녹색 채소</td><td colspan="2">• 녹색 채소는 반드시 뚜껑을 열고 고온에서 단시간에 데쳐야 함
• 특히 시금치, 근대, 아욱은 수산이 존재하므로 반드시 뚜껑을 열어 데쳐서 수산을 날려 보냄(수산은 체내의 칼슘 흡수를 저해하여 신장 결석을 일으킴)
• 녹색 채소를 데치면 채소의 조직에서부터 공기가 제거되어 밑에 있는 엽록소가 더 선명하게 보이기 때문에 채소의 색이 더욱 선명해짐
• 엽채류 중 녹색이 진할수록 비타민 A, C가 많음</td></tr>
<tr><td>우엉, 연근, 토란, 죽순 등</td><td colspan="2">쌀뜨물이나 식초물에 데쳐야 채소의 빛깔이 깨끗함</td></tr>
<tr><td>인삼, 더덕, 도라지</td><td colspan="2">사포닌 같은 쓰고 떫은맛이 있는데, 이들 성분은 수용성 성분이므로 삶거나 물에 충분히 담갔다가 조리하면 떫은 맛을 적게 할 수 있음</td></tr>
<tr><td>김치</td><td colspan="2">• 김치에 달걀껍데기를 넣어두면 달걀껍데기의 칼슘이 산을 중화시켜 김치가 시어지는 것을 방지할 수 있음
• 신김치로 찌개를 했을 때 배춧잎이 단단해지는 것은 섬유소가 산에 의해 단단해지기 때문임</td></tr>
</table>

ⓒ 조리에 의한 색의 변화

<table>
<tr><td colspan="2">클로로필
(Chlorophyll, 엽록소)</td><td>• 녹색 채소에 들어 있는 녹색 색소
• 산에 약하므로 식초를 사용하면 누런 갈색이 됨
예 시금치에 식초를 넣으면 누런색이 됨
• 알칼리 성분인 황산 등이나 중탄산소다로 처리하면 안정된 녹색을 유지함</td></tr>
<tr><td>플라보노이드
(Flavonoid)</td><td>안토시안</td><td>• 꽃, 과일 등의 적색, 자색 색소로, 산성에서는 적색, 중성에서는 보라색, 알칼리에서는 청색을 띰
예 가지를 삶을 때 백반을 넣으면 안정된 청자색을 보존할 수 있음
• 비트, 적양배추, 딸기, 가지, 포도, 검정콩 등에 함유되어 있음</td></tr>
</table>

Check Note

연부현상

김치의 호기성 미생물이 작용하여 펙틴 분해효소를 생성하기 때문에 김치가 짓물러진 것처럼 되며, 김치가 국물에 잠겨 있으면 연부현상이 잘 일어나지 않음

천일염

굵은소금이라고 하며, 김장배추를 절이는 용도로 사용함

바로 확인 문제

녹색 채소를 데칠 때 소다를 넣게 되면 녹색은 선명하게 유지되지만, 질감이 물러지고 (   )가 파괴된다.

답 비타민 C

Check Note

육류의 사후강직 시간

① 닭고기 : 2~4시간
② 소고기 : 24시간
③ 말고기 : 12~24시간
④ 돼지고기 : 12시간

소고기의 자기소화

5℃에서 7~8일, 10℃에서 4~5일, 15℃에서 2~3일이 소요

육류의 저장

① 건조 : 조직 내 수분활성의 감소 (예 육포)
② 냉장 : 0~4℃에서 단시일 동안 저장
③ 냉동 : −18℃ 이하에서 저장하면, 소고기 6~8개월, 돼지고기 3~4개월 저장이 가능하며, 냉동 시 급속냉동은 근섬유의 수축과 변형을 적게 함

가공육 제품 내포장재인 케이싱(Casing)의 종류

① 가식성 콜라겐 케이싱 : 동물의 콜라겐을 가공하여 만든 인조 케이싱
② 셀룰로오스·파이브로스 케이싱 : 식물성 섬유로 만든 인조 케이싱
③ 플라스틱 케이싱 : 비가식성 인조 케이싱

	안토잔틴	• 쌀, 콩, 감자, 밀, 연근 등의 흰색이나 노란색 색소 • 산에 안정하여 흰색을 나타내고, 알칼리에서는 불안정하여 황색으로 변함
카로티노이드 (Carotenoid)		• 황색이나 오렌지색 색소로 당근, 고구마, 호박, 토마토 등 등황색, 녹색 채소에 들어 있음 • 조리 과정이나 온도에 크게 영향을 받지 않지만, 산화되어 변화함 • 카로티노이드는 지용성이므로, 기름을 사용하여 조리하면 흡수율이 높아짐(예 당근볶음)
베타시아닌 (Betacyanin)		• 붉은 사탕무, 근대, 아마란사스의 꽃 등에서 발견되는 수용성의 붉은 색소 • 베타닌(Betanin)은 열에 불안정, pH 4~6에 안정
갈변 색소		무색이나 엷은색을 띠는 식품을 조리하는 과정에서 갈색으로 변색되는 반응

2 축산물의 조리 및 가공 · 저장

(1) 육류의 가공과 저장

① 축육의 도살 후 사후 변화 순서★

사후강직 (사후경직)	• 축육은 도살 후 젖산이 생성되기 때문에 pH가 저하되며, 근육수축이 일어나 질긴 상태의 고기가 됨 • 미오신과 액틴이 결합된 액토미오신이 사후강직의 원인 물질임
자기소화 (숙성)	• 근육 내의 효소작용에 의해서 근육조직이 분해되는 과정 • 육질이 연해지고 풍미가 향상됨
부패	오랫동안 숙성을 시키면 고기 근육에 존재하던 미생물과 외부의 미생물에 의해 변질이 일어남

② 육류의 가공품

햄 (Ham)	돼지고기의 뒷다리를 사용하여 식염, 설탕, 아질산염, 향신료 등을 섞어 훈제한 것
베이컨 (Bacon)	돼지고기의 기름진 배 부위(삼겹살)의 피를 제거한 후 햄과 같은 방법으로 만든 것
소시지	햄과 베이컨을 가공하고 남은 고기에 기타 잡고기를 섞어 조미한 후 동물의 창자나 인공 케이싱(Casing)에 채운 다음 가열이나 훈연 또는 발효시킨 것

(2) 육류의 조리 특징

① 고기는 근육의 결대로 썰면 근수축이 크고 질기나, 근육의 결을 꺾어서 썰면 근수축이 적고 연함

② 고기의 맛은 단백질의 응고점(75~80℃) 부근에서 익혀야 맛이 좋음

③ 소고기나 양고기는 기름의 융점이 높아 뜨거운 요리에 적합하고 돼지고기, 닭고기, 오리고기는 융점이 낮아 햄이나 소시지 같은 가공품으로 제조할 수 있음

④ 편육은 끓는 물에 삶고, 생강은 고기가 익은 후에 넣는 것이 좋음

(3) 육류의 연화법★

기계적 방법	고기를 근육의 결 반대로 썰거나, 칼로 다지거나, 칼집을 넣는 방법
단백질 분해효소 (연화효소) 첨가	• 배즙, 생강의 프로테아제(Protease) • 파인애플의 브로멜린(Bromelin) • 무화과의 피신(Ficin) • 파파야의 파파인(Papain) • 키위의 액티니딘(Actinidin)
육류 동결	고기를 얼리면 세포의 수분이 단백질보다 먼저 얼어서 팽창하여 세포가 터지게 되어 고기가 부드러워짐
육류의 숙성	도살 직후 숙성기간을 거치면 단백질 분해효소의 작용으로 고기가 연해짐
설탕 첨가	설탕 첨가 시 육류 단백질을 연화시키나, 너무 많이 첨가하면 탈수작용으로 고기가 질겨짐
육류의 가열	결합조직이 많은 부위는 장시간 물에 끓이면 연해짐

(4) 가열에 의한 고기의 변화★

① 단백질의 응고, 고기의 수축·분해

② **결합조직의 연화** : 장시간 물에 넣어 가열했을 때 고기의 콜라겐이 젤라틴으로 변화됨

③ **지방의 융해** : 지방에 열이 가해지면 융해됨

④ **색의 변화** : 가열에 의해 미오글로빈은 공기 중의 산소와 결합하여 옥시미오글로빈이 됨(고기의 선홍색 → 회갈색)

⑤ **맛의 변화** : 고기를 가열하면 구수한 맛을 내는 전구체가 분해되어 맛을 냄

⑥ **영양의 변화** : 열에 민감한 비타민들은 가열 중에 손실이 큼

(5) 우유의 가공과 저장

우유를 데울 때	뚜껑을 열고 저어 가며 이중냄비에 데우기(중탕)
크림	우유에서 유지방만을 분리해 낸 것

Check Note

✔ 상강육(Marbling)

고기의 근육 속에 지방이 서리가 내린 것처럼 얼룩 형태로 산재한 것 (예 안심, 등심, 채끝살)

✔ 육류의 조리 방법

습열 조리	찜, 국, 조림(장정육, 양지육, 사태육, 업진육, 중치육)
건열 조리	구이, 산적(등심, 갈비, 안심, 홍두깨살, 대접살, 채끝살)

✔ 고기의 가열 정도와 내부 상태

가열 정도	내부 온도	내부 상태
레어 (Rare)	55~65℃	고기의 표면을 살짝 구워 자르면 육즙이 흐르고, 내부는 생고기에 가까움
미디움 (Medium)	65~70℃	고기 표면의 색깔은 회갈색이나 내부는 연한 붉은색 정도이며, 자른 면에 약간의 육즙이 있음
웰던 (Well-done)	70~80℃	고기의 표면과 내부 모두 갈색으로 육즙은 거의 없음

바로 확인 문제

소고기를 연화시키는 데 이용되는 과일은 ( ), ( ), 파파야 등이다.

답 파인애플, 무화과

PART 01

Check Note

우유의 성분과 역할

우유의 성분	• 영양소 풍부 : 단백질, 비타민 B_2, 칼슘, 인 등 • 우유의 당질 : 대부분 유당, 소량의 글루코오스, 갈락토오스
우유의 역할	• 단백질의 겔(Gel) 강도 증가 • 마이야르 반응 • 생선의 비린내 제거

달걀의 녹변현상이 잘 일어나는 조건

① 달걀 가열 시간이 길수록
② 달걀 가열 온도가 높을수록
③ 신선한 달걀이 아닌 경우
④ 삶은 후 찬물에 담그지 않은 경우

바로 확인 문제

신선한 달걀은 ( )이 둥글고 흰자는 뭉쳐져 있다.

답 난황

버터	• 우유에서 유지방을 모아 굳힌 것 • 지방 85% 이하, 수분 18% 이하, 유당 무기질 등으로 구성(크림성)
분유	• 우유를 농축하여 건조(분무식 건조법)한 것, 즉 전유, 탈지유, 반탈지유 등을 건조시켜 분말화한 것 • 전지분유, 탈지분유, 조제분유
치즈	우유를 젖산균에 의하여 발효시키고 레닌(Rennin)을 가하여 응고시킨 후, 유청을 제거한 것
요구르트	우유가 젖산 발효에 의해 응고된 것
아이스크림	우유 및 유제품에 설탕, 향료와 버터, 달걀, 젤라틴, 색소 등 기타 원료를 넣어 저어 가면서 동결시켜 만든 것

(6) 달걀의 조리

① 달걀의 구성 : 난각(껍질), 난황(노른자), 난백(흰자)으로 구성

난각	95% 정도가 탄산칼슘으로 구성됨
난황	• 단백질, 다량의 지방과 인(P)과 철(Fe)이 들어 있음 • 약 50%가 고형분
난백	• 농후난백과 수양난백으로 나뉨 • 달걀의 1개 무게는 50~60g 정도임 • 90%가 수분이고 나머지는 단백질이 많음

② 녹변현상

㉠ 달걀을 너무 오래 삶거나 뜨거운 물에 담가두면 달걀노른자 주위가 암녹색 띠를 형성하는 현상

㉡ 난백에서 유리된 황화수소(H_2S)가 난황 중의 철(Fe)과 결합하여 황화제1철(FeS)을 만들기 때문에 나타나는 현상임

③ 난백의 기포성

기포가 잘 일어나는 경우	• 오래된 달걀일수록 기포가 잘 일어남(농후한 난백보다 수양성인 난백이 거품이 잘 일어남) • 난백은 30℃에서 거품이 잘 일어남(실온에서 보관한 달걀) • 약간의 산(오렌지주스, 식초, 레몬즙)을 첨가하면 기포 형성에 도움을 주지만, 설탕과 기름, 우유는 기포력을 저해함(설탕은 거품을 완전히 낸 후 마지막 단계에서 넣어주면 거품이 안정됨) • 밑이 좁고 둥근 바닥을 가진 그릇은 기포력을 도움
활용	달걀의 기포성을 이용한 조리 : 스펀지케이크, 머랭, 케이크의 장식

④ 난황의 유화성

㉠ 난황의 레시틴(Lecithin)이 유화제로 작용

㉡ 달걀의 유화성을 이용한 음식 : 마요네즈, 프렌치드레싱, 크림 수프, 케이크 반죽, 잣미음

⑤ 달걀의 신선도 판정 방법

비중법	• 신선한 달걀의 비중 : 1.06~1.09 • 물 1C에 식염 1큰술(6%)을 녹인 물에 달걀을 넣었을 때 가라앉으면 신선한 것이고, 위로 뜨면 오래된 것임
난황계수와 난백계수 측정법	• 난황계수 : 0.36 이상이면 신선한 달걀 • 난백계수 : 0.14 이상이면 신선한 달걀 • 오래된 달걀일수록 난황·난백계수가 작아짐
할란 판정법	• 달걀을 깨어 내용물을 평판 위에 놓고 신선도를 평가 • 달걀의 노른자와 흰자의 높이가 높고 적게 퍼지면 좋은 품질
투시법	빛에 쪼였을 때 안이 밝게 보이는 것이 신선함
기타	• 껍질이 거칠수록 신선하고, 광택이 나는 것은 오래된 것임 • 알의 뾰족한 끝은 차갑게, 둥근 쪽은 따뜻하게 느껴지면 신선한 것이며, 오래된 것은 양쪽 다 따뜻하게 느껴짐 • 난백은 점괴성이고, 난황은 구형으로 불룩하며 냄새가 없는 것이 신선함 • 오래된 달걀일수록 pH는 높아지고, 흔들었을 때 소리가 남(기실이 커지기 때문)

⑥ 달걀의 가공과 저장

㉠ 달걀의 열에 의한 응고

달걀흰자	55~57℃에서 응고되기 시작하여 80℃에서 완전히 굳어짐
달걀노른자	62~65℃에서 응고되기 시작하여 70℃에서 완전히 굳어짐(반숙 60℃)

㉡ 달걀 가공품

건조달걀	달걀흰자와 노른자의 수분을 증발시켜 건조하여 만든 것
마요네즈	달걀노른자에 샐러드유를 조금씩 넣어가며 저어준 후 식초 및 여러 조미료와 향신료를 첨가하여 만든 것
피단(송화단)	알칼리 및 염류를 달걀 속에 침투시켜 저장을 겸한 조미달걀(침투작용, 응고작용, 발효작용을 이용)

Check Note

마요네즈

분리된 마요네즈를 재생시킬 때는 노른자를 넣어가며 저어 줌

달걀의 신선도 판정

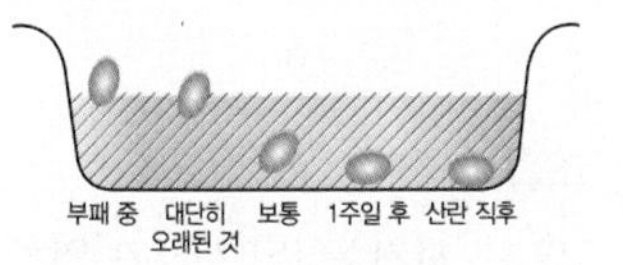

난황계수와 난백계수

① 난황계수 = $\frac{\text{평판상 난황의 높이}}{\text{평판상 난황의 지름}}$ = 0.36~0.44 이상(신선한 것)

② 난백계수 = $\frac{\text{농후난백의 높이}}{\text{농후난백의 지름}}$ = 0.14~0.17(신선한 것)

달걀의 응고

① 설탕을 넣으면 달걀의 응고 온도가 높아지고 소금, 우유, 산을 넣으면 응고를 촉진시킴

② 달걀은 100℃에서 3분 가열하면 난백만 응고되고, 5~7분이면 반숙, 10~15분이면 완숙이 됨

달걀 조리별 소화시간

① 반숙 : 1시간 30분

② 완숙 : 2시간 30분

③ 생달걀 : 2시간 45분

④ 달걀프라이 : 3시간 15분

Check Note

어류의 자기소화

붉은살생선은 흰살생선보다 자기소화가 빨리 오고(쉽게 부패되고), 담수어(민물고기)는 해수어(바닷고기)보다 낮은 온도에서 자기소화가 일어남

어류의 특징

① 고기는 자기소화된 상태가 연하고 맛이 좋지만, 생선은 사후강직일 때 신선하고 맛이 좋음
② 생선도 고기처럼 사후강직 및 자기소화와 부패가 일어나는데, 생선의 경우 자기소화와 부패가 동시에 일어나기도 함
③ 생선은 산란기에 접어들기 바로 직전일 때가 맛과 영양이 풍부함
④ 생선은 80%의 불포화지방산, 20%의 포화지방산으로 구성됨
⑤ 생선 비린내(어취)는 담수어가 강하고, 생선껍질의 점액에서 많이 남

젤라틴

① 동물의 가죽, 뼈에 다량 존재하는 단백질인 콜라겐(Collagen)의 가수분해로 생긴 물질
② 조리에 사용한 젤라틴의 응고 온도는 13℃ 이하(냉장고와 얼음을 이용), 농도는 3~4%
③ 젤라틴을 이용하여 만든 음식 : 젤리, 족편, 마시멜로, 아이스크림 등

바로 확인 문제

어류의 사후강직이 나타나는 시기는 ( )이다.

답 1~4시간

㉢ 달걀의 성질에 따른 이용

흰자의 기포성	빵 제조 시 팽창제로 사용
노른자의 유화성	마요네즈 제조 시 레시틴이 유화성분으로 사용

㉣ 달걀의 저장 : 냉장법, 가스저장법, 표면도포법, 침지법(소금물), 간이저장법, 냉동법, 건조법

3 수산물의 조리 및 가공 · 저장

(1) 어류의 종류

흰살생선	붉은살생선
지방이 적음	지방이 많음
바다 하층	바다 상층
도미, 민어, 광어, 조기	꽁치, 고등어, 정어리, 참치
전(전유어)	구이, 조림

(2) 어취(비린내) 및 제거 방법

어취	생선의 비린내(어취)는 어체 내에 있는 트리메틸아민(트라이메틸아민) 옥사이드(Trimethylamine Oxide, TMAO)라는 성분이 생선에 붙은 미생물에 의해 트리메틸아민[트라이메틸아민(Trimethylamine, TMA)으로 환원되어 나는 냄새를 말함
어취 제거 방법★	• 물로 씻음 • 간장, 된장, 고추장류를 첨가 • 파, 생강, 마늘, 고추, 술(청주), 후추 등 향신료를 강하게 사용 • 식초, 레몬즙 등의 산을 첨가 • 우유에 재워두었다가 조리하면 우유에 든 단백질인 카제인이 트리메틸아민(트라이메틸아민)을 흡착하여 비린내를 약하게 함 • 생선을 조릴 때 처음 몇 분은 뚜껑을 열어 비린내를 날려 보냄

(3) 어패류의 조리법

① 생선의 단백질은 가열하면 콜라겐이 젤라틴으로 되므로, 조리 시 칼집을 넣어주어야 함
② 생선을 조릴 때는 처음 몇 분은 뚜껑을 열어 비린내의 휘발성 물질을 날려버리는 것이 효과적임
③ 신선하지 않은 생선은 양념을 강하게 조미하는 것이 좋음
④ 생선의 단백질은 열, 소금, 간장, 산(식초)에 의해 응고함
⑤ 생선을 소금에 절이는 경우 생선 무게의 2% 정도 소금에 절이는 것이 적당함

⑥ 조개류는 물을 넣어 가열하면 호박산에 의해 시원한 맛을 냄
⑦ 새우, 게, 가재 등의 갑각류는 가열하여 익으면 변색함

(4) 어패류의 가공

연제품	• 생선묵과 같이 겔(Gel)화가 되도록 전분, 조미료 등을 넣고 으깨서 찌거나 굽거나 튀긴 것 • 소금 농도 3%로 흰살생선(동태, 명태, 광어, 도미 등) 이용 • 어묵의 제조 원리 : 근육의 구조 단백질인 미오신(Myosin)은 소금(탄력성)에 용해되는 성질이 있어 풀과 같이 되므로 가열하면 굳어짐
훈제품	어패류를 염지하여 적당한 염미를 부여한 후 훈연한 것
건제품	어패류와 해조류를 건조시켜 미생물이 번식하지 못하도록 수분함량을 10~14% 정도로 하여 저장성을 높인 것
젓갈	소금의 농도 20~25%로 절인 것

(5) 해조류의 가공

① 해조류의 분류

녹조류	갈조류	홍조류
청태, 청각, 파래	미역, 다시마, 톳	우뭇가사리, 김

② 김

㉠ 탄수화물인 한천이 가장 많이 들어 있고, 비타민 A를 다량 함유함
㉡ 감미와 지미를 가진 아미노산의 함량이 높아 감칠맛을 냄
㉢ 저장 중에 색소가 변화되는 것은 피코시안(Phycocyan, 청색)이 피코에리트린(Phycoerythrin, 홍색)으로 되기 때문이며, 햇빛에 의해 더욱 영향을 받음

③ 한천

㉠ 우뭇가사리 등 홍조류를 삶아서 그 즙액을 젤리 모양으로 응고·동결시킨 후 수분을 용출시켜서 건조한 해조 가공품
㉡ 양갱이나 양장피의 원료로 사용됨
㉢ 장의 연동운동을 높여 정장작용 및 변비를 예방함
㉣ 한천의 응고온도 : 35~40℃
㉤ 조리 시 한천의 농도 : 0.5~3%
㉥ 물에 담그면 흡수·팽윤하며, 팽윤한 한천을 가열하면 쉽게 녹음
㉦ 한천에 설탕을 넣으면 탄력과 점성, 투명감이 증가하고, 또한 설탕 농도가 높을수록 겔의 농도가 증가함

Check Note

바로 확인 문제

■ 생선의 조리 시 (　　)를 사용하면 어취가 제거되고, 생선살을 단단하게 하는 효과가 있다.

답 식초

■ 생선묵에 점탄성을 부여하기 위해서는 (　　)을 첨가한다.

답 전분

4 유지 및 유지 가공품

(1) 유지의 종류와 튀김 조리의 특징

유지의 종류	• 상온에서 액체 : 참기름, 대두유, 면실유 • 상온에서 고체 : 소기름, 돼지기름(라드), 버터
튀김 조리의 특징	• 튀김 시 온도는 160~180℃가 일반적이고, 튀김할 때 기름의 흡유량은 15~20% 예 양념튀김(가라아게) 150~160℃, 채소류 170~180℃, 어패류 180~190℃ • 튀김은 높은 온도에서 단시간에 조리가 가능하므로 비타민류의 손실이 적음 • 튀김용 기름은 발연점이 높은 식물성 기름이 좋음 • 튀김할 때 온도는 기름 그릇의 한가운데서 측정하도록 함(바닥 면이나 기름에 적게 접하는 면보다 기름이 충분한 곳에서 측정하는 것이 좋음)

(2) 유지의 산패에 영향을 끼치는 인자★

① 온도가 높을수록 반응 속도 증가
② 광선 및 자외선은 산패를 촉진
③ 수분이 많으면 촉매작용 촉진
④ 금속류는 유지의 산화 촉진
⑤ 불포화도가 심하면 유지의 산패 촉진

(3) 유지 채취법

압착법	• 원료에 기계적인 압력을 가하여 기름을 채취하는 방법 • 식물성 원료의 착유에 이용(올리브유, 참기름)
용출법	• 원료를 가열하여 유지를 녹아 나오게 하는 방법 • 동물성 원료의 착유에 이용
추출법	• 원료를 휘발성 유지 용매에 녹여서 그 용매를 휘발시켜 유지를 채취하는 방법 • 불순물이 많이 섞인 물질에서 기름을 채취할 때 이용(식용유)

(4) 유지의 특성

유화성 이용	수중유적형(O/W)	물속에 기름이 분산된 형태(예 우유, 아이스크림, 마요네즈, 크림수프, 프렌치드레싱)
	유중수적형(W/O)	기름에 물이 분산된 형태(예 버터, 마가린)

Check Note

✔ 발연점(열분해 온도)

① 기름을 끓는점 이상으로 계속 가열할 때 청백색의 연기(아크롤레인)가 나기 시작하는 온도
② 정제된 기름일수록 발연점이 높음
③ 옥수수기름(265℃) > 콩기름(257℃) > 포도씨유(250℃) > 땅콩기름(225℃) > 면실유(215℃) > 올리브유, 라드(190℃)

✔ 아크롤레인

유지를 고온에서 가열할 때 발생하는 것으로, 튀김을 할 때 기름에서 나오는 자극적인 냄새 성분의 하나

✔ 튀김용 기름의 요건

① 발연점이 높아야 함
② 유리지방산 함량은 낮아야 함(유리지방산 함량이 높은 기름은 발연점이 낮음)
③ 기름 이외에 이물질이 없어야 함(기름이 아닌 다른 물질이 섞여 있으면 발연점이 낮아짐)

✔ 바로 확인 문제

냉동식품 해동법 중 가장 좋은 방법은 (   )하는 것이다.

답 저온에서 서서히 해동

연화작용	• 밀가루 반죽에 지방을 넣으면 글루텐 표면을 둘러싸서 음식이 부드럽고 연해지는 현상을 말하며, 쇼트닝화라고도 함 • 지방을 너무 많이 넣어서 반죽하게 되면 글루텐이 형성되지 못하여 튀길 때 풀어짐
크리밍성	교반에 의해서 기름 내부에 공기를 품는 성질
가공유지 (경화유) 제조원리	불포화지방산에 수소(H)를 첨가하고 촉매제로 니켈(Ni), 백금(Pt)을 사용하여 액체유를 포화지방산 형태의 고체유로 만든 유지(예 쇼트닝, 마가린)

5 냉동식품의 조리

(1) 냉동식품의 저장 방법

① 냉동식품의 저장은 −18℃ 이하의 저온에서 주로 축산물과 수산물의 장기저장에 이용됨

② 식품의 품질 저하를 막기 위해서는 급속동결법을 주로 사용

(2) 해동 방법

육류, 어류	높은 온도에서 해동하면 조직이 상해서 드립(Drip)이 많이 나오므로 냉장고에서 자연해동하는 것이 가장 좋으며, 또는 비닐봉지에 담아 냉수에 녹임
채소류	냉동 전에 가열 처리되어 있으므로, 조리 시 지나치게 가열하지 말고 동결된 채로 단시간에 조리
과일류	먹기 직전에 포장된 채로 흐르는 물에서 해동하거나 반동결된 상태로 먹음

6 조미료와 향신료

(1) 조미료

소금	• 음식의 맛을 내는 기본 조미료 • 음식의 간을 맞추고 식품을 절이는 데 쓰임
간장	간장의 성분은 아미노산과 당이 있고 유기산이 들어 있어 향미를 줌
식초	• 입맛을 돋우고 생선의 살을 단단하게 하기도 함 • 작은 생선에 소량 첨가하면 뼈까지 부드러워짐 • 생강에 넣으면 적색이 되고, 난백의 응고를 도움(수란)
설탕	음식에 단맛을 주고 고농도에서는 방부성이 있고 근육섬유를 분해하는 성질이 있어 고기의 육질을 부드럽게 함
기름	음식에 고소함과 부드러운 맛을 줌

Check Note

✔ 기타 냉동식품의 해동방법

① 튀김 : 동결된 상태로 높은 온도에서 튀기거나 오븐에 데움

② 빵, 케이크 : 자연해동이나 오븐에 데움

③ 조리 냉동식품 : 플라스틱 필름으로 싼 것은 끓는 물에서 그대로 약 10분간 끓이고, 알루미늄에 넣은 것은 오븐에서 약 20분간 데움

✔ 드립현상

① 냉동식품을 상온에 두면 냉동 중 파괴되었던 식품 조직에서 액이 분리되어 나오는 현상

② 과일, 채소류는 냉장과 병행하여 호흡 억제를 위한 가스저장법(CA저장법)을 실시(산소 제거 및 질소, 이산화탄소 등 주입)

✔ 통조림의 제조연월일 표기

10월은 O, 11월은 N, 12월은 D로 표시하며, 1~9월은 01~09로 표시

✔ 레토르트 파우치(Retort Pouch) 식품

① 플라스틱 주머니에 밀봉·가열한 식품으로 통조림, 병조림과 같은 저장성을 가진 식품(즉석밥 등)

② 냉동할 필요가 없으며, 방부제 없이 장기간 저장이 가능

③ 통조림보다 살균 시간이 단축됨

④ 색깔, 조직, 풍미 및 영양가의 손실이 적음

✔ 바로 확인 문제

( )는 난백의 응고를 돕고, 생선의 조리 시 탄력성을 높여준다.

답 식초

(2) 향신료

후추	매운맛을 내는 차비신(Chavicine) 성분이 생선의 비린내와 육류의 누린내를 감소시킴
고추	매운맛을 내는 캡사이신(Capsaicin)은 소화와 혈액순환을 촉진하며 방부작용도 함
겨자	• 매운맛 성분인 시니그린(Sinigrin)이 분해되어 자극성이 강하며, 특유의 향을 가지고 있음 • 40℃에서 매운맛을 내므로 따뜻한 곳에서 발효시키는 것이 좋음
생강	• 매운맛을 내는 진저론(Zingerone)은 생선과 고기의 비린내, 누린내를 없애는 데 많이 사용 • 살균 효과가 있어 생선회와 함께 곁들이기도 함 • 생선요리 시에는 생선살이 익은 후에 생강을 넣어야 어취 제거 효과가 있음
파	황화알릴 성분은 휘발성 자극의 방향과 매운맛을 갖고 있음
마늘	알리신(Allicin) 성분이 독특한 냄새와 매운맛을 내며, 자극성과 살균력이 강함
기타	깨소금, 계피, 박하, 카레, 월계수잎 등

03 식생활 문화

1 음식의 문화와 배경

(1) 한식

① 식사할 때는 어른이 먼저 수저를 든 다음에 들고, 어른이 수저를 내려놓은 다음에 내려놓도록 함
② 숟가락과 젓가락을 한 손에 들지 않음
③ 숟가락이나 젓가락을 그릇에 걸치거나 얹어 놓지 않음
④ 밥그릇, 국그릇, 죽그릇 등을 손으로 들고 먹지 않음
⑤ 국, 탕, 찌개는 숟가락으로 먹고, 찬 종류는 젓가락으로 먹음
⑥ 음식을 먹을 때 수저가 그릇에 부딪혀서 소리가 나지 않도록 주의함
⑦ 수저 또는 젓가락으로 반찬이나 밥을 뒤적거리지 않도록 함
⑧ 김치 또는 반찬의 양념을 털어 내거나 먹지 않는 것을 골라내는 것은 좋지 않음
⑨ 먹는 도중에 수저에 음식이 많이 묻지 않도록 하며, 깨끗하게 먹음
⑩ 함께 먹는 음식은 각자 앞접시에 덜어서 먹음

Check Note

조미료의 첨가 순서
설탕 → 소금 → 식초 → 간장 → 된장 → 참기름

한식의 특징
① 지형적으로 남북으로 길게 뻗어 있는 반도로 평야와 산과 바다로 이루어져 있어 농산물, 축산물, 수산물이 고루 생산됨
② 삼국시대부터 주식으로는 곡물을 주로하고 부식으로 육류, 어패류, 채소류로 만든 찬을 주로 이용하였음

외국인에게 한국 음식을 대접할 때의 예절
① 외국인에게 있어 흥미롭게 상차림을 하는 것이 중요함
② 우리의 전통 방법대로 음식을 차리고 수저를 놓는 방법으로 대접하면 되지만, 좌식보다는 입식이 외국인에게는 더 편리할 수 있음
③ 식탁은 물론 식탁보, 식탁깔개, 수저받침, 수저, 포크, 나이프, 냅킨, 물컵, 술잔, 식탁에서의 서빙 가위나 식탁을 닦는 행주 등도 위생적으로 처리하는 것이 매우 중요함

음양오행설
① 다섯 가지 색상인 청(靑), 적(赤), 황(黃), 백(白), 흑(黑)의 오방색으로 구성되어 있음
② 한국 음식의 5천 년의 역사 속에서 이는 곧 음식을 통하여 우주를 만나고 우주를 먹는 것으로 이해되고 있음
③ 오방색을 사용한 음식으로는 구절판, 신선로, 잡채 등이 있음

⑪ 곁들여 먹는 양념간장, 초장이나 초고추장은 접시에 덜어서 찍어 먹는 것이 좋음
⑫ 음식을 먹는 도중에 뼈나 생선가시 등을 상 위나 바닥에 그대로 버려서 상(식탁)을 더럽히지 않도록 함
⑬ 식사 중에 예상치 않게 기침이나 재채기가 나오면 옆으로 하고, 손이나 손수건으로 가려서 다른 사람에게 실례가 되지 않도록 주의함
⑭ 물을 마실 때도 흘리지 않도록 주의하도록 함
⑮ 가능하면 식사 시간을 다른 사람들과 보조를 맞추면서 먹도록 함
⑯ 음식을 다 먹은 후에는 수저를 처음 위치에 가지런히 놓음
⑰ 이쑤시개(요지)를 사용할 때는 한 손으로 가리고 사용하고, 사용 후에는 남에게 보이지 않게 잘 처리함
⑱ 식사 중에 사용한 냅킨은 일어나기 전에 접어서 상 위에 가지런히 놓고 일어남

(2) 양식

① 서양요리는 로마 요리에서 전래된 프랑스 요리를 기본으로 미국, 영국, 이탈리아, 독일, 스위스 등 서구 여러 나라의 음식을 표현함
② 최초의 요리는 불에 의한 로스트(Roast) 요리를 시작으로, 프랑스 요리의 수백 종류로 파생되는 소스(Sauce)와 7~10일씩 농축하여 만든 조리법, 따뜻한 기후와 넓은 토지에서 생산되는 향신료와 유제품을 토대로 다양한 요리와 조리법이 발달하게 되었음

시기	내용
12세기 이전	빵을 구워서 먹고 채소를 주로 한 요리
14세기	소스(Sauce) 사용
15세기	쌀로 만든 Potage, Puree(프랑스 지방 특유의 수프)
19세기	명요리장 Antonin Careme 활동
20세기	Auguste Escoffier가 프랑스 요리의 체계 완성, Le Guideluli- Maire 조리지침서 저술

(3) 중식

① 중국의 쌀은 기름기가 적고 잘 부서져서 먹는 데 불편함이 많고, 중국 사람은 죽이나 국 종류를 떠먹을 때를 제외하고는 젓가락으로 밥을 먹기에 어려움이 따르므로 자연스럽게 한 손으로 밥그릇을 들고 다른 한 손으로 젓가락을 이용해 밥을 먹는 것이 습관이 되었음

Check Note

우리나라에 서양 음식의 보급

① 1900년 : 러시아인이 서양요리 처음 보급(정동의 손탁호텔 - 서양식당)
② 1900년대 이후 미군으로부터 미국식 서양요리 보급 시작

② 큰 접시에 담긴 요리를 자기가 쓰던 젓가락으로 집어도 관계는 없으나, 여분의 젓가락이나 국자, 수저가 접시에 곁들여 있으면 그것을 쓰는 것이 바람직함

③ 술이 나올 경우는 술잔의 80%를 웃돌게 따라야 하며, 요리 순서는 냉채가 먼저 오르고 다음에 볶음요리가 오르는데, 볶음요리는 주요 귀빈의 맞은편 좌석의 왼쪽에 올림

④ 개개인의 몫으로 올리는 요리는 귀빈에게 먼저, 그 다음 주인에게 올리며, 닭고기나 오리고기, 생선을 올릴 때는 머리나 꼬리가 주인을 향하지 않도록 함

⑤ 밥은 중요한 요리가 골고루 나온 후 끝날 때 나오고, 밥이 끝나면 餃(간단한 중국식 떡)이 나옴

⑥ 요리와 식사가 끝나면 따끈한 차를 마심

⑦ 이러한 순서는 전체 연회가 순서 있게 진행되도록 해 줄 뿐만 아니라 주인과 손님이 자연스럽게 이야기를 나눌 수 있도록 편안한 분위기를 만들어 줌

(4) 일식

① 사면이 바다인 섬나라 일본의 음식은 초밥을 비롯하여 다양한 생선요리가 발달함

② 특히 일본의 영토는 남서에서 북동으로 길게 뻗어 있고 기후의 변화가 많고 사계절이 뚜렷하므로 계절적인 식재료가 다양하고 해산물, 어패류 등이 풍부하여서 날음식을 비롯한 다양한 음식이 발달함

③ 전통적으로 내려온 일본요리와 외국의 음식을 응용하여 일본요리화한 현대식 일본요리도 꾸준하게 발달하고 있음

(5) 복어

① 한국에서 복어의 역사는 석기시대의 패총(경남 김해군 수가리)에서 가오리, 도미, 대구, 농어 뼈와 함께 복어의 뼈가 출토된 것으로 보아 신석기시대부터 복어를 식용한 것으로 보고 있음

② 복어를 먹는 나라는 한국, 일본, 중국 등 주로 아시아에 있는 국가이지만, 고대 이집트 왕릉의 벽화에서도 복어가 그려져 있는 것으로 보아 이집트인들도 복어를 먹었거나 복어에 대하여 무엇인가 알았던 것으로 추정할 수 있음

Check Note

좌석에 입석할 때의 예절과 식탁에서 지켜야 할 예절

① 좌석에 앉을 때는 손으로 의자를 가볍게 당겨내면서 소리가 나지 않도록 해야 하며, 남자가 여자와 동행할 경우는 여자의 의자에 대하여 남자가 편의를 제공해 주도록 함

② 좌에는 두 무릎을 나란히 모으고 발을 가지런히 놓은 상태에서 바른 자세로 앉아야 하며, 손을 옆 사람의 의자 등받이에 얹거나 테이블에 턱을 괴는 행동은 삼가도록 함

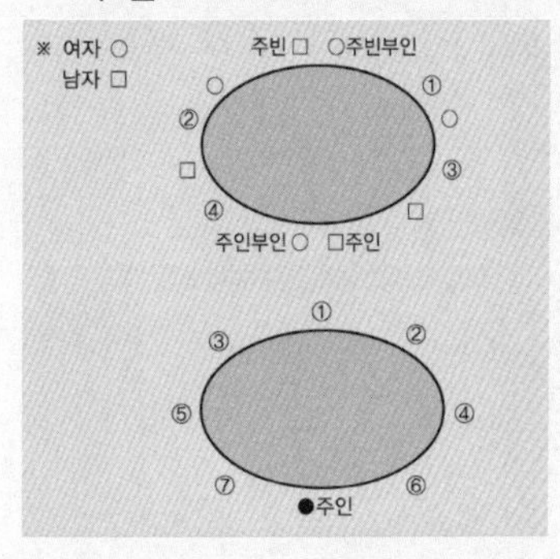

복어회(てっさ ; 텟사)의 은어 유래

① 복어를 즐겨 먹던 도요토미 히데요시 시대에 조선으로의 출병 전 나고야성에서 병사들이 복어를 먹고 사망하는 사건이 일어나면서 복어 식용을 금지하였으나 죽음과도 바꿀 수 있다는 맛있는 복어에 대한 욕구는 줄지 않고 은밀하게 복어를 유통했음

② 복어라는 단어 대신 "복어 독(ふぐの毒)을 먹으면 죽는다." "총[鉄砲(てっぽう)]에 맞으면 죽는다."라는 의미에서 복어를 '뎃포(鐵砲)'라 하였음

③ 복어회는 뎃포사시미(てっぽう+さしみ)의 합성어인 텟사(てっさ)라고 불리는 은어가 오늘날에도 쓰이고 있음

2 음식의 분류

(1) 한식

1) 한국 음식의 종류

① 주식류

밥	• 주로 멥쌀로 지은 쌀밥(흰밥)을 먹으며, 그 외 찰밥(찹쌀), 보리밥(보리쌀) 등과 콩, 팥, 은행, 조, 수수, 녹두, 밤, 대추, 잣, 인삼, 나물류 등을 섞어 잡곡밥, 영양밥, 비빔밥, 김밥 등을 만들기도 함 • 쌀은 가능하면 바로 도정을 하여 세척 후 1.2배의 물로 밥을 지으며, 밥이 완성되면 중량이 2.2~2.4배로 증가함 • 하루에 필요한 열량의 65%를 탄수화물로부터 섭취하는 우리나라 사람들에게 밥은 중요한 열량원임
죽, 미음, 응이	• 가장 기본 죽인 '왼죽(粒粥, 입죽)'은 쌀을 갈지 않고 그대로 물을 부어 쑨 것으로 익는 시간이 오래 걸리고 물도 많이 들어감 • 곡물의 5~10배의 물을 부어 오랫동안 가열하여 완전히 호화되고 부드럽게 된 상태로 완성한 것 • 유아, 노인, 환자들의 음식으로 많이 쓰이며, 재료에 따라 종류가 다양하고, 소고기, 전복, 채소 등을 넣어 맛의 변화를 주고 영양을 더함 • 죽의 종류 : 흰죽, 두태죽, 장국죽, 어패류죽, 비단죽 등

② 부식류

㉠ 국, 찌개, 전골

국	• 밥과 함께 내는 국물요리로 여러 가지 수조육류, 어패류, 채소류 등으로 끓인 국물요리 • 국의 종류 맑은장국 : 양지머리, 사태 등을 볶아서 간장물에 삶아낸 국 토장국(된장국) : 쌀뜨물에 채소나 산채 등을 넣고 된장으로 간을 맞춘 국 곰국 : 소의 뼈와 내장을 재료로 삶아 우려낸 국 냉국(찬국) : 끓여서 식힌 물에 맑은 청장으로 간을 맞춘 후 끓이지 않고 차게 해서 먹는 국 • 우리나라에서의 국은 밥상을 차릴 때 기본적인 필수 음식
찌개(조치)	• 국보다 국물을 적게 한 음식으로 국에 비해 간이 짜며 맛이 진하고, 건더기가 넉넉한 편임 • 찌개의 종류 : 고추장찌개, 된장찌개, 맑은 찌개 등

Check Note

쌀의 특징

① 한국인의 주식으로 이용되는 쌀은 재배지역에 따라 자포니카형, 자바니카형, 인디카형으로 구분되며, 한국은 낟알이 둥글고 짧은 형태인 자포니카형을 재배함
② 기후적 특성상 고온다습한 여름에는 벼농사가 적합하여 쌀을 주식으로 하게 되는 배경이 되었으며, 지리적으로도 국토의 70%가 산지로 다양한 잡곡의 재배가 이루어져 쌀과 함께 잡곡이 주식으로 자리 잡음

원미죽과 무리죽

① 원미죽 : 절구나 분쇄기에 쌀을 반쯤 굵게 갈아 쑨 죽
② 무리죽 : 이유식 또는 환자식으로 쌀에 물을 붓고 곱게 갈아 짧은 시간에 쑨 죽

Check Note

주식의 종류 중 국수와 만두

국수	• 일반적으로 메밀로 만든 면을 의미하며, 밀가루로 만든 면은 난면이라고 함 • 국수면의 종류 : 밀가루 또는 메밀가루를 물 반죽하여 뽑아낸 압착면과 반죽을 얇게 밀어서 칼로 썬 절단면, 반죽을 양손으로 잡아당기는 것을 반복하여 가늘게 뽑은 타면 등 • 국수장국(온면), 칼국수, 냉면, 비빔국수 등
만두	• 밀가루를 물에 반죽한 후 얇게 밀은 만두피 속에 돼지고기, 부추, 김치 등을 잘게 다져 양념한 소를 채워 넣고 다양한 모양으로 빚어서 만듦 • 계절에 따라 봄에는 준치만두, 여름에는 편수, 규아상, 어만두, 겨울에는 산채만두, 동아만두 등을 먹음

전골	• 국에 비해 국물의 양이 적은 편이며, 반상이나 주안상에 곁상으로 따라 나가는 중요한 음식 • 즉석에서 가열하여 익힐 수 있게 하며 95℃ 이상의 높은 온도에서 제맛을 냄 • 전골의 종류 : 신선로, 소고기전골, 낙지전골, 생굴전골, 두부전골 등

㉡ 찜, 선

찜	• 우리나라만의 독특한 조리법으로 재료를 크게 썰어 용기 내에 고기와 술, 초, 장 등 조미료를 알맞게 넣고 뚜껑을 덮은 후 약한 불에서 익히거나 증기로 익혀 재료의 맛이 충분히 우러나도록 만든 음식 • 육류찜, 어패류찜, 채소찜으로 나눌 수 있음
선	• 찜과 비슷한 방법으로 만든 음식으로 채소에 칼집을 넣어 데치거나 소금물에 절여서 고명을 채운 후에 찌는 것을 말하며 초간장, 겨자장을 곁들여 먹음 • 선의 종류 : 오이선, 호박선, 어선, 두부선, 화계선 등

㉢ 구이, 적과 전(전유어), 지짐

구이, 적	• 인류가 불을 사용하게 된 후 가장 먼저 사용한 조리법으로, 꼬치, 석쇠, 철판 등을 이용하여 구움 • 직접 불에 닿게 굽는 직접구이와 간접구이가 있음 • 재료에 따른 구이의 종류 육류: 너비아니, 제육구이, 염통구이, 갈비구이 등 어패류: 조기구이, 삼치구이, 대합구이 등 채소류: 더덕구이, 송이구이 등
전(전유어), 지짐	• 육류, 어패류, 채소류 등을 다지거나 얇게 저며서 소금, 후추로 간을 하고 밀가루 달걀을 무쳐 양면을 기름에 지진 것 • 재료에 따른 전의 종류 육류: 완자전, 양동구리, 두골전 등 채소류: 표고전, 고추전, 호박전, 양파전, 연근전 등 어패류: 동태전, 굴전, 홍합전, 새우전 등 그 외: 빈대떡, 파전 등

㉣ 조림(조리개), 초

조림 (조리개)	• 육류, 어패류, 채소류 등을 간장이나 고추장에 조려서 만드는 조리법으로 반찬에 적합한 음식

	• 일반적으로 흰살생선을 조림할 때는 간장을 사용하며, 붉은살생선이나 비린내가 나는 생선들은 고추장, 고춧가루를 많이 사용하는 편임
초 (炒)	• 조림과 비슷한 조리법 • 조림보다 약간 간을 싱겁게 하고 나중에 녹말을 풀어 넣어 윤기 있게 국물 없이 조리는 것을 말함

ⓜ 회, 숙회와 생채, 숙채

회, 숙회	• 회 : 육류, 어패류, 채소류 등을 날로 또는 살짝 데쳐서 와사비, 간장, 초고추장, 소금, 기름 등에 찍어 먹는 음식 • 숙회 : 일반적으로 살짝 데쳐서 먹는 것으로, 오징어회, 문어회, 미나리강회, 두릅회 등이 있음
생채, 숙채	• 생채 : 계절별로 나오는 싱싱한 채소류(무, 배추, 가지, 파, 도라지, 더덕, 오이, 늙은 오이, 갓, 상추, 미나리 등)를 익히지 않고 초장이나, 초고추장, 겨자 등으로 새콤달콤하게 무쳐 곧바로 먹는 음식 • 숙채 : 나물을 살짝 데치거나 기름에 볶아 익혀서 갖은 양념에 무쳐 먹는 음식

ⓑ 편육, 족편

편육 (片肉)	• 고기를 푹 삶아내어 물기를 빼고 얇게 저민 것 • 소고기는 양지머리, 머릿살, 사태 등을, 돼지고기는 삼겹살, 목살, 머릿살 등을 주로 이용함
족편	• 소의 족·가죽·꼬리 등을 삶아 잘게 썰은 후 물을 붓고 고아서 소금으로 간하고 고명을 뿌려 묵처럼 굳힌 음식 • 양념간장에 찍어 먹거나 간장으로 간을 하여 국물이 거무스레해지는 장족편으로 만들어 먹음

ⓢ 포, 튀각, 부각, 자반

포	고기와 생선을 말려 육포와 어포를 만듦
튀각	다시마, 미역을 기름에 튀겨 만듦
부각	김, 채소의 잎, 열매 등에 되직하게 쑨 찹쌀풀에 간을 하고 발라 햇볕에 말린 후 기름에 튀겨서 만듦
자반	생선을 소금에 절이거나 해산물 또는 채소를 간장에 조리거나 무친 것으로 주로 반찬으로 이용됨

Check Note

Check Note

떡의 종류

① 시루에 찌는 떡 : 백설기, 두텁떡, 송편, 팥시루떡 등
② 찐 다음에 안반이나 절구에 치는 떡 : 가래떡, 인절미, 절편, 대추단자, 쑥(구리)단자 등
③ 빚어 찌는 떡 : 찹쌀경단, 각색경단, 오메기떡, 수수경단, 두텁단자 등
④ 찹쌀가루를 익반죽하여 모양을 만들어 번철에 지진 떡 : 화전, 주악 등

한국 음식의 상차림

① 한국 음식의 상차림은 네모지거나 둥근 상을 사용하여 음식을 한 상에 차려 내는 특징이 있음
② 상차림은 주식에 따라 밥과 반찬을 주로 한 반상을 비롯하여 죽상, 면상, 다과상 등으로 나눔
③ 목적에 따라 주안상, 교자상, 돌상, 큰상, 폐백상, 제상 등으로 나눔

반상의 특징

① 밥상(어린 사람), 진짓상(어른), 수라상(임금) 등으로 불림
② 신분에 따라 서민들은 3첩·5첩을, 반가에서는 7첩·9첩을, 임금 및 왕실에서는 12첩의 상차림을 하였음

바로 확인 문제

한식의 반상차림은 첩수에 따라 (   )으로 나뉜다.

답 3첩, 5첩, 7첩, 9첩, 12첩

ⓞ 김치, 장아찌, 젓갈

김치	배추, 무 등을 소금에 절여 고추, 파, 마늘, 생강 등과 젓갈을 함께 넣어 버무려 익힌 한국 음식의 대표적인 발효식품
장아찌	• 무, 오이, 도라지, 더덕, 고사리 등의 채소를 된장이나 막장, 고추장, 간장 속에 넣어 삭혀 만듦 • 각종 육류, 어류는 살짝 익혀 된장, 막장 속에 넣어 만듦
젓갈	• 어패류의 염장식품으로 숙성 중 자체 효소에 의한 소화작용과 약간의 발효작용에 의해 만들어짐 • 밑반찬 또는 김치를 담글 때에도 이용됨

③ 후식류

떡	한국의 전통 곡물 요리 중 하나
한과	• 재료나 만드는 법에 따라 유과, 유밀과, 다식, 정과, 엿강정, 과편, 당속, 숙실과 등으로 구분됨 • 유밀과 : 약과, 매작과 • 숙실과 : 생란, 율란, 조란, 밤초, 대추초 등
음청류	기호성 음료의 총칭으로 재료나 만드는 법에 따라 차, 탕, 화채, 식혜, 수정과 등으로 구분됨

2) 한국 음식의 상차림

반상차림	• 우리나라의 전통적인 상차림으로 밥을 주식으로 한 정식 상차림 • 첩수에 따라 3첩, 5첩, 7첩, 9첩, 12첩으로 나뉨 • 기본음식 : 밥, 국, 김치, 전골, 찜(선), 찌개(조치), 장류 • 찬품 : 숙채, 생채, 조림, 구이, 장아찌, 마른 찬, 회, 전, 편육
죽상차림	• 부담 없이 먹는 가벼운 음식을 위한 상차림 • 동치미, 나박김치, 젓국으로 간을 한 맑은 조치, 마른 찬(북어 보푸라기, 육포, 어포) 등을 함께 냄
면상(장국상) 차림	• 국수를 주식으로 한 상차림으로 주로 점심에 많이 사용 • 주식으로는 온면, 냉면, 떡국, 만둣국 등을 이용 • 부식으로는 배추김치, 나박김치, 생채, 찜, 겨자채, 잡채, 편육, 전 등이 사용되나 깍두기, 장아찌, 밑반찬, 젓갈 등은 사용하지 않음
다과상차림	• 간편하게 차, 음청류를 마시기 위한 상차림 • 차, 화채, 식혜, 수정과 등과 곁들여 먹을 수 있는 한과, 유과, 유밀과, 다식 등을 함께 냄

주안상차림	• 주류(술)를 대접하기 위한 상차림 • 약주와 함께 육포, 어포, 전, 회, 어란 등의 마른안주와 전이나 편육, 찜, 신선로, 전골, 찌개 같은 얼큰한 안주 한 두 가지, 그리고 생채류와 김치, 과일 등 또는 떡과 한과류가 오르기도 함
교자상차림	• 명절, 경사가 있는 잔치 등 많은 사람이 함께 모여 식사하는 경우 차리는 상으로, 5첩 이상의 반상 • 품교자상이라고 하며 연회식으로 사용 • 대개 고급 재료로 많은 종류의 음식을 만들어 대접함 • 면(온면, 냉면), 탕(계탕, 어알탕, 잡탕), 찜(영계찜, 육찜, 우설찜), 전유어, 편육, 적, 회, 잡채, 신선로 등 다양한 음식이 차려짐
돌상차림	• 태어나서 처음 맞이하는 생일상으로 수명장수(壽命長壽)와 다재다복(多才多福) 등의 의미를 담아 돌상을 차림 • 흰밥, 미역국, 푸른나물, 백설기, 오색송편, 인절미, 붉은팥 차수수경단, 생과일, 쌀, 삶은 국수, 대추, 타래실, 돈 등을 놓음
큰상(혼례, 회갑, 회혼례) 차림	• 혼례(결혼식), 회갑(만 61세), 회혼례(결혼 60주년)를 경축하기 위한 상차림 • 떡, 숙실과, 생실과, 견과, 유밀과 등을 높이 괴어서 상의 앞쪽에 색을 맞추어 차리고 주식은 면류로 함

(2) 양식

1) 메뉴의 형태 : 정식요리 메뉴(Full Course Menu)

5코스	전채 → 수프 → 주요리 → 후식 → 음료
7코스	전채 → 수프 → 생선 → 주요리 → 샐러드 → 후식 → 음료
9코스	전채 → 수프 → 생선 → 셔벗 → 주요리 → 샐러드 → 후식 → 음료 → 식후 생과자
16코스	찬 전채 → 수프 → 온 전채 → 생선 → 주요리 → 더운 주요리 → 찬 주요리 → 가금류 요리 → 더운 채소요리 → 찬 채소요리 → 더운 후식 → 찬 후식 → 과일 → 치즈 → 식후 음료 → 식후 생과자

2) 메뉴의 종류

① 1일(시간별)

아침식사 (Breakfast)	• 유럽식 : 주스 → 토스트 → 음료 • 미국식 : 과일 또는 과일주스 → 곡류음식 → 달걀 → 빵 → 음료 • 영국식 : 주스 → 곡류음식 → 생선 → 달걀 → 빵 → 음료

Check Note

반상의 종류

① 밥, 국(탕), 김치류, 장류(초간장, 초고추장, 간장), 조치류(찜, 찌개) 등을 제외한 반찬의 수에 따라 3, 5, 7, 9, 12첩으로 나누며, 이때 첩수는 반찬의 수를 말함
예 오첩반상은 밥1, 국1, 김치2, 장류2, 찌개(조치)1을 기본 음식으로 하고, 나물(생채 또는 숙채)1, 구이1, 조림1, 전1, 마른 반찬(장과 또는 젓갈)1을 5첩으로 함

② 5첩 이상의 반상을 품상이라고 하여 손님접대용 요리상으로 하고, 7첩 이상의 반상에는 곁상과 반주, 반과 등이 나오며, 12첩 반상은 수라상으로 이용함

폐백상차림

① 혼례를 치른 후 시부모님과 시댁 어른들에게 첫인사를 드리는 예의를 폐백이라 함

② 각 지방이나 가정에 따라 풍습이 다르며 대개 서울은 육포나 산적·대추·청주를, 지방에서는 폐백닭·대추·청주를 가지고 감

제상차림

① 제상에는 고춧가루, 마늘을 사용하지 않으며 비늘이 없는 생선, 껍질에 털이 있는 과실은 올리지 않는 것에 주의함

② 상차림에는 홍동백서(붉은 과일이 동쪽, 흰색 과일이 서쪽), 어동육서(생선이 동쪽, 육류가 서쪽), 좌포우혜(포가 왼쪽, 식혜가 오른쪽), 조율시이(왼쪽부터 대추, 밤, 감, 배 순서)의 제상 원칙을 지키고 있음

바로 확인 문제

서양식의 정식요리 메뉴는 (　　) 이다.

답 5코스, 7코스, 9코스, 16코스

Check Note

양식메뉴의 기타 형태

<table>
<tr><td>일품요리 메뉴
(A la Carte Menu)</td><td colspan="2">• 코스별로 정해진 요리가 차례로 제공
• 각 코스별 다양한 메뉴에서 마음대로 한 가지씩 골라서 선택</td></tr>
<tr><td>연회메뉴
(Banquet Menu)</td><td colspan="2">고객이 원하는 요리를 골라서 정식 메뉴로 구성하여 연회행사용으로 사용</td></tr>
<tr><td rowspan="2">뷔페메뉴
(Buffet Menu)</td><td>Open Buffet</td><td>호텔 뷔페(일정한 요금을 지불하고 마음껏 이용)</td></tr>
<tr><td>Close Buffet</td><td>정해진 금액과 인원에 맞추어 연회행사용 제공</td></tr>
</table>

식당별 종류

프랑스	프랑스 요리로 메뉴 구성
커피숍	햄버거, 커피, 과일 등 주로 가벼운 식사로 구성
객실고객	객실에서 이용할 수 있는 메뉴로 구성
레스토랑	한식, 일식, 중식 레스토랑 등

바로 확인 문제

아침과 점심의 합성어로, 아침 겸 점심(Set Buffet Menu)을 설명한 메뉴는 (   )이다.

답 브런치

<table>
<tr><td>브런치
(Brunch)</td><td colspan="2">• 아침과 점심의 합성어
• 아침 겸 점심(Set Buffet Menu)</td></tr>
<tr><td>점심식사
(Lunch)</td><td colspan="2">• 아침보다는 약간 풍성하게 먹는 식사
• 샌드위치로 가볍게 먹는 경우 : 수프 → 샌드위치 → 샐러드 → 후식 → 음료
• 일품요리 또는 육류요리와 채소요리까지 곁들이는 경우 : 일품요리 → 샐러드 → 빵 → 후식 → 음료</td></tr>
<tr><td>저녁식사
(Dinner)</td><td colspan="2">• Buffet Menu : 점심보다는 다양하게 제공
• 가족 디너의 식단 : 수프 또는 과일 칵테일 → 주요리(생선 또는 고기요리) → 샐러드 → 빵 → 후식 → 음료</td></tr>
<tr><td>스낵(Snack)</td><td colspan="2">• 아침과 점심 사이 • 점심과 저녁 사이</td></tr>
<tr><td rowspan="8">정찬
(Supper)</td><td colspan="2">손님을 초대해서 대접할 때 또는 행사가 있을 때
• 오찬 : 점심 때 차리는 것
• 만찬 : 저녁 때 차리는 것
• 정찬의 풀코스 : 오르되브르(hors-d'oeuvre, 전채요리) → 콩소메(consommé, 수프) → 생선요리 → 앙트레(entrée, 부드러운 닭 또는 양고기요리) → 고기요리 → 샐러드 → 후식 → 데미타스 커피(demi-tasse coffee)
• 음료</td></tr>
<tr><td>식욕촉진</td><td>칵테일, 셰리, 뒤포네(포도주의 일종), 주스 등</td></tr>
<tr><td>전채요리</td><td>셰리</td></tr>
<tr><td>생선요리</td><td>백포도주</td></tr>
<tr><td>고기요리</td><td>적포도주</td></tr>
<tr><td>축하연</td><td>샴페인</td></tr>
<tr><td>식사 중</td><td>탄산수 또는 물</td></tr>
<tr><td>식후(별실)</td><td>리큐어, 브랜디, 위스키 등</td></tr>
</table>

② 일자별

오늘 특별 (Daily Special)	조리장이 당일 고객의 취향에 맞게 메뉴 구성
계절 (Seasonal)	사과, 딸기, 무화과, 킹크랩, 연어요리 등 계절메뉴 프로모션
축제(Festival)	추수감사절, 성탄절(칠면조 요리, 호박파이 등) 등
채식 (Vegetarian)	채소류를 주재료로 구성
경식(Light)	주로 생선, 우유, 치즈, 주스 등으로 가볍게 구성
건강식 (Health Food)	환자 및 기력증진을 위하여 스테미너 식품으로 구성

(3) 중식

① 지역의 특성에 따른 중국요리

남경요리 (상하이요리)	• 강채(江菜) 또는 소채(蘇菜)라 함 • 상하이(上海)는 서양과의 무역이 일찍부터 활발하게 이루어져 중식과 양식의 조화가 이루어진 음식이 많음 • 양쯔강 유역의 풍부한 곡물과 해안선에서 나는 해산물을 많이 이용하며, 쌀 생산지로 곡류와 채소가 풍부하여 쌀밥에 어울리는 요리가 발달함 • 따뜻한 기후를 바탕으로 이 지방의 특산물인 장유(醬油)를 사용하여 요리하며, 간장과 설탕을 주로 이용한 달고 진한 맛을 내는 것이 특징 • 게, 새우요리가 유명하고, 10~1월 사이에만 맛볼 수 있는 돼지고기에 진간장을 써서 맛을 내 만드는 요리인 홍사오러우(紅燒肉)가 유명함
사천요리 (쓰촨요리)	• 천채(川菜)라고도 불리며 사천성의 중심지인 청두(成都)를 중심으로 발달했으며, 그 외 충칭(重慶) 등의 도시를 중심으로 발달한 요리 • 바다가 먼 내륙지방의 분지인 관계로 기온의 차이가 심하고 습도가 높은 악천후를 이겨내기 위해 강한 느낌의 향신료를 많이 사용하여 맛이 자극적이고 매운 것이 특징 • 고추, 후추, 날생강, 마늘 등과 같은 향신료를 많이 사용하여 음식 대부분이 입 안이 얼얼할 정도로 매운 것이 특징이나 우리나라 사람들의 입맛에는 잘 맞음 • 중국적인 전통을 가장 잘 보존하고 있는 요리로 대표적으로 마파두부, 생선철판구이가 있음
광동요리 (광둥요리)	• 월채라고도 불리며 광저우(廣州)를 중심으로 한 중국 남부 지방의 요리를 일컬음 • 광저우, 홍콩, 마카오 주변의 광동성의 요리로 전 세계적으로 가장 널리 알려진 중식요리 • 식재료의 신선함을 가장 중요시하며, 풍부한 해산물과 아열대성 채소와 과일 등 음식 재료가 광범위함 • 서양식 양념에 중국식 조리법이 흡수되어 맛이 신선하고 담백한 것이 특징 • 대표적인 요리로는 광동식 탕수육, 팔보채, 딤섬, 구운거위, 오리, 상어지느러미, 제비집, 원숭이 요리 등이 있으며, 이 중에서도 상어지느러미와 제비집요리는 최고의 요리라고 할 수 있음 • 맛의 특징은 약간 달짝지근하면서 깔끔한 맛을 내며, 부드럽고 미끈거리는 질감이 있음

Check Note

중국의 요리

① 중국은 땅이 넓은 만큼 음식도 지역마다 다르며 종류도 다양함
② 경제, 지리, 사회, 문화 등 다양한 요소가 작용하여 동서남북으로 나누어 4대 요리라고 말하는데, 4대 요리는 동쪽 요리는 남경요리, 서쪽 요리는 사천요리, 남쪽 요리는 광동요리, 북쪽 요리는 북경요리로 나눔
③ 8대 요리는 산둥요리, 장쑤요리, 저장요리, 안후이요리, 푸젠요리, 광동요리, 후난요리, 쓰촨요리가 있음

Check Note

북경요리 (베이징요리)	• 경채(京菜)라고도 불리며 베이징, 톈진 지방을 중심으로 하는 요리로 특히 청나라 때부터 발달하였음 • 한랭한 기후 때문에 추위에 견디기 위한 기름기가 많은 고칼로리 음식이 발달하였음 • 고온에서 단시간 요리하는 볶음요리가 많으며 짠맛, 단맛, 매운맛, 신맛 등을 잘 살리는데, 특히 짠맛을 중심으로 하는 요리가 발달하여 복합적인 맛을 냄 • 황실의 중심지였으므로 궁중요리가 발달했음 • 북경 오리구이가 가장 유명하고, 이 외에도 육류요리, 면요리, 짜장볶음, 새우케첩볶음 등이 있음 • 우리나라의 중국음식점 대부분이 북경요리법을 따름

(4) 일식

① 지역적 분류

관동요리 (關東料理)	• 동경을 중심으로 발달한 요리로, 에도요리(江戸料理)라고도 함(에도는 도쿄의 옛 이름임) • 진한 간장을 사용하여 맛이 농후하고, 달고 짜고 국물이 적음 • 대표적인 요리 : 덴뿌라(튀김), 소바(메밀국수) 등
관서요리 (關西料理)	• 오사카, 교토를 중심으로 발달한 요리 • 재료의 색과 형태를 살려 맛이 연하고 국물이 많음 • 대표적인 요리 : 타코야끼, 우동 등
향토요리 (鄕土料理)	각 지방마다 재료, 모양, 맛, 담는 모양, 먹는 방법 등에 있어서 독특한 개성을 가지고 있음

② 형식적 분류

본선요리 (本膳料理, ほんぜんりょうり)	• 형식이 갖추어진 정식 일본요리 • 현재는 가이세키요리로 변화됨
회석요리 (懷石料理, かいせきりょうり)	• 차(茶)를 마시기 전에 차의 맛을 충분히 볼 수 있도록, 또는 공복감을 겨우 면할 정도로 내는 간단하고 양이 적은 요리 • 차와 같이 대접하는 식사임
회석요리 (會席料理, かいせきりょうり)	• 에도시대부터 이용되었으며, 본선요리를 개선하여 이용한 요리 • 가이세키의 상은 요리 전부를 한꺼번에 내는 것이 보통이었으나 최근에는 코스 형식으로 진미 → 전채 → 맑은국 → 생선회 → 구이 → 튀김 → 찜, 조림 → 초회 → 식사 순서로 많이 이용됨

정진요리 (精進料理, しょうじんりょうり)	불교식으로 식물성 재료, 즉 채소류, 버섯류, 두부, 해조류 등을 사용한 요리
보차요리 (普茶料理, ふちゃりょうり)	• 채소와 건어물을 조리하며, 자연의 색과 형태를 잘 살린 아름다운 요리 • 사인일탁(四人一卓)을 기본으로 한 그릇에 담아 가운데 놓고서 요리를 덜어서 먹음
탁상요리 (卓袱料理, しっぽくりょうり)	• 중국식 요리가 일본요리화된 것으로, 나가사키에서 정착되고 전파됨 • 몇 사람이 식탁을 중심으로 둘러앉아 큰 그릇에 담긴 음식을 자기 앞의 작은 그릇에 옮겨 먹음
남만요리(南蛮料理, なんばんりょうり)	스페인과 포르투갈의 영향을 받은 요리
향응요리(饗応料理, きょうおうりょうり)	궁중 행사의식 등의 연회요리

(3) 복어

껍질굳힘 (니꼬고리)	복어 껍질 또는 살 부분을 데쳐서 물기를 제거하고, 곱게 채로 자르고 생강 채, 곱게 자른 실파와 다시마 국물, 간장, 청주, 맛술, 젤라틴 등을 넣고 굳힘
초회 (스노모노)	복어 껍질을 손질 후 채로 썰어 미나리를 넣고 초간장(다시마 국물, 간장, 식초), 양념(실파, 빨간무즙)과 초무침
맑은탕 (지리)	복어 살(뼈)을 손질하여 채소류(배추, 대파, 버섯, 미나리 등), 구운 복떡에 다시마 국물을 넣고 약한 불에서 끓인 후 소금, 청주 등으로 간하고 초간장, 양념을 곁들임
회 (사시미)	복어 살의 껍질과 물기를 제거 후 국화모양, 학모양, 공작모양, 모란꽃 모양 등으로 얇게 모양내어 담아 소량의 초간장, 양념을 곁들임
구이 (야끼)	• 복어 머리, 뼈 또는 정소(이리, 고니) 부분을 소금구이 또는 유자향구이(간장 1, 청주 1, 맛술 1, 유자 또는 레몬에 30분 정도 양념에 재워 구움)로 만듦 • 레몬, 영귤, 생강순 등을 곁들임
타다키	복어 살을 쿠시(꼬챙이)에 끼워 겉쪽만 구워 모양내어 자른 후 초간장, 양념을 곁들임
튀김 (아게)	살 또는 뼈 부분을 그냥 튀김하거나 양념(전분, 밀가루, 빵가루, 달걀, 생강, 간장, 소금, 청주 등) 후 기름에 튀겨 레몬, 튀긴 꽈리고추를 곁들임

Check Note

회석요리(會席料理)의 구성

① 진미(先付, 사키즈께) : 제일 먼저 내는 간단한 안주요리
② 전채(前菜, 젠사이) : 양은 적게 하고 계절감을 살려 3종류, 5종류, 7종류 등으로 담아서 냄
③ 맑은 국(吸物, 스이모노) : 수프, 국물류로 계절에 따라 재료가 달라짐(여름은 담백하게, 겨울은 진하게 만듦)
④ 생선회(刺身, 사시미) : 코스요리에서 생선회는 일반적으로 홀수로 3종류 또는 5종류를 많이 사용
⑤ 구이요리(焼物, 야끼모노) : 소금을 이용한 시오야끼, 간장을 이용한 데리야끼, 된장을 이용한 미소즈케 등
⑥ 튀김요리(揚物, 아게모노) : 식물성 기름으로 단시간에 재료를 익혀내어 풍미를 더함
⑦ 조림요리(煮物, 니모노) : 삶거나 조리는 조리법으로 간장, 청주, 맛술, 설탕 등을 이용하여 오미(五味)의 맛을 느낄 수 있는 요리
⑧ 찜요리(蒸し物, 무시모노) : 생선류, 조개류, 채소류 등 다양한 식재료를 이용한 찜 조리법
⑨ 초회(酢の物, 스노모노) : 식전 입안을 개운하게 해주며, 식욕을 증진하는 역할
⑩ 밥(御飯, 고항) : 초밥 또는 소바, 우동 등 면류, 밤밥, 죽순밥, 굴밥 등 차밥, 김차밥, 매실차밥, 도미차밥, 연어차밥 등
⑪ 과일(果物, 쿠다모노) : 계절 과일이나 모찌, 오차 등

조림 (니모노)	복어 살, 뼈 또는 껍질을 채소류(무, 당근, 표고 등), 간장, 청주, 맛술(설탕), 다시마 국물을 넣고 조림
찜 (무시)	복어 살과 채소류(무, 당근, 버섯, 대파, 미나리 등)와 두부, 복떡 등을 소금, 청주로 간하여 찜을 완성 후 초간장, 양념을 곁들임
죽 (오카유, 조우스이)	• 불린 쌀(밥)과 맛국물을 1:8 비율 정도로 끓여 달걀, 실파를 넣어 완성 • 맑은탕(지리냄비)의 국물을 이용하여 죽을 완성하기도 함
술 (히레사케)	복어 지느러미를 소금으로 잘 씻어 물기를 제거하고 잘 펴서 건조 후 노릇노릇하게 구워서 중탕한 청주에 넣어 맛을 우려냄
샤브샤브	복어 살을 모양내어 떠서 담고 채소류(무, 배추, 당근, 대파, 버섯, 미나리 등)와 복떡을 다시마 국물에 양념하여 익혀서 먹음
초밥 (스시)	복어 살의 껍질을 제거 후 초밥 다네를 준비하여 초밥(밥, 배합초)을 완성하고 초생강과 간장을 곁들임

3 음식의 특징 및 용어

(1) 한식

1) 한국 음식의 특징

주식과 부식의 명확한 구분	• 주식 : 쌀(밥)을 위주로 하고 보리, 조, 콩, 수수 등의 잡곡을 섞기도 함 • 부식 : 국, 구이, 나물, 전, 찜, 조림 등 • 비교적 영양적으로도 합리적이고, 맛을 조화롭게 배합한 반찬을 활용한 다양한 조리법으로 여러 음식의 상차림을 함
다양한 곡물 음식	농경문화의 발달로 쌀, 보리, 밀, 조, 수수 등의 곡물을 다양하게 활용한 밥, 죽, 국수, 떡, 한과 등 다양한 곡물 음식이 발달함
다양한 음식의 종류와 조리법	음식의 종류로는 밥, 죽, 국수, 국, 찌개, 구이, 볶음, 나물, 전, 찜, 조림 등이 있고, 조리법으로는 생것, 끓이기, 굽기, 데치기, 찌기, 조리기 등 다양한 방법이 있음
장류와 발효식품의 발달	간장, 된장, 고추장 등 장류와 김치, 젓갈, 식초 등의 발효식품이 발달함
다양한 향신료의 사용	파, 마늘, 생강, 간장, 된장, 고추장, 설탕, 고춧가루, 참기름, 식초, 깨소금, 소금, 후춧가루 등 다양한 양념으로 음식 조리 시 고유의 음식 맛을 냄

Check Note

✔ 한국 음식의 특징

① 상차림은 3첩·5첩·7첩·9첩·12첩 반상차림이 있으며, 죽상, 면상, 교자상 등 구성과 상차림 종류가 다양하고 형식이 까다로워서 그에 맞는 조리법이 중시됨
② 한 상에 모든 음식을 차려 내는 것이 특징이며, 음식이 놓이는 위치가 정해져 있고 먹는 예절을 중요시함
③ 계절과 지역에 따른 특성을 잘 살렸으며, 조화된 맛을 중히 여겼고, 식품 배합이 합리적으로 잘 이루어져 있음
④ 영양적인 면과 맛, 색감, 온도, 그릇 담기 등 음식과의 조화를 중시함
⑤ 조리 방법에 있어서는 잘게 썰거나 다지는 방법이 많이 쓰이며, 조리법 또한 복잡한 편이어서 대부분 미리 썰어서 준비한 다음에 조리함

고명을 활용한 아름다움 추구	지단, 초대, 잣, 버섯, 은행 등 고명을 활용하여 음식을 아름답게 장식함
향토음식의 발달	지역적으로 기후 및 식재료의 차이와 생활방식의 차이로 그 지역의 특성을 살린 향토음식이 발달함

2) 한식의 기본양념

① 조미료

종류	기본 맛	특징
간장 (염도 16~26%)	짠맛, 단맛, 감칠맛	• 국간장(청장) : 국, 찌개, 전골, 나물무침 • 중간장 : 찌개, 나물무침 • 진간장 : 구이, 조림, 찜, 포, 육류
된장 (식염은 15~18% 함유)	짠맛	• 단백질의 공급원 • 찌개, 토장국 등에 이용 • 쌈장 : 쌈채소
고추장	짠맛, 매운맛 (캡사이신, Capsaicin)	• 복합조미료 • 양념 : 찌개, 국, 볶음, 나물, 생채 • 약고추장 : 볶기
소금	짠맛	• 천일염 : 장, 절임용 • 꽃소금 : 절임, 간 맞춤 • 정제염(순도 99% 이상) : 음식의 맛 • 맛소금 : 정제염+조미료
젓갈	짠맛, 소금간보다 감칠맛	• 새우젓 : 국, 찌개, 나물 등의 간(소금 대신) • 멸치액젓 : 김치
식초	신맛(초산), 상쾌한 맛, 청량감	• 식품의 색에 영향 • 식욕 증진, 소화 흡수, 살균작용, 보존효과, 방부효과 • 조미료의 마지막 단계 사용
설탕 (흑·황·백)	시원한 단맛, 감미	• 사탕수수, 사탕무로부터 당액을 분리한 후 정제, 결정화하여 만듦 • 탈수성, 보존성
꿀 (청, 백청)	강한 단맛, 독특한 향	• 가장 오래된 감미료 • 과당과 포도당으로 구성 • 흡습성(음식의 건조 방지)
조청 (갈색 물엿)	단맛, 독특한 향	밑반찬용 조림, 과자

Check Note

간장양념장 보관

상온에서 2~4시간 숙성 후 바로 사용할 수 있으며, 8~12℃에서 보관해야 함

조미료와 향신료의 맛

조미료의 기본 5맛	짠맛, 단맛, 신맛, 매운맛, 쓴맛
향신료의 맛	매운맛, 쓴맛, 고소한 맛, 그 자체 향기 등

Check Note

✔ 고명(웃기, 꾸미)의 특징

① 고명이란 음식의 겉모양을 좋게 하기 위해 음식 위에 얹는 것을 말함
② 음양오행설을 바탕으로 사용
③ 오방색(흰색, 검은색, 빨간색, 노란색, 청색) 사용
④ 모양, 색 중시
⑤ 음식의 맛과 영양을 보충하며 돋보이게 함

✔ 고기고명의 종류

① 다진 고명 : 소고기의 살코기를 곱게 다져서 갖은 양념하여 고르게 섞은 후 번철이나 냄비에 넣고 볶은 것으로 국수장국 등의 고명으로 사용
② 채썬 고명 : 살코기를 가늘게 채썰어 양념하여 볶은 것으로, 떡국 등의 고명으로 사용
③ 완자로 만든 고명 : 다진 파, 마늘, 소금, 참기름, 후춧가루, 깨소금 등으로 고르게 양념하여 은행알 크기로 빚어서 위에 밀가루를 씌우고 달걀을 입힌 다음 번철에 기름을 두른 후 타지 않게 약한 불에서 지져낸 것으로, 주로 신선로, 탕, 전골, 찜류의 웃고명으로 사용

② 향신료(향미 변화)

종류	기본 맛	특징
고추	매운맛 (캡사이신, Capsaicin), 감칠맛	실고추, 고춧가루, 고추장
파	매운맛, 독특한 맛과 향	곱게 다져 고명으로 사용
마늘	매운맛, 독특한 맛 (알리신)	• 육수를 내거나 생선 비린맛 제거 시 사용 • 살균, 구충, 강장 작용 • 비타민 B_1의 흡수를 돕고 소화, 혈액순환 촉진
생강	쓴맛, 매운맛, 특유의 강한 향	• 생선 비린맛, 돼지고기 냄새 제거 • 식욕증진, 연육작용, 살균, 조림(가열해도 분해되지 않음)
후추	매운맛(채비신)	검은 후추(덜 익은 열매), 흰 후추(완숙된 열매)
겨자	강한 매운맛	• 따뜻한 물 40℃ 정도에서 개기 • 백겨자, 흑겨자, 겨자소스 등
산초	매운맛, 상쾌한 맛, 깔끔한 맛	• 생선 비린맛 제거 • 소화력 향상, 찬 성질 중화
기름	구수한 맛	• 불포화지방산(산패 쉬움) • 참기름(리놀렌산과 리놀레산 함유), 들기름(냉장보관), 식용유, 고추기름

3) 한국 음식의 기본 고명

알고명 (달걀지단)	• 달걀을 황·백으로 나누어 거품이 나지 않을 정도로 저은 다음 소금으로 간하여 기름 두른 번철에서 기름을 두르고 얇게 지짐 • 흰색과 노란색으로 채썬 지단 : 나물이나 잡채에 사용 • 골패형(1×4㎠)으로 썬 것 : 탕, 찜, 전골 등에 사용 • 마름모꼴로 썬 것 : 탕, 만둣국 등에 사용 • 그 밖에 채썬 것 : 국수장국 등에서 사용
고기고명	주로 다진 것, 채썬 것, 완자로 만들어서 사용함
알쌈	• 달걀을 깨서 흰자와 노른자로 가르거나 합해서 소금으로 간을 하고, 고기는 곱게 다져서 갖은 양념(파, 마늘, 간장, 참기름, 깨소금, 소금, 녹말가루)을 하여 콩알 크기로 만들어 번철에 몇 번 굴려서 익혀 놓음 • 풀어 놓은 달걀을 지름 5cm 크기로 번철에 올린 후 만들어 놓은 콩알 크기의 소고기를 옆에 얹어서 빠르게 반을 접어 타지 않도록 지져냄

버섯고명	표고버섯, 석이버섯, 목이버섯 등을 채썰거나 골패모양으로 썰어, 채썬 것은 나물류에, 골패모양은 국, 전골, 신선로, 찜 등에 올려서 사용
미나리, 오이, 호박	• 푸른색 채소의 잎, 껍질을 채썰어 국수, 탕에 사용 • 미나리는 줄기를 4cm 정도로 자르고 오이, 호박은 껍질 부분만 채썰어 소금에 절인 후 물기를 제거하여 참기름에 살짝 볶아 사용
초대	미나리나 실파의 줄기 부분을 가지런히 하여 가는 꼬치에 양쪽으로 끼어 밀가루와 달걀물을 입힌 후 팬에 기름을 두르고 지져낸 다음 용도에 따라 마름모나 골패형으로 썰어 신선로, 만둣국, 전골 등에 사용
은행	• 겉껍질을 벗기고 미지근한 소금물에 담근 후 팬에 기름을 두르고 지짐 • 팬이 뜨거워졌을 때 소금을 살짝 넣고 볶아 속껍질이 벗겨지면 마른행주로 문질러 깨끗하게 하여 찜, 신선로 등의 고명으로 사용
호두	겉껍질은 깨고 속껍질이 붙은 호두를 뜨거운 물에 넣고 식초를 몇 방울 떨어뜨려 불린 후 껍질을 꼬치로 벗겨 찜이나 신선로 등의 고명으로 사용
잣	• 잣은 껍질과 고깔을 떼고 닦은 후 통잣은 화채, 식혜, 수정과 등에 띄워서 사용하며, 비늘잣은 2~3등분하여 어선, 어만두 등에 사용 • 잣가루는 한지를 깐 도마 위에서 잘 드는 칼날로 다져서 곱게 보슬보슬하게 하여 구이 또는 초간장에 사용
실고추	건고추를 잘라 씨를 뺀 다음 젖은 행주로 깨끗이 닦은 후 돌돌 말아 가늘게 채썰어 달걀찜, 푸른색 나물, 김칫국물 등에 사용
고추 (홍고추, 풋고추)	씨를 빼고 씻어서 물기를 닦은 후 채로 썰어 나물, 조림 등에 사용하거나 길쭉길쭉하게 썰어 깍두기 등에 고명으로 사용
대추	빠르게 씻어 씨를 발라내어 채썰거나 잘게 가루를 내기도 하고 통째로 양옆에 잣을 꽂아서 떡이나 찜류의 고명으로 사용
밤	겉껍질과 속껍질을 모양내어 벗겨서 그대로 채썰거나 삶은 후 으깨서 사용
대파	연한 부분을 4cm 정도로 잘라 실처럼 가늘게 채썰고 찬물에 헹구어 물기를 제거 후 사용
참깨	물에 불려 잘 씻은 후 물기를 제거하여 냄비에 볶아 그대로 사용하거나 가루로 만들어 나물, 볶음, 양념장 등에 사용

Check Note

버섯고명의 종류

① 표고버섯 : 모양이 좋은 중간 크기의 것으로 골라 물에 담가 불린 후 깨끗이 씻어서 버섯 대를 떼어 낸 다음 음식에 따라 채썰거나 골패모양으로 썰어 탕, 신선로, 찜 등에 사용

② 석이버섯 : 검은색의 고명으로 사용하며 뜨거운 물에 불려서 석이에 붙은 이끼를 깨끗이 씻고 배꼽도 떼어 냄. 웃고명에 따라서 채를 썰거나 골패모양으로 썰어서 구절판, 각색편 등에 사용하거나, 용도에 따라 곱게 다져 달걀흰자에 섞어 지단을 부쳐 신선로 고명으로 사용

③ 목이버섯 : 깨끗이 씻어서 물에 불려 그대로 또는 채썰어 기름에 살짝 볶고 소금을 넣어 간을 하여 주로 잡채 등의 음식 위에 얹어 사용

잣가루 보관

잣가루를 사용한 후 보관할 때는 종이에 싸 두어야 여분의 기름이 배어 나와 보송보송함

Check Note

한식의 육수

① 고기를 삶아 낸 물
② 찌개, 전골 등의 중요한 맛 결정
③ 육류, 가금류, 뼈, 건어물, 채소류, 향신채 등을 넣고 충분히 끓여 낸 국물

육수 조리 시 주의사항

① 찬물에 고기, 파, 마늘을 넣고 처음에는 강불로 끓여 잡냄새를 없애고, 중간에 약불로 끓임
② 육수 끓이는 통은 바닥이 넓고 두꺼운 스테인리스 통보다는 알루미늄 통이 좋음
③ 육수를 맑게 끓이기 위해 거품과 불순물은 제거하고 면포에 걸러 사용
④ 육수는 2~3시간 끓이면(편육 등 고기를 사용할 때는 2시간 정도) 적당함
⑤ 마늘, 양파, 인삼 등 향신료(부재료)는 끝내기 30분 전에 넣고 바로 건지는 것이 좋음
⑥ 향신료를 약간 갈색으로 구운 후 넣어 진한 육수를 만들기도 함

4) 한식의 기본 육수

① 맑은 육수

구분	내용
소고기 육수	• 양지, 사태, 업진육 등을 찬물에 넣어 20분 정도 핏물 빼기 → 센 불에서 끓인 후 불 줄이기 → 고기 건져내기(편육, 고명 등) → 채소류(무, 대파, 양파 등) 넣기 → 면포에 거르기 • 육개장, 우거지탕, 토장국, 미역국, 갈비탕, 냉면육수 등에 사용
멸치육수	• 멸치의 머리, 내장 제거 → 면포로 다시마 닦기 → 물, 다시마, 멸치를 넣고 끓이기 → 끓으면 다시마 건져내기 → 5~10분 중불로 끓이기 → 면포에 거르기 • 멸치를 볶아서 사용하면 비린맛을 줄일 수 있음
조개육수 (바지락, 모시조개)	• 조개 해감하기 → 면포로 다시마 닦기 → 물, 다시마, 조개를 넣고 끓이기 → 끓으면 다시마 건져내기 → 조개 익으면 면포에 거르기 • 해물탕, 매운탕, 토장국(된장, 고추장) 등에 사용
다시마 육수	• 다시마 손질(표면의 하얀 가루는 감칠맛이 나는 만니톨이므로 씻지 않고 면포로 손질) → 찬물에 넣고 끓이기 → 물이 끓으면 다시마 건져내기 → 면포에 거르기 • 칼슘과 요오드(아이오딘)가 풍부함 • 다시마의 맛성분은 단백질의 주성분인 '글루탐산'으로, 천연 조미료로의 감칠맛을 냄 • 풍부하게 함유된 '라이신'은 혈압을 낮추는 효과가 있음 • '호박산'이 들어 있어 깊은 맛이 있으므로 국, 전골 등에 사용함

② 탁한 육수

구분	내용
닭고기 육수	• 씻으면서 노란 기름 부분을 제거 → 파(뿌리 포함) 씻어 썰기 → 닭고기를 겉면만 데쳐 찬물에 헹구기 → 찬물에 닭, 대파, 통후추, 청주 등을 넣고 중불에서 끓이기 → 거품 제거 → 면포에 거르기 • 초계탕, 초교탕, 미역국 등에 사용
사골육수	• 단백질 성분인 콜라겐이 많은 사골을 선택 → 찬물에 담가 핏물 빼기 → 강불로 가열 → 끓기 시작하면 중불로 가열 → 우려내기 • 국, 전골, 찌개 등에 사용

5) 한국 음식의 역사

선사시대와 고조선시대	• 고기잡이와 사냥을 주로 하여 자연식품을 채취함 • 농경의 발달로 벼를 비롯한 보리, 조, 기장, 콩, 수수, 팥 등을 재배함 • 조미료, 향신료 등을 사용하기 시작함	
삼국시대	• 철기문화의 영향으로 농경기술이 발달하여 벼농사가 크게 보급되었으며 이에 따라 식생활이 안정됨 • 장기간 저장을 위한 김치, 장, 젓갈, 술 등의 발효·저장식품이 발달함	
통일신라 시대	쌀밥이 주식화되었으며, 다채로운 식생활의 발달과 함께 차 문화가 성행함	
고려시대	• 불교의 국교화로 사찰음식과 차 문화가 발달함 • 기름에 볶거나 지지는 조리법으로 약과, 유과 등이 만들어지고, 떡 종류도 다양하게 발달함	
조선 전기	한식의 발달기라고 할 수 있으며, 국교를 유교로 삼으면서 차 문화는 쇠퇴하고, 상차림의 격식이 완성됨	
조선 후기	• 한식의 완성기라고 할 수 있으며, 외국에서 고구마, 감자, 호박 등 채소가 전래하였고 튀김, 볶음, 조림 등 다양한 조리법이 발달하게 됨 • 임진왜란 이후에는 고추의 전래로 오늘날과 같은 식문화가 형성됨은 물론 김장 김치가 완성되었음	
근대화 시대	• 19세기 말부터 서양문화의 보급으로 한식과 양식이 혼합되어 식생활이 다양하게 변화하였음 • 일본의 영향으로 서민의 식생활이 어려웠지만, 우리만의 식생활을 찾으려 노력하였음	
현대	60년대	식량난 해결을 위하여 보리쌀을 이용한 보리 혼식과 밀가루, 라면을 이용한 분식을 장려함
	70년대	산업화에 따른 즉석식품이 발달함
	80년대	• 된장, 고추장, 김치 등이 식품공장에서 만들어졌음은 물론 바쁜 현대인들의 편리성을 고려한 가공식품, 인스턴트식품이 발달하게 됨 • 1988년 서울올림픽 이후 외식산업이 급격하게 발달함 • 퓨전, 웰빙의 흐름 속에서 많은 이들이 건강식품, 무공해식품, 자연식품을 선호함
	2010년대 이후	한국 음식의 세계화를 위한 정부와 전문가들의 노력으로 한국 음식에 대한 관심이 집중되고 있음

Check Note

✔ 한국음식의 역사

음식의 역사는 한 민족이 사는 나라의 기후와 풍토 및 민족의 역사와 관련되어 형성되며, 우리나라의 식생활도 시대의 흐름에 따라 정치·경제적인 변화와 외래식품의 전래 속에서 변화되었음

✔ 한국 음식의 멋과 특징

① 한국 음식의 다양한 조리법
- 주식 : 350가지 이상의 조리법
- 부식 : 1,500가지 이상의 조리법

② 동물성과 식물성 식품의 균형 있는 배합과 영양 고려
- 조리 시 주재료와 부재료의 조화
- 영양 손실이 적은 찌거나 끓이는 조리법 발달

③ 명절식과 시식의 의미
- 정월초하루 : 흰 떡국(무사안일)
- 대보름 : 오곡밥, 나물, 부럼(무병장수)
- 추석 : 햇음식(조상께 감사)
- 동지 : 팥죽(액운 방지)

④ 구황음식이 건강식으로 발달
- 가뭄과 수해 시 식생활의 어려움을 해결하기 위해서 구황식품을 이용
- 산야에 자생하는 식물로 현대사회에서 건강과 다이어트 재료로 각광

Check Note

조리 관련 용어

- 그슬리다 : '그슬다'의 피동사로 불에 겉만 약간 타게 하는 것
- 매 : '매'는 맷돌을 뜻함
- 타다(탄다) : '타다'는 '부서뜨린다.'를 뜻함
- 빻는다 : 곡물을 말려서 단단하게 만든 뒤 보통 절구에 넣고 힘을 가해 가루로 만드는 것
- 앙그러지게 : 모양이 어울려서 보기에 좋다는 것을 의미하며 즉, '하는 짓이 꼭 어울리고 짜인 맛이 있게'라는 뜻
- 익반죽하기 : 가루(쌀, 밀가루 등)에 뜨거운 물을 살짝살짝 부어가며 반죽하는 것
- 까불리다 : 곡식의 알곡과 쭉정이를 키를 이용하여 선별하는 것('껍질을 벗기다'를 '껍질을 까불러 버린다'라고도 함)
- 토렴하다 : 밥, 면류 등에 따뜻한 국물을 부었다 따랐다 하여 데우는 것

6) 조리 용어

① 재료 · 음식명

자염	• 우리나라의 전통 소금 • 바닷물을 끓여 만든 것으로 육염, 호소금이라고도 함(예 한주 소금)
곤자소니	소 대장의 골반 안에 있는 창자 끝에 달린 기름기 많은 부분
뱃바닥	짐승, 생선 등의 배에 있는 살
간납	• 소의 간, 처녑(천엽), 생선살을 얇게 저미거나 곱게 다져서 밀가루를 입힌 후 달걀을 씌워서 기름에 부친 전유어 • 주로 제사 때 많이 사용
홀떼기	육류의 힘줄과 살 사이에 있는 얇은 껍질 모양의 질긴 고기
꾸미	찌개, 국 등에 넣는 고기붙이
저냐	전유어
선	• 소고기, 두부, 채소 등을 잘게 썰거나 다지고, 데치거나 소금물에 절여서 만든 음식을 통틀어 이르는 말 • 오이선, 가지선, 두부선 등
윤집	초고추장의 북한어로 고추장에 초를 치고 설탕을 탄 것
저렴	'지레김치'라고도 하며, 김장하기 전에 미리 조금 담가 먹는 김치
조치	국물을 바특하게 잘 끓인 찌개 또는 찜

② 손질, 썰기

거두절미	머리와 꼬리 부분을 없애는 것(예 콩나물, 숙주나물 등의 머리와 꼬리 부분을 제거하여 사용)
골패썰기	보통 가로 2cm, 세로 4~5cm의 직사각형 모양, 즉 골패모양 썰기(예 달걀지단, 미나리초대 등의 고명)
나붓나붓 썰기	'나붓나붓'은 '얇은 천이나 종이 따위가 나부끼어 자꾸 흔들리는 모양으로, 나붓나붓써는 것은 얇게 나박써는 것을 말함
비져썰기 (삼각썰기)	• 불규칙한 모양이 되도록 재료를 돌려가며 지그재그로 써는 것 • 절임이나 조림, 무침 등에 적합
세절하기	보통 채써는 것보다는 두껍게 써는 것으로 무, 당근, 오이 등을 여러 토막을 낼 때와 파 등을 가늘게 썰 때 사용
어여서	'에다', '어이다'라고도 하며, 칼로 도려내듯 벤다는 뜻
삼발래	세 갈래(삼등분)를 뜻하는 것으로 씨를 중심으로 세 조각을 내는 것을 말하며, 주로 오이를 손질할 때 많이 사용

③ 조리법, 도구

결이기	육포처럼 기름을 발라 말리는 것
거풍	쌓아 두었거나 바람이 안 통하는 곳에 두었던 물건을 꺼내 바람을 쐬어 주는 것(예 메주를 거풍시킴)
작말하다	곡물을 말려서 단단하게 만든 뒤 맷돌에 갈아서 가루로 만드는 것
무거리	곡식 등을 빻아 체에 쳐서 가루를 내고 남은 찌꺼기
매에 타다(탄다)	맷돌에 콩을 살짝 갈면 콩이 반으로 갈라지고 껍질과 분리되는 표현
반대기	가루를 반죽한 것이나 삶은 푸성귀 등을 평평하고 둥글넓적하게 만든 조각(예 '반대기로 반죽하다', '나물을 반대기로 뭉쳐')
수비하기 (수비한다)	깨끗한 앙금을 얻는 과정(예 감자, 녹두 등 녹말이 나오는 재료를 갈아 물을 붓고 휘저어 잡물이 위로 떠오르면 그것을 따라 버리고, 물을 가만히 놔두면 깨끗한 앙금이 가라앉아 얻게 되는 것)
백세하기 (백세한다)	쌀 등의 곡물을 씻을 때 뿌연 뜨물이 나오지 않고 맑은 물이 나올 때까지 여러 번 씻는 것
줄알	달걀을 완전히 풀어서 약간의 소금, 후춧가루를 뿌려 펄펄 끓는 국물에 넣었다가 재빨리 건져놓은 것(예 '줄알치다'는 줄알을 만드는 것을 뜻함)
튀하기 (튀하다)	가금류나 짐승을 잡아 뜨거운 물에 잠깐 넣었다가 꺼내 털을 뽑는 것(예 닭, 오리, 꿩, 돼지 등의 털을 뽑기 전 '튀하기'를 하여 잔털까지 잘 뽑는 경우)
번철	전을 지지거나 고기를 볶을 때 쓰는 솥뚜껑처럼 생긴 둥글넓적한 무쇠 팬
겅그레	음식을 찔 때 재료가 물에 잠기지 않도록 솥의 안쪽에 얼기설기 놓는 물건
비아통	밥을 먹을 때 생선의 가시나 뼈 따위를 골라 넣고 뚜껑을 덮는 기구
어레미	체의 한 종류로 쳇불에 구멍이 뚫린 기구

(2) 양식

① 서양 국가 음식의 특징 : 빵과 치즈 등의 유제품, 육류와 신선한 채소는 서양 식재료의 다양성을 이룸

프랑스	• 따뜻한 기후와 광대한 토지에서 농수산물, 축산물이 풍부하고, 프랑스 전역에서 생산되는 포도주는 식재료를 더욱 돋보이게 해줌

Check Note

✔ 체의 구멍이 넓은 순

고운체 < 가루체 < 중거리 < 도드미 < 어레미

✔ 지중해 연안과 스페인, 프랑스의 해안지대의 음식

다양한 해산물을 소비하며 채소의 활용도 또한 높은 편이며, 빵과 치즈, 육류와 해산물이라는 비교적 공통의 식재료를 가진 유럽 지역 내의 음식 문화 또한 각기 다른 특징을 가지고 있음

Check Note

햄버거

햄버거는 독일의 함부르크 스테이크가 바뀐 것으로 빵 사이에 함부르크 스테이크를 끼워 넣어 먹으면서 햄버거가 만들어졌으며, 여러 나라의 음식들이 미국 사람들의 입맛에 바뀐 것이 많음

기타 서양 국가의 음식

터키	케밥은 양념한 고기를 구워 만든 터키식 꼬치구이며, 특히 '도네르'라 불리는 회전식 케밥이 유명함
멕시코	매운 음식을 좋아하는 나라로 주식은 '토르티야'라 불리는 납작한 옥수수빵으로, 토르티야에 고기, 해물, 햄, 채소 등을 싸서 먹는 것을 '타코'라고 함
스위스	퐁듀는 작은 냄비에 치즈나 초콜릿 등을 녹여서 빵을 찍어 먹는 음식임
영국	• 실질적인 가정 음식이 발달하였으며, 고기 음식이 유명함 • 대개는 홍차를 마시고, 집에서 만드는 케이크, 샌드위치, 비스킷 등이 발달하였음

	• 소스가 음식의 초점이 되며, 여러 종류의 향신료와 소스가 발달해 음식의 미묘한 맛을 보다 돋워 줌 • 테이블 문화나 식사 예절을 중요하게 여겨왔고, 여기에 세련된 궁정 문화가 어우러져 세계 최고의 음식 문화를 발전시킴 • 대표적인 프랑스 음식 : 바게트, 브리오슈, 마카롱, 푸아그라, 부야베스
미국	• 통조림 음식과 샐러드 음식, 냉동, 반조리, 인스턴트식품이 발달함 • 맛보다 영양의 균형이 잡힌 합리적이고 과학적인 음식이 많음 • 대표적인 미국 음식 : 햄버거, 핫도그, 애플파이, 바비큐 등
이탈리아	• 가정 음식인 피자, 스파게티나 마카로니와 특산품인 올리브기름, 치즈, 토마토 등을 사용한 음식이 많음 • 향신료를 듬뿍 사용하는 것이 특색이며, 식재료 각각의 맛에 초점을 맞추어 요리하는 것이 특징임 • 식재료가 가진 특성과 성질을 충분히 이해하고 만들기 때문에 전체적으로 담백하면서도 깔끔한 맛을 냄 • 진한 맛의 요리가 발달한 북부의 밀라노와 베네치아, 올리브유와 마늘, 토마토 등의 신선한 재료를 즐겨 쓰는 남부의 시칠리아와 나폴리 등 다양한 향토 음식이 발달하였음 • 파스타와 리소토가 대표적이며 서양요리 중 우리에게 익숙하고 대중적인 인기를 가지고 있기도 함
독일	• 동부 지방에서는 향이 강한 향신료를 사용하여 음식을 만들며, 바닷가와 인접한 북부 지방에서는 신선한 해산물을 이용한 음식을 주로 먹음 • 라인강 유역의 서부 지역은 와인을 많이 생산하며, 남부 지역에서는 감자를 이용한 요리와 맥주, 소시지를 많이 먹음 • 다양한 종류의 맥주를 만들어왔으며, 세계 최고의 소시지와 햄을 생산하며, 으깬 감자와 곁들인 소시지 요리가 대표적임

② 서양 음식의 용어

보일링 (Boiling)	식재료를 육수 또는 물에 넣고 여러 가지 방법으로 끓이는 조리법
로스팅 (Roasting)	• 육류나 큰 고깃덩어리를 오븐 속에 넣어 굽는 방법 • 오븐에 넣기 전에 겉면을 익혀서 감칠맛과 육즙이 빠져나오는 것을 최소화하며 뚜껑을 덮지 않고 조리
브레이징 (Braising)	• 건식열과 습식열 두 가지 방법을 이용하는 대표적 방법 • 찜과 비슷한 방법으로 덩어리가 크고 육질이 질긴 부위나 지방이 적은 부위를 조리할 때 사용

소테 (Sauting)	뜨겁게 달구어진 팬에서 표면이 연한 육류, 간, 내장, 채소 등의 표면 조직 내부를 익혀 영양분을 밖으로 흘러나오지 않도록 익히는 조리법
스티밍 (Steaming)	수증기의 대류를 이용하여 열이 재료에 옮겨져 조리되는 방법
포칭 (Poaching)	• 액체 온도가 재료에 전달되는 전도 형식의 습식열 조리법(삶기) • 달걀이나 단백질 식품 등을 비등점 이하 온도(65~92℃)에서 끓고 있는 물에 담가 익히는 방법
베이킹 (Baking)	• 오븐 속에서 건식열로 굽는 방법 • 조리 시간은 많이 걸리지만 빵, 타르트, 파이, 케이크류 등 주로 제과제빵에서 많이 사용
푸알레 (Poeler)	팬 속에 재료(채소, 가금류, 육류)를 넣고 뚜껑을 덮은 후 140~210℃의 오븐 속에서 익히는 조리법
프라잉 (Frying)	• 뜨거운 기름에 튀기는 조리법 • 소량의 기름을 요리할 때 : Pan Frying • 기름을 많이 넣고 요리할 때 : Deep – pan Frying
더블 보일링 (Double Boiling)	재료(초콜릿, 버터 등)를 그릇에 담고 중탕하여 뜨거운 물에 간접열로 익히는 조리법
데글레이즈 (Daglaze)	고기를 굽거나 볶을 때 바닥에 눌어붙어 있는 부스러기들을 물이나 육수, 와인 등을 넣어 서로 섞어주는 조리법
시어링 (Searing)	고기를 구울 때 강한 화력으로 진한 갈색(마이야르 현상)에 가까운 색이 될 때까지 겉면이 바삭한 크러스트를 만들며 구워내는 방식

(3) 중식

1) 중국 음식의 특징

① 중화요리(中華料理) 또는 청요리(清料理)라고도 하며, 중국 본토에서는 중국채(中國菜)라고 부름

② 일반적으로 지역에 따라 기후도 다르고 자원도 달라서 동쪽 음식은 맵고, 서쪽 음식은 시고, 남쪽 음식은 달고, 북쪽 음식은 짠 것이 특징임

③ 재료의 종류가 다양하고 광범위하며, 맛에서도 다양하고 풍부하여 간[甘]・셴[鹹]・쏸[酸]・신[辛]・쿠[苦]의 오미(五味)의 다양성은 세계의 어떤 요리도 따를 수 없는 특징임

Check Note

서양 음식의 특징

① 식품 재료의 사용이 광범위하고 배합이 용이함
② 재료의 분량과 배합, 익히는 방법이 체계적이고 과학적이며, 조리 과정에서 재료나 영양분의 손실이 적어 합리적임
③ 음식 위에 소스를 끼얹어 맛과 영양을 보충하며, 음식에 따라 향신료와 주류(酒類)를 사용하여 향미를 보충함
④ 건열조리가 발달하여 오븐을 주로 사용하며, 식품의 맛과 향기를 잘 살릴 수 있음
⑤ 아침, 점심, 저녁 식단이 다름
⑥ 음식에 따라 스푼, 나이프, 포크, 접시 등이 달라짐
⑦ 식탁보는 식탁 가장자리에서 30cm 정도 늘어지게 함(디너에는 흰색, 보통 식사에는 색깔 식탁보를 사용)

중국 음식의 특징

중국요리의 주재료 : 돼지고기

카오차이	간장에 생강즙・설탕・후춧가루・술을 넣어 섞은 액체에 돼지고기를 담가 두었다가 매달아 놓고 구워 냉각시킨 후 얇게 썰어서 겨자를 곁들여 낸 요리
둥포러우차이 (東坡肉菜)	삶은 요리의 대표적인 요리
류차이 (溜菜)	튀김・볶음・조림 등으로 만든 요리 위에 걸쭉하게 만든 소스를 끼얹은 요리
추류러우콰이 (醋溜肉塊)	돼지고기를 네모나게 썰어 생강즙・간장・전분을 묻혀 기름에 튀기고, 죽순, 당근 등을 볶아 고깃국물을 넣은 후 전분을 풀어 넣고 튀긴 고기에 끼얹는 요리

④ 조리기구 : 훠궈(중국냄비) · 사궈(볶음 · 튀김냄비) · 러우사오(그물조리) · 정룽(찜통) 외에 식칼, 뒤집개, 국자가 전부라 할 정도로 간단함

⑤ 조리법

㉠ 둥[凍] · 조우[粥] · 탕[湯] · 차오[炒] · 자[炸] · 젠[煎] · 먼[[燜] · 카오[烤] · 둔[燉] · 웨이[煨] · 쉰[燻] · 쩡[蒸] 등 조리법이 다양함

㉡ 대부분 튀기거나 조리거나 볶거나 지진 것이라 할 수 있을 만큼 기름을 많이 사용하므로 조미료와 향신료가 다양하게 사용됨

2) 중식 조리 용어

절도 (切刀, qiedāo, 치에 다오)	중식 기본 조리도(칼)
참도 (斬刀, zhandāo, 쨘 다오)	뼈를 자르는 칼
면도 (面刀, miandāo, 미옌 다오)	밀가루 반죽을 자르는 칼
증 (蒸, zheng, 쩡)	재료를 증기로 쪄서 익히는 조리법

(4) 일식

1) 일본 음식의 특징

① 눈으로 먹는 요리

② 주식과 부식으로 구분되며, 국물요리는 다시마 국물(곤부다시)과 가다랑어 국물(가쓰오부시다시)을 주로 사용함

③ 시각, 미각, 후각, 청각 등에서 계절감을 느낄 수 있어야 하며, 음식의 양은 적게 담고, 색감과 조화를 고려하여 화려하게 예술적으로 장식함

④ 해산물, 어패류 등 신선하고 풍부한 날 음식이 발달함

⑤ 조미료를 적게 사용하고 식재료 본연의 맛을 최대한 살린 담백한 맛

⑥ 장인정신을 바탕으로 섬세한 요리와 조리법을 중요시함

2) 일식 조리 용어

생선회용 칼 (사시미보쵸)	생선회를 자를 때 사용
채소용 칼 (우스바보쵸)	채소를 손질할 때 사용
토막용 칼 (데바보쵸)	생선의 밑손질, 뼈 자름에 사용

Check Note

일본요리 담는 방법

① 요리는 기수로 담는 것을 원칙으로 함
② 그릇 바깥쪽에서 담는 사람 쪽으로 담음
③ 계절에 맞는 그릇을 사용하며, 음식의 양과 색감을 고려하여 그릇을 선택함
④ 일반적으로 음식은 조금 세워서 담고 젓가락으로 먹기 쉽도록 담음
⑤ 공간의 여백을 고려하여 가득 담지 않음
⑥ 생선은 머리가 왼쪽으로 오게 하면서 배 쪽이 담는 사람 쪽으로 오게 담음
⑦ 생선회를 담을 때는 가운데를 높게 또는 좌상우하의 원칙을 고려하여 담음

장어손질용 칼 (우나기보쵸)	미끄러운 바다장어, 민물장어 등을 손질할 때 사용
메밀국수칼 (소바기리보쵸)	메밀국수를 반죽하여 펴서 말은 후 일정하게 자를 때 사용
김초밥칼 (노리마키보쵸)	김초밥을 자를 때 사용

(5) 복어

1) 복어 음식의 특징

① 복어의 130종류 중에 한국과 일본의 근해에 38종류 정도가 분포

② 한국에서는 식용할 수 있는 복어를 21종으로 보고 있음

③ 일본에서는 1983년 일본 보건복지부에서 먹을 수 있는 복어를 22종류로 정하였지만, 주로 참복으로 통하는 자주복, 검자주복, 검복, 까치복 등 16종류의 복어를 주로 사용하고 있음

2) 복어의 독소

학명 (독소명)	테트로도톡신(tetrodotoxin)
부위별 독소	난소 > 간 > 내장 > 피부
특징	• 동일 어군과 어종의 개체 간에도 독성이 다름 • 무색, 무미, 무취의 강력한 독소로, 독력이 청산가리(KCN)의 1,000배임 • 열에 안정하여 300℃의 고온에서도 분해되지 않음 • 중성이나 유기산의 산성에서는 안정 • 0.8% 이하 알칼리에서는 좀처럼 파괴되지 않음 • 산에 대해서는 강하여 유기산 등에는 전혀 파괴되지 않음 • 복어는 손질 후 흐르는 물에 담가 표면에 묻어 있는 혈액과 점액질을 흘려보내는데, 이것은 복어의 독소를 물에 녹이는 것이 아니며, 복어 독은 물에 잘 녹지 않는 난수용성의 특성이 있음
중독 증상	운동마비, 지각마비, 신경마비, 구토, 통증, 운동장애, 호흡곤란, 언어장애, 호흡 정지
치사 시간	1시간 30분~8시간(보통 4~6시간)
치료	치료법 없음 → 먹은 것을 토해내며, 반복적인 구토를 하여 먹은 것이 전부 없어질 때까지 위를 세척

Check Note

일식조리의 직무

분류	직무
모리다이 (盛立)	채소 및 과일 준비 코너
스시바 (壽司場)	초밥 코너
무꼬이다 (向こう板)	생선을 취급하는 코너
니가다 (煮方)	더운요리 코너
야끼바 (燒き場)	구이요리 코너
덴뿌라바 (天歸羅場)	튀김요리 코너
뎃판야끼 (鐵板燒)	철판구이 코너
야끼토리 (燒鳥)	꼬치구이 코너

CHAPTER 05

단원별 기출복원문제

01 조리준비

1 조리의 정의 및 기본 조리조작

상 | 중 | 하

01 다음 중 조리를 하는 목적으로 적합하지 않은 것은?

① 소화흡수율을 높여 영양효과를 증진
② 식품 자체의 부족한 영양성분을 보충
③ 풍미, 외관을 향상시켜 기호성을 증진
④ 세균 등의 위해요소로부터 안전성 확보

상 | 중 | 하

02 튀김을 할 때 두꺼운 용기를 사용하는 가장 큰 이유는?

① 기름의 비중이 작아 물 위에 쉽게 뜨므로
② 기름의 비중이 커서 물 위에 쉽게 뜨므로
③ 기름의 비열이 작아 온도가 쉽게 변화되므로
④ 기름의 비열이 커서 온도가 쉽게 변화되므로

2 기본조리법 및 대량 조리기술

상 | 중 | 하

01 다음 중 채소의 무기질, 비타민의 손실을 줄일 수 있는 조리방법은?

① 데치기 ② 끓이기
③ 삶기 ④ 볶음

상 | 중 | 하

02 다음 중 식품의 손질방법이 잘못된 것은? 빈출

① 해파리를 끓는 물에 오래 삶으면 부드럽게 되고 짠맛이 잘 제거된다.
② 청포묵의 겉면이 굳었을 때는 끓는 물에 담갔다 건져 부드럽게 한다.
③ 양장피는 끓는 물에 삶은 후 찬물에 헹구어 조리한다.
④ 도토리묵에서 떫은맛이 심하게 나면 따뜻한 물에 담가두었다가 사용한다.

---

01 ②

해설 조리는 식품의 영양효율을 증가시키지만, 부족한 영양성분을 보충해 주지는 않는다.

02 ③

해설 기름의 비열은 0.47 정도로 낮아 온도변화가 심하므로, 두꺼운 용기를 사용하여 온도의 변화를 가급적 적게 해야 한다.

01 ④

해설 고온에서 단시간 조리하기 때문에 영양소의 손실을 줄일 수 있는 조리방법은 볶음이다.

02 ①

해설 해파리는 끓는 물에 오래 삶으면 오그라들기 때문에 살짝 삶은 후 찬물에 담가둔다.

상 중 하

03 식품의 계량방법으로 옳은 것은? 빈출

① 흑설탕은 계량컵에 살살 퍼담은 후 수평으로 깎아서 계량한다.
② 밀가루는 체에 친 후 눌러 담아 수평으로 깎아서 계량한다.
③ 조청, 기름, 꿀과 같이 점성이 높은 식품은 분할된 컵으로 계량한다.
④ 고체지방은 냉장고에서 꺼내어 액체화 후 계량컵으로 계량한다.

03 ③

해설
- 흑설탕은 꼭꼭 눌러 계량한다.
- 밀가루는 체로 친 후 누르지 말고 수북하게 담아 수평으로 깎아서 계량한다.
- 고체지방(버터, 마가린)은 냉장 온도보다 실온일 때 반고체 상태로 계량컵에 꼭꼭 눌러 담고 수평으로 깎아서 계량한다.

상 중 하

04 식품을 삶는 방법에 대한 설명으로 옳지 않은 것은?

① 연근을 엷은 식초물에 삶으면 하얗게 삶아진다.
② 가지를 백반이나 철분이 녹아 있는 물에 삶으면 색이 안정된다.
③ 완두콩은 황산구리를 적당량 넣은 물에 삶으면 푸른빛이 고정된다.
④ 시금치를 저온에서 오래 삶으면 비타민 C의 손실이 적다.

04 ④

해설 녹색 채소를 데칠 때는 끓는 물에서 뚜껑을 열고 단시간에 조리한다.

상 중 하

05 다음 중 끓이는 조리법의 단점으로 옳은 것은?

① 식품의 중심부까지 열이 전도되기 어려워 조직이 단단한 식품의 가열이 어렵다.
② 영양분의 손실이 비교적 많고 식품의 모양이 변형되기 쉽다.
③ 식품의 수용성분이 국물 속으로 유출되지 않는다.
④ 가열 중 재료식품에 조미료의 충분한 침투가 어렵다.

05 ②

해설 식품을 끓이게 되면 수용성 영양소의 손실이 많고 모양이 변형되기 쉽다.

상 중 하

06 구이에 의한 식품의 변화 중 옳지 않은 것은?

① 살이 단단해진다.
② 기름이 녹아 나온다.
③ 수용성 성분의 유출이 매우 크다.
④ 식욕을 돋우는 맛있는 냄새가 난다.

06 ③

해설 수용성 성분의 유출은 끓이기의 단점이다.

상 중 하

07 채소를 냉동하기 전 블랜칭(Blanching)하는 이유로 옳지 않은 것은?

① 효소의 불활성화　② 미생물 번식의 억제
③ 산화반응 억제　④ 수분감소 방지

07 ④

해설 채소를 냉동하기 전 블랜칭을 하면 효소의 불활성화, 미생물 번식의 억제, 산화반응 억제, 조직 연화, 부피감소 등의 효과를 얻을 수 있다.

상 중 하

08 침수 조리에 대한 설명으로 옳지 않은 것은?

① 곡류, 두류 등은 조리 전에 충분히 침수시켜 조미료의 침투를 용이하게 하고 조리시간을 단축시킨다.
② 불필요한 성분을 용출시킬 수 있다.
③ 간장, 술, 식초, 조미액, 기름 등에 담가 필요한 성분을 침투시켜 맛을 좋게 해준다.
④ 당장법, 염장법 등은 보존성을 높일 수 있고, 식품을 장시간 담가둘수록 영양성분이 많이 침투되어 좋다.

08 ④

해설 침수 조리는 건조식품의 조리 시 식품을 불리게 되면 조직이 연화되어 조미료의 침투가 용이해지고, 맛을 증가시켜 주며, 불미성분의 제거에도 효과적이다.

상 중 하

09 곰국이나 스톡을 조리하는 방법으로 은근하게 오랫동안 끓이는 조리법은?

① 포우칭(Poaching) ② 스티밍(Steaming)
③ 블랜칭(Blanching) ④ 시머링(Simmering)

09 ④

해설 은근하게 오래 끓이는 조리법을 시머링(Simmering)이라고 한다.

상 중 하

10 튀김 조리 시 흡유량에 대한 설명으로 옳지 않은 것은?

① 흡유량이 많으면 입안에서의 느낌이 나빠진다.
② 흡유량이 많으면 소화속도가 느려진다.
③ 튀김시간이 길어질수록 흡유량이 많아진다.
④ 튀기는 식품의 표면적이 클수록 흡유량은 감소한다.

10 ④

해설 튀김의 흡유량은 기름온도, 가열시간, 재료의 성분과 성질, 식재료의 표면적에 영향을 받는다.

3 조리장의 시설 및 설비 관리

상 중 하

01 총 고객수 900명, 좌석수 300석, 1좌석당 바닥면적 1.5㎡일 때, 필요한 식당의 면적은? 빈출

① 300㎡ ② 350㎡
③ 400㎡ ④ 450㎡

01 ④

해설 1.5㎡×300명=450㎡

상 중 하

02 조리용 소도구의 용도가 옳은 것은?

① 믹서(Mixer) : 재료를 다질 때 사용
② 휘퍼(Whipper) : 감자껍질을 벗길 때 사용
③ 필러(Peeler) : 골고루 섞거나 반죽할 때 사용
④ 그라인더(Grinder) : 소고기를 갈 때 사용

02 ④

해설
- 믹서 : 골고루 섞거나 반죽할 때
- 휘퍼 : 거품을 낼 때
- 필러 : 껍질을 벗길 때

상 중 하

03 작업장에서 발생하는 작업의 흐름에 따라 시설과 기기를 배치할 때 작업의 흐름이 순서대로 연결된 것은? 빈출

㉠ 전처리	㉡ 장식 및 배식
㉢ 식기 세척 · 수납	㉣ 조리
㉤ 식재료의 구매 · 검수	

① ㉤ → ㉠ → ㉣ → ㉡ → ㉢
② ㉠ → ㉡ → ㉢ → ㉣ → ㉤
③ ㉤ → ㉣ → ㉡ → ㉠ → ㉢
④ ㉢ → ㉠ → ㉣ → ㉤ → ㉡

03 ①

해설 작업의 흐름 순서
식재료의 구매 · 검수 → 전처리 → 조리 → 장식 · 배식 → 식기 세척 · 수납

상 중 하

04 다음 중 배식하기 전 음식이 식지 않도록 보관하는 온장고 내의 유지 온도로 가장 적합한 것은?

① 15~20℃ ② 35~40℃
③ 65~70℃ ④ 105~110℃

04 ③

해설 온장고의 온도는 65~70℃가 적당하다.

상 중 하

05 다음의 조건에서 1회에 750명을 수용하는 식당의 면적을 구하면? 빈출

피급식자 1인당 필요면적은 1.0㎡이며, 식기 회수공간은 필요면적의 10%, 통로의 폭은 1.0~1.5m이다.

① 750㎡ ② 760㎡
③ 825㎡ ④ 835㎡

05 ③

해설
- 1인당 필요면적 = 1.0㎡ × 750명 = 750㎡
- 식기 회수공간 = 필요면적의 10% = 750 × 0.1 = 75㎡
- 식당의 면적 = 750㎡ + 75㎡ = 825㎡

PART 01

상 중 하

06 조리장 내에서 사용되는 기기의 주요 재질별 관리 방법으로 적절하지 않은 것은?

① 알루미늄제 냄비는 거친 솔을 사용하여 알칼리성 세제로 닦는다.
② 주철로 만든 국솥 등은 수세 후 습기를 건조시킨다.
③ 스테인리스 스틸제의 작업대는 스펀지를 사용하여 중성 세제로 닦는다.
④ 철강제의 구이 기계류는 오물을 세제로 씻고 습기를 건조시킨다.

상 중 하

07 다음 중 조리기기와 그 용도의 연결이 옳은 것은? 빈출

① 그라인더(Grinder) – 고기를 다질 때
② 필러(Peeler) – 난백 거품을 낼 때
③ 슬라이서(Slicer) – 당근의 껍질을 벗길 때
④ 초퍼(Chopper) – 고기를 일정한 두께로 저밀 때

상 중 하

08 다량으로 전, 부침 등을 조리할 때 사용되는 기기로, 열원은 가스이며 불판 밑에 버너가 있는 가열기기는?

① 그리들 ② 샐러맨더
③ 만능 조리기 ④ 가스레인지 오븐

상 중 하

09 조리실의 후드(Hood)는 어떤 모양이 가장 배출효율이 좋은가?

① 1방형 ② 2방형
③ 3방형 ④ 4방형

상 중 하

10 조리작업장의 위치선정 조건으로 가장 거리가 먼 것은?

① 보온을 위해 지하인 곳
② 통풍이 잘 되고, 밝고 청결한 곳
③ 음식의 운반과 배선이 편리한 곳
④ 재료의 반입과 오물의 반출이 쉬운 곳

---

06 ①

해설 알루미늄제 냄비는 스펀지를 사용하여 중성 세제로 닦아야 한다.

07 ①

해설
- 그라인더(Grinder)는 분쇄기로, 고기나 생선 등을 곱게 다질 때, 즉 갈 때 사용된다.
- 필러(Peeler)는 감자, 당근, 오이 등의 껍질을 벗길 때 사용된다.
- 슬라이서(Slicer)는 고기를 일정한 두께로 저밀 때 사용된다.
- 초퍼(Chopper)는 고기나 채소를 잘게 다질 때 사용된다.

08 ①

해설
- 샐러맨더 : 가스를 열원으로 하는 구이용 기기
- 가스레인지 오븐 : 가스를 연료로 하는 오븐

09 ④

해설 조리실의 후드는 4방 개방형이 가장 효율이 높다.

10 ①

해설 조리작업장은 통풍, 채광이 좋고, 배수가 잘 되며, 악취, 먼지가 없는 곳이어야 한다.

상 중 하

11 다음 중 작업장의 안전을 위해 반드시 점검해야 하는 사항이 아닌 것은?

① 작업장 바닥의 물기　　② 작업장 바닥의 음식물
③ 도마의 청결 및 소독　　④ 충분한 조도

11 ③
해설 도마의 청결 및 소독은 조리기구의 점검 항목이다.

02 식품의 조리원리

상 중 하

01 각 식품의 보관요령으로 옳지 않은 것은?

① 냉동육은 해동·동결을 반복하지 않도록 한다.
② 건어물은 건조하고 서늘한 곳에 보관한다.
③ 달걀은 깨끗이 씻어 냉장 보관한다.
④ 두부는 찬물에 담갔다가 냉장시키거나 찬물에 담가 보관한다.

01 ③
해설 달걀을 씻어 보관하면 표면의 큐티클이 벗겨져 미생물이 침입하게 된다.

상 중 하

02 미숫가루를 만들 때 건열로 가열하면 전분이 열분해되어 덱스트린이 만들어진다. 이 열분해 과정을 무엇이라고 하는가?

① 호화　　② 노화
③ 호정화　　④ 전화

02 ③
해설 전분의 호정화는 전분에 물을 넣지 않고 160℃ 이상으로 가열하여 덱스트린으로 분해되는 것을 말한다.

상 중 하

03 아미노카르보닐화 반응, 캐러멜화 반응, 전분의 호정화가 가장 잘 일어나는 온도의 범위는? 빈출

① 20~50℃　　② 50~100℃
③ 100~200℃　　④ 200~300℃

03 ③
해설 적정 반응온도
- 아미노카르보닐화 반응 : 155℃
- 캐러멜화 반응 : 160~180℃
- 전분의 호정화 : 160℃

상 중 하

04 전분을 주재료로 이용하여 만든 음식이 아닌 것은?

① 도토리묵　　② 크림 수프
③ 두부　　④ 죽

04 ③
해설 두부는 콩단백질인 글리시닌이 무기염류(염화마그네슘, 염화칼슘, 황산마그네슘, 황산칼슘)에 의해 응고되는 성질을 이용하여 만든다.

상 | 중 | 하

05 고구마 등의 전분으로 만든 얇고 부드러운 전분피로 냉채 등에 이용되는 것은?

① 양장피　② 해파리
③ 한천　④ 무

상 | 중 | 하

06 수확한 후 호흡작용이 특이하게 상승되므로 미리 수확하여 저장하면서 호흡작용을 인공적으로 조절할 수 있는 과일류와 거리가 가장 먼 것은?

① 아보카도　② 사과
③ 바나나　④ 레몬

상 | 중 | 하

07 두류의 조리 시 두류를 연화시키는 방법으로 옳지 않은 것은?

① 1% 정도의 식염용액에 담갔다가 그 용액으로 가열한다.
② 초산용액에 담근 후 칼슘, 마그네슘 이온을 첨가한다.
③ 약알칼리성의 중조수에 담갔다가 그 용액으로 가열한다.
④ 습열 조리 시 연수를 사용한다.

상 | 중 | 하

08 전분의 이화학적 처리 또는 효소 처리에 의해 생산되는 제품이 아닌 것은?

① 가용성 전분　② 고과당 옥수수시럽
③ 덱스트린　④ 사이클로덱스트린

상 | 중 | 하

09 다음 중 전분에 대한 설명으로 옳지 않은 것은?

① 찬물에 쉽게 녹지 않는다.
② 달지는 않으나 온화한 맛을 준다.
③ 동물 체내에 저장되는 탄수화물로 열량을 공급한다.
④ 가열하면 팽윤되어 점성을 갖는다.

05 ①

해설 양장피는 고구마 전분으로 만들며, 중국요리의 냉채에 사용된다.

06 ④

해설 후숙 과정이 있는 과일에는 바나나, 키위, 파인애플, 아보카도, 사과 등이 있다.

07 ②

해설 칼슘과 마그네슘 이온은 두류의 응고제로 사용된다.

08 ③

해설 덱스트린은 유산균에 의해 생성된 식이섬유소이다.

09 ③

해설 글리코겐은 동물의 체내에 저장이 되는 다당류이다.

상 중 하

10 멥쌀과 찹쌀에 있어 노화 속도 차이의 원인 성분은?

① 아밀라아제(Amylase) ② 글리코겐(Glycogen)
③ 아밀로펙틴(Amylopectin) ④ 글루텐(Gluten)

10 ③

해설 찹쌀은 아밀로펙틴으로만 구성되어 있어 노화가 늦게 일어난다.

상 중 하

11 다음 중 알칼리성 식품에 해당하는 것은? 빈출

① 육류 ② 곡류
③ 해조류 ④ 어류

11 ③

해설
- 알칼리성 식품 : 주로 해조류, 채소류 등
- 산성 식품 : 주로 곡류, 육류 등

상 중 하

12 전분을 160~170℃의 건열로 가열하여 가루로 볶으면 물에 잘 용해되고 점성이 약해지는 성질을 가지게 되는데, 이는 어떤 현상 때문인가? 빈출

① 가수분해 ② 호정화
③ 호화 ④ 노화

12 ②

해설 전분의 호정화
전분에 물을 넣지 않고 160℃ 이상으로 가열하면 덱스트린으로 분해되는 현상을 말한다.

상 중 하

13 다음 중 전분의 노화억제 방법이 아닌 것은?

① 설탕 첨가
② 유화제 첨가
③ 수분함량을 10% 이하로 유지
④ 0℃에서 보존

13 ④

해설 전분의 노화억제 방법
- 수분함량 15% 이하로 유지
- 0℃ 이하로 냉동
- 설탕, 유화제 등의 첨가

상 중 하

14 잼 또는 젤리를 만들 때 설탕의 양으로 가장 적합한 것은?

① 20~25% ② 40~45%
③ 60~65% ④ 80~85%

14 ③

해설 잼이나 젤리를 만들 때 당분의 농도는 60~65%이다.

상 중 하

15 밀가루를 반죽할 때 연화(쇼트닝)작용과 팽화작용의 효과를 얻기 위해 넣는 것은?

① 소금 ② 지방
③ 달걀 ④ 이스트

15 ②

해설
- 소금 : 점성·탄성 증가
- 달걀 : 영양성 증가, 색깔·향기·맛 증가
- 이스트 : 팽창제

상 중 하

16 전분의 호화에 필요한 요소만으로 짝지어진 것은?

① 물, 열
② 물, 기름
③ 기름, 설탕
④ 열, 설탕

상 중 하

17 전분의 호정화에 대한 설명으로 옳지 않은 것은? 빈출

① 호정화란 화학적 변화가 일어난 것이다.
② 호화된 전분보다 물에 녹기 쉽다.
③ 전분을 150~190℃에서 물을 붓고 가열할 때 나타나는 변화이다.
④ 호정화되면 덱스트린이 생성된다.

상 중 하

18 노화가 잘 일어나는 전분은 다음 중 어느 성분의 함량이 높은가? 빈출

① 아밀로오스(Amylose)
② 아밀로펙틴(Amylopectin)
③ 글리코겐(Glycogen)
④ 한천(Agar)

상 중 하

19 마멀레이드(Marmalade)에 대하여 바르게 설명한 것은?

① 과일즙에 설탕을 넣고 가열·농축한 후 냉각시킨 것이다.
② 과일의 과육을 전부 이용하여 점성을 띠게 농축한 것이다.
③ 과일즙에 설탕, 과일의 껍질, 과육의 얇은 조각을 섞어 가열·농축한 것이다.
④ 과일을 설탕시럽과 같이 가열하여 과일이 연하고 투명한 상태로 된 것이다.

상 중 하

20 밀가루를 물로 반죽하여 면을 만들 때 반죽의 점성에 관계하는 주성분은?

① 글로불린(Globulin)
② 글루텐(Gluten)
③ 아밀로펙틴(Amylopectin)
④ 덱스트린(Dextrin)

---

16 ①

해설 **호화**
전분을 물에 넣고 열을 가했을 때 완전히 팽창하여 점성이 높은 콜로이드 상태를 말한다.

17 ③

해설 **전분의 호정화**
전분에 물을 넣지 않고 160℃ 이상으로 가열하여 덱스트린으로 분해되는 것을 말한다.

18 ①

해설 전분의 노화는 아밀로오스의 함량이 높을수록 잘 일어난다.

19 ③

해설 과일즙에 설탕, 과일의 껍질, 얇은 과육 조각을 섞어 가열·농축한 것을 마멀레이드라고 한다.

20 ②

해설 밀가루 안의 글리아딘과 글루테닌이 합쳐져 글루텐을 형성한다.

상 중 하

21 일반적으로 비스킷 및 튀김의 제품 적성에 가장 적합한 밀가루는?

① 박력분　　② 중력분
③ 강력분　　④ 반강력분

21 ①

해설 박력분은 글루텐 함량이 10% 이하로 케이크, 튀김옷, 카스텔라, 약과 등을 만들 때 사용된다.

상 중 하

22 다음 중 밥 짓기 과정의 설명으로 옳은 것은? 빈출

① 쌀을 씻어서 2~3시간 푹 불리면 맛이 좋다.
② 햅쌀은 묵은 쌀보다 물을 약간 적게 붓는다.
③ 쌀은 80~90℃에서 호화가 시작된다.
④ 묵은 쌀인 경우 쌀 중량의 약 2.5배 정도의 물을 붓는다.

22 ②

해설
- 쌀은 씻어서 오래 불리면 좋지 않으며 여름에는 30분, 겨울에는 2시간 정도가 좋다.
- 쌀의 전분은 65~67℃에서 호화가 시작된다.
- 햅쌀의 경우에 물의 양은 쌀 중량의 1.4배를, 묵은 쌀의 경우 햅쌀보다 약간 많이 부어 밥을 짓는다.

상 중 하

23 전분의 노화에 영향을 미치는 인자의 설명 중 옳지 않은 것은?

① 노화가 가장 잘 일어나는 온도는 0~5℃이다.
② 수분함량 10% 이하인 경우 노화가 잘 일어나지 않는다.
③ 다량의 수소이온은 노화를 저지한다.
④ 아밀로오스의 함량이 많은 전분일수록 노화가 빨리 일어난다.

23 ③

해설 다량의 수소이온은 전분의 노화를 촉진시킨다.

상 중 하

24 쌀의 호화를 돕기 위해 밥을 짓기 전에 침수시키는데, 이때 최대 수분 흡수량은? 빈출

① 5~10%　　② 20~30%
③ 55~65%　　④ 75~85%

24 ②

해설 밥을 지을 때 최대 수분 흡수량은 20~30%이다.

상 중 하

25 김치 저장 중 김치조직의 연부현상이 나타났다. 그 이유에 대한 설명으로 가장 거리가 먼 것은?

① 조직을 구성하고 있는 펙틴질이 분해되기 때문에
② 미생물이 펙틴 분해효소를 생성하기 때문에
③ 용기에 꼭 눌러 담지 않아 내부에 공기가 존재하여 호기성 미생물이 성장・번식하기 때문에
④ 김치가 국물에 잠겨 수분을 흡수하기 때문에

25 ④

해설 김치조직의 연부현상은 조직 내에 펙틴질이 분해되어 조직이 연해지는 현상이다.

상 중 하

26 과일에 물을 넣어 가열했을 때 일어나는 현상이 아닌 것은?

① 세포막은 투과성을 잃는다.
② 섬유소는 연화된다.
③ 삶아진 과일은 더 투명해진다.
④ 가열하는 동안 과일은 가라앉는다.

26 ④

해설 과일을 가열하게 되면 세포 내 용질의 용출로 과일이 뜨게 된다.

상 중 하

27 과일의 숙성에 대한 설명으로 잘못된 것은?

① 과일류의 호흡에 따른 변화를 되도록 촉진시켜 빠른 시간 내에 과일을 숙성시키는 방법으로 가스저장법(CA)이 이용된다.
② 과일류 중 일부는 수확 후에 호흡작용이 특이하게 상승되는 현상을 보인다.
③ 호흡 상승현상을 보이는 과일류는 적당한 방법으로 호흡작용을 조절하여 저장기간을 조절하면서 후숙시킬 수 있다.
④ 호흡 상승현상을 보이지 않는 과일류는 수확하여 저장하여도 품질이 향상되지 않으므로 적당한 시기에 수확하여 곧 식용 또는 가공하여야 한다.

27 ①

해설 가스저장법(CA)은 과채류의 호흡작용을 억제시켜 저장성을 높이는 방법이다.

상 중 하

28 녹색 채소를 데칠 때 소다를 넣을 경우 나타나는 현상이 아닌 것은?

① 채소의 질감이 유지된다.
② 채소의 색을 푸르게 고정시킨다.
③ 비타민 C가 파괴된다.
④ 채소의 섬유질을 연화시킨다.

28 ①

해설 녹색 채소를 데칠 때 소다를 넣게 되면 녹색은 선명하게 유지되지만, 질감이 물러지고 비타민 C가 파괴된다.

상 중 하

29 무화과에서 얻는 육류의 연화효소는?

① 피신 ② 브로멜린
③ 파파인 ④ 레닌

29 ①

해설
- 브로멜린 : 파인애플
- 파파인 : 파파야
- 레닌 : 우유의 단백질 응고효소

상 중 하

30 과실의 젤리화 3요소와 관계없는 것은?

① 젤라틴 ② 당
③ 펙틴 ④ 산

30 ①

해설 젤리를 만들 때는 펙틴, 산, 당이 필요하다.

상 | 중 | 하

31 **우유를 가열할 때 용기 바닥이나 옆에 눌어붙는 것은 주로 어떤 성분 때문인가?**

① 카제인(Casein) ② 유청(Whey) 단백질
③ 레시틴(Lecithin) ④ 유당(Lactose)

31 ②

해설 우유 가열 시 바닥에 눌어붙는 주성분은 유청이다.

PART 01

상 | 중 | 하

32 **다음 중 보존성에 대한 설명으로 옳지 않은 것은?**

① 수확 혹은 가공된 식품이 식용으로서 적합한 품질과 위생상태를 유지하는 성질을 말한다.
② 유통과정, 소매점의 상품관리로 인해 보존기간이 변동될 수 없다.
③ 장기저장이 가능한 통·병조림이라도 온도나 광선의 영향에 의해 품질변화가 일어난다.
④ 신선식품은 보존성이 짧은 것이 많아 상품의 온도관리에 따라 그 보존기간이 크게 달라진다.

32 ②

해설 유통과정이나 소매점의 상품관리에 따라 보존기간이 변동될 수 있다.

상 | 중 | 하

33 **전통적인 식혜 제조방법에서 엿기름에 대한 설명이 잘못된 것은?**

① 엿기름의 효소는 수용성이므로 물에 담그면 용출된다.
② 엿기름을 가루로 만들면 효소가 더 쉽게 용출된다.
③ 엿기름 가루를 물에 담가두면서 주물러주면 효소가 더 빠르게 용출된다.
④ 식혜 제조에 사용되는 엿기름의 농도가 낮을수록 당화속도가 빨라진다.

33 ④

해설 엿기름의 농도가 낮으면 당화속도가 느려진다.

상 | 중 | 하

34 **난황에 들어 있으며, 마요네즈 제조 시 유화제 역할을 하는 성분은?**

빈출

① 레시틴 ② 오브알부민
③ 글로불린 ④ 갈락토오스

34 ①

해설 난황(달걀노른자)의 레시틴은 마요네즈를 만들 때 유화제로 사용된다.

상 중 하

35 달걀에서 시간이 지남에 따라 나타나는 변화가 아닌 것은?

① 호흡작용을 통해 알칼리성으로 된다.
② 흰자의 점성이 커져 끈적끈적해진다.
③ 흰자에서는 황화수소가 검출된다.
④ 주위의 냄새를 흡수한다.

상 중 하

36 달걀프라이를 하기 위해 프라이팬에 달걀을 깨뜨려 놓았을 때 다음 중 가장 신선한 달걀은?

① 난황이 터져 나왔다.
② 난백이 넓게 퍼졌다.
③ 난황은 둥글고 주위에 농후난백이 많았다.
④ 작은 혈액덩어리가 있었다.

상 중 하

37 신선한 달걀의 난황계수(Yolk Index)는 얼마 정도인가?

① 0.14~0.17 ② 0.25~0.30
③ 0.36~0.44 ④ 0.55~0.66

상 중 하

38 밀가루 반죽에 달걀을 넣었을 때 달걀의 작용으로 옳지 않은 것은?

① 반죽에 공기를 주입하는 역할을 한다.
② 팽창제의 역할을 해서 용적을 증가시킨다.
③ 단백질 연화작용으로 제품을 연하게 한다.
④ 영양, 조직 등에 도움을 준다.

상 중 하

39 브로멜린(Bromelin)이 함유되어 있어 고기를 연화시키는 데 이용되는 과일은?

① 사과 ② 파인애플
③ 귤 ④ 복숭아

35 ②

해설 달걀은 시간이 지남에 따라 달걀흰자의 점성이 약해져 수양난백이 많아진다.

36 ③

해설 신선한 달걀은 난황이 둥글고 흰자는 뭉쳐 있어야 한다.

37 ③

해설 신선한 달걀의 난황계수는 0.36~0.44이다.

38 ③

해설 제품의 연화는 지방의 역할이다.

39 ②

해설 파인애플의 브로멜린(Bromelin)은 단백질 분해효소로 고기를 연화시키는 데 이용된다.

상 중 하

40 **육류를 저온숙성(Aging)할 때 적합한 습도와 온도범위는?** 빈출

① 습도 85~90%, 온도 1~3℃
② 습도 70~85%, 온도 10~15℃
③ 습도 65~70%, 온도 10~15℃
④ 습도 55~60%, 온도 15~21℃

상 중 하

41 **육류의 결합조직을 장시간 물에 넣어 가열했을 때의 변화는?**

① 콜라겐이 젤라틴으로 된다.
② 액틴이 젤라틴으로 된다.
③ 미오신이 콜라겐으로 된다.
④ 엘라스틴이 콜라겐으로 된다.

상 중 하

42 **가공 육제품의 내포장재인 케이싱(Casing)에 대한 설명으로 옳은 것은?**

① 가식성 콜라겐(Collagen) 케이싱은 동물의 콜라겐을 가공하여 튜브상으로 제조된 인조 케이싱이다.
② 셀룰로오스(Cellulose) 케이싱은 목재의 펄프와 목화의 식물성 셀룰로오스를 가공하여 다양한 크기로 만든 것으로 천연의 가식성 케이싱이다.
③ 파이브로스(Fibrous) 케이싱은 비교적 큰 직경의 육제품에 이용되는 것으로 셀룰로오스를 주재료로 가공한 천연 케이싱이다.
④ 플라스틱(Plastic) 케이싱은 훈연제품에 이용되는 가식성 케이싱이다.

상 중 하

43 **냉동 중 나타나는 육질의 변화가 아닌 것은?**

① 육내의 수분이 동결되어 체적 팽창이 이루어진다.
② 건조에 의한 감량이 발생한다.
③ 고기 단백질이 변성되어 고기의 맛을 떨어뜨린다.
④ 단백질 용해도가 증가된다.

40 ①

해설
- 저온숙성 : 온도 1~3℃, 습도 85~90%에서 6~11일 저장·숙성
- 고온숙성 : 10~20℃에서 도살 후 10시간까지 숙성시키는 방법

41 ①

해설 육류의 결합조직이 많은 부위를 장시간 물에 넣어 가열하면 육류의 콜라겐이 젤라틴으로 된다.

42 ①

해설 **케이싱의 종류**
- 가식성 콜라겐 케이싱 : 동물의 콜라겐을 가공하여 만든 인조 케이싱
- 셀룰로오스·파이브로스 케이싱 : 식물성 섬유로 만든 인조 케이싱
- 플라스틱 케이싱 : 비가식성 인조 케이싱

43 ④

해설 단백질 용해도는 고온처리를 하게 되면 증가된다.

상 중 하

44 육류 사후강직의 원인 물질로 옳은 것은?

① 액토미오신(Actomyosin)　② 젤라틴(Gelatin)
③ 엘라스틴(Elastin)　④ 콜라겐(Collagen)

상 중 하

45 분리된 마요네즈를 재생시키는 방법으로 가장 적합한 것은?

① 새로운 난황에 분리된 것을 조금씩 넣으며, 한 방향으로 저어 준다.
② 기름을 더 넣어 한 방향으로 빠르게 저어 준다.
③ 레몬즙을 넣은 후 기름과 식초를 넣어 저어 준다.
④ 분리된 마요네즈를 양쪽 방향으로 빠르게 저어 준다.

상 중 하

46 어류를 가열 조리할 때 일어나는 변화와 거리가 먼 것은? 빈출

① 결합조직 단백질인 콜라겐의 수축・용해
② 근육섬유단백질의 응고・수축
③ 열응착성 약화
④ 지방의 용출

상 중 하

47 각 조리법의 유의사항으로 옳은 것은?

① 떡이나 빵을 찔 때 너무 오래 찌면 물이 생겨 형태와 맛이 저하된다.
② 멸치국물을 낼 때 끓는 물에 멸치를 넣고 끓여야 수용성 단백질과 지미성분이 빨리 용출되어 맛이 좋아진다.
③ 튀김 시 기름의 온도를 측정하기 위하여 소금을 떨어뜨리는 것은 튀김기름에 영향을 주지 않으므로 온도계를 사용하는 것보다 더 합리적이다.
④ 물오징어 등을 삶을 때 둥글게 말리는 것은 가열에 의해 무기질이 용출되기 때문이므로 내장이 있는 안쪽 면에 칼집을 넣어 준다.

상 중 하

48 생선의 육질이 육류보다 연한 주된 이유로 옳은 것은?

① 콜라겐과 엘라스틴의 함량이 적으므로
② 미오신과 액틴의 함량이 많으므로
③ 포화지방산의 함량이 많으므로
④ 미오글로빈 함량이 적으므로

---

44 ①

해설 미오신과 액틴이 결합된 액토미오신이 사후강직의 원인물질이다.

45 ①

해설 분리된 마요네즈를 재생시킬 때는 노른자를 넣고 저어 준다.

46 ③

해설 어류를 가열 조리하면 열응착성이 강해져 잘 달라붙게 된다.

47 ①

해설 멸치국물을 낼 때는 물에 멸치와 다시마를 넣고 끓이다가 끓기 시작하면 불을 세게 하여 끓여야 하며, 튀김 시 기름의 온도 측정은 온도계로 하는 것이 가장 좋다. 물오징어는 삶을 때는 둥글게 말리는 것을 방지하기 위해 바깥쪽 면에 칼집을 넣어 삶는다.

48 ①

해설 어패류는 육류에 비해 결합조직(콜라겐, 엘라스틴)이 적어 육질이 연하다.

상 중 하

49 한천에 대한 설명으로 옳지 않은 것은?

① 겔은 고온에서 잘 견디므로 안정제로 사용된다.
② 홍조류의 세포벽 성분인 점질성의 복합다당류를 추출하여 만든다.
③ 30℃ 부근에서 굳어져 겔화된다.
④ 일단 겔화되면 100℃ 이하에서는 녹지 않는다.

49 ④

해설 한천의 응고 온도는 38~40℃이다.

상 중 하

50 경단백질로서 가열에 의해 젤라틴으로 변하는 것은?

① 케라틴(Keratin)
② 콜라겐(Collagen)
③ 엘라스틴(Elastin)
④ 히스톤(Histone)

50 ②

해설 콜라겐은 장시간 가열하면 젤라틴으로 변한다.

상 중 하

51 다음 중 홍조류에 속하는 해조류는?

① 김
② 청각
③ 미역
④ 다시마

51 ①

해설 홍조류에는 김, 우뭇가사리 등이 있다.

상 중 하

52 생선의 조리 시 식초를 적당량 넣었을 때 장점이 아닌 것은?

① 생선의 가시를 연하게 해준다.
② 어취를 제거한다.
③ 살을 연하게 하여 맛을 좋게 한다.
④ 살균 효과가 있다.

52 ③

해설 생선의 조리 시 식초를 사용하면 어취가 제거되고 생선살을 단단하게 하는 효과가 있다.

상 중 하

53 오징어에 대한 설명으로 옳지 않은 것은?

① 오징어는 가열하면 근육섬유와 콜라겐 섬유 때문에 수축하거나 둥글게 말린다.
② 오징어의 살이 붉은색을 띠는 것은 색소포에 의한 것으로 신선도와는 상관이 없다.
③ 신선한 오징어는 무색투명하며, 껍질에는 짙은 적갈색의 색소포가 있다.
④ 오징어의 근육은 평활근으로 색소를 가지지 않으므로 껍질을 벗긴 오징어는 가열하면 백색이 된다.

53 ②

해설 오징어는 오래되면 검은 반점이 터져 살이 붉은색을 띠게 된다.

상 중 하

54 어류의 사후강직에 대한 설명으로 옳지 않은 것은?

① 붉은살생선이 흰살생선보다 강직이 빨리 시작된다.
② 자기소화가 일어나면 풍미가 저하된다.
③ 담수어는 자체 내 효소의 작용으로 해수어보다 부패 속도가 빠르다.
④ 보통 사후 12~14시간 동안 최고로 단단하게 된다.

54 ④
해설 어류의 강직현상이 나타나는 시기는 1~4시간이다.

상 중 하

55 생선을 조릴 때 어취를 제거하기 위하여 생강을 넣는다. 이때 생선을 미리 가열하여 열변성시킨 후에 생강을 넣는 주된 이유는?

① 생강을 미리 넣으면 다른 조미료가 침투되는 것을 방해하기 때문에
② 열변성되지 않은 어육단백질이 생강의 탈취 작용을 방해하기 때문에
③ 생선의 비린내 성분이 지용성이기 때문에
④ 생강이 어육단백질의 응고를 방해하기 때문에

55 ②
해설 열변성되지 않은 어육단백질이 생강의 탈취 작용을 방해하기 때문에 생선살이 익은 후에 생강을 넣어야 어취제거에 효과가 있다.

상 중 하

56 생선묵에 점탄성을 부여하기 위해 첨가하는 물질은?

① 소금 ② 전분
③ 설탕 ④ 술

56 ②
해설 생선묵에 점탄성을 부여하기 위해서는 전분을 첨가한다.

상 중 하

57 젓갈 제조 방법 중 큰 생선이나 지방이 많은 생선을 서서히 절이고자 할 때 생선을 일단 얼렸다가 절이는 방법을 무엇이라 하는가?

① 습염법 ② 혼합법
③ 냉염법 ④ 냉동염법

57 ④
해설 지방이 많고 큰 생선을 얼렸다가 절이는 방법을 냉동염법이라고 한다.

상 중 하

58 마가린, 쇼트닝, 튀김유 등은 식물성 유지에 무엇을 첨가하여 만드는가?

빈출

① 염소 ② 산소
③ 탄소 ④ 수소

58 ④
해설 마가린은 식물성 기름에 수소를 첨가하여 만든 고체지방으로 버터의 대용품이다.

상 중 하

59 **우유의 가공에 관한 설명으로 옳지 않은 것은?** 빈출

① 크림의 주성분은 우유의 지방성분이다.
② 분유는 전유, 탈지유, 반탈지유 등을 건조시켜 분말화한 것이다.
③ 저온살균법은 63~65℃에서 30분간 가열하는 것이다.
④ 무당연유는 살균과정을 거치지 않고, 유당연유만 살균과정을 거친다.

59 ④

해설
• 무당연유와 유당연유 모두 밀봉 후 가열 살균한 것으로 유당의 유무 차이만 있다.
• 크림은 유지방 18% 이상을 함유한 우유를 이용한 가공품이다.

상 중 하

60 **마요네즈 제조 시 안정된 마요네즈를 형성하는 경우는?**

① 빠르게 기름을 많이 넣을 때
② 달걀흰자만 사용할 때
③ 약간 더운 기름을 사용할 때
④ 유화제 첨가량에 비하여 기름의 양이 많을 때

60 ③

해설 약간 더운 기름을 사용하면 안정된 마요네즈를 형성한다.

상 중 하

61 **냉동저장 채소로 가장 적합하지 않은 것은?**

① 완두콩　② 브로콜리
③ 콜리플라워　④ 셀러리

61 ④

해설 셀러리는 대부분 생식을 하기 때문에 냉동저장은 부적합하다.

상 중 하

62 **가공치즈(Processed cheese)에 대한 설명으로 옳지 않은 것은?**

① 자연치즈에 유화제를 가하여 가열한 것이다.
② 일반적으로 자연치즈보다 저장성이 크다.
③ 약 85℃에서 살균하여 Pasteurized Cheese라고도 한다.
④ 자연치즈를 원료로 사용하지 않는다.

62 ④

해설 가공치즈란 자연치즈(Natural Cheese)를 이용하여 식품위생법이 인정하는 식품첨가물을 첨가하여 분쇄, 혼합, 가열한 후 녹여서 유화한 것을 말한다.

상 중 하

63 **유지를 가열할 때 유지 표면에서 엷은 푸른 연기가 나기 시작할 때의 온도는?**

① 팽창점　② 연화점
③ 용해점　④ 발연점

63 ④

해설 유지를 가열할 때 연기가 나기 시작하는 온도를 발연점이라 하며, 이때 발생한 푸른 연기 성분은 아크롤레인이다.

상 중 하

64 튀김요리 시 튀김냄비 내의 기름 온도를 측정하려고 할 때 온도계를 꽂는 위치로 가장 적합한 것은? 빈출

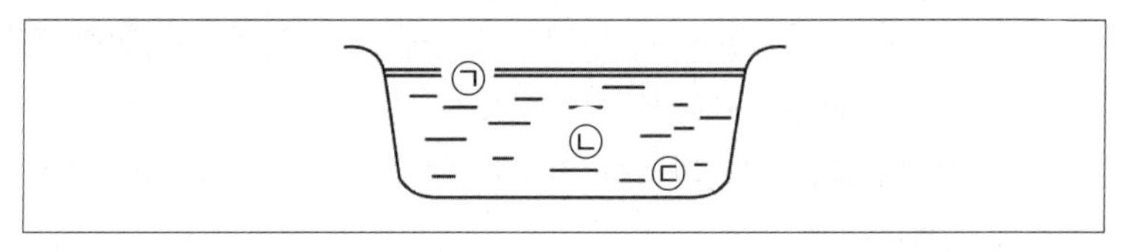

① ㉠ ② ㉡
③ ㉢ ④ 어느 위치든 좋다.

상 중 하

65 다음 중 발연점이 가장 높은 것은?

① 옥수수유 ② 들기름
③ 참기름 ④ 올리브유

상 중 하

66 유지의 산패에 영향을 미치는 인자에 대한 설명으로 옳은 것은?

① 유지의 저장온도가 0℃ 이하가 되면 산패가 방지된다.
② 광선은 산패를 촉진하나 그중 자외선은 산패에 영향을 미치지 않는다.
③ 구리, 철은 산패를 촉진하나 납, 알루미늄은 산패에 영향을 미치지 않는다.
④ 유지의 불포화도가 높을수록 산패가 활발하게 일어난다.

상 중 하

67 다음 중 지방의 산패 촉진인자가 아닌 것은?

① 빛 ② 지방분해효소
③ 비타민 E ④ 산소

상 중 하

68 기름을 오랫동안 저장하여 산소, 빛, 열에 노출되었을 때 색깔, 맛, 냄새 등이 변하게 되는 현상은?

① 발효 ② 부패
③ 산패 ④ 변질

---

64 ②

해설 튀김그릇의 바닥이나 기름에 적게 접하는 면보다 기름이 충분한 위치에서 측정하는 것이 좋다.

65 ①

해설 들기름, 참기름, 올리브유는 발연점이 낮고, 발연점이 높은 기름으로는 면실유, 해바라기씨유, 카놀라유, 대두유, 옥수수유 등이 있다.

66 ④

해설 저장온도가 낮아도 자동산화가 진행되어 산패가 발생하며, 빛이나 금속은 산패를 촉진시키거나 영향을 준다.

67 ③

해설 유지의 산패 촉진인자는 습기·열·산소·광선·금속·효소이다.

68 ③

해설 지방의 산패는 효소·자외선·금속·수분·온도·미생물 등에 의해 색깔, 맛, 냄새 등이 변하는 현상이다.

상 | 중 | 하

69 국수를 삶는 방법으로 가장 적절하지 않은 것은?

① 끓는 물에 넣는 국수의 양이 많아서는 안 된다.
② 국수무게의 6~7배 정도 물에서 삶는다.
③ 국수를 넣은 후 물이 다시 끓기 시작하면 찬물을 넣는다.
④ 국수가 다 익으면 많은 양의 냉수에서 천천히 식힌다.

69 ④

해설 국수가 다 익으면 빨리 찬물에 헹궈 얼음물에 담갔다가 꺼낸다.

상 | 중 | 하

70 지방의 경화에 대한 설명으로 옳은 것은? 빈출

① 물과 지방이 서로 섞여 있는 상태이다.
② 불포화지방산에 수소를 첨가하는 것이다.
③ 기름을 7.2℃까지 냉각시켜서 지방을 여과하는 것이다.
④ 반죽 내에서 지방층을 형성하여 글루텐의 형성을 막는 것이다.

70 ②

해설 경화유는 불포화지방산에 수소를 첨가하고 니켈을 촉매로 사용하여 포화지방산의 형태로 변화시킨 것이다(마가린, 쇼트닝).

상 | 중 | 하

71 다음 중 버터의 특성이 아닌 것은?

① 독특한 맛과 향기를 가져 음식에 풍미를 준다.
② 냄새를 빨리 흡수하므로 밀폐하여 저장하여야 한다.
③ 소화율이 높다.
④ 성분은 단백질이 80% 이상이다.

71 ④

해설 버터는 우유의 지방을 모아 굳힌 것으로 유지방이 80% 이상이다.

상 | 중 | 하

72 유지의 발연점이 낮아지는 원인이 아닌 것은?

① 유리지방산의 함량이 적은 경우
② 튀김하는 그릇의 표면적이 넓은 경우
③ 기름에 이물질이 많이 들어 있는 경우
④ 오래 사용하여 기름이 지나치게 산패된 경우

72 ①

해설 유지는 가열 횟수가 많거나 유리지방산의 함량이 많을수록 발연점이 낮아지게 된다.

상 | 중 | 하

73 불포화지방산을 포화지방산으로 변화시키는 경화유에는 어떤 물질이 첨가되는가? 빈출

① 산소 ② 수소
③ 질소 ④ 칼슘

73 ②

해설 경화유는 불포화지방산에 수소를 첨가하고 니켈을 촉매로 사용하여 포화지방산 형태의 고체유로 변화시킨 것이다.

상 중 하

74 유지를 구성하고 있는 불포화지방산의 이중결합에 수소 등을 첨가하여 녹는점이 높은 포화지방산의 형태로 변화시킨 고체지방을 이용한 유지제품은? 빈출

① 마가린 ② 돼지기름
③ 버터 ④ 소기름

상 중 하

75 동결 중 식품에 나타나는 변화가 아닌 것은?

① 단백질 변성
② 지방의 산화
③ 탄수화물 호화
④ 비타민 손실

상 중 하

76 냉동육에 대한 설명으로 옳지 않은 것은?

① 냉동육은 일단 해동 후에는 다시 냉동하지 않는 것이 좋다.
② 냉동육의 해동 방법에는 여러 가지가 있으나 냉장고에서 해동하는 것이 좋다.
③ 냉동육은 해동 후 조리하는 것이 조리 시간을 단축시킬 수 있다.
④ 냉동육은 신선한 고기보다 더 좋은 맛과 질감을 갖는다.

상 중 하

77 냉동식품의 해동법으로 가장 좋은 방법은?

① 저온에서 서서히 해동시킨다.
② 얼린 상태로 조리한다.
③ 실온에서 해동시킨다.
④ 뜨거운 물 속에 담가 빨리 해동시킨다.

상 중 하

78 식품과 유지의 특성이 잘못 짝지어진 것은? 빈출

① 버터크림 – 크림성 ② 쿠키 – 점성
③ 마요네즈 – 유화성 ④ 튀김 – 열매체

74 ①
해설 마가린은 식물성 기름에 수소를 첨가하여 고체지방으로 만든 것으로, 버터의 대용품이다.

75 ③
해설 탄수화물의 호화는 동결 시 나타나는 변화가 아니다.

76 ④
해설 냉동육보다 신선한 고기가 더 좋은 맛과 질감을 갖는다.

77 ①
해설 냉동식품의 해동법 중 가장 좋은 방법은 저온에서 서서히 해동하는 것이다.

78 ②
해설 쿠키를 반죽 시 유지를 첨가하면 지방이 글루텐을 짧게 끊어 주는 역할을 하는데, 이를 연화(쇼트닝성)라고 한다.

상 중 하

79 **다음에서 설명하는 조미료는?**

> • 수란을 뜰 때 끓는 물에 이것을 넣고 달걀을 넣으면 난백의 응고를 돕는다.
> • 작은 생선을 사용할 때 이것을 소량 가하면 뼈가 부드러워진다.
> • 기름기 많은 재료에 이것을 사용하면 맛이 부드럽고 산뜻해진다.

① 설탕 ② 후추
③ 식초 ④ 소금

79 ③

해설 식초는 난백의 응고를 돕고, 생선의 조리 시 탄력성을 높여준다.

상 중 하

80 **MSG(MonoSodium Glutamate)의 설명으로 옳지 않은 것은?**

① 아미노산계 조미료이다.
② pH가 낮은 식품에는 정미력이 떨어진다.
③ 흡습력이 강하므로 장기간 방치하면 안 된다.
④ 신맛과 쓴맛을 완화시키고 단맛과 감칠맛을 부여한다.

80 ③

해설 MSG는 아미노산계 조미료로 pH가 낮은 식품에는 정미력이 떨어지며, 신맛과 쓴맛을 완화시키고 단맛과 감칠맛을 부여한다.

상 중 하

81 **다음 중 간장의 지미성분은?**

① 포도당(Glucose) ② 전분(Starch)
③ 글루탐산(Glutamic acid) ④ 아스코르빈산(Ascorbic acid)

81 ③

해설 간장, 된장, 다시마의 맛은 글루탐산이다.

상 중 하

82 **조미료의 침투 속도를 고려한 사용 순서로 옳은 것은?** 빈출

① 소금 → 설탕 → 식초 ② 설탕 → 소금 → 식초
③ 소금 → 식초 → 설탕 ④ 설탕 → 식초 → 소금

82 ②

해설 조미료의 침투 속도를 고려한 사용 순서 : 설탕 → 소금 → 식초

상 중 하

83 **젓갈의 숙성에 대한 설명으로 옳지 않은 것은?**

① 농도가 묽으면 부패하기 쉽다.
② 새우젓의 용염량은 60% 정도가 적당하다.
③ 자기소화 효소작용에 의한 것이다.
④ 세균에 의한 작용도 많다.

83 ②

해설 염장법 소금의 농도는 20~25%가 적당하다.

상 중 하

84 훈연 시 발생하는 연기 성분에 해당하지 않는 것은?

① 페놀(Phenol)
② 포름알데히드(Formaldehyde)
③ 개미산(Formic acid)
④ 사포닌(Saponin)

84 ④

해설 훈연 시 발생하는 연기 성분에는 포름알데히드(포름알데하이드), 개미산, 메틸알코올, 페놀 등이 있으며, 이 연기 성분은 살균작용을 한다.

상 중 하

85 100℃ 내외의 온도에서 2~4시간 동안 훈연하는 방법은?

① 냉훈법 ② 온훈법
③ 배훈법 ④ 전기훈연법

85 ③

해설 배훈법은 95~120℃에서 2~4시간 훈연처리한다.

상 중 하

86 다음은 식품 등의 표시기준상 통조림 제품의 제조연월일 표시방법이다. ( ) 안에 알맞은 것을 순서대로 나열하면?

> 통조림 제품에 있어서 연의 표시는 ( )만을, 10월, 11월, 12월의 월 표시는 각각 ( )로, 1일 내지 9일까지의 표시는 바로 앞에 0을 표시할 수 있다.

① 끝자리 숫자, O.N.D ② 끝자리 숫자, M.N.D
③ 앞자리 숫자, O.N.D ④ 앞자리 숫자, F.N.D

86 ①

해설 통조림의 제조연도 표시는 끝자리 숫자만을 표기하고, 10월은 O, 11월은 N, 12월은 D로 표시한다.

03 식생활 문화

1 한식

상 중 하

01 한국 음식의 특징에 대한 설명으로 옳지 않은 것은?

① 농업의 발달로 쌀과 잡곡을 이용한 조리법이 발달하였다.
② 장류, 김치류, 젓갈류 등의 발효식품 기술이 발달하였다.
③ 1첩, 5첩, 15첩의 반상차림이 발달하였다.
④ 한 상에 모든 음식을 차려내는 것이 특징이다.

01 ③

해설 상차림은 3첩, 5첩, 7첩, 9첩, 12첩 반상차림이 있다.

상 중 하

02 한국 음식의 주식류 연결이 잘못된 것은?

① 밥, 전골　　② 죽, 응이
③ 국수, 만두　　④ 밥, 미음

상 중 하

03 기초 기능 연마하기에 대한 설명으로 옳지 않은 것은?

① 무나 당근은 0.2cm 두께, 6cm 길이로 채썰기
② 오이나 호박은 5cm 길이로 썰어 0.2cm 두께로 껍질 돌려깎기
③ 황백지단은 조리하여 각각 골패형, 마름모형, 지단채로 썰기
④ 표고버섯은 손질하여 포 떠서 3cm 넓이로 채썰어 볶기

2 양식

상 중 하

01 서양 음식에 대한 설명으로 옳지 않은 것은?

① 12세기 이전에는 빵을 구워서 먹고 채소를 주로 한 요리가 발달하였다.
② 16세기부터 소스(Sauce)를 사용하기 시작하였다.
③ 우리나라에 서양요리는 러시아인으로부터 1900년에 처음 보급되었다.
④ 20세기에 프랑스 요리의 체계가 완성되었다.

상 중 하

02 서양 음식의 분류에서 정식요리 메뉴의 형태로 옳지 않은 것은?

① 5코스　　② 7코스
③ 10코스　　④ 16코스

상 중 하

03 다음 중 서양 음식의 특징으로 옳지 않은 것은?

① 치즈 등의 유제품과 육류와 신선한 채소, 말린 과일 등을 주로 이용한다.
② 소고기, 양고기, 돼지고기의 소비가 높다.
③ 다양한 해산물이 풍부하지 않다.
④ 우유, 버터, 치즈, 요구르트와 같은 유제품의 제조기술도 발달하였다.

02 ①

해설
- 주식류 : 밥, 죽, 미음, 응이, 국수, 만두
- 부식류 : 찌재, 전골, 찜, 선, 구이, 적, 전, 지짐, 조림, 초, 회, 숙회, 숙회, 포, 김치 등

03 ④

해설
- 표고버섯은 불려 손질하여 포 떠서 0.3cm 넓이로 채썰어 볶기
- 석이버섯은 불려 손질하여 0.2cm 넓이로 채썰어 볶기
- 소고기는 0.3cm로 채썰어 볶기

01 ②

해설 소스(Sauce)는 14세기부터 사용하기 시작하였다.

02 ③

해설 정식요리 메뉴는 5코스, 7코스, 9코스, 16코스이다.

03 ③

해설 지중해 연안과 스페인, 프랑스의 해안지대에서는 다양한 해산물도 풍부하고 소비도 높다.

상 | 중 | 하

04 조리 용어에서 Knife를 이용해 둥근 구슬 모양으로 채소를 깎는 것은?

① Tourne ② Olivette
③ Dice ④ Parisienne

상 | 중 | 하

05 열원을 사용하는 것을 바탕으로 기름을 사용하는 방법과 기름을 사용하지 않고 조리하는 방법으로 옳은 것은?

① 건열조리(Dry Heat Cooking)
② 습열조리(Moist Heat Cooking)
③ 복합조리(Combination Heat Cooking)
④ 비가열조리(No Heat Cooking)

04 ④

해설 토네(Tourne)/샤토(Chateau)는 영어로 "turned", 올리베트(Olivette)는 중간 부분이 올리브 모양으로 써는 것으로, 썬다기보다는 '깎는다', '다듬는다'가 더 어울린다. 다이스(Dice)는 주사위 모양으로 정육면체 자르기를 말하고, 자르는 크기에 따라 라지, 미디엄, 스몰로 구분한다.

05 ①

해설

건열조리	열원을 사용하는 것을 바탕으로 기름을 사용하는 방법과 기름을 사용하지 않고 조리하는 방법
습열조리	물을 가열하여 조리하는 방법
복합조리	건열조리와 습열조리를 혼합하여 조리하는 방법
비가열조리	열원을 사용하지 않고 식재료를 세척 후 다양한 형태와 모양으로 조리하는 방법

3 중식

상 | 중 | 하

01 중국 음식에 대한 설명으로 옳지 않은 것은?

① 동쪽음식은 짜고, 서쪽음식은 신맛이 있다.
② 서쪽음식은 시고, 남쪽음식은 달다.
③ 남쪽음식은 달고, 북쪽음식은 짜다.
④ 중국요리의 주재료는 돼지고기이다.

01 ①

해설 중국 음식 중 동쪽음식은 매운 편이다.

상 | 중 | 하

02 중국 음식의 식사 예절로 옳은 것은?

① 한 손으로 밥그릇을 자연스럽게 들고 먹는다.
② 젓가락과 수저를 주로 이용하여 먹는다.
③ 생선을 올릴 때는 머리나 꼬리가 주인을 향하도록 한다.
④ 요리와 식사가 끝나면 따끈한 차를 마신다.

02 ③

해설 생선을 올릴 때는 머리나 꼬리가 주인을 향하지 않도록 한다.

상 | 중 | 하

03 중식 칼의 종류와 한자에 대한 설명으로 옳지 않은 것은? 빈출

① 절도(切刀, qiedāo, 치에 다오) : 중식 기본 조리도
② 참도(斬刀, zhandāo, 짠 다오): 뼈를 자르는 칼
③ 면도(面刀, miandāo, 미엔 다오) : 밀가루 반죽을 자르는 칼
④ 조각도(點心刀, diansindāo, 디엔 신 따오) : 조각칼

03 ④

해설

- 딤섬도(點心刀, diansindāo, 디엔 신 따오) : 딤섬 소를 넣을 때 사용
- 조각도(雕刻刀, diāokèdāo, 띠아오 커 따오) : 조각칼

상 중 하

04 중국 조리의 기본 썰기에서 "으깨어서 잘게 다지기"로 옳은 것은?

① (粒) 리 lì
② (泥) 니 ní
③ (未) 웨이 wèi
④ (片) 피엔 piàn

상 중 하

05 중국 요리에서 "볶다"라는 뜻으로 알맞은 크기와 모양으로 만든 재료를 기름을 조금 넣고 센 불이나 중간불에서 짧은 시간에 뒤섞으며 익히는 조리법은?

① 류(熘, liu, 리우)
② 배(扒, ba, 바)
③ 초(炒, chao, 차오)
④ 폭(爆, bao, 빠오)

4 일식

상 중 하

01 도마, 칼의 위해요소를 제거하기 위한 세척 관리의 설명 중 옳지 않은 것은?

① 차가운 물로 1차 세척
② 스펀지에 세제를 묻혀 이물질 제거 후 씻어내기
③ 뜨거운 물(80℃)로 세척
④ 200ppm 차이염소산나트륨의 용액에 5분간 담근 후 세척

상 중 하

02 다음 일본요리의 특징에 관한 설명으로 옳지 않은 것은?

① 주식과 부식의 구분이 없다.
② 색감과 맛, 조리법을 중요하게 생각한다.
③ 눈으로 먹는 요리이다.
④ 식재료 본연의 맛을 살린 담백한 맛이 특징이다.

상 중 하

03 일본요리의 분류 중 형식적 분류에 속하지 않는 것은? 빈출

① 보차요리(普茶料理, ふちゃりょうり)
② 본선요리(本膳料理, ほんぜんりょうり)
③ 회석요리(懷石料理, かいせきりょうり)
④ 관서요리(關西料理, かんさいりょうり)

04 ②

해설
- 입(粒) 리 lì / 미(未) 웨이 wèi : 쌀알 크기 정도로 썰기
- (片) 피엔 piàn : 편썰기

05 ③

해설

구분	설명
류	조미료에 잰 재료를 녹말, 밀가루에 튀김옷을 입혀 기름에 튀기거나 삶거나 찐 뒤 다시 조미료로 소스를 만들어 재료 위에 끼얹거나 또는 조리한 재료를 소스에 묻혀내는 조리법
배	기본은 소(燒, shao, 샤오)와 같지만, 조리 시간이 더 길다. 완성된 요리는 녹말을 풀어 넣어 맛이 부드럽다. 산동(북경)요리에 많이 쓰이는 조리법
폭	정육면체로 썰거나 칼집을 낸 재료를 뜨거운 물이나 탕 기름 등으로 먼저 열처리한 뒤 센 불에서 빠르게 볶아내는 조리법
증	재료를 증기로 쪄서 익히는 조리법

01 ①

해설 1차 세척은 뜨거운 물로 세척한다.

02 ①

해설 주식과 부식으로 구분된다.

03 ④

해설 지역적 분류 : 관동요리(關東料理), 관서요리(關西料理), 향토요리(鄕土料理)

상 | 중 | 하

04 다음 중 관서요리(關西料理, かんさいりょうり)의 대표 음식으로 옳은 것은?

① 생선초밥(寿司, すし)
② 튀김(天婦羅, てんぷら)
③ 우동(饂飩, うどん)
④ 민물장어(鰻, うなき)

상 | 중 | 하

05 일본요리의 기법 중에 오법(五法)에 해당하지 않는 것은?

① 생것(生)
② 튀김(揚げる)
③ 구이(焼く)
④ 냄비(鍋物)

상 | 중 | 하

06 다음 중 일식 조리도별 조리 용어와 용도의 연결이 옳지 않은 것은?

빈출

① 채소용 칼(우스바보쵸) – 채소를 손질할 때 사용
② 토막칼(데바보쵸) – 생선회를 자를 때 사용
③ 장어손질용 칼(우나기보쵸) – 미끄러운 바다장어, 민물장어 등을 손질할 때 사용
④ 메밀국수칼(소바기리보쵸) – 메밀국수를 반죽하여 편서 말은 후 일정하게 자를 때 사용

5 복어

상 | 중 | 하

01 다음 중 무, 당근 등을 세로로 이등분하여 끝에서부터 일정한 두께로 자르는 방법은?

① 둥글게 썰기, 원통형썰기(輪切り, 와기리)
② 반달썰기(半月切り, 한게츠기리)
③ 은행잎 썰기(銀杏切り, 잇초우기리)
④ 각돌려깎기(面取り, 멘도리)

04 ③

해설

- 관동요리(關東料理) : 생선초밥, 튀김, 민물장어
- 관서요리(關西料理) : 타코야끼, 우동

05 ④

해설 **오법(五法)**

생것, 구이, 튀김, 찜, 조림

06 ②

해설 **토막칼(데바보쵸)**

생선의 밑손질, 뼈 자름에 사용

01 ②

해설

구분	설명
둥글게 썰기, 원통형썰기 (輪切り, 와기리)	무, 당근, 레몬 등 둥근 재료를 끝에서부터 일정한 두께로 자르는 방법
은행잎 썰기 (銀杏切り, 잇초우기리)	둥근 원통형을 세로로 4등분하여 끝에서부터 적당한 두께로 자르는 방법
각돌려깎기 (面取り, 멘도리)	조림이나 끓인 요리를 할 때 모서리 부분을 매끄럽게 잘라주는 것

상 | 중 | 하

02 다음 중 식용 가능한 복어는?

① 가시복　② 쥐복
③ 부채복　④ 밀복

상 | 중 | 하

03 복어 전처리 후 냉장보관 온도별 복어 살의 숙성 시간에 관한 내용으로 옳지 않은 것은?

① 0℃에서 36~48시간
② 4℃에서 24~36시간
③ 12℃에서 20~24시간
④ 20℃에서 12~20시간

상 | 중 | 하

04 복어의 손질 방법 중 올바르지 않은 것은?

① 흐르는 물에 씻어 어취를 제거한다.
② 복어의 지느러미, 입 등은 소금으로 깨끗하게 씻는다.
③ 복어의 머리는 이등분하여 골수(뇌)를 제거한다.
④ 내장에 정소(곤이)와 난소(알)는 식용이 가능하므로 소금으로 깨끗하게 손질한다.

상 | 중 | 하

05 복어의 부위 중 독성이 가장 강한 부위는? 빈출

① 난소　② 간
③ 안구　④ 정소

상 | 중 | 하

06 복어의 껍질 손질에 관한 내용으로 옳지 않은 것은? 빈출

① 복어 껍질은 굵은 소금으로 문질러 점액질과 악취를 제거하고 물에 헹구어 사용한다.
② 속껍질과 겉껍질을 데바칼을 이용해 분리하여 손질한다.
③ 가시를 제거한 복어 껍질은 끓는 물에 데친 후 얼음물에 넣는다.
④ 데친 복어 껍질은 물기를 제거 후 상온에서 건조시킨다.

02 ④

해설 **식용할 수 있는 복어**
참복, 범복, 까치복, 밀복, 황복, 줄무늬고등어복, 검은(흰)고등어복 등

03 ①

해설 4℃에서 24~36시간, 12℃에서 20~24시간, 20℃에서 12~20시간 숙성 보관함

04 ④

해설 내장에 붙어 있는 정소(곤이)는 식용 가능하나 난소(알)는 독성이 강해 식용이 불가능하므로 나머지 내장과 함께 폐기물 쓰레기로 버린다.

05 ①

해설 난소 > 간 > 내장 > 피부 순으로 독성이 강하다. 정소는 식용 가능한 부위이다.

06 ④

해설 데친 복어 껍질은 젤라틴 성분이 많아 물기 제거 후 냉장고에 넣어 건조한다.

조리 기능사 필기

2024년 기출분석

- 한식 조리의 기초이론과 특징, 조리 방법, 재료 준비 및 전처리 등 한식 조리에 필요한 중요 이론을 출제 기준에 따라 학습한다.
- 양식 조리를 위한 기본 썰기와 조리 방법, 재료의 전처리, 양식 조리의 특징과 5모체 소스 등 양식 조리의 중요 이론을 출제 기준에 따라 학습한다.
- 중식 조리의 특성과 썰기, 튀김, 볶음요리 조리법과 중식 디저트의 특징 등 중식 조리의 중요 이론을 출제 기준에 따라 학습한다.
- 일식 조리용 칼과 숫돌, 썰기, 다시 만들기, 초밥, 초간장과 양념장 등 일식 조리의 중요 이론을 출제 기준에 따라 학습한다.
- 복어의 기초 손질과 복어의 독, 조리 용어 등 복어 조리의 중요 이론을 출제 기준에 따라 학습한다.

2024년 출제비율

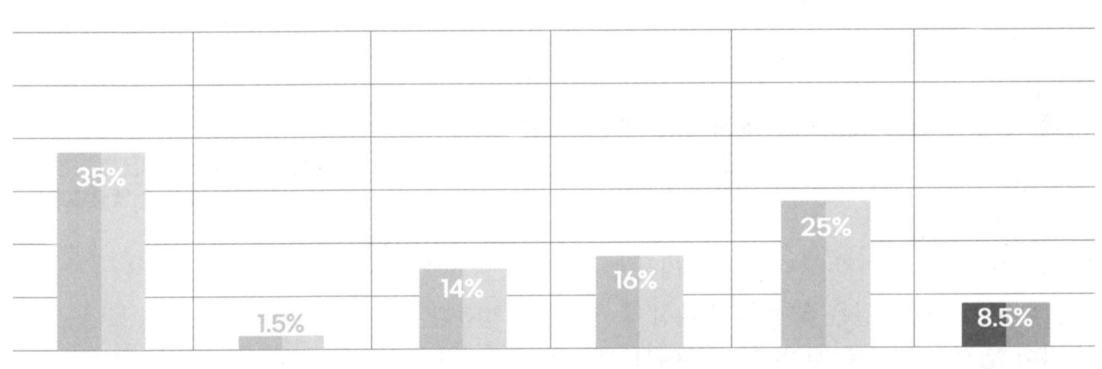

02

재료관리, 음식조리 및 위생관리 (한식 · 양식 · 중식 · 일식 · 복어)

Keyword 죽의 효능, 국의 종류, 전처리 음식 장단점, 김치 조리

한식

Check Note

한식 밥 조리

① 비빔밥 등 밥에 나물과 고기를 얹어 골고루 비벼 먹는 방법
② 무밥, 콩나물밥, 곤드레밥 등 부재료를 첨가하여 밥을 짓는 방법
③ 일반적으로 탄수화물 65~70%, 단백질 9~15%, 지질 2~3%를 함유함

죽의 영양 및 효능

① 죽의 열량 : 100g당 30~50kcal 정도로 밥의 1/3~1/4 정도
② 팥죽 : 해독작용, 숙취완화, 위장보호 기능이 있음
③ 찹쌀 : 멥쌀보다 소화가 잘 되며, 위장을 보호함

식기의 종류

주발, 탕기, 대접, 조치보, 보시기, 쟁첩, 종자, 조반기, 반병두리, 옴파리, 밥소라, 쟁반, 녹양푼, 수저 등

01 한식 밥 조리

1 밥 재료 준비

쌀과 잡곡을 필요량에 맞게 계량하여 씻은 후 용도에 맞게 손질한 뒤 불림(밥 재료의 품질 확인)

2 밥 조리

(1) 세척
① 3~5회 정도 맑은 물이 나올 때까지 하는데, 단시간에 흐르는 물에서 함
② 세척은 전분, 수용성 단백질, 지방, 비타민 B_1, 향미물질 등의 손실을 최소화하기 위해 큰 체로 씻음

(2) 재료 특성과 조리도구에 따라 물의 양을 조절함
(3) 밥의 종류와 특성에 따라 조리 방법을 다르게 함

02 한식 죽 조리

1 죽 재료 준비

(1) 주재료가 되는 쌀이나 곡류, 부재료를 필요량에 맞게 계량하여 씻은 후 불림
(2) 쌀은 씻어서 물에 1~2시간 이상 충분히 불려서 물기를 제거함
(3) 조리법에 따라 재료를 알맞게 손질하고 갈거나 분쇄할 수 있음

2 죽 조리

(1) 죽의 종류에 따라 조리시간과 방법을 조절함
(2) 물의 함량에 따라 죽 조리시간을 조절함
(3) 조리도구, 조리법과 주재료인 쌀·잡곡의 재료 특성에 따라 물의 양을 가감하고, 불의 세기와 가열시간을 고려하여 조절함

03 한식 국 · 탕 조리

1 국 · 탕의 종류

국류	맑은 뭇국, 시금치토장국, 미역국, 북엇국, 콩나물국, 감자국, 아욱국, 쑥국, 오이냉국, 미역냉국, 가지냉국 등
탕류	완자탕, 애탕, 조개탕(와가탕, 와각탕, 와게탕), 홍합탕, 갈비탕(가리탕), 육개장, 추어탕, 우거지탕, 감자탕, 설렁탕, 삼계탕, 머위깨탕, 비지탕 등

2 국 · 탕 재료 준비

(1) 조리도구, 재료를 준비하여 필요량에 맞게 계량함

(2) 식재료에 따라 알맞게 손질함

① 육류는 물에 담가 핏물을 제거하고, 뼈는 핏물을 제거 후 끓는 물에 데쳐냄

② 채소류 등은 다듬고 깨끗하게 씻어 전처리

3 국 · 탕 조리

(1) 조리과정

① 물, 육수에 손질한 재료와 양념을 알맞은 시기와 분량에 맞춰 첨가함

② 조리 종류에 따라 끓이는 시간과 불의 세기를 조절함

③ 국 · 탕의 품질을 판정하고 간을 맞춤

(2) 조리 시 주의할 점

① 육수를 낼 때 소금을 먼저 넣게 되면 삼투압 작용으로 재료 속의 수분이 스며 나오고, 단백질이 응고되어 시원한 맛이 덜함

② 육수에 조미 재료(파, 마늘, 양파, 생강 등)를 너무 많이 넣게 되면 국물 본래의 시원한 맛이 덜하므로 나중에 넣음

③ 국 · 탕의 조리 온도는 85~100℃로 유지함

04 한식 찌개 조리

1 찌개의 종류

맑은 찌개류	소금, 간장, 새우젓으로 간을 함 예 두부젓국찌개, 명란젓국찌개, 호박젓국찌개 등
탁한 찌개류 (토장찌개)	된장, 고추장으로 간을 함 예 된장찌개, 생선찌개, 순두부찌개, 청국장찌개, 두부고추장찌개, 오이감정, 호박감정, 게감정 등

Check Note

계절에 맞는 국의 종류

봄	• 주로 봄 나물 사용 • 쑥국, 생선(도다리) 쑥국, 생선 맑은 장국, 생고사리국, 냉이 토장국, 소루쟁이 토장국 등
여름	• 냉국류 : 오이 · 미역냉국, 깻국 • 보신용 재료 사용 : 삼계탕, 영계백숙, 육개장 등
가을	• 맑은 장국류의 가을 재료 사용 • 뭇국, 토란국, 버섯 맑은 장국 등
겨울	• 곰국류, 토장국의 탁한 육수 사용 • 시금치토장국, 우거짓국, 선짓국, 꼬리탕 등

국 양념장 숙성

그늘진 상온에서 2~5일 숙성(1차) → 8~12℃에서 5~10일 숙성(2차) → 냉장보관 후 사용

초계탕(醋鷄湯)

닭을 삶은 후 닭 육수를 차게 식혀 식초와 겨자로 간을 한 다음 살코기는 잘게 찢어서 넣어 먹는 여름철의 전통음식

찌개의 종류

① 감정 : 고추장으로 조미한 찌개

② 지짐 : 국물을 찌개보다 적게 끓인 것

③ 찌개(조치) : 생선조치, 골조치, 처녑조치로 구분

2 찌개 재료 준비와 조리

(1) 조리도구, 재료를 준비하여 필요량에 맞게 계량함
(2) 식재료에 따라 알맞게 손질하여 전처리 과정을 거침
(3) 찬물에 육수 재료를 넣고 서서히 끓이면서 부유물과 기름이 떠오르면 걷어내어 제거하고, 불의 세기와 가열시간을 고려하여 조절함

3 찌개 조리

(1) 육수 조리
① 주로 소고기를 사용하지만, 어패류·닭고기·버섯류·채소류·다시마 등을 사용하기도 하며, 끓일 때 향신채(파, 마늘, 생강, 통후추 등)와 함께 끓임
② **조개류** : 소금물에 해감한 후 약불로 단시간에 끓여냄
③ **멸치** : 내장을 제거하고 15분 정도 끓임
(2) 채소 중 단단한 재료는 데치거나 삶아서 사용함
(3) 조리법에 따라 손질된 재료는 양념하여 밑간함
(4) 찌개 육수에 재료와 양념을 알맞은 시기에 넣고 끓임
(5) 찌개가 끓어오르면 나머지 재료를 넣고 끓인 후 마지막에 간을 맞춤

05 한식 전·적 조리

1 전·적의 종류

구분	내용
전	• 육류, 어패류, 채소류 등을 손질하여 잘 익을 수 있게 모양을 내어 썰고 밀가루와 달걀물을 입혀 기름 두른 팬에 지져낸 음식 • 기름 섭취를 많이 하는 조리법으로, 전유어(煎油魚), 전유화(煎油花), 전유아, 전, 저냐 등으로 부르며, 제사에 사용한 전은 '간남(肝南)'이라고 함 예 전, 지짐
적	• 재료를 양념하여 꼬치에 작게 꿰어 굽는 음식 • 꼬치에 꿰인 처음 재료와 마지막 재료가 같아야 함(그 재료에 따라 적의 이름 명명) • 석쇠로 굽는 직화구이와 팬에 굽는 간접구이로 구분함 예 산적, 누름적

2 전·적 재료 준비

(1) 조리도구, 재료를 준비하고 식재료는 재료에 따라 전처리 과정을 거침(다듬기, 씻기, 자르기, 수분 제거 등 밑손질)

Check Note

✔ 찌개 조리의 전처리
① 맑은 육수를 만들기 위해 사전에 육류를 물에 담가 핏물을 제거함
② 뼈는 핏물을 제거하고 끓는 물에 데쳐냄
③ 채소류는 깨끗하게 다듬고 씻음

✔ 채소류의 특성
① 수분이 85~95%로 칼로리는 매우 적은 편
② 셀룰로오스, 헤미셀룰로오스 등의 섬유질로 변통을 좋게 함
③ 알칼리성 식품으로 칼륨, 나트륨, 칼슘, 마그네슘, 철, 황 등이 다량 함유되어 어류나 산성을 중화

✔ 육류의 특성
① 주성분은 단백질(20%)과 지질이며, 일반적으로 지질함량과 수분함량은 반비례함(어린 동물의 육은 수분이 많고 지방이 적음)
② 무기질은 1% 전후로 칼륨, 인, 황이 많음
③ 칼슘, 마그네슘, 아연 등의 금속 이온은 고기의 보수성과 밀접한 관계가 있음
④ 근육의 비타민은 B군 복합체로 B_2와 나이아신이 있음

✔ 어패류의 특성
① 단백질이 우수하며, 결합조직량이 적고 근섬유가 짧아 소화하기 좋음
② 불포화지방산 함량이 많아 산패되기 쉬움

✔ 지짐
빈대떡, 파전처럼 재료를 밀가루 푼 것에 섞어서 직접 기름에 지져내는 음식

(2) 기름은 발연점이 높은 대두유, 옥수수유, 포도씨유, 카놀라유 등을 사용함
(3) 한 번 사용한 기름은 산화되기 때문에 폐유용기에 처리함
(4) 전은 여러 가지 재료를 사용하여 만드는 것이 가능하여 형태, 종류, 조리법이 다양하고, 속재료는 육류, 해산물, 두부 등을 다지거나 으깨서 양념하여 사용함
(5) 농산물은 세척 및 염소 농도를 50~100ppm 정도로 하여 살균작용, 미생물 사멸과 제품의 갈변을 억제함

3 전 · 적 조리

(1) 조리 방법
① 주재료에 따라 꼬치를 활용하거나 소를 채워 전의 형태를 만듦
② 재료와 조리방법에 따라 기름의 종류와 온도, 양, 온도를 조절함
③ 불의 세기는 처음에는 센 불로 팬을 달구고, 재료를 올리고 나서 중 · 약 불로 하여 천천히 부침

(2) 조리과정
① 전처리(재료를 지지기 좋은 크기로 하여 얇게 저미거나 채썰기, 다지기)
② 소금, 후추 등으로 조미한 후 밀가루, 달걀물 입히기
③ 번철, 프라이팬에 기름을 두르고 부쳐내기
④ 부쳐낸 전은 겹치지 않도록 펴서 식히거나 따뜻하게 하여 70℃ 이상으로 제공(초간장 곁들이기)

(3) 전을 반죽할 때 재료 선택 방법

달걀흰자, 전분 사용	전을 두꺼운 모양으로 만들거나 딱딱하지 않고 부드럽고 바삭하게 만들 때 또는 흰색 전을 만들 때
멥쌀가루, 찹쌀가루, 밀가루 사용	반죽 농도가 묽어서 전의 모양이 형성되지 않거나 뒤집기 어려울 때
달걀과 멥쌀가루, 찹쌀가루, 밀가루 사용	전의 모양을 잡거나 점성을 높이고 싶을 때
속재료를 더 넣어 사용	전이 넓게 쳐지거나 점성을 높일 때

Check Note

✔ 전처리 음식 재료의 장단점

구분	내용
장점	• 작업공정, 공간의 편리성 • 조리시간의 단축 • 재고관리의 편리성 • 음식물 쓰레기 처리의 용이성과 비용 절감 • 인력 부족에 대한 대체 가능
단점	• 세척, 소독 과정에서 소독제를 사용함으로써 잔류물이 남을 가능성이 있음 • 화학적 위해요소 처리과정에서 화학적 물질(살충제, 살균제 등) 유입 가능 • 화학제 사용에 대한 기준 및 철저한 관리 필요 • 전처리 음식 재료 처리과정에서 병원균 발생 가능

✔ 전 · 적 조리 종류에 적합한 도구

구분	내용
프라이팬	• 가볍고 코팅이 쉽게 벗겨지지 않는 것 • 사용 후에 바로 세척하여 기름때가 눌어붙지 않게 함 • 주물로 된 프라이팬은 사용 전에 불에 달구고, 기름을 바르는 과정을 반복해서 관리
번철(Griddle, 그리들)	• 두께가 10mm 정도 철판으로 대량 조리에 사용 • 철판에 식품이 달라붙지 않도록 조리를 시작하기 전에 예열 • 청소는 80℃ 정도에서 기름때를 닦고 관리
석쇠	• 사용하기 전 반드시 예열 • 기름을 바른 후에 식품을 올려 달라붙지 않게 주의

PART 02

06 한식 생채 · 회 조리

1 특징

생채 조리의 특징	• 제철 채소류를 익히지 않고 생것으로 무쳐 재료의 맛을 살리고 영양 손실을 적게 하는 조리법 • 자연의 색, 향과 씹을 때의 아삭아삭한 촉감과 신선한 맛이 좋음 • 알칼리성 식품으로 영양소의 손실이 적고, 비타민과 무기질이 풍부함 • 종류 : 무생채, 도라지생채, 오이생채, 더덕생채, 미나리생채, 부추생채, 배추생채, 굴생채, 상추생채, 해파리냉채, 겨자냉채, 미역무침, 파래무침, 실파무침, 채소무침, 달래무침 등
회 조리의 특징	• 육류, 어패류, 채소류 등을 썰어서 생으로 고추냉이, 간장, 초간장, 초고추장, 소금, 기름 등에 찍어 먹는 조리법 • 회 양념장 : 고추장, 식초, 설탕 등을 혼합하여 만든 것 • 종류 : 육회(생것), 문어숙회(익힌 것), 오징어숙회(익힌 것), 미나리강회, 파강회 등
어채 조리의 특징	• 포를 떠서 일정하게 자른 흰살생선과 채소에 녹말을 묻혀 끓는 물에 데친 다음, 색을 맞추어 돌려 담는 음식 • 봄철에 즐겨 먹으며, 주안상에 어울리는 음식 • 차게 먹는 음식으로 비린맛이 나지 않아야 함 • 생선(민어, 숭어, 도미 등의 흰살생선), 채소류(오이, 고추 등), 버섯류(표고, 목이, 석이버섯 등), 어패류(전복, 해삼 등) • 초고추장을 함께 냄

2 재료 준비와 조리

(1) 생채 · 회 재료 준비

① 조리도구, 재료를 준비하여 필요량에 맞게 계량함

② 생채 · 회의 종류에 따라 알맞게 손질하여 전처리함(다듬기, 씻기, 썰기, 데치기, 삶기, 볶기)

③ 생채 · 회 재료는 무엇보다 신선해야 함

(2) 생채 · 회 조리

1) 생채 조리

① 생채는 곱고 일정하게 썰어야 함

② 양념장 재료를 비율대로 혼합하고, 주재료에 양념장을 넣고 배합하며, 진한 맛보다는 산뜻한 맛을 내는 것이 좋음

③ 조리 시 물이 생기지 않게 주의하고, 기름(참기름, 들기름 등)은 사용하지 않음

Check Note

✔ 음식 담는 원칙 및 주의할 점

① 음식의 외관, 원가, 재료의 크기, 색깔, 균형, 맛 등을 고려하여 담음

② 접시의 내원을 벗어나지 않게 70~80% 정도로 담음

③ 재료별 특성에 맞게 일정한 공간을 두어 담음

④ 찬 음식은 12~15℃, 따뜻한 음식은 65~70℃ 정도를 유지하는 것이 좋음

✔ 완성된 음식의 외형을 결정하는 요소

음식의 형태	전체적 조화, 음식의 미적 형태, 음식의 특성을 살린 형태
음식의 크기	음식 자체의 적정 크기, 그릇 크기와의 조화, 인분에 맞는 섭취량
음식의 색감	전체적인 음식과의 색 조화, 식재료 고유의 색, 식욕을 돋우는 색

✔ 숙회

① 육류, 어패류, 채소류 등을 끓는 물에 삶거나 데쳐서 익힌 후 썰어서 초고추장이나 겨자즙 등을 찍어 먹는 조리법

② 종류 : 문어숙회, 오징어숙회, 미나리강회, 파강회, 어채, 두릅회 등

④ 조리 시 식초, 설탕, 고추장, 초장, 겨자즙 등을 사용하여 새콤달콤하게 무치고, 고춧가루로 먼저 색을 고루 들인 후 설탕, 소금, 식초의 순으로 간을 함
⑤ 냉채 양념장은 겨자장, 잣즙 등을 곁들임

2) 회 조리
① 생으로 먹기 때문에 재료와 조리도구를 위생적이고 청결하게 다룸
② 회는 재료에 따라 회(생)·숙회(익힘)를 만듦

07 한식 조림·초 조리

1 재료 준비와 조리 시 주의사항

(1) 조림·초 재료 준비
① 조리도구, 재료를 준비하여 필요량에 맞게 계량함
② 조림·초의 종류에 따라 알맞게 손질함
③ 조림·초의 재료를 특성에 따라 전처리함(다듬기, 씻기, 썰기)

(2) 조림·초 조리 시 주의사항
① 양념을 주재료보다 적게 써야 고유의 맛을 살릴 수 있음
② 양념장 재료를 비율대로 조절·혼합함
③ 불에 따른 조리 온도와 시간이 가장 중요함

2 조림·초 조리 방법

구분	내용
조림 조리	• 종류에 따라 준비한 도구에 재료를 넣고 재료와 양념장의 첨가, 비율을 적절하게 조절하여 조리함 • 재료의 크기와 써는 모양에 따라 맛이 좌우되기 때문에 일정한 크기로 썸 • 조림 생선요리는 국물 또는 조림장이 끓을 때 넣어야 부서지지 않으며, 센 불에서 끓여 비린내를 휘발시킨 후 뚜껑을 덮고 약 80%까지 익힌 후 파, 마늘 등을 넣음 • 조림은 조리 종류에 따라 국물의 양을 조절함 • 양념은 청주, 맛술, 설탕을 넣은 후 간장을 넣음
초 조리	• 재료의 크기와 써는 모양에 따라 맛이 좌우되기 때문에 일정한 크기로 썸 • 익힐 때는 재료가 눌어붙거나 모양이 흐트러지지 않게 불 세기를 조절함 • 데치기, 삶기는 끓는 물에서 데친 후 재빨리 냉수(얼음물)에 헹굼

Check Note

미나리강회 조리 시 주의사항
① 미나리는 데칠 때 약간의 소금을 넣어 살짝 데친 후 찬물에 헹굼
② 편육은 뜨거울 때 모양을 잡아줌
③ 고기가 익으면 면포에 싸서 네모나게 모양을 잡음
④ 편육을 삶을 때 꼬치로 찔러 보고 핏물이 나오지 않아야 함
⑤ 미나리로 감을 때 매듭은 옆면이나 뒤에서 꼬지로 마무리함
⑥ 채소와 황·백지단, 고기는 일정한 크기로 잘라 데쳐낸 미나리로 꼬지로 마무리함

겨자장
겨자는 봄 갓의 씨를 가루로 낸 것으로, 갤수록 매운맛이 짙어지므로 겨잣가루에 40℃의 따뜻한 물을 넣고 개어서 따뜻한 곳에 엎어 30분 정도 두었다가 매운맛이 나면 식초, 설탕, 소금 등을 넣고 잘 저어 줌

장조림 재료

구분	내용
소 (사태)	• 앞·뒷다리 사골을 감싸고 있는 부위로, 근육 다발이 모여 있어 특유의 쫄깃한 맛을 냄 • 기름기가 없어 담백하면서도 깊은 맛을 내며, 장시간 가열하면 연해짐
소 (우둔살)	• 지방이 적고 살코기가 많음 • 고기의 결이 약간 굵으나 연하고, 홍두깨살은 순 살코기로 결이 거칠고 단단함
돼지 (뒷다리)	볼기 부위의 고기로, 살집이 두꺼우며 지방이 적음
닭 (가슴살)	• 지방이 적어 맛이 담백하고 근육섬유로만 되어 있으며, 회복기 환자 또는 어린이 영양간식에 적합함 • 칼로리 섭취를 줄이고 영양 균형을 이룰 수 있음

	• 초 양념장은 간장 양념장 만들기와 동일하며, 마지막에 전분물을 사용하는 것이 다름 • 전분물은 1 : 1 동량을 만들어 물은 따라내고 사용하는데, 불을 끄고 열기가 있을 때 전분물을 넣어 빨리 저음 • 양념은 설탕 → 소금 → 식초 → 간장의 순으로 넣음

08 한식 구이 조리

1 특징

육류, 조류, 어패류, 채소류, 버섯류 등의 재료를 소금을 치거나 양념장에 재워 직간접 화력으로 익히는 조리

2 재료 준비와 조리

(1) 구이 재료 준비

① 조리도구, 재료를 준비하여 필요량에 맞게 계량함
② 구이의 종류에 따라 알맞게 손질함
③ 양념용 채소를 전처리할 때는 재료를 곱게 다져야 조리 시 양념이 타는 것을 방지함
④ 구이 재료 손질 후 도마와 칼은 용도별로 구분해서 사용하여 교차오염을 방지함

(2) 구이 조리

① 구이 종류에 따라 양념에 재워(30~40분 정도)두거나 유장(간장, 참기름) 처리하여 초벌구이하고, 불의 세기를 조절하여 익힘
② 간을 하여 오래 두면 육즙이 빠져 질겨지고 맛이 없음
③ 구이의 형태와 색을 유지하면서 부스러지거나 타지 않게 구어야 함
④ 초벌구이 후 고추장 양념을 발라 구워야 타지 않음
⑤ 육류 구이는 화력이 약하면 육즙이 흘러나오므로 중불 이상에서 구움
⑥ 구이의 양념에 따른 분류

소금구이	소금을 뿌려 굽는 방법 예 방자구이(소고기), 생선소금구이(청어, 고등어, 도미, 삼치, 민어 등), 김구이 등
간장양념구이	간장을 이용할 때 만들어 놓은 양념장에 재워 굽는 방법 예 너비아니구이, 불고기, 염통구이, 콩팥구이, 소갈비구이, 닭고기구이, 낙지호롱 등

Check Note

✔ 조림(조리니, 조리개)의 특징

① 육류, 어패류, 채소류 등에 간장, 고추장 등의 간을 충분히 스며들게 약한 불로 오래 익히는 조리법
② 조림의 종류는 수조육류와 어패류조림, 채소류조림 등이 있으며, 양념장과 함께 조려낸 것임
③ 조림국물은 재료가 잠길 만큼 충분하게 부어 조린 후 타지 않게 약한 불로 조려야 함

✔ 초(炒)의 특징

① 해삼, 전복, 홍합 등의 재료에 간장양념을 넣고 약한 불에서 끓이다가 조림보다 간을 약하고, 달게 하여 조림국물이 거의 없게 졸이다가 윤기 나게 조려냄
② 물전분을 넣어 조리면 걸쭉하고 윤기가 남
③ 주재료와 이용되는 양념장에 따라서 홍합초, 전복초, 삼합초, 해삼초, 대구초 등이 있음
④ 습열조리법임

고추장양념구이	고추장양념을 만들어 재료를 재워 놓고 굽는 방법 예 제육구이, 북어구이, 병어고추장구이, 더덕구이, 뱅어포구이, 장어구이 등

09 한식 숙채 조리

1 특징

채소를 손질하여 물에 데치거나 삶은 후 양념으로 무침, 볶음을 하는 조리 방법

2 재료 준비와 조리

(1) 숙채 재료 준비

① 조리도구, 재료를 준비하여 필요량에 맞게 계량함

② 숙채의 종류에 따라 알맞게 손질하여 전처리함(다듬기, 씻기, 삶기, 데치기, 자르기)

③ 시금치는 끓는 물(뚜껑을 열고)에 소금을 넣고 살짝만 데쳐야 변색이 없으며, 빠르게 찬물에 식혀 건짐(담가 두면 비타민 C가 용출됨)

(2) 숙채 조리

① 조리법에 따라 재료를 데치거나 삶음

② 양념장 재료(간장, 깨소금, 참기름, 들기름 등)를 비율대로 조절·혼합하여 재료에 잘 배합되도록 무치거나 볶음

③ 재료 특유의 떫은맛이나 쓴맛을 없애고, 부드러운 식감을 주기 위해 채소를 삶거나 데치거나 볶는 등 익혀서 조리함

10 한식 볶음 조리

1 볶음 재료 준비

(1) 준비과정

① 조리도구, 재료를 준비하여 필요량에 맞게 계량함

② 볶음의 종류에 따라 전처리(재료의 특성에 따라 다듬기, 씻기, 썰기)를 통해 알맞게 손질함

(2) 재료의 특징

① 말린채소(묵나물)는 생채소보다 비타민과 미네랄 함량이 높음

Check Note

숙채류와 기타 채류

① 숙채류 : 고사리나물, 도라지나물, 애호박나물, 오이나물, 시금치나물, 숙주나물, 비름나물, 취나물, 무나물, 방풍나물, 고비나물, 깻잎나물, 콩나물, 머위나물, 시래기나물 등

② 기타 채류 : 잡채, 원산잡채, 어채, 탕평채, 월과채, 죽순채, 칠절판, 구절판 등

숙채 조리법

① 습열 조리법

데치기	녹색 채소는 선명한 푸른색을 띠게 하고, 비타민 C의 손실이 적게 함
끓이기, 삶기	나물에 적합한 질감의 정도로 데쳐야 함
찌기	가열된 수증기로 재료를 익혀야 모양이 유지되고, 끓이기나 삶기보다 수용성 영양소 손실이 적음

② 건열 조리법

볶기	프라이팬이나 냄비에 기름을 두르고 재료가 타지 않게 조리해야 지용성 비타민이 흡수되고, 수용성 영양소의 손실이 적음

Check Note

✔ 김치의 종류에 따른 분류

김치를 담그는 주재료는 배추, 무이지만 거의 모든 종류의 채소들은 김치를 담글 수 있음

① 1800년대 『임원경제십육지』를 살펴보면 총 92종류의 김치가 기록되어 있음
② 최근에는 김치의 종류가 더욱 다양해져 160여 종에 달함

② 참기름과 들기름

참기름	'리그난'이 산패를 막는 기능을 하므로 뚜껑을 잘 닫아 직사광선을 피해 상온보관함(3℃ 이하 온도에서 보관 시 굳거나 부유물이 뜨는 현상 발생)
들기름	'리그난'이 함유되어 있지 않고, 오메가-3 지방산이 많이 함유되어 공기 노출 시 영양소가 파괴되므로 뚜껑을 잘 닫아 냉장보관

2 볶음 조리

(1) 양념장 조리

① 조리 종류에 따라 도구에 양념장과 재료를 넣어 기름에 볶음
② 양념장과 재료의 비율, 넣는 시점을 조절함
③ 양념장(간장, 고추장) 재료를 비율대로 조절·혼합하고 필요에 따라 양념장을 숙성함

(2) 볶음 조리 시 유의사항

① 재료가 눌어붙거나 모양이 흐트러지지 않게 불 세기를 조절하여 익힘
② 볶음 팬은 얇은 팬보다 두꺼운 팬이 좋고, 재료가 균일하게 익고 양념장이 골고루 배일 수 있도록 작은 냄비보단 큰 냄비가 좋음
③ 팬을 달군 후 조금의 기름을 넣어 고온에서 단시간 볶아 질감, 색, 향을 내고, 지방을 이용해 고온의 팬에 음식을 익혀냄
④ 낮은 온도에서 볶으면 많은 기름이 재료에 흡수되어 좋지 않음

11 김치 조리

1 김치 재료 준비

① 품질 확인
② 다듬기
③ 자르기
④ 절이기
⑤ 세척 및 물빼기
⑥ 부재료 전처리

2 조리 방법

(1) 김치 조리

① 재료 및 분량 확인
② 무를 일정한 길이로 채썰기
③ 쪽파, 미나리, 갓 등 기타 재료를 용도에 맞춰 알맞게 준비
④ 양념 버무림

(2) 양념 버무리기

① 양념 배합 용기에 계량된 분량의 일정하게 자른 무채를 넣음
② 무채에 고춧가루를 넣고 고르게 버무려서 빨갛게 색을 들임
③ 알맞게 자른 쪽파, 미나리, 갓 등을 넣고 잘 섞음
④ 다진 마늘, 생강, 양파 등을 넣고 젓갈을 적당히 넣어 섞은 후 간을 봄
⑤ 간이 부족하면 소금으로 간을 맞추고 설탕을 추가하여 맛을 들임
⑥ 마지막으로 생새우를 넣고 버무려서 섞어 완성함

(3) 김치 담그기

① 작업대의 양념 배합 용기에 양념을 담아 양념소 넣기를 준비함
② 절임배추의 물빼기를 확인하고, 바깥쪽(겉쪽)의 안쪽방향 잎부터 차례로 펴서 배춧잎 사이사이 고르게 양념소를 펴서 넣음
③ 배추 밑동 안쪽부터 양념소를 넣어 펴서 바르며, 이때 밑동 쪽에 양념소가 충분히 들어가도록 넣고 잎 부위는 양념이 뭉치지 않게 고루 바름
④ 양념소 넣기가 끝나면 김치 포기 형태가 이루어지도록 모은 다음 보관할 용기에 모양을 내어 양념소가 빠지지 않도록 담음

Check Note

배추의 특징

① 배추는 중간 크기를 고르는 것이 좋고, 배추가 너무 큰 것은 싱거울 수 있음
② 배추의 흰 줄기 부분을 눌렀을 때 단단하고 탄력이 있는 것이 일반적으로 좋은 배추임
③ 잎 두께는 얇고 연하면서 연녹색인 것이 좋음
④ 배추의 중심을 잘라 혀에 대서 단맛이 나거나, 배추 밑동을 잘라 씹어 보아 고소한 맛이 나는 것이 좋은 배추임
⑤ 배추 저장의 최적온도는 0~3℃, 상대습도 95%임

저장 및 재고관리 시 냉장·냉동보관 온도

① 김치 : 0~5℃
② 채소 및 메인 냉장·육수 : 2 ~ 5℃
③ 고기 : −5 ~ −2℃
④ 냉동고 : −20℃
⑤ 참치, 선어 보관 급냉동고 : −50℃

CHAPTER 01

단원별 기출복원문제

01 한식 밥 조리

상 중 하

01 쌀의 호화를 돕기 위해 밥을 짓기 전에 침수시키는데, 최대 수분 흡수량으로 옳은 것은?

① 20~30% ② 5~10%
③ 55~65% ④ 70~80%

상 중 하

02 전분 식품의 노화를 억제하는 방법으로 틀린 것은?

① 설탕을 첨가한다.
② 식품을 냉장보관한다.
③ 식품의 수분함량을 15% 이하로 한다.
④ 유화제를 사용한다.

01 ①

해설 쌀에 흡수되는 최대 수분 흡수량은 20~30%이고, 밥의 수분함량은 65%이다.

02 ②

해설 온도 2~5℃, 수분함량 30~60%, 수소이온 다량 첨가, 전분 입자가 아밀로펙틴보다 아밀로오스가 많으면 노화 촉진이 잘 일어난다.

02 한식 죽 조리

상 중 하

01 노화가 가장 많이 일어나는 전분의 성분으로 옳은 것은? 빈출

① 아밀로펙틴(Amylopectin) ② 아밀로오스(Amylose)
③ 글리코겐(Glycogen) ④ 한천(Agar)

상 중 하

02 다음 중 죽의 영양과 효능에 대한 설명으로 옳지 않은 것은?

① 죽의 열량은 100g당 30~5kcal 정도이다.
② 찹쌀은 멥쌀에 비해 소화가 더 잘 된다.
③ 죽의 열량은 밥의 1/2 정도이다.
④ 팥죽은 숙취완화와 위장보호 기능이 있다.

01 ②

해설 전분의 노화는 아밀로오스(Amylose)의 함량이 높을수록 잘 일어난다.

02 ③

해설 죽의 영양 및 효능
- 죽의 열량은 100g당 30~50kcal 정도로 밥의 1/3~1/4 정도이다.
- 팥죽은 해독작용, 숙취완화, 위장보호 기능이 있다.
- 찹쌀은 멥쌀보다 소화가 잘 되며, 위장을 보호한다.

상 | 중 | 하

03 전분에 대한 설명으로 틀린 것은?

① 아밀로오스와 아밀로펙틴의 비율이 2 : 8이다.
② 식혜, 엿은 전분의 효소작용을 이용한 식품이다.
③ 동물성 탄수화물로 열량 공급을 갖는다.
④ 가열하면 팽윤되어 점성을 갖는다.

03 ③
해설 식물계 저장 탄수화물로 쌀, 밀, 옥수수 등의 곡류 전분에 널리 분포되어 있다.

03 한식 국 · 탕 조리

상 | 중 | 하

01 질긴 부위의 고기를 물속에서 끓일 때 고기가 연하게 되는 현상으로 옳은 것은? 빈출

① 헤모글로빈 ② 엘라스틴
③ 미오글로빈 ④ 젤라틴

01 ④
해설 고기 속 콜라겐은 가열하면 젤라틴으로 변한다.

상 | 중 | 하

02 채소류 조리 시 색의 변화로 옳은 것은?

① 시금치는 산을 넣으면 녹황색이 된다.
② 당근에 산을 넣으면 퇴색된다.
③ 양파에 알칼리를 넣으면 백색이 된다.
④ 가지에 산을 넣으면 청색이 된다.

02 ①
해설 시금치에 있는 클로로필 색소는 산에 불안정하여 산을 넣으면 녹황색으로 변한다.

상 | 중 | 하

03 육류의 부패 과정에서 pH가 약간 저하되었다가 다시 상승하는 것과 연관이 있는 것은?

① 암모니아 ② 비타민
③ 지방 ④ 글리코겐

03 ①
해설 육류 부패 과정에서 pH가 약간 저하될 때 염기성 물질은 증가하는데, 염기성 물질 중 하나가 암모니아이다.

04 한식 찌개 조리

상 | 중 | 하

01 매운맛을 내는 성분으로 옳은 것은?

① 겨자 – 캡사이신 ② 생강 – 호박산
③ 마늘 – 알리신 ④ 고추 – 진저론

01 ③
해설
- 겨자 – 시니그린
- 생강 – 진저론
- 고추 – 캡사이신

상 | 중 | 하

02 한식 찌개 조리 시 재료의 전처리 방법으로 옳지 않은 것은?

① 육류를 미리 물에 담가 핏물을 제거할 필요는 없다.
② 뼈는 핏물을 제거한 후 끓는 물에 데쳐낸다.
③ 채소류는 깨끗하게 다듬고 씻는다.
④ 맑은 육수를 만들기 위해서는 육류를 미리 물에 담가 핏물을 제거해야 한다.

상 | 중 | 하

03 두부를 새우젓국에 끓였을 때 좋은 현상은?

① 물에 끓이는 것보다 단단해진다.
② 물에 끓이는 것보다 부드러워진다.
③ 물에 끓이는 것보다 구멍이 많이 생긴다.
④ 물에 끓이는 것보다 색깔이 진하게 된다.

05 한식 전 · 적 조리

상 | 중 | 하

01 가열 조리할 때 얻을 수 있는 효과가 아닌 것은?

① 병원균 살균
② 소화흡수율 증가
③ 효소의 활성화
④ 풍미의 증가

상 | 중 | 하

02 아밀로펙틴으로만 구성된 전분은?

① 고구마 전분
② 감자 전분
③ 찹쌀 전분
④ 멥쌀 전분

상 | 중 | 하

03 다음 중 호화전분이 노화를 일으키기 어려운 조건은?

① 온도가 0~4℃일 때
② 수분함량이 15% 이하일 때
③ 수분함량이 30~60%일 때
④ 전분의 아밀로오스 함량이 높을 때

---

02 ①

해설 **찌개 조리 시 재료의 전처리**
- 맑은 육수를 만들기 위해 사전에 육류를 물에 담가 핏물을 제거한다.
- 뼈는 핏물을 제거하고 끓는 물에 데쳐낸다.
- 채소류는 깨끗하게 다듬고 씻는다.

03 ②

해설
- 새우젓 내장에는 강력한 소화효소가 들어 있다.
- 단백질 분해효소인 프로테아제와 지방 분해효소인 리파아제는 두부의 단백질을 부드럽게 하여 끓일수록 색깔이 하얗게 된다.

01 ③

해설 효소는 40℃ 이상의 온도에서는 변성이 일어나 활성을 잃어버린다.

02 ③

해설 찹쌀은 아밀로펙틴으로만 이루어져 있다.

03 ②

해설 노화를 일으키기 위해서는 수분함량 30~60%가 좋다.

06 한식 생채·회 조리

상 중 하

01 유지의 산패에 영향을 미치는 인자로 틀린 것은?

① 온도 ② 광선
③ 기압 ④ 수분

01 ③

해설 유지의 산패 원인은 습기, 열, 광선, 금속, 효소이다.

상 중 하

02 생선의 자기소화 원인으로 옳은 것은?

① 세균의 작용 ② 염류
③ 질소 ④ 단백질 분해효소

02 ④

해설 생선의 자기소화는 단백질 분해효소에 의하여 일어난다.

상 중 하

03 어패류의 신선도 판정 시 초기부패의 기준이 되는 물질로 옳은 것은?

① 삭시톡신 ② 베네루핀
③ 아플라톡신 ④ 트리메탈아민

03 ④

해설

- 삭시톡신 : 검은조개, 섭조개의 독소
- 베네루핀 : 모시조개, 굴, 바지락 등의 독소
- 아플라톡신 : 곰팡이의 독소

07 한식 조림·초 조리

상 중 하

01 채소를 데칠 때 뭉그러짐을 방지하기 위한 소금의 농도로 옳은 것은?

① 1% ② 5%
③ 10% ④ 15%

01 ①

해설 채소를 데칠 때 소금의 농도는 1~2%가 적당하다.

상 중 하

02 조미료를 넣는 순서로 옳은 것은? 빈출

① 설탕 → 소금 → 간장 → 식초
② 간장 → 설탕 → 소금 → 식초
③ 간장 → 소금 → 식초 → 설탕
④ 설탕 → 소금 → 식초 → 간장

02 ④

해설 입자의 분자량, 향 등을 고려하여 설탕 → 소금 → 식초 → 간장이 가장 적합하다.

상 | 중 | 하

03 다음 중 채소 가공 시 가장 손실되기 쉬운 비타민으로 옳은 것은? 빈출

① 비타민 A ② 비타민 B
③ 비타민 C ④ 비타민 D

03 ③
해설 채소에 있는 비타민 중 비타민 C가 열에 가장 약하며, 조리 과정 중 손실되기가 쉽다.

08 한식 구이 조리

상 | 중 | 하

01 구이에 의한 식품의 변화 중 틀린 것은?

① 기름이 녹아 나온다.
② 살이 단단해진다.
③ 수용성 성분의 유출이 매우 크다.
④ 식욕을 돋우는 맛있는 냄새가 난다.

01 ③
해설 수용성 성분의 유출은 끓이기의 단점이다.

상 | 중 | 하

02 가열 조리 중 건열조리로 옳은 조리법은?

① 찜 ② 구이
③ 삶기 ④ 조림

02 ②
해설 조림, 삶기, 찜은 습열조리법이다.

상 | 중 | 하

03 고기를 연하게 하려고 사용하는 과일에 들어있는 단백질 분해효소로 틀린 것은? 빈출

① 피신 ② 브로멜린
③ 파파인 ④ 아밀라아제

03 ④
해설 과일에 들어있는 단백질 분해효소에는 배의 프로스테, 파인애플의 브로멜린, 무화과의 피신, 파파야의 파파인 등이 있다.

09 한식 숙채 조리

상 | 중 | 하

01 푸른 채소를 데칠 때 색을 선명하게 유지시키고, 비타민 C의 산화도를 억제해 주는 것은?

① 소금 ② 식초
③ 기름 ④ 설탕

01 ①
해설 클로로필은 산성에 불안정하고, 알칼리성에 안정하기 때문에 소금을 넣고 데치면 색이 선명해진다.

상 | 중 | 하

02 **녹색 채소를 데칠 때 소다를 넣는 경우 일어나는 현상으로 옳지 않은 것은?**

① 채소의 질감이 유지된다.
② 채소의 색이 푸르게 고정된다.
③ 비타민 C가 파괴된다.
④ 채소의 섬유질을 연화시킨다.

02 ①

해설 녹색 채소를 데칠 때 소다를 넣으면 녹색은 선명하게 유지되지만, 질감이 물러지고 비타민 C가 파괴된다.

상 | 중 | 하

03 **녹색 채소를 데칠 때 색을 선명하게 하기 위한 조리 방법으로 옳지 않은 것은?**

① 휘발성 유기산을 휘발시키기 위해 뚜껑을 열고 끓는 물에 재빠르게 데친다.
② 산을 희석시키기 위해 조리수를 다량 사용하여 재빠르게 데친다.
③ 섬유소가 알맞게 연해지면 가열을 중지하고 얼음물에 헹군다.
④ 조리수의 양을 최소한으로 하여 색소의 유출을 막는다.

03 ④

해설 녹색 채소를 데칠 때 조리수의 양을 재료의 5배로 넣고 데치면 색이 선명하다.

PART 02

10 한식 볶음 조리

상 | 중 | 하

01 **조리 시에 센 불로 가열 후 약불로 조절하는 조리로 틀린 것은?**

① 생선조림 ② 된장찌개
③ 밥 ④ 새우튀김

01 ④

해설 튀김은 고온에서 단시간 조리한다.

상 | 중 | 하

02 **채소의 비타민, 무기질의 손실을 줄이는 조리법은?** 빈출

① 데치기 ② 끓이기
③ 삶기 ④ 볶음

02 ④

해설 볶음은 고온에서 단시간 조리하기 때문에 영양소의 손실을 가장 줄일 수 있는 방법이다.

상 | 중 | 하

03 **근채류 중 생식하는 것보다 기름에 볶는 조리법을 사용하는 것이 적절한 식재료는?**

① 무 ② 고구마
③ 토란 ④ 당근

03 ④

해설 녹황색 채소는 지용성 비타민 A를 함유하고 있어 열에 비교적 안정적이기 때문에 기름을 이용한 조리법을 하면 영양분 흡수가 잘 된다.

11 김치 조리

상 중 하

01 김치에 대한 설명으로 틀린 것은?

① 김치는 저온에서 젖산 생성을 통해 발효된 식품이다.
② 2000년대 '임원경제십육지'를 살펴보면 100종류 이상의 김치가 기록되어 있다.
③ 최근의 김치의 종류는 160여 종에 달한다.
④ 김치의 종류에는 배추통김치, 깍두기, 나박김치, 석박지 등이 있다.

01 ②

해설 1800년대 '임원경제십육지'를 살펴보면 92종류의 김치가 기록되어 있다.

상 중 하

02 김치 조리 시 양념 버무리기에 대한 설명으로 틀린 것은?

① 무채는 양념 후 넣도록 한다.
② 쪽파, 미나리, 갓을 넣고 잘 섞는다.
③ 간이 부족하면 소금으로 간을 맞춘다.
④ 마지막으로 생새우를 넣고 버무려서 완성한다.

02 ①

해설 무채에 고춧가루를 넣고 고르게 버무려서 빨갛게 색을 들인다.

상 중 하

03 배추의 특징으로 틀린 것은?

① 배추의 저장온도는 3~5℃가 적당하다.
② 배추의 저장 상대 습도는 95%가 적당하다.
③ 배추의 잎 두께는 얇고 연하면서 연녹색인 것이 좋다.
④ 배추의 흰 줄기 부분이 단단한 것이 좋다.

03 ①

해설 배추의 저장온도는 0~3℃가 적당하다.

상 중 하

04 김치의 저장온도로 옳은 것은? 빈출

① −5~−2℃
② −2~0℃
③ 0~5℃
④ 2~5℃

04 ③

해설

- 김치 : 0~5℃
- 채소 및 메인 냉장·육수 : 2~5℃
- 고기 : −5~−2℃
- 냉동고 : −20℃
- 참치·선어 보관 급냉동고 : −50℃

Keyword 기본 썰기, 기본 조리 방법, 부케가르니, 미르포아, 루(Roux), 5모체 소스

양식

기본 썰기

명칭	설명
큐브(Cube), 라지 다이스 (Large dice)	• 큰 썰기로 사방 2cm 정도 정육면체의 주사위 모양으로 써는 방법 • 사방 1.5cm 정도로 자르기도 함(예 스튜, 샐러드)
다이스(Dice), 미디엄 다이스 (Medium dice)	• 채소 등의 재료를 사방 1.2cm 정도 정육면체의 주사위 모양으로 써는 방법 • 사방 1cm 정도로 자르기도 함(예 샐러드)
스몰 다이스 (Small dice)	• 다이스의 반 정도로 사방 0.6cm 정도 정육면체의 주사위 모양으로 써는 방법 • 사방 0.5cm 정도로 자르기도 함(예 샐러드, 볶음요리)
브뤼누아즈 (Brunoise)	• 스몰 다이스의 반 정도로 사방 0.3cm 정도 정육면체로 써는 방법 • 사방 0.25cm 정도로 자르기도 함(예 수프, 소스)
파인 브뤼누아즈 (Fine Brunoise)	• 사방 0.15cm 정도 정육면체로 가장 작은 형태로 써는 방법(예 수프, 소스) • 사방 0.12cm 정도로 자르기도 함
에망세(Emincer), 슬라이스(Slice)	한식 편썰기와 같이 써는 방법으로, 0.2cm 정도로 얇게 저며 써는 방법(예 당근, 무 등 초기 작업)
바토네(Batonnet), 라지 쥘리엔느 (Large Julienne)	• 재료를 감자튀김 형태로 써는 것 • 0.6cm 정도 두께로 5~6cm 정도 길이의 막대 모양으로 써는 방법(예 채소, 과일의 샐러드용 썰기, 육류나 가금류)
알뤼메트 (Allumette), 미디엄 쥘리엔느 (Medium julienne)	• 성냥개비 모양으로 채 써는 방법 • 0.3cm 정도 두께로 자른 후 다시 0.3cm 정도로 잘라 막대 모양으로 써는 방법(예 샐러드, 수프, 메인요리)
파인 쥘리엔느 (Fine julienne)	쥘리엔느 두께의 반인 0.15cm 정도의 두께로, 얇고 5cm 정도 길이로 써는 방법(예 샐러드, 수프, 메인요리)
쉬포나드 (Chiffonade)	실처럼 아주 가늘게 채 써는 방법(예 바질 등의 허브잎)
페이잔느 (Paysanne)	1.2cm×1.2cm×0.3cm 정도 크기의 납작한 직육면체 모양으로 써는 방법(예 채소 수프)

Check Note

식재료 써는 방법의 종류

방법	설명
밀어서 썰기	• 한 손으로 식재료를 잡고 칼을 잡은 손으로 밀면서 써는 방법 • 작업할 때 안쪽 옆에서 칼을 잡은 손이 시계 방향으로 원 형태를 그리며, 밀어서 썰고 있는 형태
당겨서 썰기	• 손으로 식재료를 잡고 칼을 잡은 손으로 당기면서 써는 방법 • 작업할 때 안쪽 옆에서 칼을 잡은 손이 시계 반대 방향으로 원 형태를 그리며 당겨서 썰고 있는 형태
내려 썰기	누구나 쉽게 할 수 있으며, 양이 적거나 간단히 썰 때 사용하는 방법
터널식 썰기	식재료를 한 손으로 터널 모양으로 잡고 길게 써는 방법

아세(Hacher), 쵸핑(Chopping)	채소를 잘게 곱게 써(다지)는 방법(예 샐러드, 소스, 볶음 요리)
민스 (Mince)	0.1cm 정도로 쵸핑보다 재료를 곱게 다지는 방법(예 육류, 채소류)
샤토 (Chateau)	5~6cm 정도 길이의 타원형 모양으로 써(깎)는 방법(예 당근, 감자 등 메인요리 가니쉬)
올리베트 (Olivette)	길이가 샤토보다 작은 4cm 정도로 끝이 뭉뚝하지 않고 뾰족하게 올리브 형태로 깎는 방법(예 사이드요리, 채소요리)
론델 (Rondelle)	둥근 채소를 0.4~1cm 정도로 둥글고 납작하게 얇게 써는 방법(예 당근, 오이)
디아고날 (Diagonal)	원통 모양의 채소, 과일의 껍질을 벗겨 어슷하게 써는 방법
퐁뇌프 (Pont-Neuf)	가로, 세로 0.6cm, 길이 5~6cm 정도 크기의 길쭉한 모양으로 써는 방법(예 감자튀김)
비시 (Vichy)	0.7cm 정도 두께로 둥글게 썰어 가장자리를 비행접시 모양으로 둥글게 도려낸 방법(예 당근)
콩카세 (Concasse)	사방 0.5cm 정도의 정육면체로 잘게 써는 방법(예 토마토 등 가니쉬, 소스)
파리지엔느 (Parisienne)	스쿠프(Scoop)를 이용하여 둥근 구슬같이 파내는 방법(예 당근, 감자, 오이)

기본 조리 방법

건열조리 (Dry Heat Cooking)	• 수분을 사용하지 않고 기름, 복사열, 열풍 등을 이용하여 조리하는 방법(구이, 볶기, 팬 프라잉 등) • 기름을 사용하는 방법과 기름을 사용하지 않고 조리하는 방법이 있음
습열조리 (Moist Heat Cooking)	물이나 수증기를 이용하여 조리하는 방법(삶기, 끓이기 등)
복합조리 (Combination Heat Cooking)	건열조리 방법과 습열조리 방법을 혼합하여 조리하는 방법(스튜잉, 수비드 등)
비가열조리 (No Heat Cooking)	열원을 사용하지 않고 식재료를 세척 후 조리하는 방법(절임 등)

Check Note

조리할 때의 열전달 방식

① 전도 : 주된 열전달 방식으로, 프라이팬이나 냄비 등의 금속류 기구들이 가열되면 그 위에서 재료를 가열하는 방식
② 대류 : 냄비에서 끓이는 방식처럼, 열을 순환하면서 조리를 하는 방식
③ 방사 : 적외선이나 초단파를 이용하여 직접적인 접촉 없이 열을 전달하는 방식

열이 조리에 미치는 영향

단백질 응고, 물 증발, 지방의 융점, 녹말의 젤라틴화, 설탕의 캐러멜화

채소의 전처리 방법

마늘 (Garlic)	• 마늘을 볶은 후 조리를 시작하는 경우가 많으므로 마늘 촙(Garlic Chop)을 준비 • 깐마늘을 칼등으로 눌러 으깨고, 칼날로 다져 뚜껑 또는 랩을 씌어 보관
양파 (Onion)	• 볶음요리를 할 때 다진마늘과 같이 다용도로 사용되므로 양파 촙(Onion Chop)을 준비 • 양파를 반으로 잘라 꼭지 쪽으로 칼집을 내고, 직각으로 두세 번 칼집을 넣어 양파를 잘 잡고 직각으로 썰어 준비(Mise en Place) • 예 샐러드, 스튜 등
오이 (Cucumber)	• 오이를 닦아 껍질을 살짝 벗긴 후 길게 4등분(원형으로 썰기도 함)하여 씨 부분을 제거한 후 원하는 형태로 잘라 준비 • 예 샐러드, 샌드위치 속재료, 피클 등
브로콜리 (Broccoli)	• 줄기를 한 손으로 잡고 칼로 다발을 잘라 줄기를 제거한 후 원하는 크기로 잘라 데쳐서 준비 • 예 샐러드, 사이드 채소 등
아스파라거스 (Asparagus)	• 끝부분의 질긴 부분은 잘라 내고 껍질을 얇게 벗겨 데쳐서 준비 • 얇은 아스파라거스는 껍질을 벗기지 않고 잘 씻어서 준비 • 예 수프, 샐러드, 사이드 채소 등
적양배추 (Red Cabbage)	• 2, 4등분으로 잘라 꼭지 부분을 도려낸 후 원하는 형태로 썰어서 물에 담갔다가 물기를 빼서 준비 • 예 샐러드 등
양상추 (Head Lettuce), 로메인 (Romaine)	• 꼭지 부분을 제거하고, 원하는 크기로 뜯거나 자름 • 찬물에 씻어 갈변을 억제하고, 물기를 제거한 후 팬에 넣어 밀봉하여 냉장보관 • 예 샐러드, 샌드위치 속재료 등
실파 (Spring Onion)	• 깨끗이 세척하여 가지런히 놓고 곱게 썰어 물에 씻어서 준비하고, 용도에 맞게 길거나 짧게 썰어 조리에 사용 • 예 가니쉬, 샐러드 등
파프리카 (Paprika)	• 깨끗하게 씻어 꼭지를 제거하고 원하는 형태로 잘라서 준비 • 예 샐러드, 볶은 요리의 사이드 채소 등
토마토 (Tomato)	• 꼭지를 제거한 후 위에 열십자로 칼집을 살짝 넣고, 끓는 물에 약 5~7초간 데친 후 찬물에 식혀 껍질을 제거하여 4등분한 다음, 속을 제거하고 가로・세로 0.5cm 크기로 잘라 콩카세(Concasse) 준비 • 예 가니쉬 등

Check Note

양식 관련 조리용어

① **콩디망**(Condiments) : **전채 조리와 어울리는 양념, 조미료, 향신료를 말함[오일 앤 비네그레트**(Oil Vinaigrette), **베지터블 비네그레트**(Vegetable Vinaigrette), **마요네즈**(Mayonnaise), **토마토 살사**(Tomato salsa), **발사믹소스**(Balsa－mic sauce) **등]**

② **베지타블 렐리시**(Vegetable Relish) : **향미가 나는 채소, 재료들로 식욕을 돋우는 역할을 하는 것**

③ **푸드 스타일링**(Food Styling) : **요리를 완성하여 접시에 모양을 내어 담는 것**

④ **테이블 스타일링**(Table Styling) : **레스토랑 메뉴의 특징을 살려 테이블과 실내를 아름답게 연출하는 것**

Check Note

✔ 사세데피스
부케가르니보다 좀 더 작은 조각의 향신료들을 소창에 싸서 사용함

01 양식 스톡 조리

1 스톡 재료 준비

(1) 스톡의 재료★★★

부케가르니★ (Bouquet Garni)	• 재료의 향을 추출하기 위하여 월계수잎, 통후추, 마늘, 타임, 파슬리 줄기 등을 넣어 만든 향초 다발 • 실로 작은 것은 안쪽으로, 큰 것은 바깥쪽으로 겹쳐서 묶고, 묶은 후에는 여분의 실을 손잡이 부분에 묶어 건져내기 쉽게 함
미르포아★ (Mirepoix)	• 스톡의 향과 향기의 맛을 돋우기 위해 네모나게 썬 양파, 당근, 셀러리 등을 말함 • 보통 양파 50%, 당근 25%, 셀러리 25% 비율로 사용함 • 흰색 미르포아(White Mirepoix)는 양파 50%, 셀러리 25%, 무, 대파, 버섯 등을 25% 비율로 사용함
뼈 (Bone)	• 닭 뼈 : 전체 또는 목, 등뼈 등을 5~6시간 이내 조리함 • 소뼈와 송아지 뼈 : 등, 목, 정강이뼈를 7~8시간 이내 조리함 • 생선 뼈 : 광어, 도미, 농어, 가자미 등을 찬물에서 불순물을 제거 후 사용함 • 기타 잡뼈 : 특정 요리에 사용함

(2) 스톡의 종류

화이트스톡 (White Stock) : 맑은 육수	• 각종 데친 뼈와 채소, 향신료를 찬물에 넣어 센 불에서 약불로 7~8시간 정도 맑게 끓여 만드는 것 • 화이트치킨스톡, 화이트비프스톡, 화이트피시스톡, 화이트베지터블스톡 등
브라운스톡 (Brown Stock) : 갈색 육수	• 각종 뼈, 채소를 오븐의 높은 열(200℃에서 1시간 정도)에서 갈색으로 캐러멜화하여 사용 • 각종 구운 뼈, 미르포아, 부케가르니를 넣어 센 불에서 약불로 끓여 만드는 것 • 토마토 페이스트를 볶아서 첨가함 • 브라운치킨스톡, 브라운비프스톡, 브라운빌스톡, 브라운게임스톡 등
피시스톡 (Fish Stock) : 생선 육수	• 생선 뼈 또는 갑각류 껍질과 미르포아, 부케가르니로 만듦 • 육수를 맑게 약불에서 1시간 이내 조리 • 육수에 화이트와인, 레몬주스 등을 추가하면 강한 맛의 생선 퓌메(Fish Fumet)

쿠르부용 (Court Bouillon) : 연한 육수	• 미르포아, 부케가르니, 식초, 레몬, 화이트와인 등을 넣고 약불에서 맑게 끓이기 → 45분 정도 시머링(Simmering) → 스키밍(Skimming) • 해산물을 포칭(Poaching)하기 위하여 준비 • 조리의 중간 단계에 사용하거나 칠링(Chilling) 후 보관·사용

2 스톡의 조리

(1) 고유의 맛을 충분히 우려내고 깨끗한 색깔을 유지해야 함
(2) 뼈를 작은 조각으로 잘라 사용하여 맛, 젤라틴, 영양 가치를 빠르게 추출함
(3) 찬물에 재료를 넣고 서서히 끓이면서(약 90℃의 온도 유지) 기름이나 불순물 등을 제거함
(4) 조리에 맞는 스톡의 맛과 색, 향, 농도를 맞춤
(5) 미르포아나 향신료를 적절한 타이밍에 첨가함
(6) 스톡에는 간(소금)을 하지 않는 것이 좋음
(7) 스톡은 국자로 젓지 말아야 함
(8) 기름 성분이 많은 스톡은 종이 필터를 사용하여 정제함

3 스톡의 완성

(1) 조리된 스톡과 내용물은 서로 분리함
(2) 스톡의 품질은 본체, 투명도, 향, 색 등 4가지 특성으로 평가함
(3) 스톡의 맛이 싱거우면 불 위에 올려서 농축시켜 사용함
(4) 데미글라스(Demiglace)를 사용하여 스톡의 질감을 높일 수 있음

02 양식 전채 · 샐러드 조리

1 양식 전채 조리

(1) 전채 재료 준비

1) 전채 조리 시 사용되는 콩디망(Condiments)

비네그레트 (Vinaigrette)	올리브유와 식초를 3:1 비율로 넣고 소금과 후추로 간을 해서 만든 소스 • 베지터블 비네그레트 : 다진 챠빌(Chervil), 오이, 양파, 피망, 파프리카, 마늘 등을 작은 주사위 모양으로 잘라 기본 비네그레트에 섞어서 사용함 • 머스터드 비네그레트 : 기본 비네그레트에 머트터드와 식초를 섞어서 사용함

Check Note

✔ 스키밍(Skimming)
① 액체 위에 뜬 기름이나 찌꺼기를 걸러내는 것
② 거품과 함께 떠오르는 것을 스키머(skimmer)로 제거

✔ 완성된 스톡의 보관
① 안전하게 일정 기간 저장하기 위해 스톡을 1차로 2시간 이내에 21℃로 냉각시키고, 2차로 3~4시간 동안 5℃ 이하로 냉각시켜 냉장보관함
② 깨끗하게 보관하기 위해 뼈와 채소 등을 다른 고형물과 분리시킴
③ 일반적으로 냉장스톡은 3~4일 이내에 사용하고, 냉동한 스톡은 5~6개월을 넘지 않게 함

✔ 전채 조리의 종류

카나페 (Canape)	빵 또는 크래커를 기본으로, 여러 가지 모양으로 얇게 썰고 다양한 재료를 올려 만듦
칵테일 (Cocktail)	보통 해산물 또는 과일을 주재료로 하고, 크기를 작고 예쁘게 만들어 차갑게 제공함
렐리시 (Relishes)	셀러리, 무, 올리브, 채소 스틱 등을 예쁘게 다듬어 담고, 소스를 곁들여 냄

✔ 전채 조리의 7원칙
① 계절에 맞는 다양한 식재료를 사용해야 함
② 주요리보다 크기를 작게 하여 소량으로 만들어야 함
③ 주요리에 사용되는 재료와 중복된 조리법을 사용하지 않음
④ 신맛과 약간의 짠맛이 있어야 식욕을 자극해서 좋음
⑤ 모양, 색, 맛이 어우러지는 예술성이 있어야 함
⑥ 다양한 조리법으로 영양적으로 균형이 잡히도록 함
⑦ 부드럽고 소화가 잘 되는 음식이어야 함

Check Note

전채 조리의 기본 조리 방법

① 데침(Blanching) : 10배의 물을 넣고 물이 끓으면 넣고 얼음물 또는 찬물에 헹구는 방법
② 포칭(Poaching) : 스톡, 쿠르 부용(Court Bouillon)에 잠기도록 하여 뚜껑을 덮지 않고 75~80℃에 삶는 방법
③ 삶기(Boiling) : 찬물이나 끓는 물에 넣고 100℃에서 끓이는 방법
④ 튀김(Deep Fat Frying) : 영양 손실이 적은 조리법으로, 식용 기름 165~180℃에서 튀기는 방법
⑤ 볶음(Saute) : 팬을 이용하여 버터, 식용유를 넣고 채소나 고기류 등을 200℃ 정도의 고온에서 살짝 볶는 방법
⑥ 굽기(Baking) : 오븐이나 샐러맨더 기계에서 건조한 열로 굽는 방법으로, 생선·육류·채소류를 굽는 방법
⑦ 그릴링(Grilling) : 직접구이로 석쇠에 줄무늬를 내서 오븐에서 굽는 방법
⑧ 그라탱(Gratin) : 식품에 치즈, 크림, 달걀 등을 올려 샐러맨더에서 색을 내는 방법

올리브유의 종류

구분	내용
엑스트라 버진 올리브유 (Extra Virgin Olive Oil)	한 번의 압착 과정으로 추출한 산도 0.8% 미만의 최상품
버진 올리브유 (Virgin Olive Oil)	한 번의 압착 과정으로 추출한 산도 2% 미만의 중간 상품
퓨어 올리브유 (Pure Olive Oil)	압착 과정 3~4번째까지 나오는 오일을 정제하고, Virgin 등급을 혼합하여 산도가 2% 이상(보통 5~15%)의 최하품으로 그냥 올리브유라 부름

구분	내용
마요네즈	달걀노른자에 식용유를 조금씩 넣으면서 거품기로 저어 유화시키고, 농도가 생기면 식초, 레몬, 소금, 후추로 간을 해서 만든 소스
칵테일소스	토마토케첩에 다진 케이퍼, 홀스래디쉬, 백포도주, 핫소스를 섞어 레몬주스, 소금, 후추로 간을 해서 만든 소스
발사믹소스	발사믹식초와 꿀을 넣고 1/3로 졸여 식힌 후 올리브유를 조금씩 넣어가면서 유화시켜 레몬주스, 소금, 후추로 간을 해서 만든 소스

2) 전채 조리에 사용되는 주재료

구분	내용
육류(Meat)	부드럽고 단백질이 많은 안심, 등심의 살코기 부위
가금류 (Poultry)	닭(Chicken), 오리(Duck), 거위(Goose), 꿩(Pheasant), 메추리(Quail) 등
생선류 (Fish and Shellfish)	바다 생선(광어, 도미 등), 민물 생선(장어, 은어 등), 극피동물(성게알, 해삼), 갑각류(새우, 가재 등), 연체동물 등
채소류 (Vegetable)	양상추(Lettuce), 로메인 상추(Romaine Lettuce), 당근(Carrot), 셀러리(Celery), 양파(Onion) 등
향신료 (Spices)	파슬리, 바질, 딜, 로즈마리, 고수 등

3) 전채 조리의 양념
① 소금(Salt) : 천일염, 정제염, 맛소금
② 식초(Vinegar), 겨자(Mustard), 마요네즈(Mayonnaise), 허브(Herb), 스파이스(Spice)
③ 올리브유(Olive Oil) : 올리브 나무 열매의 압착 과정을 거쳐 추출한 것으로 불포화지방산인 올레인산(Oleic Acid)을 다량 함유

(2) 전채 조리
① 다음에 나오는 요리에 기대감을 품을 수 있게 하기 위해 주요리보다 소량으로 만듦
② 전채요리는 콜드 키친에서 업무를 권장하며, 조리실에 알맞은 온도, 습도, 채광을 관리함

2 양식 샐러드 조리

(1) 샐러드 재료 준비
1) 재료 준비과정
① 샐러드마다 적절한 소스(드레싱)를 준비함

② 샐러드 종류에 따라 알맞게 재료들을 손질함

단순 샐러드용	양상추, 상추, 오이, 당근, 피망, 치커리와 같은 채소류는 깨끗이 세척하여 차가운 물에서 싱싱하게 살려 준비함
복합 샐러드용	• 육류, 어패류, 파스타류, 채소류(양파, 피망 등)는 메뉴 특성에 맞게 손질하여 삶기, 굽기, 튀기기, 로스팅함 • 드레싱에 버무리기 전 양념을 해줌

2) 샐러드용 채소 손질

세척	• 흐르는 물에 여러 번 헹구기 • 3~5℃ 정도의 물에 30분 정도 담그기 • 여린 채소는 상온의 물에 담그기
다듬기	• 손으로 뜯거나 칼로 잘라 다듬기 • 채소는 속잎, 겉잎, 줄기 순서로 선호
수분 제거	• 수분을 제거하여 뿌린 소스가 샐러드와 잘 어울리게 함 • 보관 전에 물기를 제거해야 저장성이 있음
용기에 보관	• 넓은 통에 젖은 행주를 깔고 채소를 넣은 후 다시 덮어 보관 • 통의 2/3만 차도록 보관

3) 샐러드의 기본 재료군

육류	소고기(안심, 등심, 갈비살, 차돌박이), 돼지고기(안심, 등심, 삼겹살 등), 양고기(등심, 갈비살), 육가공품(베이컨, 햄)
해산물류	생선류(광어, 농어, 도미, 참치, 연어), 어패류(전복, 피조개), 조개류(중합, 바지락, 모시조개), 갑각류(새우, 바닷가재), 연체류(문어, 낙지, 주꾸미, 한치, 갑오징어)
채소류	엽채류(잎), 순새싹(순)류, 경채류(줄기), 근채류(뿌리)류, 과채류, 종실류, 허브류
가금류	닭(가슴살, 다리살), 오리훈제(가슴살)

(2) 샐러드 조리

1) 조리과정

① 유화에 안정을 주는 재료와 기름, 식초를 넣어서 안정된 상태로 만듦

② 육류, 어패류, 곡류, 채소는 따로 익혀서 조리함

③ 드레싱마다 알맞은 콩디망, 허브, 향신료를 첨가함

④ 필요한 경우에는 드레싱에 버무리기 전에 양념함

Check Note

전채요리 담기의 고려사항

① 고객의 편리성
② 요리의 적당한 공간
③ 내원을 벗어나지 않고 접시의 70~80% 정도 담기
④ 일정한 간격과 질서
⑤ 소스는 적당하게
⑥ 가니쉬 재료의 중복 금지
⑦ 주요리보다 작은 양과 크기
⑧ 색깔과 맛, 풍미, 온도에 유의

샐러드의 기본 구성 4가지

바탕 (Base)	주로 채소로 구성되며, 주목적은 그릇을 풍성하게 채워주는 역할
본체 (Body)	샐러드의 중요한 부분, 즉 주재료가 무엇인지에 따라 결정
드레싱 (Dressing)	샐러드의 맛을 향상해 주면서 소화를 돕는 역할
가니쉬 (Garnish)	주로 샐러드를 보기 좋게 하려고 사용하지만, 맛을 향상하는 역할도 함

샐러드의 분류

① 순수 샐러드(Simple Salad) : 한 가지 채소만으로 만들어진 샐러드를 추구했으나, 요즘에는 여러 가지 채소들을 혼합하여 영양, 맛, 색깔 등의 조화를 이루는 샐러드를 추구함
② 혼합 샐러드(Compound Salad) : 그대로 제공할 수 있도록 만들어진 완전한 상태의 샐러드로, 뷔페나 애피타이저로 많이 사용
③ 그린 샐러드(Green Salad) : 여러 샐러드나 한 가지 샐러드가 드레싱과 함께 나가는 형태
④ 더운 샐러드(Warm Salad) : 드레싱을 살짝 데워 재료와 버무려 만드는 샐러드

Check Note

육류 조리 시 주의할 점

브레이징(Braising)	큰 고기를 로스팅 팬에 색깔을 낸 후 그 팬을 디글레이징(Deglazing)한 다음 와인, 육수를 넣고 180℃ 오븐에 조리
스튜잉(Stewing)	작게 자른 고기를 소스와 함께 조리

채소와 곡물 조리 방법

채소 조리	블랜칭(Blanching, 데치기) : 짧은 시간 내에 재빨리 익혀 내기 위한 목적으로 사용하는 조리법
곡물 조리	시머링(Simmering, 은근히 끓이기) : 85~93℃의 온도로 98℃가 넘지 않게 은근히 끓이는 방법

유화 드레싱의 조리 방법

① 비네그레트 : 머스터드, 소금, 후추, 허브 등에 식초를 조금씩 부어가며 거품기로 빠르게 섞어 준 다음 천천히 오일을 부으며 젓다 보면 형성되는 크림 같은 질감의 유화에 가니쉬를 첨가함

② 마요네즈 : 달걀노른자와 머스터드, 소금, 후추를 넣고 거품기로 빠르게 혼합하여 골고루 섞이게 하여 기름을 조금씩 넣어주며, 되직한 질감이 되면 식초를 조금씩 부어가며 조절해 주고, 농도는 소프트피크(윤기가 흐르며, 저었을 때 리본이 그려져서 그대로 약 15초간 머무는 정도의 점성) 정도가 되어야 함

유화 드레싱의 유분리 현상과 복원 방법

① 달걀노른자에 너무 빠르게 기름이 첨가되었을 때, 소스의 농도가 너무 진할 때, 너무 차거나 따뜻하게 되었을 때 '유분리 현상'이 일어남

② 이때 멸균 처리된 달걀노른자를 거품이 일어날 정도로 저어 주고, 유분리된 마요네즈를 조금씩 부어가면서 다시 드레싱을 만들어 복원함

2) 식재료별 조리 방법

구분	조리 방법	설명
육류	• 소고기	
	그릴링(Gilling), 브로일링(Broiling)	150~250℃의 열로 직화구이
	로스팅(Roasting)	140~200℃ 열로 조리한 로스트 비프(Roast Beef)
	소팅(Sauteing)	팬에 소량의 기름으로 160~240℃에서 살짝 볶아 주는 방법
	• 돼지고기	
	딥 프라잉(Deep Frying)	160~180℃ 온도의 기름에 잠기게 하여 조리
	스터 프라잉(Stir Frying)	웍으로 250℃ 이상에서 계속 움직이면서 조리
해산물	• 보일링(Boiling, 끓이기) : 식재료를 육수나 물에 넣고 끓이는 방법 • 포칭(Poaching, 삶기) : 비등점 이하의 온도(65~85℃)에서 끓는 물에 데쳐내는 방법으로, 거품이 생기지 않게 조리 • 스티밍(Steaming, 증기찜) : 200~220℃에서 찌는 조리 • 팬 프라이(Pan Frying) : 170℃에서 프라잉을 시작하며, 중간 이상의 온도에서 뚜껑을 덮지 않고 조리	

3) 드레싱의 종류★

차가운 유화 소스류	비네그레트(Vinaigrettes), 마요네즈(Mayonnaise)
유제품 기초 소스류	샐러드드레싱, 디핑 소스(Dipping Sauce)로 사용
살사·쿨리·퓌레 소스류	• 살사류(Salsa) : 생과일 혹은 채소로 사용 • 쿨리와 퓌레(Coulis & Puree) : 쿨리는 퓌레 혹은 용액의 형태로 잘 졸여지고, 많이 농축된 맛을 가진 음식

(3) 샐러드 요리의 완성

1) 플레이팅의 기본원칙

① 용도에 맞는 접시, 볼 등을 선택
② 차가운 음식은 차가운 접시에, 뜨거운 음식은 뜨거운 접시에 담음
③ 완성된 음식을 균형, 색감, 모양을 맞춰 보기 좋게 담음
④ 음식 온도에 맞게 위생적으로 한 번에 담음
⑤ 먹기 편하고 먹음직스러우며 예술성 있게 담음
⑥ 접시의 내원을 벗어나지 않고 70~80%로 담음

⑦ 불필요한 가니쉬보다는 주요리에 맞춰 깔끔하게 담음

⑧ 알맞은 소스의 양과 색상을 선택하여 담음

2) 플레이팅의 구성요소

구분	내용
통일성 (Unity)	중심 부분에 균형 있게 담기
초점 (Focal Point)	메인 음식과 가니쉬는 상하좌우 대칭을 고려하여 정확한 초점이 있게 담기
흐름 (Flow)	접시에 담긴 음식은 통일성과 초점·균형들이 잘 나타나고, 마치 움직임이 있는 것을 연상되게 담기
균형 (Balance)	재료와 음식 선택의 균형, 조리 방법의 균형, 질감의 균형, 향미의 균형, 색의 균형 등
색 (Color)	자연스러운 색을 연출하여 신선함과 고품질을 연상하게 담기
가니쉬 (Garnish)	본래의 요리가 가지고 있는 맛과 향이 조화롭게 보기 좋게 하기

03 양식 샌드위치 조리

1 샌드위치 재료 준비

(1) 사용되는 빵

식빵, 바게뜨, 보리빵, 치아바타, 크로아상, 베이글, 토르티야 등

(2) 조리 방법

토스팅, 소테, 팬프라잉, 딥프라잉, 그릴, 찌기, 삶기 등

(3) 샌드위치의 5가지 구성요소

구분	내용
브레드 (Bread, 빵)	• 거친 빵보다는 달지 않고 부드러운 빵(두께 1.2~1.3cm 정도) • 바게트 빵은 두께 1.5cm 정도가 적당 • 식빵, 바게트, 포카치아, 크루아상, 베이글 등
스프레드 (Spread, 얇게 돌려깔기)	• 속재료에서 나오는 수분으로 빵이 눅눅하지 않게 발라주는 방수 코팅제(단순 스프레드, 복합 스프레드) • 접착성, 맛의 향상, 감촉 등을 위해 사용 • 유지류(버터, 마요네즈), 유제품(치즈류), 단맛(꿀, 잼), 매운맛(머스터드), 타페나드(Tapanade) 등
필링 (Filling, 속재료)	• 신선도, 영양, 맛, 색감 등 고려 • 육류, 가금류, 어패류, 채소류, 치즈류 등
가니쉬 (Garnish, 고명)	• 샌드위치의 전체적인 완성도에 영향을 미치는 중요한 재료 • 신선한 채소류, 싹류, 과일류 등

Check Note

✔ 드레싱의 사용 목적

① 차가운 온도의 드레싱은 샐러드의 맛을 더욱 아삭하게 함

② 맛이 순한 샐러드에는 맛과 향, 풍미를 더하고, 맛이 강한 샐러드는 부드럽게 함

③ 입에서 즐기는 식감을 높이고 식욕을 촉진시키며 소화를 도움

✔ 접시 유형에 따른 느낌

유형	느낌
원형	기본, 부드러움, 완전함, 친밀한 느낌
삼각형	빠르고 날카로운 느낌
사각형	안정되고 세련된 느낌
타원형	여성적, 기쁨, 우아한 느낌
마름모형	안정, 정돈, 속도감

✔ 샌드위치의 형태에 따른 분류

분류	설명
오픈 샌드위치 (Open Sandwich)	얇게 썬 빵에 속재료를 넣고 위에 덮는 빵을 올리지 않은 샌드위치
클로즈드 샌드위치 (Closed Sandwich)	얇게 썬 빵에 속재료를 넣고 위, 아래에 빵을 덮은 샌드위치
핑거 샌드위치 (Finger Sandwich)	식빵을 클로즈드 샌드위치로 만들어 길게 4~6등분으로 먹기 좋게 자른 샌드위치
롤 샌드위치 (Roll Sandwich)	빵을 넓고 길게 잘라 속재료(게살, 훈제연어, 참치 등)를 넣고 김밥처럼 말아 자른 샌드위치

꽁디망 (Condiment, 양념)	• 조미료나 소스, 드레싱 → 짠맛, 단맛, 신맛, 쓴맛, 매운맛 • 습한 양념 : 올리브류, 피클류 • 건조한 양념 : 소금, 후추, 스파이스 등

2 샌드위치 조리

(1) 조리 방법

① 샌드위치에 필요한 5가지 구성요소를 콜드 키친(Cold Kitchen) 또는 핫 키친(Hot Kitchen)에서 담당하여 준비

② 샌드위치 종류마다 알맞은 주재료와 어울리는 부재료를 사용하여 조리

③ **샌드위치 썰기 방법** : 삼각 3쪽 썰기, 사다리꼴 3쪽 썰기, 사선 썰기, 삼각 2쪽 썰기, 삼각 4쪽 썰기, 사각모양 4쪽 썰기, 사각모양 2쪽 썰기, 사각모양 3쪽 썰기, 사선 4쪽 썰기, 사선 3쪽 썰기 등

(2) 조리 시 주의할 점

① 샌드위치류는 온도, 풍미, 색깔, 맛 등이 중요

② 주방기기 및 장비(작업테이블, 싱크대, 냉장고 등), 조리도구 준비

③ 냉장고의 적정온도는 2~5℃, 냉동고의 적정온도는 -8~-20℃인지 체크

04 양식 조식 조리

1 달걀요리 조리

(1) 습식열을 이용한 방법

구분		
포치드 에그 (Poached Egg)	90℃ 정도의 뜨거운 물에 식초를 넣고 껍질을 제거한 달걀을 넣고 익히는 방법	
보일드 에그 (Boiled Egg)	삶은 달걀로, 100℃ 이상의 끓는 물에 넣고 익히는 방법	
	코들드 에그 (Coddled Egg)	100℃의 끓는 물에 30초 정도 살짝 삶은 달걀
	반숙 달걀 (Soft Boiled Egg)	100℃의 끓는 물에 3~4분간 삶아 노른자가 1/3 정도 익은 달걀
	중반숙 달걀 (Medium Boiled Egg)	100℃의 끓는 물에 5~7분간 삶아 노른자가 1/2 정도 익은 달걀
	완숙 달걀 (Hard Boiled Egg)	100℃의 끓는 물에 10~13분간 삶아 노른자가 완전히 익은 달걀

Check Note

✔ 온도에 따른 분류

구분	내용
핫 샌드위치 (Hot Sandwich)	• 가운데를 썬 빵 사이에 뜨거운 속재료를 넣어 만듦 • 육류(육류 패티), 생선류(생선 패티), 채소류(그릴 채소), 기타(루벤 샌드위치, 햄버거 샌드위치 등)
콜드 샌드위치 (Cold Sandwich)	• 가운데를 썬 빵 사이에 차가운 속재료를 넣어 만듦 • 육류(파스트라미, 살라미, 햄 등), 생선류(훈제류, 게살 등), 유제품류(치즈류), 기타(마요네즈에 버무린 재료, 견과류, 과일 등)

✔ 샌드위치의 조리순서

① 핫·콜드 샌드위치 : 빵 종류 선택 → 스프레드 선택 → 속재료 선택 → 가니쉬 선택 → 어울리는 곁들임 세팅

② 햄버거 샌드위치 : 양상추 → 패티 → 토마토 → 양파 → 빵

✔ 식빵(White pan bread) 만드는 순서

식빵 재료 준비 → 반죽(Mixing) → 1차 발효 → 분할(Dividing) → 둥글리기(Rounding) → 중간 발효(Over Head Proof) → 정형(Moulding) → 패닝(Panning) → 2차 발효 → 굽기(Baking) → 냉각 및 포장(Cooling and Packaging)

✔ 샌드위치 플레이팅

① 재료 자체의 고유한 색, 질감 표현하기

② 심플·청결·깔끔하게 완성하기

③ 균형감 있게 알맞은 양 담기

④ 요리의 재료를 고려하여 알맞은 접시 온도에 맞추어 담기

⑤ 먹기 편하게, 그리고 다양한 맛과 향이 어우러지게 하기

(2) 건식열을 이용한 방법

달걀프라이 (Fried Egg)	프라이팬을 이용하여 조리한 달걀요리	
	서니 사이드 업 (Sunny Side Up)	달걀의 한쪽 면만 익힌 것으로, 노른자는 반숙으로 조리
	오버 이지 (Over Easy)	달걀의 양쪽 면을 살짝 익힌 것으로 흰자는 익고 노른자는 익지 않아야 하며, 노른자는 터지지 않게 조리
	오버 미디엄 (Over Medium)	오버 이지와 같은 방법으로 조리하며, 노른자가 반 정도 익게 조리
	오버 하드 (Over Hard)	프라이팬에 버터나 식용유를 두르고 달걀을 넣어 양쪽으로 완전히 익히는 조리
스크램블 에그 (Scrambled Egg)	팬에 버터나 식용유를 두르고 달걀을 넣어 빠르게 휘저어 만든 달걀요리	
오믈렛 (Omelet)	달걀을 스크램블 에그로 만들다가 럭비볼 모양으로 만든 달걀요리(예 치즈 오믈렛, 스패니시 오믈렛 등)	
에그 베네딕트 (Egg Benedict)	구운 잉글리시 머핀에 햄, 포치드 에그를 얹고 홀렌다이즈 소스를 올린 미국의 대표적 요리	

2 조식용 빵류 조리

(1) 조식용 빵의 종류

토스트 브레드 (Toast Bread)	식빵을 0.7~1cm 두께로 얇게 썰어 구운 빵
데니시 페이스트리 (Danish Pastry)	덴마크의 대표적인 빵
크루아상 (Croissant)	프랑의 대표적인 페이스트리
프렌치 브레드 (French Bread)	• 바삭바삭한 식감으로 프랑스의 대표적이며, 주식인 빵 • 바게트(Bagutte)라고도 함
브리오슈 (Brioche)	달콤하게 만든 프랑스의 전통 빵
잉글리시 머핀 (English Muffin)	영국의 대표적인 빵으로, 달지 않은 납작한 빵
호밀 빵 (Rye Bread)	호밀을 주원료로 하는 독일의 전통적인 빵으로, 섬유소가 많은 건강 빵
베이글 (Bagel)	가운데 구멍이 뚫린 링 모양의 빵
스위트 롤 (Sweet Roll)	일반적으로 계핏가루를 넣은 롤빵

Check Note

신선한 달걀

① 달걀의 껍데기가 거칠고 반점이 없는 것, 세척하지 않은 달걀로 냉장보관된 달걀이 좋음(세척 후 조리)
② 품질은 축산물품질평가원에서 세척한 달걀에 대해 외관검사, 투광 및 할란 판정을 거쳐 1+, 1, 2, 3등급으로 구분
③ 달걀의 등급표시

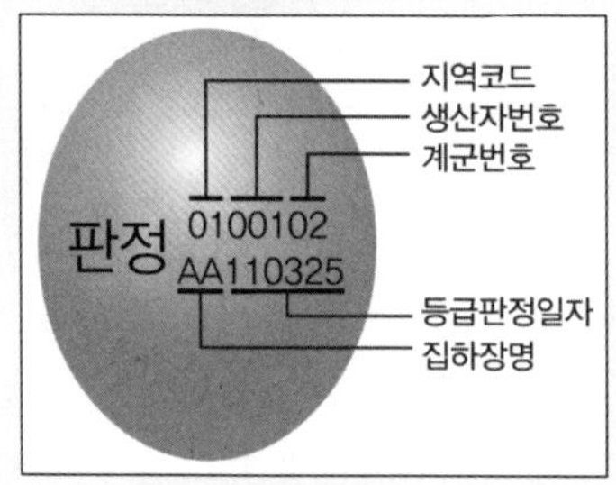

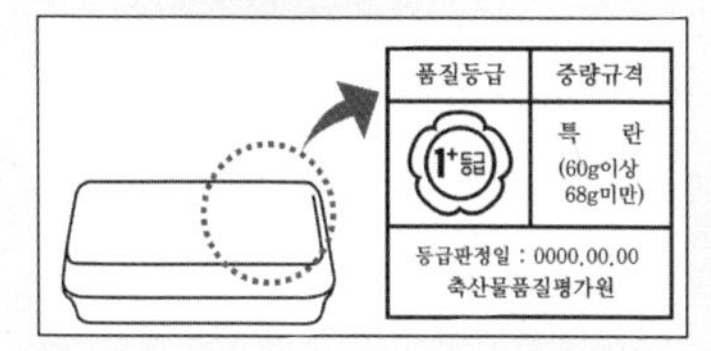

조식의 종류

① 유럽식 아침식사(Continental Breakfast) : 주스류, 조식용 빵과 커피, 홍차 등 제공
② 미국식 아침식사(American Break-fast) : 유럽식 아침식사에 달걀요리, 감자요리, 햄, 베이컨, 소시지 등 제공
③ 영국식 아침식사(English Break-fast) : 미국식 아침식사에 육류요리나 생선요리 제공

하드 롤 (Hard Roll)	껍질은 바삭하고 속은 부드러운 빵
소프트 롤 (Soft Roll)	둥글게 만든 빵으로 부드럽고, 모닝롤이라고도 함

(2) 조식용 빵의 조리

프렌치토스트 (French Toast)	• 건조해진 빵을 부드럽게 만드는 조리법 • 달걀과 계핏가루, 설탕, 우유에 빵을 담가 버터를 두른 팬에 구워 잼과 시럽을 곁들임
팬 케이크 (Pancake)	• 밀가루, 달걀, 물 등으로 반죽을 만들어 프라이팬에 구운 후 버터와 메이플 시럽을 뿌림 • '핫케이크'라고도 함
와플 (Waffle)	벌집 모양으로 바삭한 맛을 가지고 있어 아침식사, 브런치, 디저트로 활용

3 시리얼류(Cereals) 조리

(1) 차가운 시리얼(Cold Cereals)

바로 먹을 수 있는 시리얼로, 주로 우유나 주스를 넣어 아침식사 대용으로 먹음

콘플레이크 (Cornflakes)	옥수수를 구워서 얇게 으깨어 만든 것
라이스 크리스피 (Rice Crispy)	쌀을 바삭바삭하게 튀긴 것
올 브랜 (All Bran)	밀기울을 으깨어 가공한 것
레이진 브랜 (Raisin Bran)	밀기울 구운 것과 건포도를 섞은 것
시레디드 휘트 (Shredded Wheat)	밀을 으깨어서 사각형으로 만든 비스킷
버처 뮤즐리 (Bircher Muesli)	• 오트밀(귀리)을 기본으로 견과류를 넣은 아침식사 • 오트밀, 견과류, 과일 등을 우유나 요구르트에 섞은 후 냉장고에 보관하였다가 먹는 것

(2) 뜨거운 시리얼(Hot Cereals)

오트밀 (Oatmeal)	• 스코틀랜드에서 아침식사로 이용해 왔으며 식이섬유소가 풍부함 • 볶은 귀리를 볶은 후 거칠게 부수거나 납작하게 누른 것

Check Note

✔ 조식용 빵류에 사용되는 조리도구

① 토스터(Toaster) : 식빵이나 빵을 굽는 기구
② 가스 그릴(Gas Grill) : 팬케이크나 채소를 볶을 때 사용
③ 프라이팬(Fry Pan) : 팬케이크를 굽거나 부재료를 조리할 때 사용
④ 스패출러(Grill Spatula) : 뜨거운 음식을 뒤집거나 옮길 때 사용
⑤ 와플 머신(Waffle Machine) : 다양한 모양의 와플을 만들 때 사용

✔ 시리얼류에 사용되는 조리도구

① 믹싱볼(Mixing Bowl)
② 소스 냄비(Sauce Pot)
③ 스토브(Stove)
④ 국자(Ladle)
⑤ 나무 스패출러(Wooden Spatula) 등

✔ 시리얼의 부재료

생과일	• 수분이 많음 • 비타민, 칼륨, 무기질 등 각종 영양소가 많음
건조과일	• 건조시킨 과일로 수분이 적어 보관이 쉬움 • 단백질, 탄수화물, 지방, 무기질, 식이섬유 등 각종 영양소가 많음
견과류	• 마른 껍질로 감싸고 있는 과일류 • 각종 영양소가 많음

05 양식 수프 조리

1 수프 재료 준비

(1) 수프의 구성요소

구분	내용
육수 (Stock)	• 수프의 맛을 내는 가장 기본적인 요소 • 육류, 어패류, 채소류 등 식재료의 맛을 낸 것
루 (Roux)	• 녹인 버터에 밀가루를 동량으로 넣어 볶은 것 • 화이트 루(White Roux), 블론드 루(Blond Roux), 브라운 루(Brown Roux) 등
곁들임 (Garnish)	• 수프를 만들 때 사용한 재료들을 상황에 맞게 적절한 크기로 잘라서 사용함 • 크루통(Crouton), 덤플링(Dumpling), 파슬리 등
허브와 향신료	풍미증진, 식욕촉진, 방부작용, 산화방지 등의 역할

(2) 수프의 종류

구분	내용
맑은 수프 (Clear Soup)	• 깔끔하고 투명한 색을 지니고 있음 • 그 국물에 맛이 스며들어 맛을 느낄 수 있게 함
크림과 퓌레 수프 (Cream and Pureed Soups)	• 가장 대중적인 수프의 일종 • 주재료 자체로 농도를 내거나 다른 재료를 이용하여 농도를 조절함
비스크 수프 (Bisque Soups)	새우나 바닷가재 등 갑각류 껍질을 으깨서 채소류와 함께 우러나오게 끓이는 진하고 크리미한 프랑스의 전통 수프
차가운 수프 (Cold Soups)	최근에는 차가운 수프를 빵 종류보다는 신선한 과일, 채소를 퓌레(Puree)로 만들어 크림, 다른 가니쉬를 곁들임
스페셜 수프 (Special Soup)	프랑스의 양파 수프(Onion Gratin Soup), 이탈리아의 채소 수프(Minestrone) 등

2 수프 조리

(1) 농도(Concentration)에 의한 수프 조리★

구분		내용
맑은 수프 (Clear soup)		• 농축하지 않은 맑은 스톡 • 콩소메(Consomme), 미네스트로네(Minestrone)
진한 수프 (Thick soup)		농후제를 사용한 걸쭉한 수프
	크림 (Cream)	• 베샤멜(Bechamel) : 화이트 루에 우유를 넣고 만든 수프 • 벨루테(Veloute) : 블론드 루에 닭 육수를 넣고 만든 수프

Check Note

✔ 향신료의 분류

① 사용 용도에 따른 분류

구분	내용
향초계 (Herb)	• 생잎을 그대로 사용하여 냄새 제거 또는 장식 • 로즈메리, 파슬리, 바질, 세이지, 타임 등
향신계 (Spice)	• 특유의 강한 맛과 매운맛을 이용 • 후추, 마늘, 겨자, 산초 등
착색계 (Coloring)	• 음식에 색을 내는 향신료 • 특유의 향은 있지만 맛, 향은 약함 • 파프리카, 샤프란, 터메릭 등
종자계 (Seed)	• 과실・씨앗을 건조시킨 것으로 육류에 많이 사용 • 브레이징, 스튜에 사용함 • 캐러웨이 시드, 셀러리 시드 등

② 사용 부위에 따른 분류

구분	내용
잎 (Leaves)	• 향신료의 잎을 사용 • 세이지, 타임, 민트, 파슬리, 로즈메리, 라벤더, 월계수잎, 딜 등
열매 (Fruit)	• 과실을 말려서 사용 • 검은 후추, 파프리카, 올스파이스(Allspice) 등
꽃 (Flower)	• 꽃을 사용 • 샤프란, 정향, 케이퍼 등
줄기와 껍질 (Stalk and Skin)	• 줄기・껍질을 신선한 상태 또는 말려서 사용 • 레몬그라스, 차이브, 계피 등
뿌리 (Root)	• 뿌리를 사용 • 겨자(고추냉이), 생강, 마늘, 홀스래디시 등
씨앗 (Seed)	• 씨앗을 건조시켜서 사용 • 큐민, 코리안더씨, 흰 후추, 양귀비씨 등

	포타주 (Potage)	재료 자체의 녹말 성분을 이용하여 걸쭉하게 만든 수프
	퓌레 (Puree)	채소를 잘게 분쇄한 것으로 부용(Bouillon)과 함께 만든 수프
	차우더 (Chowder)	감자, 게살, 우유를 이용한 크림 수프
	비스크 (Bisque)	갑각류를 이용한 부드러운 수프

(2) 온도(Temperature)에 의한 수프 조리

가스파초 (Gazpacho)	채소를 믹서에 간 후 체에 걸러 빵가루, 마늘, 올리브유, 식초를 넣고 간을 하여 걸쭉하게 만든 차가운 수프
비시스와즈 (Vichyssoise)	감자를 삶아 체에 내려 퓌레로 만든 후 잘게 썬 대파의 흰 부분과 볶아 육수를 넣고 끓인 다음 크림, 소금, 후추로 간하여 만든 차가운 수프

(3) 지역(Region)에 따른 수프 조리

부야베스 (Bouillabaisse)	생선 스톡에 다양한 생선과 바닷가재, 갑각류, 채소류, 올리브유를 넣고 끓인 생선 수프 → 프랑스 남부
옥스테일 수프 (Ox－Tail Soup)	소꼬리(Ox－Tail), 베이컨, 토마토퓌레 등을 넣고 끓인 수프 → 영국
미네스트로네 (Minestrone)	각종 채소와 베이컨, 파스타를 넣고 끓인 수프 → 이탈리아
굴라시 수프 (Goulash Soup)	파프리카 고추로 진하게 양념한 매콤한 맛의 소고기와 채소의 스튜 → 헝가리
보르스치 수프 (Borscht Soup)	신선한 비트로 만든 수프로 차거나 뜨겁게 가능 → 러시아, 폴란드

06 양식 육류 조리

1 육류 재료 준비

(1) 육류의 종류

소고기(Beef), 송아지 고기(Veal), 돼지고기(Pork), 양고기(Lamb), 닭고기(Chicken), 오리고기(Duck), 거위고기(Goose), 칠면조고기(Turkey) 등

Check Note

수프의 조리 방법

① 수프마다 곁들임의 양과 수프의 비율을 조절할 수 있음
② 스톡을 끓일 때 떠오르는 불순물 등을 제거할 수 있음
③ 수프의 향과 색, 농도를 잘 맞출 수 있음
④ 수프마다 주 향을 가진 재료를 순서대로 볶을 수 있음
⑤ 농후제는 소스나 수프의 농도를 조절하는 것으로 루(Roux), 전분, 뵈르 마니에, 달걀을 사용함

수프 조리 관련 용어

① 크루통(Crouton) : 빵을 작은 주사위 모양으로 썰어서 팬이나 오븐에서 바싹하게 구운 것
② 퀜넬(Quennel) : 가금류와 어류를 곱게 갈아 만든 타원형의 완자
③ 뵈르 마니에(Beurre Manie) : 부드러운 버터에 밀가루를 섞은 것으로 소스나 수프의 농도를 맞출 때 사용

수프의 가니쉬 종류

수프에 첨가되는 형태 (Garnish)	그 자체 내용물에 가니쉬로 넣은 형태
수프에 어울리는 형태 (Topping)	크루통, 잘게 썬 차이브 등
수프에 따로 제공되는 형태 (Accompanish)	첨가하지 않고 따로 제공

(2) 육류의 마리네이드

① 육질이 질긴 고기를 액체 또는 마른 재료로 밑간하여 재워 육질을 부드럽게 함

② 조리 전 고기에 간이 배게 하거나 잡내를 잡는 역할

③ 식용유, 올리브유, 레몬즙, 식초, 와인, 향신료 등 사용

2 육류 조리 방법

(1) 건열 조리(Dry Heat Cooking)★

구분	내용
윗불구이 (Broilling)	불이 위에 있어서 불 밑으로 재료를 넣어 굽는 방식
석쇠구이 (Grilling)	불이 밑에 있어서 불에 직접 굽는 방식
로스팅 (Roasting)	오븐에 고기를 통째로 넣어서 150~220℃에서 굽는 방식
굽기 (Baking)	오븐에서의 대류작용으로 굽는 방식
소테, 볶기 (Sauteing)	• 팬에 기름을 두르고, 160~240℃에서 짧은 시간에 조리하는 방식 • 영양소의 손실 및 육즙의 유출 방지
튀김 (Frying)	• 기름에 튀기는 방식 • 수분과 육즙의 유출 방지 및 영양소 손실이 가장 적음
그레티네이팅 (Gratinating)	재료 위에 버터, 치즈, 설탕 등을 올려서 오븐, 샐러맨더 등에 넣어서 색깔을 내는 방식
시어링 (Searing)	오븐에 넣기 전에 강한 열을 가한 팬에 육류나 가금류를 짧은 시간 굽는 방식

(2) 습열 조리(Moist Heat Cooking)★

구분	내용
포칭 (Poaching)	육류 등을 끓는 물이나 스톡 등에 잠깐 넣어 익히는 방식
삶기, 끓이기 (Boiling)	끓는 물이나 스톡에 재료를 넣고 삶거나 끓이는 방식
시머링 (Simmering)	소스나 스톡을 끓일 때 사용되며, 식지 않을 정도의 온도에서 조리하는 방식
찜 (Steaming)	끓는 물에서 나오는 증기의 대류작용으로 조리하는 방식
데치기 (Blanching)	끓는 물에 재료를 잠깐 넣었다가 찬물에 식히는 방식
글레이징 (Glazing)	버터, 과일즙, 설탕, 꿀 등을 졸인 후 재료를 넣고 코팅하는 방식

Check Note

✔ 복합 조리(Combination Heat Cooking)★

구분	내용
브레이징 (Braising)	브레이징 팬에 채소류, 소스, 한번 구운 고기 등을 넣고 뚜껑을 덮은 뒤 150~180℃의 온도에서 천천히 조리하는 방식
스튜잉 (Stewing)	기름을 두른 팬에 육류, 가금류, 미르포아, 채소류 등을 넣고 익힌 후 브라운 스톡이나 그래비 소스를 넣어 끓이는 방식

✔ 비가열 조리(No Heat Cooking)

구분	내용
수비드 (Sous Vide)	비닐 안에 육류나 가금류, 조미료, 향신료 등을 넣고 55~65℃ 정도의 낮은 온도에서 장시간 조리하는 방식

Check Note

✔ 파스타를 만드는 밀의 종류

일반밀(연질 소맥)	빵과 케이크, 과자류 등 오븐 요리에 주로 사용
듀럼밀(경질 소맥)	• 파스타 면의 제조에 주로 사용 • 제분하면 다소 거친 노란색을 띠는 세몰리나(Semolina)라는 루가 만들어짐 • 연질밀보다 글루텐 함량이 많아 파스타의 점성과 탄성을 높여 줌

✔ 파스타의 형태에 따라 어울리는 소스

길고 가는 파스타	토마토 소스, 올리브유를 이용한 소스 등
길고 넓적한 파스타	프로슈토, 파르미지아노 레지아노 치즈, 버터 등
짧은 파스타	전체적으로 잘 어울리며, 가벼운 소스, 진한 소스 등
짧고 작은 파스타	샐러드, 수프의 고명 등

07 양식 파스타 조리

1 파스타 재료 준비

(1) 파스타의 종류

건조 파스타(Dry Pasta)	• 듀럼밀(경질 소맥)을 거칠게 제분한 세몰리나를 주로 이용 • 밀가루와 물 등을 사용하여 면을 만든 후 건조한 파스타
생면 파스타(Fresh Pasta)	• 밀가루와 물 등을 사용하여 직접 만든 파스타 • 달걀노른자는 파스타의 색상, 반죽의 질감, 맛을 좋게 함 • 달걀흰자는 반죽을 단단하게 뭉치게 함
인스턴트 파스타(Instant Pasta)	공장에서 대량생산된 건면 형태의 파스타

(2) 생면 파스타의 종류★

라비올리(Ravioli)	만두와 비슷한 형태로, 사각형 모양을 기본으로 원형, 반달 등 다양한 모양을 만들 수 있음
탈리아텔레(Tagliatelle)	• 이탈리아 에밀리아로마냐주에서 주로 이용 • 면은 쉽게 부서지지만, 소스가 잘 묻어 진한 소스를 사용
탈리올리니(Tagliolini)	달걀과 다양한 채소를 넣어 면을 만들고, 소스는 크림・치즈・후추 등을 사용
파르팔레(Farfalle)	나비넥타이 모양으로 충분히 말려서 사용하고, 부재료는 닭고기와 시금치를 사용하며 크림 소스에 잘 어울림
토르텔리니(Tortellini)	• 속을 채우는 재료는 일반적으로 버터나 치즈를 사용 • 맑고 진한 묽은 수프 또는 크림을 첨가
오레키에테(Orecchiette)	소스가 잘 입혀지도록 안쪽 면에 주름이 잡혀야 하며, 부서지지 않아 휴대가 쉬움

(3) 파스타 소스의 종류

조개 육수	• 기본적인 해산물 파스타 요리에 사용되는 육수(바지락, 홍합, 모시조개 등) • 갑각류의 풍미를 살리는 데 사용 • 오래 끓이면 맛이 변하므로 30분 이내로 끓여 사용 예 맑은 조개 수프로 맛을 낸 '토르텔리니' : 만두 같은 형태로, 맑은 수프에 어울림
화이트 크림 소스	밀가루, 버터, 우유를 주재료로 만들며, 색이 나지 않도록 볶아 화이트 루를 만들어 사용 예 화이트 크림소스로 맛을 낸 '파르팔레' : 나비넥타이 모양으로 기본 소스로 잘 어울림

볼로네제 소스 (볼로냐식 라구 소스)	이탈리아식 미트 소스로, 재료를 농축된 진한 맛이 날 때까지 끓여 부드러운 맛을 냄 예 볼로네제 소스로 맛을 낸 '라비올리' : 가장 잘 알려진 소를 채운 파스타로 진한 소스가 어울림
토마토 소스	토마토의 당도와 농축된 감칠맛을 기본으로 다른 재료를 추가 사용하며, 믹서보다는 으깬 후 끓여 사용 예 버섯과 토마토 소스로 맛을 낸 '탈리아텔레' : 넓적한 면으로 진한 소스가 어울림
바질 페스토 소스	보관하는 동안 페스토가 산화되거나 색이 변하는 것을 지연시키기 위해 바질을 끓인 소금물에 데쳐 사용 예 브로콜리와 바질 페스토를 곁들인 '오레키에테' : 쫄깃한 질감과 브로콜리, 바질 페스토로 맛을 내고, 홈 사이로 소스가 배어 잘 어울림

2 파스타 조리

파스타 종류별 면 삶는 시간은 뇨끼 5분, 라자냐 7분, 까네로니 7분, 스파게티 8분, 라비올리 8분임

(1) 파스타 삶는 방법

① 파스타를 삶는 냄비는 깊이가 있는 냄비가 알맞음
② 100g의 파스타는 1리터 정도의 물에서 삶음(10배의 물)
③ 파스타를 삶을 때 소금을 넣으면 파스타의 풍미를 살려주고 밀 단백질에 영향을 주어 면에 탄력을 줌
④ 파스타를 삶을 때 서로 달라붙지 않도록 분산되게 넣고 잘 저어 주어야 함
⑤ 파스타를 삶을 때 소스와 함께 버무려지는 시간까지 계산해서 삶음
⑥ 면수는 파스타 소스의 농도를 잡아주고, 올리브유가 분리되지 않게 함
⑦ 알덴테(Al Dente)는 파스타를 삶는 정도를 의미하며, 입안에서 느껴지는 알맞은 상태를 말함
⑧ 파스타는 삶은 후 바로 사용해야 하고, 씹히는 정도가 느껴져야 함

(2) 파스타의 특징

① 파스타는 다양한 조리법이 있으며(샐러드, 오븐을 이용한 파스타 등), 만드는 사람에 따라 다양함을 추구함
② 파스타의 부재료들은 소스로 파스타의 맛과 향을 보충하고, 올리브유, 토마토, 소금, 치즈 등은 소스의 특징을 살리는 데 중요함
③ 파스타 삶은 물은 파스타에 수분, 질감, 색을 유지하도록 도움을 줌

Check Note

여러 형태의 파스타

라자냐(Lasagna), 라비올리(Ravioli), 까네로니(Cannelloni), 뇨끼(Gnocchi), 리조또(Risotto) 등

파스타 소스의 특징

① 소스와 소스에 어울리는 부재료의 선택이 파스타의 품질을 결정지음
② 파스타의 길이와 모양은 특정한 소스를 사용하여 개성을 추구할 수 있음
③ 길이가 짧은 파스타는 소스와의 조화가 강조되고, 진한 질감의 소스를 사용함
④ 넓적한 면 파스타는 치즈와 크림 등이 들어간 진한 소스가 어울림(예 탈리아텔레)
⑤ 파스타 소스는 전통과 현대적인 감각의 조화를 이룸

파스타 요리의 완성

① 미리 삶아 식혀 놓은 뒤에 데워서 사용 가능
② 베이컨을 사용한 볼로네제 소스는 오래 졸여줌
③ 화이트 크림을 만들 때는 타는 것을 방지함
④ 원통형이나 홈이 파인 파스타는 구멍이나 홈이 파인 곳에 소스가 들어가 씹을 때 촉촉함을 느끼게 하며, 소스 위에 면을 올려 각각의 질감을 얻을 수도 있음
⑤ 이탈리아 북부지역은 고기, 버섯, 유제품 등을 주로 사용함
⑥ 이탈리아 남부지역은 해산물, 토마토, 가지, 진한 향신료 등을 주로 사용함

Check Note

(3) 파스타에 필요한 기본 부재료

올리브오일	파스타에는 담백한 향미와 농도감을 위해 최상품인 엑스트라 버진 올리브오일을 사용
후추	• 음식의 변질을 막는 항균 작용을 하며, 매운맛을 내는 '피페린 성분'이 음식의 대사 작용을 촉진함 • 통후추를 직접 가는 도구를 이용해 신선한 맛을 느낄 수 있음
소금	파스타의 풍미를 살리고 밀 단백질에 영향을 주어 면에 탄력을 줌
토마토	부재료의 올리브유, 소금, 치즈 등과 함께 소스의 특징을 살리는 데 중요한 역할을 함
치즈	• 파스타에 부드러운 질감을 줌 • 이탈리아의 치즈는 지방 고유의 기후와 생태환경에 따라 치즈의 성질을 구분하며, 고르곤졸라나 파르미지아노 레지아노 치즈는 원산지 통제 명칭을 통해 보호받음 파르미지아노 레지아노 치즈(파마산 치즈): 1년 이상 숙성, 고급 제품은 4년 정도 숙성 그라나 파다노 치즈: 이탈리아의 북부 지역에서 소젖으로 만든 압축가공 치즈
버터	파스타에 부드러운 질감을 줌
스파이스	파스타 고유의 맛, 풍미를 주는 필수재료 예 넛맥(달콤하고 독특한 향), 페페론치노(매운맛), 사프란(파스타의 풍미 및 색) 등
허브	파스타의 맛, 향과 신선함을 주는 필수재료 예 바질(기본으로 많이 사용), 오레가노(상쾌한 맛), 챠빌(부드러운 맛과 장식용), 타임(산미와 씁씁한 특유의 향), 루꼴라(부드러운 매운맛과 톡 쏘는 향), 이탈리안 파슬리(특별한 향과 장식), 세이지(자극적인 맛이 있어 지방이 많은 음식에 사용)

08 양식 소스 조리

1 소스의 재료 준비(농후제의 종류)

루 (Roux)	• 녹인 버터에 밀가루를 동량으로 넣어 볶은 것(농후제) • 색에 따라 화이트 루(White Roux), 블론드 루(Blond Roux), 브라운 루(Brown Roux)로 나누고, 요리의 특징에 따라 적합한 것을 사용함

토마토 소스의 종류

토마토 퓌레	토마토를 파쇄하여 그대로 조미하지 않고 농축시킨 것
토마토 쿨리	토마토 퓌레에 어느 정도 향신료를 가미한 것
토마토 페이스트	토마토 퓌레를 더 강하게 농축하여 수분을 날린 것
토마토 홀	토마토를 데쳐 껍질만 벗기고 통조림으로 만든 것

뵈르 마니에 (Beurre Manie)	• 부드러운 버터에 밀가루를 동량으로 섞은 것으로, 소스나 수프의 농도를 맞출 때 사용 • 주로 향이 강한 소스의 농도를 맞추는 것에 사용함
전분 (Cornstarch)	전분은 차가운 물과 섞어서 준비하고 소스나 육수가 끓기 시작하면 섞어줌 • 옥수수 전분, 감자 전분, 칡 전분 등
달걀 (Eggs)	• 달걀노른자를 이용하여 농도를 맞춤 • 앙글레이즈, 마요네즈 등
버터 (Butter)	• 60℃ 정도에서 포마드 상태의 버터를 넣고 잘 저어주면 농도를 더할 수 있음 • 뵈르블랑(Buerre Blanc) 소스

2 소스의 조리(5모체 소스)★★★

브라운 소스★ (Brown Sauce)	• '에스파뇰 소스(Espagnole Sauce)'라고도 함 • 가장 중요한 소스 중의 하나로 브라운 스톡과 브라운 루, 미르포아, 토마토를 주재료로 만들어 데미글라스(Demi Glace)라고도 하며 주로 육류에 사용함 • 오랜 시간 동안 끓이기 때문에 향과 맛, 풍미를 깊숙하게 느낄 수 있음 • 파생 소스 : 샤토브리앙 소스(Chateaubriand Sauce), 마데이라 소스(Madeira Sauce), 레드와인 소스(Red Wine Sauce), 트러플 소스(Perigueux Sauce) 등
벨루테 소스★ (Veloute Sauce)	• 흰색 육수 소스로, 화이트 스톡에 루를 사용하여 농도를 냄 • 송아지 육수, 닭 육수, 생선 육수 각각에 연갈색 루를 넣고 끓여서 만듦 • 대표적으로 비프 벨루테, 치킨 벨루테, 피시 벨루테가 있음 • 파생 소스 : 베르시 소스(Bercy Sauce), 카디날 소스(Cardinal Sauce), 노르망디 소스(Normandy Sauce), 오로라 소스(Aurora Sauce), 홀스래디시 소스(Horseradish Sauce), 알부페라 소스(Albufera Sauce) 등
토마토 소스★ (Tomato Sauce)	• 토마토, 채소류, 브라운 스톡, 농후제 또는 허브, 스파이스 등을 혼합하여 퓌레 형식으로 농도를 조절하여 만듦 • 이탈리아를 비롯한 유럽 전역에서 빠지지 않는 재료 중 하나임 • 파생 소스 : 프랑스식 토마토 소스(Creole Tomato Sauce), 밀라노식 토마토 소스(Milanese Tomato Sauce), 이탈리안 미트 소스(Bolognese Sauce) 등

Check Note

버터 소스

① 대표적인 것은 홀렌다이즈와 뵈르블랑(Vert Blanc)이라는 소스
② 젖산균 첨가 여부에 따라 발효 버터와 천연 버터로 구분
③ 소금의 첨가 여부에 따라 무염 버터와 가염 버터로 구분
④ 60℃ 이상의 온도로 가열하면 수분과 유분이 분리되어 사용할 수 없으므로 보관과 관리가 중요함

디저트 소스

① 크림 소스 : 모체 소스는 앙글레이즈 소스를 기본으로 함
② 리큐르 소스 : 모체 소스는 과일 소스를 기본으로 함

육수 소스

① 5가지 분류 : 송아지, 닭, 생선, 토마토, 우유
② 6가지 분류 : 송아지(갈색과 화이트 육수로 파생), 닭, 생선, 토마토, 우유

Check Note

베샤멜 소스★ (Bechamel Sauce)	• '우유 소스'라고도 함 • 과거에는 송아지 벨루테에 진한 크림을 첨가하여 사용함 • 우유와 루에 향신료를 가미한 소스로 달걀, 그라탕요리에 사용함(버터를 두른 팬에 밀가루를 넣고 볶다가 색이 나기 직전에 향을 낸 차가운 우유를 넣고 만든 소스) • 파생 소스 : 크림 소스(Cream Sauce), 모네이 소스(Mornay Sauce), 낭투아 소스(Nantua Sauce) 등
홀렌다이즈 소스★ (Hollandaise Sauce)	• '유지 소스'라고도 함 • 기름의 유화작용을 이용해 만든 소스로 달걀노른자, 버터, 물, 레몬주스, 식초 등을 넣어 만듦 • 식용유 계통의 소스는 마요네즈와 비네그레트, 버터 계통의 소스는 홀렌다이즈와 뵈르블랑임 • 파생 소스 : 베어네이즈 소스(Bearnaise Sauce), 쇼롱 소스(Choron Sauce), 샹티이 소스(Chantilly Sauce), 말타이즈 소스(Maltaise Sauce) 등

3 소스의 완성

브라운 소스	좋은 재료를 사용하고 재료를 탄내가 나지 않게 볶아야 하며, 진한 소스를 뽑기 위해서는 5일~7일 정도 끓인 소스가 고급 소스라고 할 수 있음
벨루테 소스	• 루가 타지 않게 약한 불로 잘 볶아서 밀가루 고유의 고소한 맛을 끌어낼 수 있음 • 신선한 흰살생선을 사용해야 비린내가 나지 않음
토마토 소스	• 완성된 소스의 색이 먹음직스러운 붉은색을 띠어야 함 • 적당한 스파이스 향이 배합되어야 좋음
베샤멜 소스	우유와 루에 향신료를 가미한 소스로 달걀, 그라탕요리에 사용함
홀렌다이즈 소스	• 소스를 만든 후 따뜻하게 보관해야 함 • 다른 소스에 곁들여 사용하는 경우가 많으므로 농도에 유의해야 함

CHAPTER 02

단원별 기출복원문제

01 양식 스톡 조리

상 | 중 | 하

01 다음 중 스톡 조리 시 주의사항으로 옳지 않은 것은? 빈출

① 스톡을 서서히 조리한다.
② 스톡을 조리할 때 간을 하지 않는다.
③ 뜨거운 물에서 조리를 시작한다.
④ 거품이나 불순물은 걷어낸다.

01 ③
해설 스톡은 찬물에서 서서히 끓이면서 조리해야 한다.

상 | 중 | 하

02 곰국이나 스톡을 조리하는 방법으로 은근하게 오랫동안 끓이는 조리법은?

① 포칭(Poaching) ② 스티밍(Steaming)
③ 블랜칭(Blanching) ④ 시머링(Simmering)

02 ④
해설 시머링(Simmering)은 은근하게 오랫동안 끓이는 조리법이다.

02 양식 전채 · 샐러드 조리

상 | 중 | 하

01 전채요리의 종류와 특징으로 옳지 않은 것은?

① 칵테일 : 주로 해산물을 사용하며 뜨겁게 제공하는 것이 좋다.
② 렐리시 : 채소들을 소스와 곁들여 제공하는 것이다.
③ 오르되브르 : 우리나라 말로 '전채'라는 뜻으로 식욕촉진을 주로 해준다.
④ 카나페 : 버터를 바른 빵 위에 여러 재료를 올려 만든 것이다.

01 ①
해설 칵테일은 차갑게 제공되어야 한다.

상 | 중 | 하

02 마이야르(Mailard) 반응에 영향을 주는 인자가 아닌 것은?

① 수분 ② 온도
③ 당의 종류 ④ 효소

02 ④
해설 마이야르 반응은 비효소적 갈변으로, 자연발생적으로 계속 일어나는 반응이다.

상 중 하

03 버터 대용품으로 생산되고 있는 식물성 유지인 것은? 빈출

① 쇼트닝 ② 마가린
③ 마요네즈 ④ 땅콩버터

상 중 하

04 샐러드의 기본 구성으로 옳지 않은 것은?

① 바탕 ② 사이드
③ 가니쉬 ④ 드레싱

상 중 하

05 드레싱을 사용하는 목적으로 옳지 않은 것은?

① 강한 맛의 샐러드를 부드럽게 해준다.
② 소화와 식욕을 억제한다.
③ 순한 맛의 샐러드의 풍미를 향상시킨다.
④ 맛을 향상시킨다.

상 중 하

06 채소 샐러드용 기름으로 적합하지 않은 것은?

① 올리브유 ② 경화유
③ 콩기름 ④ 유채유

상 중 하

07 오이피클 제조 시 오이의 녹색이 녹갈색으로 변하는 이유로 옳은 것은?

① 클로로필리드가 생겨서 ② 클로로필린이 생겨서
③ 페오피틴이 생겨서 ④ 잔토필이 생겨서

상 중 하

08 다음 중 전채요리의 조리 특성에 대한 설명으로 옳지 않은 것은?

① 예술성이 뛰어나야 한다.
② 주요리보다는 소량으로 만들어야 한다.
③ 적당한 짠맛과 신맛이 있어야 한다.
④ 주요리에 사용하는 재료를 사용한다.

03 ②

해설
버터는 동물성 지방으로, 마가린은 옥수수 등에서 얻는 식물성 지방으로 생산된다.

04 ②

해설 **샐러드의 기본 구성요소**
바탕(Base), 본체(Body), 드레싱(Dressing), 가니쉬(Garnish)

05 ②

해설 드레싱은 소화와 식욕을 촉진시킨다.

06 ②

해설 경화유는 식물성 기름을 동물성화한 것으로 융점이 낮아 샐러드용 기름으로 적합하지 않다.

07 ③

해설 오이피클 제조 시 산을 첨가하면 갈색 물질인 페오피틴으로 전환된다.

08 ④

해설 전채요리는 주요리 전에 나가는 음식이므로 주요리와 재료가 겹쳐서는 안 된다.

03 양식 샌드위치 조리

상 | 중 | 하

01 샌드위치를 담을 때 주의해야 할 점으로 옳지 않은 것은?

① 깨끗하고 심플하게 담아야 한다.
② 접시의 온도는 신경 쓰지 않아도 된다.
③ 재료의 색깔을 잘 표현해야 한다.
④ 고객이 먹기 쉽게 담아야 한다.

01 ②

해설 샌드위치는 생채소 등이 들어가기 때문에 접시의 온도를 고려해서 담아야 한다.

상 | 중 | 하

02 다음 중 샌드위치에 스프레드(Spread)를 사용하는 이유로 옳지 않은 것은?

① 접착 역할 ② 맛의 향상
③ 코팅 역할 ④ 예술성

02 ④

해설 스프레드는 잘 보이지 않기 때문에 예술성과는 거리가 멀다.

상 | 중 | 하

03 달걀흰자로 거품을 낼 때 식초를 약간 첨가하는 것은 다음 중 어떤 것과 가장 관계가 깊은가?

① 난백의 등전점 ② 용해도 증가
③ 향형성 ④ 표백 효과

03 ①

해설 달걀흰자의 기포성은 주요 단백질인 오브알부민의 등전점인 pH4.8 근처에서 가장 크다. 이때 등전점에서 난백의 점도가 낮아져 거품이 쉽게 일어나고, 안정한 기포막을 만들 수 있다.

상 | 중 | 하

04 마요네즈가 분리되는 경우가 아닌 것은?

① 기름의 양이 많았을 때
② 기름을 첨가하고 천천히 저어주었을 때
③ 기름의 온도가 너무 낮을 때
④ 신선한 마요네즈를 조금 첨가했을 때

04 ④

해설 마요네즈의 유분리 현상은 달걀노른자에 너무 빠르게 기름이 첨가되었을 때, 소스의 농도가 너무 진할 때, 너무 차거나 따뜻하게 되었을 때 일어난다. 이때 신선한 마요네즈와 노른자를 조금씩 첨가하여 휘핑하면 분리 현상을 방지할 수 있다.

04 양식 조식 조리

상 | 중 | 하

01 건식열을 이용한 달걀요리에 해당하지 않는 것은? 빈출

① 달걀프라이 ② 서니 사이드 업
③ 스크램블 ④ 보일드 에그

01 ④

해설 보일드 에그는 습식열을 이용한 조리법이다.

PART 02

상 중 하

02 차가운 시리얼의 특징으로 옳지 않은 것은?

① 콘플레이크 : 옥수수가 주원료이며, 표면에 설탕을 입힌 시리얼
② 라이스 크리스피 : 쌀을 튀겨서 만든 것
③ 레이진 브랜 : 귀리로 만든 시리얼이며, 우유 등을 넣어서 걸쭉하게 먹는 것
④ 버처 뮤즐리 : 귀리를 주로 해서 견과류 등을 첨가한 시리얼

02 ③
해설 레이진 브랜은 구운 밀기울에 건포도를 섞은 것이다.

상 중 하

03 마요네즈를 만들 때 기름의 분리를 막아주는 것은? 빈출

① 난황 ② 난백
③ 소금 ④ 식초

03 ①
해설 난황의 레시틴 성분은 기름의 분리를 막아주는 천연유화제 역할을 한다.

상 중 하

04 머랭을 만들고자 할 때 설탕 첨가는 어느 단계에서 하는 것이 효과적인가? 빈출

① 처음 젓기 시작했을 때
② 거품이 생기려고 할 때
③ 충분히 거품이 생겼을 때
④ 거품이 없어졌을 때

04 ③
해설 머랭 제조 시 거품을 충분히 낸 후 마지막 단계에 설탕을 넣어 주면 거품이 안정된다.

05 양식 수프 조리

상 중 하

01 수프의 구성요소에 해당하지 않는 것은?

① 루 ② 육수
③ 허브 ④ 전분

01 ④
해설 수프의 구성요소
육수(Stock), 루(Roux), 곁들임(Garnish), 허브와 향신료(Herb & Spice)

상 중 하

02 수프를 담을 때 고려하여야 할 사항으로 옳지 않은 것은?

① 적절한 양을 담아야 한다.
② 접시의 온도는 고려하지 않아도 된다.
③ 고객의 편리성을 고려해야 한다.
④ 식재료를 잘 조합하여 다양한 맛이 나게 담는다.

02 ②
해설 수프는 차가운 수프와 뜨거운 수프가 있기 때문에 접시의 온도를 신경 써 담아야 한다.

상 중 하

03 토마토 크림 수프를 만들 때 일어나는 우유의 응고 현상으로 옳은 것은?

① 산에 의한 응고 ② 당에 의한 응고
③ 효소에 의한 응고 ④ 염에 의한 응고

03 ①

해설 토마토 크림 수프를 만들 때 산에 의해서 우유가 응고된다.

상 중 하

04 다음 중 진한 수프(Thick Soup)의 종류가 아닌 것은?

① 크림 ② 콩소메
③ 퓌레 ④ 비스크

04 ②

해설 맑은 수프(Clear Soup)는 농축하지 않은 맑은 스톡을 말하는데, 콩소메(Consomme), 미네스트로네(Minestrone) 등이 있다.

PART 02

06 양식 육류 조리

상 중 하

01 육류를 조리할 때 건열식 조리 방법으로 옳지 않은 것은?

① Grilling(석쇠구이) ② Simmering(시머링)
③ Roasting(로스팅) ④ Frying(튀김)

01 ②

해설 시머링은 습열식 조리 방법이다.

상 중 하

02 5대 모체 소스에 해당하지 않는 것은? 빈출

① 벨루테 소스 ② 토마토 소스
③ 볼로네제 소스 ④ 베샤멜 소스

02 ③

해설 **5대 모체 소스**
벨루테 소스, 토마토 소스, 베샤멜 소스, 브라운 소스(에스파뇰 소스), 홀렌다이즈 소스

상 중 하

03 육류 조리 시의 향미 성분이 틀린 것은?

① 핵산분해물질 ② 유기산
③ 유리아미노산 ④ 전분

03 ④

해설 전분은 농도를 맞추는 데 사용되는 것으로 향미 성분과는 거리가 멀다.

상 중 하

04 육류 조리 과정 중 색소의 변화 단계로 옳은 것은?

① 미오글로빈 – 메트미오글로빈 – 옥시미오글로빈 – 헤마틴
② 메트미오글로빈 – 옥시미오글로빈 – 미오글로빈 – 헤마틴
③ 미오글로빈 – 옥시미오글로빈 – 메트미오글로빈 – 헤마틴
④ 옥시미오글로빈 – 메트미오글로빈 – 미오글로빈 – 헤마틴

04 ③

해설 육류 조리 시 색소의 변화는 미오글로빈이 산소와 결합하여 옥시미오글로빈을 거쳐 메트미오글로빈이 되고, 더 가열하게 되면 메트미오글로빈의 글로빈이 변성되어 헤마틴으

로 변한다.

05 ④

해설 배즙의 프로테아제를 첨가하면 육류를 연화시킬 수 있는데, 배즙을 가열하게 되면 프로테아제가 불활성화된다.

06 ④

해설
- 파파야 – 파파인
- 무화과 – 피신
- 키위 – 액티니딘

07 ③

해설 **가열에 의한 고기의 변화**
단백질 응고, 고기의 수축분해, 결합조직의 연화, 지방의 융해, 색의 변화, 맛의 변화, 영양의 변화

08 ④

해설 그레티네이팅은 건열식 조리 방법이다.

01 ③

해설 **생면 파스타의 종류**
탈리아텔레, 토르텔리니, 오레키에테, 파르팔레, 탈리올리니 등

상 | 중 | 하

05 육류를 연화시키는 방법으로 옳지 않은 것은?

① 생파인애플즙에 재워 놓는다.
② 칼등으로 두드린다.
③ 소금을 적당히 사용한다.
④ 끓여서 식힌 배즙에 재워 놓는다.

상 | 중 | 하

06 고기를 연화시키기 위해 첨가하는 식품과 단백질 분해효소 연결이 옳은 것은? 빈출

① 배 – 파파인
② 키위 – 피신
③ 무화과 – 액티니딘
④ 파인애플 – 브로멜린

상 | 중 | 하

07 육류 조리 시 열에 의한 변화로 옳은 것은?

① 불고기는 열의 흡수로 부피가 증가한다.
② 스테이크는 가열하면 질겨져서 소화가 잘 되지 않는다.
③ 미트로프(Meatloaf)는 가열하면 단백질이 응고, 수축, 변성된다.
④ 소꼬리의 젤라틴이 콜라겐화된다.

상 | 중 | 하

08 육류를 조리할 때 습열식 조리 방법으로 옳지 않은 것은?

① Poaching(포칭)　② Blanching(데치기)
③ Glazing(글레이징)　④ Gratinating(그레티네이팅)

07 양식 파스타 조리

상 | 중 | 하

01 생면 파스타의 종류가 아닌 것은? 빈출

① 탈리아텔레　② 파르팔레
③ 카펠리니　④ 토르텔리니

상 | 중 | 하

02 **파스타의 기본 부재료인 올리브오일에 대한 설명으로 옳지 않은 것은?**

① 소스 또는 드레싱을 만들 때 사용한다.
② 음식의 촉촉함을 유지한다.
③ 스파이스나 허브를 첨가하여 사용한다.
④ 열전도가 빠르기 때문에 고온에서 단시간 요리에 적합하다.

02 ④

해설 올리브오일은 열전도가 느리기 때문에 저온에서 장시간 요리에 적합하다.

08 양식 소스 조리

상 | 중 | 하

01 **소스의 종류에 따른 좋은 품질 선별법으로 옳지 않은 것은?**

① 벨루테 소스 : 약한 불로 볶아서 루가 타는 것을 막아야 한다.
② 브라운 소스 : 색깔을 잘 내기 위해 재료를 태우면서 볶아야 한다.
③ 홀렌다이즈 소스 : 만든 후 따뜻하게 보관해야 한다.
④ 버터 소스 : 질 좋은 버터를 사용하며, 수분과 유분이 분리될 수 있어서 보관 관리가 중요하다.

01 ②

해설 브라운 소스를 만들 때 탄내가 나지 않게 볶는 것이 중요하다.

상 | 중 | 하

02 **버터의 특성이 아닌 것은?**

① 독특한 맛과 향기를 가져 음식에 풍미를 준다.
② 냄새를 빨리 흡수하므로 밀폐하여 저장하여야 한다.
③ 유중수적형이다.
④ 성분은 단백질이 80% 이상이다.

02 ④

해설 버터는 독특한 맛과 향기로 음식에 풍미를 주고, 냄새를 빨리 흡수하기 때문에 밀폐해서 보관해야 하며, 유중수적형이다. 하지만 버터의 주성분은 지방이다.

상 | 중 | 하

03 **다음 중 난황에 들어 있으며 마요네즈 제조 시 유화제 역할을 하는 성분은?** 빈출

① 글로불린 ② 갈락토스
③ 레시틴 ④ 오브알부민

03 ③

해설 난황의 레시틴은 마요네즈 제조 시 유화제로 사용되며, 인지질이다.

Keyword 중국요리의 특성, 기본 썰기, 육수, 볶음요리 조리법, 오색, 디저트 용어

중식

Check Note

중국요리의 특성

중국요리는 지역적인 특색에 따라 북경요리, 남경요리, 광동요리, 사천요리를 4대 요리라고 부름

절임 · 무침의 재료

구분	재료
절임 · 무침 채소류	향차이(芫荽), 자차이(榨菜), 팔각, 청경채, 배추, 양배추, 무, 당근, 양파, 마늘, 고추, 땅콩 등
절임류	무절임, 배추절임, 양배추절임, 양파절임, 피망절임, 적채절임, 마늘절임 등
무침류	자차이(짜사이)무침, 땅콩무침, 감자채무침, 오이무침, 마른두부무침, 목이버섯무침 등

향신료와 조미료의 종류

구분	종류
향신료	장(생강, 姜), 충(파, 葱), 쏸(마늘, 蒜), 화자오(산초씨), 띵샹(정향, 丁香), 팔각(八角), 따후이(대회향, 大茴), 샤오후이(소회향, 小茴), 천피(귤껍질), 계피(桂皮) 등
조미료	간장, 굴소스, 고추기름, 흑조, 막장, 해선장, 겨자장, 새우간장, 설탕(흰, 붉은, 얼음), 순두부, 버터, 고추장, 풋고추, 파기름, 참기름, 소기름, 돼지기름, 새우기름, 고추, 소금, 식초, 대파, 양파, 생강 등

01 중식 절임 · 무침 조리

1 절임 · 무침의 정의

(1) 절임

저장성이 강한 식재료에 소금, 식초, 설탕 등을 넣어 진공 상태로 보존하는 조리법

(2) 무침

염도, 산도, 당도가 높은 재료를 이용하여 저장성을 높인 절임류나 해초류, 채소류를 양념하여 무친 반찬류

2 절임류와 무침류 만들기

(1) 절임류 만들기

① 재료를 선택할 때 수입 및 국산 재료를 체크함
② 절임 재료는 크기에 따라 절임시간을 조절함
③ 절임 소금은 다른 화학약품이 첨가되지 않은 것으로 사용
④ 계량컵 또는 저울을 사용
⑤ 땅콩절임 등은 물에 충분히 불려서 잘 절여지게 해야 함
⑥ 향신료는 너무 과도하게 사용하면 안 됨
⑦ 피클류의 절임식초는 끓인 후에 사용해야 함
⑧ 고추절임은 청양고추를 사용하면 매운맛이 강해지고, 숙성하면 입맛을 돋워 줌
⑨ 절이는 방법은 절임 재료에 식초, 간장, 설탕 등을 부어 주는 것이 일반적임
⑩ 배합초는 기본적으로 식초 1 : 설탕 1 : 물 2의 비율이 보통임

(3) 무침류 만들기

① 채소절임에는 양파, 당근, 무, 양배추, 오이 등 다양하게 사용함
② 절임 후 무치는 채소는 소금으로 숨을 죽여서 사용함
③ 자차이(榨菜)는 대파, 오이, 양파를 함께 무치거나 식초를 사용해 신맛을 주어도 좋음
④ 다양한 채소, 해산물, 육류를 이용할 수 있음

3 절임 · 무침의 보관

(1) 식품의 저장 원리★

영양적 가치, 위생적 가치, 기호적 가치 등을 포함한 식품의 품질을 변하지 않게 보존하는 것

(2) 식품의 변질을 방지하는 원리★

① **수분활성 조절** : 탈수 건조, 농축, 당장, 염장
② **온도 조절** : 냉장보관, 냉동보관, 급냉동보관
③ **pH 조절** : 식초에 절임
④ **가열 살균** : 병조림, 통조림, 레토르트식품
⑤ **산소 제거** : 가스 치환(CA저장), 진공포장, 탈산소제 사용
⑥ **광선 조사** : 자외선 조사, 방사선 조사

(3) 식품저장 방법★

건조법	태양열과 자연통풍을 이용하는 자연건조법과 인공적으로 하는 분무건조법, 진공건조법, 터널건조법 등이 있음
발효와 초절임	미생물은 조건이 갖춰지면 산소와 알코올을 이용하여 발효하며, 절임저장 같은 효과를 줌
훈연법	어류나 육류를 소금에 절인 후 목재를 태워 목재에서 나오는 화학성분을 식재료의 표면에 침투 혹은 접촉하게 하여 건조하는 방법
당장법	소금 대신 설탕을 넣어 삼투압 작용을 활성화해 미생물의 생육을 저지하게 만들어 보존하는 방법
염장법	소금의 삼투압작용으로 식품의 수분이 빠져나와 세균이 살아가는 것에 필요한 수분이 감소하고, 식품에 붙어 있던 균도 삼투압 현상에 의해 미생물의 생육이 억제되는 것을 이용한 방법
움저장법	땅을 판 후 식품을 그대로 혹은 가공하여 보관하는 방법

02 중식 육수 · 소스 조리

1 육수 · 소스 준비

닭뼈	중식에서 대중적으로 사용되는 육수로, 뼈를 절단하거나 통째로 넣고 끓여 육수를 냄
소뼈	소와 송아지 뼈에 있는 힘살과 연골을 물과 함께 가열하면 콜라겐에서 젤라틴으로 변하게 되며, 소뼈를 사용한 육수는 단백질과 무기질이 함유되어 있어 고소함
갑각류	랍스터, 꽃게 등 갑각류를 이용해 향신료를 넣고 육수를 냄

Check Note

✔ 절임 · 무침의 저장원리

원인	요인	대책
물리적 요인	빛	차광
	온도	냉장보관, 냉동보관, 급냉동보관
	수분	건조
생물학적 요인	동물	약제, 기계적 방제
	효소	가열, pH 조절, 저온
	곤충	훈증
	미생물	가열, 보존료, 수분조절, 냉동
화학적 요인	금속이온	사용억제
	pH	완충제(산성, 알칼리)
	식품성분 반응	가열
	공기	진공, 산화제, 수분조절

✔ 육수의 조리

단계	설명
차가운 물	뜨거운 물보다 불순물 방지 및 내용물 용해에 도움을 줌
강불에서 시작 후 불 조절	강불에서 불을 줄이는 이유는 육수를 더 맑게 뽑기 위해서이며, 강불에서 끓이면 육수의 움직임이 활성화되어 불순물이 생김
육수 거품 제거	불순물을 제거하지 않으면 육수가 혼탁해지는 원인이 됨
면포에 거르기	육수가 완성되면 내용물과 육수를 분리해 주는데, 더욱 투명하게 하려면 면포나 흡수지, 국자 등을 사용해 기름기를 제거함
육수 냉각	빨리 식히지 않으면 변질될 수 있으므로 금속기물을 사용하는 것이 좋음
생산일자 기록 저장	용기 위에 만든 날짜를 적어 냉장은 3~4일, 냉동은 5~6개월 이내에 사용하도록 함

PART 02

Check Note

✔ 육수 · 소스 관리하기

① 육수와 소스를 만들고 난 후에는 되도록 빠른 시간 내에 사용하도록 함
② 보관해야 할 경우는 빠른 시간에 냉각하여 냉장 · 냉동보관을 하여야 함
③ 냉장보관에서는 3~4일 정도, 냉동보관에서도 5~6개월이 넘지 않도록 주의함

✔ 식용 유지

① 정의 : 유지를 가지고 있는 식물 또는 동물로부터 얻은 원유를 제조 혹은 가공한 기름
② 종류

천연유지	식물성 유지	식물성 기름	건성유 : 잣기름, 들기름, 호두기름, 아마인유(아마기름, 아마유)
			반건성유 : 콩기름(대두유), 옥수수유, 목화씨유, 참기름
			불건성유 : 올리브유, 피마자유, 땅콩기름
		식물 지방	코코아유, 야자유(팜유)
	동물성 유지	동물성 기름	해산 동물유 : 어유, 간유, 고래유
			담수어 동물유 : 잉어유, 붕어유
			육산 동물유 : 우지, 양지
		동물 지방	체지방 : 소기름, 돼지기름
			우유지방 : 버터
가공유지			마가린(버터 대용), 쇼트닝(라드 대용) – 빵, 쿠키, 케이크 등에 사용

돼지뼈	뼈에서 특유의 잡내가 날 수 있으므로, 향신료와 채소를 사용해 냄새를 잡아줌

2 육수와 소스 만들기

(1) 육수 만들기

① 육수 재료를 전처리하여 준비하고, 육수의 종류와 양에 따라 그릇을 선택함
② 조리법에 따라 불의 세기를 조절함
③ 육수는 찬물에 재료를 충분히 잠기게 하여 시작함
④ 센 불로 시작하여 끓기 시작하면 육수의 온도가 약 90℃를 유지하게 하여 약한 불로 은근하게 끓여 줌
⑤ 거품 및 불순물을 제거해 줌
⑥ 육수를 걸러내고 냉각 및 저장하여 사용함

(2) 소스 만들기

① 소스 재료를 전처리하여 준비하고, 소스 종류와 양에 따라 그릇을 선택함
② 소스 조리법에 따라 맛, 향, 농도를 조절함
③ 소스의 농도와 광택, 색채 등 모든 요소가 조화를 잘 이루게 함
④ 소스의 맛은 인공적이지 않고, 주재료의 순한 맛을 느낄 수 있어야 함
⑤ 소스의 색감은 주재료와 담는 그릇과 조화를 잘 이루어야 함

3 육수 · 소스의 보관 시 관리사항

(1) 온도 관리

① 온도에 의해 세균이 증식 및 사멸되기도 하는데, 대체로 고온보다는 저온에서 증식하기 쉬움
② 세균은 0℃ 이하, 80℃ 이상에서 증식이 어려움
③ 요리를 만든 후 60~65℃ 이상으로 가열해 준 후 4℃ 이하로 냉각시켜 보관함

(2) pH 관리

① 세균은 중성 혹은 알칼리성에서 잘 증식함
② 곰팡이는 산성에서 잘 증식함
③ pH 범위 안에서는 세균이 사멸되지 않고 존재함
㉠ pH 6.6~7.5 사이에서 증식이 왕성함
㉡ pH 4.6 이하로 떨어지면 증식이 정지됨
④ 산성 재료인 식초, 레몬 주스, 토마토 주스는 세균이 증식되지 않는 환경임

03 중식 튀김 조리

1 튀김 준비

(1) 레시피 및 튀김의 성질을 고려하여 재료를 선정하고, 준비된 주재료・부재료를 쓰임새에 맞게 준비함

(2) 버섯류, 채소류, 달걀, 설탕, 간장, 소홍주, 후춧가루, 소금, 참기름, 굴소스, 두반장, 파기름, 고추기름 등을 준비함

2 튀김 조리법★

초 (炒, chao, 차오)	일정한 크기와 모양으로 만든 재료들을 기름에 살짝 넣고 불의 세기를 조절해 가며 짧은 시간 동안 뒤섞으며 익히는 조리법
폭 (爆, bao, 빠오)	1.5cm 정육면체로 썰거나 재료에 칼집을 준 후 육수나 기름 또는 뜨거운 물로 열처리한 후에 강한 불에서 빠르게 볶아내는 조리법
전 (煎, jian, 지엔)	열을 가한 팬에 기름을 살짝 두른 후 손질한 재료들을 팬 위에 펼쳐 중간불이나 약불에서 한쪽 면 혹은 양쪽을 지져서 익히는 조리법
류 (熘, liu, 리우)	향신료 또는 조미료에 재운 재료들을 녹말이나 밀가루를 입혀 삶거나 찌거나 튀긴 후 조미료를 사용해 소스를 만들어 재료 위에 부어 주거나 버무려서 내는 조리법
첩 (貼, tiē, 티에)	보통 세 가지 재료를 사용하며, 한 가지는 곱게 다져 편을 낸 재료 위에 올리고 남은 한 재료로 덮은 후 편으로 썬 재료를 닿게 하여 기름을 이용하여 바삭하게 지진 후 물을 부어 수증기로 익히는 조리법
작 (炸, zha, 짜)	팬에 기름을 넉넉하게 넣고 손질한 재료를 넣어 튀기는 조리법
팽 (烹, peng, 펑)	적당한 크기로 썬 재료들을 밑간하여 지지거나 튀기거나 볶은 후 부재료와 조미료를 넣어 뒤섞으며 국물을 재료에 흡수시키는 조리법

3 튀김요리의 종류

육류튀김	소고기튀김, 탕수육 등
가금류튀김	깐풍기, 유린기 등
갑각류튀김	왕새우튀김, 깐쇼새우, 게살튀김 등
어패류튀김	굴튀김, 관자튀김, 탕수생선, 오징어튀김 등
채소류튀김	가지튀김, 채소춘권튀김, 고구마튀김 등
두부류튀김	가상두부, 비파두부 등

Check Note

✔ 식품 조각 도법의 종류

각도법 (刻刀法)	• 주도를 이용하여 재료를 깎을 때 사용하는 도법 • 가장 많이 사용
착도법 (戳刀法)	• 재료를 찔러서 조각하는 방법 • 새 날개, 옷 주름, 꽃 조각, 생선 비늘 조각에 사용하는 방법
절도법 (切刀法)	• 큰 재료의 형태를 깎을 때 사용 • 위에서 아래로 썰기할 때 또는 돌려 깎을 때 이용하는 도법
선도법 (旋刀法)	칼을 사용해 타원을 그리며 재료를 깎을 때 사용하는 도법
필도법 (筆刀法)	칼을 사용해 그림을 그리듯 재료 표면에 외형을 그릴 때 사용하는 도법

✔ 중식 그릇의 분류

① 위엔판(圆形盘子, 둥근 접시) : 지름 13~65cm 정도인 둥근 접시로 수분이 없거나 전분을 사용해 농도가 있는 음식을 담는 것에 사용되며, 중식에서 가장 많이 사용

② 챵야오판(椭圆形盘子, 타원형 접시) : 가장 긴 축이 17~65cm 정도인 접시로 둥근 모양이나 긴 모양의 음식을 담는 것에 쓰이며, 생선이나 동물의 머리, 꼬리, 오리 등을 담을 때 사용

③ 완(碗, 사발) : 지름 3.3~50cm 정도로 다양한 그릇이 있으며, 주로 탕(湯)이나 갱(羹)을 담을 때 사용하지만 크기에 따라 식사류나 소스 등을 담는 것에 사용

Check Note

조림요리의 종류

① 육류 : 돼지족발조림, 닭발조림, 난자완스 등
② 생선(어)류 : 홍소도미(간장도미조림), 홍먼도미(매운도미조림) 등
③ 채소류 : 오향땅콩조림 등
④ 두부류 : 홍소두부 등

04 중식 조림 조리

식재료를 팬에 담아 불에 올려 양념류를 넣으면서 불 조절을 하고, 졸여서 자박하게 끓여내는 것

1 중식 조림요리 방법

① 생선의 비린 맛을 감소시키기 위해서 뚜껑을 열고 조림
② 처음에는 뚜껑을 열고 조리고, 비린 맛이 휘발되면 뚜껑을 덮고 서서히 끓여도 무방함
③ 생강, 마늘은 거의 익은 상태에서 넣음
④ 너무 오래 가열하면 생선의 수분이 빠져 질겨지고, 육질이 단단해질 수 있음
⑤ 생선 자체의 맛 성분이 외부로 빠져나가지 않게 조림
⑥ 생선 내부까지 맛이 잘 들게 조림
⑦ 생선은 93~95% 정도 익힌 후 불을 끄고 잔열로 익힘
⑧ 그릇에 담아낼 때는 생선과 국물을 같이 담아냄

2 조림 조리법

구분	설명
팽 (烹, peng, 펑)	알맞게 썬 재료를 밑간하여 튀기거나 볶은 후 부재료를 넣고 간을 하여 강한 불에서 국물을 조리는 조리법
소 (燒, shao, 샤오)	튀기기, 볶기, 찌기 중 한 가지 방법으로 익힌 후 조미료, 육수를 넣고 끓여 조리한 후 약한 불에서 푹 삶는 조리법
홍소 (紅燒, 홍샤오, hong shao)	육류, 생선류, 갑각류, 가금류, 해삼류를 끓는 물이나 기름에 데친 후 부재료와 함께 볶은 후 간장소스를 넣고 졸여줌
배 (扒, ba, 바)	소(shao, 샤오)와 비슷한 조리법으로 전분을 풀어 맛이 부드럽고, 국물이 많은 편임
민 (燜, men, 먼)	"뜸을 들이다"라는 뜻으로, 뚜껑을 닫고 약한 불에 오래 끓이거나 졸이는 조리법
외 (煨, wei, 웨이)	질긴 재료들을 물에 데친 다음 강한 불에서 끓이다가 약불에서 오랫동안 국물을 조리는 조리법
돈 (炖, dun, 뚠)	가열 방식에 따라 청돈, 과돈, 격수돈으로 나눔 • 청돈 : 물에 살짝 데침 • 과돈 : 재료에 전분이나 밀가루를 입힌 후 달걀물을 묻혀 지져줌 • 격수돈 : 물에 데친 재료를 육수에 넣은 후 뚜껑을 닫고 익히거나 증기로 익히는 조리법
자 (煮, zhu, 주)	고기를 작게 썰어 국에 넣고 강한 불에서 삶다가 약한 불로 줄여주는 조리법

05 중식 밥 조리

1 밥 준비

(1) 밥 조리의 종류

① 덮밥류 : 송이덮밥, 마파두부덮밥, 잡채밥, 잡탕밥 등

② 볶음밥류 : 새우볶음밥, 게살볶음밥, 삼선볶음밥, 카레볶음밥, XO볶음밥 등

(2) 중식에서 사용되는 곡류

쌀, 옥수수, 보리, 밀 등

2 밥 짓기

(1) 밥의 물은 기본적으로 물에 불린 쌀은 쌀과 물을 1 : 1 비율로, 안 불린 쌀은 1 : 1.2 비율로 맞추는데, 볶음밥용은 물을 좀 더 적게 함

(2) 쌀의 종류와 특징, 건조량에 따라 물의 양을 조절함

(3) 조리법에 따라 불의 세기를 조절하여 가열시간을 조절하거나 뜸을 들임

06 중식 면 조리

1 면의 주재료

밀가루	식용 밀을 사용하여 공정을 통해 얻은 분말에 식품 또는 식품첨가물을 첨가한 것을 말함
소금	• 면에 사용 시 대부분 밀가루 기준으로 2~6%의 비율로 넣음 • 면에 소금을 넣으면 글루텐과 점탄성을 증가시켜 주며, 보존력을 늘리고 맛과 풍미도 살리며 삶는 시간을 줄여줌
물	면을 제조할 때 원료분과 물이 100 : 35 비율 정도로 되게 반죽함

2 면 조리

(1) 면의 종류

세면	• 실국수라고도 하며, 면발의 굵기가 제일 가는 면 • 중국, 일본에서 요리 재료로 사용
소면	잔치국수나 비빔면 등에 쓰이며, 세면보다는 약간 굵은 면
중화면	자장면, 짬뽕 등의 중화요리나 일본의 라멘 등에 사용되는 면
칼국수면	주로 칼국수요리에 많이 쓰이며, 요리에 따라 면발의 두께는 차이가 있음
우동면	우동요리에 쓰이며, 칼국수면보다 더 굵은 면발

Check Note

✔ XO소스

마른관자, 마른새우, 마른오징어, 고추기름 등의 양념을 혼합하여 조리한 중식 해산물 소스

✔ 면

전분 또는 곡분을 원료로 하여 열처리·건조 등을 통해 가공하여 국수, 당면, 냉면, 파스타 등을 만든 것으로, 원료의 종류와 제조 방법 등에 따라 여러 가지 종류가 있음

Check Note

면 뽑기 수행 순서

① 중식 메뉴별로 적합한 면 쓰임새를 파악하여 기계, 수타면, 칼 등을 선정
② 면발을 뽑을 때 달라붙지 않게 주의사항 숙지
③ 면을 뽑기 전 기계 도구 세척
④ 면 뽑는 방법에 따라 칼이나 기계 사용
⑤ 기계면, 수타면, 도삭면 뽑기

(2) 반죽하여 면 뽑기

① 온면

자장면	돼지고기, 해산물, 양파, 생강 등을 다져 기름에 볶아 춘장과 육수를 넣고 익힌 후 물전분으로 농도를 조절하여 삶은 면 위에 얹은 요리
유니 자장면	곱게 다진 돼지고기, 양파, 양배추를 식용유에 볶아 춘장과 육수를 넣고 익힌 후 물전분으로 농도를 조절하여 삶은 면 위에 얹은 요리
짬뽕	해산물, 양파, 양배추, 고춧가루, 고추기름, 마늘, 육수 등으로 매운 국물을 만들어 삶은 국수 위에 부어 완성한 요리
울면	오징어, 홍합 등의 해산물을 넣고 끓인 국물에 물녹말을 걸쭉하게 풀어 면을 넣어 먹는 요리
기스면	닭가슴살, 닭 육수, 대파, 마늘, 생강 등에 양념하여 맑은 닭 육수와 삶아 찢은 닭가슴살을 함께 삶은 국수에 부어 만든 요리
사천탕면	해산물, 죽순, 양파, 배추, 대파, 마늘, 생강, 육수, 청주, 후추, 참기름 등으로 국물을 만들어 삶은 국수 위에 부어 만든 요리

② 냉면

냉짬뽕	닭 육수에 해산물을 데쳐내 냉짬뽕의 육수로 사용하고 파, 마늘, 양파, 호박, 죽순 등과 준비한 육수로 짬뽕국물을 만들고 차게 식힌 후 데쳐낸 해산물과 채썬 오이를 삶은 국수 위에 얹고 찬 육수를 부어 만든 요리
중국식 냉면	삶은 국수 위에 손질한 해산물, 삶은 고기, 오이, 시원한 냉면 육수를 부어 만든 요리

(3) 면 삶아 담기

① 면 삶을 물이 충분히 끓고 있는지 확인
② 면을 익힌 후 바로 씻어 줄 찬물이 있는지 확인
③ 완성된 면요리와 맞는 그릇이 있는지 확인
④ 면을 끓는 물에 넣고 엉겨 붙지 않게 돌려가며 익히기
⑤ 면의 종류(기계면, 수타면)에 따라 익히는 시간 조절하기
⑥ 면이 익으면 준비한 찬물에 전분질 잘 씻기
⑦ 물을 2~3회 이상 갈아 주면서 씻기
⑧ 냉면은 차게, 온면은 따뜻하게 준비

07 중식 냉채 조리

1 냉채 준비

(1) 냉채 만들 도구들과 냉채에 들어갈 재료, 양념 및 담을 그릇 준비
(2) 장식할 무, 당근, 오이, 양파 등을 준비하고 조각할 칼과 장갑 준비
(3) 베이스 국물에 양념을 넣고 끓일 준비 및 양념에 담을 준비
(4) 돼지껍질과 젤라틴을 준비한 후 수정처럼 만들 준비
(5) 설탕, 찻잎, 쌀 등을 준비하고 훈제할 준비

2 냉채 조리

(1) 무치기
① 냉채 조리법 중 가장 기본적인 것으로 재료에 따라 생으로 무치거나 익혀서 무치며, 둘을 섞어서 무치기도 함
② 맛은 상큼하고 뒷맛이 깔끔한 맛이 남도록 하는 것이 좋음

(2) 장국물에 끓이기
① 냉채에 사용할 재료를 향신료나 양념을 넣어서 만든 국물에 넣고 끓이는 조리법
② 재료를 장국물에 넣고 끓일 때 불을 약하게 조절하여 장시간 가열함
③ 재료가 푹 잠기도록 여유 있게 장국물을 넣어 중간에 뚜껑을 열고 장국물을 다시 붓지 않도록 함

(3) 양념에 담그기
① 간장, 술, 설탕, 소금, 식초 등을 이용해 재료를 담가서 만드는 방법
② 장시간 보관해도 맛이 잘 변하지 않기 때문에 장기간 보관 시 사용함

(4) 수정처럼 만들기
돼지껍질이나 생선살, 닭고기 등 아교질 성분이 많은 것들을 끓인 후 차갑게 만들면 수정처럼 응고되는데, 그 원리를 이용해 냉채를 만듦

(5) 훈제하기
재료를 삶거나, 찌거나, 튀기는 방법을 이용하여 익힌 후 향신료나 찻잎, 설탕 등을 솥에 넣어 냉채에서 그 향이 나게 하는 방법

Check Note

냉채(冷菜)의 정의 및 특징
① 지역에 따라서 냉반(冷盤), 량반(凉盤), 냉훈(冷燻)이라고 부름
② 중식에서는 맨 처음 요리는 4℃ 정도로 차갑게 해서 나가는데, 이것을 냉채라고 함
③ 냉채는 식사 처음에 먹기 때문에 소화가 잘 되는 메뉴로 구성
④ 이후에 나오는 요리에 대한 기대감을 갖게 해야 하므로 중요한 요리임
⑤ 냉채를 만드는 재료는 매우 신선해야 함

재료의 종류별 냉채 조리
① 고기류 : 오향장육, 쇼끼(산동식 닭고기냉채), 빵빵지(사천식 닭고기냉채)
② 해물류 : 오징어냉채, 해파리냉채, 전복냉채, 관자냉채, 왕새우냉채, 삼선냉채, 삼품냉채, 오품냉채 등
③ 채소류, 버섯류 : 봉황냉채

3 냉채 완성

봉긋하게 쌓기	썰어 놓은 재료들을 한 번 데친 다음 냉채를 담으며, 가운데가 봉긋하게 올라오도록 담아줌
평평하게 펴놓기	냉채에 사용하는 재료를 다 썰어준 다음 그릇에 평평하게 펴줌
쌓기	계단 형태로 그릇에 쌓아 줌
두르기	재료를 썬 후 접시에 둘러주는 방식으로 올리는데, 대부분 꽃 모양으로 둘러주고 꽃과 같은 장식을 해주기도 함
형상화하기	재료들을 이용하여 동물이나 어떤 개체를 표현하기 위해 담는 방법으로, 오랜 시간이 소요될 수 있어 재료의 변질에 주의해야 함

08 중식 볶음 조리

전분을 사용하지 않는 볶음류	초채 (炒菜, chaocai, 차오차이)	고추잡채(칭지아오러우시), 부추잡채(소구차이), 당면잡채, 토마토달걀볶음 등
전분을 사용하는 볶음류	류채 (熘菜, liucai, 리우차이)	라조육, 마파두부, 채소볶음, 유산슬, 전가복, 새우케첩볶음(깐쇼 하인), 하인완스(새우완자), 란화우육(브로콜리 소고기볶음), 마라우육, 부용게살 등

1 볶음 준비

주재료	육류(소고기, 돼지고기), 가금류(닭고기, 오리고기), 해물류, 채소류, 두부류 등
부재료	향신료(오향분, 화산조, 산조분, 회향), 채소류, 조미료 등

2 볶음 조리법★

초 (炒, 차오)	부추볶음, 당면잡채	• '재료를 볶는다'는 뜻 • 팬에 기름을 넣고 센 불이나 중간 불에서 짧은 시간에 조리 • 비타민이나 영양소의 손실을 최소화 • 재료와 조미료의 맛이 어우러지게 요리
류 (溜, 려우)	라조기, 유산슬	• 조미료에 재워둔 재료들을 기름에 튀기거나, 삶거나, 찌는 요리 • 조미료를 사용해 걸쭉한 소스를 만들어 만든 요리 위에 부어 주거나 버무려서 내는 요리

Check Note

✔ 볶음 음식의 특징

① 정확한 불 조절과 화력을 나누어서 사용
② 식재료, 조리법, 맛내기가 다양하고 풍부함
③ 향신료, 조미료의 향을 잘 활용
④ 완성 후 참기름, 후추 등으로 풍미 추가
⑤ 재료 고유의 색, 맛, 향을 살려서 화려함

✔ 오방색과 중국음식

① 중국음식은 오방 사상이 음식에도 반영되어 다섯 가지 색깔 위주로 만들어졌고, 맛도 다섯 가지로 구분하여 역할을 나타냄
② 오색은 청(靑), 적(赤), 황(黃), 백(白), 흑(黑), 즉 청색, 빨간색, 노란색, 흰색, 검은색임

작 (炸, 짜)	자장면	팬에 기름을 넉넉하게 넣고 센 불에 튀기듯이 하는 조리법
폭 (爆, 빠오)	궁보계정	• 재료를 1.5cm의 정육면체로 썰거나 가늘게 채썰거나 꽃 모양으로 만들어 칼집을 내어 준비 • 칼집을 낸 재료들을 뜨거운 기름이나 물, 탕, 기름 등과 빠른 속도로 솥에서 섞어 부드럽고 아삭한 질감을 살리는 조리법
전 (煎, 찌엔)	난젠완쯔	• 팬에 기름을 두른 후 지지는 조리법 • 한국의 전과 같은 조리법인데, 전보다는 기름을 더 많이 사용함

09 중식 후식 조리

더운 후식류	사과빠스, 고구마빠스, 옥수수빠스, 바나나빠스, 딸기빠스, 은행빠스, 찹쌀떡빠스, 지마구(찹쌀떡 깨무침) 등
찬 후식류	행인두부(杏仁豆腐), 메론시미로, 망고시미로, 홍시아이스 등

1 후식 준비

(1) 후식 재료는 다양하고, 엄격하게 선택함
(2) 썰기는 요리에 맞게 세밀하고 정교하게 자름
(3) 단맛, 신맛, 쓴맛, 매운맛, 짠맛의 오미(五味)를 기본으로 함
(4) 다양하고도 광범위한 맛을 냄
(5) 화력 조절로 촉감, 감촉을 최대한 느끼도록 함

2 후식류 조리

(1) 더운 후식류 조리
① 고구마, 은행, 바나나, 옥수수 등이 주재료
② 후식은 모양과 향에도 신경을 쓰며, 여러 식재료를 사용해 부드럽고 달콤한 맛을 내게 함
③ 모든 식재료를 이용하여 대부분 더운 후식류를 만들 수 있음
④ 식후에 먹기 때문에 부담스럽지 않게 많은 양을 하지 않음

(2) 찬 후식류 조리
① 모든 식재료를 이용하여 대부분 찬 후식류를 만들 수 있음
② 찬 후식류의 대표적인 것은 행인두부, 시미로, 과일 등임

Check Note

중식 디저트 용어★★

① 빠스(拔絲) : 누에고치에서 실을 뽑는 모양에서 유래되었으며, 설탕이 녹을 수 있는 온도에서 설탕 시럽을 만들고 튀긴 주재료를 버무려 제공하는 대표적인 중식 후식
② 행인두부(杏仁豆腐) : 행인(살구씨)과 우유, 한천을 이용하여 만든 디저트
③ 시미로(西米露) : 타피오카전분으로 만든 펄을 "시미로"라 하며, 감・홍시・복숭아・메론・망고 등을 이용한 서벗 디저트

찬 후식류 조리 수행 순서

① 후식을 만들기 위해 냉장고와 쿨링머신 등을 확인하고 정비함
② 각 요리에 맞는 레시피대로 소금물, 설탕물, 식초물 등에 담가 산화를 방지함
③ 후식류의 재료들을 믹서에 갈아서 잘라준 후 냉장고나 쿨링머신에 넣음
④ 찬 후식류에 나가는 소스를 만들고 주재료와 함께 접시에 담음
⑤ 찬 후식류에 가니쉬하여 마무리함

CHAPTER 03

단원별 기출복원문제

01 절임 · 무침 조리

상 중 하

01 어류나 육류를 소금에 절인 후 목재를 태워 목재에서 나오는 화학성분을 식재료의 표면에 침투 혹은 접촉하게 하여 건조하는 방법으로 옳은 것은?

① 염장법　　② 당장법
③ 훈연법　　④ 움저장법

01 ③

해설
- 당장법 : 설탕을 넣어 삼투압작용을 활성화해 미생물의 생육을 저지하게 만들어 보존하는 방법
- 염장법 : 소금의 삼투압작용으로 식품의 수분이 빠져나와 세균의 생육에 필요한 수분이 감소하고, 미생물의 생육이 억제되는 것을 이용한 방법
- 움저장법 : 땅을 판 후 식품을 그대로 혹은 가공하여 보관하는 방법

상 중 하

02 다음 중 절임 무침의 저장 원리에서 화학적 요인에 의한 저장관리로 옳지 않은 것은?

① 금속이온　　② 식품성분 반응
③ 온도　　④ 공기

02 ③

해설 온도는 물리적 요인이다.

02 중식 육수 · 소스 조리

상 중 하

01 세균이 사멸되는 pH 농도로 옳은 것은?

① pH 9.1　　② pH 5.4
③ pH 5.0　　④ pH 4.3

01 ④

해설 세균이 사멸하는 pH 농도는 pH 4.6 이하이다.

상 중 하

02 중식에서 대중적으로 사용되는 육수로 옳은 것은? 빈출

① 닭뼈　　② 소뼈
③ 돼지뼈　　④ 갑각류

02 ①

해설 닭뼈는 중식에서 대중적으로 사용되는 육수로, 뼈를 절단하거나 통째로 넣고 끓여 육수를 만든다.

03 중식 튀김 조리

상 중 하

01 기름을 넉넉히 두르고 팬을 달군 다음 손질한 재료를 넣어 튀기는 조리법으로 옳은 것은? 빈출

① 전　② 작
③ 류　④ 팽

01 ②

해설
- 전 : 열을 가한 팬에 기름을 살짝 두른 후 손질한 재료들을 팬 위에 펼쳐 중간불이나 약불에서 한쪽 면 혹은 양쪽을 지져서 익히는 조리법
- 류 : 향신료 또는 조미료에 재운 재료들을 녹말이나 밀가루를 입혀 삶거나 찌거나 튀긴 후 조미료를 사용해 소스를 만들어 재료 위에 부어 주거나 버무려서 내는 조리법
- 팽 : 적당한 크기로 썬 재료들을 밑간하여 지지거나 튀기거나 볶은 후 부재료와 조미료를 넣어 뒤섞으면서 국물을 재료에 흡수시키는 조리법

상 중 하

02 중식 식품 조각의 도법에 대한 설명으로 옳지 않은 것은?

① 착도법(戳刀法) : 재료를 찔러서 조각하는 방법으로 새 날개, 옷 주름, 꽃 조각, 생선 비늘 조각에 사용하는 방법이다.
② 각도법(刻刀法) : 주도를 이용하여 재료를 깎을 때 사용하는 도법이다.
③ 절도법(切刀法) : 큰 재료의 형태를 깎을 때 사용하는 도법으로, 위에서 아래로 썰기를 할 때 또는 돌려 깎을 때 이용하는 도법이다.
④ 필도법(筆刀法) : 필요한 곳에만 칼을 넣기 위해 사전 작업 후 식품 조각을 하는 방법이다.

02 ④

해설 **필도법(筆刀法)**
칼을 사용해 그림을 그리듯 재료 표면에 외형을 그릴 때 사용하는 도법

04 중식 조림 조리

상 중 하

01 조림에 대한 설명으로 틀린 것은?

① 민(燜, 먼, men)이란 뚜껑을 닫고 약한 불에 오래 끓이거나 조리는 조리법이다.
② 조림은 생선 내부까지 맛이 잘 배기게 졸여주고, 생선 자체의 맛 성분이 외부로 빠져나가지 않게 조려야 한다.
③ 장식물은 그릇보다 너무 크지 않아야 하며, 식용 불가능한 것도 크지만 않으면 괜찮다.
④ 조림은 가운데가 들어가 있는 질그릇의 형태가 많이 쓰인다.

01 ③

해설 식용이 불가능한 것은 장식물로 사용하지 않는 것이 좋다.

상 중 하

02 조림을 할 때 생선이 어느 정도 익은 후 잔열로 익히면 좋은가?

① 70~72%　　② 80~82%
③ 85~90%　　④ 93~95%

> **02** ④
> 해설 조림을 할 때 생선은 93~95% 정도 익힌 후 불을 끄고, 잔열로 익히면 좋다.

05 중식 밥 조리

상 중 하

01 쌀의 종류로 틀린 것은?

① 자포니카쌀　　② 자메이카쌀
③ 자바니카쌀　　④ 인디카쌀

> **01** ②
> 해설 쌀의 종류에는 인디카형, 자바니카형, 자포니카형이 있다.

상 중 하

02 밥 조리에서 중식 덮밥류가 아닌 것은?

① 송이덮밥　　② 마파두부덮밥
③ 유산슬덮밥　　④ XO덮밥

> **02** ④
> 해설 중식 볶음밥류에는 새우볶음밥, 게살볶음밥, 삼선볶음밥, 카레볶음밥, XO볶음밥 등이 있다.

06 중식 면 조리

상 중 하

01 면 삶아 담기의 과정 중 옳지 않은 것은?

① 면 삶은 물이 충분히 끓고 있는지 확인한다.
② 면을 익힌 후 바로 씻어 줄 찬물이 있는지 확인한다.
③ 면의 종류(기계면, 수타면)에 따라 익히는 시간을 조절한다.
④ 면이 익으면 준비한 찬물에 한 번 씻는다.

> **01** ④
> 해설 면이 익으면 준비한 찬물에 전분질이 어느 정도 씻겨 나갈 때까지 충분히 씻어 주어야 한다.

상 중 하

02 면을 반죽할 때 필요한 재료가 아닌 것은? 빈출

① 소금　　② 조미료
③ 물　　④ 밀가루

> **02** ②
> 해설 면을 반죽할 때에는 밀가루(중력분), 소금, 물, 탄산수소나트륨 등이 필요하다.

07 중식 냉채 조리

상 중 하

01 중식 냉채 조리의 방법 중 냉채에 사용할 재료를 향신료나 양념을 넣어서 만든 국물에 넣고 끓이는 조리법으로 옳은 것은?

① 수정처럼 만들기
② 양념에 담그기
③ 장국물에 끓이기
④ 무치기

01 ③

해설 장국물에 끓일 때에는 재료가 푹 잠기도록 장국물을 여유 있게 넣고 끓인다.

상 중 하

02 냉채 담는 방법에서 해파리냉채를 담기에 가장 옳은 것은?

① 평평하게 펴놓기
② 쌓기
③ 봉긋하게 쌓기
④ 형상화하기

02 ③

해설 봉긋하게 쌓기는 썰어 놓은 재료들을 한 번 데친 다음 냉채를 가운데가 봉긋하게 올라오도록 담는데, 해파리냉채를 담을 때 주로 사용된다.

08 중식 볶음 조리

상 중 하

01 볶음과 관련된 조리법 중 전(煎, 찌엔)에 대한 설명은?

① 기름을 넉넉하게 넣고 센 불에 튀기듯이 하는 조리법
② 재료에 조미료를 재워둔 후 기름에 튀기거나 삶거나 찌는 방식으로 만드는 요리법
③ 팬에 기름을 두른 후 지지는 조리법
④ 뜨거운 기름이나 물이나 탕, 기름 등과 빠른 속도로 솥에서 섞어서 부드럽고 아삭한 질감을 살리는 조리법

01 ③

해설 ①은 작(炸, 짜), ②는 류(溜, 려우), ④는 폭(爆, 빠오)에 대한 설명이다.

상 중 하

02 재료에 조미료를 재워둔 후 기름에 튀기거나, 삶거나, 찌는 방식의 볶음요리 조리법으로 옳은 것은? 빈출

① 작(炸, 짜)
② 폭(爆, 빠오)
③ 류(溜, 려우)
④ 전(煎, 찌엔)

02 ③

해설 류(溜, 려우)는 재료에 조미료를 재워둔 후 기름에 튀기거나 삶거나 찌는 방식의 볶음요리 조리법으로, 조미료를 사용해 걸쭉한 소스를 만들어 만든 요리 위에 부어 주거나 버무려서 내는 요리이다.

09 중식 후식 조리

상 중 하

01 중식 후식용 음식으로 설탕을 녹인 후 시럽을 만들어 여러 가지 재료에 입히는 후식으로 옳은 것은? 빈출

① 빠스(拔丝) ② 시미로
③ 무스 ④ 파이

상 중 하

02 중식 디저트의 종류가 아닌 것은?

① 시미로(西米露)
② 행인두부(杏仁豆腐)
③ 빠스(拔絲)
④ 류채(熘菜)

상 중 하

03 누에고치에서 실을 뽑는 모양에서 유래된 중식 후식으로 옳은 것은?

① 시미로(西米露)
② 행인두부(杏仁豆腐)
③ 빠스(拔絲)
④ 류채(熘菜)

상 중 하

04 중국 후식 중 뜨겁게 제공되는 후식인 것은?

① 행인두부 ② 망고시미로
③ 사과빠스 ④ 홍시아이스

01 ①

해설 빠스(拔丝)에 대한 설명이다.

02 ④

해설 류채(熘菜)는 전분을 사용하는 볶음류에 속한다.

03 ③

해설 빠스(拔絲)는 누에고치에서 실을 뽑는 모양에서 유래되었으며, 설탕이 녹을 수 있는 온도에서 설탕 시럽을 만들고 튀긴 주재료를 버무려 제공하는 대표적인 중식 후식이다.

04 ③

해설 찬 후식류의 대표적인 것은 행인두부, 시미로, 과일 등이다.

Keyword 기본 썰기, 모양 썰기, 1번다시, 곁들임 재료, 조림용 뚜껑(오토시부타), 초밥 비빔용 통(한기리), 초간장(폰즈), 양념장(야꾸미)

일식

일식 기본 썰기(基本切り, きほんきり, 기혼키리)★

둥글게 썰기 (輪切り, わぎり, 와기리)	원통형 썰기라고도 하는데, 무・당근・오이・레몬 등 둥근 재료를 끝에서부터 일정한 두께로 자르는 방법
반달썰기 (半月切り, はんげつぎり, 한게쯔기리)	무, 당근, 레몬 등을 세로로 이등분하여 끝에서부터 일정한 두께의 반달 모양으로 자르는 방법
은행잎 썰기★ (銀杏切り, いちょうぎり, 이쵸기리)	• 둥근 원통형을 세로로 4등분하여 끝에서부터 적당한 두께의 은행잎 모양을 만들어 써는 방법 • 국물 조리에 주로 이용됨
부채꼴 모양 썰기 (地紙切り, じがみぎり, 지가미기리)	부채꼴 모양으로 자르는 방법
어슷하게 썰기 (斜め切り, ななめぎり, 나나메기리)	엇비슷 썰기라고도 하는데, 길쭉하고 가는 재료인 당근・파・오이 등을 어슷하게 써는 방법
곱게 썰기 (小口切り, こぐちぎり, 고구치기리)	잘게 썰기라고도 하는데, 대파・실파 등을 끝에서부터 0.1~0.3cm 정도 두께로 곱게 자르는 방법
색종이 모양 썰기 (色紙切り, しきしぎり, 시키시기리)	잘린 부분이 직사각형이 되도록 횡단면에서 얇게 자르는 방법
얇게 사각채 썰기 (短册切り, たんざくぎり, 단자쿠기리)	무, 당근 등을 길이 4~5cm, 두께 1~2cm로 자르는 방법
채썰기 (千六本切り, せんろっぽんぎり, 센록폰기리)	성냥개비 두께로 썰기라고도 하며, 5~6cm 길이의 재료를 얇게 써는 방법
채썰기 (千切り, せんぎり, 셍기리)	무, 당근 등을 5~6cm로 썬 후 다시 세로로 얇고 가늘게 써는 방법
얇게 돌려 깎기★ (桂剝き, かつらむきぎり, 가쯔라무끼기리)	무, 당근, 오이 등을 길이 8~10cm로 잘라 감긴 종이를 풀듯이 얇게 돌려 깎는 방법

Check Note

그 외 기본 썰기

① 사각기둥 모양 썰기(拍子木切り, ひょうしぎぎり, 효시키기리)
② 주사위 모양 썰기(賽の目切り, さいのめぎり, 사이노메기리)
③ 작은 주사위 썰기(霰切, あられぎり, 아라레기리)
④ 양파 다지기(玉ねぎみじんぎり, 다마네기미징기리)

바늘처럼 곱게 썰기★ (針切り, はりぎり, 하리기리)	생강, 김 등을 가능한 한 얇게 돌려 깎은 후 이것을 바늘 모양으로 가늘게 채써는 방법
용수철 모양 썰기★ (縒り独活切り, よりうどぎり, 요리우도기리)	꼬아썰기라고도 하는데, 무・당근・오이 등을 얇게 돌려 깎은 후 비스듬히 7~8mm 폭으로 자른 다음, 물에 넣으면 꼬아지는 방법
멋대로 썰기 (乱切り, らんぎり, 란기리)	난도질 썰기라고도 하는데, 우엉・당근・무・연근 등의 재료를 돌려가며 엇비슷하게 써는 방법
대나무(조릿대) 썰기 (笹がき, ささがき, 사사가키)	얇게 엇비슷 썰기라고도 하는데, 재료를 굴려 가면서 연필을 깎듯이 얇고 길게 깎는 방법(주로 우엉을 썰 때 많이 사용함)
잘게 썰기 (微塵切り, みじんぎり, 미징기리)	곱게 다져썰기라고도 하는데, 가느다랗게 채친 재료를 횡단면에서도 잘게 자르는 방법

일식 모양 썰기(飾り切り, かざりきり, 가자리기리)★

각 없애는 썰기★ (面取り, めんとり, 멘도리)	각 돌려 깎기, 모서리 깎기라고도 하고 무, 당근, 우엉 등 조림이나 끓임요리를 할 때 모서리 부분을 매끄럽게 잘라줌
국화꽃잎 모양 썰기★ (菊花切り, きっかぎり, 킥카기리)	• 맨 밑부분을 조금 남기고 가로・세로로 잘게 칼집을 넣어 3% 소금물에 담근 후 모양내어 펼침 • 죽순 : 길이 3~5cm로 잘라 지그재그로 껍질을 파도 모양처럼 얇게 썰어 모양을 만듦 • 무 : 1.5~2.5cm 두께로 둥글게 잘라 껍질을 벗겨 칼끝을 바닥에 붙이고, 칼 중앙 부분을 사용해 밑바닥을 조금 남기고 가로・세로로 조밀하게 칼집을 넣음
매화꽃 모양 썰기★ (ねじ梅切り, ねじうめぎり, 네지우메기리)	당근을 정오각형으로 만들어 오각형의 기둥 면 가운데에 칼집을 넣은 후 벚꽃잎 모양 매화꽃으로 깎아주는 썰기
꽃 연근 만드는 썰기 (花蓮根切り, はなれんこんぎり, 하나랭콩기리)	구멍과 구멍 사이 두꺼운 부분에 칼집을 넣어 구멍을 따라서 둥글게 만들면서 깎아내는데, 횡단면부터 자름
뱀뱃살 썰기★ (蛇腹切り, じゃばらぎり, 자바라기리)	자바라 모양 썰기라고도 하며, 오이 등의 재료 아래를 1/3 정도 남겨 잘려 나가지 않게 하고, 얇고 엇비슷하게 썰어 적당한 길이로 자른 후 반대로 돌려 다시 자름 예 오이 뱀뱃살 썰기(蛇腹胡瓜切り, じゃばらきゅうりぎり, 자바라큐리기리)

Check Note

그 외 모양썰기

① 연근 돌려 깎아 썰기(蛇籠蓮根切り, じゃかごれんこんぎり, 자카고랭콩기리)
② 꽃 모양 썰기(花形切り, はなかたぎり, 하나카타기리)
③ 솔잎 모양 썰기(松葉切り, まつばぎり, 마쓰바기리)
④ 그물 모양 무 썰기(大根の網切り, ダイコンのあみぎり, 다이콩노아미기리)

말고삐 썰기 (手綱切り, たづなぎり, 타즈나기리)	곤약 등을 1cm 두께로 잘라 중앙에 칼집을 넣어서 한 단을 접어 돌림

일식 기본 기능 습득하기

- 일식 기본양념의 조미 순서
  - 생선 종류에 맛 들일 때 : 청주 → 설탕 → 소금 → 식초 → 간장
  - 채소 종류에 맛 들일 때 : 설탕 → 소금 → 식초 → 간장 → 된장

청주	알코올의 작용으로 냄새를 없애주고, 재료를 부드럽게 하므로 먼저 넣음
설탕	열을 가해도 맛의 변화가 별로 없으므로 먼저 사용함
소금	설탕보다 먼저 사용하면 재료의 표면이 단단해져 재료의 속까지 맛이 스며들지 않음
식초	다른 조미료와 합쳐졌을 경우 맛이 증가하기 때문에 나중에 넣음
간장	색깔, 맛, 향기를 중요시하며, 재료의 색깔에 따라 적절한 간장을 선택하여 사용함
조미료	맛이 다소 부족하다고 느껴질 때 조금 넣어 사용함

- 일식 기본양념 준비

간장 (醬油, しょうゆ, 쇼유)	진간장★ (濃口醬油, 코이구치쇼유)	• 밝은 적갈색으로 특유의 좋은 향이 있고 일본요리에 가장 많이 사용되는 간장 • 향기가 좋아서 가미 없이 뿌리거나 곁들여서 찍어 먹는 용도로 주로 사용됨 • 향기가 강해 생선, 육류의 풍미를 좋게 하고 비린내를 제거하는 효과가 있음 • 재료를 단단하게 조이는 작용이 있으므로 끓임요리에는 넣는 시기에 주의해야 함
	엷은 간장★ (薄口醬油, 우스구치쇼유)	• 색이 엷고 독특한 냄새가 없으며, 재료가 가지고 있는 색·향·맛을 잘 살리는 요리에 이용 • 염도는 다른 간장보다 강하지만, 색은 연하고 소금의 맛이 강한 편으로 국물요리에 적합함
	타마리 간장★ (たまりしょうゆ, 타마리쇼유)	• 흑색으로 부드럽지만 진함 • 단맛을 띠고 특유의 향이 있어 사시미, 구이요리, 조림요리에서 마지막 색깔을 낼 때 사용함 • 깊은 맛과 윤기를 냄

Check Note

간장의 특징

① 간장은 일본요리에서는 빼놓을 수 없는 간을 맞추는 기본양념
② 조미의 기초 재료로 대두콩과 보리에 누룩(麹)과 식염수를 가하여 숙성시킨 것임
③ 짠맛, 단맛, 신맛, 감칠맛이 어우러져 특유의 맛과 향이 있으며, 그 색 때문에 보랏빛(むらさき, 무라사키)이라고도 함
④ 종류도 다양하고 소금보다 맛과 향기가 좋은데, 특히 진한 간장은 향기가 좋아 조림요리에 적당하고 2~3회 나누어 넣는 것이 좋음

흰간장과 감로간장

흰(백) 간장 (白醬油, 시로쇼유)	• 투명하고 황금에 가까운 색을 띠며, 향기가 매우 좋음 • 킨잔지된장(金山寺味噌)의 액즙에서 채취한 것으로, 재료의 색을 살리는 데 훌륭한 역할을 함 • 색이 변하기 쉬우므로 장기간 보관이 어려움
감로간장 (甘露醬油, 간로쇼유)	• 단맛과 향기가 우수하기 때문에 일본 관서 지방에서는 신선한 재료와 사시미(刺身)를 찍어 먹는 간장이나 곁들임용으로 이용됨 • 일본 야마구치현(山口県)의 야나이시(柳井市)의 특산물로, 열을 가하지 않고 진간장을 거듭 양조한 것을 말함

Check Note

맛술의 장점

① 복수의 당류가 포함되어 있어 조리 시 재료의 표면에 윤기가 생김
② 설탕과 비교하면 포도당과 올리고당이 다량 함유되어 있어 조리 시 식재료가 부드러워짐
③ 조림요리에서 맛술 성분의 당분과 알코올이 재료의 부서짐을 방지함
④ 찹쌀에서 나온 아미노산과 펩타이드 등의 감칠맛이 다른 성분과 어울려 깊은 맛과 향을 냄
⑤ 단맛 성분인 당류, 아미노산, 유기산 등이 빠르게 재료에 담겨 맛이 뱀

일본요리 관련 용어

① 사(さ) : 청주(さけ, 사케), 설탕(さとう, 사토우)
② 시(し) : 소금(しお, 시오)
③ 스(す) : 식초(す, 스)
④ 세(せ) : 간장(しょうゆ, 쇼우)
⑤ 소(そ) : 된장(みそ, 미소)

	생간장 (生醬油, 나마쇼유)	• 열을 가하지 않은 간장으로, 풍미가 좋고 특히 향기가 매우 좋음 • 오랜 시간 끓여도 향기가 날아가지 않는 것이 특징이며, 냉장고 또는 서늘한 곳에 보관함
청주 (酒, 사케)		• 재료의 나쁜 냄새와 생선 비린내를 없애고 재료를 부드럽게 함 • 요리에 풍미와 감칠맛을 증가시킴
맛술 (味醂, 미림)		• 포도당(당류), 수분, 알코올, 아미노산, 비타민 등이 함유된 특유의 풍미가 있는 요리 술 • 특히 포도당(당류)은 당분으로 인하여 고급스러운 단맛을 형성하고 음식에 윤기를 냄 • 요리에 넣을 경우 가열하여 알코올을 날려 사용함
설탕 (砂糖, 사토우)		• 단맛을 내는 조미료로 순도가 높을수록 단맛이 산뜻해짐 • 사탕수수나 사탕무의 즙을 농축시켜 만듦 • 단맛이나 쓴맛을 부드럽게 하고 전체의 맛을 순하게 함 • 많은 양을 넣으면 본래의 재료가 갖고 있는 맛을 상실하므로 적당량을 넣어 조리함
식초 (酢, 스)		• 신맛을 내는 조미료로, 요리에 청량감을 주고 소화흡수를 도움 • 비린맛 제거, 단백질의 응고, 방부작용, 살균작용, 갈변방지, 식욕촉진 등의 역할을 함
소금 (塩, 시오)		• 염화나트륨을 주성분으로 다른 물질에 없는 짠맛을 냄 • 조미역할, 부패방지(방부작용), 삼투압작용, 탈수작용, 단백질의 응고, 색의 안정, 단맛 증가 등의 역할을 함
된장 (味噌, 미소)		• 일본요리의 맛을 증가시키는 된장은 지방마다 원료, 기후, 식습관에 따라 다양한 종류가 만들어짐 • 색상에 따라 담백한 맛이 좋은 붉은 된장(赤味噌, 아카미소)과 단맛, 순한 맛이 특징인 흰 된장(白味噌, 시로미소)으로 나눔
	센다이미소 (仙台味噌)	• 장기간 숙성시켜 맛과 향기가 좋음 • 당분, 염분(12~13% 정도)이 많음 • 효모의 발효량이 적음
	핫초미소 (八丁味噌)	• 콩된장으로 쓴맛, 떫은맛이 남 • 맵고 특유의 풍미가 있음
	사이교미소 (西京味噌)	크림색에 가까우며 향기가 좋고, 단맛이 나서 구이나 절임에 많이 사용됨
	신슈미소 (信州味噌)	단맛과 짠맛이 있는 담황색 된장

- 일식 곁들임(あしらい, 아시라이) 재료 준비

무즙 (大根おろし, たいこんおろし, 다이콘오로시)	무를 깨끗이 씻은 다음 강판에 곱게 갈아 물기를 제거 후 사용
빨간무즙★ (紅葉おろし, もみじおろし, 모미지오로시)	무에 구멍을 내고 홍・풋고추를 넣은 후 강판에 곱게 갈아 분홍색(붉은 단풍색) 무즙을 만들어 사용
칠미고춧가루 (七味唐辛子, 시찌미도우가라시)	고춧가루, 산초가루, 깨, 소금, 조미료, 파란 김, 새우 같은 것 등을 혼합하여 사용하며, 우동 등에 사용
가루산초 (粉山椒, 고나산쇼)	• 생선의 구이요리, 국물요리 등에서 맛을 살리는 역할을 함 • 요리 위에 직접 뿌리거나 재료 가운데 섞어서 사용함

- 일식 맛국물 조리

다시마(昆布, こんぶ, 곤부)	
다시마표면의 흰 가루에는 맛 성분인 글루탐산과 단맛을 내는 성분인 만니톨이 들어 있는데, 이를 씻으면 감칠맛의 본체인 글루탐산이라는 아미노산이 사라지므로, 마른행주로 작은 모래알 등을 닦아낸 후 사용함	
다시마의 영양성분	• 다시마의 주요 성분 : 식이섬유, 단백질, 당질, 나트륨, 칼륨, 요오드(아이오딘), 지질, 수분, 마그네슘, 칼슘, 철분 • 알긴산과 후코이단 – 다시마를 끓일 때 나오는 독특한 끈기 성분으로, 해초 특유의 수용성 식이섬유 – 콜레스테롤의 상승 억제 – 후코이단 : 장에서 면역력을 높임(항암식품) • 미네랄 : 다른 식품의 미네랄에 비해 체내 소화흡수율이 높음 • 요오드(아이오딘) : 신체의 신진대사를 활발하게 하는 작용이 있음 • 단점 : 너무 많이 먹으면 갑상선 기능 저하를 일으킴
다시마의 색채 성분 (후코키산틴)	• 후코키산틴 : 해초류에 들어 있는 갈색의 색소 성분 • 지방의 축적을 억제하고, 활성산소를 억제하여 노화를 방지하고 피부 재생에 도움을 줌 • 다시마의 끈적한 성분은 중성지방이 흡수되는 것을 예방함
다시마의 감칠맛 성분 (글루탐산)	• 다시마의 감칠맛은 맛있다고 느끼는 염분의 농도가 낮아 소금의 양을 줄이는 것이 가능함 • 글루탐산은 위의 신경에 작용하여 위 기능을 좋게 하고 과식을 방지하는 작용을 함

Check Note

일식 곁들임의 가는 채

① 대파 가는 채(白髮ねぎ, 시라가네기) : 대파를 흰 부분만 5cm 정도의 길이로 절반 정도 칼집을 넣어 아주 가늘게 채썰어 물에 담가 대파의 진액을 빼고 물기를 제거한 후 사용

② 생강 가는 채(針生姜, 하리쇼가) : 생강을 돌려깎기하여 아주 가늘게 채썰어 흐르는 물(さらし)에 전분을 뺌

③ 김 가는 채(針海苔, 하리노리)★ : 김을 구워 바늘처럼 가늘게 채썸

와사비(山葵, 와사비)

① 와사비 : 생와사비를 깎아 강판에 갈아 사용함

② 가루와사비 : 차가운 물을 조금씩 넣어가면서 젓가락으로 한참을 저으면 아주 맵게 됨

초간장(ポン酢, 폰즈)

① 등자나무에서 즙을 내서 만들거나 식초를 사용함

② 간장이나 다시물을 혼합하여 만듦

초생강(ガリ, 가리)

① 통생강의 껍질을 벗기고, 얇게 편으로 잘라 소금에 절임

② 끓는 물에 데친 후 씻어 물기를 제거하고, 생강초에 담가 절여서 사용함

양념장(やくみ, 야쿠미)

빨간무즙, 실파, 레몬 등을 초간장(폰즈)에 곁들이는 양념

Check Note

다시마의 선택과 보관

선택 방법	완전히 건조되어 있으며, 두껍고 하얀 염분(만니톨)이 밖에 노출된 것이 좋음
보관 방법	통풍이 잘 되고, 습기가 적은 곳에서 보관함

다시마 국물 만드는 방법

① 다시마를 요리용 수건(면포)으로 깨끗이 닦아냄
② 준비한 양의 물과 닦은 다시마를 불에 올려 은근히 끓임
③ 끓으면 불을 끄고 거품과 다시마를 건져냄 : 물 1L에 건다시마 20~30g 정도를 사용하며, 주로 맑은국과 지리냄비를 많이 이용함

가다랑어포 깎는 방법과 보관법

① 마른행주나 종이타올로 가다랑어포 표면에 있는 곰팡이를 닦아냄
② 대패의 칼날을 종이 1장 정도가 닿을 정도로 맞춤(칼날을 만질 때는 반드시 수직으로 맞춤)
③ 포를 낼 때는 꼬리는 앞을 향하고, 머리 부분부터 깎음(방향을 반대로 깎으면 가루가 됨)
④ 가능하면 깎아서 바로 사용하고, 남은 재료는 밀폐된 용기에 넣어 건조한 냉장, 냉동실에 보관함
⑤ 보관 용기는 습기가 없는 용기를 사용하는 것이 좋음

가다랑어포 국물 만드는 방법

① 물이 끓으면 준비한 가다랑어포를 넣고 불을 끔
② 떠오르는 거품은 걷어내고 10분 후 가다랑어포가 가라앉으면 면포에 조심스럽게 거른 후 사용

1번다시 (一番出し, 이찌반다시) 만드는 방법★	• 주로 맑은국에 사용 • 깨끗한 수건(행주)으로 다시마에 묻어 있는 먼지나 모래를 닦아냄 • 냄비에 물과 준비된 다시마를 넣고 중불로 열을 가함 • 끓기 직전 약 95℃ 정도 되면 다시마를 손톱으로 눌러보아 손톱자국이 나면 맛이 우러난 것임(이때 다시마를 건져냄) • 가다랑어포를 덩어리지지 않게 넣고 불을 끔 • 위에 뜬 불순물(거품)을 걷어내고, 10~15분 정도 지나 가다랑어포가 바닥에 가라앉으면 면포(소창)에 맑게 거름
2번다시 (二番出し, 니반다시) 만드는 방법	• 주로 된장국에 많이 사용 • 냄비에 물과 사용하고 남은 다시마와 가다랑어포를 함께 넣고 가열함 • 끓어오르면 불을 줄여 약한 불에서 5분 정도 끓이고, 새 가다랑어포를 넣고 불을 끔 • 위에 뜬 거품이나 이물질을 걷어내고, 5분 정도 지나면 면포(소창)에 거름

가다랑어포(鰹節, かつおぶし, 가쓰오부시)★	
• 가다랑어를 손질 후 세장뜨기하여 고열로 쪄서 건조시킨 후 대팻밥처럼 깎아 놓은 것 • 큰 가다랑어포의 등쪽을 오부시(雄節), 배쪽을 메부시(雌節)라 하며, 작은 가다랑어포는 일반적으로 국물요리에 주로 이용됨 • 통가다랑어는 말린 상태가 좋고 무게가 있으며, 두드렸을 때 맑은 소리가 나는 것이 좋음 • 깎아 놓은 가다랑어포는 깨끗하고 투명한 빛깔을 내는 것이 좋으며, 검은색이나 분홍색은 피가 섞여 있는 것으로 피하는 것이 좋음	
얇게 썬 가다랑어포	• 하나가쓰오(花鰹節)라고도 하며, 꽃 모양으로 폭넓게 깎은 가다랑어포 • 향기가 좋고 감칠맛이 남 • 국물은 다양한 요리에 활용하여 요리의 맛을 돋보이게 함 • 조림, 된장국이나 찌개 국물 등에 주로 사용됨
실 모양 가다랑어포	• 이토가키(糸がき)라고도 하며, 실 모양으로 가느다란 가다랑어포 • 요리의 마지막에 고명으로 주로 사용됨 • 샐러드, 무침요리, 조림요리, 볶음요리 등에 많이 사용됨
가루 가다랑어	• 가다랑어를 깎을 때 나오는 가루 • 단시간에 향기로운 국물을 낼 때 분말 그대로 사용하거나 조림이나 샐러드 소스 등에 넣어 가다랑어의 맛을 내는 데 주로 사용됨

01 일식 무침 조리

1 무침 조리

전처리된 식재료에 무침 양념을 사용하여 용도에 맞게 무쳐내며, 싱싱한 재료는 날 것으로 무치고, 삶아서 간을 하여 무치는 경우도 있음

2 무침 담기

용도에 맞는 기물을 선택하여 제공하기 직전에 무쳐서 색상에 맞게 담음

02 일식 국물 조리

1 국물 재료 준비

주재료 (완다네)	어패류, 육류, 채소류 등을 사용함
부재료 (완쯔마)	• 채소류, 해초류 등을 사용함 • 주재료와 상생이 어울리는 재료를 사용함
향채 (스이구치)	• 계절에 맞는 향미 재료를 사용하여 국물요리의 풍미를 더해주는 중요한 역할을 함 • 유자(유즈), 카보스, 레몬, 산초잎(기노메), 참나물(미쯔바) 등을 사용

2 국물 우려내기

국물 재료의 종류에 따라서 불의 세기와 우려내는 시간을 조절하며, 재료의 특성에 따라 끓는 물(온도)에 넣는 시간을 다르게 함

3 국물요리 조리

(1) 국물의 조리

① 주재료, 부재료를 조리하고 맛국물을 조리함

② 향미 재료를 곁들여서 국물요리를 완성함

(2) 맛국물의 종류

일번국물, 이번국물, 다시마국물, 가다랑어국물, 조미국물, 국물(즙류)요리, 일본식 된장국, 조개 맑은국, 도미 맑은국 등

(3) 국물요리의 종류

맑은 국물요리	• 회석요리에서 제공되며, 다시마 맛국물을 이용 • 도미 맑은국, 조개 맑은국 등
탁한 국물요리	• 주로 식사와 함께 제공 • 일본 된장을 이용한 된장국물이 대표적

Check Note

무침 조리의 종류

참깨무침(고마아에), 된장무침(미소아에), 초무침(스아에), 초된장무침(스미소아에), 겨자무침(가라시아에), 산초순무침(기노메아에), 성게젓무침(우니아에), 해삼창자젓무침(고노와다아에), 흰두부무침(시라아에) 등

무침 조리 담기의 주의할 점

① 계절에 맞는 기물을 선택함

② 기물이 너무 화려하면 주요리를 어둡게 할 수 있으므로, 음식이 화려할 수 있도록 색감을 고려함

③ 무침요리는 양이 적고, 국물 또한 적기 때문에 작은 보시기 그릇을 선택하는 것이 좋음

④ 기물은 3, 5, 7 등 홀수로 선택함

⑤ 무침요리는 재료에 물기가 생기고 색이 변할 수 있으므로, 제공 직전에 무치는 것이 매우 중요함

카보스

스다치(酢橘, Citrus sudachi)와 카보스 학명은 키트루스 스파이로카르파(Citrus sphaerocarpa)(カボス, Citrus sphaerocarpa)

Check Note

토기냄비

① 천천히 끓이고 남은 열기에 의해서 재료의 맛이 충분히 우러나올 수 있는 요리에 적당
② 깨지기 쉬우므로 다루는 데 주의함
③ 처음에는 중간 불로 시작하여 강한 불로 가는 것이 좋음
④ 열기가 오래 지속되긴 하지만, 식으면 잘 닦이지 않으므로 가능하면 끓어 넘치지 않도록 주의함

쇠냄비

① 무게가 있고 바닥이 두꺼워야 열이 균일하게 보온되어 온도가 일정하게 오래 유지됨
② 얇은 것은 바닥에 붙어 음식이 타기 쉬움
③ 사용 후에는 물을 넣어 한 번 끓인 다음 깨끗이 씻어 수분을 완전히 닦고, 가볍게 기름을 발라두면 녹이 슬지 않아 좋음
④ 국물이 적은 스끼야끼, 튀김냄비, 철판구이 등에 많이 이용됨

스테인리스냄비

① 음식을 요리할 때 바닥에 잘 달라붙는 단점이 있음
② 국물이 많은 요리인 오뎅탕 등이 잘 어울림

4 냄비의 종류

구분	내용
토기냄비 (土鍋, どなべ, 도나베)	• 양쪽에 잡는 손잡이와 뚜껑이 있으며, 일반적으로 일식당에서 1~2인분의 탕을 제공할 때 사용됨 • 열전도가 늦기 때문에 끓이는 데 시간이 걸리지만, 잘 식지 않기 때문에 음식을 따뜻하게 먹을 수 있는 장점이 있음
집게냄비 (やっとこ鍋, 얏토코나베)	• 얏토코(やっとこ, 뜨거운 냄비를 집는 집게)라는 집게를 이용해서 얏토코나베라고 함 • 일반적으로 냄비가 크지 않고, 알루미늄으로 되어 있어 열전도가 빠름 • 손잡이가 없고 바닥 표면이 평평하게 되어 있어 포개어 사용할 수 있기 때문에 수납이 용이하고 씻을 때도 편리한 장점이 있음
쇠냄비 (鉄鍋, てつなべ, 데쯔나베)	• 전골냄비(鋤焼鍋, すきやきなべ, 스끼야끼나베)라고도 함 • 쇠로 만들어져 두껍고 무거우며 녹슬 수 있는 단점이 있음
알루미늄 냄비	• 가볍고 취급하기 쉬우며, 열전도가 빠른 장점이 있기 때문에 국물요리를 빨리 끓이는 데 적절함 • 불꽃이 닿는 부분만 고온이 되어 균일하게 열이 전해지지 않는 단점이 있음
붉은 구리냄비	• 일반적으로 구리냄비는 붉은냄비라고 하며, 샤브샤브요리에 주로 사용됨 • 열전도가 균일하여 우수한 장점이 있지만, 공기 중의 탄산가스가 습기와 결합하여 녹청이 발생하므로 사용한 후에는 관리가 필요하고, 무겁고 가격이 비싼 단점이 있으며, 취급 또한 불편하기 때문에 수요가 적어지고 있음
요철냄비	• 일반 냄비보다 열 흡수율이 높음 • 붉은 구리와 알루미늄 합금을 쇠망치로 두드려 성형하므로 냄비의 안쪽과 바깥쪽에 생기는 요철이 있으며, 이 요철이 재료가 눌어붙는 것을 예방해 주기 때문에 일식 전문 레스토랑에서 많이 사용됨
스테인리스 냄비	녹이 슬지 않아 좋고 구입하기 쉬우며, 취급하기도 쉬워 편리함

03 일식 조림 조리

국물을 조리는 것 (煮つけ, 니쯔께)	• 생선의 조리 방법 • 조리하면서 간을 맞추는 것으로 다시마국물, 청주, 설탕, 맛술, 간장으로 조림
조각내어 조리기 (あら炊き, 아라다끼)	도미의 머리, 아가미 부분의 뼈가 붙어 있는 곳을 조린 것으로, 맛을 진하게 조림
국물이 조금 있게 조리는 것 (煮しめ, 니시메)	연근, 곤약 등 수분이 적은 것을 졸여 도시락, 연회에 사용
바짝조리기 (照り煮, 데리니)	재료에 색이 진하고 반짝하게 광택을 내는 조림으로, 조림의 국물이 아주 적게 만듦
된장조림 (味噌煮, 미소니)	간장 대신 된장을 사용하여 생선의 비린내를 제거해 주며, 독특한 맛이 있어 고등어, 전갱이, 등푸른생선 등에 사용
흰조림 (白煮, 시로니), 푸른조림 (青煮, 아오니)	색상을 살리기 위해 옅은 간장인 우수구치 간장을 조금 사용하거나 간장을 사용하지 않고 소금으로 간을 하여 단시간 조림
보통조림	간장, 청주, 설탕을 적당히 조미하여 맛의 배합을 생각하며 조림
단조림	맛술, 설탕, 청주를 넣어 조림
초조림	재료를 조린 다음 식초를 넣어 완성
짠조림	간장을 주로 이용하여 조림
소금조림	소금을 주로 넣어 조림

04 일식 면류 조리

1 면 조리

(1) 면 조리과정

① 면 국물 조리는 면요리의 종류에 맞게 맛국물, 주재료, 부재료를 조리하고 향미 재료를 첨가하여 면 국물 조리를 완성함

② 면 조리는 면요리의 종류에 맞게 맛국물을 준비하고, 부재료는 양념하거나 익혀서 준비한 후 면은 용도에 맞게 삶아서 준비함

Check Note

✔ 조림(煮る, 니루)

① 재료와 국물을 함께 끓여서 맛이 속으로 스며들게 하는 조리법으로 밥반찬이 되고, 곤다테(こんだて, 식단)를 마무리 짓는 역할을 함

② 채소 니모노는 채소를 기본 다시만 넣어 색깔을 살려 살짝 조리는 담백한 요리(대표적인 조림은 도미조림, 채소조림 등)

✔ 조림요리의 불 조절법

대부분 처음에는 강한 불로 시작한 후 끓어오르기 직전에 중간 불로 조절

근채류, 생선류	중간 불
엽채류	약한 불
육류와 그 외 장시간 끓이는 것	약한 불

✔ 일본요리의 기본 조리법

오법(五法), 오색(五色), 오미(五味)의 조화와 계절감각을 중요시함

오법	생것, 구이, 튀김, 조림, 찜
오색	흰색, 검은색, 노란색, 빨간색, 청색
오미	단맛, 짠맛, 신맛, 쓴맛, 감칠맛

Check Note

조림용 뚜껑(落し蓋, おとしぶた, 오토시부타)★★★

조림요리에서 사용하는 냄비보다 약간 작고 나무로 된 뚜껑으로 냄비 안에 들어가는데, 국물이 끓어서 이 뚜껑에 닿았다가 다시 떨어져 맛이 골고루 스며들도록 하기 위한 것임

면 조리에 맞는 부재료

표고버섯, 쑥갓, 팽이버섯, 실파, 대파, 오이, 당근, 김, 죽순, 무, 와사비, 과일 등이 있고, 양념으로는 다시마, 가다랑어포, 맛술, 청주, 연간장, 진간장, 소금 등이 있음

(2) 맛국물의 종류별 만드는 방법

구분	내용
찬 면류 맛국물	• 메밀국수의 맛국물은 기본적으로 다시 7 : 진간장 1 : 맛술 1의 비율로 끓여서 만들어 식힘 • 취향에 따라 맛술 대신 설탕의 양을 조절하여 만들기도 하며, 관동지역이 관서지역보다 맛이 진하고 단맛이 강함 • 냉우동 맛국물은 면발이 두꺼운 경우 기본 맛국물을 다시 5~6 : 진간장 1 : 맛술 1의 비율로 끓여서 만들고 식힘
볶음면류 맛국물	• 대표적 볶음면류는 볶음우동과 볶음메밀국수임 • 볶음면류 요리는 편의상 간장이 기본 양념으로 주로 사용되며, 간장 1 : 청주 1 : 맛술 1 : 물 2의 비율에 후추를 첨가하고, 마지막에 간장을 조금 이용하여 전체적인 색과 향을 체크하여 마무리함
따뜻한 면류 맛국물	• 일반적으로 다시 14 : 진간장 1 : 맛술 1의 비율로 끓여서 만듦 • 업소에 따라 가다랑어포, 멸치, 도우가라시(고춧가루)를 추가하여 진한 맛을 내기도 함

(3) 면요리 종류에 맞는 맛국물

구분	내용
우동	다시물, 가다랑어포, 간장, 소금, 설탕, 맛술, 청주로 조미하여 우동다시를 만듦
메밀국수(소바)	가케소바인지 자루소바인지에 따라 소바쯔유의 염도와 농도를 다르게 만듦
소면	맑고 담백한 맛국물을 준비함
볶음우동(야끼우동), 볶음메밀국수(야끼소바)	• 국물이 없는 요리를 볶을 때는 진한 소스가 필요함 • 모도간장 : 설탕과 간장을 1 : 3 ~ 1 : 4 정도로 혼합하여 끓여서 식혀두고 사용함
라멘	• 보통 돼지 뼈를 삶아서 돈코츠 국물을 준비하여 사용함 • 돼지고기(차슈), 파, 삶은 달걀 등의 토핑을 얹음 쇼유라멘: 일본식 간장으로 맛을 냄 시오라멘: 소금으로 맛을 냄 미소라멘: 된장으로 맛을 냄 돈코츠라멘: 돼지 뼈로 맛을 냄

2 면 담기

(1) 면 요리의 종류

냉우동, 온우동, 냄비우동, 튀김우동, 우동볶음, 냉메밀국수, 온메밀국수, 볶음메밀국수, 소면, 라멘 등

(2) 국물이 있는 면요리의 고명과 그릇 선택

메뉴명	고명의 종류	고명 올리는 방법	올바른 그릇
온우동	대파(실파), 붉은어묵, 덴까스 등	부재료의 색상과 양을 고려하여 보기 좋게 담음	깊이가 있고 넓이가 적당한 그릇
온 메밀국수	실파, 하리노리, 덴까스 등	부재료의 색상과 양을 고려하여 보기 좋게 담음	깊이가 있고 넓이가 적당한 그릇
냄비우동	대파, 붉은어묵, 달걀, 쑥갓	쑥갓은 제공 직전에 올림	토기냄비(질그릇)
튀김우동	대파, 붉은어묵, 달걀, 새우튀김	새우튀김은 제공 직전에 올림	토기냄비(질그릇)
소면	붉은어묵, 대파(실파), 하리노리	달걀을 풀어서 올리는 경우가 많음	깊이가 있고 넓이가 적당한 그릇
라멘	대파, 차슈 등	부재료의 색상과 양을 고려하여 보기 좋게 담음	깊이가 있고 넓이가 적당한 그릇

(3) 국물이 없는 면요리의 고명과 그릇 선택

메뉴명	고명의 종류	고명 올리는 방법	올바른 그릇
볶음우동 (볶음메밀국수)	가다랑어포	요리에 바로 올림	넓고 얕은 접시
냉우동	생강, 덴까스, 실파, 김, 하리노리	요리에 바로 올림	넓고 얕은 접시
온메밀국수 (자루소바)	실파, 무즙, 와사비, 덴까스, 하리노리	별도의 그릇에 쯔유(소스)와 함께 제공함	물기가 빠질 수 있는 그릇에 면만 담아서 제공

05 일식 밥류 조리

1 녹차밥(お茶漬け, おちゃずけ, 오챠즈게) 조리

맛국물을 내고 메뉴에 맞게 기물을 선택하여 밥에 맛국물을 넣고 고명을 선택함

Check Note

면요리의 고명

① 붉은어묵(가마보꼬) : 찐 어묵의 일종
② 곱게 자른 김(하리노리)

시찌미(七味)

① 일본의 시찌미는 지역에 따라서 배합, 배분이 다른 특징이 있음
- 관서지방 : 산초의 비율이 높아 향이 강함
- 관동지방 : 산초의 배합이 없거나 적음

② 지역의 특징이나 개개인의 식성을 맞춰 최근에는 다양한 배합 비율의 시찌미가 만들어지고 있음
③ 일반적으로 산초, 진피(귤껍질), 고춧가루, 삼씨(마자유), 파란김(青海苔, 아오노리), 검은깨, 생강의 7종류로 만들어짐

녹차밥 조리의 준비사항

① 쌀은 밥 짓기 30분~1시간 전에 불려 체에 밭쳐 놓음
② 녹차물과 맛국물을 1 : 1 정도로 함
③ 녹차밥의 고명으로 깨, 김, 와사비 등을 준비함
④ 녹차덮밥의 종류에 따라 연어(사케), 매실(우메보시), 김(노리), 오차 등을 준비함

2 덮밥(丼物, どんぶりもの, 돈부리모노, 돈부리)류 조리

(1) 덮밥 조리 방법

① 덮밥을 돈부리(どんぶり), 동(丼)으로 줄여 표기하기도 함

② 덮밥 소스는 덮밥용 맛국물과 양념간장, 재료에 맞게 준비함

③ 덮밥의 재료를 용도에 맞게 손질하고, 맛국물에 튀기거나 익힌 재료를 넣어 조리 또는 밥 위에 조리된 재료와 고명을 올려 완성함

(2) 덮밥용 맛국물 만들기

① 다시물에 간장, 맛술, 설탕 등을 조미하여 맛국물을 만듦

② 맛국물 농도를 비교적 진하게 하여 다른 찬 없이 식사할 수 있도록 만듦

③ 진한 소스(타레)로 맛국물이 없이 장어덮밥처럼 만드는 경우도 있음

3 죽(雑炊, 조우스이)류 조리

다시마 맛국물, 가다랑어포 맛국물 등을 내서 쌀 또는 밥에 맞게 주재료와 부재료를 사용하여 죽을 조리함

06 일식 초회 조리

1 식재료 기초손질

채소류	소금에 주물러 씻거나 소금물에 절여서 사용
생선, 어패류	소금으로 여분의 수분과 비린내를 제거
불순물이 강한 것	물 또는 식초물에 씻음

2 혼합초의 종류별 기본분량

이배초(二杯酢, にばいず, 니바이스)	다시물 1.3 : 식초 1 : 간장 1
삼배초(三杯酢, さんばいず, 삼바이스)	다시물 3 : 식초 2 : 간장 1 : 설탕 1
초간장(ポン 酢, ぽんず, 폰즈)	다시물 1 : 간장 1 : 식초 1

3 곁들임 재료

양념 (薬味, やくみ, 야쿠미)	• 요리에 첨가하는 향신료나 양념을 말함 • 첨가하여 먹으면 잘 어울리며, 좋은 맛을 냄 • 향기를 발하여 식욕을 증진함

Check Note

✔ 덮밥의 종류

장어구이덮밥(鰻丼, 우나기동), 튀김덮밥(天丼, 텐동), 소고기덮밥(牛丼, 규동), 돈까스덮밥(カツ丼, 카츠동), 돼지고기구이덮밥 (豚丼, 부타동), 참치회덮밥(鉄火丼, 뎃카동), 회덮밥(海鮮丼, 카이센동), 닭조림달걀덮밥(親子丼, 오야코동), 카레덮밥(カレ丼, 카레동) 등

✔ 초회 특징

① 식욕촉진제 역할을 하며, 해산물, 오이, 미역 등 기초 손질한 식재료에 새콤달콤한 혼합초를 이용하여 만든 조리법

② 조미료 중 초를 주로 하여 다른 조미료와 혼합한 것을 날로 또는 가열한 식품에 조미해서 먹는 요리

③ 식초를 사용하기 때문에 비린내가 나는 재료도 상큼하게 먹을 수 있는 장점이 있음(문어초회, 해삼초회, 모둠초회, 껍질초회 등)

✔ 초회요리의 전처리 방법

① 식초에 씻기(酢洗い, 스아라이)

② 식초에 절이기(酢じめ, 스지메)

③ 데치거나 삶아내기

④ 살짝 굽거나 볶아내기

⑤ 건조된 재료 물에 불리기

⑥ 소금에 절이거나 소금물에 씻기

⑦ 식초를 소금과 함께 사용하면 식초의 강한 산미가 부드러워져 산뜻한 풍미가 살아남

빨간무즙 (赤卸, あかおろし, 아카오로시)	• 고추즙(고춧가루)에 무즙을 개어 빨간색을 띤 무즙을 말함 • 붉은 단풍을 물들인 것처럼 아름다운 적색을 띠므로, 모미지라고도 함 • 무에 구멍을 내고 홍・풋고추를 넣은 후 강판에 곱게 갈아 분홍색(붉은 단풍색) 무즙을 만들어 사용하여 "모미지오로시"라고도 함 • 초간장, 초회에 곁들여 사용

07 일식 찜 조리

1 찜 조리의 종류

(1) 조미료에 따른 분류

술찜 (酒蒸し, 사까무시)	도미, 대합, 전복, 닭고기 등에 소금을 뿌린 뒤 술을 부어 찐 요리로, 폰즈가 어울림
소금찜 (鹽蒸し, 시오무시)	술을 넣지 않고 소금을 뿌린 뒤 찐 요리
된장찜 (味噌蒸し, 미소무시)	• 재료에 으깬 된장 등을 넣고 혼합하여 찐 요리 • 된장은 냄새를 제거하고 향기를 더해줘서 풍미를 살리므로 찜 조리에 많이 사용함(단, 빠른 시간 내에 쪄야 함)

(2) 재료에 따른 분류

순무찜 (かぶら蒸し, 가부라무시)	• 무청(순무)을 강판에 갈아 재료를 듬뿍 올려서 찐 요리 • 매운맛이 적고 싱싱한 것으로 풍미가 달아나지 않게 빨리 쪄야 함
신주찜 (信州蒸し, 신슈무시)	메밀국수를 삶아 재료 속에 넣고 표면을 흰살생선 등으로 다양하게 감싸서 찐 요리
상용찜 (上用蒸し, 조요무시)	강판에 간 산마를 곁들여 주재료에 감싸거나 위에 올려서 찐 요리
찐 찹쌀찜 (道明寺蒸し, 도묘지무시)	찐 찹쌀을 물에 불려서 재료에 감싸거나 올려 찐 요리
벚꽃잎사귀찜 (桜蒸し, 사쿠라무시)	잘 불린 찹쌀을 벚꽃잎사귀에 싸거나 사이에 끼워서 찐 요리
섶나무찜 (紫蒸し, 시바무시)	당근, 버섯류 등을 채로 썰어서 마치 섶나무와 같이 보이게 하여 재료에 놓아 찐 요리
달걀노른자위찜 (黃身蒸し, 기미무시)	사용할 재료에 달걀노른자를 으깨거나 거른 후 찐 요리

Check Note

찜통의 종류 및 특징

나무 찜통	• 사각형과 둥근형이 있음 • 2~3단 정도 겹쳐서 증기를 올려 사용함 • 장점 : 열효율이 좋고 수분 흡수가 좋아 뚜껑에도 물방울이 생기지 않음 • 단점 : 사용 후 곰팡이가 생기기 쉬워 햇빛에 말려 건조해야 함
스테인리스, 알루미늄 찜통	• 겹쳐서 사용할 수 있고, 손질이 쉽고 사용 후 세척이 용이함 • 높이가 다소 높고 바닥이 넓어 물의 양이 많이 들어가는 것이 열손실이 적음 • 나무 찜통과는 달리 찜통이 너무 뜨거워 주의가 필요함

데쳐내기(시모후리)

① 끓는 물을 표면이 하얗게 될 정도로 재료에 붓거나, 재료를 끓는 물에 살짝 데쳐내면 표면을 응고시켜 본래의 맛이 달아나지 않도록 함
② 직접 불을 가하거나 가열 후 바로 찬물에 담가 차갑게 하여 표면의 비늘, 점액질, 피, 냄새, 지방, 여분의 수분 등을 제거하여 사용

(3) 형태에 따른 분류

질주전자찜 (土瓶蒸し, 도빙무시)	송이버섯, 닭고기, 장어, 은행 등을 찜 주전자에 넣고 다시국물을 넣어 찐 요리
부드러운 찜 (柔らか蒸し, 야와라까무시)	문어, 닭고기 등의 재료를 아주 부드럽게 찐 요리
호네무시 (骨蒸し)	치리무시(ちり蒸し)라고도 하며, 뼈까지 충분히 익혀서 다시물에 생선 감칠맛이 우러나오게 함(강한 불에 쪄야 함)

2 찜요리의 조리 방법

(1) 찜요리의 조리과정

찜 준비 → 찜솥에 물 넣고 랙(Rack) 올리기 → 뚜껑을 덮고 물 끓이기 → 식재료를 랙 위에 올리고 뚜껑을 덮기(수증기가 빠지지 않도록 함) → 찜하기(부분적 찜 금지) → 소스와 함께 즉시 제공

① 찜통(蒸し器, 무시키)은 바닥이 넓고 높이가 낮은 것이 열의 손실이 적어 시간적·경제적으로 좋음
② 가능하면 높이는 높지 않으며, 바닥은 적당히 넓은 것이 좋음
③ 찜 요리는 먼저 불을 붙여 증기를 올린 다음 재료를 넣어 요리를 완성하는 것이 좋음
④ 찜통에 넣는 물의 양은 3/5 정도가 적당함
⑤ 대부분의 찜요리는 재료에 따라 다르지만, 10~30분 전후면 거의 완성됨

(2) 찜요리 시 주의할 점

① 뚜껑에 붙어 있는 증기가 요리에 떨어질 우려가 있으므로 주의함
② 찌는 도중에 물을 보충할 때는 끓는 물로 보충하여 온도를 유지해야 함
③ 요리가 완성되어 들어낼 때는 꼭 불을 끄고, 화상에 주의함

08 일식 롤 초밥 조리

1 롤 초밥 재료 준비

(1) 롤 초밥의 종류

1) 김초밥(巻ずし, 마키즈시)

① 굵게 말은 김초밥(太巻き, 후도마키) : 1~1.5장의 김 사용

Check Note

✔ 약한 불로 찌는 요리

① 뚜껑을 조금 열어 놓고 중간 정도의 온도로 찜
② 달걀, 두부, 산마, 생선살 간 것 등
③ 달걀찜(茶椀蒸し, 자완무시), 달걀두부(卵豆腐, 다마고도후) 등
④ 강한 불로 찌면 달걀 자체가 끓기 때문에 익으면서 구멍이 남게 되어[스다찌(すだち) 현상] 보기 싫고, 맛도 없음

✔ 중간 불로 찌는 요리

① 재료의 특징에 따라 중불과 센 불로 온도 조절을 잘 유지하며 찜
② 도미술찜(鯛酒蒸, 다이노사카무시) 등

✔ 강한 불로 찌는 요리

① 뚜껑을 꼭 덮고 센 불에서 찜
② 익히는 정도는 95%가 적당함
③ 전복술찜(鮑酒蒸し, 아와비사까무시), 대합술찜(大蛤酒蒸し, 하마구리사까무시) 등
④ 흰살생선, 연어는 열을 오래 가해도 단단해지지 않음
⑤ 만두류, 새우, 조개류, 닭고기는 열을 오래 가하면 단단해지고 질겨져서 센 불에서 빠르게 찜

② 가늘게 말은 김초밥(細巻き, 호소마키) : 0.5장의 김 사용
③ 참치김초밥(데카마키), 오이김초밥(갑파마키) 등

2) 손말이 김밥(手巻き, 데마키)

기타 초밥에는 생선초밥(니기리즈시), 상자초밥(하코즈시), 군함초밥(군캉마키), 유부초밥(이나리즈시), 알초밥 등이 있음

(2) 스시 재료의 준비

배합초(스시즈), 주재료(다네), 생선의 포 뜨기, 달걀, 유부의 조리, 박고지조림, 오보로 만들기, 참치(마구로) 해동 등

2 롤 양념초 조리

(1) 준비과정

초밥용 배합초의 재료를 준비하고, 배합초를 조리하여 용도에 맞게 밥에 잘 뿌려 섞음

(2) 초밥을 고루 섞는 방법(배합초 뿌리기)

① 초양념은 재료들이 잘 섞이도록 밥을 짓기 30분 전에 만들어 놓기
② 밥이 식으면 흡수력이 떨어지므로 나무통(한기리)에 뜨거운 밥을 옮겨 담고 배합초 뿌리기
③ 나무 주걱으로 살살 옆으로 자르는 식으로 밥알이 깨지지 않도록 섞기
④ 한 번씩 밑과 위를 뒤집어 주면서 배합초가 골고루 섞이도록 함
⑤ 밥에 배합초가 충분히 흡수되면 부채 등을 이용하여 밥에 남아 있는 여분의 수분 날려 보내기
⑥ 초밥 온도를 사람 체온(36.5℃) 정도로 식히기
⑦ 온도 유지를 위해 보온밥통에 담아 사용

3 롤 초밥 조리

롤 초밥의 모양과 양을 조절하여 신속한 동작으로 용도에 맞게 다양한 롤 초밥을 만듦

(1) 초밥용 쌀의 특성

1) 초밥용 쌀의 조건

① 밥을 지었을 때 맛과 향기(풍미)가 좋을 것
② 적당한 탄력과 끈기(찰기)가 있을 것
③ 수분(배합초)의 흡수성이 좋을 것
④ 전분의 구조가 단단하고 끈기가 있을 것
⑤ 밥을 평상시보다 약간 되게 지을 것
⑥ 고시히카리 품종이 좋음

Check Note

냉동 참치의 식염수 해동법

① 여름철 식염수 해동은 18~25℃의 물에 3~5%의 식염수
② 겨울철 식염수 해동은 30~33℃의 물에 3~4%의 식염수
③ 봄, 가을 식염수 해동은 27~30℃의 물에 3%의 식염수

배합초 만들기

① 식초, 소금, 설탕 준비
② 은은한 불에서 식초에 소금, 설탕 넣기
③ 천천히 저으면서 식초, 소금, 설탕이 눌지 않게 녹이기
④ 끓이지 않도록 주의(식초 맛이 날아감)

초생강 만들기

① 통생강의 껍질을 벗기고 얇게 편으로 썰어 끓는 물에 데친 다음 배합초(식초, 소금, 설탕, 다시물)를 넣어 완성
② 껍질 벗기기 → 편 썰기 → 소금에 절이기 → 그릇에 담기 → 뜨거운 물에 데치기 → 찬물에 헹구어 체에 거르기 → 식초에 설탕, 소금 녹이기 → 다시물 넣고 식히기 → 볼에 담기 → 데친 생강에 배합초 붓기

Check Note

2) 초밥용 쌀의 선택

① 햅쌀보다는 묵은쌀이 좋음(햅쌀은 수분 흡수율이 낮아 좋지 않음)

② 햅쌀은 배합초를 뿌렸을 때 전분이 굳어지지 않고 남아 있어 질퍽한 밥이 됨

3) 초밥용 쌀의 보관

① 현미 상태로 서늘한 곳에 보관

② 약 12℃ 정도의 냉장보관

③ 직전에 정미(도정)하여 사용

4) 밥 짓기(30~40분)

① 초벌 씻기(재빨리 씻기) → 체에 거르기(1회) → 볼에 담기 → 비벼 씻기(1회) → 물에 씻기(2회) → 체에 거르기(2회) → 비벼 씻기(2회) → 물에 씻기(3회) → 체에 거르기(3회) → 체에 밭치기 → 냉장고에 보관(30분 정도) → 밥솥에 앉히기 → 물 조절하기(쌀 1 : 물 1) → 밥 짓기 → 뜸들이기(10분)

② 쌀을 초벌 씻을 때는 재빨리 씻어야 잡맛이 스며들지 않음

(2) 초밥 조리도구

1) 초밥 버무리는 통(半切り, はんぎり, 한기리)

① 초밥을 식히는 나무통으로, 편백나무(ひのき)로 된 초밥 버무리는 통이 좋음

② 작게 쪼갠 나무를 여러 개 이어서 둥글고 넓게 만들며, 높지 않게 만들어 초밥을 식히는 데 사용됨

③ 사용할 때는 물로 깨끗하게 씻어 물기를 행주로 닦고, 밥이 따뜻할 때 배합초를 버무려 사용함

④ 마른 통을 사용할 경우는 밥이 붙고 배합초를 섞기가 불편하므로 꼭 수분을 축여서 사용하도록 함

2) 김발(巻き簀, まきす, 마키스)

① 재질은 대나무로 되어 있고, 강한 열에도 변형되지 않을 것

② 오니스다레(おにすだれ)는 삼각형의 굵은 대나무를 엮어 만든 것으로, 면에 파도 모양을 살려 다테마키(伊達巻, だてまき)용으로 사용함

3) 기타

강판(오로시가네), 눌림상자(오시바코), 뼈뽑기(호네누키), 초밥밥통(샤리비츠) 등

09 일식 구이 조리

1 구이 조리(굽기)

(1) 조미 양념에 따른 일식 구이의 분류

소금구이 (시오야끼)	• 신선한 재료를 선택하여 소금으로 밑간하여 굽는 구이 • 일반적으로 처음에는 밑간을 조금 해놓고, 굽기 직전에 소금 등으로 간을 하여 구움(소금은 감미의 역할도 있지만, 열전도가 좋아 재료를 고루 익힘) • 생선이 가진 독특한 맛을 살리는 조리법으로, 신선한 재료를 이용함 • 소금의 양은 보통 생선의 2% 정도로, 양면에 골고루 뿌려 20~30분 후 굽는 것이 좋음(껍질이 엷은 생선은 5분 정도 간을 하는 것이 좋음) • 구울 때는 우선 껍질 쪽부터 구워 노릇노릇해지면 뒤집어 구우며, 지느러미와 꼬리가 타는 것을 방지하기 위해서는 은박지로 감고, 살아 있는 듯한 멋을 내기 위해서는 소금을 듬뿍 묻혀 구움
양념간장구이 (데리야끼)	• 구이 재료를 간장, 데리(양념간장)로 발라가며 굽는 구이 – 일반적으로 간장 1 : 청주 1 : 맛술(미림) 1의 비율로, 기호에 따라 설탕을 가미하는데, 처음에는 간장을 조금 발라 굽고 어느 정도 익으면 3~4번 정도 소스를 발라가며 구워 완성함 – 예 장어, 방어, 연어, 소고기, 닭고기 등 • 생선에 양념장을 발라 구워서 광택이 나게 하는 조리법 – 양념장은 보통 간장 3 : 맛술(미림) 3 : 설탕 1 : 청주 1의 비율로 섞어 3분의 2가 될 때까지 약불에 졸여서 사용하며, 처음에는 양념을 바르지 않고 굽다가 4분의 3 정도 노릇하게 구워지면 양념을 3~4회 발라가며 구움(처음부터 양념을 바르면 속이 익기 전에 겉부분만 탐) – 지방이 많고 살이 두꺼운 생선(갯장어, 방어, 참치)과 닭고기 등에 잘 사용
된장절임구이 (미소쯔께야끼)	• 미소(된장)에 구이 재료를 재웠다가 굽는 구이 – 된장(사이교미소) 500g : 맛술 50cc : 청주 50cc를 섞고 구이 재료를 12시간 정도 재워 간을 하며, 된장이 묻지 않도록 면포(소창)로 덮어서 재우거나 굽기 전에 된장을 잘 분리하여 구움 – 구울 때 생선에 된장이 묻어 있으면 빨리 타고, 생선을 물에 씻으면 맛이 없음 예 은대구, 메로, 옥도미, 병어, 고등어, 삼치, 소고기 등

Check Note

맛있는 구이를 위한 준비

① 굽기 전에 반드시 간장, 소금 등으로 밑간을 함
② 아시라이(곁들임요리)는 구이를 돋보이게 하는 요리로 꼭 필요함
③ 일반적으로 기름기가 많은 생선류나 가금류는 낮은 온도에서 서서히 구워 기름기를 빼면서 굽지만, 조개류와 담백한 생선은 높은 온도에서 빠르게 구워야 딱딱하지 않음
④ 꼬치(쿠시)구이를 할 때는 꼬치를 돌려가면서 구워야 생선이 붙지 않아 부서지지 않음

구이요리의 올바른 불 조절

① 보통 구이는 강한 불로 멀리서 굽고, 조개 종류와 새우는 강한 불로 빨리 구움
② 된장절임구이나 간장구이 등은 타기 쉬우므로 약한 불에서 구움
③ 민물고기는 서서히 오래 구움

구이 굽는 법

① 대개 접시에 담을 때 겉으로 보이는 쪽부터 먼저 굽는 것이 정도라고 할 수 있음
② 껍질 쪽부터 구워 색깔이 먹음직스럽게 되면 뒤집어서 살 쪽을 천천히 구움
③ 껍질과 살을 6 : 4의 비율로 굽는 것이 기본임
④ 꼬치(쿠시)를 끼워서 구울 때는 3~4회 정도 빙글빙글 돌려 가면서 구워야 살이 깨지는 것을 막을 수 있음
⑤ 굽는 석쇠는 생선을 얹는 쪽을 충분히 열을 가한 다음 구워야 생선이 붙지 않음

Check Note

✔ 소금구이

도미구이, 삼치구이[삼치소금구이(사와라시오야끼)], 연어구이, 은어구이[은어소금구이(아유시오야끼)], 전복구이, 새우구이, 고등어[고등어소금구이(사바시오야끼)], 송이구이 등

✔ 양념간장구이

갯장어양념구이(하모데리야끼), 방어양념간장구이(부리데리야끼), 닭간양념간장구이(도리기모데리야끼) 등이 있으며, 연한 간장구이로는 꽃다랑어산초구이(가쯔오기노메야끼), 도미머리산초구이(타이노아타마산쇼야끼) 등

된장절임구이 (미소쯔께야끼)	• 된장에 생선이나 육류를 넣어 된장 맛을 들인 다음 굽는 구이 – 된장구이용 된장은 대개 흰된장(시로미소) 1kg : 청주 360cc : 맛술 180cc : 설탕 300g을 잘 섞어서 사용함 – 바로 된장을 혼합하는 방법과 된장과 된장 사이에 가재를 끼어 생선을 넣어서 담그는 방법이 있음 – 된장에 담가 1~2일 정도 지나 맛이 들면 생선을 된장에서 건져 냉장고에 보관 후 사용함
유자향구이 (유안야끼)	일반적으로 간장 1 : 청주 1 : 맛술 1의 비율에 다시마, 유자를 넣어 50분 정도 재워 사용하며, 마지막 구울 때 남은 유안지 소스를 조금 발라서 완성하면 좋음 예 도미, 메로, 삼치, 연어, 고등어, 전복 등

(2) 조리 기구에 따른 일식 구이의 분류

샐러맨더	• 열원이 위에 있어 생선이나 육류의 기름이 아래로 떨어져 연기나 불이 나지 않아 작업이 용이한 조리 기구 • 굽기 전에 샐러맨더 열원 위에는 아무것도 없도록 하고, 밑에 있는 팬에는 물을 넣고 작업해야 열이 적고 청소가 쉬움 • 샐러맨더의 열원은 위에서 내려오는데, 오른쪽 레버를 위아래로 조절해서 구이 재료가 움직여 불의 강약을 조절하거나 가스밸브로 조절하여 구움 • 기름기가 많은 생선은 열원에서 멀리하여 기름기를 많이 빼주고 새우, 전복, 조개류 등 기름기가 적고 빨리 익는 재료는 열원에서 가까이하여 빨리 구워 딱딱하지 않고 부드럽게 구움
오븐	• 열원에 의해 가열된 공기가 재료에 균일하게 가열되어 뒤집지 않아도 되는 편리한 조리 기구 • 오븐은 밀폐된 기물 안에서 열원이 공기를 데워 굽는 방식이며, 온도 조절은 전자 방식과 가스밸브로 함
철판 (번철)	• 열원이 철판을 데워 철판 위에 놓인 재료를 익히는 방법으로, 다양한 식재료를 조리할 수 있는 조리 기구 • 철판이 두꺼울수록 온도변화가 적어 조리하기가 좋음 • 화로 위에 번철(철판)을 달구어 구이 재료를 굽고, 가스밸브로 불의 강약을 조절함
숯불구이 (스미비야끼)	• 재료를 높은 온도의 직화로 굽는 조리 방법 • 재료가 타지 않게 거리를 조절하며 굽는데, 숯의 향과 풍미가 더해져 맛이 좋음 • 숯불에 구이를 올릴 때는 주로 석쇠나 쇠꼬챙이에 재료를 끼워 굽는데, 불의 강약 조절은 재료를 직접 내렸다 올리기를 해야 하므로 조절하기에 불편함이 있음

<table>
<tr><td rowspan="5">꼬치구이
(쿠시야끼)</td><td colspan="2">• 모양을 내어 꼬치로 고정한 재료를 직화로 굽는 조리 방법
• 꼬치를 꽂는 방법에 따라 이름이 달라짐</td></tr>
<tr><td>노보리
쿠시</td><td>• 은어(아유)처럼 작은 생선을 통으로 구울 때 쇠꼬챙이를 꽂는 방법
• 생선이 헤엄쳐서 물살을 가로질러 올라가는 모양으로 꽂음</td></tr>
<tr><td>오우기
쿠시</td><td>• 자른 생선살을 꽂을 때 사용하는 방법으로, 2~3개의 꼬치(쿠시)를 이용하여 앞쪽은 폭이 좁고, 꼬치 끝은 넓게 꽂아 부채 모양 같아서 붙은 이름
• 부채 모양으로 되어야 꼬치(쿠시)를 손으로 잡고 구울 수 있음</td></tr>
<tr><td>가타즈마오레
·
료우즈마오레
쿠시</td><td>• 2~3개의 꼬치(쿠시)를 이용하여 생선 껍질 쪽을 도마 위에 놓고 앞쪽 한 쪽만 말아 꽂는 방법을 가타즈마오레, 양쪽을 말아 꽂는 방법을 료우즈마오레라고 함
• 갑오징어, 장어 등에 칼집을 내어 많이 사용함</td></tr>
<tr><td>누이
쿠시</td><td>• 주로 갑오징어와 같이 구울 때나 많이 휘는 생선에 사용되는 방법
• 살 사이에 바느질하듯 꼬치(쿠시)를 꽂고 꼬치와 살 사이에 다시 꼬치를 꽂아 휘는 것을 방지하는 방법</td></tr>
</table>

2 구이 담기

(1) 담는 방법

모양과 형태에 맞게 담아내고, 구이 종류의 특성에 따라 양념, 아시라이를 곁들임

(2) 곁들임(아시라이) 만드는 방법

아시라이는 구이요리를 제공하면 반드시 함께 나오는 곁들임으로, 구이를 먹고 난 후 입안을 헹구는 역할을 하며, 입안의 비린내를 제거하는 데 효과적임

① 계절에 맞는 재료를 사용함
② 담을 때 구이와 색깔이 맞게 담음
③ 단맛과 신맛이 나는 것을 조절하여 사용함
④ 구이의 맛에 변화를 줄만큼 맛이 너무 강하면 좋지 않음
⑤ 일반적으로 된장구이는 매운맛이 나는 곁들임 재료를 사용하고, 데리야끼는 단맛이 나는 곁들임 재료를 사용하는 편임
⑥ 신맛이 나는 곁들임 재료는 모든 구이에 다 사용함

Check Note

구이요리의 간 맞추는 방법

① 반찬으로 할 때는 간장양념구이처럼 간을 세게 하며, 술안주로 할 때는 담백하고 산뜻하게 하는 것이 좋음
② 일본의 구이는 양념을 가능한 한 적게 사용하고, 주재료의 맛을 살리는 데 중점을 두는 것이 특징임

곁들임(아시라이)의 종류

초절임류	무초절임, 초절임연근, 햇생강대초절임(하지카미) 등
단맛류	밤 단 조림, 고구마 단 조림, 단호박 단 조림, 금귤(낑깡) 단 조림 등
신맛류	레몬, 영귤, 유자 등
간장 졸임류	우엉, 머위, 꽈리고추, 다시마채 등

PART 02

CHAPTER 04 단원별 기출복원문제

01 일식 무침 조리

상 중 하

01 무침 조리에 대한 설명으로 거리가 가장 먼 것은?

① 무침요리는 제공 직전에 무쳐 제공하는 것이 좋다.
② 가능하면 화려한 기물을 선택하는 것이 좋다.
③ 기물은 3, 5, 7 등 홀수로 선택한다.
④ 무침요리는 양이 적고 국물 또한 적기 때문에 작은 보시기 그릇을 선택하는 것이 좋다.

01 ②

해설 기물이 너무 화려하면 주요리를 어둡게 할 수 있기 때문에 음식이 화려할 수 있도록 색감을 고려하여 선택한다.

상 중 하

02 무침 조리의 종류를 일본어로 표현한 것과 거리가 먼 것은?

① 참깨무침(고마아에)
② 된장무침(미소아에)
③ 초무침(스미소아에)
④ 산초순무침(기노메아에)

02 ③

해설 **무침 조리의 종류**
참깨무침(고마아에), 된장무침(미소아에), 초무침(스아에), 초된장무침(스미소아에), 겨자무침(가라시아에), 산초순무침(기노메아에), 성게젓무침(우니아에), 해삼창자젓무침(고노와다아에), 흰두부무침(시라아에) 등

02 일식 국물 조리

상 중 하

01 일식 국물요리의 일본어 표현으로 옳은 것은? 빈출

① 아게모노 ② 스이모노
③ 스노모노 ④ 니모노

01 ②

해설
- 전채(前菜, ぜんさい, 젠사이)
- 무침 조리(揚げ物, あげもの, 아게모노)
- 맑은국(吸い物, すいもの, 스이모노)
- 구이요리(焼き物, やきもの, 야끼모노)
- 조림요리(煮物, にもの, 니모노)
- 초회(酢の物, すのもの, 스노모노)

상 중 하

02 일식 국물요리에서 향미 재료와 거리가 먼 것은?

① 유자(유즈) ② 산초잎(기노메)
③ 참나물(미쯔바) ④ 오렌지(오렌지)

02 ④

해설 국물요리의 향미 재료에는 유자(유즈), 산초잎(기노메), 참나물(미쯔바), 레몬, 카보스 등이 있다.

상 | 중 | 하

03 냄비의 종류 중에서 일반적으로 손잡이가 없고 냄비의 바닥 표면이 평평하게 되어 있어 포개어 사용할 수 있기 때문에 수납이 용이하고, 씻을 때도 편리한 장점이 있는 냄비는? 빈출

① 얏토코
② 얏토코나베
③ 토기냄비
④ 붉은 구리냄비

상 | 중 | 하

04 냄비의 바닥 표면이 평평하게 되어 있고 손잡이가 없어 포개어 사용할 수 있기 때문에 수납이 용이하고 씻을 때도 편리한 장점이 있지만, 뜨거운 냄비를 집는 집게가 필요한데 이 집게의 이름으로 옳은 것은?

① 하시 ② 얏토코
③ 얏토코나베 ④ 쿠시

03 일식 조림 조리

상 | 중 | 하

01 계절에 맞는 다양한 식재료를 이용하여 간장, 청주, 맛술, 설탕 등을 사용하고 시간 조절과 불의 강·약을 중요시하는 조리법은?

① 아게모노 ② 스이모노
③ 스노모노 ④ 니모노

상 | 중 | 하

02 조림요리에서 냄비보다 약간 작은 나무로 된 뚜껑으로, 냄비 안에 들어가는데 국물이 끓어서 이 뚜껑에 닿았다가 다시 떨어져 맛이 골고루 배게 하는 조리기구는? 빈출

① 야끼바 ② 니모노
③ 오토시부타 ④ 다시마끼

03 ②

해설 얏토코나베는 손잡이가 없고 바닥 표면이 평평하게 되어 있어 포개어 사용할 수 있기 때문에 수납이 용이하고 씻을 때도 편리한 장점이 있는 냄비이다. 얏토코(やっとこ, 뜨거운 냄비를 집는 집게)라는 집게를 이용해서 얏토코나베라고 하며, 일반적으로 냄비가 크지 않고, 알루미늄으로 되어 있어 열전도가 빠르다.

04 ②

해설 하시는 젓가락을 말하며, 쿠시는 꼬챙이를 말한다.

01 ④

해설 일식 조림요리(니모노)는 계절에 맞는 다양한 식재료로 간장, 청주, 맛술, 설탕 등을 이용하여 조림을 하는 조리법이다.

02 ③

해설 **오토시부타(落としぶた)**
조림요리에서 냄비보다 약간 작은 나무로 된 뚜껑으로, 냄비 안에 들어가는데 국물이 끓어서 이 뚜껑에 닿았다가 다시 떨어져 맛이 골고루 배게 하기 위한 것이다.

상 중 하

03 조림요리에 대한 설명으로 옳지 않은 것은?

① 조림요리는 요리가 완성되었을 때의 크기를 감안하여 재료 준비를 하여야 한다.
② 곁들임 채소는 주재료의 맛을 부각시키기 위해서 사용된다.
③ 냄비는 큰 것보다는 작은 것을 사용하여야 조림의 시간을 단축시킬 수 있어 효율적이다.
④ 조림의 양념에는 간장, 청주, 맛술, 소금, 된장, 식초 등이 주로 사용된다.

03 ③

해설 조림요리를 할 때 냄비는 작은 것보다는 큰 것을 사용하여 바닥에 닿는 면이 넓어야 균일하게 졸여진다.

04 일식 면류 조리

상 중 하

01 다음 (   ) 안에 들어갈 말로 옳은 것은?

> 지역의 특징이나 개개인의 식성을 맞춰 최근에는 다양한 배합 비율의 (   )가 만들어지는데, 일반적으로 산초, 진피(귤껍질), 고춧가루, 삼씨(마자유), 파란김(青海苔, 아오노리), 검은깨, 생강의 7종류로 만들어진다.

① 이찌미　② 니찌미
③ 상찌미　④ 시찌미

01 ④

해설 시찌미(七味)
- 관서지방의 시찌미는 산초의 비율이 높아 향이 강하다.
- 관동지방의 시찌미는 산초의 배합이 없거나 적다.
- 지역의 특징이나 개개인의 식성을 맞춰 최근에는 다양한 배합 비율의 시찌미가 만들어지고 있다.
- 일반적으로 산초, 진피(귤껍질), 고춧가루, 삼씨(마자유), 파란김(青海苔, 아오노리), 검은깨, 생강의 7종류로 만들어진다.

상 중 하

02 면요리의 종류에 맞는 맛국물에 대한 설명으로 옳지 않은 것은?

빈출

① 소면은 맑고 담백한 맛국물을 준비한다.
② 라멘은 보통 다시물, 가다랑어포, 간장, 소금, 설탕, 맛술, 청주로 조미하여 돈코츠 국물을 만든다.
③ 메밀국수(소바)에는 가케소바인지 자루소바인지에 따라 소바쯔유의 염도와 농도를 다르게 만든다.
④ 볶음우동(야끼우동)이나 볶음메밀국수(야끼소바)처럼 국물이 없는 요리는 볶을 때 진한 소스가 필요하다. 따라서 설탕과 간장을 1 : 3~1 : 4 정도로 혼합하여 끓여서 식혀두고 사용하는데, 이것을 모도간장이라고 한다.

02 ②

해설
- 우동은 다시물, 가다랑어포, 간장, 소금, 설탕, 맛술, 청주로 조미하여 우동다시를 만든다.
- 라멘은 보통 돼지 뼈를 삶아서 돈코츠 국물을 준비하여 사용한다.

상 중 하

03 국물이 있는 면요리의 그릇 선택 및 고명 올리기에 대한 설명 중 옳지 않은 것은?

	메뉴명	고명의 종류	고명 올리는 방법	올바른 그릇
①	온우동	대파(실파), 붉은어묵(가마보꼬), 덴까스 등	부재료의 색상과 양을 고려하여 보기 좋게 담음	깊이가 있고 넓이가 적당한 그릇
②	온 메밀 국수	실파, 하리노리, 덴까스 등	부재료의 색상과 양을 고려하여 보기 좋게 담음	깊이가 있고 넓이가 적당한 그릇
③	냄비 우동	대파, 차슈 등	쑥갓은 제공 직전에 올림	깊이가 있고 넓이가 적당한 그릇
④	튀김 우동	대파, 붉은어묵(가마보꼬), 달걀, 새우튀김	새우튀김은 제공 직전에 올림	토기냄비(질그릇)

05 일식 밥류 조리

상 중 하

01 쌀의 특징으로 옳지 않은 것은?

① 찹쌀(Glutinous Rice)은 광택이 없고 불투명하다.
② 멥쌀(Nonglutinous Rice)은 아밀로오스가 없고 아밀로펙틴이 100%로 점성이 매우 강하여 찰떡이나 인절미 등에 이용된다.
③ 멥쌀(Nonglutinous Rice)은 점성이 많은 아밀로펙틴이 80% 정도, 아밀로오스가 20% 정도 함유되어 있어 밥을 지었을 때 끈기가 있어 주식으로 이용된다.
④ 멥쌀(Nonglutinous Rice)은 광택이 있고 반투명하다.

상 중 하

02 녹차밥 조리 준비 사항 중 녹차물과 맛국물의 비율로 옳은 것은?

① 1 : 0.5　　② 1 : 1
③ 1 : 1.5　　④ 1 : 2

03 ③

해설 국물이 있는 면요리의 그릇 선택과 고명 올리기

메뉴명	고명의 종류	고명 올리는 방법	올바른 그릇
온우동	대파(실파), 붉은어묵(가마보꼬), 덴까스 등	부재료의 색상과 양을 고려하여 보기 좋게 담음	깊이가 있고 넓이가 적당한 그릇
온 메밀 국수	실파, 하리노리, 덴까스 등	부재료의 색상과 양을 고려하여 보기 좋게 담음	깊이가 있고 넓이가 적당한 그릇
냄비 우동	대파, 붉은 어묵(가마보꼬), 달걀, 쑥갓	쑥갓은 제공 직전에 올림	토기냄비(질그릇)
튀김 우동	대파, 붉은 어묵(가마보꼬), 달걀, 새우튀김	새우튀김은 제공 직전에 올림	토기냄비(질그릇)

01 ②

해설 쌀의 특징

- 멥쌀(Nonglutinous Rice) : 광택이 있고 반투명하며, 점성이 많은 아밀로펙틴이 80% 정도, 아밀로오스가 20% 정도 함유되어 있어 밥을 지었을 때 끈기가 있어 주식으로 이용
- 찹쌀(Glutinous Rice) : 광택이 없고 불투명하며, 아밀로오스가 없고 아밀로펙틴이 100%로 점성이 매우 강하여 찰떡이나 인절미 등에 이용

02 ②

해설 녹차물과 맛국물을 1 : 1 정도로 한다.

상 | 중 | 하

03 덮밥 종류의 한국어 · 일본어 표기가 틀린 것은?

① 장어구이덮밥(鰻丼, 우나기동)
② 돈까스덮밥(カツ丼, 카츠동)
③ 튀김덮밥(天丼, 덴동)
④ 소고기덮밥(親子丼, 오야코동)

상 | 중 | 하

04 덮밥류 조리에 관한 설명 중 옳지 않은 것은? 빈출

① 덮밥을 돈부리(どんぶり)나 동(丼)으로 줄여 표기하기도 한다.
② 덮밥류 조리는 덮밥의 재료를 용도에 맞게 손질하고, 맛국물에 튀기거나 익힌 재료를 넣어 조리 또는 밥 위에 조리된 재료와 고명을 올려 완성한다.
③ 덮밥 소스는 덮밥용 맛국물과 양념간장, 재료에 맞게 준비한다.
④ 맛국물 농도를 비교적 흐리게 하여 다른 찬과 같이 식사를 할 수 있도록 만든다.

상 | 중 | 하

05 냄비의 종류에서 손잡이가 직각으로 되어 있는 작은 프라이팬 모양으로 밥 위에 올리는 과정에서 힘을 적게 주기 위해 턱이 낮고 가벼운 장점이 있는 냄비의 종류는?

① 타마고야키나베 ② 돈부리나베
③ 스끼야끼나베 ④ 아게나베

06 일식 초회 조리

상 | 중 | 하

01 초회 조리에 관한 설명으로 옳지 않은 것은?

① 비린내가 나는 재료는 일식 초회에서는 적합하지 않다.
② 일식 초회 조리는 식욕촉진제 역할을 하며 해산물, 오이, 미역 등 기초 손질한 식재료에 새콤달콤한 혼합초를 이용하여 만든 조리법이다.
③ 문어초회, 해삼초회, 모둠초회, 껍질초회 등이 있다.
④ 조미료 중 초를 주로 하여 다른 조미료와 혼합한 것을 날로 또는 가열한 식품에 조미해서 먹는 요리를 말한다.

03 ④

해설 덮밥의 종류
장어구이덮밥(鰻丼, 우나기동), 튀김덮밥(天丼, 덴동), 소고기덮밥(牛丼, 규동), 돈까스덮밥(カツ丼, 카츠동), 돼지고기구이덮밥(豚丼, 부타동), 참치회덮밥(鉄火丼, 뎃카동), 회덮밥(海鮮丼, 카이센동), 닭조림달걀덮밥(親子丼, 오야코동), 카레덮밥(カレ丼, 카레동) 등

04 ④

해설 맛국물 농도를 비교적 진하게 하여 다른 찬 없이 식사를 할 수 있도록 만든다.

05 ②

해설
- 타마고야키나베 : 안쪽에 도금되어 있으며 고온에 약하므로 과열로 굽는 것을 피함
- 스끼야끼나베 : 전골냄비
- 아게나베(揚鍋 : あげなべ, 아게나베) : 튀김 전문용 냄비

01 ①

해설 일식 초회는 식초를 사용하기 때문에 비린내가 나는 재료도 상큼하게 먹을 수 있는 장점이 있다.

상 | 중 | 하

02 초회 담기에 관한 설명으로 옳지 않은 것은?

① 곁들임 재료로는 차조기 잎(시소), 무순 등이 있다.
② 2, 4, 6 등 짝수로 기물을 선택한다.
③ 큰 접시보다는 작으면서도 깊이가 조금 있는 것에 담는 것이 잘 어울린다.
④ 용도에 맞는 기물을 선택하여 제공 직전에 무쳐 색상에 맞게 담아낸다.

02 ②

해설 초회 담기는 3, 5, 7 등 홀수로 기물을 선택한다.

상 | 중 | 하

03 혼합초의 종류별 기본분량 중 폰즈의 구성비는 얼마 정도인가?

① 식초 3 : 설탕 2 : 소금 1/2
② 다시물 1 : 간장 1 : 식초 1
③ 다시물 1.3 : 식초 1 : 간장 1
④ 다시물 3 : 식초 2 : 간장 1 : 설탕 1

03 ②

해설 **폰즈의 기본분량**
다시물 1 : 간장 1 : 식초 1

상 | 중 | 하

04 아카오로시, 모미지오로시에 이용되는 채소는?

① 배추　② 무
③ 양파　④ 대파

04 ②

해설 **빨간무즙(아카오로시, 모미지오로시)**

- 고추즙(고춧가루)에 무즙을 개어 빨간색을 띤 무즙으로, 붉은 단풍을 물들인 것처럼 아름다운 적색을 띠므로 모미지오로시라고도 한다.
- 초간장(폰즈), 초회에 곁들여 사용한다.

07 일식 찜 조리

상 | 중 | 하

01 찜요리의 화력 조절법이 틀린 것은?

① 약한 불로 찌는 요리 : 달걀찜(茶椀蒸し, 자완무시), 달걀두부(卵豆腐, 다마고도후) 등
② 중간 불로 찌는 요리 : 도미술찜(鯛酒蒸, 다이노사카무시) 등
③ 강한 불로 찌는 요리 : 달걀찜(茶椀蒸し, 자완무시), 달걀두부(卵豆腐, 다마고도후) 등
④ 강한 불로 찌는 요리 : 전복술찜(鮑酒蒸し, 아와비사까무시), 대합술찜(大蛤酒蒸し, 하마구리사까무시) 등

01 ③

해설 **약한 불로 찌는 요리**

- 달걀찜(茶椀蒸し, 자완무시), 달걀두부(卵豆腐, 다마고도후) 등
- 강한 불로 찌면 달걀 자체가 끓기 때문에 익으면서 구멍이 남아 보기 싫고, 맛도 없다.

상 | 중 | 하

02 **된장찜(味噌蒸し, 미소무시)에 대한 설명으로 옳지 않은 것은?**

① 빠른 시간 내에 쪄야 한다.
② 된장은 냄새를 제거하고 향기를 더해줘서 풍미를 살리므로, 찜 조리에 많이 사용된다.
③ 재료에 으깬 된장 등을 넣어서 혼합하여 찜한 요리이다.
④ 폰즈(ポソ酢)가 어울린다.

상 | 중 | 하

03 **찜 조리에 대한 설명으로 옳지 않은 것은?**

① 찜을 하기 때문에 식으면서 수분이 빠져나가면서 딱딱해진다.
② 증기에서 수증기로 만든 요리를 말한다.
③ 모양과 형태가 변하지 않고 본연의 맛이 날아가지 않게 하는 가열 조리법이다.
④ 일식 찜 조리는 생선류, 조개류, 채소류 등 다양한 식재료를 이용하여 찜을 하는 조리법이다.

02 ④

해설 **술찜(酒蒸し, 사까무시)**
도미, 대합, 전복, 닭고기 등에 소금을 뿌린 뒤 술을 부어 찐 요리로 폰즈(ポソ酢)가 어울린다.

03 ①

해설 찜 조리를 하기 때문에 식어도 수분이 충분하여 딱딱하지 않다.

08 일식 롤 초밥 조리

상 | 중 | 하

01 **초밥용 쌀의 조건으로 옳은 것은?** 빈출

① 고시히카리 품종이 좋음
② 밥을 평상시보다 약간 질게 지을 것
③ 전분의 구조가 부드럽고 끈기가 없는 것
④ 수분(배합초)의 흡수성이 좋지 않은 것

상 | 중 | 하

02 **일식 조리용어 중 옳지 않은 것은?**

① 눌림상자(오시바코)
② 강판(오로시가네)
③ 뼈뽑기(호네누키)
④ 초밥 버무리는 통(샤리비츠)

01 ①

해설 **초밥용 쌀의 조건**
- 밥을 지었을 때 맛과 향기(풍미)가 좋을 것
- 적당한 탄력과 끈기(찰기)가 있을 것
- 수분(배합초)의 흡수성이 좋을 것
- 전분의 구조가 단단하고 끈기가 있을 것
- 밥을 평상시보다 약간 되게 지을 것
- 고시히카리 품종이 좋음

02 ④

해설 강판(오로시가네), 눌림상자(오시바코), 뼈뽑기(호네누키), 초밥밥통(샤리비츠), 김발(마키스), 초밥 버무리는 통(한기리) 등

상 중 하

03 냉동 참치의 식염수 해동법으로 옳지 않은 것은?

① 봄, 가을 식염수 해동은 18~25℃의 물에 3%의 식염수
② 겨울철 식염수 해동은 30~33℃의 물에 3~4%의 식염수
③ 봄, 가을 식염수 해동은 27~30℃의 물에 3%의 식염수
④ 여름철 식염수 해동은 18~25℃의 물에 3~5%의 식염수

03 ①

해설 봄, 가을 식염수 해동은 27~30℃의 물에 3%의 식염수

상 중 하

04 초밥을 고루 섞는 방법(배합초 뿌리기)을 바르게 설명한 것은? 빈출

① 나무통(한기리)에 뜨거운 밥을 옮겨 담고 식힌 후 배합초를 뿌린다.
② 나무주걱으로 살살 옆으로 자르는 식으로 밥알이 깨지지 않도록 섞음과 동시에 한 번씩 밑과 위를 뒤집어 주면서 배합초가 골고루 섞이도록 한다.
③ 초양념은 밥을 짓기와 동시에 만들어 놓는다.
④ 밥에 배합초가 충분히 흡수되면 부채 등을 이용하여 밥에 남아 있는 여분의 배합초를 날려 보낸다.

04 ②

해설 초양념은 재료들이 잘 섞이도록 밥을 짓기 30분 전에 만들어 놓기 → 밥이 식으면 흡수력이 떨어지므로 나무통(한기리)에 뜨거운 밥을 옮겨 담고 배합초를 뿌리기 → 나무주걱으로 살살 옆으로 자르는 식으로 밥알이 깨지지 않도록 섞기 → 한 번씩 밑과 위를 뒤집어 주면서 배합초가 골고루 섞이도록 함 → 밥에 배합초가 충분히 흡수되면 부채 등을 이용하여 밥에 남아 있는 여분의 수분 날리기 → 초밥 온도를 사람 체온(36.5℃) 정도로 식히기 → 보온밥통에 담아 사용(온도유지)

09 일식 구이 조리

상 중 하

01 양념간장구이(데리야끼)에 대한 설명으로 옳지 않은 것은?

① 처음에는 간장을 조금 발라 굽고, 어느 정도 익으면 3~4번 정도 더 발라가며 구워 완성한다.
② 구이 재료를 데리(양념간장)로 발라가며 굽는 구이이다.
③ 양념간장에 구이 재료를 재웠다가 굽는 구이이다.
④ 일반적으로 간장 1 : 청주 1 : 맛술 1의 비율로 기호에 따라 설탕을 가미한다.

01 ③

해설

- 구이 재료를 데리(양념간장)로 발라가며 굽는 구이이다.
- 일반적으로 간장 1 : 청주 1 : 미림(맛술) 1의 비율로 기호에 따라 설탕을 가미한다.
- 처음에는 간장을 조금 발라 굽고, 어느 정도 익으면 3~4번 정도 더 발라가며 구워 완성한다.

상 중 하

02 구이 굽는 법에 대한 설명으로 옳지 않은 것은?

① 굽는 석쇠는 생선을 얹는 쪽을 충분히 열을 가한 다음 구어야 생선이 붙지 않는다.
② 껍질 쪽부터 구워 색깔이 먹음직스럽게 되면 뒤집어서 살 쪽을 천천히 굽는다.
③ 쿠시를 끼워서 구울 때는 3~4회 정도 빙글빙글 돌려 가면서 구워야 구시를 뺄 때 살이 깨지는 것을 막을 수 있다.
④ 껍질과 살을 3 : 7의 비율로 굽는 것이 기본이다.

02 ④
해설 껍질과 살을 6 : 4의 비율로 굽는 것이 기본이다.

상 중 하

03 구이요리의 올바른 불 조절법으로 옳지 않은 것은?

① 민물고기는 흙냄새 제거를 위해서 강한 불에서 빨리 굽는다.
② 된장절임구이나 간장구이 등은 타기 쉬우므로 불 조절을 약하게 해서 굽는다.
③ 보통 구이는 강한 불로 멀리서 굽는다.
④ 조개 종류와 새우는 강한 불로 빨리 굽는다.

03 ①
해설 민물고기는 시간을 오래 들여서 서서히 굽는다.

상 중 하

04 다음 ( ) 안에 들어갈 일식 조리의 용어는?

( )는 구이요리를 제공하면 반드시 함께 나오는 곁들임으로, 구이를 먹고 난 후 입안을 헹구는 역할을 하며, 입안의 비린내를 제거하는 데 효과적이다. 또한 다양한 ( )는 계절감이 잘 표현된다.

① 스미야끼 ② 아시라이
③ 가네쿠시 ④ 가라아게

04 ②
해설 아시라이는 구이요리를 제공하면 반드시 함께 나오는 곁들임으로, 구이를 먹고 난 후 입안을 헹구는 역할을 하며, 입안의 비린내를 제거하는 데 효과적이다. 또한 다양한 아시라이는 계절감이 잘 표현된다.

Keyword 복어 기초 손질법, 복어의 독(테트로도톡신), 복어죽(오카유, 조우스이), 튀김의 종류, 튀김 조리용어, 초간장(폰즈), 양념장(야꾸미)

복어

생선회 자르는 법

평썰기 (히라즈쿠리, 平造り)	• 가장 많이 사용하는 방법으로, 부드럽고 두꺼운 생선을 자를 때 사용 • 칼 손잡이 부분에서 그대로 잡아당기듯이 각이 있도록 자르는 방법	참치회, 연어회, 방어회
깎아썰기 (소기즈쿠리, 削造り)	• 칼을 오른쪽으로 45° 각도로 눕혀서 깎아내듯이 써는 방법 • 아라이(얼음물에 씻기)할 생선이나 모양이 좋지 않은 회를 자를 때 사용	농어(여름철)
각썰기 (가쿠즈쿠리, 角造り)	• 붉은살생선을 직사각형, 사각으로 자르는 방법 • 생선살 위에 산마를 갈아서 얹어 주는 방법 예 야마카케(山掛)	참치, 방어
잡아당겨썰기 (히키즈쿠리, 引造り)	살이 부드러운 생선의 뱃살 부분을 써는 방법으로, 칼을 비스듬히 눕혀서 써는 방법	흰살생선의 뱃살
얇게 썰기 (우스즈쿠리, 薄造り)	• 복어, 도미처럼 탄력 있는 생선을 최대한 얇게 모양내어 써는 방법 • 국화 모양, 학 모양, 장미 모양, 나비 모양 등	복어, 도미
가늘게 썰기 (호소즈쿠리, 細造り)	• 칼끝을 도마에 대고 손잡이가 있는 부분을 띄어 위에서 아래로 가늘게 써는 방법 • 싱싱한 생선을 가늘게 썰어 씹는 맛을 느낌	광어, 도미, 한치
실 굵기 썰기 (이토즈쿠리, 絲造り)	실처럼 가늘게 써는 방법으로, 질긴 생선 또는 무침용으로 사용	갑오징어, 광어, 도미
뼈째썰기 (세고시, 背越)	• 작은 생선을 손질한 후 뼈째 썰어 회로 먹는 방법 • 살아 있는 생선만을 이용하며, 고소한 맛을 느낄 수 있음	도다리, 전어, 병어, 쥐치

Check Note

복어 조리의 기본 준비사항 및 관리능력

① 조리도구의 사용 전·중·후 세척 관리능력
② 조리도구를 정리·보관할 수 있는 능력
③ 양념, 곁들임을 준비하고 사용할 수 있는 능력
④ 복어 조리용어의 해설 능력
⑤ 복어 음식문화를 이해할 수 있는 능력
⑥ 복어 종류와 식용 가능한 복어의 선별 능력
⑦ 식용 가능한 복어의 부위별 선별 능력
⑧ 복어 품질의 검수 능력
⑨ 복어의 선도유지 능력
⑩ 복어의 보관 능력[냉장(0 ~5℃), 냉동(–50 ~ –20℃) 또는 냉동(–50 ~ –18℃)]
⑪ 빠른 시간 내에 복어 부산물(내장, 혈액 등)의 수거·운반 능력
⑫ 세제, 표백제 등 독성물질이 유입되지 않도록 하는 관리능력

썰기의 종류

밀어썰기	말랑말랑한 재료	안쪽으로 가볍게 칼을 넣고 단번에 자르는 방법	복떡, 두부, 김초밥
	단단하지 않은 재료	아래로 누르듯이 썰면 단면이 거칠어지기 때문에 가볍게 살짝 밀면서 자르는 방법	통배추, 오이
	크고 단단한 재료	칼을 넣고 반대편 손으로 칼의 앞뒤를 눌러주면서 자르는 방법	무, 단호박
잡아당겨썰기	재료에 칼끝을 비스듬히 댄 채 잡아당기듯 써는 방법		갑오징어 채, 대파 채
눌러썰기	다지기의 한 방법으로, 왼손으로 칼 앞쪽을 잡고 오른손으로 칼 손잡이를 움직여 재료를 누르듯이 써는 방법		통무
저며썰기	재료의 옆쪽에서 칼을 자르는 방법		표고버섯 큰 것, 배춧잎
별모양썰기	생표고버섯 중앙에 칼집을 3개 넣어준 후 그 칼집에 맞춰서 약간씩 파서 별모양을 만드는 방법		표고버섯

기본양념 등 준비하기

- 복어 기본양념 준비
  각종 조미료는 요리의 맛을 더해주는 재료로서 감칠맛을 내는 재료, 단맛을 내는 재료, 신맛을 내는 재료, 촉감을 좋게 하는 재료, 풍미를 좋게 하는 재료 등으로 나눌 수 있음
- 곁들임(あしらい, 아시라이) 재료 준비
  일식 곁들임 재료는 주재료에 첨가해서 시각적인 눈으로 보는 일식 조리와 주재료와의 조화로 맛을 한층 좋게 하며 식욕을 돋는 역할을 함

초간장 (ポン酢, 폰즈)	• 등자나무(신맛 나는 과일, だいだい, 다이다이)에서 즙을 내서 만들거나 식초를 사용함 • 간장이나 다시물을 혼합하여 만듦
양념 (薬味, やくみ, 야쿠미)	• 무즙(大根卸し, だいこんおろし, 다이콘오로시), 빨간무즙(赤卸, あかおろし, 아카오로시), 실파(ワケギ, 와케기), 레몬(レモン) 등으로 만듦 • 만드는 법 : 계량하기 → 강판에 무 갈기 → 무의 매운맛 제거하기 → 고운 고춧가루 버무리기 → 실파 곱게 썰기 → 레몬 자르기 → 양념 완성하기 → 담아내기

Check Note

식초의 종류

양조식초 (醸造酢, じょうぞうす, 죠우죠우스)	곡류, 알코올, 과실 등을 원료로 초산을 발효시켜 만들고 풍미가 있으며, 가열해도 풍미가 살아 있음
천연식초 (天然酢, てんねんす, 텐넨스)	향기가 좋은 유자, 레몬, 스다치, 가보스 등의 과즙을 식초로 사용하며, 초회요리 등 무침요리에 사용됨
합성식초 (合成酢, ごうせいす, 고우세이스)	양조식초에 초산, 빙초산, 조미료를 희석하여 만들어 좀 더 자극적이며, 가열하면 풍미는 날아가고 산미만 남는 특징이 있음

모둠간장 (合わせ醬油, あわせしょうゆ, 아와세쇼유)	• 깨간장(ゴマ醬油, ごましょうゆ, 고마쇼유) : 절구(스리바치)에 볶은 참깨를 곱게 갈면서 간장, 설탕을 서서히 넣어 잘 섞어 채소류 무침, 샤브샤브 소스 등으로 사용함 • 고추간장(辛子醬油, とうがらししょうゆ, 토우가라시쇼유) : 고추냉이(와사비) 또는 겨자에 간장, 맛술 등을 혼합하여 매콤한 맛의 소스를 완성함 • 땅콩간장((落花生醬油, らっかせいしょうゆ, 락가세이쇼유) : 볶은 땅콩을 믹서로 갈아 절구에 넣어 더욱 부드럽게 간 다음 간장과 설탕을 넣고 잘 섞어 채소류에 이용함

01 복어 부재료 손질

1 복어의 기본 손질법★

(1) 복어는 흐르는 물에 씻어 어취를 제거함
(2) 복어의 가슴지느러미, 등지느러미, 배지느러미를 제거함
(3) 복어의 입과 눈 사이에 칼을 넣어 주둥이를 잘라 내며, 이때 혀는 자르지 않아야 함
(4) 복어를 옆으로 뉘여 눈과 배 껍질 사이로 칼을 넣고 반대쪽도 똑같이 칼을 넣어 껍질과 살을 분리함
(5) 아가미 쪽에 양쪽으로 칼을 넣고, 가슴살과 내장을 분리한 다음 다시 아가미와 내장을 분리함
(6) 내장에 정소(곤이)가 붙어 있으면 분리하여 식용으로 사용하고, 난소(알)가 붙어 있으면 나머지 내장과 함께 폐기물 쓰레기로 버림
(7) 복어의 안구를 제거하고, 머리와 목 부분에 칼을 넣어 몸통과 머리를 분리함
(8) 복어 머리는 이등분하여 골수(뇌)를 제거하고, 몸통 살의 배꼽 부분을 떼어 내 실핏줄 등 이물질을 제거함
(9) 흐르는 물에 5~6시간 담가 피와 독성분을 제거함
(10) 복껍질은 이물질을 제거하고 칼로 가시를 제거함

2 복어의 종류와 품질 판정법

(1) 복어(河豚, ふぐ)의 종류
① 복어는 난해성으로 세계 각지에 100~120여 종 이상이 있으며, 우리나라 근해에는 30~38여 종이 서식하는 것으로 알려져 있음

Check Note

간장의 제조 방법에 따른 분류
① 양조간장 : 전통적인 방법은 메주를 사용하여 바실러스 서브틸러스(Bacillus subtilis) 세균에 발효해서 만듦
② 개량간장 : 콩과 전분질을 혼합해 아스퍼질러스 오리제(Aspergillus oryzae) 곰팡이균을 이용해서 만듦
③ 화학간장 : 양조간장과 메주를 전혀 사용하지 않고 만듦

일식 맛국물 조리
맛국물의 종류에는 곤부다시, 가쓰오부시다시, 이치반다시, 니반다시, 도리다시, 니보시다시 등이 있음

부재료 손질 방법
① 입고된 채소는 납품될 때 들어온 포장지를 교체·보관하고 날짜를 기록하여 기록 순서대로 보관하며, 선입선출하도록 정리
② 냉장고에 보관할 때는 별도의 용기에 잘 담아 보관하고, 냉장고에 직접 닿아 냉해를 입지 않도록 함
③ 해조류를 데칠 때는 단시간에 데쳐 수용성 성분이 손실되지 않게 함
④ 채소류는 색, 맛, 신선도를 위하여 오래 저장하지 않도록 함
⑤ 생선을 조리할 때 비린내를 제거하기 위하여 물로 깨끗하게 씻고, 마늘, 파, 생강, 미나리 등의 채소류와 간장, 된장, 우유, 청주, 식초, 레몬 등을 사용하여 비린내를 줄일 수 있음

② 주로 맹독을 지니고 있지만, 전혀 독을 지니고 있지 않은 종류도 있고, 따라서 복어를 조리해 먹을 때는 그 어종과 독성을 잘 알고 있어야 함

(2) 자주 사용하는 복어의 종류

밀복(鯖河豚, さばふぐ)	• 참복과에 속하는 경골어 • 길이 40cm 정도이며, 흰 밀복, 민 밀복, 은 밀복, 흑 밀복 등이 있음
까치복(縞河豚, シマフグ)	등 부위와 측면이 청홍색의 바탕색이며, 배면에서 몸쪽 후방으로 현저한 흰 줄무늬가 뻗어 있어 까치 모양을 닮음
참복, 검복(真河豚, マフグ)	등 부위는 암녹갈색으로 명확하지 않은 반문이 있고, 몸쪽 중앙에 황색 선이 뻗어 있으며, 성장함에 따라 불분명하게 됨
황복	• 황점복의 성어와 비슷하지만, 황복은 가슴지느러미 후방과 등지느러미 기부에 불명료한 흰 테로 둘린 검은 무늬가 있음 • 중국에서 오래전부터 즐겨 먹은 것으로 알려져 있음 • 임진강에서 주로 잡히며, 강으로 거슬러 올라가는 소하성 습성이 있음

(3) 복어의 독★★★

① 복어는 테트로도톡신(Tetrodotoxin)이라는 맹독을 가지고 있는데, 무색의 결정으로 무미와 무취임

② 알코올, 알칼리성, 유기산, 열, 효소, 염류, 일광 등에도 잘 분해되지 않음

③ 복어 한 마리에는 성인 33명의 생명을 빼앗을 수 있는 맹독이 있으며, 치사량은 테트로도톡신 2mg 정도임

④ 복어 독은 신경독 성질로, 소량으로도 전신마비와 호흡곤란 증상으로 사망함

⑤ 중독 증상까지는 약 20분 정도 걸리지만, 1시간 30분 이내에 사망함

⑥ 복어를 먹을 때는 독이 있는 난소, 간장 이외에도 아가미, 심장, 위장, 비장, 신장, 담낭, 안구, 혈액(피), 점액 등 비가식용 부위를 반드시 제거함

(4) 복어 살의 특성 및 숙성

복어 살의 특성	• 복어는 육질이 단단하고, 콜라겐 함량이 높음 • V형 콜라겐이 복어회의 단단함에 관여하며, 사후 하루가 지나도 육질의 단단함이 떨어지지 않음

Check Note

✔ 식용 유무에 따른 복어의 종류

식용 가능한 복어	참복, 범복, 까치복(줄무늬복), 까마귀복, 밀복, 황복, 줄무늬고등어복, 흰고등어복, 검은고등어복, 잔무늬복어, 배복, 철복, 풀복어, 피안복, 상재복, 눈복, 붉은눈복, 깨복, 껍질복, 삼색복 등
식용 불가능한 복어	가시복, 독고등어복, 돌담복, 쥐복, 상자복, 부채복, 잔무늬속임수복, 별두개복, 얼룩 곰복, 별복, 선인복, 무늬복 등

✔ 복어의 영양 및 효능

영양	• 불포화지방산인 EPA, DHA를 다량 함유하고, 각종 무기질, 비타민을 함유함 • 복어는 조리 시 영양 손실이 적어 한 마리를 기준으로 저칼로리(85kcal 정도), 저지방(0.1～1%), 고단백(18～20%)임
효능	• 저지방 고단백 다이어트 식품이며, 숙취해소 및 수술 전후의 환자 회복에 좋음 • 당뇨병 또는 신장 질환자의 식이요법에 좋고, 갱년기 장애, 혈전용해, 노화를 방지함 • 암, 위궤양, 신경통, 해열, 파상풍 환자 등에도 효과가 큼

사후경직	• 사후 근육이 점점 굳어지며 투명도를 잃고, 어육(魚肉) 자체가 경직해 가는 현상 • 어류의 생리적인 조건, 치사 조건, 복어의 크기, 저장온도 등에 따라 사후경직에 이르는 시간이 다름
복어 살의 숙성 (전처리 후)	4℃에서 24~36시간, 12℃는 20~24시간, 20℃는 12~20시간으로 숙성·보관함

(5) 부패와 삼투압 작용

어류의 부패	어육류 속에 함유된 단백질이 세균에 의해 단백질 효소를 방출하여 분해될 때 좋지 않은 냄새와 알레르기를 유발할 수 있는 상태
어류의 자가소화	미생물 번식이 병행되어 부패를 가져오게 됨
부패가 생기기 쉬운 조건	세균이 생육하기 좋은 조건 : 적당한 수분과 온도(20~40℃)
부패방지 방법	• 냉동, 냉장, 훈연 등 • 소금을 사용하여 염장시키는 방법
세균의 사멸	어류에 소금을 뿌리면 단백질 분해효소를 방출하는 세균 등의 미생물이 안쪽(농도가 낮음)에서 바깥쪽(농도가 높음)으로 빠져나가 세균을 사멸시킴으로써 부패 현상을 방지할 수 있음
삼투압 작용	단백질 분해효소의 작용과 수분활성도가 억제됨으로써 복어회의 탄력에도 영향을 줌

(6) 복어의 선도 판정법

① 복어의 관능적 품질(선도) 판정법

눈 (안구)	• 복어의 눈이 외부로 돌출되고 깨끗하며, 투명한 상태가 신선함 • 각막이 눈 속으로 내려앉거나 흐리고 탁할수록 신선도가 떨어짐
아가미	• 아가미 색깔이 선명한 선홍색일수록 신선함 • 끈적끈적한 점액질이 많고 냄새가 나며, 흐릿한 담홍색일수록 선도가 떨어짐
표피 (표면)	• 표피층에 광택이 나고 선명한 색깔을 띠며, 피부에 밀착되어 있으면 신선함 • 선도가 떨어지면 점액질이 증가하고, 표피가 녹아내리거나 냄새가 남

Check Note

염수(숙성수)의 작용

어류의 수분	• 함유량 60~90% 정도 • 저장성, 형태, 성분의 변화, 가공의 적성 등에 영향
테트로도톡신	약산성에는 안정하나 알칼리성에는 불안정함
염수에 담가 놓음	• 복어를 즉살한 후 방혈시켜 일정 염수에서 일정 시간 동안 숙성 과정을 거치는 작업 • 재료의 산화 방지, 세균이 분비하는 단백질 분해 효소의 작용을 방해[단백질 분해 효소가 작용할 펩타이드 결합(Peptide Bond) 위치에 먼저 결합하여 효소가 결합하는 것을 막아 효소가 불활성화하게 하는 역할]
어류의 염수	• 해수의 평균 염도인 3%로 세척 • 침수 시간을 정하여 어육의 조직감, 기호성 등에 따라 사용

화학적 선도 판정법

① 측정 종류 : 암모니아, 트리메틸아민, 인돌, 휘발성 염기질소, 휘발성 유기산, 히스타민 정량분석 등
② 장점 : 실용성이 있음
③ 단점 : 시간과 비용 필요(복잡한 실험 과정)

지느러미	• 선도가 좋은 생선은 지느러미가 깨끗하고 상처가 없음 • 선도가 떨어지면 지느러미가 녹아내리고 상처가 많으며, 냄새가 남
냄새	• 바닷물 냄새가 나면 신선한 것임 • 신선도가 떨어지면 비린내가 나고, 암모니아 냄새가 날 수 있음
복부	탄력이 있고, 팽팽하여야 신선함
근육	탄력이 있고, 살이 뼈에서 쉽게 떨어지지 않아야 신선함
탄력성	손가락으로 눌렀을 때 탄력이 있어 손가락 자국이 남지 않아야 신선함

② 기타 선도 판정법

꽃게, 조개류, 활복어	• 살아 있는 것을 구입하여 조리함 • 수족관에 오래 보관하지 않음
냉동생선 (복어)	• (급)냉동으로 잘 보관되어 있고, 해동 후 바로 조리함 • 해동 후 재냉동하지 않음 • 수분이 빠져 있거나 마르지 않은 것

(7) 관능검사의 차이식별검사

종합적 차이식별검사	삼점검사	가장 많이 사용되는 검사로, 세 개의 시료를 주고 두 개의 시료는 같은 것으로 제공하고, 한 개는 다른 것으로 제공해 차이점이 있는지 알아보는 검사
	일–이점검사	두 개의 검사물 중에서 주어진 기준 제품과 다른 하나를 골라내는 검사
특성 차이검사	이점비교검사	두 개의 검사물 간에 다른 점이 있는지 같은지 알아보는 검사

3 복떡 굽기

(1) 복떡을 구울 때의 방법

① 사용량에 맞게 떡의 양을 계량함
② 복떡은 3cm 정도로 잘라 손질함
③ 떡을 쇠꼬챙이에 꽂아서 구울 준비를 함
④ 쇠꼬챙이에 꽂은 복떡을 직화로 색이 날 때까지 구워냄
⑤ 구워낸 떡은 얼음물에 담가 형태가 변하지 않게 식혀냄
⑥ 떡에 물기를 제거한 후 지리가 끓으면 복떡을 넣어서 완성함

Check Note

✔ 복어의 종류에 따른 관능검사 방법

외관	시각적인 요소(색깔, 빛깔, 모양)
풍미	미각, 취각(맛, 온도, 냄새)
질감	청각, 촉각, 씹는 소리, 씹는 느낌
영양가	열량소, 구성수, 조절소

✔ 복어 조리와 함께 사용되는 채소 종류

① 배추(白菜, ハクサイ, 하쿠사이)
② 무(大根, ダイコン, 다이콘)
③ 당근(人参, ニンジン, 닌징)
④ 미나리(芹, セリ, 세리)
⑤ 대파(大葱, ながねぎ, 나가네기)
⑥ 실파(分葱, ワケギ, 와케기)
⑦ 표고버섯(椎茸, しいたけ, 시이타케)
⑧ 팽이버섯(えのき茸, えのきたけ, 에노키타케)
⑨ 두부(豆腐, 토우후, とうふ) 등

(2) 복떡을 구울 때 주의사항

① 이물질이 혼입되거나 타지 않게 노릇하게 구움

② 얼음물에 복떡을 식혀야 수월하고, 식감을 쫄깃하게 할 수 있음

③ 떡을 쇠꼬챙이에 꽂은 뒤 구우면서 꼬챙이를 살짝 돌려 주어야 구워진 뒤 빼내기가 수월함

02 복어 양념장 준비

1 초간장(ポン酢, ぽんず, 폰즈) 만들기

(1) 재료

다시마(昆布, 곤부), 가다랑어포(鰹節, 가쓰오부시), 간장(醬油, 쇼유), 식초(酢, 스), 유자, 레몬, 카보스, 영귤(스타치), 설탕 등

(2) 만드는 법

① 조리에 필요한 만큼 양을 계량함

② 냄비에 찬물과 깨끗이 닦은 다시마를 넣고 끓이며, 끓기 직전에 다시마를 건져내 불을 끄고 가쓰오부시를 넣어 다시마 국물을 만듦 → 10분 후 면포(소창)에 걸러서 사용함

③ 다시국물, 식초, 간장을 1 : 1 : 1 비율로 넣고 레몬을 넣고 섞어줌

④ 만들어 둔 폰즈 소스에 가쓰오부시를 넣고 숙성함

⑤ 24시간 정도 숙성시킨 후 면포(소창)에 걸러 그릇에 담아냄

2 양념(薬味, やくみ, 야쿠미) 만들기

(1) 재료

무(大根, 다이콘), 실파(ワケギ, 와케기), 고춧가루(唐辛子粉, 도카라시), 레몬(レモン) 등

(2) 만드는 법

① 조리에 필요한 만큼 양을 계량함

② 강판에 사용할 만큼 무를 갈아줌(무는 매운맛을 제거하기 위해 고운 채에서 간 무를 2~3회 씻어줌)

③ 고운 고춧가루와 물기가 조금 있는 무 오로시를 섞어줌

④ 실파의 파란 부분을 송송 썰어 찬물에 헹구어서 특유의 점액질을 제거함

⑤ 레몬을 손질한 후 그릇에 양념[야쿠미(빨간무즙, 실파찹, 레몬)]을 담아냄

Check Note

복떡을 굽는 이유

주로 복어 냄비요리에 사용되는 흰(복) 떡은 쌀가루로 만들어 노화가 빨리 일어나 그대로 사용하면 형태가 변하므로 구워서 사용

초간장의 정의

① 복어에서의 초간장은 폰즈 소스라고 불림

② 폰즈는 레몬, 라임, 오렌지 등의 과즙에 식초를 첨가하여 맛을 더해 보존성을 높임

③ 흔히 폰즈 소스는 가다랑어 국물, 식초, 간장이 1 : 1 : 1 비율로 만들어짐

채소를 강판에 간 즙(卸し, おろし, 오로시)

① 무즙(大根卸し, だいこおろし, 다이콘오로시), 생강즙(쇼가오로시), 고추냉이즙(나마와사비오로시) 등을 '오로시'라 함

② 오로시는 생선 특유의 냄새 제거와 해독작용 및 풍미증강 등에 효과가 있어 즐겨 사용함

Check Note

✔ 양념(薬味, やくみ, 야쿠미)의 종류별 특징

이배초 (二杯酢, にばいず, 니바이스)	간장, 청주, 맛술을 사용하여 채소류와 생선류 초회 소스로 사용
삼배초 (三杯酢, さんばいず, 삼바이스)	국간장, 청주, 설탕을 사용하여 채소류 초회 소스로 사용
토사초 (土佐酢, とさず, 토사스)	삼배초에 맛술, 가쓰오부시를 추가하여 좀 더 고급스러운 소스로 사용
단초 (甘酢, あまず, 아마스)	청주, 설탕, 맛술 사용

✔ 그릇 선택 및 주의사항

① 그릇은 작으면서도 좀 깊은 것이 좋음
② 계절에 따라 그릇으로 유자, 감, 오렌지 등을 이용할 수 있음
③ 재료는 신선한 것으로 준비하고, 필요에 따라서 밑간 또는 가열함
④ 익힌 재료는 차갑게 해서 제공함
⑤ 요리는 먹기 직전에 무쳐서 제공함
⑥ 초회는 미리 무쳐 놓으면 색감이 변하고, 수분이 나오게 되어 색과 맛이 떨어짐

3 참깨소스(ゴマのソース, 고마다래) 만들기

볶은 깨에 간장, 맛술 등의 양념을 넣어 맛을 내는 양념으로, 주로 담백한 냄비요리를 먹을 때 찍어 먹음

(1) 재료
참깨(ゴマ, 고마), 간장(醬油, 쇼유), 맛술(みりん, 미림)

(2) 소스 만들기
① 조리에 필요한 재료들을 계량함
② 깨를 볶아서 갈아줌
③ 간장과 맛술을 넣어 소스를 완성함

03 복어 껍질초회 조리

1 복어 껍질 준비

(1) 재료 준비
복어 껍질에는 미끈한 점액질이 있고, 악취가 있으므로 굵은소금과 솔로 껍질을 잘 씻어주고, 물에 헹구어 사용함

(2) 준비과정
① 복껍질 벗기기(관서지방은 1장, 관동지방은 2장으로 잘라 벗김)
② 복어 껍질은 속껍질과 겉껍질이 있는데, 데바칼을 이용해 둘을 분리하여 손질함(겉껍질과 속껍질의 사용 비율은 9 : 1 정도가 좋음)
③ 껍질에 있는 가시들은 사시미칼로 밀어 가시를 제거함
④ 가시를 제거한 복어 껍질은 끓는 물에 데친 후 얼음물에 넣음
⑤ 젤라틴 성분이 많아 물기를 빠르게 제거한 후 냉장고에 넣어 건조함
⑥ 곱게 채를 썰어 복어 초회에 사용하도록 준비함

2 복어 초회 양념 만들기

(1) 무를 갈아 물에 매운맛을 씻어내고, 고춧가루와 혼합하여 아카오로시(빨간무즙)을 만듦
(2) 실파는 잘게 썰어 물에 씻은 후 물기를 제거함
(3) 다시마와 가쓰오부시로 일번다시(다시마와 가쓰오부시로 맛을 낸 국물)를 만든 후 진간장과 식초, 레몬 등을 넣어 초간장을 만듦
(4) 만들어진 초간장에 실파와 아카오르시를 넣고 초회 양념을 완성함

3 복어 껍질 무치기

(1) 폰즈(초간장) 소스와 아카오로시(빨간무즙) 양념을 만듦
(2) 복어 껍질을 데쳐 차게 식힌 후 채를 썰어 준비함
(3) 미나리를 3~4cm 정도 길이로 썰어 준비함
(4) 채 썬 복어 껍질과 미나리, 폰즈 소스, 양념을 넣고 무쳐 초회를 만들어 접시에 담음

04 복어 죽 조리

1 복어 맛국물 준비

(1) 복어 맛국물 제조 순서
① 다시마의 양면에 묻어 있는 불순물을 면포로 깨끗이 닦아줌
② 찬물에 다시마를 넣어 불을 올림
③ 불 조절은 약하게 하며, 끓기 직전에 다시마를 건져냄
④ 국물을 맑게 거름

(2) 복어 뼈 맛국물 제조 순서
① 복어는 껍질을 제거하고, 세장뜨기로 함
② 살을 제외한 남은 뼈를 손질하여 흐르는 물에 담가 핏물과 이물질을 제거함
③ 냄비에 물, 다시마를 넣고 중간 불에 올려 끓기 시작하면 다시마를 건져냄
④ 다시마 육수에 복어의 중간뼈·머리뼈·아가미뼈를 넣고, 감칠맛이 충분히 우러나오도록 끓임
⑤ 이물질을 제거하고 국물이 탁한 색에서 맑게 되면 체에 밭쳐 육수를 만듦

2 복어 죽 재료 준비

(1) 복어 죽 용도로 밥 짓기

쌀 씻기 (米洗い, こめあらい, 고메아라이)	• 쌀에 물을 부어 첫 번째 물은 쌀에 흡수되지 않도록 빠르게 버리고, 2~3번째에 불순물을 제거함 • 여름에는 약 30분, 겨울에는 약 1시간 전에 씻어둠
물기 제거	씻은 쌀은 체에 밭쳐 여분의 수분을 제거함
밥 짓기	밥 짓기는 생쌀 1kg에 물 1.0~1.2L의 비율 또는 생쌀 1kg에 물 0.9~1.2L와 청주 100cc를 넣고 밥 짓기를 함

Check Note

한국에서 서식하는 다시마(昆布, こんぶ, 곤부)의 종류

종류	참 다시마	애기 다시마	개 다시마
분포지역	한국 동해안, 일본	한국 동해 연안, 중국 연해, 일본 연해 등	한국 동해, 일본 홋카이도 등
서식장소	동해안 사근진 앞 연안(토종은 수심 20~40m, 일본 유입종은 수심 약 5m의 얕은 수역)	조간대 아래에 있는 바위나 돌	점심대(漸深帶)의 깊은 곳
크기	토종 약 1m, 일본 유입종 약 2m	길이 0.5~2m, 너비 5~9cm, 줄기 원기둥 모양 2~5cm	길이 1~2m, 너비 20~30cm
형태	전체 모양이 댓잎처럼 생겼으며, 몸은 부착기·줄기·엽상부로 나누어짐	• 전체 모양이 긴 버들잎처럼 생겼으며, 잎은 길이 0.6~2m, 너비 5~9cm임 • 줄기는 길이가 2~5cm로 원기둥 모양이고, 뿌리는 수염 모양임	• 줄기는 긴 댓잎 모양의 엽상부로 되어 있고, 밑동은 둥긂(가운데 부분은 두꺼움) • 뿌리는 섬유 모양이고, 밑동에서 돌려남
비고	토종이 양식보다 알긴산 등 각종 영양소의 함량이 높음	황갈색 또는 밤색	억세고 끈적끈적한 점질이 강함(맛은 비교적 떨어짐)

Check Note

복어 죽용 부재료 준비

① 실파(浅葱, あさつき, 아사쯔키), 미나리(水芹, せり, 세리) 손질하기 : 곱게 잘라 흐르는 물에 씻어 물기를 제거함
② 김(海苔, のり, 노리) 손질하기 : 김은 구운 뒤 얇게 채를 썰어(하리노리) 준비하기
③ 달걀(卵, たまご, 다마고) 풀기 : 달걀노른자 또는 달걀을 잘 푼 뒤 준비하기
④ 참기름(ゴマ油, ごまあぶら, 고마아부라)과 깨(ゴマ, ごま, 고마) 준비하기

복어 죽용 전처리하기

① 맛국물(煮出し汁, にだしじる, 니다시지루) 만들기 : 다시마를 이용해 곤부다시를 만듦
② 복어 맛국물(河豚煮出し汁, ふぐにだしじる, 후구니다시지루) 만들기 : 곤부다시에 손질한 복어 뼈를 넣고 맛국물을 만듦
③ 복어 살 손질하기 : 복어 살은 석장뜨기를 하여 작은 토막으로 썰어 준비하기
④ 복어 정소(河豚白子, ふぐしらこ, 후구시라코) 손질하기 : 복어 정소는 소금을 이용해 씻은 뒤 흐르는 물에 담가 핏물을 제거하고 한입 크기로 자름

(2) 죽(かゆ)의 종류 및 조리법

오카유 (お粥, おかゆ)	밥 또는 불린 쌀로 만드는 죽 • 밥을 이용해서 죽을 만드는 경우 : 냄비에 밥과 물을 넣고 국자로 밥알을 으깨면서 죽을 완성함 • 불린 쌀로 죽을 만드는 경우 : 냄비에 불린 쌀의 반 정도를 갈아 맛국물을 넉넉히 넣고 푹 끓여서 죽을 완성함
조우스이 (雑炊, ぞうすい)	밥은 찬물에 밥알의 형태가 잘 풀리게 씻은 후 체에 밭쳐 물기를 제거하고, 다시 국물에 해산물 또는 채소류를 넣어 끓인 맛국물에 밥을 넣고 만드는 죽 • 여러 가지 부재료를 넣어 끓이고, 밥알의 형태가 남는 특징이 있음 • 복어죽, 전복죽, 채소죽, 버섯죽, 굴죽, 알죽 등

3 복어 죽 완성

(1) 복어 조우스이(河豚の雑炊, ふぐのぞうすい, 후구노조우스이) 만들기

1) 다시마 맛국물(昆布出し, こんぶだし, 곤부다시)과 복어 뼈(ふぐ骨, ふぐほね, 후구호네) 맛국물 만들기

2) 복어 뼈 맛국물(河豚骨出し, ふぐほねだし, 후구호네다시)
① 냄비에 물, 다시마를 넣고 중불에 올려 끓기 시작하면 다시마를 건짐
② 다시마 국물에 복어의 머리뼈, 중간뼈, 아가미뼈를 넣고 충분히 끓여서 맛국물을 우려냄
③ 체로 뼈만 건져내고, 뼈의 살이 부족하면 복어 살을 추가로 썰어 넣음

3) 다시에 밥 넣고 간하기(味付け, あじつけ, 아지쯔께)
① 복어 뼈 맛국물에 찬물에 씻은 밥을 넣고 중불에서 한소끔 끓임
② 불을 줄이고 소금과 국간장으로 가볍게 밑간함

4) 달걀(卵, たまご, 다마고) 풀기
죽이 끓기 시작하면 불을 끄고, 풀어 둔 달걀을 넣어 덩어리지지 않게 저은 후 곱게 송송 썬 실파를 넣어 3~4분 정도 더 뜸을 들임

5) 담기(盛り, もり, 모리)
그릇에 담고, 곱게 자른 김(하리노리)을 올려 완성함

(2) 복어 오카유(河豚のお粥, ふぐのおかゆ, 후구노오카유) 만들기

1) **복어 살**(河豚身, ふぐのみ, 후구노미), **참나물**(三つ葉, みつば, 미쯔바) **손질하기**
복어 살을 얇게 저며 가늘게 썰고, 참나물 줄기는 끓는 물에 데쳐 찬물에 씻어 1cm로 썸

2) **김**(海苔, のり, 노리)**과 실파**(浅葱, あさつき, 아사쯔키) **손질하기**
김은 불에 살짝 구어 잘게(하리노리) 자르고, 실파는 송송 썰어 흐르는 물에 2~3회 씻어 체에 건져 물기를 제거함

3) **죽**(お粥, おかゆ, 오카유) **끓이기**
① 냄비에 다시마 맛국물, 밥을 넣고 중불로 한소끔 끓으면 거품을 걷어냄
② 손질한 복어 살을 넣고 죽의 농도가 될 때까지 천천히 끓임

4) **담기**(盛り, もり, 모리)
① 소금, 간장(국)으로 밑간을 하고 불을 끔
② 달걀 또는 달걀노른자를 잘 풀어 넣고 뜸을 들임
③ 걸쭉해지면 참나물 또는 실파를 넣고 그릇에 담아 자른 김을 올림

Check Note

✔ 복어 정소(시라코, 이리) **죽**(오카유, 조우스이) **만들기**
① 정소의 불순물 제거(제독) : 복어의 정소는 불순물 등 실핏줄을 제거하고, 소금에 씻어 흐르는 물에 담가 여분의 불순물과 핏물을 제거함
② 정소 준비하기 : 불순물이 제거(제독)된 정소는 자르거나 고운 체에 곱게 걸러 준비함
③ 정소 죽 끓이기 : 복어 오카유와 조우스이 만들기와 같은 방법으로 죽을 끓이며, 복어 살 대신 정소를 넣고 중불로 끓여 완성함
④ 담기 : 소금과 간장(국)으로 간을 하고 달걀 또는 달걀노른자를 풀어 걸쭉해지면 실파를 넣고 그릇에 담아 김을 올림

05 복어 튀김 조리

1 복어 튀김 재료 준비

(1) 기본 조리 용어

고로모	튀김을 튀기기 위하여 밀가루(박력분), 녹말가루(전분)를 이용하여 만든 반죽옷
덴다시	튀김요리와 함께 제공하는 튀김 소스(다시 : 간장 : 맛술 = 4 : 1 : 1)
덴카츠	튀김(고로모아게)을 튀길 때 재료에서 떨어져 나오는 튀김 부스러기(우동이나 튀김덮밥의 곁들임으로 사용)
아게다시	조미한 간장조림 국물(다시 : 간장 : 맛술 = 7 : 1 : 1)을 튀김에 부어 먹는 요리
야쿠미	튀김요리에 튀김 소스(덴다시)와 함께 제공하여 요리의 풍미를 더해주는 곁들임(무즙, 실파, 생강즙, 레몬 등)

(2) 복어 튀김 시의 손질
① 복어는 깨끗하고, 독이 없도록 손질하여 수분을 제거함
② 복어 살이 잘 익을 수 있도록 칼집을 넣어줌
③ 실파는 얇게 썰어 준비함

Check Note

✔ 전분(녹말가루)

① 포도당(글루코스)으로 구성되는 다당류로, 식물체에 의해 합성되고 세포 중에 전분 입자로 존재함
② 전분 입자는 식물의 종류에 따라 다른 크기와 모양을 하고 있음
③ 식물체를 분쇄한 후 냉수에 담그면 전분 입자만 아래로 침전하게 됨
④ 건조한 전분 입자는 흡습성이 높고, 풍건물(風乾物)에서는 20% 정도의 수분을 함유함
⑤ 찬물에는 잘 녹지 않지만, 더운 물에는 부풀어 호화(糊化)함
⑥ 전분 입자를 구성하는 다당은 2종으로 크게 나뉘는데, 전분 입자 알맹이의 골격을 이루며, 70~80%를 점하는 아밀로펙틴과 안으로 싸여 있는 아밀로스임
⑦ 전분 입자에 물을 넣고 가열하면 다당구조가 길게 뻗은 쇄상(鎖狀)으로 되는데, 이것을 α－전분이라 함
⑧ 생(生)전분 상태의 다당은 글루코스 6개로 1회전하는 나선구조를 취하고 있고, 이것을 β－전분이라고 함
⑨ 식물의 뿌리, 덩이줄기, 열매, 줄기, 씨 등의 전분을 가루로 만든 것으로, 요리에 사용되는 녹말은 죽, 크림 등에 농도를 조절하는 농후제 역할을 하며, 튀김 조리 시 밀가루와 혼합하거나 단독으로 사용하여 바삭한 튀김을 만들 때 사용함

✔ 밀가루의 분류

① 밀가루는 밀의 낟알을 분쇄하여 만든 가루로, 반죽했을 때 어느 정도 점탄성(粘彈性)을 가지고 있는가에 따라 분류
② 점탄성이 가장 강한 것부터 강력분, 중력분, 박력분으로 나눔

④ 간장 15cc, 맛술 15cc, 청주 15cc, 참기름을 약간 넣고 복어 튀김용 소스를 만듦
⑤ 복어 살을 소스에 1분간 절여 밑간함
⑥ 복어 살에 묻어 있는 소스가 튀김을 튀길 때 방해되지 않도록 체에 소스가 나오도록 받쳐줌
⑦ 복어 살의 잡내 제거와 튀김의 느끼함을 제거하기 위해 유자 껍질을 다져서 복어 살에 묻힘

2 복어 튀김옷 준비

(1) 복어 튀김옷 준비하기

① 전분가루와 밀가루(박력분)를 1 : 1 비율로 섞어 준비함
② 준비한 전분가루와 밀가루(박력분)의 농도 조절에 유의하며, 준비한 복어 살을 버무려 준비함

(2) 튀김의 종류

스아게	원형튀김	식재료 그 자체를 아무것도 묻히지 않은 상태에서 튀겨, 재료가 가진 색과 형태를 그대로 살릴 수 있는 튀김
고로모아게	덴뿌라	박력분이나 전분의 튀김옷(고로모)에 물을 넣어 만들고, 재료에 묻혀 튀기는 튀김
가라아게	양념튀김	양념한 재료를 그대로 튀기거나 박력분이나 전분만을 묻혀 튀긴 튀김 혹은 밑간한 뒤 튀기는 튀김
카와리아게	변형튀김	응용 튀김

(3) 가라아게(양념튀김)의 종류

① 지역별 분류

기후현 (세키가라아게, 구로가라아게)	닭고기 → 톳, 표고버섯 가루를 묻혀 튀김(검은색)
나가노현 (산조쿠야키)	통다리살 닭고기 → 마늘, 간장 등으로 양념 → 전분을 묻혀 튀김
나라현 (다츠타아게)	닭고기 → 간장, 맛술 양념 → 전분을 묻혀 튀김
니이가타현 (한바아게)	뼈째 반으로 가른 닭고기 → 박력분(밀가루)을 얇게 묻혀 튀김
미야자키현 (치킨남방)	• 닭고기 양념튀김(치킨 가라아게) • 맛술, 설탕, 단맛을 더한 식초 → 타르타르 소스
아이치현 (데바사끼가라아게)	• 닭 날개를 사용한 양념튀김 • 달콤한 소스, 소금, 후추, 산초, 참깨 등

에히메현 (센잔키)	닭을 뼈째 튀긴 양념튀김 • 중국의 루안자지(軟炸鷄)에서 유래 • 닭 뼈에서 우러난 감칠맛과 양념된 고기의 맛 특징 • 에히메현의 야끼도리 전문점에서 인기 있는 메뉴
홋카이도 (가라아게, 잔기)	중국의 炸鷄(zha ji)로부터 유래한 양념튀김

② 식재료별 분류

난코츠노 가라아게	닭 날개, 다리 부분의 연골을 사용한 양념튀김
모모니쿠노 가라아게	닭 다리 살 부위를 사용한 양념튀김
무네니쿠노 가라아게	닭 넓적다리 부위를 사용한 양념튀김으로, 육질이 부드럽고 담백한 맛
토리노 가라아게	닭고기 양념튀김

3 복어 튀김 조리 완성

(1) 복어 튀김의 완성

밀가루(박력분) : 전분가루=1 : 1의 비율로 섞어 밑간해 둔 복어 살에 묻혀 160℃ 전후 온도에 튀김

(2) 접시에 담기

① 계절에 맞는 그릇의 색이나 모양, 복어 튀김의 특성을 고려해 접시를 고름

② 튀겨 낸 복어 튀김은 체에 밭쳐서 기름을 제거하고, 튀김이 눅눅해지지 않도록 접시에 기름종이를 깔고 복어 튀김을 담음

06 복어회 국화 모양 조리

복어의 살을 횟감용으로 전처리하여 얇게 떠 차가운 접시에 국화 모양으로 담는 조리 방법으로, 복어를 얇고 길게 잘라 둥근 접시에 국화 모양으로 담는 방법을 '기쿠모리'라고 함

1 복어 살 전처리 작업

(1) 복어를 손질하는 방법

두장뜨기(にまいおろし, 니마이오로시), 세장뜨기(さんまいおろし, 삼마이오로시), 다섯장뜨기(ごまいおろし, 고마이오로시), 다이묘포뜨기(だいみょおろし, 다이묘오로시)가 있음

Check Note

복어 튀김의 특징

① 가라아게로, 밑간한 뒤 전분이나 밀가루 등을 묻혀서 튀기는 요리

② 일반적인 튀김 온도는 180℃ 전후지만 가라아게는 160℃ 전후의 온도로 튀기며, 재료의 종류나 크기, 조리 방법에 따라 튀기는 시간과 온도의 차이가 있음

복어의 세장뜨기 과정

① 껍질을 제거하여 손질한 복어는 행주를 이용해 물기를 닦아줌

② 머리는 오른쪽, 꼬리는 왼쪽 방향으로 놓고, 중앙 뼈의 위쪽에 칼을 넣어 뼈와 살을 분리함

③ 그대로 뒤집어 맞은편 등 쪽에도 칼을 넣은 뒤 포를 떠 중앙 뼈와 살을 분리함

④ 중앙 뼈를 기준으로 등 쪽을 시작으로 포를 뜸

⑤ 살을 발라낸 뼈는 5cm 정도로 잘라 잔 칼집을 내어 물에 담가 뼛속에 있는 복어 피를 제거함

① 세장뜨기 : 가장 기본적인 방법으로 생선을 위쪽 살, 중앙 뼈, 아래쪽 살의 3장으로 분리하는 방법
② 다이묘포뜨기 : 전어, 학꽁치, 고등어 등을 생선의 머리 쪽부터 중앙 뼈에 칼을 넣어 꼬리쪽으로 단번에 오로시하는 방법
③ 복어의 속살은 엷은 막으로 감싸져 있어 그대로 먹기에는 질기므로 횟감용으로는 부적합함

(2) 회를 뜰 때 복어의 손질 과정
① 손질한 복어 살은 등이 도마에 닿게 놓고, 꼬리가 왼쪽, 머리는 오른쪽으로 놓음
② 꼬리에서부터 비스듬히 칼을 넣고, 도마에 밀착시켜 머리 쪽으로 칼을 위아래로 움직여 수평으로 이동하면서 살에 붙어 있는 얇은 막을 제거함
③ 등지느러미 쪽 살의 주름막, 배꼽 부분에 있는 빨간 살과 함께 주변 주름막도 제거함
④ 뼈에 붙어 있는 복어 살 부분의 엷은 막을 제거함
⑤ 손질이 끝난 복어 살은 얼음소금물에 잠시 담가 복의 냄새를 제거하며, 이후 마른행주에 감싸 수분을 제거하고, 수분이 제거된 뒤 횟감용으로 사용함(몸통의 살에서 분리한 얇은 막은 버리지 말고 끓는 물에 데쳐 회에 곁들이거나 초무침요리, 냄비요리의 용도로 사용)

2 복어회 뜨기

(1) 복어회 뜨기 시 주의사항
복어는 콜라겐 성분이 매우 많아 육질의 탄력이 강하므로 자르는 방법이 매우 중요하며, 회를 뜰 때는 칼의 길이가 긴 편이 유용하고 최대한 얇게 뜨기(우스즈쿠리)의 숙련된 기술이 필요함
① 깨끗한 나무 도마에 마름질한 횟감용 복어 살을 등 쪽이 도마에 닿게 하고, 45° 정도로 비스듬히 놓음
② 복어 살을 왼쪽 검지와 가운뎃손가락으로 살짝 눌러 고정하면서 칼을 비스듬히 눕혀 칼날 전체를 사용하여 위에서 아래로 당기듯이 회를 뜸
③ 복어회는 결의 방향과 직각이 되게 자르며, 자른 복어회는 폭 2~3cm, 길이 6~7cm가 되게 함
④ 회 뜬 복어 살의 폭이 좁아지면 칼을 눕혀 폭을 늘리고, 길이가 길어지면 칼을 세워 길이를 줄여 일정한 모양의 회가 나오게 함
⑤ 회를 뜨면서 손과 칼에 묻은 점액질은 위생행주에 수시로 닦고, 도마도 위생행주로 수시로 닦아가며 청결을 유지함

Check Note

복어회 모양내서 담기
① 회를 뜬 복어회는 단면이 넓은 쪽을 왼손의 엄지와 검지로 잡고, 가운뎃손가락을 이용하여 복어회의 끝부분을 뒤로 말아 삼각 모양으로 접음
② 회 접시의 중앙에서 끝부분 바깥쪽 위치에 놓고, 오른쪽에서 왼쪽으로, 즉 시계 반대 방향으로 접시를 조금씩 돌려가며 회(다네)를 1mm 정도 겹치게 놓아 담음
③ 회 접시의 안쪽 라인은 바깥쪽 라인의 1/3 정도 겹치게 놓으면서 바깥쪽 라인과 같은 방법으로 담아 원 모양을 유지함
④ 복어회는 삼각형 모양을 일정하게 유지하며, 최대한 얇게 회를 뜸

07 복어 선별 · 손질 관리

1 복어의 위생적 세척

(1) 복어 외부에 묻어 있는 이물질과 잡티를 흐르는 물에 깨끗하게 닦아 제거함

(2) 복어 손질 시 뼈 부분 중 피가 고여 있는 부분을 손가락으로 눌러 주어 피를 제거함

(3) 복어의 피, 혈관, 내장을 모두 제거하고 살, 뼈 부분은 흐르는 물에 충분하게 헹굼

2 복어 부위별 분리

(1) 복어 입 부위 분리

복어 머리 부분을 잡고 데바칼(뼈자름칼)로 코 밑 입 부분을 칼을 강하게 밀면서 1/3 정도 자른 후 칼로 자른 부위를 벌려 주고, 혀가 다치지 않도록 나머지 부분을 자르면서 몸통에서 분리함

(2) 복어 지느러미 부위 분리

① 소금을 사용하여 지느러미를 잡고 꼬리 부분에서 머리 쪽으로(역방향) 데바칼(뼈자름칼)을 이용하여 지느러미를 분리함

② 꼬리지느러미를 제외한 4개의 지느러미를 먼저 분리함

(3) 복어 껍질 부위 분리

① 끝부분이 잘 연마된 데바칼(뼈자름칼)을 이용해 복어의 옆 지느러미 부분에서부터 입 쪽으로 칼을 넣고, 다시 옆 지느러미 부분에서 꼬리 부분까지 칼을 넣음(복어가 작은 경우는 한쪽 부분만, 큰 복어의 경우는 양쪽에 칼집을 넣음)

② 칼을 사용하여 머리뼈와 껍질을 분리함

③ 지느러미가 있던 부위도 칼을 사용하여 껍질을 분리함

④ 살과 껍질의 분리가 끝나면 칼을 넣어 꼬리 쪽의 껍질을 잘라줌

⑤ 잡아당기면서 껍질을 분리함

⑥ 껍질을 분리한 후 꼬리지느러미를 분리함

(4) 안구 제거

독이 있는 불가식부위로 데바칼(뼈자름칼)을 이용하여 눈알이 깨지지 않도록 제거함(안구 제거를 나중으로 미루게 되면 제거하지 않는 실수를 범할 수 있음)

Check Note

비린내를 억제하는 방법

물로 씻기	• 생선 비린내[트리메틸아민(트라이메틸아민)]는 수용성 성분으로 물로 씻으면 비린내를 제거 가능 • 생선을 썰어서 단면을 여러 번 물로 씻으면 맛과 영양성분까지 빠져나가므로 찬물로 살짝 씻을 것
산 첨가	• 트리메틸아민(트라이메틸아민)은 산과 결합하면 냄새가 없어지는 물질을 생성하므로 조리할 때 레몬즙, 유자즙, 식초와 같은 향채나 조미료를 첨가하면 비린내가 많이 줄어듦 • 생선회에 레몬이 같이 제공되는 것은 레몬의 향미와 함께 비린내를 제거하기 위한 목적이며, 생선 초밥에 식초를 조미하는 것과 생선 초무침에 식초를 넣어 조리하는 것도 같은 목적임
간장과 된장 첨가	• 간장은 단백질의 응고와 더불어 글로불린이라는 성분을 생성시키면서 비린내도 함께 용출시켜 생선의 풍미를 살리고 비린내를 제거함 • 된장의 콜로이드 성분은 강한 흡착력을 갖고 있어 비린내를 흡착하여 비린 맛을 못 느끼게 함

(5) 머리・몸통 부위 및 아가미 살・내장 부위 분리

① 아가미와 아가미를 덮고 있는 뼈 사이에 칼집을 넣어 아가미를 제거함

② 아가미 부위에 날카로운 3개의 가시 같은 뼈를 아가미 살・내장 부위에 붙여 제거하는 것이 편리함

(6) 머리와 몸통 부위 분리 및 손질

① 머리 부분과 몸통의 살이 시작하는 부위를 조리용 칼을 이용해 분리함

② 아가미, 뇌, 피, 점액질은 불가식부위로 제거하고, 머리뼈 부분은 데바칼(뼈자름칼)로 세로로 반을 갈라 피, 뇌, 점액질을 깨끗이 제거한 후 흐르는 물에 담금

③ 몸통과 머리 부분의 남아 있는 뼈 부분은 불가식부위로 제거하고 배꼽살은 V모양으로 칼집을 넣어 잘라서 피, 점액질을 깨끗하게 제거한 후 흐르는 물에 담금

(7) 아가미 살과 내장 부위 분리

① 아가미를 잡고 아가미 살과 내장 부위의 연결 부분에 칼집을 넣어 분리함

② 데바칼 뒷부분으로 아가미 살 부위를 잡고 손으로 아가미와 붙어 있는 내장을 모두 분리함

③ 복어의 암컷은 알, 수컷은 정소(이리, 고니)를 가지고 있는데 내장에서 정소만 유일하게 식용할 수 있고, 알은 정소와 달리 독이 가장 많은 부위 중 하나로 꼭 폐기하여야 함(내장은 현장과 기능사 실기시험에서는 모두 불가식부위로 분리용 용기에 담아 폐기하고 산업기사, 기능장 실기시험에서는 내장은 분리하여 확인받는 과정을 거쳐야 함)

④ 아가미 살은 양쪽으로 갈라진 뼈 사이를 반으로 가른 후 아가미를 움직일 때 사용하는 세 가닥의 날카로운 뼈를 제거하고, 피가 뭉쳐있는 부분에 칼집을 넣어 피, 점액질을 제거한 후 흐르는 물에 피를 제거함

3 복어 식용 부위 손질하기

(1) 가식부위를 조리 용도에 맞게 손질하는 방법

1) 회용 손질

① 복어의 몸통 부위를 세장뜨기하여 살 부분을 사용함

Check Note

✔ 복어의 점액질 제거

① 조리용 칼을 이용해 복어 표면에 묻어 있는 끈적이는 점액질을 긁어서 제거

② 지느러미는 꽃소금을 뿌려 소쿠리에 넣어서 돌리면서 점액질을 제거 후 물로 씻음

③ 입은 굵은소금을 뿌려서 손으로 문질러 물에 씻고, 끓는 물에 데쳐 점액질을 제거

④ 껍질은 칼로 점액질을 긁은 후 물에 담가 데쳐서 사용

⑤ 복어는 흐르는 물에 씻으면서 작업하면 이물질, 점액질이 튀는 것을 방지할 수 있음

✔ 불가식부위의 폐기

모든 불가식부위(안구 2개, 내장 등)가 빠짐없이 용기에 담겨 있는지 최종 확인 후 별도로 담아 폐기함

✔ 가식부위

① 일반적으로 식용 가능한 복어의 부위는 살, 뼈, 껍질, 지느러미, 정소 부분임

② 황복처럼 껍질을 섭취하지 않는 경우도 있고, 정소도 섭취하지 못하는 복어도 있으므로 가식부위에 대한 정의를 내릴 때 주의해야 함

② 표면에 붙어 있는 점막, 혈관 등을 모두 제거 후 잘 씻어 물기를 제거하여 준비함
③ 손질하는 과정에서 살이 찢어지지 않도록 주의함

2) 냄비(탕)용 손질
① 주로 머리, 뼈, 아가미 살, 입 등을 사용하지만 몸통 부분을 잘라 사용하기도 함
② 머리는 뇌, 아가미, 피, 점막 등을 모두 제거 후 흐르는 물에 담가 핏물을 빼서 사용함
③ 뼈 부분은 5~7cm 정도로 자른 후 잔 칼집을 내어 흐르는 물에 담가 핏물을 빼서 사용함
④ 아가미 살은 2등분 후 피, 점막, 혈관 등을 깨끗이 제거 후 흐르는 물에 담가 충분히 핏물을 빼서 사용함
⑤ 입은 윗니 사이에 데바칼을 넣고 손으로 쳐주어 자른 후 소금으로 씻고 끓는 물에 데쳐 여분의 점막을 깨끗이 제거함
⑥ 몸통은 점막과 혈관을 제거 후 토막을 내어 뼈 안에 있는 피를 도마에 뼈를 두드리거나 쇠꼬챙이를 뼈 안에 넣어 제거하고 흐르는 물에 담가 핏물을 빼서 사용함

3) 구이용 손질
세장뜨기 또는 두장뜨기하여 적당한 크기로 잘라 손질 후 주로 사용함

4) 튀김용 손질
살 부분을 주로 사용하고 가끔 머리, 뼈 부분을 손질 후 사용함

5) 술용 손질
① 복어의 지느러미는 술용으로 사용함
② 도마 위에 지느러미를 올려 소금을 뿌린 후 점막을 제거하기 위해 소쿠리를 사용하여 원을 그리며 움직여 표면의 점막이 거품처럼 일어나면 흐르는 물에 씻어 점막을 제거함
③ 물기를 제거함
④ 작은 지느러미는 그대로 사용하고, 큰 지느러미는 반으로 포를 뜬 후 잘 펴서 건조함

4 복어 제독 처리하기

(1) 테트로도톡신(Tetrodotoxin)
① 주로 복어의 난소와 간장에 존재
② 복어 독에 의한 중독은 운동근 마비로, 사인은 호흡근 마비에 의하며, 그 외에 초기에는 지각신경 마비에 의한 혀나 손가락 끝의

Check Note

복어의 손질 능력 단위
① 복어의 종류에 관한 지식
② 복어의 제독 방법 숙지
③ 복어를 세척 후 순서와 용도에 맞게 기초 손질
④ 복어를 항상 일정한 취급 장소와 용도에 맞게 칼로 손질
⑤ 복어의 가식과 불가식부위를 분리
⑥ 복어의 제독 처리를 위해서 손질과 흐르는 물에서 제독
⑦ 복어의 속껍질과 겉껍질을 분리하고 가시를 제거
⑧ 손질한 복어의 껍질을 데치고 건조
⑨ 복어의 불가식부위를 안전하게 처리
⑩ 복어 손질에 사용한 도구를 청결하게 취급

Check Note

복어 독의 증상

제1도 (중독의 초기 증상)	• 입술과 혀끝이 가볍게 떨리면서 혀끝의 지각이 마비되며, 무게에 대한 감각이 둔화되는 현상 • 보행이 자연스럽지 않고 구토 등 제반 증상이 나타남
제2도 (불완전 운동 마비)	• 구토 후 급격하게 진척되며, 손발의 운동장애, 발성장애, 호흡곤란 등의 증상이 나타남 • 지각마비가 진행되어 촉각·미각 등이 둔해지며, 언어장애, 혈압저하 현상 • 조건 반사는 그대로 나타나면서 의식도 뚜렷한 편임
제3도 (완전 운동 마비)	• 골격근의 완전 마비로 운동이 불가능 • 호흡곤란, 혈압강하, 언어장애 등으로 의사전달 불가능 • 가벼운 반사 작용만 가능 • 의식불명의 초기 증상 • 산소결핍으로 입술, 뺨, 귀 등이 파랗게 보이는 현상이 나타남
제4도 (의식 소실)	의식 불능 상태에 돌입하여 호흡곤란으로 사망

마비를 느끼고, 그 후 자율신경 차단에 의한 혈관 확장과 혈관 중추 억제에 의한 현저한 혈압 저하 및 호흡 중추 억제 등을 일으켜 사망에 이름

③ 심장마비로 인한 사망은 없다고 알려져 있으며 중독이 발생하여도 8시간 이상 생존하면 구조될 가능성이 있고, 중독의 치료로는 호흡 억제에 대한 인공호흡, 소생제, 승압제의 투여 등이 있으나 특효약은 없음(간호학대사전, 2023)

(2) 복어 독 안전하게 제거하기

① 가식부위와 불가식부위를 확실하게 구분하고, 불가식부위는 폐기하고 가식부위에 있는 여분의 불가식부위에 대해 제독을 실시해야 함

② 가식부위를 용기에 담고 흐르는 물로 남아 있는 혈관, 피, 찌꺼기 등을 확실하게 제거하여야 하며, 특히 머리 부분의 아가미 쪽과 몸통 부분의 척추뼈 부분, 아가미 살 쪽에 남아 있는 혈관, 피, 찌꺼기 제거에 주의함

③ 척추뼈와 몸살 사이에 들어 있는 피도 칼집을 내어 제거하고, 수작업으로 피를 제거해도 실핏줄에 배어 있는 피까지는 제거가 어려우므로 계속해서 흐르는 물에 핏기가 모두 없어질 때까지 완벽하게 제독함

5 복어 껍질 작업하기

(1) 복어의 겉껍질과 속껍질 분리

① 도마 위에 복어 겉껍질을 바닥으로 가게 하고, 꼬리 쪽을 좌측으로, 머리 쪽을 우측으로 하여 평평하게 폄

② 껍질의 꼬리 쪽을 칼 뒷부분의 뾰족한 부분으로 긁어 주어 속껍질이 분리되게 함

③ 너무 힘을 주면 껍질이 칼에 의해 찢어질 수 있으므로 주의함

④ 손가락으로 꼬리 쪽 겉껍질의 끝을 잡고 칼의 전면을 활용하여 속껍질이 찢어지지 않도록 조심하면서 머리 방향으로 살살 긁어 줌

⑤ 지느러미가 있었던 구멍 난 부분에서 껍질이 쉽게 찢어질 수 있으므로 주의하면서 분리함

⑥ 겉껍질과 속껍질을 분리할 때 속껍질이 겉껍질에 붙어 남아 있지 않게 깔끔하게 분리하는 것이 중요함

(2) 복어 속껍질의 점액질과 핏줄 제거

① 복어의 속껍질은 매우 부드럽고 약하기 때문에 칼로 점액질과 핏줄 제거를 조심스럽게 함

② 속껍질이 매우 부드럽고 약해 찢어질 수 있기 때문에 살짝 데쳐서 조직을 단단하게 만든 다음 제거하는 것도 좋음
③ 끓는 물에 속껍질을 넣으면 뜨거운 열로 인해 말리게 되는데, 이때 내부의 점액질과 핏줄에 열이 충분히 전달되지 않을 수 있으므로 젓가락 등으로 저어 줌
④ 오래 익히면 조직이 너무 부드러워져 녹아내릴 수 있으므로 주의함
⑤ 복어 껍질을 데치는 시간은 복어 껍질의 두께와 비례해서 정하는 것이 바람직함
⑥ 복어 속껍질은 데쳐낸 직후 차가운 물에 넣어 식힘
⑦ 속껍질을 건져내어 도마 위에 올려놓고 칼을 사용하여 점액질과 핏줄을 긁어낸 후 깨끗한 물에 씻어줌
⑧ 속껍질이 덜 익으면 점액질과 핏줄 등이 고형화되지 않아 손질 시 불편하므로 충분히 익혀줌

(3) 복어 껍질의 가시 제거

① 가시가 없는 복어는 점액질만 제거하고, 가시가 있는 복어는 가시를 제거하여 식감을 좋게 함
② 도마에 물을 묻혀 껍질이 도마에 잘 붙게 함
③ 껍질의 안쪽 부분을 도마에 밀착하고 꼬리 부분을 좌측으로, 머리 부분을 우측으로 오게 하여 사시미칼 등쪽 부분으로 누르면서 도마에 껍질이 완전히 밀착되도록 함
④ 복어 껍질의 가시를 제거할 때는 잘 연마된 사시미칼을 사용하며, 껍질을 자세히 보면 가시가 있는 부분과 없는 부분이 있는데 가시가 있는 부분부터 가시 제거를 시작함
⑤ 사시미칼을 직각으로 세우고 상하로 움직이면서 가시와 함께 겉껍질을 아주 얇게 깎아내는데, 이때 너무 힘을 주게 되면 겉껍질 자체가 잘리고, 반대로 힘이 약하면 가시가 완전히 제거되지 않으므로 눈과 손가락의 촉감으로 확인해 가면서 가시를 제거해야 함
⑥ 수시로 물을 뿌리고 복어 껍질을 평평하게 펴가며 작업해야 안전하게 효과적으로 할 수 있음

(4) 복어 껍질의 용도에 따른 건조

① 복어 겉껍질은 콜라겐으로 열을 가해 젤라틴으로 바꿔 주어야 부드러운 식감을 가질 수 있음
② 냄비에 물을 끓여 겉껍질을 넣고 껍질이 투명해지고 손톱으로 눌렀을 때 부드럽게 들어가면 건져내어 미지근한 물에 담가 줌

Check Note

✔ 식용 가능한 복어(21종)와 식용 가능한 부위

우리나라 식품의약품안전처 농수산물안전과는 21종의 식용 가능한 복어를 지정하고 있음

① 살과 뼈, 껍질과 지느러미, 정소의 섭취가 가능한 복어
예 자주복, 참복(검자주복), 까치복, 흰밀복, 금(민)밀복, 물밀복, 검은(흑)밀복, 강담복, 가시복, 브리커가시복, 쥐복 등
② 껍질은 섭취가 불가능하고 정소, 살과 뼈만 섭취 가능한 복어
예 황복, 까칠복(청복, 깨복), 검복, 눈불개복, 매리복, 거북복 등
③ 정소와 껍질을 모두 섭취하지 못하고 살만 섭취가 가능한 복어
예 졸복, 흰점복, 복섬, 삼채복(황점복) 등

✔ 복어 손질 시 유의할 점

① 복어의 내장은 섭취하면 안 된다고 알고 있지만, 복어 내장임을 모르고 섭취해서 중독되는 경우도 발생하므로 복어 독성 부위의 폐기가 매우 중요함
② 복어의 내장(알, 간 등)은 먹음직스럽게 보이기 때문에 잘못된 폐기로 인해 섭취하는 사고가 발생하지 않도록 주의가 필요함
③ 복어 독은 맹독이므로 조리도구나 조리복 등에 묻어 교차 오염되지 않도록 주의함

③ 얼음물을 사용하면 딱딱해져서 성형(자르기)이 불편할 수 있음
④ 쟁반에 랩, 호일, 비닐 등을 깔고 그 위에 껍질을 잘 펴준 후 다시 랩, 호일, 비닐 등을 덮어 쟁반을 올려 눌러주고, 무거운 것을 올려 냉장고에서 건조함
⑤ 색과 모양이 좋은 부분은 주로 복어회와 함께 사용함
⑥ 껍질 무침과 굳힘요리에는 복어회용을 먼저 사용하고 남은 겉껍질과 속껍질을 사용함
⑦ 껍질을 완전히 식히지 않고 미지근한 상태에서 펴면 더 평평하게 잘 펴짐

6 복어 독성 부위 폐기하기

(1) 복어 독의 위험성을 숙지

복어의 독은 청산가리보다 강해서 경구 투여했을 때는 청산가리의 10배 이상의 독성이 있고, 정맥 투여했을 때는 1,000배 정도의 독성이 있을 정도로 매우 강함

(2) 복어 전용 분리수거 용기 준비

① 복어의 독성 부위는 음식물 쓰레기와 같이 버리게 되면 2차적인 사고가 발생할 수 있으므로 별도의 용기에 모아서 폐기해야 함
② 복어가 유독함을 모르는 사람에게는 매우 위험하므로 다음과 같이 표시하여야 함

복어 내장(위험)이라는 표시가 있을 것	복어 내장(위험)이라고 표시
독극물(위험)이라는 표시가 있을 것	누가 봐도 위험한 재료임을 쉽게 인식하도록 해야 함
터지지 않도록 여러 겹으로 포장	폐기 후에 이를 운반하는 과정에서 터지지 않도록 여러 겹으로 포장

(3) 복어의 독성 부위를 안전하게 폐기

① 복어의 독성 부위를 안전하게 폐기하기 위해서는 조리 종사자, 수거하는 직원, 협력 업체와도 절차에 대해서 논의 및 교육이 필요함
② 복어의 내장은 독성이 있는 음식물로 분류되어 음식물 쓰레기가 아닌 종량제 봉투에 넣어 폐기하여야 함(운반 과정에서도 복어 내장으로 독이 있다는 표시가 필요)

Check Note

✔ 복어의 독성 부위 폐기 시 주의할 점

① 폐기물 수거 직원을 대상으로 교육 필요
- 복어 독성 부위의 별도 폐기를 위한 담당자 교육을 통해 복어 독성 부위 폐기물이 잘 관리되도록 함
- 폐기물 수거 직원 변경 시 재교육 실시

② 폐기물 수거 시간이 길어지면 복어 폐기물이 썩거나 냄새가 나므로 이를 방지하기 위해 안전하게 냉장 또는 냉동보관 후 수거 시간에 맞추어 운반
③ 폐기물 업체로부터 복어 독성 부위를 어떻게 처리하는지에 대한 의견을 듣고 적합한 방법인지 판단 후 의견을 제시

CHAPTER 05

단원별 기출복원문제

01 복어 부재료 손질

상 중 하

01 복어 냄비 조리 시 부재료 채소가 아닌 것은?

① 파(葱, ねぎ, 네기)
② 팽이버섯(えのき茸, 에노키타케)
③ 표고버섯(椎茸, 시이타케)
④ 오이(胡瓜, キュウリ, 큐리)

01 ④
해설 오이는 복어 냄비 조리의 부재료 채소가 아니다.

상 중 하

02 복어의 관능검사법이 아닌 것은?

① 일–이점검사 ② 이점대비검사
③ 삼점검사 ④ 사점검사

02 ④
해설 사점검사는 존재하지 않는다.

상 중 하

03 관능검사에서 차이식별검사가 아닌 것은?

① 일·이점검사 ② 이점선호검사
③ 이점대비검사 ④ 삼점검사

03 ②
해설 차이식별검사에는 일·이점검사, 이점대비검사, 삼점검사가 있고, 기호검사에는 이점선호법, 순위선호법, 기호척도법이 있다.

상 중 하

04 시각, 청각, 미각, 후각, 촉각 순서로 감지되는 모든 관능적 묘사 방법은?

① 정성적 묘사분석 ② 정량적 묘사분석
③ 묘사향미분석 ④ 묘사순위분석

04 ③
해설 묘사분석에는 묘사향미분석과 정량적 묘사분석이 있는데, 정량적 묘사분석은 제품 특성의 철저한 묘사를 개발하고 그 강도를 정량화하는 방법이다.

02 복어 양념장 준비

상 | 중 | 하

01 복어요리에 사용하는 초간장 이름은? 빈출

① 고마다래　② 폰즈 소스
③ 야쿠미　④ 오리엔탈 소스

상 | 중 | 하

02 양념(야쿠미) 만들기에서 들어가지 않는 재료는?

① 무　② 배추
③ 고춧가루　④ 실파

상 | 중 | 하

03 초간장의 재료로 바르지 않은 것은?

① 다시마, 식초　② 식초, 레몬
③ 간장, 소금　④ 가다랑어포, 간장

01 ②

해설 고마다래는 참깨 소스, 폰즈 소스는 초간장 소스, 야쿠미는 곁들임 재료, 오리엔탈 소스는 주로 샐러드에 쓰인다.

02 ②

해설 무, 고춧가루, 실파가 사용된다.

03 ③

해설 **초간장의 구성 재료**
가다랑어포, 다시마, 간장, 식초, 유자, 레몬, 카보스, 영귤 등

03 복어 껍질초회 조리

상 | 중 | 하

01 주로 채소를 자를 때 사용하는 칼이며 돌려깎기에 적합한 칼은?

① 우스바보쵸(うすばぼうちょう)
② 데바보쵸(でばぼうちょう)
③ 사시미보쵸(さしみぼうちょう)
④ 우나사키보쵸(うなさきぼうちょう)

상 | 중 | 하

02 일본 간장의 종류가 아닌 것은?

① 우스구치쇼유　② 시로쇼유
③ 코히쇼우　④ 나마쇼유

01 ①

해설
- 우스바보쵸 : 채소칼
- 데바보쵸 : 뼈나 두꺼운 것을 자를 때 쓰는 칼
- 사시미보쵸 : 사시미를 뜰 때 사용하는 칼
- 우나사키보쵸 : 장어용 칼

02 ③

해설 **일본 간장**
- 간로간장(甘露醬油, 간로쇼유)
- 흰간장(白醬油, 시로쇼유)
- 생간장(生醬油, 나마쇼유)
- 타마리 간장(たまりしょうゆ, 타마리쇼유)
- 엷은 간장(うすくちしょうゆ, 우스구치쇼유)
- 진간장(濃い口醬油, 코이구치쇼유)

04 복어 죽 조리

상 중 하

01 복어 죽을 만들 때 들어가지 않는 식재료는?

① 쌀 ② 달걀
③ 방풍나물 ④ 참나물

01 ③

해설 채소 재료로는 미나리, 실파, 참나물 등을 사용할 수 있다.

상 중 하

02 해산물이나 채소류를 넣어 끓인 다시 국물에 밥을 씻어 넣어 끓인 것으로, 쌀을 절약하려는 목적에서 만들어졌으나 훗날 여러 가지 재료를 넣어 먹게 된 음식은? 빈출

① 조우스이 ② 오카유
③ 미음 ④ 야끼니쿠

02 ①

해설 현재는 채소죽, 전복죽, 굴죽, 버섯죽, 알죽 등 넣는 재료에 따라 다양한 종류의 죽을 만들 수 있다.

05 복어 튀김 조리

상 중 하

01 튀김요리의 종류가 아닌 것은?

① 스아게 ② 고로모아게
③ 가츠아게 ④ 가라아게

01 ③

해설 **튀김의 종류**
스아게(원형튀김), 고로모아게(덴뿌라), 가라아게(양념튀김), 카와리아게(변형튀김)

상 중 하

02 가라아게(양념튀김)의 튀김 온도로 옳은 것은?

① 160℃ ② 170℃
③ 180℃ ④ 190℃

02 ①

해설 보통의 튀김은 180℃ 정도에서 튀기지만, 양념이 있는 가라아게는 높은 온도에서는 타기 때문에 160℃ 정도가 적당하다.

06 복어회 국화 모양 조리

상 중 하

01 복어회 국화 모양 접시에 담기에 대한 설명으로 옳지 않은 것은?

① 시계 반대 방향으로 담는다.
② 복어회는 삼각형 모양으로 일정하게 잘라 담는다.
③ 오른쪽에서 왼쪽 방향으로 담는다.
④ 방향보다는 복어의 모양을 잘 살려 담는다.

01 ④

해설 복어회는 먹는 사람의 편리성을 고려하여 시계 반대 방향, 오른쪽에서 왼쪽 방향으로 담는 것이 기본이다.

07 복어 선별 · 손질 관리

상 | 중 | 하

01 복어 독의 증상 중 호흡곤란, 언어장애 등으로 의사전달이 불가능하는 등 완전 운동마비의 증상은? 빈출

① 제1도 ② 제2도
③ 제3도 ④ 제4도

상 | 중 | 하

02 복어 독에 대한 설명으로 옳지 않은 것은?

① 독성이 강한 부분은 난소 > 간 > 알 > 내장이다.
② 테트로도톡신은 2mg 정도의 적은 양 섭취로도 성인이 사망한다.
③ 테트로도톡신은 Tetrodotoxin으로 표기한다.
④ 복어의 정소(이리)에도 독이 있어 조심하여야 한다.

상 | 중 | 하

03 다음 중 복어의 가식부위가 아닌 것은?

① 입(주둥이) ② 아가미
③ 혀 ④ 지느러미

상 | 중 | 하

04 복어의 껍질 작업하기에 대한 설명으로 옳지 않은 것은?

① 복어를 겉껍질과 속껍질로 분리할 수 있다.
② 복어 껍질의 점액질과 핏줄을 제거할 수 있다.
③ 복어 껍질의 가시를 데바칼로 제거할 수 있다.
④ 복어 껍질을 삶은 후 용도에 맞게 건조시킬 수 있다.

01 ③

해설 제3도는 완전 운동마비로 호흡곤란, 혈압강하, 언어장애 등으로 의사전달이 불가능하다.

02 ④

해설 정소(이리, 고니)는 가식부위로 식용 가능하다.

03 ②

해설 복어의 가식부위는 살, 뼈, 지느러미, 껍질, 혀, 입, 정소(이리, 고니)이다.

04 ③

해설 복어 껍질의 가시는 사시미(회)칼로 제거할 수 있다.

03

CBT 기출복원 모의고사

제1회 CBT 기출복원 모의고사[한식]

수험번호
수험자명

제한시간 : 60분

01

식품위생법령상 주류를 판매할 수 없는 업종은?

① 휴게음식점영업 ② 일반음식점영업
③ 유흥주점영업 ④ 단란주점영업

해설

음식물을 조리・판매하는 영업으로 음주가 허용되지 않는 영업은 휴게음식점영업이다.

02

다음 중 식품위생법에서 다루고 있는 내용은?

① 먹는 물 수질관리 ② 감염병예방시설의 설치
③ 식육의 원산지표시 ④ 공중위생감시원의 자격

해설

식육의 원산지 및 종류의 표시는 보건복지부령에 의해서이다.

03

황색포도상구균 식중독의 일반적인 특성으로 옳은 것은?

① 설사변이 혈변의 형태이다.
② 급성위장염 증세가 나타난다.
③ 잠복기가 길다.
④ 치사율이 높은 편이다.

해설

황색포도상구균 식중독은 화농성 질환자의 조리 시 엔테로톡신에 의한 식중독으로 잠복기가 짧은 특징이 있으며, 급성위장염을 일으킨다.

04

다음 중 세균성 식중독의 감염예방대책이 아닌 것은?

① 원인균의 식품오염을 방지한다.
② 위염환자의 식품조리를 금한다.
③ 냉장・냉동 보관하여 오염균의 발육・증식을 방지한다.
④ 세균성 식중독에 관한 보건교육을 철저히 실시한다.

해설

위염환자의 식품조리와 세균성 식중독은 관련이 없다.

05

식품의 부패 정도를 알아보는 시험 방법이 아닌 것은?

① 유산균수 검사 ② 관능 검사
③ 생균수 검사 ④ 산도 검사

해설

유산균은 장에 유익한 발효균으로, 식품의 부패와 관련이 없다.

06

식품첨가물에 대한 설명으로 틀린 것은?

① 보존료는 식품의 미생물에 의한 부패를 방지할 목적으로 사용된다.
② 규소수지는 주로 산화방지제로 사용된다.
③ 산화형 표백제로서 식품에 사용이 허가된 것은 과산화벤조일이다.
④ 과황산암모늄은 소맥분(밀가루) 이외의 식품에 사용하여서는 안 된다.

정답 01 ① 02 ③ 03 ② 04 ② 05 ① 06 ②

해설

규소수지는 거품 방지를 위해 첨가하는 소포(거품제거)제이다.

07

다음 중 화학성 식중독의 원인이 아닌 것은?

① 설사성 패류 중독
② 환경오염에 기인하는 식품 유독성분 중독
③ 중금속에 의한 중독
④ 유해성 식품첨가물에 의한 중독

해설

패류 중독은 자연독 식중독이다.

08

새우나 게 등의 갑각류에 함유되어 있으며, 사후 가열되면 적색을 띠는 색소는?

① 안토시안(Anthocyan)
② 아스타잔틴(Astaxanthin)
③ 클로로필(Chlorophyll)
④ 멜라닌(Melanin)

해설

새우나 게를 가열할 때 색이 변하는 것은 아스타잔틴 때문이다.

09

동물에서 추출되는 천연 껌질 물질로만 짝지어진 것은?

① 펙틴, 구아검　② 한천, 알긴산염
③ 젤라틴, 키틴　④ 가티검, 전분

해설

젤라틴은 동물의 뼈, 육질 속에 들어 있으며, 키틴은 갑각류의 껍질을 단단하게 하는 다당류이다.

10

육류의 사후경직 후 숙성 과정에서 나타나는 현상이 아닌 것은?

① 근육의 경직상태 해제
② 효소에 의한 단백질 분해
③ 아미노태질소 증가
④ 액토미오신의 합성

해설

사후경직은 액틴과 미오신이 결합된 액토미오신이 원인 물질이 되어 일어나는 것으로 숙성 과정에서 나타나는 현상은 아니다.

11

단백질의 특성에 대한 설명으로 틀린 것은?

① C, H, O, N, S, P 등의 원소로 이루어져 있다.
② 단백질은 뷰렛에 의한 정색반응을 나타내지 않는다.
③ 조단백질은 일반적으로 질소의 양에 6.25를 곱한 값이다.
④ 아미노산은 분자 중 아미노기와 카르복실기를 갖는다.

해설

단백질의 정색반응은 단백질의 알칼리성 수용액에 황산구리용액을 떨어뜨려 자색을 나타내는 반응을 말한다.

12

다음 중 박력분에 대한 설명으로 옳은 것은? 빈출

① 경질의 밀로 만든다.
② 다목적으로 사용된다.
③ 탄력성과 점성이 약하다.
④ 마카로니, 식빵 제조에 알맞다.

해설

박력분은 연질의 밀로 만들어지며, 탄력성과 점성이 약하여 튀김, 비스킷, 케이크 등을 만들 때 쓰인다.

정답 07 ① 08 ② 09 ③ 10 ④ 11 ② 12 ③

PART 03

13

식품의 신맛에 대한 설명으로 옳은 것은?

① 신맛은 식욕을 증진시켜 주는 작용을 한다.
② 식품의 신맛 정도는 수소이온농도와 반비례한다.
③ 동일한 pH에서 무기산이 유기산보다 신맛이 더 강하다.
④ 포도, 사과의 상쾌한 신맛 성분은 호박산(Succinic Acid)과 이노신산(Inosinic Acid)이다.

해설

- 식품의 신맛은 수소이온농도와 비례한다.
- 동일한 pH에서 유기산이 무기산보다 신맛이 더 강하다.
- 포도의 신맛 성분은 주석산, 사과의 신맛 성분은 사과산이다.

14

다음 중 레토르트 식품의 가공과 관계가 없는 것은?

① 통조림　② 파우치
③ 플라스틱 필름　④ 고압솥

해설

레토르트 식품은 조리가공한 식품을 특수한 주머니에 넣어 밀봉한 후 고열로 가열 살균한 가공식품을 말한다.

15

다음 유지 중 건성유는?

① 참기름　② 면실유
③ 아마인유　④ 올리브유

해설

참기름, 면실유는 반건성유이고, 올리브유는 불건성유이다.

16

생선 육질이 소고기 육질보다 연한 것은 주로 어떤 성분의 차이에 의한 것인가?

① 미오신(Myosin)
② 헤모글로빈(Hemoglobin)
③ 포도당(Glucose)
④ 콜라겐(Collagen)

해설

콜라겐은 열에 의해 젤라틴화되어 수용성이 되므로 근육섬유가 뭉그러져 고기가 연해진다.

17

다음 중 마이야르(Maillard) 반응에 대한 설명으로 틀린 것은? 빈출

① 식품은 갈색화가 되고 독특한 풍미가 형성된다.
② 효소에 의해 일어난다.
③ 당류와 아미노산이 함께 공존할 때 일어난다.
④ 멜라노이딘 색소가 형성된다.

해설

마이야르 반응은 비효소적 갈변현상이다.

18

다음 중 비타민 D_2의 전구물질로 프로비타민 D로 불리는 것은?

① 프로게스테론(Progesterone)
② 에르고스테롤(Ergosterol)
③ 시토스테롤(Sitosterol)
④ 스티그마스테롤(Stigmasterol)

해설

에르고스테롤은 자외선에 노출시키면 비타민 D_2가 된다.

정답 13 ① 14 ① 15 ③ 16 ④ 17 ② 18 ②

19

전자레인지를 이용한 조리에 대한 설명으로 틀린 것은?

① 음식의 크기와 개수에 따라 조리시간이 결정된다.
② 조리시간이 짧아 갈변현상이 거의 일어나지 않는다.
③ 법랑제, 금속제 용기 등을 사용할 수 있다.
④ 열전달이 신속하므로 조리시간이 단축된다.

해설

전자레인지에는 법랑이나 금속제 용기를 사용할 수 없다.

20

식초의 기능에 대한 설명으로 틀린 것은?

① 생선에 사용하면 생선살이 단단해진다.
② 붉은 비트에 사용하면 선명한 적색이 된다.
③ 양파에 사용하면 황색이 된다.
④ 마요네즈 만들 때 사용하면 유화액을 안정시켜 준다.

해설

양파에 들어 있는 플라보노이드 색소는 산과 만나게 되면 백색을 유지하고, 알칼리성에서는 황색으로 변한다.

21

다음 당류 중 단맛이 가장 강한 것은? 빈출

① 맥아당　② 포도당
③ 과당　④ 유당

해설

당류의 감미도 순서
과당 > 전화당 > 설탕 > 포도당 > 맥아당 > 갈락토오스 > 유당

22

한국인 영양섭취기준(KDRIs)의 구성요소가 아닌 것은? 빈출

① 평균필요량　② 권장섭취량
③ 하한섭취량　④ 충분섭취량

해설

한국인 영양섭취기준의 구성요소
평균필요량, 권장섭취량, 충분섭취량, 상한섭취량

23

약과를 반죽할 때 필요 이상으로 기름과 설탕을 많이 넣으면 어떤 현상이 일어나는가?

① 매끈하고 모양이 좋아진다.
② 튀길 때 둥글게 부푼다.
③ 튀길 때 모양이 풀어진다.
④ 켜가 좋게 생긴다.

해설

약과를 반죽할 때 기름과 설탕을 필요 이상으로 넣으면 기름에 튀길 때 약과가 풀어져 모양이 생기지 않는다.

24

병원성 미생물의 발육과 그 작용을 저지 또는 정지시켜 부패나 발효를 방지하는 조작은?

① 산화　② 멸균
③ 방부　④ 응고

해설

미생물의 성장·증식을 억제시켜 부패나 발효의 진행을 방지하는 것을 방부라고 한다.

정답 19 ③　20 ③　21 ③　22 ③　23 ③　24 ③

25

인수공통감염병으로 그 병원체가 바이러스(Virus)인 것은?

① 발진열　② 탄저
③ 광견병　④ 결핵

해설

인수공통감염병은 사람과 동물이 같이 감염되는 감염병을 말하며, 광견병은 바이러스가 병원체이다.

26

다음 중 병원체가 세균인 질병은? 빈출

① 폴리오　② 백일해
③ 발진티푸스　④ 홍역

해설

병원체가 세균인 질병
콜레라, 성홍열, 디프테리아, 백일해, 페스트, 이질, 파라티푸스, 유행성 뇌척수막염, 장티푸스, 파상풍, 결핵, 폐렴, 한센병(나병), 수막구균성 수막염 등

27

식품의 신선도 또는 부패의 이화학적 판정에 이용되는 항목이 아닌 것은?

① 히스타민 함량
② 당 함량
③ 휘발성 염기질소 함량
④ 트리메틸아민 함량

해설

- 휘발성 염기질소 함량 – 육류
- 트리메틸아민(트라이메틸아민) 함량과 히스타민 함량 – 생선류

28

노로바이러스에 대한 설명으로 틀린 것은?

① 발병 후 자연치유되지 않는다.
② 크기가 매우 작고 구형이다.
③ 급성 위장관염을 일으키는 식중독 원인체이다.
④ 감염되면 설사, 복통, 구토 등의 증상이 나타난다.

해설

노로바이러스
사람에게 장염을 일으키는 바이러스이며, 대부분의 사람은 1~2일이면 증세가 호전된다.

29

칼슘과 단백질의 흡수를 돕고 정장 효과가 있는 당은?

① 설탕　② 과당
③ 유당　④ 맥아당

해설

유당은 동물의 유즙에 함유되어 있으며, 칼슘의 흡수를 돕고 유산균의 정장작용에 관여한다.

30

플라보노이드계 색소로 채소와 과일 등에 널리 분포해 있으며 산화방지제로도 사용되는 것은?

① 루테인(Lutein)
② 케르세틴(Quercetin)
③ 아스타잔틴(Astaxanthin)
④ 크립토산틴(Cryptoxanthin)

해설

플라보노이드계 색소로 채소와 과일 등에 들어 있는 케르세틴은 식품의 변질 방지를 위한 식품첨가물이며, 산화방지제로도 사용한다.

정답 25 ③ 26 ② 27 ② 28 ① 29 ③ 30 ②

31

다음 중 견과류에 속하는 식품은?

① 호두 ② 살구
③ 딸기 ④ 자두

해설

견과류는 단단한 과피로 싸여 있는 나무 열매를 말하는 것으로 호두, 밤, 땅콩, 아몬드 등이 이에 해당한다.

32

과일잼 가공 시 펙틴은 주로 어떤 역할을 하는가?

① 신맛 증가 ② 구조 형성
③ 향 보존 ④ 색소 보존

해설

펙틴은 채소나 과실에 포함된 탄수화물의 한 가지(다당류)로 겔을 만드는 성질이 있다.

33

밀가루 반죽에 첨가하는 재료 중 반죽의 점탄성을 약화시키는 것은?

① 우유 ② 설탕
③ 달걀 ④ 소금

해설

설탕은 밀가루 반죽의 점탄성을 약화시킨다.

34

식소다(중조)를 넣고 채소를 데치면 어떤 영양소의 손실이 가장 크게 발생하는가?

① 비타민 A, E, K ② 비타민 B_1, B_2, C
③ 비타민 A, C, E ④ 비타민 B_6, B_{12}, D

해설

중조를 넣고 채소를 데치면 비타민 B_1, B_2의 손실이 일어나며, 비타민 C도 파괴된다.

35

소화효소의 주요 구성성분은? 빈출

① 알칼로이드 ② 단백질
③ 복합지방 ④ 당질

해설

소화효소는 단백질로 만들어진다.

36

식품첨가물에 대한 설명으로 틀린 것은? 빈출

① 바베큐소스와 우스터소스는 가공조미료이다.
② 맥주의 쓴맛을 내는 호프는 고미료(苦味料)에 속한다.
③ HVP, HAP는 화학적 조미료이다.
④ 설탕은 감미료이다.

해설

- HVP : 콩, 옥수수, 밀 등 식물성 단백질을 가수분해하여 얻은 아미노산
- HAP : 육류를 분해해서 얻은 아미노산

37

영양소의 소화효소가 바르게 연결된 것은?

① 단백질 – 리파아제
② 탄수화물 – 아밀라아제
③ 지방 – 펩신
④ 유당 – 트립신

해설

- 지방 : 리파아제
- 단백질 : 펩신과 트립신

정답 31 ① 32 ② 33 ② 34 ② 35 ② 36 ③ 37 ②

38

장티푸스, 디프테리아 등이 수십 년을 한 주기로 대유행하는 현상은?

① 추세 변화　② 계절적 변화
③ 순환 변화　④ 불규칙 변화

해설

수십 년을 주기로 대유행하는 현상을 추세 변화라고 한다.

39

일산화탄소(CO)에 대한 설명으로 틀린 것은?

① 헤모글로빈과의 친화성이 매우 강하다.
② 일반 공기 중 0.1% 정도 함유되어 있다.
③ 탄소를 함유한 유기물이 불완전연소할 때 발생한다.
④ 제철, 도시가스 제조 과정에서 발생한다.

해설

일산화탄소는 탄소를 함유한 유기물의 불완전연소 시 발생한다.

40

다음 중 이타이이타이병의 유발물질은?

① 수은(Hg)　② 납(Pb)
③ 칼슘(Ca)　④ 카드뮴(Cd)

해설

- 수은 : 미나마타병
- 납 : 빈혈, 신장장애
- 크롬 : 자극성 피부염, 폐암

41

중금속과 중독증상의 연결이 잘못된 것은? 빈출

① 카드뮴 – 신장기능 장애
② 크롬 – 비중격천공
③ 수은 – 홍독성 흥분
④ 납 – 섬유화 현상

해설

납 중독은 복통, 구토, 설사 및 중추신경장애를 일으킨다.

42

WHO에 의한 건강의 정의를 가장 잘 나타낸 것은?

① 질병이 없으며, 허약하지 않은 상태
② 육체적·정신적 및 사회적 안녕의 완전 상태
③ 식욕이 좋으며, 심신이 안락한 상태
④ 육체적 고통이 없고, 정신적으로 편안한 상태

해설

WHO에 의한 건강이란 육체적·정신적·사회적으로 완전히 안녕한 상태를 말한다.

43

다음 중 먹는 물 소독에 가장 적합한 것은?

① 염소제　② 알코올
③ 과산화수소　④ 생석회

해설

우리나라는 먹는 물 소독에 염소를 사용한다.

정답 38 ① 39 ② 40 ④ 41 ④ 42 ② 43 ①

44

식품위생법규상 수입식품의 검사결과 부적합한 식품에 대해서 수입신고인이 취해야 하는 조치가 아닌 것은?

① 수출국으로의 반송
② 식품 외 다른 용도로의 전환
③ 관할 보건소에서 재검사 실시
④ 다른 나라로의 반출

해설

수출국으로부터의 반송 또는 다른 나라로의 반출, 농림축산식품부장관의 승인을 받은 후 사료로의 용도 전환, 중앙행정기관 또는 지방자치단체가 식용 외의 공적 목적으로 사용할 수 있도록 제공, 폐기 등의 조치를 취하도록 한다.

45

다음 중 부패의 의미를 가장 잘 설명한 것은?

① 비타민 식품이 광선에 의해 분해되는 상태
② 단백질 식품이 미생물에 의해 분해되는 상태
③ 유지 식품이 산소에 의해 산화되는 상태
④ 탄수화물 식품이 발효에 의해 분해되는 상태

해설

부패
단백질을 주성분으로 하는 식품에 혐기성 세균이 번식하여 유해성 물질이 생성되는 현상이다.

46

과거에는 단무지, 면류 및 카레분 등에 사용하였으나 독성이 강하여 현재 사용이 금지된 색소는?

① 아우라민(염기성 황색 색소)
② 아마란스(식용 적색 제2호)
③ 타트라진(식용 황색 제4호)
④ 에리스로진(식용 적색 제3호)

해설

아우라민은 독성이 강하며 두통을 유발시켜 사용이 금지된 색소로, 예전에는 단무지, 면류, 카레분에 사용되었다.

47

다음 중 살모넬라에 오염되기 쉬운 대표적인 식품은?

① 과실류 ② 해초류
③ 난류 ④ 통조림

해설

살모넬라 식중독의 원인식품은 닭고기나 달걀 등이다.

48

다음 중 항히스타민제 복용으로 치료되는 식중독은?

빈출

① 살모넬라 식중독
② 알레르기성 식중독
③ 병원성대장균 식중독
④ 장염비브리오 식중독

해설

알레르기성 식중독은 미생물에 의해 생성된 히스타민이라는 물질이 축적되어 일어나는 식중독으로 항히스타민제를 투여하면 치료가 된다.

49

토마토의 붉은색을 나타내는 색소는?

① 카로티노이드 ② 클로로필
③ 안토시안 ④ 탄닌

해설

당근, 늙은호박, 토마토의 붉은색은 카로티노이드 색소이다.

정답 44 ③ 45 ② 46 ① 47 ③ 48 ② 49 ①

PART 03

50

다음 중 결합수의 특징이 아닌 것은?

① 용질에 대해 용매로 작용하지 않는다.
② 자유수보다 밀도가 크다.
③ 식품에서 미생물의 번식과 발아에 이용되지 못한다.
④ 대기 중에서 100℃로 가열하면 쉽게 수증기가 된다.

해설

100℃로 가열하면 쉽게 수증기가 되는 것은 자유수의 특징이다.

51

다음의 식단에서 부족한 영양소는?

보리밥, 시금치된장국, 달걀부침, 콩나물무침, 배추김치

① 탄수화물　② 단백질
③ 지방　④ 칼슘

해설

- 보리밥 : 탄수화물
- 시금치된장국 : 비타민 A
- 달걀부침 : 단백질, 지방
- 콩나물무침 : 비타민 C
- 배추김치 : 비타민 C

52

찹쌀에 있어 아밀로오스와 아밀로펙틴에 대한 설명 중 옳은 것은?

① 아밀로오스 함량이 더 많다.
② 아밀로오스 함량과 아밀로펙틴 함량이 거의 같다.
③ 아밀로펙틴으로 이루어져 있다.
④ 아밀로펙틴은 존재하지 않는다.

해설

찹쌀은 아밀로펙틴 100%로 이루어져 있다.

53

쌀의 조리에 관한 설명으로 옳은 것은?

① 쌀을 너무 문질러 씻으면 지용성 비타민의 손실이 크다.
② pH 3~4의 산성물을 사용해야 밥맛이 좋아진다.
③ 수세한 쌀은 3시간 이상 물에 담가 놓아야 흡수량이 적당하다.
④ 묵은쌀로 밥을 할 때는 햅쌀보다 밥물량을 더 많이 한다.

해설

쌀을 너무 문질러 씻으면 수용성 비타민의 손실이 크고, pH 7인 물을 사용해야 밥맛이 좋아진다. 쌀을 불리는 시간은 30분 정도가 적당하다.

54

강화미란 주로 어떤 성분을 보충한 쌀인가?

① 비타민 A　② 비타민 B_1
③ 비타민 D　④ 비타민 C

해설

강화미
정백미에 비타민 B_1, 아미노산 등의 무기질, 비타민, 칼슘 등을 첨가한 쌀로, 비타민 B_1 · B_2 등을 녹인 아세트산 용액에 정백미를 담갔다가 건져낸 후 증기로 쪄낸 다음 건조해서 만든다.

55

콩밥은 쌀밥에 비하여 특히 어떤 영양소의 보완에 좋은가?

① 단백질　② 당질
③ 지방　④ 비타민

해설

쌀밥은 탄수화물이 주된 성분이지만, 콩밥에는 탄수화물뿐만 아니라 단백질, 칼슘까지 풍부하게 함유되어 있다.

정답 50 ④ 51 ④ 52 ③ 53 ④ 54 ② 55 ①

56

다음 중 쌀 가공품이 아닌 것은?

① 현미 ② 강화미
③ 팽화미 ④ α－화미

해설

현미는 쌀에서 왕겨만 벗겨낸 것으로, 쌀 가공식품이 아니다.

57

장마철 후 저장쌀이 적홍색 또는 황색으로 착색된 현상에 대한 설명으로 틀린 것은?

① 수분함량이 15% 이상이 되는 조건에서 저장할 때 발생한다.
② 기후조건 때문에 동남아시아 지역에서 발생하기 쉽다.
③ 저장된 쌀에 곰팡이류가 오염되어 그 대사산물에 의해 쌀이 황색으로 변한 것이다.
④ 황변미는 일시적인 현상이므로 위생적으로 무해하다.

해설

저장된 쌀에 푸른곰팡이가 번식하여 황변미 중독이 되면 인체에 유해한 물질을 만들어내어 신장, 간장, 신경에 장애를 일으킨다.

58

단팥죽을 만들 때 약간의 소금을 넣었더니 맛이 더 달게 느껴졌다. 이 현상을 무엇이라고 하는가?

① 맛의 상쇄 ② 맛의 대비
③ 맛의 변조 ④ 맛의 억제

해설

맛의 대비
원래의 맛에 다른 맛을 첨가하여 원래의 맛이 상승하는 현상이다.

59

어패류의 조리법에 대한 설명 중 옳은 것은?

① 조개류는 높은 온도에서 조리하여 단백질을 급격히 응고시킨다.
② 바닷가재는 껍질이 두꺼우므로 찬물에 넣어 오래 끓여야 한다.
③ 작은 생새우는 강한 불에서 연한 갈색이 될 때까지 삶은 후 배쪽에 위치한 모래정맥을 제거한다.
④ 생선숙회는 신선한 생선을 끓는 물에 살짝 데치거나 끓는 물을 생선에 끼얹어 회로 이용한다.

해설

생선숙회는 신선한 생선을 사용해야 하며, 끓는 물에 살짝 데치거나 끓는 물을 끼얹어 회로 이용한다.

60

어패류의 동결 · 냉장에 대한 설명으로 옳은 것은?

① 원료 상태의 신선도가 떨어져도 저장성에 영향을 주지 않는다.
② 지방 함량이 높은 어패류도 성분의 변화 없이 저장된다.
③ 조개류는 내용물만 모아 찬물로 씻은 뒤 냉동시키기도 한다.
④ 어묵, 어육소시지의 경우 －20℃로 저장하는 것이 가장 적당하다.

해설

조개류는 편리한 사용을 위해 해동 후 바로 사용할 수 있도록 미리 손질 및 세척 후 냉동시켜 보관하는 경우가 있다.

정답 56 ① 57 ④ 58 ② 59 ④ 60 ③

제2회 CBT 기출복원 모의고사[한식]

수험번호
수험자명

제한시간 : 60분

01

다음 중 효소가 관여하여 갈변이 되는 것은?

① 식빵 ② 간장
③ 사과 ④ 캐러멜

해설

효소적 갈변
과일이나 채소의 폴리페놀 성분이 산화되어 갈변이 되는 현상이다.

02

다음 중 1g당 발생하는 열량이 가장 큰 것은?

① 당질 ② 단백질
③ 지방 ④ 알코올

해설

- 당질과 단백질 : 1g당 4kcal
- 지방 : 1g당 9kcal
- 알코올 : 1g당 7kcal

03

식품 감별 시 품질이 좋지 않은 것은?

① 석이버섯은 봉우리가 작고 줄기가 단단한 것
② 무는 가벼우며 어두운 빛깔을 띠는 것
③ 토란은 껍질을 벗겼을 때 흰색으로 단단하고, 끈적끈적한 감이 강한 것
④ 파는 굵기가 고르고 뿌리에 가까운 부분의 흰색이 긴 것

해설

무는 무겁고 속이 꽉 찬 것이 좋으며, 단맛이 강해야 한다.

04

철(Fe)에 대한 설명으로 옳은 것은?

① 헤모글로빈의 구성 성분으로 신체의 각 조직에 산소를 운반한다.
② 골격과 치아에 가장 많이 존재하는 무기질이다.
③ 부족 시에는 갑상선종이 생긴다.
④ 철의 필요량은 남녀에게 동일하다.

해설

- 칼슘은 골격과 치아에 가장 많이 존재하는 무기질이다.
- 요오드(아이오딘) 부족 시 갑상선종이 생긴다.
- 철의 필요량은 남자, 여자, 임산부와 수유부로 각각 나누어지며, 각각 차이가 있다.

05

어떤 음식의 직접원가는 500원, 제조원가는 800원, 총원가는 1,000원이다. 이 음식의 판매관리비는? 빈출

① 200원 ② 300원
③ 400원 ④ 500원

해설

- 총원가 = 제조원가 + 판매관리비
- 판매관리비 = 총원가 − 제조원가
  = 1,000 − 800 = 200원

정답 01 ③ 02 ③ 03 ② 04 ① 05 ①

06

잔치국수 100그릇을 만드는 재료내역이 다음 표와 같을 때 한 그릇의 재료비는 얼마인가? (단, 폐기율은 0%로 가정하고, 총 양념비는 100그릇에 필요한 양념의 총액을 의미한다.)

구분	100그릇의 양(g)	100g당 가격(원)
건국수	8,000	200
소고기	5,000	1,400
애호박	5,000	80
달걀	7,000	90
총 양념비	–	7,000(100그릇)

① 1,000원
② 1,125원
③ 1,033원
④ 1,200원

해설

한 그릇의 재료비
= 건국수(80 × 2) + 소고기(50 × 14) + 애호박(50 × 0.8) + 달걀(70 × 0.9) + 총 양념비(70)
= 1,033원

07

수입소고기 두 근을 30,000원에 구입하여 50명에게 식사를 공급하였다. 식단 가격을 2,500원으로 정한다면 식품의 원가율은 몇 %인가?

① 83% ② 42%
③ 24% ④ 12%

해설

• 30,000원 ÷ 50명 = 600원
• 600원 ÷ 2,500원 × 100 = 24%

08

향신료와 그 성분이 바르게 된 것은?

① 생강 – 차비신(Chavicine)
② 겨자 – 알리신(Allicin)
③ 후추 – 시니그린(Sinigrin)
④ 고추 – 캡사이신(Capsaicin)

해설

• 생강 – 진저론
• 겨자 – 시니그린
• 후추 – 차비신, 피페린

09

환자의 식단 작성 시 가장 먼저 고려해야 할 점은?

① 유동식부터 주는 원칙을 고려
② 비타민이 풍부한 식단 작성
③ 균형식, 특별식, 연식, 유동식 등 식사 형태의 결정
④ 양질의 단백질 공급을 위한 식단의 작성

해설

환자의 특성에 따라 식사의 형태를 결정하게 된다.

10

다음 중 담즙의 기능이 아닌 것은?

① 산의 중화작용
② 지방의 유화작용
③ 당질의 소화
④ 약물 및 독소 등의 배설작용

해설

담즙은 산의 중화작용, 지방의 유화작용, 약물의 배설작용을 한다.

정답 06 ③ 07 ③ 08 ④ 09 ③ 10 ③

11

신생아는 출생 후 어느 기간까지를 말하는가?

① 생후 7일 미만 ② 생후 10일 미만
③ 생후 28일 미만 ④ 생후 365일 미만

해설

신생아는 생후 28일 미만의 아기를 말한다.

12

충란으로 감염되는 기생충은?

① 분선충 ② 동양모양선충
③ 십이지장충 ④ 편충

해설

충란으로 감염되는 기생충은 편충이다.

13

하수처리방법 중 혐기성 분해처리에 해당하는 것은?

① 부패조법 ② 활성오니법
③ 살수여과법 ④ 산화지법

해설

- 혐기성 분해처리 : 부패조법, 임호프탱크법
- 호기성 분해처리 : 활성오니법, 살수여과법, 산화지법, 회전원판법

14

소독약의 살균력 측정지표가 되는 소독제는?

① 석탄산 ② 생석회
③ 알코올 ④ 크레졸

해설

석탄산
살균력 측정 시 지표가 되는 소독제이다.

15

금속부식성이 강하고, 단백질과 결합하여 침전이 일어나므로 주의를 요하며 소독 시 0.1% 정도의 농도로 사용하는 소독약은?

① 석탄산 ② 승홍
③ 크레졸 ④ 알코올

해설

승홍
비금속 기구의 소독에 이용하며, 온도 상승에 따라 살균력이 증가한다. 소독 시 0.1% 정도의 농도로 사용한다.

16

식품을 구입하였는데, 포장에 다음과 같은 표시가 있었다. 어떤 종류의 식품 표시인가?

① 방사선조사식품 ② 녹색신고식품
③ 자진회수식품 ④ 유기가공식품

해설

제시된 표시는 방사선조사식품을 뜻한다.

정답 11 ③ 12 ④ 13 ① 14 ① 15 ② 16 ①

17

다음 중 식품위생법에서 다루는 내용은? 빈출

① 조리사 면허의 결격사유
② 디프테리아 예방
③ 공중이용시설의 위생관리
④ 가축감염병의 검역 절차

해설

디프테리아 예방, 공중이용시설의 위생관리, 가축감염병의 검역 절차는 감염병의 예방 및 관리에 관한 법률에서 다룬다.

18

사카린나트륨을 사용할 수 없는 식품은?

① 된장　② 김치류
③ 어육가공품류　④ 뻥튀기

해설

사카린나트륨은 김치류, 절임류, 어육가공품류, 환자용 식품, 음료류, 뻥튀기 등에 사용된다.

19

식품위생의 대상에 해당되지 않는 것은?

① 영양제　② 비빔밥
③ 과자봉지　④ 합성 착색료

해설

식품위생은 식품, 식품첨가물, 기구 또는 용기·포장을 대상으로 하는 음식에 관한 위생을 말한다.

20

수라상의 찬품 가짓수는?

① 5첩　② 7첩
③ 9첩　④ 12첩

해설

한국의 전통적인 상차림에서 수라상은 진지상을 높여서 부르는 말로 임금만이 먹을 수 있었으며 12첩의 상차림을 하였다. 12첩 반상차림은 흰밥, 붉은 팥밥, 미역국, 곰탕, 조치, 전골 등의 기본찬품과 12가지 찬물들로 구성된다.

21

비타민 A의 전구물질로 당근, 호박, 고구마, 시금치에 많이 들어 있는 성분은?

① 안토시안　② 카로틴
③ 리코펜　④ 에르고스테롤

해설

카로틴은 비타민 A의 전구물질이다.

22

전분에 대한 설명으로 틀린 것은?

① 찬물에 쉽게 녹지 않는다.
② 달지는 않으나 온화한 맛을 준다.
③ 동물 체내에 저장되는 탄수화물로 열량을 공급한다.
④ 가열하면 팽윤되어 점성을 갖는다.

해설

글리코겐은 동물의 체내에 저장되는 다당류이다.

정답 17 ① 18 ① 19 ① 20 ④ 21 ② 22 ③

23

완전 단백질(Complete Protein)이란?

① 필수아미노산과 불필수아미노산을 모두 함유한 단백질
② 함유황아미노산을 다량 함유한 단백질
③ 성장을 돕지는 못하나 생명을 유지시키는 단백질
④ 정상적인 성장을 돕는 필수아미노산이 충분히 함유된 단백질

해설

완전 단백질은 생명유지 및 성장에 필요한 모든 필수아미노산이 충분히 함유된 단백질을 말한다.

24

영양소와 그 기능의 연결이 틀린 것은?

① 유당(젖당) – 정장작용
② 셀룰로오스 – 변비예방
③ 비타민 K – 혈액응고
④ 칼슘 – 헤모글로빈 구성 성분

해설

헤모글로빈의 구성 성분은 철분이다.

25

다음 중 근원섬유를 구성하는 단백질은?

① 헤모글로빈 ② 콜라겐
③ 미오신 ④ 엘라스틴

해설

근원섬유 단백질에는 액틴, 미오신 등이 있다.

26

어취의 성분인 트리메틸아민(TMA; Trimethylamine)에 대한 설명 중 옳은 것은?

① 어취는 트리메틸아민의 함량과 반비례한다.
② 지용성이므로 물에 씻어도 없어지지 않는다.
③ 주로 해수어의 비린내 성분이다.
④ 트리메틸아민 옥사이드(Trimethylamine Oxide)가 산화되어 생성된다.

해설

트리메틸아민(트라이메틸아민)은 해수어의 비린내 성분으로 트리메틸아민 옥사이드(트라이메틸아민 옥사이드)가 세균에 의해 트리메틸아민(트라이메틸아민)이 되면서 생성된다.

27

4가지 기본적인 맛이 아닌 것은?

① 단맛 ② 신맛
③ 떫은맛 ④ 쓴맛

해설

식품의 4가지 기본적인 맛은 단맛, 신맛, 쓴맛, 짠맛이다.

28

식단 작성 시 무기질과 비타민을 공급하려면 다음 중 어떤 식품으로 구성하는 것이 가장 좋은가?

① 곡류, 감자류 ② 채소류, 과일류
③ 유지류, 어패류 ④ 육류, 두류

해설

채소류와 과일류에 무기질과 비타민 함량이 높다.

정답 23 ④ 24 ④ 25 ③ 26 ③ 27 ③ 28 ②

29

성인병 예방을 위한 급식에서 식단 작성을 할 때 가장 고려해야 할 점은?

① 전체적인 영양의 균형을 생각하여 식단을 작성하며, 소금이나 지나친 동물성 지방의 섭취를 제한한다.
② 맛을 좋게 하기 위하여 시중에서 파는 천연 또는 화학조미료를 사용하도록 한다.
③ 영양에 중점을 두어 맛있고 변화가 풍부한 식단을 작성하며, 특히 기호에 중점을 둔다.
④ 계절식품과 지역적 배려에 신경을 쓰며, 새로운 메뉴 개발에 노력한다.

해설

성인병을 예방하기 위한 급식의 식단 작성은 전체적인 균형을 고려하고, 소금이나 지나친 동물성 지방을 제한한다.

30

예비조리식 급식제도의 일반적인 장점은?

① 다량 구입으로 비용을 절감할 수 있다.
② 음식을 데우는 기기가 있으면 덜 숙련된 조리사를 이용할 수 있다.
③ 가스, 전기, 물 사용에 대한 관리비가 다른 제도에 비해서 적게 든다.
④ 음식의 저장이 필요 없으므로 분배비용을 최소화할 수 있다.

해설

예비조리식 급식제도의 경우 음식을 데우는 기기가 있으면 덜 숙련된 조리사를 이용하여도 무관하다.

31

열원의 사용방법에 따라 직접구이와 간접구이로 분류할 때 직접구이에 속하는 것은?

① 오븐을 사용하는 방법
② 프라이팬에 기름을 두르고 굽는 방법
③ 숯불 위에서 굽는 방법
④ 철판을 이용하여 굽는 방법

해설

직접구이는 직접 불 위에서 굽는 방법이다.

32

식이 중 소금을 제한하는 질병과 거리가 먼 것은?

① 심장병　　② 통풍
③ 고혈압　　④ 신장병

해설

통풍은 퓨린의 대사이상으로 나타나는 질병으로 통풍을 예방하기 위해 퓨린 함량이 적은 식품을 섭취한다.

33

개나 고양이 등과 같은 애완동물의 침을 통해서 사람에게 감염될 수 있는 인수공통감염병은?

① 결핵　　② 탄저
③ 야토병　　④ 톡소플라즈마증

해설

- 결핵(소), 탄저(양, 말, 소), 야토병(산토끼)
- 톡소플라즈마증 : 기생충으로, 오염된 생고기의 섭취, 생고기와 채소 조리 시 같은 도마 사용으로 교차 오염됨

정답 29 ① 30 ② 31 ③ 32 ② 33 ④

34

평균수명에서 질병이나 부상으로 인하여 활동하지 못하는 기간을 뺀 수명은?

① 기대수명 ② 건강수명
③ 비례수명 ④ 자연수명

해설

건강수명
평균수명에서 질병이나 부상 등으로 인한 '평균장애기간'을 뺀 값이다.

35

다음 중 간흡충의 제2중간숙주는?

① 다슬기 ② 가재
③ 고등어 ④ 붕어

해설

간흡충 : 제1중간숙주(왜우렁이) → 제2중간숙주(붕어, 잉어)

36

감염병과 발생 원인의 연결이 틀린 것은? 빈출

① 임질 – 직접 감염
② 장티푸스 – 파리
③ 일본뇌염 – 큐렉스 속 모기
④ 유행성 출혈열 – 중국얼룩날개모기

해설

유행성 출혈열은 바이러스성 감염병으로 쥐를 통해 감염되는 질병에 해당된다.

37

만성 중독의 경우 반상치, 골경화증, 체중감소, 빈혈 등을 나타내는 물질은?

① 붕산 ② 불소
③ 승홍 ④ 포르말린

해설

불소를 과다 섭취하게 되면 반상치가 나타난다.

38

우유의 살균방법으로 130~150℃에서 0.5~5초간 가열하는 것은?

① 저온장시간살균법 ② 고압증기멸균법
③ 고온단시간살균법 ④ 초고온순간살균법

해설

가열살균법
- 저온장시간살균법 : 63~65℃에서 30분간 가열 후 급랭 (예 우유, 술, 주스, 소스)
- 초고온순간살균법 : 130~150℃에서 0.5~5초간 가열 후 급랭 (예 우유, 과즙)
- 고온단시간살균법 : 72~75℃에서 15~20초 내에 가열 후 급랭 (예 우유, 과즙)

39

다음 중 사용이 허가된 발색제는?

① 폴리아크릴산나트륨
② 알긴산 프로필렌 글리콜
③ 카복시메틸스타치나트륨
④ 아질산나트륨

해설

아질산나트륨은 육류의 발색제로 사용된다.

정답 34 ② 35 ④ 36 ④ 37 ② 38 ④ 39 ④

40

식품위생법령상 영업의 허가 또는 신고와 관련하여 아래의 경우와 같은 분류에 속하는 것은? (단, 각 내용은 해당 법령에 의함)

- 양곡가공업 중 도정업을 하는 경우
- 수산물가공업의 신고를 하고 해당 영업을 하는 경우
- 축산물가공업의 허가를 받아 영업을 하거나 식육즉석판매가공업 신고를 하고 해당 영업을 하는 경우

① 수산물의 냉동·냉장을 제외하고 식품을 얼리거나 차게 하여 보존하는 경우
② 휴게음식점영업과 제과점영업
③ 식품첨가물이나 다른 원료를 사용하지 아니하고 농·임·수산물을 단순히 자르거나 껍질을 벗겨 가공하되, 위생상 위해 발생의 우려가 없고 식품의 상태를 관능으로 확인할 수 있도록 가공하는 경우
④ 방사선을 쬐어 식품의 보존성을 높이는 경우

해설

영업신고 대상 업종
즉석판매제조·가공업, 용기·포장류 제조업, 식품운반업, 식품소분·판매업, 식품냉동·냉장업, 휴게음식점영업, 일반음식점영업, 위탁급식영업, 제과점영업

41

먹다 남은 찹쌀떡을 보관하려고 할 때 노화가 가장 빨리 일어나는 보관 방법은?

① 상온 보관 ② 온장고 보관
③ 냉동고 보관 ④ 냉장고 보관

해설

노화가 빨리 일어나는 조건은 온도가 2~5℃일 때, 수분함량이 30~60%일 때, pH가 산성일 때이다.

42

육류 가공 시 햄류에 사용하는 훈연법의 장점이 아닌 것은?

① 특유한 향미를 부여한다.
② 저장성을 향상시킨다.
③ 색이 선명해지고 고정된다.
④ 양이 증가한다.

해설

훈연법은 식품의 풍미를 향상시키고 외관의 색을 변화시키며 저장성을 높여준다.

43

설탕용액에 미량의 소금을 가하였을 때 단맛이 증가하는 현상은?

① 맛의 상쇄 ② 맛의 변조
③ 맛의 대비 ④ 맛의 발현

해설

원래의 맛에 다른 맛을 첨가하여 원래의 맛이 상승하는 현상을 맛의 대비라고 한다.

44

카로티노이드(Carotenoid) 색소와 소재식품의 연결이 틀린 것은?

① 베타카로틴(β – carotene) – 당근, 녹황색 채소
② 라이코펜(Lycopene) – 토마토, 수박
③ 아스타잔틴(Astaxanthin) – 감, 옥수수, 난황
④ 푸코크산틴(Fucoxanthin) – 다시마, 미역

해설

새우나 게를 가열할 때 색이 변하는 것은 아스타잔틴 때문이다.

정답 40 ③ 41 ④ 42 ④ 43 ③ 44 ③

45

밀가루에 중조를 넣으면 황색으로 변하는 원리는?

① 효소적 갈변
② 비효소적 갈변
③ 알칼리에 의한 변색
④ 산에 의한 변색

해설

밀가루에 있는 플라보노이드 색소는 산에서는 흰색을, 알칼리(중조)에서는 황색을 나타내게 된다.

46

비타민에 대한 설명 중 틀린 것은?

① 카로틴은 프로비타민 A이다.
② 비타민 E는 토코페롤이라고도 한다.
③ 비타민 B_{12}는 망간(Mn)을 함유한다.
④ 비타민 C가 결핍되면 괴혈병이 발생한다.

해설

비타민 B_{12}는 망간(망가니즈, Mn)이 아니라 코발트(Co)를 함유한다.

47

조미료의 침투 속도와 채소의 색을 고려할 때 조미료 사용 순서가 가장 합리적인 것은?

① 소금 → 설탕 → 식초
② 설탕 → 소금 → 식초
③ 소금 → 식초 → 설탕
④ 식초 → 소금 → 설탕

해설

조미료의 사용 순서
설탕 → 소금 → 식초

48

식물성 액체유를 경화처리한 고체 기름은?

① 버터　② 라드
③ 쇼트닝　④ 마요네즈

해설

경화유
불포화지방산에 수소를 첨가하고 니켈을 촉매로 사용하여 포화지방산 형태의 고체유로 변화시킨 것이다(예 마가린, 쇼트닝).

49

조리작업장의 위치선정 조건으로 적합하지 않은 것은?

① 보온을 위해 지하인 곳
② 통풍이 잘 되며 밝고 청결한 곳
③ 음식의 운반과 배선이 편리한 곳
④ 재료의 반입과 오물의 반출이 쉬운 곳

해설

조리작업장은 통풍, 채광이 좋고 배수가 잘 되며, 악취, 먼지가 없는 곳이어야 한다.

50

발생 형태를 기준으로 했을 때의 원가 분류는?

① 재료비, 노무비, 경비
② 개별비, 공통비
③ 직접비, 간접비
④ 고정비, 변동비

해설

발생 형태를 기준으로 했을 때 원가는 직접비와 간접비로 분류한다.

정답　45 ③　46 ③　47 ②　48 ③　49 ①　50 ③

51

생선조림에 대한 설명으로 옳지 않은 것은?

① 생선을 빨리 익히기 위해서 냄비뚜껑은 처음부터 닫아야 한다.
② 생강이나 마늘은 비린내를 없애는 데 좋다.
③ 가열시간이 너무 길면 어육에서 탈수작용이 일어나 맛이 없다.
④ 가시가 많은 생선을 조릴 때 식초를 약간 넣어 약한 불에서 졸이면 뼈째 먹을 수 있다.

해설

생선을 익힐 때는 처음에 뚜껑을 열어 비린 휘발성 물질을 휘발시킨다.

52

어패류 조리 방법 중 옳지 않은 것은?

① 조개류는 낮은 온도에서 서서히 조리하여야 단백질의 급격한 응고로 인한 수축을 막을 수 있다.
② 생선은 결체조직의 함량이 높으므로 주로 습열 조리법을 사용해야 한다.
③ 생선 조리 시 식초를 넣으면 생선 살이 단단해진다.
④ 생선 조리에 사용하는 파, 마늘은 비린내 제거에 효과적이다.

해설

생선의 근육에는 결체조직이 거의 함유되어 있지 않아 습열 조리법을 제외한 구이, 찌개, 찜, 회, 전 등의 조리법을 사용해야 한다.

53

갈비구이를 하기 위한 양념장을 만드는 데 사용되는 양념 중 육질의 연화작용을 돕는 역할을 하는 재료로 짝지어진 것은?

① 참기름, 후춧가루 ② 배, 설탕
③ 양파, 청주 ④ 간장, 마늘

해설

배즙, 생강, 설탕 등은 육질의 연화를 돕는다.

54

생선을 조리하는 방법에 대한 설명으로 틀린 것은?

① 생강과 술은 비린내를 없애는 용도로 사용한다.
② 처음 가열할 때 수분간은 뚜껑을 약간 열어 비린내를 휘발시킨다.
③ 모양을 유지하고 맛 성분이 밖으로 유출되지 않도록 양념간장이 끓을 때 생선을 넣기도 한다.
④ 선도가 약간 저하된 생선은 조미료를 비교적 약하게 하여 뚜껑을 덮고 짧은 시간 내에 끓인다.

해설

생선은 선도가 저하될수록 조미를 강하게 하고, 뚜껑을 열고 가열하여야 한다.

55

국수를 삶는 방법으로 부적합한 것은?

① 끓는 물에 넣는 국수의 양이 지나치게 많아서는 안 된다.
② 국수 무게의 6~7배 정도의 물에서 삶는다.
③ 국수를 넣은 후 물이 다시 끓기 시작하면 찬물을 넣는다.
④ 국수가 다 익으면 많은 양의 냉수에서 천천히 식힌다.

해설

국수가 다 익으면 빨리 찬물에 헹궈 얼음물에 담갔다가 꺼낸다.

정답 51 ① 52 ② 53 ② 54 ④ 55 ④

56

쌀에서 섭취한 전분이 체내에서 에너지를 발생하기 위해서 반드시 필요한 것은? 빈출

① 비타민 A ② 비타민 B_1
③ 비타민 C ④ 비타민 D

해설

전분의 에너지 대사에 비타민 B_1이 반드시 필요하다.

57

채소를 데치는 요령으로 적합하지 않은 것은?

① 1~2% 식염을 첨가하면 채소가 부드러워지고, 푸른색을 유지할 수 있다.
② 연근을 데칠 때 식초를 3~5% 첨가하면 조직이 단단해져서 씹을 때의 질감이 좋아진다.
③ 죽순을 쌀뜨물에 삶으면 불미 성분이 제거된다.
④ 고구마를 삶을 때 설탕을 넣으면 잘 부스러지지 않는다.

해설

고구마를 삶을 때 명반(포타슘, 알루미늄, 설페이트)수를 넣으면 잘 부스러지지 않는다.

58

쌀과 같이 당질을 많이 먹는 식습관을 가진 한국인에게 대사상 꼭 필요한 비타민은?

① 비타민 B_1 ② 비타민 B_6
③ 비타민 A ④ 비타민 D

해설

비타민 B_1
쌀겨에서 발견된 수용성 비타민으로 '티아민'이라고도 불리며, 당질이 완전히 영양으로 되는 데 있어 중요한 역할을 한다.

59

쌀 전분을 빨리 α − 화하려고 할 때 조치사항은?

① 아밀로펙틴 함량이 많은 전분을 사용한다.
② 수침시간을 짧게 한다.
③ 가열온도를 높인다.
④ 산성의 물을 사용한다.

해설

전분의 α − 화에 영향을 끼치는 인자
- 온도 : 가열온도가 높을수록 호화 증가
- 수분 : 물이 많을수록 호화 증가
- pH : pH가 높을수록(알칼리성일 때) 호화 증가
- 전분 입자 : 전분 입자의 크기가 클수록 호화 증가
- 도정률 : 쌀의 도정률이 높을수록 호화 증가
- 아밀로오스는 호화되기 쉬우나, 아밀로펙틴은 호화되기 어려움

60

다음의 육류요리 중 영양분의 손실이 가장 적은 것은?

① 탕 ② 편육
③ 장조림 ④ 산적

해설

- 산적 : 고기를 기름에 지져내는 방식의 조리법으로, 다른 조리법들에 비해 영양분 손실이 적다.
- 탕, 편육, 장조림 : 고기를 물이나 간장에 넣어 끓여서 만드는 조리법으로, 고기 안의 영양분 손실이 많은 조리법이다.

정답 56 ② 57 ④ 58 ① 59 ③ 60 ④

제3회 CBT 기출복원 모의고사[양식]

수험번호
수험자명

제한시간 : 60분

01

수분 70g, 당질 40g, 섬유질 7g, 단백질 5g, 무기질 4g, 지방 2g이 들어 있는 식품의 열량은? 빈출

① 141kcal ② 144kcal
③ 165kcal ④ 198kcal

해설

탄수화물, 단백질은 1g당 4kcal, 지질은 1g당 9kcal이다.
∴ (40 × 4) + (2 × 9) + (5 × 4) = 198kcal

02

미역국을 끓일 때 1인분에 사용되는 재료와 필요량, 가격이 다음과 같다면 미역국 10인분에 필요한 재료비는 얼마인가? (단, 총 조미료의 가격 70원은 1인분 기준이다.)

재료	필요량(g)	가격(원/100g당)
미역	20	150
소고기	60	850
총 조미료	–	70(1인분)

① 610원 ② 870원
③ 6,100원 ④ 8,700원

해설

미역은 총 200g, 소고기는 600g이 필요하므로, 미역은 300원, 소고기는 5,100원이 소요되며, 10인분의 조미료 700원이 추가된다. 따라서 총 6,100원이 필요하다.

03

다음과 같은 자료에서 계산한 제조원가는? 빈출

- 직접재료비 : 32,000원
- 직접노무비 : 68,000원
- 직접경비 : 10,500원
- 제조간접비 : 20,000원
- 판매경비 : 10,000원
- 일반관리비 : 5,000원

① 130,500원 ② 140,500원
③ 145,500원 ④ 155,500원

해설

제조원가 = 직접원가(직접재료비 + 직접노무비 + 직접경비) + 간접원가(제조간접비)
= 32,000 + 68,000 + 10,500 + 20,000
= 130,500원

04

다음 중 DPT 예방접종과 관계가 없는 감염병은?

① 페스트 ② 디프테리아
③ 백일해 ④ 파상풍

해설

DPT
D(디프테리아), P(백일해), T(파상풍)

정답 01 ④ 02 ③ 03 ① 04 ①

PART 03

05

역성비누에 대한 설명으로 틀린 것은?

① 양이온 계면활성제이다.
② 살균제, 소독제 등으로 사용된다.
③ 자극성 및 독성이 없다.
④ 무미·무해하나 침투력이 약하다.

해설

역성비누는 무미·무해하고, 침투력이나 살균력이 강하다.

06

어패류 매개 기생충 질환의 가장 확실한 예방법은?

① 환경위생 관리 ② 생식금지
③ 보건교육 ④ 개인위생 철저

해설

어패류에 의해 매개되는 기생충 질환은 생식을 금하는 것이 가장 좋은 예방법이다.

07

병원미생물을 사멸시키지는 못하더라도 병원성을 약화시킬 수 있는 조작은 무엇인가?

① 멸균 ② 방부
③ 소독 ④ 살균

해설

병원미생물을 죽이거나 또는 죽이지는 못하더라도 그 병원성을 약화시켜 감염력을 없애는 것은 소독이다.

08

생균을 이용하여 인공능동면역이 되며, 면역획득에 있어서 영구면역성인 질병은?

① 세균성 이질 ② 폐렴
③ 두창 ④ 임질

해설

영구면역이 되는 질병
두창, 홍역, 수두, 유행성 이하선염, 백일해, 성홍열, 페스트, 황열, 콜레라 등

09

세계보건기구(WHO)의 주요 기능이 아닌 것은?

① 국제적인 보건사업의 지휘 및 조정
② 회원국에 대한 기술지원 및 자료공급
③ 세계식량계획 설립
④ 유행성 질병 및 감염병 대책 후원

해설

세계식량계획은 유엔세계식량계획(WFP)에서 수립한다.

10

단백질 함량이 14% 정도인 밀가루로 만드는 것이 가장 좋은 식품은?

① 버터케이크 ② 튀김
③ 마카로니 ④ 과자류

해설

글루텐 함량에 따른 밀가루 종류
- 강력분 : 글루텐 함량이 13% 이상으로 식빵, 마카로니, 스파게티면 등에 이용
- 중력분 : 글루텐 함량이 10~13%로 만두피, 국수 등에 이용
- 박력분 : 글루텐 함량이 10% 이하로 케이크, 과자류, 튀김 등에 이용

정답 05 ④ 06 ② 07 ③ 08 ③ 09 ③ 10 ③

11

밀폐된 포장식품에서 식중독이 발생했다면 주로 어떤 균에 의해서 발생한 것인가?

① 살모넬라균
② 대장균
③ 아리조나균
④ 클로스트리디움 보툴리눔균

해설

클로스트리디움 보툴리눔균은 햄, 소시지, 통조림 등 포장식품이 원인식품이다.

12

쌀뜨물 같은 설사를 유발하는 경구감염병의 원인균은?

① 살모넬라균 ② 포도상구균
③ 장염비브리오균 ④ 콜레라균

해설

콜레라는 세균에 의한 감염병이며, 쌀뜨물 같은 설사를 유발한다.

13

다음 중 식품첨가물과 주요 용도의 연결이 바르게 된 것은?

① 안식향산 – 착색제
② 토코페롤 – 표백제
③ 질산나트륨 – 산화방지제
④ 복합인산염(인산염류) – 품질개량제

해설

- 안식향산 – 보존료
- 토코페롤 – 산화방지제
- 질산나트륨 – 발색제

14

섭조개 속에 들어 있으며 특히 신경계통의 마비증상을 일으키는 독성분은?

① 무스카린 ② 시큐톡신
③ 베네루핀 ④ 삭시톡신

해설

섭조개의 독성분은 삭시톡신이다.

15

식품위생법규상 모범업소의 지정기준으로 틀린 것은?

① 집단급식소의 경우에는 식품안전관리인증기준(HACCP)을 적용하지 않아도 된다.
② 주방의 경우 냉장시설・냉동시설이 정상적으로 가동되어야 한다.
③ 화장실의 경우 손 씻는 시설이 설치되어야 한다.
④ 일회용 컵, 일회용 숟가락이나 젓가락 등을 사용하지 않아야 한다.

해설

집단급식소의 경우 식품안전관리인증기준(HACCP) 적용업소로 인증받아야 한다.

16

식품 등의 표시기준상 열량 표시에서 몇 kcal 미만을 "0"으로 표시할 수 있는가?

① 2kcal ② 5kcal
③ 7kcal ④ 10kcal

해설

열량 5kcal 미만은 '0'으로 표시할 수 있다.

정답 11 ④ 12 ④ 13 ④ 14 ④ 15 ① 16 ②

17

일반적인 잼의 설탕 함량은?

① 15~25% ② 35~45%
③ 60~70% ④ 90~100%

해설

잼을 만들 때 당분의 농도는 60~70%이다.

18

18 : 2 지방산에 대한 설명으로 옳은 것은?

① 토코페롤과 같은 항산화성이 있다.
② 이중결합이 2개 있는 불포화지방산이다.
③ 탄소 수가 20개이며, 리놀렌산이다.
④ 체내에서 생성되므로 음식으로 섭취하지 않아도 된다.

해설

18 : 2 지방산은 불포화지방산 중 리놀레산이며, 이중결합이다.

19

다음 (　　)에 알맞은 용어가 순서대로 나열된 것은?

> 당면은 감자, 고구마, 녹두가루에 첨가물을 혼합·성형하여 (　　)한 후 건조·냉각하여 (　　)시킨 것으로, 반드시 열을 가해 (　　)하여 먹는다.

① α화 − β화 − α화
② α화 − α화 − β화
③ β화 − β화 − α화
④ β화 − α화 − β화

해설

α화(호화) − β화(노화) − α화(호화)

20

인산을 함유하는 복합지방질로서 유화제로 사용되는 것은?

① 레시틴 ② 글리세롤
③ 스테롤 ④ 글리콜

해설

난황 속의 레시틴은 유화제로 사용된다.

21

식품의 관능적 요소를 겉모양, 향미, 텍스처로 구분할 때 겉모양(시각)에 해당하지 않는 것은?

① 색채 ② 점성
③ 외피 결함 ④ 점조성

해설

점성은 겉모양에 해당하지 않는다.

22

못처럼 생겨서 정향이라고도 하며 양고기, 피클, 청어 절임, 마리네이드 절임 등에 이용되는 향신료는?

① 클로브 ② 코리앤더
③ 캐러웨이 ④ 아니스

해설

클로브
정향이라고 불리며, 각종 육류요리와 피클 등에 들어가는 향신료이다.

정답 17 ③ 18 ② 19 ① 20 ① 21 ② 22 ①

23

다음 유화상태 식품 중 유중수적형 식품은?

① 우유　② 생크림
③ 마가린　④ 마요네즈

해설

유중수적형 식품으로는 마가린과 버터가 있다.

24

푸른 채소를 데칠 때 색을 선명하게 유지시키며, 비타민 C의 산화도 억제해주는 것은? 빈출

① 소금　② 설탕
③ 기름　④ 식초

해설

녹색 채소에 들어 있는 클로로필은 산성에서 불안정하고, 알칼리성에서 안정하기 때문에 소금을 넣어 데치면 색이 선명해진다.

25

다음 중 비교적 가식부율이 높은 식품으로만 나열된 것은?

① 고구마, 동태, 파인애플
② 닭고기, 감자, 수박
③ 대두, 두부, 숙주나물
④ 고추, 대구, 게

해설

가식부율은 먹을 수 있는 부분의 중량이다. 버리는 부분은 폐기량이라고 한다.

26

우리나라의 4대 보험에 해당하지 않는 것은?

① 생명보험　② 고용보험
③ 산재보험　④ 국민연금

해설

우리나라의 4대 보험
국민연금, 건강보험, 고용보험, 산재보험

27

먹는 물과 관련된 용어의 정의로 틀린 것은?

① 수처리제 : 자연 상태의 물을 정수 또는 소독하거나 먹는 물 공급시설의 산화 방지 등을 위하여 첨가하는 제제
② 먹는 샘물 : 해양심층수를 먹는 데 적합하도록 화학적으로 처리하는 등의 방법으로 제조한 물
③ 먹는 물 : 먹는 데에 일반적으로 사용하는 자연 상태의 물, 자연 상태의 물을 먹기에 적합하도록 처리한 수돗물, 먹는 샘물, 먹는 염지하수, 먹는 해양심층수 등
④ 샘물 : 암반대수층 안의 지하수 또는 용천수 등 수질의 안전성을 계속 유지할 수 있는 자연 상태의 깨끗한 물을 먹는 용도로 사용할 원수

해설

먹는 샘물이란 샘물을 먹기에 적합하도록 물리적으로 처리하는 등의 방법으로 제조한 물을 말한다.

28

식품취급자가 손을 씻는 방법으로 적합하지 않은 것은?

① 살균 효과를 증대시키기 위해 역성비누액에 일반비누액을 섞어 사용한다.
② 팔에서 손으로 씻어 내려온다.
③ 손을 씻은 후 비눗물을 흐르는 물에 충분히 씻는다.
④ 역성비누액을 몇 방울 손에 받아 30초 이상 문지르고 흐르는 물로 씻는다.

해설

역성비누는 일반비누액과 섞어 사용하면 살균력이 저하된다.

정답　23 ③　24 ①　25 ③　26 ①　27 ②　28 ①

29

다음의 균에 의해 식사 후 식중독이 발생했을 경우 평균적으로 가장 빨리 식중독을 유발시킬 수 있는 원인균은?

① 살모넬라균 ② 리스테리아
③ 포도상구균 ④ 장구균

해설

포도상구균 식중독의 잠복기는 식후 3시간이다.

30

식품을 조리 또는 가공할 때 생성되는 유해물질과 그 생성 원인을 잘못 짝지은 것은?

① 엔-니트로소아민(N-nitrosoamine) : 육가공품의 발색제 사용으로 인한 아질산과 아민과의 반응 생성물
② 다환방향족탄화수소(Polycyclic aromatichydro-carbon) : 유기물질을 고온으로 가열할 때 생성되는 단백질이나 지방의 분해생성물
③ 아크릴아미드(Acrylamide) : 전분식품을 가열 시 아미노산과 당의 열에 의한 결합 반응 생성물
④ 헤테로고리아민(Heterocyclic amine) : 주류 제조 시 에탄올과 카바밀기의 반응에 의한 생성물

해설

헤테로고리아민은 단백질이나 지방을 고열에서 태울 시 발생하는 발암물질이다.

31

집단급식소란 영리를 목적으로 하지 아니하면서 특정 다수인에게 계속하여 음식물을 공급하는 기숙사 · 학교 · 병원 그 밖의 후생기관 등의 급식시설로서 1회 몇 명 이상에게 식사를 제공하는 급식소를 말하는가?

① 30명 ② 40명
③ 50명 ④ 60명

해설

집단급식소는 영리를 목적으로 하지 않고 계속적으로 특정 다수인(1회 50명 이상)에게 음식물을 공급하는 급식소를 말한다.

32

다음 동물성 지방의 종류와 급원식품이 잘못 연결된 것은? 빈출

① 라드 : 돼지고기의 지방조직
② 우지 : 소고기의 지방조직
③ 마가린 : 우유의 지방
④ DHA : 생선기름

해설

경화유
불포화지방산에 수소를 첨가하고 니켈을 촉매로 사용하여 포화지방산 형태의 고체유로 변화시킨 것이다(예 마가린, 쇼트닝).

33

전분의 변화에 대한 설명으로 옳은 것은?

① 호정화란 전분에 물을 넣고 가열시켜 전분 입자가 붕괴되고 미셀구조가 파괴되는 것이다.
② 호화란 전분을 묽은 산이나 효소로 가수분해시키거나 수분이 없는 상태에서 160~170℃로 가열하는 것이다.
③ 전분의 노화를 방지하려면 호화전분을 0℃ 이하로 급속동결시키거나 수분을 15% 이하로 감소시킨다.
④ 아밀로오스의 함량이 많은 전분이 아밀로펙틴이 많은 전분보다 노화되기 어렵다.

해설

호정화는 전분에 건열을 가하여 전분 입자를 분해하는 것으로 그 예로, 미숫가루와 뻥튀기 등이 있다. 호화는 전분에 물과 열을 가하여 전분 입자를 붕괴시키는 것을 말하며, 아밀로펙틴 함량이 많을수록 노화가 느리다.

정답 29 ③ 30 ④ 31 ③ 32 ③ 33 ③

34

결합수에 대한 설명으로 틀린 것은?

① 용매로 작용한다.
② 100℃로 가열해도 제거되지 않는다.
③ 0℃의 온도에서 얼지 않는다.
④ 미생물의 번식에 이용되지 못한다.

해설

결합수는 용매로 작용하지 않는다.

35

다음 중 천연항산화제와 거리가 먼 것은?

① 토코페롤 ② 스테비아 추출물
③ 플라본 유도체 ④ 고시폴

해설

천연항산화제로는 토코페롤, 플라본 유도체, 고시폴 등이 있다. 스테비아 추출물은 감미료이다.

36

α-amylase에 대한 설명으로 틀린 것은?

① 전분의 α-1, 4결합을 가수분해한다.
② 전분으로부터 덱스트린을 형성한다.
③ 발아 중인 곡류의 종자에 많이 있다.
④ 당화효소라 한다.

해설

당화효소는 β-아밀라아제이다.

37

다음 중 효소가 아닌 것은?

① 말타아제(Maltase) ② 펩신(Pepsin)
③ 레닌(Rennin) ④ 유당(Lactose)

해설

유당은 갈락토스와 포도당이 결합되어 만들어진 이당류이다.

38

양파를 가열 조리 시 단맛이 나는 이유는?

① 황화아릴류가 증가하기 때문
② 가열하면 양파의 매운맛이 제거되기 때문
③ 알리신이 티아민과 결합하여 알리티아민으로 변하기 때문
④ 황화합물이 프로필메르캅탄(Propyl mercaptan)으로 변하기 때문

해설

양파를 가열 조리하면 황화합물이 프로필메르캅탄으로 변하여 단맛이 나게 된다.

39

음식을 제공할 때 온도를 고려해야 하는데 다음 중 맛있게 느끼는 식품의 온도가 가장 높은 것은?

① 전골 ② 국
③ 커피 ④ 밥

해설

전골은 끓여가며 먹는 음식으로 적정온도가 가장 높다.

40

채소를 데칠 때 뭉그러짐을 방지하기 위한 가장 적당한 소금의 농도는?

① 1% ② 10%
③ 20% ④ 30%

해설

채소를 데칠 때 소금의 농도는 1~2%가 적당하다.

정답 34 ① 35 ② 36 ④ 37 ④ 38 ④ 39 ① 40 ①

41

어패류에 소금을 넣고 발효 숙성시켜 원료 자체 내 효소의 작용으로 풍미를 내는 식품은?

① 어육소시지 ② 어묵
③ 통조림 ④ 젓갈

해설

어패류에 소금을 넣고 발효 숙성시킨 식품은 젓갈이다.

42

육류, 채소 등 식품을 다지는 기구를 무엇이라고 하는가?

① 초퍼(Chopper)
② 슬라이서(Slicer)
③ 채소절단기(Cutter)
④ 필러(Peeler)

해설

- 슬라이서 : 일정한 두께로 저밀 때
- 채소절단기 : 채소를 자를 때
- 필러 : 식품 껍질을 벗길 때

43

근육의 주성분이며, 면역과 관계가 깊은 영양소는?

① 비타민 ② 지질
③ 단백질 ④ 무기질

해설

단백질은 몸의 근육이나 혈액 생성의 주성분으로, 성장 및 체조직의 구성과 신체적 저항 및 면역계에 관여한다(피부, 효소, 항체, 호르몬 구성, 저항력, 열량 유지 등).

44

일반적으로 폐기율이 가장 높은 식품은?

① 소살코기 ② 달걀
③ 생선 ④ 곡류

해설

먹지 못하고 버리는 부분의 중량을 폐기율이라고 하며, 일반적으로 생선의 폐기율이 가장 높다.

45

병원체가 인체에 침입한 후 자각적 · 타각적 임상증상이 발병할 때까지의 기간은?

① 세대기 ② 이환기
③ 잠복기 ④ 감염기

해설

잠복기
병원체가 사람 또는 동물의 체내에 침입하여 발병할 때까지의 기간을 말한다.

46

쓰레기 소각처리 시 공중보건상 가장 문제가 되는 것은?

① 대기오염과 다이옥신
② 화재 발생
③ 사후 폐기물 발생
④ 높은 열의 발생

해설

쓰레기를 소각처리하면 대기오염과 다이옥신 등이 가장 문제가 된다.

정답 41 ④ 42 ① 43 ③ 44 ③ 45 ③ 46 ①

47

자외선이 인체에 미치는 영향에 대한 설명으로 틀린 것은?

① 살균작용을 하나, 피부암을 유발한다.
② 체내에서 비타민 D를 생성시킨다.
③ 피부결핵이나 관절염에 유해하다.
④ 신진대사 촉진과 적혈구 생성을 촉진시킨다.

해설

자외선은 구루병 예방과 관절염 치료에 효과적이며, 결핵균, 디프테리아균, 기생충 사멸에 효과적이다.

48

다음 중 중간숙주의 단계가 하나인 기생충은?

① 간디스토마
② 폐디스토마
③ 무구조충
④ 광절열두조충

해설

무구조충의 중간숙주는 '소' 하나이고, 나머지는 중간숙주가 2개이다.

49

아질산염과 아민류가 산성 조건하에서 반응하여 생성하는 물질로 강한 발암성을 갖는 물질은?

① N−Nitrosamine
② Benzopyrene
③ Formaldehyde
④ Poly Chlorinated Biphenyl

해설

육류 발색제인 아질산염은 산성 조건일 때 식품 성분과 결합하여 발암물질인 N−Nitrosamine[니트로사민(나이트로사민)]을 생성한다.

50

다음 중 사용이 허가된 산미료는?

① 구연산 ② 계피산
③ 말톨 ④ 초산에틸

해설

- 산미료 : 식품에 신맛을 부여하기 위하여 사용되는 첨가물로, 허가된 산미료는 구연산·주석산·젖산·초산 등이 있다.
- 착향료 : 계피산, 말톨, 초산에틸

51

달걀의 가공 특성이 아닌 것은? 빈출

① 열응고성 ② 기포성
③ 쇼트닝성 ④ 유화성

해설

- 열응고성 : 응고하기 쉬운 성질
- 기포성 : 난백은 풀어지기 쉬운 성질이 있어, 빵 제조 시 팽창제로 이용
- 유화성 : 난황은 마요네즈 제조 시 유화성분으로 이용

52

강력분을 사용하지 않는 것은?

① 케이크 ② 식빵
③ 마카로니 ④ 피자

해설

- 강력분은 빵이나 파스타를 만들 때 쓰이는 밀가루이며, 글루텐의 함량이 13% 이상이다.
- 케이크를 만들 때는 글루텐의 함량이 낮고 탄력성과 점성이 약한 박력분을 사용하는 것이 알맞다. 박력분은 케이크 외에도 쿠키, 튀김과 같은 음식을 만들 때 사용하는 것이 좋다.

정답 47 ③ 48 ③ 49 ① 50 ① 51 ③ 52 ①

53

라드(Lard)는 무엇을 가공하여 만든 것인가?

① 돼지의 지방　② 우유의 지방
③ 버터　④ 식물성 기름

해설

- 라드 : 돼지의 위와 콩팥 주위의 지방
- 버터 : 우유의 지방 가공품

54

채소 샐러드용 기름으로 적합하지 않은 것은?

① 올리브유　② 경화유
③ 콩기름　④ 유채유

해설

경화유
식물성 기름을 동물성화한 것으로 융점이 낮아 샐러드용 기름으로 적합하지 않다.

55

달걀을 삶았을 때 난황 주위에 일어나는 암녹색의 변색에 대한 설명으로 옳은 것은?

① 100℃의 물에서 5분 이상 가열 시 나타난다.
② 신선한 달걀일수록 색이 진해진다.
③ 난황의 철과 난백의 황화수소가 결합하여 생성된다.
④ 낮은 온도에서 가열할 때 색이 더욱 진해진다.

해설

녹변현상
달걀을 너무 오래 삶거나 뜨거운 물에 담가두면 달걀노른자 주위가 암녹색 띠를 형성하는 현상으로, 난백에서 유리된 황화수소가 난황의 철과 결합하여 황화제1철을 만들기 때문에 나타나는 현상이다. 발생 조건은 다음과 같다.

- 15분 이상 가열하였을 때
- 오래된 달걀일 때
- 가열 온도가 높을 때
- 삶은 후 찬물에 담가 식히지 않았을 때

56

우리 음식인 갈비찜을 하는 조리법과 비슷하며, 오랫동안 은근한 불에 끓이는 서양식 조리법은?

① 브로일링　② 로스팅
③ 팬브로잉　④ 스튜잉

해설

스튜잉
약간 질긴 고기를 약한 불에서 은근하게 오랫동안 끓이는 방법이다.

57

빵을 비롯한 밀가루 제품에서 밀가루를 부풀게 하여 적당한 형태를 갖추게 하기 위하여 사용되는 첨가물은?

① 팽창제　② 유화제
③ 피막제　④ 산화방지제

해설

- 팽창제 : 밀가루 제품 제조 시 반죽을 팽창시키는 목적으로 사용하는 첨가물로 이스트, 베이킹파우더, 중조 등이 있다.
- 유화제 : 액체를 잘 혼합시키기 위하여 사용하는 첨가물이다.
- 피막제 : 과일의 선도를 장시간 유지하게 하기 위하여 표면 피막을 만들어 호흡작용을 적당히 제한하고, 수분의 증발을 방지하기 위하여 사용되는 첨가물이다.
- 산화방지제 : 식품의 산화에 의한 변질 현상을 방지하기 위해 사용되는 첨가물이다.

정답 53 ① 54 ② 55 ③ 56 ④ 57 ①

58

달걀에 대한 설명으로 틀린 것은?

① 식품 중 단백가가 가장 높다.
② 난황의 레시틴(Lecithin)은 유화제이다.
③ 난백의 수분이 난황보다 많다.
④ 당질은 글리코겐(Glycogen) 형태로만 존재한다.

해설

달걀의 당질은 미량의 글루코스, 만노스가 유리 상태로 존재한다.

59

난백에 기포가 생기는 것에 영향을 주는 것은?

① 난백에 거품을 낼 때 식초를 조금 넣으면 거품이 잘 생긴다.
② 난백에 거품을 낼 때 녹인 버터를 1큰술 넣으면 거품이 잘 생긴다.
③ 머랭을 만들 때 설탕은 맨 처음에 넣는다.
④ 난백은 0도에서 가장 안정적이고 기포가 잘 생긴다.

해설

난백에 약간의 산을 첨가하면 기포 형성에 도움은 주지만, 기름과 우유는 기포력을 저해한다.

60

달걀을 삶은 직후 찬물에 넣어 식히면 노른자 주위 암녹색의 황화철(FeS)이 적게 생기는데 그 이유는?

① 찬물이 스며들어가 황을 희석시키기 때문
② 황화수소가 난각을 통하여 외부로 발산되기 때문
③ 찬물이 스며들어가 철분을 희석하기 때문
④ 외부의 기압이 낮아 황과 철분이 외부로 빠져나오기 때문

해설

녹변현상

- 난백에서 유리된 황화수소(H_2S)가 난황의 철(Fe)과 결합할 때 나타나는 현상이다.
- 달걀을 삶은 직후 찬물에 넣어 식히면 노른자 주위에 암녹색의 황화철이 적게 생기는데, 그 이유는 황화수소가 난각을 통하여 외부로 발산되기 때문이다.

정답 58 ④ 59 ① 60 ②

제4회 CBT 기출복원 모의고사[중식]

수험번호
수험자명

제한시간 : 60분

01

섭조개에서 문제를 일으킬 수 있는 독소 성분은?

① 테트로도톡신(Tetrodotoxin)
② 셉신(Sepsine)
③ 베네루핀(Venerupin)
④ 삭시톡신(Saxitoxin)

해설

식중독과 원인독소
- 테트로도톡신 : 복어의 독성분
- 셉신 : 부패한 감자의 독성분
- 베네루핀 : 모시조개, 굴, 바지락, 고둥 등의 독성분
- 삭시톡신 : 섭조개(홍합), 대합 등의 독성분

02

식품에서 자연적으로 발생하는 유독물질을 통해 식중독을 일으킬 수 있는 식품과 가장 거리가 먼 것은?

① 피마자　② 표고버섯
③ 미숙한 매실　④ 모시조개

해설

식품과 독소명
- 피마자 : 리신(Ricin)
- 미숙한 매실(청매) : 아미그달린(Amygdalin)
- 모시조개 : 베네루핀(Venerupin)

03

소시지 등 가공육 제품의 육색을 고정하기 위해 사용하는 식품첨가물은?

① 발색제　② 착색제
③ 강화제　④ 보존제

해설

식품첨가물의 분류
- 발색제 : 식품 중의 색소와 작용해서 색을 안정시키거나 발색을 촉진시키기 위해 사용
- 착색제 : 식품의 가공 공정에서 변질 및 변색되는 식품 색을 복원하기 위해 사용
- 강화제 : 가공식품 중 부족한 영양소를 보충하거나 제조, 보존 중에 손실된 비타민, 무기질, 아미노산 등의 영양소를 제품에 보충하기 위해 사용
- 보존제 : 동식물성 유기물이 미생물의 작용에 의해 부패하는 것을 막기 위해 사용

04

파라티온(Parathion), 말라티온(Malathion)과 같이 독성이 강하지만 빨리 분해되어 만성중독을 일으키지 않는 농약은?

① 유기인제 농약　② 유기염소제 농약
③ 유기불소제 농약　④ 유기수은제 농약

해설

- 유기인제 농약 : 인을 함유한 유기화합물로 된 농약으로 파라티온, 말라티온, 다이아지논 등이 있는데, 이들은 신경독을 일으킨다.
- 유기염소제 농약 : DDT, BHC
- 유기불소제 농약 : 푸솔, 니솔, 프라톨
- 유기수은제 농약 : 메틸염화수은, 메틸요오드화수은(메틸아이오딘화수은), EMP, PMA

정답　01 ④　02 ②　03 ①　04 ①

05

식품위생법상 식중독 환자를 진단한 의사는 누구에게 이 사실을 제일 먼저 보고하여야 하는가?

① 보건복지부장관
② 경찰서장
③ 보건소장
④ 관할 특별자치시장 · 시장 · 군수 · 구청장

해설

식중독 환자나 식중독이 의심되는 자를 진단하였거나 그 사체를 검안한 의사 또는 한의사는 관할 특별자치시장 · 시장 · 군수 · 구청장에게 보고해야 한다.

06

β – 전분이 가열에 의해 α – 전분으로 변하는 현상은? 빈출

① 호화 ② 호정화
③ 산화 ④ 노화

해설

호화(알파화)
익지 않은 전분(β – 전분)에 물을 넣고 가열하면 익은 전분(α – 전분)이 되는 현상을 말한다.

07

다음 중 결합수의 특징이 아닌 것은?

① 전해질을 잘 녹여 용매로 작용한다.
② 자유수보다 밀도가 크다.
③ 식품에서 미생물의 번식과 발아에 이용되지 못한다.
④ 동 · 식물의 조직에 존재할 때 그 조직에 큰 압력을 가하여 압착해도 제거되지 않는다.

해설

- 결합수
  - 식품 중의 탄수화물이나 단백질 분자의 일부분을 형성하는 물을 말한다.
  - 결합수는 당류와 같은 용질에 대해서 용매로서 작용하지 않으며, 0℃ 이하의 낮은 온도에서도 얼지 않는다.
- 자유수(유리수)는 식품 중에 유리 상태로 존재하는 보통 물을 말한다.

08

요구르트 제조는 우유 단백질의 어떤 성질을 이용하는가?

① 응고성 ② 용해성
③ 팽윤 ④ 수화

해설

요구르트는 탈지유에 유산균을 첨가 배양하여 제조한 음료로서 생성된 유기산에 의해 우유 단백질인 카제인의 응고성에 의하여 만들어진다.

09

알칼리성 식품에 대한 설명으로 옳은 것은? 빈출

① Na, K, Ca, Mg이 많이 함유되어 있는 식품
② S, P, Cl이 많이 함유되어 있는 식품
③ 당질, 지질, 단백질 등이 많이 함유되어 있는 식품
④ 곡류, 육류, 치즈 등의 식품

해설

무기질의 종류에 따른 분류
- 알칼리성 식품 : Na(나트륨), K(칼륨), Ca(칼슘), Mg(마그네슘), Fe(철), Cu(구리) 등을 많이 함유하고 있는 식품으로 주로 해조류, 과일류, 채소류 등이다.
- 산성 식품 : S(황), P(인), Cl(염소) 등을 많이 함유하고 있는 식품으로 곡류, 육류, 어류 등이다.

정답 05 ④ 06 ① 07 ① 08 ① 09 ①

10

우유의 균질화(Homogenization)에 대한 설명으로 옳지 않은 것은?

① 지방구의 크기를 0.1~2.2㎛ 정도로 균일하게 만들 수 있다.
② 탈지유를 첨가하여 지방의 함량을 맞춘다.
③ 큰 지방구의 크림층 형성을 방지한다.
④ 지방의 소화를 용이하게 한다.

해설

우유를 균질처리하는 목적은 지방구가 시간이 지남에 따라 뭉쳐서 크림층을 형성하는 것을 방지하기 위함이다. 우유의 균질화(Homogenization)에 의해서 맛이 부드러워지고 우유의 색은 더욱 희게 되며, 지방구의 크기를 0.1~2.2㎛(마이크로미터) 정도로 작고 균일하게 만들어 지방의 소화를 용이하게 한다.

11

레드캐비지로 샐러드를 만들 때 식초를 조금 넣은 물에 담그면 고운 적색을 띠는 것은 어떤 색소 때문인가?

① 안토시안(Anthocyan)
② 클로로필(Chlorophyll)
③ 안토잔틴(Anthoxanthin)
④ 미오글로빈(Myoglobin)

해설

안토시안(Anthocyan)
플라보노이드 중의 하나로 채소, 과일, 꽃 등의 적색, 자색 등의 색소이다. 산성(식초물)에서는 고운 적색, 중성에서는 보라색, 알칼리(소다첨가)에서는 청색을 띠는 특성을 가지고 있다.

12

섬유소와 한천에 대한 설명 중 틀린 것은?

① 산을 첨가하여 가열하면 분해되지 않는다.
② 체내에서 소화되지 않는다.
③ 변비를 예방한다.
④ 모두 다당류이다.

해설

- 섬유소 : 식물 세포막을 구성하는 다당류로, 체내에 소화효소가 없고, 장의 연동작용을 자극하여 배설을 촉진하는 역할을 한다.
- 한천 : 홍조류에서 추출된 다당류로, 젤화되는 성질이 있어 양갱이나 젤리 등에 이용되고 산을 넣어 가열하면 응고력이 약해진다.

13

탄수화물의 분류 중 5탄당이 아닌 것은?

① 갈락토스(Galactose)
② 자일로스(Xylose)
③ 아라비노스(Arabinose)
④ 리보스(Ribose)

해설

탄수화물은 가수분해에 의해 생성되는 당분자의 수에 따라 단당류, 소당류, 다당류로 분류된다. 식품에 있어서 중요한 단당류는 5탄당과 6탄당이다.

- 5탄당 : 크실로오스(Xylose), D－자일로스(D－Xylose), L－아라비노스(L－Arabinose), D－리보스(D－Ribose)
- 6탄당 : D－포도당(D－Glucose), D－과당(D－Fructose), D－만노스(D－Mannose), D－갈락토스(D－Galactose)

14

CA저장에 가장 적합한 식품은? 빈출

① 육류 ② 과일류
③ 우유 ④ 생선류

해설

CA(Controlled Atmosphere)저장
- 호흡과 증산작용이 대체로 왕성한 채소류나 과일류의 저장에 주로 이용
- 과실을 저장실에 넣게 되면 실내의 산소량은 감소하고 상대적으로 이산화탄소 생성량은 증가
- 효과적인 CA저장 시 가스 조성 : 이산화탄소 2~5%, 산소 2~3%, 저장실 내부 온도 0~4℃로 유지

정답 10 ② 11 ① 12 ① 13 ① 14 ②

15

황함유 아미노산이 아닌 것은?

① 트레오닌(Threonine)
② 시스틴(Cystine)
③ 메티오닌(Methionine)
④ 시스테인(Cysteine)

해설

아미노산의 종류

분류(성질)	명칭
중성 - 지방족	알라닌, 글리신, 이소루이신, 루이신, 발린
중성 - 하이드록시	세린, 트레오닌
중성 - 함황	시스테인, 시스틴, 메티오닌
중성 - 아마이드	아스파라긴, 글루타민
중성 - 방향족	페닐알라닌, 트립토판, 티로신
산성	아스파르트산, 글루탐산
염기성	아르기닌, 히스티딘, 리신
기타	하이드록시프롤린, 프롤린

16

조리와 가공 중 천연색소의 변색요인과 거리가 먼 것은?

① 산소　② 효소
③ 질소　④ 금속

해설

천연색소는 조리와 가공 중 pH, 산소, 효소, 금속이온 등에 의해 변색된다.

17

근채류 중 생식하는 것보다 기름에 볶는 조리법을 적용하는 것이 좋은 식품은?

① 무　② 고구마
③ 토란　④ 당근

해설

녹황색 채소는 지용성 비타민 A를 많이 함유하여 열에 비교적 안정적이므로, 기름을 이용한 조리법을 사용하면 영양분 흡수가 더 잘 된다.

18

식품검수방법의 연결이 틀린 것은?

① 화학적 방법 : 영양소의 분석, 첨가물, 유해성분 등을 검출하는 방법
② 검경적 방법 : 식품의 중량, 부피, 크기 등을 측정하는 방법
③ 물리학적 방법 : 식품의 비중, 경도, 점도, 빙점 등을 측정하는 방법
④ 생화학적 방법 : 효소반응, 효소 활성도, 수소이온 농도 등을 측정하는 방법

해설

검경적(檢境的) 방법
검경에 의해 식품의 세포나 조직의 모양, 미생물의 존재를 확인하는 방법

19

한천 젤리를 만든 후 시간이 지나면 내부에서 표면으로 수분이 빠져나오는 현상은?

① 삼투현상(Osmosis)
② 이장현상(Sysnersis)
③ 님비현상(NIMBY)
④ 노화현상(Retrogradation)

해설

이장현상
젤에 포함된 분산매가 젤 바깥쪽으로 분리되어 나오는 현상

정답 15 ① 16 ③ 17 ④ 18 ② 19 ②

20

김치의 1인분량이 50g, 김치의 원재료인 포기배추의 폐기율은 10%, 예상식수가 700식인 경우 포기배추의 발주량은?

① 39kg ② 45kg
③ 52kg ④ 60kg

해설

$$총발주량 = \frac{(정미\ 중량 \times 100)}{(100 - 폐기율)} \times 700$$
$$= \frac{(50 \times 100)}{(100 - 10)} \times 700 = 38.888kg$$

21

디피티(D.P.T) 기본접종과 관계없는 질병은?

① 디프테리아 ② 풍진
③ 백일해 ④ 파상풍

해설

디피티(D.P.T)
디프테리아(Diphtheria), 백일해(Pertussis), 파상풍(Tetanus)의 약자이며, 전신성 질병으로 모두 세균이 일으킨다.

22

식품공전에 규정되어 있는 표준온도는?

① 10℃ ② 15℃
③ 20℃ ④ 25℃

해설

식품공전상 규정 온도
- 표준온도 : 20℃
- 상온 : 15~25℃
- 실온 : 1~35℃
- 미온 : 30~40℃

23

훈연 시 발생하는 연기 성분에 해당하지 않는 것은?

① 페놀(Phenol)
② 포름알데히드(Formaldehyde)
③ 개미산(Formic acid)
④ 사포닌(Saponin)

해설

훈연 시 발생하는 연기 성분
포름알데히드(포름알데하이드), 개미산, 메틸알코올, 페놀 등이 있으며, 이 성분은 살균작용을 한다.

24

알칼리성 식품에 해당하는 것은? 빈출

① 송이버섯 ② 달걀
③ 보리 ④ 소고기

해설

알칼리성 식품과 산성 식품
- 알칼리성 식품 : 과일류, 해조류, 채소류, 우유 등
- 산성 식품 : 고기류, 어패류, 곡류, 견과류 등

25

전분의 노화를 억제하는 방법과 가장 거리가 먼 것은?

① 항산화제의 사용 ② 수분함량 조절
③ 설탕의 첨가 ④ 유화제의 사용

해설

전분의 노화 억제방법
- α전분을 80℃ 이상으로 유지하면서 급속 건조시킨다.
- 0℃ 이하로 얼려 급속 탈수한 후 수분함량을 15% 이하로 유지한다.
- 설탕이나 환원제, 유화제를 다량 첨가한다.

정답 20 ① 21 ② 22 ③ 23 ④ 24 ① 25 ①

26

다음 중 식물성 색소인 플라보노이드를 함유한 식품이 아닌 것은?

① 밀가루　② 늙은호박
③ 무　④ 옥수수

해설

플라보노이드는 색이 옅은 채소의 색소로 무, 옥수수, 연근, 감자, 밀가루에 포함되어 있다. 산에 대해서는 안정하지만, 알칼리에는 불안정하여 산에서는 흰색, 알칼리에서는 진한 황색을 띤다.

27

육류 조리 시 향미 성분과 관계가 먼 것은?

① 질소함유물　② 유기산
③ 유리아미노산　④ 아밀로오스

해설

육류의 정미 성분으로는 핵산, 유기산, 유리아미노산, 펩티드 등의 질소화합물이 있다.

28

동물성 식품의 냄새 성분과 거리가 먼 것은?

① 아민류　② 암모니아류
③ 시니그린　④ 카르보닐 화합물

해설

동물성 식품의 냄새 성분
휘발성 아민류, 암모니아류, 카르보닐 화합물 등

29

설탕을 포도당과 과당으로 분해하여 전화당을 만드는 효소는?

① 아밀라아제(Amylase)　② 인버타아제(Invertase)
③ 리파아제(Lipase)　④ 피티아제(Phytase)

해설

당의 전화당
당 용액에 산이나 산성염을 가하여 가열하거나 효소(인버타아제, Invertase)를 첨가하면 글루코스(Gloucose)와 과당(Fructose)으로 가수분해되는 현상

30

체내에서 열량원으로 사용되기보다 여러 가지 생리적 기능에 관여하는 것은? 빈출

① 탄수화물, 단백질　② 지방, 비타민
③ 비타민, 무기질　④ 탄수화물, 무기질

해설

식품 중에 함유된 영양소
- 몸의 활동에 필요한 에너지 공급(열량소) : 탄수화물, 지방, 단백질
- 몸의 발육을 위하여 몸의 조직을 만드는 성분 공급(구성소) : 단백질, 무기질, 지방
- 체내에 섭취된 것이 몸에 유효하게 사용되기 위해 보조적인 작용(조절소) : 무기질, 비타민, 물

31

냉매와 같은 저온 액체 속에 넣어 냉각, 냉동시키는 방법으로 닭고기 같은 고체 식품에 적합한 냉동법은?

① 침지식 냉동법　② 분무식 냉동법
③ 접촉식 냉동법　④ 송풍 냉동법

해설

냉동법의 종류
- 침지식 냉동법 : 식품 자체나 식품의 포장을 냉매에 직접 침지시키는 방법으로 닭고기 같은 고체 식품에 적합
- 분무식 냉동법 : 초냉매 액체로 -196℃의 끓는점을 가진 액체 질소와 -9℃에서 끓는 이산화탄소 등을 식품에 직접 살포하는 방식으로 새우, 양송이 등을 하나씩 분리하여 매우 빠른 속도로 냉동시키는 방식
- 접촉식 냉동법 : 냉동 후에 식품 포장을 찬 선반에 놓거나 냉관으로 액체를 통과시키는 방식
- 송풍 냉동법 : 식품을 수레나 컨베이어에 실어 0 ~ -45℃의 찬 공기를 냉동방이나 터널에 빨리 순환시키는 방식

정답 26 ② 27 ④ 28 ③ 29 ② 30 ③ 31 ①

32

전분의 호화에 영향을 미치는 인자와 가장 거리가 먼 것은? 빈출

① 전분의 종류 ② 가열온도
③ 수분 ④ 회분

해설

전분의 호화에 영향을 미치는 요인
전분의 종류・내부 구조와 크기・형태, 아밀로스와 아밀로펙틴의 함량, 수분함량, 온도, pH, 염류 등

33

환기 효과를 높이기 위한 중성대(Neutral Zone)의 위치로 가장 적합한 것은?

① 방바닥 가까이
② 방바닥과 천장의 중간
③ 방바닥과 천장 사이의 1/3 정도의 높이
④ 천장 가까이

해설

중성대(Neutral Zone)
실내로 들어오는 공기는 하부로, 나가는 공기는 상부로 이동하고, 그 중간에 압력 0의 지대가 형성된다. 중성대는 천장 가까이 형성되는 것이 환기량이 크고, 방바닥 가까이 있으면 환기량이 적다.

34

감자, 고구마 및 양파와 같은 식품에 뿌리가 나고, 싹이 트는 것을 억제하는 효과가 있는 것은?

① 자외선 살균법 ② 적외선 살균법
③ 일광 소독법 ④ 방사선 살균법

해설

방사선조사
식품의 숙도 지연, 살균, 살충, 발아억제 등의 목적으로 이용

35

식품첨가물에 대한 설명으로 틀린 것은?

① 보존료는 식품의 미생물에 의한 부패를 방지할 목적으로 사용된다.
② 규소수지는 주로 산화방지제로 사용된다.
③ 과산화벤조일(희석)은 밀가루 이외의 식품에 사용하여서는 안 된다.
④ 살균료는 식품의 부패 병원균을 강력하게 살균하는 목적으로 사용된다.

해설

규소수지
거품 생성을 방지하거나 감소시키는 식품첨가물로 사용

36

다음 중 식품의 가공 중에 형성되는 독성물질은?

① Tetrodotoxin ② Solanine
③ Nitrosoamine ④ Trypsin Inhibitor

해설

Nitrosoamine[니트로소아민(나이트로소아민)]
발암성이 있으며, 식품 속에 존재하는 아질산염으로부터 사람의 체내에서도 생성된다.

37

식품위생법상 식품을 제조・가공업소에서 직접 최종소비자에게 판매하는 영업의 종류는?

① 식품운반업 ② 식품소분・판매업
③ 즉석판매제조・가공업 ④ 식품보존업

해설

즉석판매제조・가공업
식품을 제조・가공업소에서 직접 최종소비자에게 판매하는 영업

정답 32 ④ 33 ④ 34 ④ 35 ② 36 ③ 37 ③

38

식품 등의 표시기준에 의거하여 식품의 내용량을 표시할 경우 내용물이 고체 또는 반고체일 때 표시하는 방법은?

① 중량 ② 용량
③ 개수 ④ 부피

해설

식품의 내용물이 고체 또는 반고체일 경우 중량으로 표시한다.

39

중국에서 수입한 배추(절인 배추 포함)를 사용하여 국내에서 배추김치로 조리하여 판매하는 경우, 메뉴판 및 게시판에 표시하여야 하는 원산지표시 방법은?

① 배추김치(중국산)
② 배추김치(배추 중국산)
③ 배추김치(국내산과 중국산을 섞음)
④ 배추김치(국내산)

해설

중국에서 수입한 배추를 사용하여 배추김치를 조리한 경우 '배추김치(배추 중국산)'으로 원산지를 표시한다.

40

복사선의 파장이 가장 크며, 열선이라고 불리는 것은?

① 자외선 ② 가시광선
③ 적외선 ④ 도르노선(Dorno ray)

해설

적외선(열선)
- 일광 3분류 중 파장이 가장 길며, 지구상에 열을 주어 온도를 높여줌
- 피부에 닿으면 열이 생기므로 심하게 쬐면 일사병과 백내장, 홍반을 유발함

41

자외선의 작용과 거리가 먼 것은? 빈출

① 피부암 유발 ② 관절염 유발
③ 살균작용 ④ 비타민 D의 형성

해설

자외선은 비타민 D의 형성을 촉진하여 구루병 예방, 적혈구 생성 및 신진대사 촉진, 관절염의 치료 효과와 혈압강하 작용 및 살균작용을 하나 피부암을 유발할 수 있으며, 결막 및 각막에 손상을 줄 수 있다.

42

공기의 자정작용에 속하지 않는 것은?

① 산소, 오존 및 과산화수소에 의한 산화작용
② 공기 자체의 희석작용
③ 세정작용
④ 여과작용

해설

공기의 자정작용에는 ①, ②, ③ 외에 자외선에 의한 살균작용, 식물의 탄소동화작용, 이산화탄소와 산소의 교환작용 등이 있다.

43

대기오염 중 2차 오염물질로만 짝지어진 것은?

① 먼지, 탄화수소
② 오존, 알데히드
③ 연무, 일산화탄소
④ 일산화탄소, 이산화탄소

해설

대기오염 중 2차 오염물질에는 오존, 유기 과산화물, 알데히드(알데하이드)류 등이 있다.

정답 38 ① 39 ② 40 ③ 41 ② 42 ④ 43 ②

44

레이노드 현상은 무엇인가?

① 손가락의 말초혈관 운동장애로 일어나는 국소진동증이다.
② 각종 소음으로 일어나는 신경장애 현상이다.
③ 혈액순환장애로 전신이 굳어지는 현상이다.
④ 소음에 적응을 할 수 없어 발생하는 현상을 총칭하는 것이다.

해설

레이노드 현상
손가락의 말초혈관 운동의 장애로, 혈액순환 장애가 나타나 창백해지는 것이다.

45

병원체를 보유하였으나 임상증상은 없으면서 병원체를 배출하는 자는? 빈출

① 환자　② 보균자
③ 무증상감염자　④ 불현성 감염자

해설

보균자
병원체를 보유하였으나 임상증상은 없으면서 병원체를 배출하는 자로 회복기보균자, 잠복기보균자, 건강보균자가 있다.

46

강화식품에 대한 설명으로 틀린 것은?

① 식품에 원래 적게 들어 있는 영양소를 보충한다.
② 식품의 가공 중 손실되기 쉬운 영양소를 보충한다.
③ 강화영양소로 비타민 A, 비타민 B, 칼슘(Ca) 등을 이용한다.
④ α-화 쌀은 대표적인 강화식품이다.

해설

강화식품
원래 식품이 가지고 있는 풍미와 색은 변화시키지 않고, 식품에 들어 있지 않던 영양소를 첨가함으로써 영양가를 강화시킨 식품
(예 강화된장, 마가린, 조제분유 등)

47

유해성분으로 인해 국내에서 식품첨가제로 허용된 표백제가 아닌 것은?

① 아황산염　② 무수아황산
③ 과산화수소　④ 롱가릿

해설

롱가릿은 유해표백제이므로 우리나라에서는 식품첨가물로 사용할 수 없다.

48

필수지방산에 속하는 것은?

① 리놀렌산　② 올레산
③ 스테아르산　④ 팔미트산

해설

필수지방산
불포화지방산 중 리놀렌산, 리놀레산 및 아라키돈산은 동물의 생명현상에 꼭 필요하며, 체내에서 합성이 안 되므로 반드시 식사를 통해 섭취해야 한다.

49

두부를 만들 때 콩 단백질을 응고시키는 재료와 거리가 먼 것은?

① $MgCl_2$　② $CaCl_2$
③ $CaSO_4$　④ H_2SO_4

정답 44 ① 45 ② 46 ④ 47 ④ 48 ① 49 ④

해설

두부응고제(간수)
황산칼슘($CaSO_4$), 염화마그네슘($MgCl_2$), 염화칼슘($CaCl_2$), 황산마그네슘($MgSO_4$)

50

과실 저장고의 온도, 습도, 기체의 조성 등을 조절하여 장기간 과실을 저장하는 방법은? 빈출

① 산저장 ② 자외선저장
③ 무균포장저장 ④ CA저장

해설

가스저장법(CA저장)
장기간 과일과 채소를 저장하는 방법으로 냉장과 병행하여 과일과 채소의 호흡을 억제시키는 방법

51

소금의 종류 중 불순물이 가장 많이 함유되어 있고, 가정에서 배추를 절이거나 젓갈을 담글 때 주로 사용하는 것은?

① 호염 ② 재제염
③ 식탁염 ④ 정제염

해설

소금의 종류
- 호염 : 천일염으로 불순물을 함유하고 있으며, 배추를 절이거나 젓갈을 담글 때 사용
- 재제염 : 꽃소금으로 천일염을 깨끗한 물에 녹여 불순물을 제거하고 다시 가열하여 결정시킨 것으로, 조리할 때 사용
- 식탁염 : 염화나트륨이 99% 이상의 소금
- 정제염 : 공정을 거쳐서 불순물이 없는 순수한 소금

52

푸른색 채소의 색과 질감을 고려할 때 데치기의 가장 좋은 방법은?

① 식소다를 넣어 오랫동안 데친 후 얼음물에 식힌다.
② 공기와의 접촉으로 산화되어 색이 변하는 것을 막기 위해 뚜껑을 닫고 데친다.
③ 물을 적게 하여 데치는 시간을 단축시킨 후 얼음물에 식힌다.
④ 많은 양의 물에 소금을 약간 넣고 데친 후 얼음물에 식힌다.

해설

푸른색 채소를 데칠 때 물의 양은 채소의 5배 정도가 적당하며, 1%의 소금물에 뚜껑을 열고 단시간에 데친 후 얼음물에 식힌다.

53

중식에서 마파두부, 칠리새우 등의 요리에 소스로 사용되는 두반장의 주재료는?

① 찹쌀 ② 대두
③ 매실 ④ 메주콩

해설

두반장은 메주콩(누에콩)을 이용해 만든 중국식 된장에 고추나 향신료를 넣은 장으로, 맵고 칼칼한 맛을 내는 마파두부나 칠리새우, 냉채 요리 등에 사용한다.

54

튀김 중 기름으로부터 생성되는 주요 화합물이 아닌 것은?

① 중성지방(Tridlyceride)
② 유리지방산(Free fatty acid)
③ 히드로과산화물(Hydroperoxide)
④ 알코올(Alcohol)

정답 50 ④ 51 ① 52 ④ 53 ④ 54 ①

해설

중성지방
글리세롤과 지방산의 에스테르화합물로, 생체 내 피하지방의 주성분이다.

55

튀김유의 보관방법으로 바람직하지 않은 것은?

① 공기와의 접촉을 막는다.
② 튀김 찌꺼기를 여과해서 제거한 후 보관한다.
③ 광선의 접촉을 막는다.
④ 사용한 철제 팬의 뚜껑을 덮어 보관한다.

해설

유지의 산패 원인은 열・산소・광선・금속・효소이다. 따라서 철제 팬에 튀긴 기름은 다른 그릇에 옮겨 보관한다.

56

튀김기름을 여러 번 사용하였을 때 일어나는 현상이 아닌 것은?

① 불포화지방산의 함량이 감소한다.
② 흡유량이 작아진다.
③ 튀김 시 거품이 생긴다.
④ 점도가 증가한다.

해설

반복 사용한 튀김기름은 흡유량이 증가한다.

57

단시간에 조리되므로 영양소의 손실이 가장 적은 조리 방법은?

① 튀김 ② 볶음
③ 구이 ④ 조림

해설

튀김은 고온에서 단시간 조리하는 방법으로 영양소 손실이 적다.

58

튀김에 대한 설명으로 맞는 것은?

① 기름의 온도를 일정하게 유지하기 위해 가능한 한 적은 양의 기름에 보관한다.
② 기름은 비열이 낮기 때문에 온도가 쉽게 변화한다.
③ 튀김에 사용했던 기름은 철로 된 튀김용 그릇에 담아 그대로 보관한다.
④ 튀김 시 직경이 넓고, 얇은 용기를 사용하면 온도 변화가 적다.

해설

기름의 비열은 0.47 정도로 낮아 온도 변화가 심하므로 두꺼운 용기를 사용하여 온도의 변화를 적게 해야 한다.

59

겨자를 갤 때 매운맛을 가장 강하게 느낄 수 있는 온도는?

① 20~25℃ ② 30~35℃
③ 40~45℃ ④ 50~55℃

해설

겨자의 매운맛을 내는 시니그린의 최적온도는 40~45℃이다.

60

매운맛을 내는 성분의 연결이 옳은 것은? 빈출

① 겨자 – 캡사이신(Capsacin)
② 생강 – 호박산(Succinic Acid)
③ 마늘 – 알리신(Allicin)
④ 고추 – 진저론(Gingerone)

해설

• 겨자 – 시니그린
• 생강 – 진저론
• 고추 – 캡사이신

정답 55 ④ 56 ② 57 ① 58 ② 59 ③ 60 ③

제5회 CBT 기출복원 모의고사[일식]

수험번호

수험자명

제한시간 : 60분

01

독미나리에 함유된 유독 성분은?

① 무스카린(Muscarine)
② 솔라닌(Solanine)
③ 아트로핀(Atropine)
④ 시큐톡신(Cicutoxin)

해설

- 무스카린(Muscarine) : 독버섯
- 솔라닌(Solanine) : 감자의 발아한 부분 또는 녹색 부분
- 아트로핀(Atropine) : 가지과식물의 잎사귀와 뿌리

02

중금속에 관한 설명으로 옳은 것은?

① 해독에 사용되는 약을 중금속 길항약이라고 한다.
② 길항약은 중금속과 결합하기 쉽고 체외로 배설하는 약은 없다.
③ 중독증상으로 대부분 두통, 설사, 고열을 동반한다.
④ 무기중금속은 지질과 결합하여 불용성 화합물을 만들고 산화작용을 나타낸다.

해설

중금속
- 체내에 흡수되면 배출이 바로 되지 않고 단백질과 결합하여 불용성 화합물을 만들어 부식시킨다.
- 증상으로는 소화기장애, 신장장애, 빈혈, 중추신경장애 등이 있고, 원인은 수은, 납, 구리 등이다.
- 길항약[디메르캅롤(BAL), 에틸렌디아민테트라아세트산(EDTA), D-페니실아민, 디플록사민]은 중금속과 결합하기 쉽고 몸 밖으로 배출 및 해독을 시킨다.

03

과일의 주된 향기 성분이며, 분자량이 커지면 향기도 강해지는 냄새 성분은?

① 알코올 ② 에스테르류
③ 유황화합물 ④ 휘발성 질소화합물

해설

과일의 향기 성분에는 여러 종류가 있는데, 에스테르류는 각종 과일의 좋은 향기를 말한다.

04

일반적으로 꽃 부분을 주요 식용부위로 하는 화채류는?

① 죽순(Bamboo Shoot)
② 파슬리(Parsley)
③ 콜리플라워(Cauliflower)
④ 아스파라거스(Asparagus)

해설

- 죽순(Bamboo Shoot) : 대나무의 새순
- 파슬리(Parsley) : 잎과 줄기를 이용
- 아스파라거스(Asparagus) : 잎과 줄기를 이용

05

유지 중에 존재하는 유리수산기(-OH)의 함량을 나타내는 것은?

① 아세틸가(Acetyl Value)
② 폴렌스케가(Polenske Value)
③ 헤너가(Hehner Value)
④ 라이켈-마이슬가(Reichert-Meissl Value)

정답 01 ④ 02 ① 03 ② 04 ③ 05 ①

해설

유지 중에 들어있는 수산기(-OH)는 지방산의 함량을 나타내는 특성치로, 아세틸가로 나타낸다.

06

메뉴관리 중 다음의 설명과 가장 가까운 용어는?

> 서양요리의 주방장 스페셜과 비슷한 것으로 주방장의 실력을 믿고 주방장이 추천하는 요리를 즐기는 것이다.

① 회석요리　② 오마카세
③ 카이세키　④ 정식요리

해설

메뉴관리 중 오마카세에 대한 설명이다.

07

다당류와 거리가 먼 것은?

① 젤라틴(Gelatin)
② 글리코겐(Glycogen)
③ 펙틴(Pectin)
④ 글루코만난(Glucomannan)

해설

젤라틴(Gelatin)
동물의 가죽, 뼈에 존재하는 콜라겐의 가수분해로 생긴 물질이다.

08

효소에 의한 갈변을 억제하는 방법으로 옳은 것은? 빈출

① 환원성 물질 첨가　② 기질 첨가
③ 산소 접촉　④ 금속이온 첨가

해설

갈변현상의 방지
- 열처리(Blanching, 데치기)에 의한 효소의 불활성화
- 식품을 밀폐용기 등에 넣고 공기를 차단하거나, 질소나 이산화탄소를 주입
- 온도를 -10℃ 이하로 하여 효소의 작용 억제
- 철, 구리로 된 용기나 기구의 사용금지
- 설탕, 소금물에 담가 보관
- 효소의 최적 조건을 변화시키기 위해서 pH를 3 이하로 낮춤

09

구매한 식품의 재고관리 시 적용되는 방법 중 최근에 구입한 식품부터 사용하는 것으로 가장 오래된 물품이 재고로 남게 되는 것은?

① 선입선출법　② 후입선출법
③ 총평균법　④ 최소-최대관리법

해설

- 선입선출법 : 먼저 들어온 재료부터 소비하는 방법
- 총평균법 : 일정 기간 동안 보유한 매입합계액을 매입수량의 합계로 나눠서 원가를 계산하는 방법

10

김에 대한 설명 중 옳은 것은?

① 붉은색으로 변한 김은 불에 잘 구우면 녹색으로 변한다.
② 건조김은 조미김보다 지질함량이 높다.
③ 김은 칼슘 및 철, 칼륨이 풍부한 알칼리성 식품이다.
④ 김의 감칠맛은 단맛과 지미를 가진 Cystine, Mannit 때문이다.

해설

- 탄수화물인 한천이 가장 많이 들어 있고, 비타민 A를 다량 함유하고 있다.
- 감미와 지미를 가진 아미노산의 함량이 높아 감칠맛을 낸다.
- 저장 중에 색소가 변화되는 것은 피코시안(청색)이 피코에리트린(홍색)으로 되기 때문이며, 햇빛에 의해 더욱 영향을 받는다.

정답　06 ②　07 ①　08 ①　09 ②　10 ③

11

유수의 올바른 해동 방법에 대한 설명으로 옳은 것은?

① 21℃ 이하 흐르는 물에서 1시간 이내 실시
② 21℃ 이하 흐르는 물에서 2시간 이내 실시
③ 21℃ 이하 흐르는 물에서 3시간 이내 실시
④ 21℃ 이하 흐르는 물에서 4시간 이내 실시

해설

유수해동
21℃ 이하 흐르는 물에서 2시간 이내 실시

12

일본 회요리에서 생선 특유의 비린내를 없애주며, 소화작용을 도와주고 계절의 풍미를 주어 아름답게 연출해주는 일본식 용어로 옳은 것은?

① 폰즈　　② 야쿠미
③ 모미지오로시　　④ 츠마

해설

- 폰즈 : 초간장
- 야쿠미 : 양념
- 모미지오로시 : 빨간무즙
- 츠마 : 회요리에 곁들이는 일종의 첨가식으로 일본에서는 아내라는 의미의 츠마라는 말을 많이 썼는데, 이는 회요리에서는 항상 츠마가 같이 한다는 의미로 사용

13

간디스토마는 제2중간숙주인 민물고기 내에서 어떤 형태로 존재하다가 인체에 감염을 일으키는가?

① 피낭유충(Metacercaria)
② 레디아(Redia)
③ 유모유충(Micracidium)
④ 포자유충(Sporocyst)

해설

간디스토마(간흡충)
- 제1중간숙주(왜우렁이, 쇠우렁이) → 제2중간숙주[민물고기, 잉어(참붕어)]
- 전파 : 충란 → 제1중간숙주 → 제2중간숙주 → 인체감염(피낭유충) → 장관을 통하여 간에 기생

14

식품위생법상 업종별 시설기준으로 틀린 것은?

① 휴게음식점에는 다른 객석에서 내부가 서로 보이도록 하여야 한다.
② 일반음식점의 객실에는 잠금장치를 설치할 수 있다.
③ 일반음식점의 객실 안에는 무대장치, 우주볼 등의 특수조명시설을 설치하여서는 아니 된다.
④ 일반음식점에는 손님이 이용할 수 있는 자동반주장치를 설치하여서는 아니 된다.

해설

일반음식점의 객실에는 잠금장치를 설치할 수 없다.

15

우유 100mℓ에 칼슘이 180mg 정도 들어 있다면 우유 250mℓ에는 칼슘이 약 몇 mg 정도 들어 있는가?

① 450mg　　② 540mg
③ 595mg　　④ 650mg

해설

100 : 180 = 250 : x
180 × 250 = 100x
∴ x = 450

정답　11 ②　12 ④　13 ①　14 ②　15 ①

PART 03

16

차, 커피, 코코아, 과일 등에서 수렴성 맛을 주는 성분은?

① 탄닌(Tannin)
② 카로틴(Carotene)
③ 엽록소(Chlorophyll)
④ 안토시안(Anthocyan)

해설

탄닌
수렴성의 감각으로서 차, 커피, 코코아, 감 등에 떫은맛이 있다.

17

급식시설에서 주방 면적을 산출할 때 고려해야 할 사항으로 가장 거리가 먼 것은?

① 피급식자의 기호 ② 조리기기의 종류
③ 조리 인원 ④ 식단

해설

주방 면적은 식단, 배식 수, 조리기기의 종류, 조리 인원 등을 고려하여 설정하여야 한다.

18

에너지 공급원으로 감자 160g을 보리쌀로 대체할 때 필요한 보리쌀 양은? (단, 감자의 당질 함량은 14.4%, 보리쌀의 당질 함량은 68.4%이다.)

① 20.9g ② 27.6g
③ 31.5g ④ 33.7g

해설

대치식품량
원래 식품의 양 × 원래 식품의 해당 성분 수치 / 대치하고자 하는 식품의 해당 성분 수치 = 160 × 14.4 ÷ 68.4 ≒ 33.68
∴ 약 33.7g

19

수질의 오염정도를 파악하기 위한 BOD(생물화학적 산소요구량) 측정 시 일반적인 온도와 측정 기간은?

① 10℃에서 10일간 ② 20℃에서 10일간
③ 10℃에서 5일간 ④ 20℃에서 5일간

해설

BOD(생물화학적 산소요구량) 측정 시 일반적으로 20℃에서 5일간 측정한다.

20

사람이 평생 매일 섭취하여도 아무런 장해가 일어나지 않는 최대량으로 1일 체중 kg당 mg수로 표시하는 것은?

① 최대무작용량(NOEL)
② 1일 섭취허용량(ADI)
③ 50% 치사량(LD50)
④ 50% 유효량(ED50)

해설

1일 섭취허용량(ADI)
사람이 평생 매일 섭취해도 아무런 장해가 일어나지 않는 최대량을 1일 체중 kg당 mg수로 표시하는 것

21

생선 및 육류의 초기부패 판정 시 지표가 되는 물질에 해당되지 않는 것은?

① 휘발성염기질소(VBN)
② 암모니아(Ammonia)
③ 트리메틸아민(Trimethylamine)
④ 아크롤레인(Acrolein)

해설

아크롤레인
지방이 탈 때 나는 자극적인 냄새의 성분으로, 상당한 독성을 지니고 있다.

정답 16 ① 17 ① 18 ④ 19 ④ 20 ② 21 ④

22

오래된 과일이나 산성 채소 통조림에서 유래하는 화학성 식중독의 원인물질은?

① 칼슘　② 주석
③ 철분　④ 아연

해설

주석

- 통조림의 관 내면에 도포시켜 철의 용출을 지연시킬 목적으로 사용된다.
- 과일, 과즙 통조림의 경우 미숙한 과일 표면에 함유된 아질산이온이나 제조 용수 속의 질산이온이 개관 후 방치되었을 때 산소에 의해 주석이 용출된다.

23

식품위생법상 출입·검사·수거에 대한 설명 중 틀린 것은? 빈출

① 관계 공무원은 영업소에 출입하여 영업에 사용하는 식품 등 또는 영업시설 등에 대하여 검사를 실시할 수 있다.
② 관계 공무원은 영업상 사용하는 식품 등에 대한 검사를 위하여 필요한 최소량이라 하더라도 무상으로 수거할 수 없다.
③ 관계 공무원은 필요에 따라 영업에 관계되는 장부 또는 서류를 열람할 수 있다.
④ 출입·검사·수거 또는 열람하려는 공무원은 그 권한을 표시하는 증표를 지니고, 이를 관계인에 내보여야 한다.

해설

관계 공무원은 영업상 사용하는 식품 등에 대한 검사를 위하여 필요한 최소량을 무상으로 수거할 수 있다.

24

식품위생법상 일반음식점의 모범업소의 지정기준이 아닌 것은?

① 화장실에 일회용 위생종이 또는 에어타월이 비치되어 있어야 한다.
② 주방에는 입식조리대가 설치되어 있어야 한다.
③ 일회용 컵을 사용하여야 한다.
④ 종업원은 청결한 위생복을 입고 있어야 한다.

해설

모범업소의 지정기준에는 일회용 컵, 일회용 숟가락, 일회용 젓가락 등을 사용하지 않아야 한다(식품위생법 시행규칙 [별표 19]).

25

탄수화물의 조리가공 중 변화되는 현상과 가장 관계 깊은 것은?

① 거품생성　② 호화
③ 유화　④ 산화

해설

탄수화물의 조리가공 중 변화되는 현상과 관계있는 것은 호화이다.

26

색소를 보존하기 위한 방법 중 틀린 것은?

① 녹색 채소를 데칠 때 식초를 넣는다.
② 매실지를 담글 때 소엽(차조기 잎)을 넣는다.
③ 연근을 조릴 때 식초를 넣는다.
④ 햄 제조 시 질산칼륨을 넣는다.

해설

녹색 채소에 들어 있는 엽록소는 산에 약하므로 식초를 사용하면 누런 갈색이 된다.

정답 22 ② 23 ② 24 ③ 25 ② 26 ①

27

어떤 단백질의 질소함량이 18%라면 이 단백질의 질소 계수는 약 얼마인가?

① 5.56 ② 6.30
③ 6.47 ④ 6.67

해설

질소계수는 (100/질소함량)의 공식에 넣어서 알 수 있는데, 질소함량이 18%라면 100/18이 된다.
100 ÷ 18 = 5.555 = 5.56
∴ 질소함량이 18%인 단백질의 질소계수는 5.56이다.

28

맥아당은 어떤 성분으로 구성되어 있는가?

① 포도당 2분자가 결합된 것
② 과당과 포도당 각 1분자가 결합된 것
③ 과당 2분자가 결합된 것
④ 포도당과 전분이 결합된 것

해설

맥아당은 포도당 2분자가 결합된 것으로 엿기름에 많으며, 물엿의 주성분이다.

29

소화흡수가 잘 되도록 하는 방법으로 가장 적절한 것은?

① 짜게 먹는다.
② 동물성 식품과 식물성 식품을 따로따로 먹는다.
③ 식품을 잘고 연하게 조리하여 먹는다.
④ 한꺼번에 많은 양을 먹는다.

해설

소화흡수가 잘 되도록 하는 방법

- 가급적이면 싱겁게 조리하고, 동물성 식품과 식물성 식품을 골고루 함께 섭취한다.
- 식품을 잘고 연하게 조리하여 먹을수록 소화효소가 활성화되기 쉽고, 적은 양으로 나누어 먹을수록 좋다.

30

다음의 상수처리과정에서 가장 마지막 단계는?

① 급수 ② 취수
③ 정수 ④ 도수

해설

상수처리과정

수원 → 취수 → 도수 → 정수 → 급수

31

규폐증에 대한 설명으로 틀린 것은?

① 먼지 입자의 크기가 0.5~5.0㎛일 때 잘 발생한다.
② 대표적인 진폐증이다.
③ 암석가공업, 도자기 공업, 유리제조업의 근로자들이 주로 많이 발생한다.
④ 일반적으로 위험요인에 노출된 근무경력이 1년 이후부터 자각 증상이 발생한다.

해설

- 위험요인에 노출된 근무경력이 15~20년 이후부터 증상이 나타나기 시작한다.
- 규산의 농도에 따라 발병 속도가 달라진다.

32

음식물이나 식수에 오염되어 경구적으로 침입되는 감염병이 아닌 것은? 빈출

① 유행성 이하선염 ② 파라티푸스
③ 세균성 이질 ④ 폴리오

해설

- 소화기계 감염병(경구감염 – 물, 음식물 원인) : 파라티푸스, 세균성 이질, 폴리오
- 유행성 이하선염(볼거리)은 바이러스에 의한 급성 감염병으로 호흡기계 감염병이다.

정답 27 ① 28 ① 29 ③ 30 ① 31 ④ 32 ①

33

매개 곤충과 질병이 잘못 연결된 것은?

① 이 – 발진티푸스
② 쥐벼룩 – 페스트
③ 모기 – 사상충증
④ 벼룩 – 렙토스피라증

해설

렙토스피라증은 야생 들쥐나 개, 소, 돼지 등의 가축들과 관련 있는 질병이다.

34

식품의 위생과 관련된 곰팡이의 특징이 아닌 것은?

① 건조식품을 잘 변질시킨다.
② 대부분 생육에 산소를 요구하는 절대 호기성 미생물이다.
③ 곰팡이독을 생성하는 것도 있다.
④ 일반적으로 생육 속도가 세균에 비하여 빠르다.

해설

곰팡이(Filamentous)의 특징
- 진균류 중에 균사체를 발육기관으로 하는 것으로, 발효식품이나 항생물질에 이용된다(예 누룩, 푸른곰팡이)
- 곰팡이 생육 최적온도 : 0~25℃
- 세균 : 구균, 간균, 나선균의 형태로 나누며, 2분법으로 증식한다.
- 곰팡이의 번식력은 세균보다 강하지는 않다.

35

다음 중 대장균의 최적증식온도 범위는?

① 0~5℃ ② 5~10℃
③ 30~40℃ ④ 55~75℃

해설

병원성대장균
사람이나 동물의 장관 내에 살고 있는 균으로 물이나 흙 속에 존재하며, 식품과 함께 입을 통해 체내에 들어오면 장염을 일으키는 식중독이다. 보통 배지에서 잘 발육하고 최적온도는 37℃이다.
- 증상 : 급성 대장염
- 잠복기 : 13시간 정도

36

60℃에서 30분간 가열하면 식품 안전에 위해가 되지 않는 세균은?

① 살모넬라균
② 클로스트리디움 보툴리눔균
③ 황색 포도상구균
④ 장구균

해설

살모넬라균
- 원인식품 : 육류 및 어패류 및 가공품, 우유 및 유제품, 채소 샐러드
- 예방대책 : 열에 약하여 60℃에서 30분간 가열하면 사멸된다.

37

육류의 발색제로 사용되는 아질산염이 산성 조건에서 식품 성분과 반응하여 생성되는 발암성 물질은?

① 지질 과산화물(Aldehyde)
② 벤조피렌(Benzopyrene)
③ 니트로사민(Nitrosamine)
④ 포름알데히드(Formaldehyde)

해설

발색제
자체 무색이어서 스스로 색을 나타내지 못하지만, 식품 중의 색소성분과 반응하여 그 색을 고정(보존)하거나 또는 발색하는 데 사용된다.
- 육류 발색제 : 아질산나트륨(아질산염) → 니트로사민(나이트로사민)(발암물질) 생성
- 과채류 발색제 : 황산제1철, 황산제2철, 염화제1철, 염화제2철

정답 33 ④ 34 ④ 35 ③ 36 ① 37 ③

38

다음 중 천연정미료가 아닌 것은?

① L-글루탐산나트륨
② 구아닌산
③ 이노신산
④ 호박산

해설

- L-글루탐산나트륨은 화학정미료이다.
- 글루탐산나트륨(다시마, 된장, 간장), 이노신산(가다랭이 말린 것), 호박산(조개), 구아닌산(표고버섯)은 천연정미료이다.

39

식품위생법상 즉석판매제조·가공업소 내에서 소비자에게 원하는 만큼 덜어서 직접 최종소비자에게 판매하는 대상식품이 아닌 것은?

① 된장
② 식빵
③ 우동
④ 어육제품

해설

식품제조·가공업의 영업자 및 축산물가공업의 영업자가 제조·가공한 식품 또는 식품 등 수입식품 등 수입·판매업 영업자가 수입·판매한 식품으로 즉석판매제조·가공업소 내에서 소비자가 원하는 만큼 덜어서 직접 최종소비자에게 판매하는 식품의 제외식품 : 통·병조림 제품, 레토르트식품, 냉동식품, 어육제품, 특수용도식품(체중조절용 조제식품은 제외), 식초, 전분, 알가공품, 유가공품(치즈류 제외)

40

식품위생법상 식품접객업 영업을 하려는 자는 몇 시간의 식품위생교육을 미리 받아야 하는가? 빈출

① 2시간　② 4시간
③ 6시간　④ 8시간

해설

식품위생교육 시간

- 식품제조·가공업, 식품첨가물제조업, 공유주방 운영업의 영업을 하려는 자 : 8시간
- 식품운반업, 식품소분·판매업, 식품보존업, 용기·포장류제조업의 영업을 하려는 자 : 4시간
- 즉석판매 제조·가공업, 식품접객업의 영업을 하려는 자 : 6시간
- 집단급식소를 설치·운영하려는 자 : 6시간

41

콩조림을 할 때 처음부터 간장이나 설탕 등 조미료를 넣어 끓이면 콩이 딱딱해지는 것은 어떤 현상 때문인가?

① 팽윤현상　② 모세관현상
③ 용출현상　④ 삼투압현상

해설

콩을 간장에 조릴 때 삼투압현상으로 인해 콩 속의 수분이 빠져 나와 콩이 딱딱해진다.

42

주로 참깨 중에 함유되어 있는 항산화 물질은?

① 고시폴　② 세사몰
③ 토코페롤　④ 레시틴

해설

- 고시폴 : 목화씨
- 토코페롤 : 비타민 E, 항산화제
- 레시틴 : 달걀노른자

정답 38 ① 39 ④ 40 ③ 41 ④ 42 ②

43

아미노산, 단백질 등이 당류와 반응하여 갈색 물질을 생성하는 반응은?

① 폴리페놀옥시다아제(Polyphenol Oxidase) 반응
② 마이야르(Maillard) 반응
③ 캐러멜화(Caramelization) 반응
④ 티로시나아제(Tyrosinase) 반응

해설

아미노-카르보닐 반응(마이야르 반응)
아미노산과 단백질 등이 당류와 반응하는 갈변으로 식빵, 간장, 된장 등의 갈변이다.

44

제조 과정 중 단백질 변성에 의한 응고작용이 일어나지 않는 것은?

① 치즈 가공　　② 두부 제조
③ 달걀 삶기　　④ 딸기잼 제조

해설

과일 가공품
과일에 있는 펙틴의 응고성을 이용하여 만듦
- 잼 : 과육에 설탕 60%를 첨가하여 농축한 것
- 젤리 : 과즙에 설탕 70%를 첨가하여 농축한 것
- 마멀레이드 : 과육·과피(껍질)에 설탕을 첨가하여 가열·농축한 것
- 프리져브 : 시럽에 넣고 조리하여 연하고 투명하게 된 과일

45

냉장고의 사용 방법으로 틀린 것은?

① 뜨거운 음식은 식혀서 냉장고에 보관한다.
② 문을 여닫는 횟수를 가능한 줄인다.
③ 온도가 낮으므로 식품을 장기간 보관해도 안전하다.
④ 식품의 수분이 건조되므로 밀봉하여 보관한다.

해설

5℃ 정도 되는 냉장실에 식품을 보관하면 금방 상할 수 있기 때문에 장기간 보관 시 냉동실에 넣어두는 것이 좋다.

46

고추장에 대한 설명으로 틀린 것은?

① 고추장은 곡류, 메줏가루, 소금, 고춧가루, 물을 원료로 제조한다.
② 고추장의 구수한 맛은 단백질이 분해하여 생긴 맛이다.
③ 고추장은 된장보다 단맛이 더 약하다.
④ 고추장의 전분 원료로 찹쌀가루, 보릿가루, 밀가루를 사용한다.

해설

고추장
- 저장성 조미료로서, 입맛을 돋우며 1g의 소금 맛을 내려면 10g을 사용한다.
- 쌀, 찹쌀, 보리에 맥아와 코지균으로 당화시킨 다음 고춧가루와 소금을 넣어서 숙성시켜 만들며, 메주고추장, 개량식 고추장 등이 있다.
- 고추장은 전분이 당화하여 단맛이 생기므로, 된장보다 단맛이 더 강하다.

47

탈수가 일어나지 않으면서 간이 맞도록 생선을 구우려면 일반적으로 생선 중량 대비 소금의 양은 얼마가 가장 적당한가?

① 0.1%　　② 2%
③ 16%　　④ 20%

해설

생선구이의 경우 탈수가 일어나지 않고, 간도 적절한 소금의 양은 생선 중량의 2~3%이다.

정답　43 ②　44 ④　45 ③　46 ③　47 ②

48

다음 중 유해보존료에 속하지 않는 것은? 빈출

① 붕산
② 소르빈산
③ 불소화합물
④ 포름알데히드

해설

소르빈산은 보존료로 육제품, 절임식품, 케첩에 사용된다.

49

중조를 넣어 콩을 삶을 때 가장 문제가 되는 것은?

① 비타민 B_1의 파괴가 촉진됨
② 콩이 잘 무르지 않음
③ 조리수가 많이 필요함
④ 조리시간이 길어짐

해설

콩을 삶을 때 중탄산소다(중조)를 첨가하면 빨리 무르지만, 비타민 B_1의 손실이 크다.

50

찹쌀떡이 멥쌀떡보다 더 늦게 굳는 이유는?

① pH가 낮기 때문에
② 수분함량이 적기 때문에
③ 아밀로오스의 함량이 많기 때문에
④ 아밀로펙틴의 함량이 많기 때문에

해설

찹쌀은 아밀로펙틴으로만 이루어져 있는데, 전분의 노화는 아밀로펙틴이 많을수록 느리게 진행된다.

51

해조류에서 추출한 성분으로 식품에 점성을 주고 안정제, 유화제로서 널리 이용되는 것은? 빈출

① 알긴산(Alginic Acid)
② 펙틴(Pectin)
③ 젤라틴(Gelatin)
④ 이눌린(Inulin)

해설

알긴산
고분자 복합 다당체이며, 미역이나 다시마 등 갈조류의 세포막을 구성하는 주성분으로 안정제, 농후제, 유화제로 사용된다.

52

생선을 조리할 때 생선의 냄새를 없애는 데 도움이 되는 재료로 가장 거리가 먼 것은?

① 식초　② 우유
③ 설탕　④ 된장

해설

생선의 냄새를 없애는 데 도움이 되는 재료에는 우유, 식초, 된장, 고추장, 술, 생강 등이 있다.

53

구이에 의한 식품의 변화 중 틀린 것은?

① 살이 단단해진다.
② 기름이 녹아 나온다.
③ 수용성 성분의 유출이 매우 크다.
④ 식욕을 돋우는 맛있는 냄새가 난다.

해설

수용성 성분의 유출은 끓이기의 단점이다.

정답 48 ② 49 ① 50 ④ 51 ① 52 ③ 53 ③

54

생선을 프라이팬이나 석쇠에 구울 때 들러붙지 않도록 하는 방법으로 옳지 않은 것은?

① 낮은 온도에서 서서히 굽는다.
② 기구의 금속면을 테프론(Teflon)으로 처리한 것을 사용한다.
③ 기구의 표면에 기름을 칠하여 막을 만들어 준다.
④ 기구를 먼저 달구어서 사용한다.

해설

- 생선을 프라이팬이나 석쇠에 구울 때 들러붙지 않게 구우려면 높은 온도에서 구워야 한다.
- 낮은 온도로 생선을 구울 경우 껍질이 다 떨어져 모양새가 좋지 않으므로 프라이팬이나 석쇠에 구울 경우 높은 온도로 달구어 기름을 발라서 사용하도록 한다.

55

녹색 채소를 데칠 때 색을 선명하게 하기 위한 조리 방법으로 부적합한 것은?

① 휘발성 유기산을 휘발시키기 위해 뚜껑을 열고 끓는 물에 데친다.
② 산을 희석시키기 위해 조리수를 다량 사용하여 데친다.
③ 섬유소가 알맞게 연해지면 가열을 중지하고 냉수에 헹군다.
④ 조리수의 양을 최소로 하여 색소의 유출을 막는다.

해설

- 녹색 채소를 데칠 때 조리수의 양을 재료의 5배로 넣고 데치면 색이 선명하다.
- 안토시안계 색소를 가지는 적색 채소를 데치는 경우 조리수의 양을 최소로 하여 색소의 유출을 막는다.

56

일본 된장의 특징으로 옳지 않은 것은?

① 콩을 주재료로 하여 설탕과 누룩을 첨가하여 발효시킨 것이다.
② 누룩의 종류에 따라 쌀된장, 보리된장, 콩된장으로 구분된다.
③ 색이 흴수록 단맛이 많고, 붉을수록 짠맛이 많다.
④ 색에 따라 흰된장, 적된장 등으로 구분한다.

해설

일본 된장은 콩을 주재료로 하여 소금과 누룩을 첨가하여 빠른 시간에 발효시킨 것이다.

57

홍조류에 속하며, 무기질이 골고루 함유되어 있고 단백질도 많이 함유된 해조류는?

① 김
② 미역
③ 우뭇가사리
④ 다시마

해설

- 해조류의 분류

녹조류	파래, 청태, 청각
갈조류	미역, 다시마, 톳
홍조류	우뭇가사리, 김

- 김은 단백질과 무기질의 함량이 특히 높은 해조류이다.

정답 54 ① 55 ④ 56 ① 57 ①

58

생선의 신선도를 판별하는 방법으로 잘못된 것은?

① 생선의 육질이 단단하고 탄력성이 있는 것이 신선하다.
② 눈의 수정체가 투명하지 않고 아가미 색이 어두운 것은 신선하지 않다.
③ 어체의 특유한 빛을 띄는 것이 신선하다.
④ 트리메틸아민(TMA)이 많이 생성된 것이 신선하다.

해설

생선이 오래되면 트리메틸아민(트라이메틸아민)이 발생하는데, 이것이 생선 비린내의 원인물질이다.

59

생선의 조리 방법에 관한 설명으로 옳은 것은?

① 선도가 낮은 생선은 양념을 담백하게 하고 뚜껑을 닫고 잠깐 끓인다.
② 지방함량이 높은 생선보다는 낮은 생선으로 구이를 하는 것이 풍미가 더 좋다.
③ 생선조림은 오래 가열해야 단백질이 단단하게 응고되어 맛이 좋아진다.
④ 양념간장이 끓을 때 생선을 넣어야 맛 성분의 유출을 막을 수 있다.

해설

파, 마늘, 생강 등으로 만든 양념간장은 생선이 익은 후에 넣어야 어취 제거 효과가 있다.

60

생선의 신선도가 저하되었을 때의 변화로 틀린 것은?

① 살이 물러지고, 뼈와 쉽게 분리된다.
② 표피의 비늘이 떨어지거나 잘 벗겨진다.
③ 아가미의 빛깔이 선홍색으로 단단하며, 꼭 닫혀 있다.
④ 휘발성 염기 물질이 생성된다.

해설

신선한 생선
- 눈알이 돌출되어 있으며, 아가미 색이 선홍색이어야 한다.
- 비늘이 고르고 잘 밀착되어 있어야 하며, 광택이 있어야 한다.
- 눌렀을 때 탄력이 있으면서 냄새가 나지 않아야 한다.

정답 58 ④ 59 ④ 60 ③

제6회 CBT 기출복원 모의고사[복어]

수험번호

수험자명

제한시간 : 60분

01

중금속에 의한 중독과 증상을 바르게 연결한 것은? 빈출

① 납중독 – 빈혈 등의 조혈장애
② 수은중독 – 골연화증
③ 카드뮴중독 – 흑피증, 각화증
④ 비소중독 – 사지마비, 보행장애

해설

- 수은중독 : 중추신경장애를 일으키며, 미나마타병을 일으킨다.
- 카드뮴중독 : 신장의 기능장애를 일으키며, 이타이이타이병을 일으킨다.
- 비소중독 : 위장장애, 경련, 혼수상태 등을 일으키고, 피부 이상현상을 보이기도 한다.

02

미숙한 매실이나 살구씨에 존재하는 독성분은?

① 라이코린(Lycorin)
② 하이오사이어마인(Hyoscyamine)
③ 리신(Ricin)
④ 아미그달린(Amygdalin)

해설

청매나 살구씨에 존재하는 식물성 독성분은 아미그달린이다.

03

식품위생법상 출입·검사·수거 등에 관한 사항 중 틀린 것은?

① 식품의약품안전처장은 검사에 필요한 최소량의 식품 등을 무상으로 수거하게 할 수 있다.
② 출입·검사·수거 또는 장부 열람을 하고자 하는 공무원은 그 권한을 표시하는 증표를 지녀야 하며, 관계인에게 이를 내보여야 한다.
③ 시장·군수·구청장은 필요에 따라 영업을 하는 자에 대하여 필요한 서류나 그 밖의 자료 제출 요구를 할 수 있다.
④ 행정응원의 절차, 비용부담 방법, 그 밖의 필요한 사항은 검사를 실시하는 담당 공무원이 임의로 정한다.

해설

행정응원의 절차, 비용부담 방법, 그 밖의 필요한 사항은 대통령령으로 정한다.

04

식품위생법상 식품접객업 조리장의 시설기준으로 적합하지 않은 것은? (단, 제과점영업소와 관광호텔업 및 관광공연장업의 조리장의 경우는 제외한다.)

① 조리장은 손님이 그 내부를 볼 수 있는 구조로 되어 있어야 한다.
② 조리장 바닥에 배수구가 있는 경우에는 덮개를 설치하여야 한다.
③ 조리장 안에는 조리시설·세척시설·폐기물 용기 및 손 씻는 시설을 각각 설치하여야 한다.
④ 폐기물 용기는 수용성 또는 친수성 재질로 된 것이어야 한다.

해설

폐기물의 용기는 오물·악취 등이 누출되지 아니하도록 뚜껑이 있고 내수성 재질로 된 것이어야 한다.

정답 01 ① 02 ④ 03 ④ 04 ④

05

환원성이 없는 당은?

① 포도당(Glucose) ② 과당(Fructose)
③ 설탕(Sucrose) ④ 맥아당(Maltose)

해설

설탕은 이당류로서 환원성이 없는 당이다.

06

아린맛은 어느 맛의 혼합인가?

① 신맛과 쓴맛 ② 쓴맛과 단맛
③ 신맛과 떫은맛 ④ 쓴맛과 떫은맛

해설

아린맛은 알카로이드, 탄닌, 알데히드(알데하이드) 등의 쓴맛과 떫은맛이 혼합되어 생성되는 맛이다.

07

냉장했던 딸기의 색을 선명하게 보존할 수 있는 조리법은?

① 서서히 가열한다.
② 짧은 시간에 가열한다.
③ 높은 온도로 가열한다.
④ 전자레인지에서 가열한다.

해설

딸기에 서서히 열을 가열해 주면 냉장했던 딸기의 색을 선명하게 보존할 수 있다.

08

수인성 감염병의 특징과 거리가 먼 것은?

① 환자 발생이 폭발적이다.
② 잠복기가 길고 치명률이 높다.
③ 성과 나이에 무관하게 발병한다.
④ 급수지역과 발생지역이 거의 일치한다.

해설

수인성 감염병
- 환자 발생이 폭발적이다.
- 음용수 사용지역과 유행지역이 일치한다.
- 계절과 관계없이 발생한다.
- 성별 · 연령 · 직업 · 생활 수준에 따른 발생빈도의 차이가 없다.
- 치명률이 낮다.

09

실내공기의 오염 지표인 CO_2(이산화탄소)의 실내(8시간 기준) 서한량은?

① 0.001% ② 0.01%
③ 0.1% ④ 1%

해설

이산화탄소의 실내 서한량은 0.1%이다.

10

우리나라에서 발생하는 장티푸스의 가장 효과적인 관리 방법은? 빈출

① 환경위생 철저
② 공기정화
③ 순화독소(Toxoid) 접종
④ 농약 사용 자제

해설

장티푸스는 보균자의 대변이나 소변에 의해서 오염된 물을 섭취하였을 경우에 감염되는 병으로 복통, 구토, 설사 등과 같은 증상을 나타낸다. 이러한 장티푸스를 예방하기 위해서는 보균자를 격리시키고, 환경위생에 철저해야 한다.

정답 05 ③ 06 ④ 07 ① 08 ② 09 ③ 10 ①

11

유리규산의 분진 흡입으로 폐에 만성섬유증식을 유발하는 질병은?

① 규폐증　② 철폐증
③ 면폐증　④ 농부폐증

해설

유리규산의 미세분말을 장기간, 장시간 동안 흡입하면 만성섬유증식을 유발하는데, 이러한 폐질환을 규폐증이라고 한다.

12

기온역전현상의 발생 조건은?

① 상부기온이 하부기온보다 낮을 때
② 상부기온이 하부기온보다 높을 때
③ 상부기온과 하부기온이 같을 때
④ 안개와 매연이 심할 때

해설

기온역전현상

- 낮과 밤의 일교차가 큰 봄·가을이나 춥고 긴 겨울철 밤에 분지 지역에서 발생하는 현상
- 상부기온이 하부기온보다 높을 때 발생

13

히스타민(Histamine) 함량이 많아 가장 알레르기성 식중독을 일으키기 쉬운 어육은?

① 가다랑어　② 대구
③ 넙치　④ 도미

해설

모르가니균(알레르기성 식중독)

히스티딘으로부터 히스타민 및 유독 아민을 생성하는 원인균으로 특히 붉은살 생선, 가다랑어, 청어, 꽁치, 건어물 등의 섭취로 알레르기(Allergy)와 발진, 구토 등의 증상을 일으킨다.

14

육류의 부패 과정에서 pH가 약간 저하되었다가 다시 상승하는 것과 연관이 있는 것은?

① 암모니아　② 비타민
③ 글리코겐　④ 지방

해설

육류 부패 과정에서 pH가 약간 저하될 때 염기성 물질은 증가하는데, 그 염기성 물질 중의 하나가 암모니아이다.

15

다음 중 복어의 먹을 수 있는 부위는?

① 알　② 내장
③ 껍질　④ 아가미

해설

일반적으로 식용이 가능한 복어의 가식부위는 살, 뼈, 껍질, 지느러미, 정소 부위이다.

16

식품 등을 판매하거나 판매할 목적으로 취급할 수 있는 것은?

① 병을 일으키는 미생물에 오염되었거나 그러할 염려가 있어 인체의 건강을 해칠 우려가 있는 것
② 포장에 표시된 내용량에 비하여 중량이 부족한 것
③ 영업자가 아닌 자가 제조·가공·소분한 것
④ 썩거나 상하거나 설익어서 인체의 건강을 해칠 우려가 있는 것

정답　11 ①　12 ②　13 ①　14 ①　15 ③　16 ②

해설

위해식품 등의 판매 등 금지(식품위생법 제4조)
- 썩거나 상하거나 설익어서 인체의 건강을 해칠 우려가 있는 것
- 유독·유해물질이 들어 있거나 묻어 있는 것 또는 그러할 염려가 있는 것(다만, 식품의약품안전처장이 인체의 건강을 해칠 우려가 없다고 인정하는 것은 제외)
- 병을 일으키는 미생물에 오염되었거나 그러할 염려가 있어 인체의 건강을 해칠 우려가 있는 것
- 불결하거나 다른 물질이 섞이거나 첨가된 것 또는 그 밖의 사유로 인체의 건강을 해칠 우려가 있는 것
- 안전성 심사 대상인 농·축·수산물 등 가운데 안전성 심사를 받지 아니하였거나 안전성 심사에서 식용으로 부적합하다고 인정된 것
- 수입이 금지된 것 또는 「수입식품안전관리 특별법」에 따른 수입신고를 하지 아니하고 수입한 것
- 영업자가 아닌 자가 제조·가공·소분한 것

17

과실 주스에 설탕을 섞은 농축액 음료수는?

① 탄산음료 ② 스쿼시(Squash)
③ 시럽(Syrup) ④ 젤리(Jelly)

해설

스쿼시
증류수나 소다수 등의 액체를 혼합한 설탕을 넣은 과일 원료의 농축물이다.

18

필수아미노산만으로 짝지어진 것은?

① 트립토판, 메티오닌
② 트립토판, 글리신
③ 라이신, 글루타민산
④ 루신, 알라닌

해설

필수아미노산(8가지)
트립토판, 메티오닌, 발린, 루신, 이소루신, 트레오닌, 페닐알라닌, 리신
※ 성장기의 어린이는 필수 아미노산 8가지에 아르기닌, 히스티딘을 추가해서 10가지이다.

19

다음 물질 중 동물성 색소는?

① 클로로필(Chlorophyll)
② 플라보노이드(Favonoid)
③ 헤모글로빈(Hemoglobin)
④ 안토잔틴(Anthoxanthin)

해설

- 헤모글로빈 : 어류부터 포유척추동물까지 적혈구 속에 들어있는 색소 단백질
- 동물성 색소 : 미오글로빈, 헤모글로빈, 아스타잔틴, 헤모시아닌 등

20

식당에서 조리작업자 및 배식자의 손 소독에 가장 적당한 것은?

① 생석회 ② 역성비누
③ 경성세제 ④ 승홍수

해설

조리자의 손 소독에 사용되는 것은 역성비누이다.

21

다음에서 설명하는 영양소는?

> • 원소기호는 I이다.
> • 인체의 미량원소로 주로 갑상선호르몬인 티록신과 트리아이오딘티로딘의 구성원소로 갑상선에 들어 있다.

① 요오드 ② 철
③ 마그네슘 ④ 셀레늄

정답 17 ② 18 ① 19 ③ 20 ② 21 ①

해설

요오드(아이오딘, I)
- 갑상선호르몬을 구성하고, 유즙 분비를 촉진한다.
- 부족할 경우 갑상선종, 발육정지가 나타나고, 과다할 경우 갑상선 기능항진증이 발생한다.
- 급원식품으로는 해조류, 어육 등이 있다.

22

천연산화방지제가 아닌 것은? 빈출

① 세사몰(Sesamol) ② 베타인(Betaine)
③ 고시폴(Gossypol) ④ 토코페롤(Tocopherol)

해설

천연산화방지제
비타민 E(토코페롤), 비타민 C(아스코르빈산), 참기름(세사몰), 목화씨(고시폴)

23

일반적으로 생선의 맛이 좋아지는 시기는?

① 산란기 몇 개월 전 ② 산란기 때
③ 산란기 직후 ④ 산란기 몇 개월 후

해설

일반적으로 생선의 맛이 좋은 시기는 산란과 관계가 있다고 보며, 산란기 1~2개월 전 더욱 감칠맛이 증가한다. 이 시기를 제철이라고 말한다.

24

전자레인지의 주된 조리 원리는?

① 복사 ② 전도
③ 대류 ④ 초단파

해설

전자레인지의 조리 원리
- 전자레인지는 초단파(전자파, 고주파)로 가열하는 조리 기구이다.
- 분자가 심하게 진동하여 발열하는 것을 이용하여 빠른 시간에 고르게 가열한다.

25

인공능동면역에 의하여 면역력이 강하게 형성되는 감염병은?

① 이질 ② 말라리아
③ 폴리오 ④ 폐렴

해설

인공능동면역(예방접종)
- 생균 Vaccine : 폴리오(Sabin), 두창, 탄저, 광견병, 결핵, 황열, 홍역
- 사균 Vaccine : 폴리오(Salk), 장티푸스, 파라티푸스, 콜레라, 백일해, 일본뇌염
- 순화독소 : 디프테리아, 파상풍

26

다음에서 설명한 복어 중독증상의 단계로 옳은 것은?

구토 후 급격하게 진척되며 손발의 운동장애와 발성장애가 오고, 호흡곤란 등의 증상이 나타나는 현상

① 제1도 ② 제2도
③ 제3도 ④ 제4도

해설

복어 독의 중독증상
- 제1도 : 입술과 혀끝이 가볍게 떨리면서 혀끝의 지각이 마비되며, 무게에 대한 감각이 둔화된다.
- 제2도 : 구토 후 급격하게 진척되며 손발의 운동장애와 발성장애가 오고 호흡곤란 등의 증상이 나타난다.
- 제3도 : 골격근의 완전 마비로 운동이 불가능하며, 호흡곤란과 혈압 강하가 더욱 심해지고 언어장애 등으로 의사전달이 안 된다.
- 제4도 : 완전히 의식 불능 상태에 돌입하고 호흡곤란과 심장운동이 정지되어 사망한다.

정답 22 ② 23 ① 24 ④ 25 ③ 26 ②

27

다음 중 국내에서 허가된 인공감미료는?

① 둘신(Dulcin)
② 사카린나트륨(Sodium Saccharin)
③ 사이클라민산나트륨(Sodium Cyclamate)
④ 에틸렌글리콜(Ethylene Glycol)

해설

- 허가된 인공감미료 : 사카린나트륨, D – 솔(소)비톨, 글리실리진산나트륨, 아스파탐
- 유해감미료 : 둘신, 에틸렌글리콜, 니트로아닐린, 페릴라틴, 파라니트로올소톨루
- 살인당&원폭당 : 사이클라민산나트륨

28

미생물의 생육에 필요한 조건과 거리가 먼 것은?

① 수분 ② 산소
③ 온도 ④ 자외선

해설

미생물 생육에 필요한 조건
영양소, 수분, 온도, pH, 산소

29

비타민 E에 대한 설명으로 틀린 것은?

① 물에 용해되지 않는다.
② 항산화작용이 있어 비타민 A나 유지 등의 산화를 억제해준다.
③ 버섯 등에 에르고스테롤(Ergosterol)로 존재한다.
④ 알파 토코페롤(α – Tocopherol)이 가장 효력이 강하다.

해설

- 비타민 E : 무취로 물에는 용해되지 않지만 에테르, 에탄올, 식물유에 녹으며, 200℃ 열에도 안정하다. 항산화작용이 있어 다른 지용성 비타민(A, D, K) 등의 산화를 억제해준다. 또한 알파 – 토코페롤(α – Tocopherol)의 생물학적 활성이 가장 크다.
- 에르고스테롤(Ergosterol) : 표고버섯, 효모, 맥각 등을 햇빛에 노출시키면 비타민 D로 전환된다.

30

청과물의 저장 시 변화에 대한 설명으로 옳은 것은?

① 청과물은 저장 중이거나 유통과정 중에도 탄산가스와 열이 발생한다.
② 신선한 과일의 보존기간을 연장시키는 데 저장이 큰 역할을 하지 못한다.
③ 과일이나 채소는 수확하면 더 이상 숙성하지 않는다.
④ 감의 떫은맛은 저장에 의해서 감소되지 않는다.

해설

청과물은 저장 중이거나 유통과정 중에도 탄산가스와 열이 발생하므로 오래 보관하면 안 된다.

31

클로로필(Chlorophyll)에 관한 설명으로 틀린 것은?

① 포르피린환(Porphyrin Ring)에 구리(Cu)가 결합되어 있다.
② 김치의 녹색이 갈변하는 것은 발효 중 생성되는 젖산 때문이다.
③ 산성식품과 같이 끓이면 갈색이 된다.
④ 알칼리 용액에서는 청록색을 유지한다.

해설

클로로필
- 녹색 채소에 들어 있는 녹색 색소이고, 마그네슘(Mg)을 함유하고 있다.
- 열과 산에 불안정하며, 알칼리에 안정하다.

정답 27 ② 28 ④ 29 ③ 30 ① 31 ①

32

결합수의 특성이 아닌 것은?

① 수증기압이 유리수보다 낮다.
② 압력을 가해도 제거하기 어렵다.
③ 0℃에서 매우 잘 언다.
④ 용질에 대해서 용매로서 작용하지 않는다.

해설

결합수의 특징
- 용질에 대해서 용매로 작용하지 않고, 압력을 가해도 쉽게 제거되지 않는다.
- 0℃ 이하의 낮은 온도에서도 얼지 않는다.
- 미생물의 번식에 이용되지 못한다.
- 유리수보다 밀도가 크다.

33

잠함병의 발생과 가장 밀접한 관계를 갖고 있는 환경요소는?

① 고압과 질소 ② 저압과 산소
③ 고온과 이산화탄소 ④ 저온과 일산화탄소

해설

잠함병
깊은 바닷속은 수압이 매우 높아 호흡을 통해 몸속으로 들어간 질소 기체가 체외로 잘 빠져나가지 못한 채로 혈액 속에 녹게 되고, 수면 위로 빠르게 올라오면 체내에 녹아 있던 질소 기체가 혈액 속을 돌아다니면서 몸에 통증을 일으키는 병이다.

34

재고회전율이 표준치보다 낮은 경우에 대한 설명으로 틀린 것은?

① 긴급 구매로 비용 발생이 우려된다.
② 종업원들이 심리적으로 부주의하게 식품을 사용하여 낭비가 심해진다.
③ 부정유출이 우려된다.
④ 저장기간이 길어지고, 식품손실이 커지는 등 많은 자본이 들어가 이익이 줄어든다.

해설

재고회전율이 표준치보다 낮은 경우
- 종업원들이 재고가 과잉 수준임을 알고 심리적으로 낭비가 심해진다.
- 저장기간이 길어지고, 식품손실이 커진다.
- 식품의 부정유출이 우려된다.
- 재고상품은 현금의 일종이며, 투자의 결과가 되어 이익이 줄어들게 된다.

35

국가의 보건수준이나 생활수준을 나타내는 데 가장 많이 이용되는 지표는?

① 병상이용률 ② 의료보험 수혜자수
③ 영아사망률 ④ 조출생률

해설

영아사망률은 공중보건의 수준지표이다.

36

동물과 관련된 감염병의 연결이 틀린 것은? 빈출

① 소 – 결핵 ② 고양이 – 디프테리아
③ 개 – 광견병 ④ 쥐 – 페스트

해설

고양이와 관련된 감염병은 톡소플라스마가 있고, 디프테리아는 사람과 접촉으로 감염된다.

37

소음으로 인한 피해와 거리가 먼 것은?

① 불쾌감 및 수면장애 ② 작업능률 저하
③ 위장기능 저하 ④ 맥박과 혈압의 저하

해설

소음으로 인한 피해로는 청력장애, 신경과민, 불면, 작업방해, 소화불량, 불안과 두통, 작업능률 저하 등이 있다.

정답 32 ③ 33 ① 34 ① 35 ③ 36 ② 37 ④

38

진개(쓰레기)처리법과 가장 거리가 먼 것은?

① 위생적 매립법　　② 소각법
③ 비료화법　　④ 활성슬러지법

해설

활성슬러지법은 수질처리법이다.

39

도마의 사용방법에 관한 설명 중 잘못된 것은?

① 합성세제를 사용하여 43~45℃의 물로 씻는다.
② 염소소독, 열탕살균, 자외선살균 등을 실시한다.
③ 식재료 종류별로 전용의 도마를 사용한다.
④ 세척, 소독 후에는 건조시킬 필요가 없다.

해설

도마를 위생적으로 처리하기 위하여 세척・소독하고, 이후에는 반드시 건조시킨 후 보관한다.

40

통조림관의 주성분으로 과일이나 채소류 통조림에 의한 식중독을 일으키는 것은?

① 주석　　② 아연
③ 구리　　④ 카드뮴

해설

- 통조림 식품의 유행성 금속물질은 납, 주석이다.
- 주석은 통조림관을 만드는 데 사용되는 금속 물질이다.
- 주석으로 인한 식중독의 주요 증상은 구역질, 복통, 설사, 구토, 권태감 등이다.

41

복어와 모시조개 섭취 시 식중독을 유발하는 독성물질을 순서대로 나열한 것은?

① 엔테로톡신(Enterotoxin), 사포닌(Saponin)
② 엔테로톡신(Enterotoxin), 아플라톡신(Aflatoxin)
③ 테트로도톡신(Tetrodotoxin), 듀린(Dhurrin)
④ 테트로도톡신(Tetrodotoxin), 베네루핀(Venerupin)

해설

- 복어의 독성물질 : 테트로도톡신으로 신경에 작용한다. 난소나 내장에 많으며, 끓여도 파괴되지 않는다.
- 모시조개의 독성물질 : 베네루핀으로 식중독을 일으킨다.

42

다음 중 효소적 갈변반응을 방지하기 위한 방법이 아닌 것은?

① 가열　　② 산화제 첨가
③ 금속 이온 제거　　④ 질소 처리

해설

효소적 갈변 방지 방법

- 효소의 불활성화(열처리)
- 산소 제거(질소, 이산화탄소 처리)
- −10℃ 이하 보관
- pH 저하
- 철이나 구리 기구 사용금지

43

생식기능 유지와 노화 방지의 효과가 있고, 화학명이 토코페롤(Tocopherol)인 비타민은?

① 비타민 A　　② 비타민 C
③ 비타민 D　　④ 비타민 E

해설

비타민 E

- 화학명은 토코페롤이고, 생식세포의 정상작용을 유지한다.
- 결핍증으로는 노화 촉진, 불임증, 근육 위축증이 있다.

정답 38 ④ 39 ④ 40 ① 41 ④ 42 ② 43 ④

44

어묵의 탄력과 가장 관계 깊은 것은?

① 수용성 단백질 – 미오겐
② 염용성 단백질 – 미오신
③ 결합 단백질 – 콜라겐
④ 색소 단백질 – 미오글로빈

해설

어묵 반죽은 반해동된 연육을 배합기에 넣어 완전히 분쇄하고, 온도에 맞춰 식염을 첨가하여 미오신 구조의 염용성 단백질을 용출시킨 후 점조성 증가로 완성시킨다.

45

다음 중 과일, 채소의 호흡작용을 조절하여 저장하는 방법은? 빈출

① 건조법 ② 냉장법
③ 통조림법 ④ 가스저장법

해설

가스저장법(CA저장법)
식품을 탄산가스나 질소가스 속에 보관하여 호흡작용을 억제하고, 호기성 부패 세균의 번식을 저지하는 저장법

46

유지를 가열할 때 유지 표면에서 엷은 푸른 연기가 나기 시작할 때의 온도는?

① 팽창점 ② 연화점
③ 용해점 ④ 발연점

해설

- 연화점 : 물질이 가열에 의해 변형 · 연화를 일으키기 시작하는 온도
- 용해점 : 물질이 녹는 온도

47

원가계산의 목적으로 틀린 것은?

① 가격결정의 목적 ② 원가관리의 목적
③ 예산편성의 목적 ④ 기말재고량 측정의 목적

해설

원가계산의 목적
가격결정의 목적, 원가관리의 목적, 예산편성의 목적, 재무제표의 작성이다.

48

단체급식소에서 식품 구입량을 정하여 발주하는 식으로 옳은 것은? 빈출

① $\text{발주량} = \dfrac{\text{1인분 순사용량}}{\text{가식률}} \times 100 \times \text{식수}$

② $\text{발주량} = \dfrac{\text{100인분 순사용량}}{\text{가식률}} \times 100$

③ $\text{발주량} = \dfrac{\text{1인분 순사용량}}{\text{폐기율}} \times 100 \times \text{식수}$

④ $\text{발주량} = \dfrac{\text{100인분 순사용량}}{\text{폐기율}} \times 100$

해설

$$\text{발주량} = \dfrac{\text{1인분 순사용량}}{\text{가식률}} \times 100 \times \text{식수}$$

49

하수의 오염도 측정 시 생화학적 산소요구량(BOD)을 결정하는 가장 중요한 인자는?

① 물의 경도 ② 수중의 유기물량
③ 하수량 ④ 수중의 광물질량

정답 44 ② 45 ④ 46 ④ 47 ④ 48 ① 49 ②

해설

생화학적 산소요구량(BOD)
호기성 미생물이 물속에 있는 유기물을 분해할 때 사용하는 산소의 양을 말하며, 물의 오염 정도를 표시하는 지표로 사용된다.

50

세균성 이질을 앓고 난 아이가 얻는 면역에 대한 설명으로 옳은 것은?

① 인공면역을 획득한다.
② 수동면역을 획득한다.
③ 영구면역을 획득한다.
④ 면역이 거의 획득되지 않는다.

해설

세균성 이질을 앓고 난 아이는 면역이 거의 획득되지 않는다.

51

복어의 독에 관한 설명으로 잘못된 것은?

① 복어 독은 햇볕에 약하다.
② 난소, 간, 내장 등에 독이 많다.
③ 복어 독은 테트로도톡신(Tetrodotoxin)이다.
④ 복어 독에 중독되었을 때에는 신속하게 위장 내의 독소를 제거하여야 한다.

해설

복어의 독인 테트로도톡신은 매우 강한 독소로 햇볕이나 가열에 의해 파괴되지 않는다.

52

일반적으로 복어의 독성이 가장 강한 시기는?

① 2~3월 ② 5~6월
③ 8~9월 ④ 10~11월

해설

복어의 산란기는 5~6월이며, 이 시기에 독성이 가장 강하다.

53

다음 복어의 부위 중 독소 양이 가장 많은 것은?

① 간장 ② 안구
③ 껍질 ④ 근육

해설

복어의 독소는 테트로도톡신으로 난소와 간장에 가장 많이 들어 있다.

54

다음 중 독성분인 테트로도톡신(Tetrodotoxin)을 갖고 있는 것은? 빈출

① 조개 ② 버섯
③ 복어 ④ 감자

해설

- 섭조개, 대합 : 삭시톡신
- 굴, 모시조개 : 베네루핀
- 독버섯 : 무스카린
- 감자 : 솔라닌

55

복어 독 중독의 치료법으로 적합하지 않은 것은?

① 호흡촉진제 투여 ② 진통제 투여
③ 위세척 ④ 최토제 투여

해설

복어 독 중독의 치료법
- 위세척을 통해 위장 내의 독소를 제거한다.
- 최토제(먹은 것을 도로 게워 내게 하는 약)와 위세척을 동시에 실시한다.
- 호흡촉진제를 투여하고, 인공호흡기를 달아 호흡이 마비되지 않게 유지한다.

정답 50 ④ 51 ① 52 ② 53 ① 54 ③ 55 ②

56

튀김옷에 대한 설명으로 잘못된 것은?

① 글루텐의 함량이 많은 강력분을 사용하면 튀김 내부에서 수분이 증발되지 못하므로, 바삭하게 튀겨지지 않는다.
② 달걀을 넣으면 달걀의 단백질이 열응고가 됨으로써 수분을 방출하므로, 튀김이 바삭하게 튀겨진다.
③ 식소다를 소량 넣으면 가열 중 이산화탄소를 발생함과 동시에 수분도 방출되어 튀김이 바삭해진다.
④ 튀김옷에 사용하는 물의 온도는 30℃ 전후로 해야 튀김옷의 점도를 높여 내용물을 잘 감싸고 바삭해진다.

해설

튀김옷은 차가운 물을 사용하여야 튀김이 바삭해진다.

57

생선튀김의 조리법으로 가장 알맞은 것은? 빈출

① 180℃에서 2~3분간 튀긴다.
② 150℃에서 4~5분간 튀긴다.
③ 130℃에서 5~6분간 튀긴다.
④ 200℃에서 7~8분간 튀긴다.

해설

음식별 튀김 온도

채소	180~190℃에서 1~3분간 튀긴다.
크로켓	190~200℃에서 40초~1분간 튀긴다.
고구마, 감자	160~180℃에서 3분간 튀긴다.
커틀릿, 프라이	180℃에서 3~4분간 튀긴다.
크루톤	180~190℃에서 30초 튀긴다.
포테이토칩	180℃에서 2~3분간 튀긴다.
도넛	160℃에서 3분간 튀긴다.

58

다음 중 복어 중독에 대한 설명으로 옳은 것을 모두 고른 것은?

가. 복어의 독성분은 수르가톡신(Surugatoxin)이다.
나. 복어의 난소, 간에 독성분이 가장 많다.
다. 독성분은 열에 약하므로, 100℃에서 30분 이상 가열하면 파괴된다.
라. 식후 30분~5시간 후 호흡곤란, 언어장애가 나타난다.

① 가, 나　　② 나, 다
③ 다, 라　　④ 나, 라

해설

가. 복어의 독성분은 테트로도톡신(Tetrodotoxin)이다.
다. 복어의 독은 끓여도 파괴되지 않는다.

59

다음 중 복어의 종류가 아닌 것은?

① 참복　　② 황복
③ 가마복　　④ 까치복

해설

• 가마복은 존재하지 않는 어종이다.
• 참복, 황복, 까치복은 우리나라 근해에서 잡히는 복어이다.

60

복어회를 뜨는 칼의 명칭으로 알맞은 것은?

① 사시미　　② 규토
③ 후구히키　　④ 타코야끼

해설

후구는 일본어로 복어, 히키는 칼을 의미한다. 따라서 후구히키는 한국어로 복칼을 의미한다.

정답 56 ④ 57 ① 58 ④ 59 ③ 60 ③

조리
기능사
필기

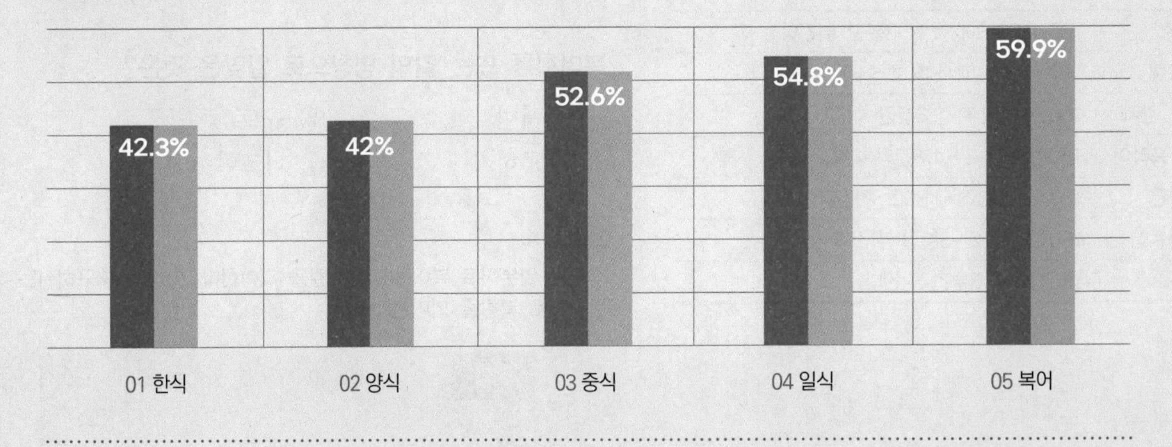

2024년
조리기능사
종목별 합격률
42.3%
42%
52.6%
54.8%
59.9%
01 한식
02 양식
03 중식
04 일식
05 복어

부록

조리기능사 필기
최종점검 손글씨 핵심요약

최종점검 손글씨 핵심요약

음식 위생관리의 필요성

① 식중독 예방
② 식품위생법 및 행정처분 강화
③ 안전 먹거리로 상품의 가치 상승
④ 점포의 청결한 이미지와 브랜드 이미지 관리
⑤ 고객만족과 매출증진

위생에 관련된 질병☆

미생물	세균성	감염형	살모넬라균, 장염비브리오균, 병원성대장균 등 음식물에서 증식한 세균
		독소형	포도상구균, 클로스트리디움 보툴리누스 등 음식물에서 세균이 증식할 때 발생하는 독소에 의한 식중독
	바이러스성	공기, 물, 접촉 등	노로바이러스, 간염 A바이러스, 간염 E바이러스 등
화학물질	자연독	식물성	감자의 솔라닌, 독버섯의 무스카린 등
		동물성	복어의 테트로도톡신, 모시조개의 베네루핀 등
		곰팡이 독소	황변미의 시트리닌 등 식품을 부패, 변질 또는 독소를 만들어 인체에 해를 줌
		알레르기성	꽁치, 고등어의 히스타민 등
	화학성	혼입독	잔류농약, 식품첨가물, 포장재의 유해물질(구리, 납 등), 오염식품의 중금속 등

미생물의 종류별 특징

① 미생물의 종류

곰팡이	• 진균류 중에서 균사체를 발육기관으로 하는 것 • 발효식품이나 항생물질에 이용(누룩, 푸른곰팡이, 털, 거미줄곰팡이)
효모	곰팡이와 세균의 중간 크기(구형, 타원형, 달걀형)이며, 출아법으로 증식
스피로헤타	단세포 식물과 다세포 식물의 중간으로 세균류로 분류

세균	구균, 간균, 나선균의 형태로 나누며, 2분법으로 증식
리케차	세균과 바이러스의 중간에 속하며 원형, 타원형으로 2분법으로 증식
바이러스	여과성 미생물로 크기가 가장 작음(간염바이러스, 인플루엔자, 모자이크병, 광견병 등)

② 미생물의 크기

곰팡이 > 효모 > 스피로헤타 > 세균 > 리케차 > 바이러스

미생물 생육에 필요한 조건

영양소	당질, 아미노산 및 무기질소, 무기염류, 생육소(발육소) 등
수분	• 종류에 따라 필요량은 다르나 40% 이상의 수분 필요 → 곰팡이는 수분 함량 13% 이하에서 발육 가능 • 수분 활성치 순서 : 세균 < 효모 < 곰팡이
온도	• 종류에 따라 다름(저온균 · 중온균 · 고온균) • 중온균은 발육 최적 온도 25~37℃로 질병을 일으키는 병원균
pH	곰팡이와 효모는 pH 4~6(약산성), 세균은 pH 6.5~7.5(중성이나 약알칼리성)에서 생육 활발
산소	• 산소 필요 여부에 따라 호기성과 혐기성으로 구분 • 편성혐기성(절대적으로 산소를 기피)세균 : 보툴리누스균, 웰치균, 파상풍균

※ 미생물 증식의 3대 조건 : 영양소, 수분, 온도

변질의 유형

부패	단백질을 주성분으로 하는 식품의 혐기성 세균의 번식으로 분해를 일으켜 악취를 내고 유해성 물질이 생성되는 현상
변패	단백질 이외에 탄수화물이나 지방이 미생물의 작용을 받아 변질되는 현상
산패	지방(유지+산소)이 산화되어 불쾌한 냄새와 식품 빛깔의 변질 초래
발효	• 식품 중 탄수화물이 미생물의 작용으로 분해된 부패산물 • 여러 가지 유기산 또는 알코올 등 유익한 물질로 변화되는 현상
후란	단백질 식품이 호기성 미생물의 작용을 받아 부패한 것(악취는 없음)

식품의 변질을 방지하는 원리

① 수분활성 조절 : 탈수 건조, 농축, 당장, 염장

② 온도 조절 : 냉장보관, 냉동보관, 급냉동보관

부록

③ pH 조절 : 식초에 절임
④ 가열 살균 : 병조림, 통조림, 레토르트식품
⑤ 산소 제거 : 가스 치환(CA 저장), 진공포장, 탈산소제 사용
⑥ 광선 조사 : 자외선 조사, 방사선 조사

식품으로 감염되는 기생충

① 채소류로부터 감염되는 기생충(중간숙주 ×)

회충	경구감염, 우리나라에서 가장 감염률 높음
구충(십이지장충)	경구감염, 경피감염
요충	경구감염, 집단감염(가족 내 감염률 높음), 항문 주위 산란
동양모양선충	경구감염 또는 경피감염, 내염성이 강해서 절임채소에서도 발견
편충	경구감염되어 맹장 부위에 기생, 우리나라에서 감염률 높음

② 육류로부터 감염되는 기생충(중간숙주 1개)

유구조충(갈고리촌충)	돼지	톡소플라스마	돼지, 개, 고양이, 쥐, 조류
무구조충(민촌충)	소	만손열두조충	개구리, 뱀, 닭
선모충	돼지, 개		

③ 어패류로부터 감염되는 기생충(중간숙주 2개)

기생충	제1중간숙주	제2중간숙주
간흡충(간디스토마)	왜우렁이(쇠우렁)	담수어(붕어, 잉어)
폐흡충(폐디스토마)	다슬기	민물게, 민물가재
횡천흡충(요코가와흡충)	다슬기	담수어(은어, 붕어, 잉어)
고래회충(아니사키스)	갑각류	오징어, 고등어, 청어 → 고래, 물개
광절열두조충(긴촌충)	물벼룩	연어, 송어, 숭어

살균 · 소독 · 방부

① 살균 또는 멸균 : 병원균, 아포, 병원미생물 등을 포함하여 모든 미생물균을 사멸시키는 것
② 소독 : 병원미생물을 죽이거나 또는 반드시 죽이지는 못하더라도 그 병원성을 약화시켜서 감염력을 없애는 것
③ 방부 : 미생물의 성장 · 증식을 억제하여 식품의 부패와 발효 진행을 억제시키는 것

가열살균법☆

① 저온장시간살균법(LTLT) : 63~65℃에 30분 가열 후 냉각(예 우유, 주스, 소스 등)
② 고온단시간살균법(HTST) : 72~75℃에 15~20초 이내 가열 후 냉각(예 우유, 과즙 등)
③ 초고온순간살균법(UHT) : 130~150℃에 0.5~5초 가열 후 냉각(예 과즙 등)
④ 고온장시간살균법 : 95~120℃에 약 30~60분 가열 살균(예 통조림 살균)

화학적 살균법

① 염장법 : 소금에 절이는 방법, 10% 이상에서 발육 억제(예 해산물, 채소, 육류 등)
② 당장법 : 50% 이상 설탕액 이용(예 잼, 젤리 등)
③ 산저장법 : 초산, 젖산, 구연산(초산율 3~4% 이상)을 이용한 저장(예 피클, 장아찌)

물리적 소독 중 가열처리법

① 고압증기멸균법 : 고압증기멸균솥(오토클레이브)을 이용하여 121℃에서 15~20분간 소독하는 방법으로, 멸균 효과 우수(통조림 살균) → 아포를 형성하는 균까지 사멸
② 간헐멸균법 : 100℃의 유통증기를 20~30분간 1일 1회 3번 반복 → 아포를 형성하는 균까지 사멸

화학적 소독방법

① 역성비누(양성비누) : 과일, 채소, 식기소독 및 조리자의 손 소독에 사용
② 석탄산(3%) : 화장실(분뇨), 하수도 등의 오물 소독에 사용하며, 온도 상승에 따라 살균력도 비례하여 증가, 소독약의 살균력 지표
③ 크레졸비누(3%) : 화장실(분뇨), 하수도 등의 오물 소독에 사용하며, 석탄산보다 소독력과 냄새가 강함
④ 생석회 : 저렴하기 때문에 변소(분뇨), 하수도, 진개 등의 오물 소독에 가장 우선적으로 사용
⑤ 승홍수(0.1%) : 비금속기구의 소독에 주로 이용(금속부식성)

가스저장법(CA 저장)

① CO_2를 높이거나 O_2의 농도를 낮추거나 N_2를 주입하여 미생물의 발육 억제
② 장기간 과채류를 저장하는 방법

인수공통감염병

① 사람과 동물이 같은 병원체에 의해 발생하는 질병

② 위생 해충에 의한 감염

결핵	소(브루셀라증)	파상열(브루셀라)	소(유산), 사람(열병)
광견병(공수병)	개	탄저 · 비저	양, 말
살모넬라증, 돈단독, 선모충, Q열	돼지	페스트	쥐
		야토병	산토끼

식품안전관리인증기준(HACCP)☆

① HACCP = 위해분석(HA; Hazard Analysis) + 중요관리점(CCP; Critical Control Point)

② 목적 : 사전에 위해한 요소들을 예방하며 식품의 안전성을 확보하는 것

③ 2014년 11월 29일부터 위해요소중점관리기준에서 식품안전관리인증기준으로 명칭 변경

④ HACCP 제도의 수행 7단계

원칙1 : 위해요소 분석 → 원칙2 : 중요관리점(CCP) 결정 → 원칙3 : 한계기준 설정 → 원칙4 : 모니터링 체계 확립, 감시 → 원칙5 : 한계기준 이탈 시 개선조치 절차 수립 → 원칙6 : 검증 절차 수립 → 원칙7 : 기록 유지 및 문서화 절차 확립

자연독 식중독

① 동물성 식중독

복어	테트로도톡신(Tetrodotoxin) → 치사량 2mg, 지각마비, 근육마비, 구토, 호흡곤란, 의식불명 후 사망, 치사율 50~60%
검은 조개, 섭조개(홍합)	삭시톡신 → 신체 마비, 호흡곤란, 치사율 10%
모시조개, 굴, 바지락	베네루핀 → 구토, 복통, 변비, 치사율 44~50%
소라, 고둥	테트라민

② 식물성 식중독 : 감자 중독 → 솔라닌(Solanine) / 부패한 감자 - 셉신

③ 독버섯 중독 : 무스카린☆, 무스카리딘, 팔린, 아마니타톡신, 필지오린, 뉴린, 콜린, 코플린

④ 기타 유독물질

청매, 살구씨, 복숭아씨	아미그달린(Amygdalin)	피마자	리신(Ricin)
독미나리	시큐톡신(Cicutoxin)	독보리	테물린(Temuline)
목화씨	고시풀(Gossypol)	미치광이풀	아트로핀(Atropine)

감염형 식중독

식품 내에 병원체가 증식하여 인체에 식품 섭취로 들어와 일으키는 식중독

살모넬라 식중독	쥐, 파리, 바퀴벌레에 의해 식품을 오염시키는 균 → 38~40℃의 급격한 발열, 열에 약하여 60℃에서 30분이면 사멸
장염비브리오 식중독	해안지방에 가까운 바닷물(3~4% 식염농도) 등에 사는 호염성 세균 → 5℃ 이하 음식 보관, 60℃에서 5분간 가열하면 사멸, 2차 오염 방지 위해 철저한 소독
병원성대장균 식중독	사람이나 동물의 장관 내에 살고 있는 균으로 물이나 흙 속에 존재하며, 식품과 함께 입을 통해 체내에 들어오면 장염을 일으키는 식중독 → 급성 대장염, 우유가 주원인, 예방 위해 동물의 분변오염 방지

곰팡이 독소

아플라톡신 중독	아스퍼질러스 플라브스가 원인균 → 아플라톡신(간장독)
맥각 중독	맥각균이 원인균 → 에르고톡신(간장독)
황변미 중독	푸른곰팡이(페니실리움)이 원인균 → 시트리닌(신장독), 시트리오비리딘(신경독), 아이슬랜디톡신(간장독)

식품첨가물

① 보존료(방부제) : 무독성으로 기호에 맞고 미량으로도 효과가 있으며, 가격이 저렴해야 함

예 데히드로초산나트륨, 프로피온산나트륨, 프로피온산칼슘, 안식향산나트륨, 소르빈산나트륨, 소르빈산칼륨

② 살균료 : 식품의 부패 병원균을 강력히 살균하는 것

예 차아염소산나트륨, 표백분, 고도표백분, 에틸렌옥사이드

③ 산화방지제(항산화제) : 식품의 산화에 의한 변질현상을 방지하기 위해 사용

인공항산화제	• 지용성 : BHA(부틸히드록시아니졸), BHT(디부틸히드록시톨루엔), 몰식자산프로필 • 수용성 : 에리소르빈산염
천연항산화제 (천연산화방지제)	비타민E(토코페롤), 비타민C(아스코르빈산), 참기름(세사몰), 목화씨(고시폴)

부록

기타 식품첨가물

① 관능 만족 및 기호성 향상

정미료(조미료)	식품에 감칠맛을 부여, 글루탐산나트륨(다시마, 된장, 간장), 이노신산(가다랑어 말린 것), 호박산(조개)
발색제(색소고정제)	육류 발색제 : 아질산나트륨(아질산염) → 니트로사민(발암물질) 생성

② 품질유지 및 품질개량

유화제(계면활성제)	혼합이 잘되지 않는 2종류의 액체를 유화시키기 위하여 사용하는 첨가물
피막제	• 과일의 선도 유지 위해 표면에 피막을 만들어 호흡작용을 적당히 제한 • 수분의 증발을 방지하기 위하여 사용되는 첨가물 • 초산비닐수지(껌 기초제), 몰폴린지방산염
호료 (증점제, 안정제)	• 식품의 점착성 증가시켜 형태 변화 방지 • 젤라틴, 한천, 알긴산나트륨, 카제인나트륨

중금속 유해물질의 중독

납(Pb)	복통, 구토, 설사, 중추신경장애	비소(As)	위통, 설사, 구토, 출혈, 흑피증
구리(Cu)	구토, 위통, 잔열감, 현기증	수은(Hg)	미나마타병, 구토, 복통, 설사, 경련, 허탈
아연(Zn)	설사, 구토, 복통, 두통	주석(Sn)	통조림 내부 도장, 구토, 설사, 복통
카드뮴(Cd)	이타이이타이병, 구토, 경련, 설사	크롬	금속, 화학공장 폐기물, 비중격천공

식품위생법의 목적☆

① 식품으로 인한 위생상의 위해를 방지

② 식품영양의 질적 향상을 도모

③ 식품에 관한 올바른 정보를 제공하여 국민보건의 증진에 이바지

식품위생법상 용어 정의

① 식품 : 모든 음식물(의약으로 섭취하는 것은 제외)

② 식품첨가물

- 식품을 제조 · 가공 · 조리 또는 보존하는 과정에서 감미, 착색, 표백 또는 산화방지 등을 목적으로 식품에 사용되는 물질
- 이 경우 기구 · 용기 · 포장을 살균 · 소독하는 데 사용되어 간접적으로 식품으로 옮아갈 수 있는 물질 포함

③ 기구

- 식품 또는 식품첨가물에 직접 닿는 기계・기구나 그 밖의 물건(농업과 수산업에서 식품을 채취하는 데에 쓰는 기계・기구나 그 밖의 물건 및 「위생용품 관리법」에 따른 위생용품은 제외)
- 음식을 먹을 때 사용하거나 담는 것과 식품 또는 식품첨가물의 채취・제조・가공・조리・저장・소분・운반・진열할 때 사용하는 것

④ 집단급식소 : 영리를 목적으로 하지 아니하면서 특정 다수인에게 계속하여 음식물을 공급하는 기숙사, 학교・유치원・어린이집, 병원, 사회복지시설, 산업체, 국가・지방자치단체 및 공공기관, 그 밖의 후생기관 등에 해당되는 곳의 급식시설로서 1회 50명 이상에게 식사를 제공하는 급식소

식품위생법상 기구・용기・포장의 기준과 규격

식품의약품안전처장은 국민보건을 위해 필요한 경우에는 판매하거나 영업에 사용하는 기구 및 용기・포장에 관하여 다음의 사항을 정하여 고시

① 제조 방법에 관한 기준

② 기구 및 용기・포장과 그 원재료에 관한 규격

식품위생감시원의 직무☆

① 식품 등의 위생적 취급에 관한 기준의 이행 지도

② 수입・판매 또는 사용 등이 금지된 식품 등의 취급 여부에 관한 단속

③ 규정에 따른 표시 또는 광고기준의 위반 여부에 관한 단속

④ 출입・검사에 필요한 식품 등의 수거

⑤ 시설기준의 적합 여부의 확인・검사

⑥ 영업자 및 종업원의 건강진단(매년 1회) 및 위생교육의 이행 여부의 확인・지도

⑦ 조리사 및 영양사의 법령 준수사항 이행 여부의 확인・지도

⑧ 행정처분의 이행 여부 확인

⑨ 식품 등의 압류・폐기 등

⑩ 영업소의 폐쇄를 위한 간판 제거 등의 조치

⑪ 그 밖에 영업자의 법령 이행 여부에 관한 확인・지도

영업에 종사하지 못하는 질병의 종류☆

① 콜레라, 장티푸스, 파라티푸스, 세균성이질, 장출혈성대장균감염증, A형 간염

② 결핵(비감염성인 경우는 제외)

③ 피부병 또는 그 밖의 고름형성(화농성) 질환

④ 후천성 면역결핍증(성매개감염병에 관한 건강진단을 받아야 하는 영업에 종사하는 사람만 해당)

식품위생교육시간★

구분	대상	시간
영업자와 종업원	영업자(식용얼음판매업자와 식품자동판매기영업자는 제외)	3시간
	유흥주점영업의 유흥종사자	2시간
	집단급식소를 설치·운영하는 자	3시간
영업을 하려는 자	식품제조·가공업, 식품첨가물제조업, 공유주방 운영업의 영업을 하려는 자	8시간
	식품운반업, 식품소분·판매업, 식품보존업, 용기·포장류제조업의 영업을 하려는 자	4시간
	즉석판매제조·가공업, 식품접객업의 영업을 하려는 자	6시간
	집단급식소를 설치·운영하려는 자	6시간

조리사를 두어야 하는 영업 등★

① 식품접객업 중 복어독 제거가 필요한 복어를 조리·판매하는 영업을 하는 자

② 다음의 집단급식소 운영자

- 국가 및 지방자치단체
- 지방공사 및 지방공단
- 학교, 병원 및 사회복지시설
- 특별법에 따라 설립된 법인
- 공기업 중 보건복지부장관이 지정하여 고시하는 기관

조리사의 면허

조리사가 되려는 자는 「국가기술자격법」에 따라 해당 기능분야의 자격을 얻은 후 특별자치시장·특별자치도지사·시장·군수·구청장의 면허를 받아야 함

조리사 면허의 결격사유★

① 정신질환자(망상, 환각, 사고나 기분의 장애 등으로 인하여 독립적으로 일상생활을 영위하는 데 중대한 제약이 있는 사람) → 전문의가 조리사로서 적합하다고 인정하는 자는 제외

② 감염병환자(B형간염환자 제외)

③ 마약이나 그 밖의 약물중독자

④ 조리사 면허의 취소처분을 받고 취소된 날로부터 1년이 지나지 아니한 자

조리사의 면허취소 등의 행정처분☆

위반사항	행정처분		
	1차 위반	2차 위반	3차 위반
조리사의 결격사유 중 하나에 해당하게 된 경우	면허취소	-	-
교육을 받지 아니한 경우	시정명령	업무정지 15일	업무정지 1개월
식중독이나 그밖에 위생과 관련된 중대한 사고 발생에 직무상 책임이 있는 경우	업무정지 1개월	업무정지 2개월	면허취소
면허를 타인에게 대여하여 사용하게 한 경우	업무정지 2개월	업무정지 3개월	면허취소
업무정지기간 중에 조리사의 업무를 한 경우	면허취소	-	-

거짓 표시 등의 금지(농수산물의 원산지 표시 등에 관한 법률 제6조)

① 누구든지 다음의 행위를 하여서는 아니 됨
- 원산지 표시를 거짓으로 하거나 이를 혼동하게 할 우려가 있는 표시를 하는 행위
- 원산지 표시를 혼동하게 할 목적으로 그 표시를 손상 · 변경하는 행위
- 원산지를 위장하여 판매하거나, 원산지 표시를 한 농수산물이나 그 가공품에 다른 농수산물이나 가공품을 혼합하여 판매하거나 판매할 목적으로 보관이나 진열하는 행위

② 농수산물이나 그 가공품을 조리하여 판매 · 제공하는 자는 다음의 행위를 하여서는 아니 됨
- 원산지 표시를 거짓으로 하거나 이를 혼동하게 할 우려가 있는 표시를 하는 행위
- 원산지를 위장하여 조리 · 판매 · 제공하거나, 조리하여 판매 · 제공할 목적으로 농수산물이나 그 가공품의 원산지 표시를 손상 · 변경하여 보관 · 진열하는 행위
- 원산지 표시를 한 농수산물이나 그 가공품에 원산지가 다른 동일 농수산물이나 그 가공품을 혼합하여 조리 · 판매 · 제공하는 행위

명예감시원(농수산물의 원산지 표시 등에 관한 법률 제11조)

① 농림축산식품부장관, 해양수산부장관, 시 · 도지사 또는 시장 · 군수 · 구청장은 「농수산물 품질관리법」의 농수산물 명예감시원에게 농수산물이나 그 가공품의 원산지 표시를 지도 · 홍보 · 계몽하거나 위반사항을 신고하게 할 수 있다.

② 농림축산식품부장관, 해양수산부장관, 시 · 도지사 또는 시장 · 군수 · 구청장은 ①에 따른 활동에 필요한 경비를 지급할 수 있다.

부록

보건수준의 평가지표

① 한 지역이나 국가의 보건수준을 나타내는 지표 : 영아사망률(대표적 지표), 보통(조)사망률, 질병이환률
② 한 나라의 보건수준을 표시하여 다른 나라와 비교할 수 있도록 하는 건강지표 : 평균수명, 보통(조)사망률, 비례사망지수

군집독

많은 사람이 장기간 밀집된 실내에서 공기가 물리적·화학적 조성의 변화를 일으키는 현상
→ 두통, 현기증, 불쾌감 등

일광☆

자외선☆	태양광선의 약 5%	• 일광의 3분류 중 파장이 가장 짧음 • 2,500~2,800Å(옹스트롬)일 때 살균력이 가장 강하여 소독에 이용 • 도르노선(Dorno선, 건강선) : 생명선이라고도 하며, 자외선 파장의 범위가 2,800~3,200Å(280~310nm 또는 290~320nm)일 때 인체에 유익 • 효과 : 비타민 D를 생성(구루병 예방), 관절염 치료 효과, 신진대사 및 적혈구 생성 촉진, 결핵균·디프테리아균·기생충 사멸에 효과적 • 부작용 : 피부암 유발, 결막 및 각막에 손상
가시광선☆	태양광선의 약 34%	• 파장범위 : 3,800~7,800Å(380~780nm) • 사람에게 색채를 부여하고 밝기나 명암을 구분하는 파장 • 눈에 적당한 조도 : 100~1,000Lux
적외선☆	열선, 태양광선의 약 52%	• 일광 3분류 중 가장 긴 파장 • 파장범위 : 7,800~30,000Å(780~3,000nm) • 지구상에 열을 주어 온도를 높여주는 것으로 피부에 닿으면 열이 생기므로 심하게 쬐면 일사병과 백내장, 홍반을 유발할 수 있음

감각온도(온열인자)의 3(4)요소

기온	• 지상 1.5m에서 측정하는 건구온도 • 하루 중 최고온도는 오후 2시경, 최저온도는 일출 전이며, 쾌감온도는 18±2℃
기습	쾌적한 습도는 40~70% → 건조하면 호흡기 질환, 습하면 피부질환 유발
기류	1초당 1m 이동할 때가 건강에 좋음(쾌감기류)
복사열	대류를 통해서 열이 전달되지 않고 열이 직접 이동하는 열

하수의 위생검사

BOD (생화학적 산소요구량)	• 하수의 오염도 • BOD가 높다는 것은 하수오염도가 높다는 의미 → BOD는 20ppm 이하이어야 함
DO (용존산소량)	• 수중에 용해되어 있는 산소량 • DO의 수치가 낮으면 오염도가 높다는 의미 → DO는 4~5ppm 이상이어야 함
COD (화학적 산소요구량)	• 물속의 유기물질을 산화제로 산화시킬 때 소모되는 산화제의 양에 상당하는 산소량 • COD가 높다는 것은 오염도가 높다는 의미 → COD는 5ppm 이하이어야 함

수질오염☆

수은(Hg)중독	• 공장폐수에 함유된 유기수은에 오염된 어패류를 사람이 섭취함으로써 발생 • 미나마타병(증상 : 손의 지각이상, 언어장애, 시력약화 등) 발생
카드뮴(Cd)중독	• 아연, 연(납)광산에서 배출된 폐수를 벼농사에 사용하여 카드뮴의 중독에 의해 오염된 농작물을 섭취함으로써 발생 • 이타이이타이병(증상 : 골연화증, 신장기능 장애, 단백뇨 등) 발생
PCB 중독 (쌀겨유 중독)	• 미강유 제조 시 가열매체로 사용하는 PCB가 기름에 혼입되어 중독되는 것으로 가네미유증이라고도 함 • 미강유 중독에 의해 발생(증상 : 식욕부진, 구토, 체중감소, 흑피증 등)

소음 및 진동

① 소음에 의한 장애 : 청력장애(난청), 수면장애(불면), 신경과민(스트레스), 두통, 이통, 현기증, 피로현상, 불필요한 긴장, 초조감, 소화불량, 작업방해, 작업능률저하 등

② 진동에 의한 질병 : 레이노이드병

역학의 3대 요인

① 병인적 인자 : 감염원으로서 병원체가 충분하게 존재해야 한함

② 환경적 인자 : 감염원에 접촉 기회나 감염경로가 있어야 함

③ 숙주적 인자 : 성별, 연령, 종족, 직업, 결혼상태, 식습관 등

부록

급만성 질병 발생의 요인과 대책

감염원 (병원체, 병원소)	• 병독이나 병원체를 직접 인간에게 가져오는 질병의 원인이 될 수 있는 모든 것 - 병원체 : 세균, 바이러스, 리케차, 진균, 기생충 등 - 병원소 : 인간, 동물, 토양, 먼지 등 • 감염원에 대한 대책 : 환자, 보균자를 색출하여 격리
감염경로 (환경)	• 병원체가 새로운 숙주(사람)에게 전파하는 과정이 있어야만 질병이 성립됨 • 음식물 · 공기 · 접촉 · 매개 · 개달물 등을 통해 질병이 전파됨 • 감염경로에 대한 대책 : 손을 자주 소독
숙주의 감수성 및 면역성	• 자주 감염병이 유행하더라도 병원체에 대한 저항성 또는 면역성을 가지게 되면 질병은 발생하지 않음 • 숙주의 감수성에 대한 대책 : 질병에 대한 저항력의 증진, 예방접종

병원체에 따른 감염병의 분류☆

바이러스	• 호흡기 계통 : 인플루엔자, 홍역, 유행성 이하선염, 풍진 • 소화기 계통 : 급성회백수염(소아마비, 폴리오), 유행성 간염
세균	• 호흡기 계통 : 한센병(나병), 디프테리아, 성홍열, 폐렴, 결핵, 백일해 • 소화기 계통 : 장티푸스, 파라티푸스, 콜레라, 세균성 이질
리케차	발진티푸스, 발진열, 양충병
스피로헤타	와일씨병, 서교증, 재귀열, 매독
원충	말라리아, 아메바성 이질, 트리파노소마(수면병)

잠복기에 따른 감염병의 분류☆

① 잠복기간이 긴 것 : 나병(한센병), 결핵(잠복기가 가장 길며 일정하지 않음), 매독, AIDS
② 잠복기간이 짧은 것 : 콜레라(잠복기가 가장 짧음), 이질, 성홍열, 파라티푸스, 디프테리아, 뇌염, 황열, 인플루엔자

안전교육의 목적

상해, 사망 또는 재산의 피해를 일으키는 불의의 사고를 예방하는 것

재난의 원인 4요소

① 인간(Man) ② 기계(Machine)
③ 매체(Media) ④ 관리(Management)

응급상황 시 행동단계

현장조사(Check) → 119신고(Call) → 처치 및 도움(Care)

선입선출(First-In, First-Out : FIFO)에 의한 출고

재고 물품의 손실, 신선도 유지를 위해 먼저 입고된 재료는 먼저 출고하여 사용하고 보관 시에는 나중에 입고된 것은 먼저 입고된 물품 뒤쪽에 보관

탄수화물의 분류

① 단당류 : 탄수화물의 가장 간단한 구성단위로 더 이상 가수분해 또는 소화되지 않음

구분		내용
오탄당(탄소 5개)	아라비노스, 리보스, 자일로스	
육탄당(탄소 6개)	포도당	• 탄수화물의 최종 분해산물 • 포유동물의 혈액에 0.1% 함유
	과당	특히 벌꿀에 많이 함유되어 있고, 단맛이 가장 강함
	갈락토오스	• 유당에 함유되어 결합상태로만 존재(단독으로 존재 불가) • 젖당의 구성성분 • 포유동물의 유즙에 존재(우뭇가사리의 주성분)

② 이당류 : 단당류 2개가 결합된 당

예 맥아당(엿당), 서당(자당, 설탕), 유당(젖당)

③ 다당류 : 단당류가 2개 이상 또는 그 이상이 결합된 것, 분자량이 큰 탄수화물로 용해되지 않고 단맛도 없음

예 전분, 글리코겐, 섬유소, 펙틴, 이눌린, 갈락탄, 덱스트린, 한천

요오드(아이오딘)가

① 식품의 유지 중에 불포화지방산의 양을 비교하는 값으로 유지 100g이 흡수하는 요오드(아이오딘)의 g수

② 건조피막의 정도에 따른 분류

구분	요오드가	종류
건성유	요오드(아이오딘)가 130 이상	들기름, 아마인유, 호두기름, 잣기름
반건성유	요오드(아이오딘)가 100~130	대두유, 면실유, 채종유, 해바라기씨유, 참기름
불건성유	요오드(아이오딘)가 100 이하	땅콩기름, 동백기름, 올리브유

필수아미노산

체내에서 생성할 수 없어 음식물로 섭취해야 하는 아미노산

부록

① 종류(8가지) : 발린, 루신, 이소루신, 트레오닌, 페닐알라닌, 트립토판, 메티오닌(황 함유), 리신

② 성장기의 어린이 : 필수 아미노산(8가지) + 아르기닌, 히스티딘이 추가해서 10가지

무기질의 특성

① 다량무기질

구분	기능 및 특징	결핍증
칼슘 (Ca)	• 무기질 중 가장 많음 • 골격과 치아 구성 • 비타민 K : 혈액응고에 관여 • 비타민 D : 칼슘 흡수 촉진 • 수산 : 칼슘 흡수 방해(칼슘과 결합하여 결석 형성)	골다공증, 골격과 치아의 발육 불량
인 (P)	• 골격과 치아 구성 • 세포의 성장을 도움 • 인과 칼슘 적정 섭취비율 1:1	골격과 치아의 발육 불량, 성장 정지
마그네슘 (Mg)	• 골격과 치아 구성 • 신경의 자극전달 직용 • 효소작용의 촉매	떨림증, 신경불안정, 근육의 수축
나트륨 (Na)	• 근육수축에 관여 • 수분균형 및 산·염기 평형유지 • 삼투압 조절 • 과잉 시 고혈압, 심장병 유발	저혈압, 근육경련, 식욕부진
칼륨 (K)	• 근육수축에 관여 • 삼투압 조절 • 신경의 자극전달 작용 • 세포내액에 존재	근육의 긴장 저하, 식욕부진

② 미량무기질

구분	기능 및 특징	결핍증
철분 (Fe)	• 헤모글로빈(혈색소) 구성성분, 혈액 생성 시 중요 영양소 • 체내에서 산소운반, 면역유지	철분 결핍성 빈혈 (영양 결핍성 빈혈)
구리 (Cu)	• 철분 흡수에 관여(헤모글로빈 합성 촉진) • 항산화 기능	빈혈, 백혈구 감소증
코발트 (Co)	비타민 B_{12}의 구성요소, 적혈구 형성에 중요	악성빈혈
불소 (F)	• 골격과 치아를 단단하게 함, 음용수에 1ppm 정도 불소로 충치예방 • 과잉증 : 반상치	충치(우치)
요오드(아이오딘) (I)	• 갑상선 호르몬 구성, 유즙 분비 촉진 • 과잉증 : 갑상선 기능항진증	갑상선종, 발육정지
아연 (Zn)	적혈구와 인슐린(부족 시 당뇨병)의 구성성분, 면역기능	발육장애, 탈모

비타민별 결핍증

① 지용성 비타민(비타민 A, D, E, F, K)☆ : 기름과 유지용매에 용해되는 비타민

구분	기능 및 특징	급원식품	결핍증
비타민 A (레티놀)	• 상피세포 보호 • 눈의 기능을 좋게 함 • β－카로틴은 체내에 흡수되면 비타민 A로 전환	간, 난황, 버터, 당근, 시금치	야맹증, 안구건조증, 안염, 각막연화증, 결막염
비타민 D (칼시페롤)	• 칼슘의 흡수 촉진 • 뼈 성장에 필요, 골격과 치아의 발육 촉진 • 자외선에 의해 인체 내에서 합성	건조식품(말린 생선류, 버섯류)	구루병, 골연화증, 유아 발육 부족
비타민 E (토코페롤)	• 항산화성(노화 방지)·항불임성 비타민 • 생식세포의 정상작용 유지	곡물의 배아, 푸른잎채소, 식물성 기름, 상추	노화촉진, 불임증, 근육위축증
비타민 F (필수지방산)	• 신체성장, 발육 • 체내 합성 안 되는 불포화지방산	식물성 기름	피부염, 피부건조, 성장지연
비타민 K (필로퀴논)	• 혈액응고(지혈작용) • 장내 세균에 의해 합성	녹색채소, 난황류, 간, 콩류	혈액응고 지연(혈우병)

② 수용성 비타민☆ : 물에 용해되는 비타민

구분	기능 및 특징	급원식품	결핍증
비타민 B_1 (티아민)	• 탄수화물 대사에 필요, 위액 분비 촉진 • 마늘의 알리신(흡수율 증가)	돼지고기, 곡류의 배아	각기병, 식욕부진
비타민 B_2 (리보플라빈)	• 성장촉진 • 피부, 점막 보호	우유, 간, 육류, 달걀	구순구각염, 설염, 백내장
비타민 B_6 (피리독신)	• 항피부염인자 • 장내세균에 의해 합성	육류, 간, 효모, 배아	피부병
비타민 B_{12} (시아노코발라민)	• 성장촉진, 조혈작용 • 코발트(Co) 함유	살코기, 선지, 생선(고등어), 간, 난황, 해조류	악성빈혈
비타민 C (아스코르브산)	• 체내 산화, 환원작용 • 알칼리에 약하고, 산화·열에 불안정 • 철·칼슘·흡수 촉진, 피로회복	신선한 과일, 채소	괴혈병, 면역력 감소

부록

비타민 B_3 (나이아신, 니코틴산)	• 탄수화물의 대사촉진 • 트립토판(필수아미노산) 60mg 섭취 시 → 나이아신 1mg 생성	닭고기, 어류, 유제품, 땅콩, 쌀겨	펠라그라 피부병

식품의 맛

① 기본적인 맛[헤닝(Henning)의 4원미]

단맛	• 천연감미료 : 포도당, 과당, 젖당, 전화당, 유당, 맥아당 • 인공감미료 : 사카린, 솔(소)비톨, 아스파탐
신맛 (산미료)	• 산이 해리되어 생성된 수소이온의 맛 • 초산(식초), 젖산(요구르트), 사과산(사과), 주석산(포도), 구연산(딸기, 감귤류), 호박산(조개)
짠맛	식염(염화나트륨)
쓴맛	• 소량의 쓴맛은 식욕을 촉진 • 카페인(커피, 초콜릿), 모르핀(양귀비), 후물론(맥주), 니코틴(담배), 테오브로민(코코아), 헤스페리딘(귤껍질), 쿠쿠르비타신(오이꼭지), 데인(차류)

② 기타 맛

맛난맛 (감칠맛)	• 이노신산 : 가다랑어 말린 것, 멸치, 소고기 • 글루탐산 : 다시마, 된장, 간장 • 시스테인, 리신 : 육류, 어류 • 호박산 : 조개류 • 타우린 : 새우, 오징어, 문어, 조개류
매운맛	• 캡사이신 : 고추 • 진저론 : 생강 • 시니그린 : 겨자 • 차비신 : 후추
떫은맛	탄닌 : 감
아린맛 (쓴맛+떫은맛)	• 두릅, 죽순, 고사리, 고비, 우엉, 토란 • 아린 맛 : 제거 위해 사용 전에 물에 담근 후 사용
금속맛	철, 은, 주석 등 금속이온의 맛(수저, 포크)

맛의 현상

맛의 대비 (강화)	서로 다른 정미성분을 섞었을 때 주정미성분의 맛이 강화되는 현상 예 설탕 용액에 소금을 넣으면 단맛이 증가, 단팥죽에 소금을 넣었더니 팥의 단맛이 증가
맛의 억제 (손실현상)	서로 다른 정미성분을 섞었을 때 주정미성분의 맛이 약화되는 현상 예 커피에 설탕을 넣으면 쓴맛이 단맛에 의해 억제, 신맛이 강한 과일에 설탕을 넣으면 신맛이 억제

맛의 상승	같은 정미성분을 섞었을 때 원래의 맛보다 강화되는 현상 예 설탕에 포도당을 넣으면 단맛이 증가
맛의 변조	한 가지 정미성분을 맛본 직후 다른 정미성분을 맛보면 정상적으로 느껴지지 않는 경우 예 쓴 한약을 먹은 후 물을 마시면 물맛이 달게 느껴짐, 오징어를 먹은 후 귤을 먹으면 쓰게 느껴짐
맛의 순응(피로)	같은 정미성분을 계속 맛볼 때 미각이 둔해져 역치가 높아지는 현상
맛의 상쇄	두 종류의 정미성분이 섞여 있을 때 각각의 맛보다는 조화된 맛을 느끼는 현상 예 김치의 짠맛과 신맛, 청량음료의 단맛과 신맛의 조화

시장조사의 원칙

① 조사 계획성의 원칙
② 비용 경제성의 원칙
③ 조사 적시성의 원칙
④ 조사 탄력성의 원칙
⑤ 조사 정확성의 원칙

식품 구입 시 유의할 점

① 식품 구입을 계획할 때 특히 고려할 점 : 식품의 가격과 출회표
② 소고기(육류) 구입 시 유의할 점 : 중량과 부위 확인
③ 곡류, 건어물 등 부패성이 적은 식품 : 일정 한도 내 일시 구입을 원칙(1개월분 한꺼번에 구입)
④ 생선, 과채류 등 : 필요에 따라 수시로 구입
⑤ 소고기 : 냉장시설이 갖추어져 있으면 1주일분을 한꺼번에 구입

식품의 발주와 검수

① 발주 : 재료는 식단표에 의하여 1~10단위로 발주
② 검수 : 납품 시 식품의 품질, 양, 형태 등이 주문한 것과 일치하는지 엄밀히 검수

- 필요비용 = 식품필요량 × $\frac{100}{\text{가식부율}}$ × 1kg당 단가
- 총발주량 = $\frac{\text{정미중량} \times 100}{100-\text{폐기율}}$ × 인원수
- 가식부율 = 100 - 폐기율

원가계산의 원칙

① 진실성의 원칙
② 발생기준의 원칙
③ 계산경제성의 원칙
④ 확실성의 원칙
⑤ 비교성의 원칙
⑥ 상호관리의 원칙
⑦ 정상성의 원칙

원가의 종류

① 직접원가 = 직접재료비 + 직접노무비 + 직접경비(특정 제품에 직접 부담시킬 수 있는 것)

② 간접원가(제조간접비) = 간접재료비 + 간접노무비 + 간접경비(여러 제품에 공통적 · 간접적으로 소비되는 것으로 각 제품에 인위적으로 적절히 부담)

③ 제조원가 = 직접원가 + 제조간접비

④ 총원가 = 제조원가 + 판매관리비

⑤ 판매원가 = 총원가 + 이익

정확한 계량방법

액체	원하는 선까지 부은 다음 눈높이를 맞추어 측정 눈금을 읽음
지방	버터, 마가린, 쇼트닝 등의 고형지방은 실온에서 부드러워졌을 때 스푼이나 컵에 꼭꼭 눌러 담은 후 윗면을 수평이 되도록 하여 계량
설탕	• 흰설탕 : 계량 용기에 충분히 채워 담아 위를 평평하게 깎아 계량 • 흑설탕 : 설탕 입자 표면이 끈끈하여 서로 붙어 있으므로 손으로 꾹꾹 눌러 담고 수평으로 깎아 계량
밀가루	• 입자가 작은 재료로 저장하는 동안 눌러 굳어지므로 계량하기 전에 반드시 체에 1~2회 정도 쳐서 계량 • 체에 친 밀가루는 계량 용기에 누르지 말고 수북하게 가만히 부어 담아 스패출러(Spatula)로 평면을 수평으로 깎아 계량

조리장의 위치

① 통풍, 채광 및 급수와 배수가 용이하고 소음, 악취, 가스, 분진, 공해 등이 없는 곳

② 화장실 쓰레기통 등에서 오염될 염려가 없을 정도로 떨어져 있는 곳

③ 물건 구입 및 반출입이 편리하고 종업원의 출입이 편리한 곳

④ 음식을 배선, 운반하기 쉬운 곳

⑤ 비상시 출입문과 통로에 방해되지 않는 곳

⑥ 조명시설 : 식품위생법상 기준 조명은 객석은 30lux, 조리실은 50lux 이상이어야 함

⑦ 환기시설 : 팬과 후드를 설치하여 환기하고, 후드의 경우 4방형이 가장 효율이 좋음

전분의 특징

① 전분의 호화(α화) : 가열하지 않은 천연상태의 날녹말에 물을 넣고 가열하여 α전분의 상태로 변하는 현상 (예 쌀이 떡이나 밥이 되는 것, 밀가루가 빵이 되는 현상 → 호화된 전분은 소화가 잘 됨)

② 전분의 노화(β-화, Retrogradation) : α화된 전분, 즉 호화된 전분(밥, 떡, 빵, 찐 감자 등)을 그냥 내버려 두면 단단하게 굳어지고 딱딱해지는 현상(예 밥이 식으면 굳어지는 것, 빵이 딱딱해지는 것)

③ 전분의 호정화(덱스트린화, Dextrinization) : 전분에 물을 넣지 않고 160~170℃ 정도 고온에서 익힌 것으로, 물에 녹일 수도 있고 오랫동안 저장 가능(예 볶은 곡류, 미숫가루, 팝콘, 뻥튀기 등)

조리에 의한 색의 변화

클로로필 (Chlorophyll, 엽록소)		• 녹색 채소에 들어 있는 녹색 색소 • 산에 약하므로 식초를 사용하면 누런 갈색이 됨(예 시금치에 식초를 넣으면 누런색이 됨) • 알칼리 성분인 황산 등이나 중탄산소다로 처리하면 안정된 녹색을 유지함
플라보노이드 (Flavonoid)	안토시안 (Anthocyan)	• 꽃, 과일의 색소로, 산성에서는 적색, 중성에서는 보라색, 알칼리에서는 청색을 띰 • 비트, 적양배추, 딸기, 가지, 포도, 검정콩에 함유되어 있음 • 가지를 삶을 때 백반을 넣으면 안정된 청자색을 보존할 수 있음
	안토잔틴	• 쌀, 콩, 감자, 밀, 연근 등의 흰색이나 노란색 색소 • 산에 안정하여 흰색을 나타내고, 알칼리에서는 불안정하여 황색으로 변함
카로티노이드 (Carotenoid)		• 황색이나 오렌지색 색소로 당근, 고구마, 호박, 토마토 등 등황색, 녹색 채소에 들어 있음 • 조리 과정이나 온도에 크게 영향을 받지 않지만, 산화되어 변화함 • 카로티노이드는 지용성이므로, 기름을 사용하여 조리하면 흡수율이 높아짐(예 당근볶음)

육수 조리 시 주의사항

① 찬물에 고기, 파, 마늘을 넣고 처음에는 강불로 끓여 잡냄새를 없애고, 중간에 약불로 하기

② 육수 끓이는 통은 바닥이 넓고 두꺼운 것으로 스테인리스통보다는 알루미늄통이 좋음

③ 육수를 맑게 끓이기 위해 거품과 불순물은 제거하고 면포에 걸러 사용

밥맛을 좋게 하는 방법

① pH 7~8 정도의 밥물을 사용

② 소금을 0.03% 정도 넣으면 밥맛이 좋아짐

③ 햅쌀이고 쌀 입자가 단단한 것이 좋음

④ 재질이 두껍고 무거운 무쇠에 장작불로 밥을 짓는 것이 밥맛이 좋음

부록

달걀의 신선도 판정 방법

① 비중법 : 신선한 달걀의 비중은 1.06~1.09로, 물 1C에 식염 1큰술(6%)을 녹인 물에 달걀을 넣었을 때 가라앉으면 신선한 것이고, 위로 뜨면 오래된 것임

② 난황계수와 난백계수 측정법 : 난황계수 0.36 이상, 난백계수 0.14 이상이면 신선한 달걀

③ 할란 판정법 : 달걀을 깨어 내용물을 평판 위에 놓고 신선도를 평가 → 달걀의 노른자와 흰자의 높이가 높고 적게 퍼지면 좋은 품질

④ 투시법 : 빛에 쪼였을 때 안이 밝게 보이는 것이 신선함

⑤ 껍질이 거칠수록 신선하고, 광택이 나거나 흔들었을 때 소리가 나면 오래된 것임

어취 제거 방법

① 물로 씻거나 간장, 된장, 고추장류를 첨가

② 파, 생강, 마늘, 고추, 술(청주), 후추 등 향신료를 강하게 사용하거나 식초, 레몬즙 등의 산을 첨가

③ 우유에 재워두었다가 조리하면 우유에 든 단백질인 카제인이 트리메틸아민(트라이메틸아민)을 흡착하여 비린내를 약하게 함

④ 생선을 조릴 때 처음 몇 분은 뚜껑을 열어 비린내를 날려 보냄

축육의 도살 후 사후 변화 순서

① 사후강직(사후경직) : 도살 후 젖산이 생성되기 때문에 pH가 저하되며, 근육수축이 일어나 질긴 상태의 고기가 됨(미오신이 액틴과 결합된 액토미오신이 사후강직의 원인물질임)

② 자기소화(숙성) : 근육 내의 효소작용에 의해서 근육조직이 분해되는 과정으로 육질이 연해지고 풍미가 향상됨

③ 부패 : 오랫동안 숙성을 시키면 고기 근육에 존재하던 미생물과 외부의 미생물에 의해 변질이 일어남

육류의 연화법

기계적 방법	고기를 근육의 결 반대로 썰거나, 칼로 다지거나, 칼집을 넣는 방법
단백질 분해효소(연화효소) 첨가	• 배즙, 생강의 프로테아제(Protease) • 파인애플의 브로멜린(Bromelin) • 무화과의 피신(Ficin) • 파파야의 파파인(Papain) • 키위의 액티니딘(Actinidin)
육류 동결	고기를 얼리면 세포의 수분이 단백질보다 먼저 얼어서 팽창하여 세포가 터지게 되어 고기가 부드러워짐
육류의 숙성	도살 직후 숙성기간을 거치면 단백질 분해효소의 작용으로 고기가 연해짐
설탕 첨가	설탕 첨가 시 육류 단백질을 연화시키나, 너무 많이 첨가하면 탈수작용으로 고기가 질겨짐
육류의 가열	결합조직이 많은 부위는 장시간 물에 끓이면 연해짐

양식 스톡의 재료

부케가르니☆ (Bouquet Garni)	• 스톡을 오래 조리하면서 재료의 향을 추출하기 위하여 월계수잎, 통후추, 마늘, 타임, 파슬리 줄기 등을 넣어 만든 향초 다발 • 실로 작은 것은 안쪽으로, 큰 것은 바깥쪽으로 겹쳐서 묶고, 묶은 후에는 여분의 실을 손잡이 부분에 묶어 건져내기 쉽게 함
미르포아☆ (Mirepoix)	• 스톡의 향과 향기의 맛을 돋우기 위해 네모나게 썬 양파, 당근, 셀러리 등을 말함 • 보통 양파 50%, 당근 25%, 셀러리 25% 비율로 사용함 • 흰색 미르포아는 양파 50%, 셀러리 25%, 무·대파·버섯 등을 25% 비율로 사용함
뼈 (Bone)	• 닭 뼈 : 전체 또는 목, 등뼈 등을 5~6시간 이내 조리함 • 소뼈와 송아지 뼈 : 등, 목, 정강이뼈를 7~8시간 이내 조리함 • 생선뼈 : 광어, 도미, 농어, 가자미 등을 찬물에서 불순물을 제거 후 사용함 • 기타 잡뼈 : 특정 요리에 사용함

달걀프라이(Fried Egg)

서니 사이드 업 (Sunny Side Up)	달걀의 한쪽 면만 익힌 것으로, 노른자는 반숙으로 조리
오버 이지 (Over Easy)	달걀의 양쪽 면을 살짝 익히고 흰자는 익고 노른자는 익지 않아야 하며, 노른자는 터지지 않게 조리
오버 미디엄 (Over Medium)	오버 이지와 같은 방법으로 조리하며, 노른자가 반 정도 익게 조리
오버 하드 (Over Hard)	프라이팬에 버터나 식용유를 두르고 달걀을 넣어 양쪽으로 완전히 익히는 조리

양식 육류 조리 방법

① 건열 조리(Dry Heat Cooking)

윗불구이(Broilling)	불이 위에서 내리쬐는 방식으로, 불 밑으로 재료를 넣어서 굽는 방식
석쇠구이(Grilling)	불이 밑에 있어서 불에 직접 굽는 방식
로스팅(Roasting)	오븐에 고기를 통째로 넣어서 150~220℃에서 굽는 방식
굽기(Baking)	육류, 빵, 케이크 등을 오븐에서의 대류작용으로 굽는 방식
소테, 볶기(Sauteing)	프라이팬에 기름을 두르고, 160~240℃에서 짧은 시간에 조리하는 방식
튀김(Frying)	기름에 튀기는 방식, 영양소 손실이 가장 적음

부록

그레티네이팅(Gratinating)	재료 위에 버터, 치즈, 설탕 등을 올려서 오븐, 샐러맨더 등에 넣어서 색깔을 내는 방식
시어링(Searing)	오븐에 넣기 전에 강한 열을 가한 팬에 육류나 가금류를 짧은 시간 굽는 방식

② 습열 조리(Moist Heat Cooking)

포칭(Poaching)	육류, 어패류, 가금류, 달걀 등을 끓는 물이나 스톡 등에 잠깐 넣어 익히는 방식
삶기, 끓이기(Boiling)	끓는 물이나 스톡에 재료 넣고 삶거나 끓이는 방식
시머링(Simmering)	소스나 스톡을 끓일 때 사용되며, 식지 않을 정도의 온도에서 조리하는 방식
찜(Steaming)	끓는 물에서 나오는 증기의 대류작용으로 조리하는 방식
데치기(Blanching)	끓는 물에 재료를 잠깐 넣었다가 찬물에 식히는 방식
글레이징(Glazing)	버터, 과일즙, 설탕, 꿀 등을 졸인 후 재료를 넣고 코팅하는 방식

③ 복합 조리(Combination Heat Cooking)

브레이징(Braising)	브레이징 팬에 채소류, 소스, 한번 구운 고기 등을 넣고 뚜껑을 덮은 뒤 150~180℃의 온도에서 천천히 조리하는 방식
스튜잉(Stewing)	기름을 두른 팬에 육류, 가금류, 미르포아, 채소류 등을 넣고 익힌 후 브라운 스톡이나 그래비 소스를 넣어 끓이는 방식

④ 비가열 조리(No Heat Cooking) : 수비드(Sous Vide) → 비닐 안에 육류나 가금류, 조미료, 향신료 등을 넣고 55~65℃ 정도의 낮은 온도에서 장시간 조리하는 방식

양식 소스의 종류(5모체 소스)★

브라운 소스 (Brown Sauce)★	• '에스파뇰 소스(Espagnole Sauce)'라고도 함 • 가장 중요한 소스 중의 하나로 브라운 스톡과 브라운 루, 미르포아, 토마토를 주재료로 만들어 데미글라스(Demi Glace)로 육류에 사용 • 오랜 시간 동안 끓이기 때문에 향과 맛, 풍미를 깊숙하게 느낄 수 있음
벨루테 소스 (Veloute Sauce)★	• 흰색 육수 소스로, 화이트 스톡에 루(Roux)를 사용하여 농도를 냄 • 송아지 육수, 닭 육수, 생선 육수 각각에 연갈색 루(Blond Roux)를 넣어 끓여서 만듦 • 대표적으로 비프 벨루테, 치킨 벨루테, 피시 벨루테가 있음
토마토 소스 (Tomato Sauce)★	• 토마토, 채소류, 브라운 스톡, 농후제 또는 허브, 스파이스 등을 혼합하여 퓌레 형식으로 농도를 조절하여 만듦 • 이탈리아를 비롯한 유럽 전역에서 빠지지 않는 재료 중 하나임
베샤멜 소스 (Bechamel Sauce)★	• '우유 소스'라고도 함 • 과거에는 송아지 벨루테에 진한 크림을 첨가하여 사용함

	• 우유와 루(Roux)에 향신료를 가미한 소스로 달걀, 그라탕요리에 사용함(버터를 두른 팬에 밀가루를 넣고 볶다가 색이 나기 직전에 향을 낸 차가운 우유를 넣고 만든 소스)
홀렌다이즈 소스 (Hollandaise Sauce)☆	• '유지 소스'라고도 함 • 기름의 유화작용을 이용해 만든 소스로 달걀노른자, 버터, 물, 레몬주스, 식초 등을 넣어 만듦 • 식용유 계통의 소스는 마요네즈와 비네그레트(Vinaigrette), 버터 계통의 소스는 홀렌다이즈와 베르블랑(Vert Blanc)임

중국 조리의 기본 썰기 방법

① 조(條, tiáo, 티아오) : 채썰기
② 곤도괴(滾刀塊, dāo kuài, 다오 콰이) : 재료를 돌리면서 도톰하게 썰기
③ 니(泥, nì, 니) : 잘게 다지기
④ 미(粒, lì, 리) / 입(未, wèi, 웨이) : 쌀알 크기 정도로 썰기
⑤ 정(丁, dīng, 띵) : 깍둑썰기
⑥ 편(片, piàn, 피엔) : 편썰기
⑦ 사(絲, sī, 쓰) : 가늘게 채썰기

기름을 이용한 중식 조리법

초 (炒, chao, 차오)	일정한 크기와 모양으로 만든 재료들을 기름에 살짝 넣고 불의 세기를 조절해 가며 짧은 시간 동안 뒤섞으며 익히는 조리법
폭 (爆, bao, 빠오)	1.5cm 정육면체로 썰거나 재료에 칼집을 준 후 육수나 기름 또는 뜨거운 물로 열처리한 후에 강한 불에서 빠르게 볶아내는 조리법
전 (煎, jian, 지엔)	열을 가한 팬에 기름을 살짝 두른 후 손질한 재료들을 팬 위에 펼쳐 중간 불이나 약불에서 한쪽 면 혹은 양쪽을 지져서 익히는 조리법
류 (熘, liu, 리우)	향신료 또는 조미료에 재운 재료들을 녹말이나 밀가루를 입혀 삶거나 찌거나 튀긴 후 조미료들을 사용해 소스를 만들어 재료 위에 부어 주거나 버무려서 내는 조리법
첩 (貼, tiē, 티에)	보통 세 가지 재료를 사용하며, 한 가지는 곱게 다져 편을 낸 재료 위에 올리고 남은 한 재료로 덮은 후 편으로 썬 재료를 닿게 하여 기름을 이용하여 바삭하게 지진 후 물을 부어 수증기로 익히는 조리법
작(炸, zha, 짜)	팬에 기름을 넉넉하게 넣고 손질한 재료를 넣어 튀기는 조리법
팽 (烹, peng, 펑)	적당한 크기로 썬 재료들을 밑간하여 지지거나 튀기거나 볶은 후 부재료와 조미료를 넣어 뒤섞으며 국물을 재료에 흡수시키는 조리법

부록

일식 칼의 종류와 용도

생선회용 칼 (刺身包丁, さしみぼうちょう, 사시미보쵸)	생선회를 뜨거나 세밀한 요리를 할 때 사용
채소용 칼 (簿刃包丁, うすばぼうちょう, 우스바보쵸)	주로 채소를 자르거나 손질 또는 돌려깎기할 때 사용
뼈자름용 칼 (出刃包丁, でばぼうちょう, 데바보쵸)	•절단칼 또는 토막용 칼이라고 함 •주로 생선의 밑손질 시 뼈에 붙은 살을 발라내거나 뼈를 자를 때 사용
장어손질용 칼 (鰻包丁, うなぎぼうちょう, 우나기보쵸)	•미끄러운 바다장어, 민물장어 등을 손질할 때 사용 •장어칼은 칼끝이 45° 정도 기울어져 있고 뾰족하여 장어 손질에 적합하며, 사용에 주의가 필요함
메밀국수칼(소바기리보쵸)	메밀국수를 반죽하여 펴서 말은 후 일정하게 자를 때 사용
김초밥칼(노리마키보쵸)	김초밥을 자를 때 사용

일식 썰기의 종류

① 기본 썰기

은행잎 썰기☆ (銀杏切り, いちょうぎり, 이쵸기리)	둥근 원통형을 세로로 4등분하여 끝에서부터 적당한 두께로 은행잎 모양을 만들어 썰어주는 방법(국물 조리에 주로 이용됨)
얇게 돌려 깎기☆ (桂剝き, かつらむきぎり, 가쯔라무끼)	무, 당근, 오이 등을 길이 8~10cm로 잘라 감긴 종이를 풀듯이 얇게 돌려 깎기 하는 방법
바늘처럼 곱게 썰기☆ (針切り, はりぎり, 하리기리)	생강, 김 등을 가능한 얇게 돌려 깎은 후 이것을 바늘 모양으로 가늘게 채썰어 사용하는 방법
용수철 모양 썰기☆ (縒り独活切り, よりうどぎり, 요리우도기리)	꼬아썰기라고도 하는데, 무・당근・오이 등을 얇게 돌려 깎기한 후 비스듬히 7~8mm 폭으로 자른 다음, 물에 넣으면 꼬아지는 방법

② 모양 썰기

각 없애는 썰기☆ (面取り, めんとり, 멘도리)	각 돌려 깎기, 모서리 깎기라고도 하고 무, 당근, 우엉 등 조림이나 끓임요리를 할 때 모서리 부분을 매끄럽게 잘라줌
국화꽃잎 모양 썰기☆ (菊花切り, きくかぎり, 키쿠카기리)	• 맨 밑 부분을 조금 남기고 가로・세로로 잘게 칼집을 넣어 3% 소금물에 담가 모양내어 펼침

	• 죽순 : 길이 3~5cm로 잘라 지그재그로 껍질을 파도 모양처럼 얇게 썰어 모양을 만듦 • 무 : 1.5~2.5cm 두께로 둥글게 잘라 껍질을 벗겨 칼끝을 바닥에 붙이고, 칼 중앙 부분을 사용해 밑바닥을 조금 남기고 가로·세로로 조밀하게 칼집을 넣음
매화꽃 모양 썰기☆ (ねじ梅切り, ねじうめぎり, 네지우메기리)	당근을 정오각형으로 만든 후 오각형의 기둥 면 가운데에 칼집을 넣은 후 벚꽃잎 모양으로 깎아주는 썰기
오이 뱀뱃살 썰기☆ (蛇腹胡瓜切り, じゃばらきゅうりぎり, 자바라큐리기리)	자바라 모양 썰기라고도 하며, 오이 등의 재료 아래를 1/3 정도 남겨 잘려 나가지 않게 하고, 얇고 엇비슷하게 썰어 적당한 길이로 자른 후 반대로 돌려 다시 자름

일식 간장의 종류

진간장☆ (濃口醬油, 코이구치쇼유)	• 밝은 적갈색으로 특유의 좋은 향이 있고 일본요리에 가장 많이 사용되는 간장 • 향기가 좋아서 가미 없이 뿌리거나 곁들여서 먹는 용도로 주로 사용됨 • 향기가 강해 생선, 육류의 풍미를 좋게 하고 비린내를 제거하는 효과가 있으며, 재료를 단단하게 조이는 작용이 있어 끓임요리에는 간장을 넣는 시기에 주의해야 함
엷은 간장☆ (薄口醬油, 우스구치쇼유)	• 색이 엷고 독특한 냄새가 없으며, 재료가 가지고 있는 색·향·맛을 잘 살리는 요리에 이용 • 염도는 다른 간장보다 강하지만, 색은 연하고 소금의 맛이 강한 편으로 국물요리에 적합함
타마리 간장☆ (たまりしょうゆ, 타마리쇼유)	• 흑색으로 부드럽지만 진함 • 단맛을 띠고 특유의 향이 있어 사시미, 구이요리, 조림요리의 마지막 색깔을 낼 때 사용하며, 깊은 맛과 윤기를 냄
생간장 (生醬油, 나마쇼유)	• 열을 가하지 않은 간장으로, 풍미가 좋고 특히 향기가 매우 좋음 • 오랜 시간 끓여도 향기가 날아가지 않는 것이 특징이며, 냉장고 또는 서늘한 곳에 보관함

일식 곁들임

초간장 (ポン酢, 폰즈)	• 등자나무(신맛이 나는 과일)에서 즙을 내서 만들거나 식초를 사용함 • 간장이나 다시물을 혼합하여 만듦
초생강 (ガリ, 가리)	• 통생강의 껍질을 벗기고, 얇게 편으로 잘라 소금에 절임 • 끓는 물에 데친 후 씻어 물기를 제거하고, 생강초에 담가 절여서 사용함
양념장 (やくみ, 야쿠미)	• 요리에 첨가하는 향신료나 양념으로, 향기를 발하여 식욕을 증진함 • 붉은 무즙, 실파, 레몬 등을 초간 장(폰즈)에 곁들이는 양념

부록

복어 독의 증상

제1도 (중독의 초기 증상)	• 입술과 혀끝이 가볍게 떨리면서 혀끝의 지각이 마비되며, 무게에 대한 감각이 둔화되는 현상 • 보행이 자연스럽지 않고 구토 등 제반 증상이 나타남
제2도 (불완전 운동 마비)	• 구토 후 급격하게 진척되며, 손발의 운동장애, 발성장애, 호흡곤란 등의 증상이 나타남 • 지각마비가 진행되어 촉각・미각 등이 둔해지며, 언어장애, 혈압저하 현상 • 조건 반사는 그대로 나타나면서 의식도 뚜렷한 편임
제3도 (완전 운동 마비)	• 골격근의 완전 마비로 운동이 불가능 • 호흡곤란, 혈압강하, 언어장애 등으로 의사 전달이 불가능하고, 가벼운 반사 작용만 가능 • 의식불명의 초기 증상 • 산소결핍으로 입술, 뺨, 귀 등이 파랗게 보이는 현상이 나타남
제4도 (의식 소실)	의식 불능 상태에 돌입하여 호흡곤란으로 사망

식용 가능한 복어(21종)와 식용 가능한 부위

우리나라 식품의약품안전처 농수산물안전과는 21종의 식용 가능한 복어를 지정하고 있음

① 살과 뼈, 껍질과 지느러미, 정소의 섭취가 가능한 복어 : 자주복, 참복(검자주복), 까치복, 흰밀복, 금(민)밀복, 물밀복, 검은(흑)밀복, 강담복, 가시복, 브리커가시복, 쥐복 등

② 껍질은 섭취가 불가능하고 정소, 살과 뼈만 섭취 가능한 복어 : 황복, 까칠복(청복, 깨복), 검복, 눈불개복, 매리복, 거북복 등

③ 정소와 껍질을 모두 섭취하지 못하고 살만 섭취가 가능한 복어 : 졸복, 흰점복, 복섬, 삼채복(황점복) 등

ME
MO

박문각 취밥러 시리즈

조리기능사 필기

초판인쇄 2025. 1. 10
초판발행 2025. 1. 15

저자와의 협의 하에 인지 생략

발 행 인 박용
출판총괄 김현실, 김세라
개발책임 이성준
편집개발 김태희
마 케 팅 김치환, 최지희, 이혜진, 손정민, 정재윤, 최선희, 윤혜진, 오유진
일러스트 ㈜ 유미지

발 행 처 ㈜ 박문각출판
출판등록 등록번호 제2019-000137호
주 소 06654 서울시 서초구 효령로 283 서경B/D 4층
전 화 (02) 6466-7202
팩 스 (02) 584-2927
홈페이지 www.pmgbooks.co.kr

ISBN 979-11-7262-234-3
정가 23,000원